I0051629

LES CLASSIQUES DU JARDIN

LE

POTAGER MODERNE

TRAITÉ COMPLET

DE LA

CULTURE DES LÉGUMES

INTENSIVE ET EXTENSIVE

APPROPRIÉE AUX BESOINS DE TOUS

POUR TOUS LES CLIMATS DE LA FRANCE

PAR GRESSENT

PROFESSEUR D'ARBORICULTURE ET D'HORTICULTURE

OUVRAGE APPROUVÉ PAR L'UNIVERSITÉ

Encouragé par le Ministère de l'Agriculture
Et recommandé par le Ministère de l'Instruction publique
pour les Bibliothèques scolaires depuis 1868

NEUVIÈME ÉDITION

Droits d'Auteur réservés
TRADUCTION ET REPRODUCTION INTERDITES

Chez M. GRESSENT	PARIS
AUTEUR ET ÉDITEUR	AUGUSTE GOIN
	LIBRAIRE
A SANNOIS (Seine-et-Oise)	Rue des Écoles, 62

1895

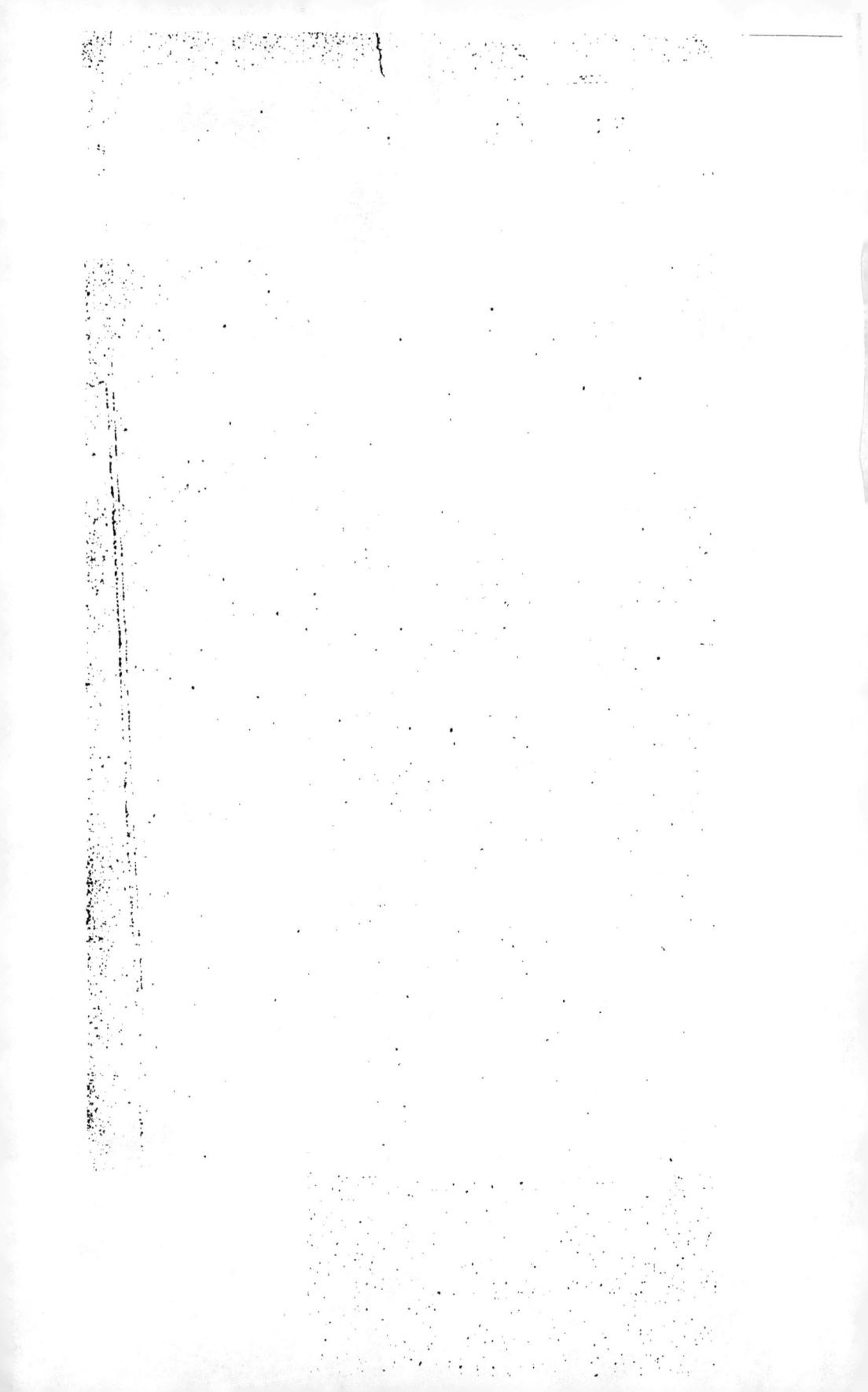

LE

POTAGER MODERNE

TRAITÉ COMPLET

DE LA

CULTURE DES LÉGUMES

DIVISÉE EN CULTURE INTENSIVE ET EXTENSIVE

Appropriée à tous les climats de la France

———————

Lroits d'auteur réservés, Traduction et reproduction
interdites

TOURS IMPRIMERIE DESLIS FRÈRES, RUE GAMBETTA, 6

LES CLASSIQUES DU JARDIN

LE
POTAGER MODERNE

TRAITÉ COMPLET

DE LA

CULTURE DES LÉGUMES

INTENSIVE ET EXTENSIVE

APPROPRIÉE AUX BESOINS DE TOUS

POUR TOUS LES CLIMATS DE LA FRANCE

PAR GRESSENT

PROFESSEUR D'ARBORICULTURE ET D'HORTICULTURE

OUVRAGE APPROUVÉ PAR L'UNIVERSITÉ

Encouragé par le Ministère de l'Agriculture
Et recommandé par le Ministère de l'Instruction publique
pour les Bibliothèques scolaires depuis 1868

NEUVIÈME ÉDITION

Droits d'Auteur réservés
TRADUCTION ET REPRODUCTION INTERDITES

CHEZ M. GRESSENT

AUTEUR ET ÉDITEUR

A SANNOIS (Seine-et-Oise)

PARIS

AUGUSTE GOIN

LIBRAIRE

Rue des Écoles, 62

1893

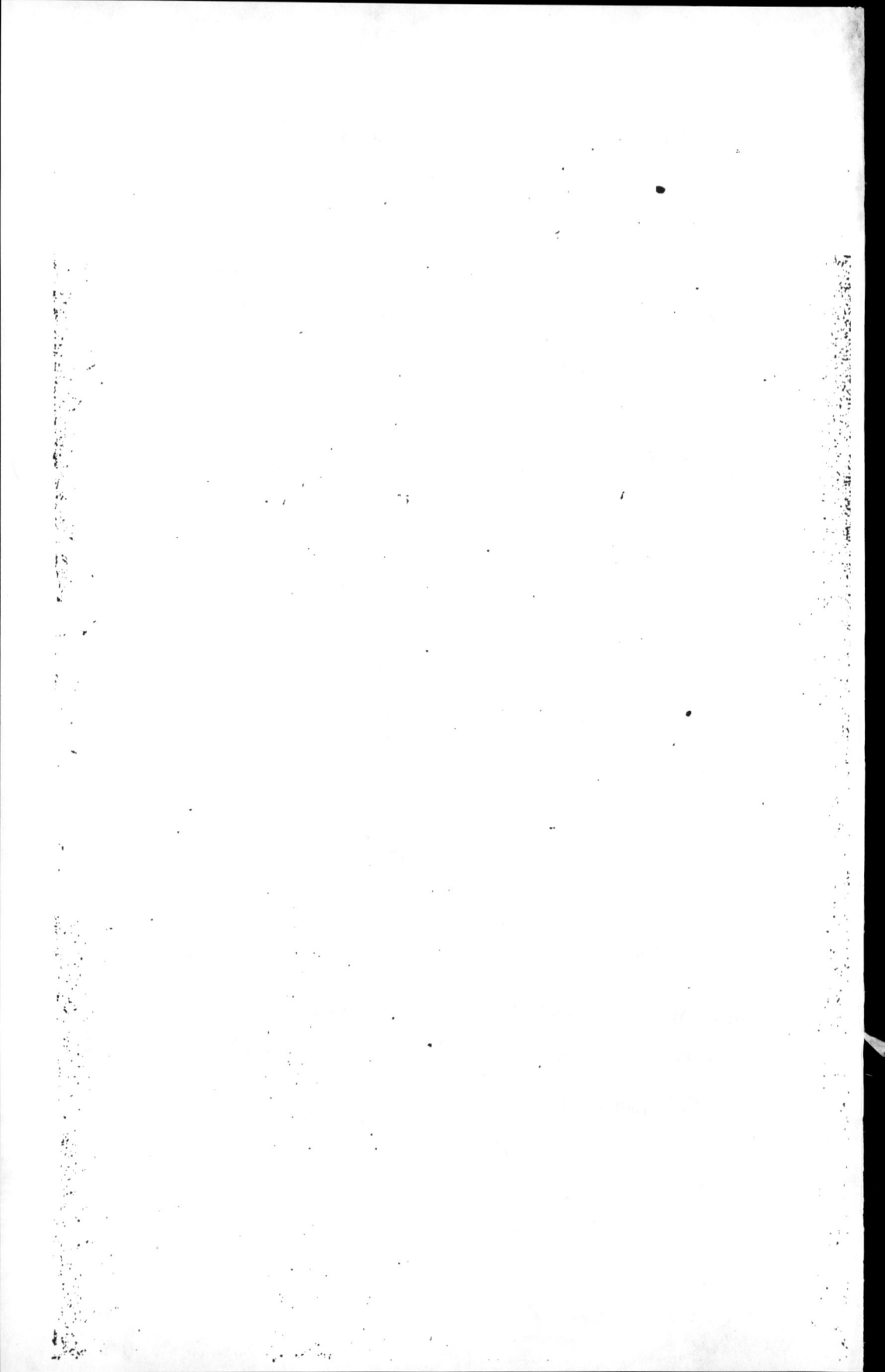

INTRODUCTION

La DIXIÈME ÉDITION de *l'Arboriculture fruitière* paraît ; la huitième édition du *Potager moderne*, publiée en 1890, touche à sa fin.

Je reprends ce livre, dont le succès a été si rapide, pour le revoir avec le même soin que *l'Arboriculture fruitière*, afin de laisser à la postérité une œuvre des plus complètes comme des plus pratiques, et en augmenter encore le tirage.

Le Potager moderne est le seul livre à l'aide duquel les propriétaires ont pu organiser des cultures sérieuses, et obtenir des légumes abon-

damment et économiquement, et les instituteurs
primaires organiser dans leurs jardins des cultures productives, qui ont bientôt doublé les
ressources de l'alimentation publique, en ouvrant
une nouvelle issue à l'agriculture, partout où
elles ont été entreprises.

Devant de tels résultats, le succès du *Potager
moderne* a toujours été en augmentant. La première édition a paru en 1864 ; la seconde en
1867 ; la troisième en 1873 (elle s'est ressentie
de la guerre) ; la quatrième, dont le tirage a été
augmenté, en 1875 ; la cinquième, tirage encore
augmenté, en 1879 ; la sixième, dont le tirage a
été doublé, en 1882 ; la septième, avec un
tirage plus nombreux encore, en 1885, et enfin
la huitième avec un tirage considérable en
1890.

Le Potager moderne marche de pair avec
l'Arboriculture fruitière, et *Parcs et jardins*
les suit de près dans leur course rapide. Cela
devait être ; ces trois volumes sont le fruit de
plus de quarante années de travail conscien-
cieux et d'incessantes expériences ; ils ont

apporté la lumière dans les ténèbres de la routine, et ont facilité à tous la pratique de toutes les cultures. Depuis l'apparition de *Parcs et jardins*, les jolis jardins paysagers remplacent des *fouillis* impossibles, et les propriétaires obtiennent avec économie une abondance de fleurs qu'ils n'osaient espérer.

Mon but, en publiant *le Potager moderne*, n'était pas de former des marchands de légumes, encore moins d'enseigner les fécondes cultures des maraîchers parisiens, — ces cultures ne sont possibles qu'à Paris, où les fumiers abondent et se vendent pour rien ; avec le débouché de la halle de Paris, l'esprit droit et éclairé, et surtout *avec les bras des maraîchers*, — mais de venir au secours du propriétaire, qui ne peut se procurer les légumes indispensables en échange des sacrifices les plus considérables ; à celui du rentier, du fermier, du petit cultivateur, des hôpitaux, des grands établissements, des instituteurs, de l'armée, etc., pour lesquels la production des légumes est chose importante, et qui ne produisent pas, parce qu'ils ne savent pas.

Le maraîcher parisien, je suis heureux de le constater, est le premier producteur du monde entier ; son marais est la meilleure école pour le maraîcher de province, mais pour le maraîcher seulement ; il y apprend à travailler et est certain de réussir, en modifiant toutefois ses cultures suivant les ressources et les débouchés de son pays, qui seront loin d'égaler la production et la consommation parisiennes.

Il est donc incontestable que cette riche culture, faisant la fortune des maraîchers et pourvoyant largement la halle de Paris, ne peut être appliquée chez le maraîcher de province, encore moins chez le propriétaire, le rentier, le fermier, le petit cultivateur, les hôpitaux, les instituteurs, etc., où il faut alimenter largement la maison d'abord, et vendre le surplus pour couvrir les frais de culture.

Les maraîchers de Paris sont *des fabricants de légumes ;* ils en fournissent à des populations entières, et de cette laborieuse industrie, exigeant un capital élevé (de 25,000 à 30,000 fr.), à une production économique, limitée et de

longue durée, il y a loin. Où finit l'enseignement du maraîcher, celui du *Potager moderne*
commence.

Les sociétés de progrès ont fait fausse route
en conseillant de généraliser la culture maraîchère de Paris en province. Deux choses le
prouvent : l'absence de la culture maraîchère et
le succès inespéré du *Potager moderne*. La province n'a pas voulu engager un capital important dans une entreprise dont le premier élément
(le fumier) lui ferait défaut, et dont les débouchés
n'étaient pas assurés ; elle a été sage en s'abste-
nant. La province a accueilli avec empressement
le *Potager moderne*, et a immédiatement essayé
sa culture ; parce qu'elle était simple, économique
et productive.

Aux maraîchers donc la mission d'alimenter les
marchés de Paris et des plus grandes villes de
France. C'est là seulement que leurs abondantes
récoltes peuvent se vendre en un seul marché,
et où leurs produits, *trop poussés à l'eau* et la
plupart du temps sans saveur, trouvent des acquéreurs forcés. Aux maraîchers encore le monopole

des primeurs, que Paris et les grandes villes consomment avec avidité.

A la culture du *Potager moderne* la mission de donner au propriétaire des légumes de première qualité et sans interruption; au locataire comme au petit rentier, à la fois une ressource alimentaire et une occupation salutaire; aux ouvriers agricoles comme à ceux de nos villes, de fabriques, une nourriture saine, abondante et à bon marché, qui leur a manqué jusqu'à présent; à nos soldats, des légumes et de la salade à foison; à nos paysans, la richesse, en introduisant chez eux une culture facile et lucrative, qui, tout en enrichissant le locataire, augmentera forcément la valeur foncière, la fortune du propriétaire et celle de la France.

En doutez-vous, cher lecteur? Veuillez bien lire l'extrait suivant de la *Propriété communale et de sa mise en valeur*, par M. *J. Ferrand*, ancien préfet.

« Les propriétés des communes forment un total de 4,718,856 hectares de terrain, dont la valeur capitale est évaluée à 1,618,618,900 francs et le revenu à 45,146,554 francs.

« Plus de la moitié de cette vaste contenance, 2,792,803 hectares environ, se compose de pâtures, terres vaines et vagues, landes, bruyères, sables et graviers, qui rapportent à peine un peu plus du sixième du revenu total, c'est-à-dire 8,177,541 fr. (en moyenne 2 fr. 96 par hectare!)... »

Maintenant faisons un calcul bien simple. Soumettons à l'horticulture productive cette moitié de terrains communaux, rapportant 2 fr. 96 par hectare. En comptant un revenu de 2,000 francs par hectare, au lieu de 8,000 francs, moyenne ordinaire, c'est-à-dire le quart du produit, nous aurons des fruits et des légumes à bon marché pour les classes pauvres ; nous donnerons, sinon la richesse, mais au moins l'aisance à des milliers de personnes, et nous créerons, sur des terrains presque abandonnés, un revenu annuel de CINQ MILLIARDS CINQ CENT QUATRE-VINGT-CINQ MILLIONS SIX CENT SIX MILLE FRANCS.

Je ne compte que sur la moitié des terrains communaux, et laisse la propriété particulière de côté. Rien de plus facile à réaliser avec un enseignement sérieux donné par des professeurs, appuyés par les ministres de l'Instruction publique et de l'Agriculture, et le concours des maires, des instituteurs primaires et de l'armée, et non par des domestiques ou des ouvriers déguisés en messieurs.

La richesse de la France gît dans son sol privilégié, et non dans les tripotages de bourse ; sa moralisation, dans le travail des champs et non dans les illusions des grandes villes ; le bonheur, dans la production du sol, donnant tout en abondance, et non dans les spéculations ténébreuses se liquidant en cours d'assises ou en police correctionnelle. Plus je vieillis, plus je suis convaincu de cette vérité, et fais d'efforts pour faire passer mes convictions chez mes auditeurs et mes lecteurs.

J'ai arboré mon drapeau ; il n'y aura autour de celui-là ni sang, ni larmes, ni ruines. Puisse-t-il faire le tour du monde, triompher partout, et réaliser cette pensée, à laquelle j'ai voué la majeure partie de mon existence : *Richesse publique, bien-être pour tous et moralisation des populations rurales par le travail* INTELLIGENT !

LE
POTAGER MODERNE

PREMIÈRE PARTIE

CHAPITRE PREMIER

CE QUI EST

Nous voulons un progrès rapide et sérieux ; rien de plus facile si nous savons *vouloir*, et si nous employons des moyens énergiques pour remplacer un état de choses vicieux, par un meilleur. Pour arriver à ce but, le concours de tous est nécessaire, celui du propriétaire comme du jardinier et de l'ouvrier ; en outre, l'instruction horticole de chacun d'eux est indispensable : je l'apporte dans ce livre.

Examinons d'abord l'état des cultures en France ; nous exposerons ensuite les moyens de remédier promptement au mal.

Nous plaçons en dehors de notre examen :

1° Les cultures des maraîchers de Paris et des grandes villes de France ;

2° Celles des potagers de châteaux.

Le maraîcher parisien est un type qui ne se rencontre qu'à Paris. C'est la personnification de l'intelligence et du travail. Ces deux qualités poussées à l'excès font de ses cultures des phénomènes de production admirés du monde entier. Le maraîcher parisien possède des ressources inhérentes à Paris : des *montagnes* d'excellent fumier presque pour rien et la halle de Paris, gouffre toujours béant qui engloutit tout. Joignons à ces deux ressources une grande intelligence de la culture ; un esprit droit, exempt de sot orgueil et de préjugés, aimant le progrès ; une somme de travail incroyable, et nous aurons la clef de la richesse des maraîchers de Paris, qui produisent annuellement un revenu brut de 12,500 fr. par hectare ; mais, ne l'oublions pas, ces prodiges ne peuvent s'obtenir qu'à Paris, et avec les ressources de Paris.

Vient en seconde ligne le maraîcher des grandes villes ; il a appris à cultiver et a contracté l'habitude d'un travail incessant chez le maraîcher parisien. Ses ressources sont limitées : il paye ses fumiers cher et s'en procure quelquefois difficilement ; en outre, sa production est limitée aux besoins et aux habitudes du pays. Le maraîcher de province, à force de travail et d'industrie, retire de sa terre un revenu annuel égal à la valeur foncière.

Reste le jardinier de château, qui a conquis une bonne position à force de travail ; il est habile fleu-

riste, parfois maraîcher, et quelquefois arboriculteur.
Le jardinier de château a un nombreux personnel
d'aides, pour les serres, les primeurs, le parc, etc.,
état-major aussi nombreux que dispendieux. Il ne
peut être question du prix de revient au château, et
cependant toutes ces cultures, lorsqu'elles sont bien
dirigées et bien entendues, reviennent la plupart du
temps moins cher que celles du propriétaire ayant
une fortune moyenne et un jardinier ignorant.

Nous nous inclinons devant les résultats obtenus
par ces trois classes de cultivateurs ; nous ne pouvons
qu'admirer les deux premières et les remercier, au
nom de tous, de posséder une intelligence et des bras
susceptibles de faire produire au sol un revenu dépassant sa valeur foncière. Disons encore que les maraîchers de Paris, comme ceux de province, donnent
tous l'exemple de la moralité, de la probité, de la
bienfaisance, et prouvent aux paresseux que : vouloir
c'est pouvoir. Remercions-les encore de l'exemple
qu'ils donnent avec tant de modestie ; il est rare et
salutaire à l'époque où nous vivons : les maraîchers
de Paris n'acceptent jamais de médailles dans les
concours : ils en perçoivent la valeur en argent pour
la déposer à la caisse de secours des ouvriers maraîchers.

N'oublions pas le jardinier de château ; il est
souvent l'expression de la science horticole, et dans
ce cas il prouve surabondamment à ceux qui visitent
ses cultures que le mot impossible n'est plus français
en horticulture. Remercions-le bien sincèrement des

brillants résultats obtenus, et engageons-le, dans l'intérêt général, à faire beaucoup d'élèves, car celui qui s'est donné la peine d'apprendre est laborieux et fera des élèves de mérite.

Disons encore que, dans un rayon de quelques lieues autour de Paris, on rencontre d'habiles jardiniers qui ont appris et savent ; leurs cultures bien soignées en témoignent, et donnent toujours un produit équivalent aux dépenses faites. Mais tout cela est pour Paris et ses environs ; dès qu'on s'éloigne du centre des lumières et de l'instruction, que trouve-t-on en fait de jardiniers (en dehors des maraîchers)? De fort braves gens, il est vrai, d'une probité irréprochable, nous sommes heureux de le constater, remplis de bon vouloir, mais ignorant les premiers éléments de la culture. C'est ici que *le Potager moderne* commence son œuvre d'utilité pour l'introduire dans les jardins du propriétaire, du rentier, du fermier, du petit cultivateur et du métayer, du presbytère, des hôpitaux, des communautés et des grands établissements, des instituteurs, des gares, des employés et des camps pour donner à tous des légumes en abondance et à un prix modique, et doubler avec facilité les ressources de l'alimentation pour toutes les classes de la société.

Examinons CE QUI EST dans la majeure partie des jardins situés à une certaine distance de Paris. Comme aspect : un fouillis général d'arbres fruitiers à hautes tiges et en pyramides, enchevêtrés de vignes, de groseilliers et de framboisiers, et au milieu de ce hideux

fouillis quelques fleurs étiolées et des légumes impossibles. Il existe beaucoup, et presque partout, de très
grands jardins, cultivés ainsi depuis des siècles ; et,
depuis qu'on les cultive, le résultat a toujours été le
même ; point de fruits, peu de légumes, et guère de
fleurs. Que les propriétaires de ces jardins prennent
la peine de compter d'une part ce qu'ils dépensent en
engrais, en main-d'œuvre, en plants, en semences, en
arbres plantés chaque année sans succès, et en frais
de toutes sortes, et qu'ils veuillent bien estimer leur
récolte au cours du marché : ils renonceront le lendemain à cultiver leur jardin, tant le chiffre sera
éloquent.

Voyons maintenant ce que l'on est convenu d'appeler un potager, et quel résultat il donne. Le potager
est une nécessité pour le propriétaire habitant une
grande partie de l'année un domaine éloigné des
villes ; il lui faut des légumes, coûte que coûte. Voici
la position de ce propriétaire :

Il prend un jardinier, auquel il donne de 1,200 à
1,500 fr., un garçon de 800 fr.; total, 2,200 fr., environ ; 1,000 francs en moyenne dépensés chaque année
en châssis, en cloches, en plants, semences, paillassons, etc. ; total, 3,200 fr. au débit du potager.

Qu'a le propriétaire pour 3,200 fr. ? Un potager
quelquefois orné d'arbres fruitiers à haute tige, mais
invariablement planté, de chaque côté de grandes
allées, de poiriers en pyramides, avec accompagne-
ment de fleurs. Il est de toute nécessité d'arroser les
fleurs, et par contre-coup les arbres. Ces derniers

poussent avec une vigueur extrême jusqu'à ce que
les racines pourrissent ; aussi, en raison de leur vigueur, et souvent de la taille qui leur est appliquée,
ils ne donnent pas de fruits. Pendant leur courte existence, on dit les premières années : « Ils sont encore
trop jeunes pour rapporter ! » et, lorsqu'ils périssent
sous les coups du sécateur sans avoir rien produit ;
« Ils sont épuisés ; » ou le plus souvent: « Le terrain
ne vaut rien pour les arbres ! »

Résultat négatif pour les fruits. Le propriétaire en
envoie chercher au marché.

Passons aux légumes.

Si, comme cela arrive trop souvent, le jardinier
cultive les légumes *à la mode du pays*, il ne connaît
pas les variétés à introduire dans le jardin du propriétaire ; il y plante les variétés du pays, très rustiques, il est vrai, mais bonnes pour des charretiers :
des choux aussi âcres que monstrueux, des pois gros
et durs comme des balles de fusil, des carottes excellentes pour les chevaux, des radis *ligneux*, etc. Souvent ce même jardinier ignore les besoins des plantes
qu'il cultive, et agit suivant ce docte axiome : « Il
faut graisser la terre pour récolter ; » et là-dessus il
éparpille dans un immense jardin tout ce qu'il possède d'engrais, et obtient invariablement ce résultat :

Les légumes à production foliacée, demandant une
fumure abondante, languissent faute d'une nourriture
suffisante et donnant, trois mois trop tard, un quart
de récolte, et quelle récolte !... des filandres partout
et dans tout. C'est à faire damner toutes les cuisi-

nières, et à ruiner les estomacs les plus robustes!

Les racines voulant une terre pourvue d'humus, mais exempte d'engrais frais, poussent en tiges et ne forment pas de racines; les salades montent avant de pommer. Récolte herbacée excellente pour mesdames les mères des veaux et leur famille, les chèvres et les lapins.

Les légumes à fruits secs, exigeant une terre veuve d'engrais depuis deux ans au moins et des silicates de potasse, poussent en tiges; vous avez des pois de deux mètres de haut, sans cosses, des haricots géants sans fruits !

Nous voyons cela tous les jours partout, et cependant il a été dépensé, dans un tel jardin, peut-être plus de travail, et au moins autant d'engrais qu'il en eût fallu pour obtenir, non seulement une quantité d'excellents légumes, mais encore une abondante récolte de melons et de primeurs, si le travail eût été dirigé autrement et l'engrais judicieusement dépensé.

Le melon, ce fruit si précieux, n'existe qu'à l'état foliacé dans la plupart des jardins. Rien n'est si facile à faire cependant, et sans dépense aucune, quand on sait le cultiver.

Quelquefois le jardinier, ayant été quelques semaines à l'école des maraîchers, obtient des produits abondants, mais tous à la fois, comme pour les porter à la halle. Dans ce cas, le propriétaire se trouve dans la nécessité de nourrir ses animaux avec ses légumes, pour ne pas les laisser perdre, et en manque ensuite **pendant des mois entiers. Alors il renvoie au marché.**

Maintenant, que le propriétaire veuille bien estimer sa
récolte et nous dire combien lui coûtent les quelques
mauvais légumes qu'il a obtenus. Beaucoup ont
compté, et tous avouent que le potager *est une nécessité ruineuse*. Cela est vrai en cultivant dans de mauvaises conditions d'énormes espaces de terrain.

La plupart des jardiniers, aussi intelligents et plus
adroits qu'on ne peut le supposer, n'ont le plus souvent
que du bon vouloir en fait de science horticole. C'est
à leur ignorance absolue de l'organisation des plantes,
de leurs besoins, de la composition du sol, de la valeur et de l'emploi des engrais, de l'influence des
agents naturels sur la végétation, et des variétés de
légumes qu'ils cultivent, que nous devons ces déplorables résultats. Nous n'avons pas le droit de leur
reprocher leur faiblesse en culture, puisqu'ils n'ont
pas été à même de l'apprendre ; mais nous pouvons
les guider sûrement, même à défaut de leçons, avec
un *livre pratique*, et leur faire obtenir de féconds résultats : c'est ce qu'a fait *le Potager moderne !*

Ajoutons que la culture des jardins de propriétaires
n'est pas celle qui donne les résultats les plus désastreux. Ils récoltent, il est vrai, des légumes pitoyables leur coûtant vingt fois ce qu'ils les payeraient au
marché; mais ils récoltent encore quelque chose, tandis
que cette même culture essayée, et plus mal faite
encore par les paysans, ne produit absolument rien,
que le dégoût de ce qui touche à l'horticulture. De là,
disette complète, dans les campagnes, des légumes si
nécessaires à l'alimentation et à la santé des classes

pauvres dont l'unique nourriture se compose de viandes salées et de légumes secs.

Nous venons d'examiner *ce qui est*, et de nous appesantir sur les inconvénients dus au règne de la routine : voyons maintenant *ce qui devrait être*, pour apporter partout et chez tous l'économie, l'abondance, la richesse et la santé.

CHAPITRE II

CE QUI DEVRAIT ÊTRE

Disons tout d'abord que la culture des légumes est incompatible avec celle des arbres à fruits et des fleurs. Les légumes exigent un sol pourvu d'une grande quantité d'humus et constamment humide ; un tel sol est mortel pour les arbres et nuisible pour les fleurs : les premiers ne fructifient pas ; les seconds poussent en tiges, fleurissent peu, dégénèrent et donnent des fleurs petites. En outre, les légumes comme les arbres exigent une grande somme d'air et de lumière pour accomplir leur végétation et pour fructifier.

Lorsque le potager est planté d'arbres, leur ombre nuit considérablement aux légumes qui, privés de lumière, poussent en hauteur, donnent des tiges étio-

lées qui viennent s'enchevêtrer dans les arbres et empêchent toute fructification sur les ramifications de la
base. Les arrosements fréquents donnés aux légumes
font d'abord pousser les arbres très vigoureusement,
et déterminent ensuite leur mort en faisant pourrir
les racines, et ce avant qu'ils aient donné une récolte
sérieuse. Résultat plus que négatif pour les fruits,
pour les légumes et pour les fleurs !

Je renvoie le lecteur à l'*Arboriculture fruitière*,
dixième édition, pour les arbres à fruits. J'ai donné
dans ce livre toutes les indications nécessaires pour
obtenir très promptement, d'une manière certaine,
et même sans connaissances aucunes en arboriculture,
une grande quantité des plus beaux fruits sur les
espaces les plus restreints.

La seule plantation d'arbres fruitiers possible dans
le potager pour les régions du Nord, du Centre, de
l'Est et de l'Ouest, est celle des murs, devant lesquels
on réserve une plate-bande de 1^m,50 de large pour
planter au bord un double cordon unilatéral, indépendamment de l'espalier. (Voir l'*Arboriculture fruitière*, dixième édition, pour faire cette plantation
convenablement, et obtenir des fruits la première ou
la deuxième année après la plantation.)

Sous le climat de l'olivier, où les arbres et les
fruits brûleraient contre les murs, on entoure le potager avec un contre-espalier de Versailles ou des
palmettes alternes et on clôt le tout avec une haie de
thuyas. (Voir l'*Arboriculture fruitière*, dixième
édition.)

Nous posons en principe que le potager doit être exclusivement consacré aux légumes, et qu'en dehors des murs ou des clôtures il ne doit jamais y être planté d'arbres ni de fleurs, si l'on veut en retirer le produit qu'il est susceptible de donner. Par la même raison, on ne mettra jamais de légumes dans les plates-bandes plantées d'arbres fruitiers.

Je sais que cela paraîtra de prime abord impossible aux personnes ayant de grands jardins anciens et toujours insuffisants, où elles cultivent pêle-mêle les fleurs, les arbres et les légumes. Je n'ignore pas combien est grande la force de l'habitude, et la difficulté qu'il y aura encore auprès des vieux jardiniers à leur faire modifier leurs cultures. Une modification comme celle que je demande eût été impossible il y a trente-cinq ans, alors que le *dicton* du jardinier était la loi suprême en horticulture ; mais elle est facile aujourd'hui où les hommes intelligents ne se trouvent pas déshonorés de s'occuper de culture, dirigent les jardins que nous leur avons créés, et où chacun a appris à nos leçons, et dans nos livres, qu'avec un peu d'étude on peut retirer une rente élevée d'une parcelle de terre qui n'était qu'un objet de lourdes dépenses, tant qu'elle a été abandonnée à l'incurie et à la routine.

Je ne demande pas une Saint-Barthélemy de vieux jardins ; je tiens essentiellement, au contraire, à ce qu'il en reste pour servir de point de comparaison. Ainsi je dirai au propriétaire possédant un jardin de 50 ares de cultures mêlées : « Vous employez à l'année un homme et sa femme, plus des hommes de journée pour entretenir votre jardin. En outre, il vous faut des quantités d'engrais énormes, pour féconder, à peine au quart, ce grand espace, c'est-à-dire pour obtenir un quart de récolte, diminuée encore par le manque d'air et de lumière, et la plupart du temps, huit années sur dix, vous envoyez acheter au marché la majeure partie de votre provision de fruits et de légumes. Conservez bien précieusement 35 ares en *jardin fouillis*. Rasez complètement 15 ares que vous distribuerez ainsi : 5 ares en jardin fruitier et 10 ares en potager ; donnez à vos 15 ares la même quantité d'engrais que vous éparpillez inutilement dans votre immense *jardin fouillis* ; consacrez en moyenne, à ces deux jardins spécimens, une journée d'homme et une journée de femme par semaine. Le tout sera parfaitement tenu et vous produira, avec une économie de moitié dans la dépense :

« 1° Le jardin fruitier bien organisé, de cinq à six mille fruits par an ;

« 2° Le potager, assolé à quatre ans, avec couches, une large provision de légumes de toutes espèces, et même de petites primeurs, melons, etc., pour cinq personnes au moins, ce que vous n'avez jamais eu, ni même tenté d'essayer, tant le prix de revient vous eût semblé exorbitant, comparé à celui des légumes obtenus dans le *jardin fouillis.* »

Lorsque le propriétaire aura fait cet essai pendant deux ou trois ans, comparé la dépense et le produit des deux cultures ; lorsqu'il sera bien convaincu par l'expérience que 15 ares de terre bien cultivés dépensent moitié moins et produisent dix fois plus que le *jardin fouillis* de 50 ares, il refusera toute culture à ce dernier, et sera le premier à hâter sa destruction comme celle d'une chose hideuse à voir, dépensant beaucoup et ne produisant rien.

Nous supposons avec raison aux propriétaires le sentiment du beau, et surtout celui de l'amélioration de leurs propriétés. Nous n'avons pas parlé de fleurs dans nos cultures. Le propriétaire les aime le plus souvent. S'il n'en a pas le goût, sa femme, sa fille ou sa famille aimeront les fleurs et en demanderont.

Que fera le propriétaire, même s'il méprise les fleurs, avec une maison d'habitation confortable, entourée de 50 ares de *jardin fouillis*, dont il aura consacré 15 ares à un jardin fruitier et à un potager le fournissant au-delà de ses besoins? Convertira-t-il les 35 ares restant en fruitier et en potager? Assurément non, à moins de vouloir envoyer ses fruits et ses légumes au marché. Ces 35 ares ainsi cultivés lui rapporteraient une rente élevée, c'est incontestable ; mais il serait astreint à un personnel plus nombreux, à une surveillance plus active, et en outre, ne vendant pas ses produits lui-même, il sera constamment dupe ou de la cupidité ou de la nonchalance de ses serviteurs.

Le propriétaire, s'il est aisé, ne voudra pas se créer un travail réel, une charge, et il aura raison. Sa famille lui demande des fleurs ; il fera son bonheur en

créant dans ses 35 ares un jardin paysager, des massifs d'arbustes, des pelouses, des corbeilles, etc. Les
frais d'entretien en seront presque nuls.

Alors le propriétaire étudiera mon troisième volume : *Parcs et jardins*, 4e édition : il y trouvera
les moyens les plus faciles et les plus pratiques de
créer un joli jardin, et d'y entretenir à peu de frais
les plus belles collections de fleurs. En se donnant un
joli jardin paysager, des fruits et des légumes à discrétion, il doublera la valeur de sa propriété.

Examinons maintenant le résultat de cette conversion de jardin au point de vue de l'agrément, de la
dépense, du produit, de l'augmentation de la valeur
foncière et de l'exemple donné dans le pays.

J'ai supposé une maison confortable ou au moins
habitable, entourée d'un *jardin fouillis* de 50 ares,
c'est-à-dire une habitation de citadin avec un jardin
de paysan. Rien de moins engageant pour le prome-
neur, et surtout pour les dames, que l'aspect d'arbres
fruitiers tortus et rabougris, de tiges de pommes de
terre, haricots, choux, etc. etc. ; ajoutons à cela le
parfum des oignons, de l'ail, etc. ; des allées de 50
centimètres de large pour se promener, et nous aurons une juste idée de la répulsion qu'inspire un tel
jardin : pas d'ombre, point de fleurs ; des échalas,
des rames et des branches accrochant partout les robes, les chapeaux et les coiffures, quand elles ne vous
crèvent pas les yeux ! Si une propriété dans cet état
se trouve à vendre, les acquéreurs ne l'estimeront
guère plus que pour la contenance, au prix de la

terre en plaine. La majeure partie reculera moins devant les frais de création d'un jardin que devant le temps qu'il faudra l'attendre. Quand on achète une maison de campagne, on recherche avant tout un jardin créé, de l'ombre et des fleurs, et, si le produit vient avec, sa valeur est doublée !

Le *jardin fouillis* de 50 ares, qui ne produit rien ou presque rien, exige une dépense élevée, un homme et une femme à l'année, plus les hommes de journée à diverses époques pour les labours d'hiver, le charroi des fumiers, les grands nettoyages. Notre jardin fruitier et notre potager, contenant ensemble 15 ares et fournissant amplement la provision de la maison, demandent pour leur parfait entretien une journée d'homme et une journée de femme par semaine. Que coûtera au propriétaire la conversion de 35 ares de *jardin fouillis* en parc ? Rien ! Qu'il dépense, l'année de la création, en trois mois, la même somme de journées indispensables chaque année au *jardin fouillis*, le parc sera créé. Reste la dépense occasionnée par l'achat des arbres et arbustes à planter dans les massifs, et de quelques fleurs. Cette dépense sera couverte en moins de deux ans par l'économie des journées employées sans profit aucun dans le *jardin fouillis*. Un jardinier à l'année, même en admettant qu'il déploie une activité moyenne, entretiendra d'une manière irréprochable 35 ares de gazon, de massifs et de corbeilles, 10 ares de potager et 5 ares de jardin fruitier, et même, si le personnel est nombreux, 20 ares de potager, 5 ares de jardin fruitier et 25 ares

de jardin d'agrément. Et cela non seulement sans dépense, mais encore avec profit pour le propriétaire,
qui aura dans la dépense la diminution des journées
d'ouvriers, et des achats de fruits et de légumes au
marché, ce qui, calculé sur une période de dix années, ferait une économie considérable. En outre,
une propriété ainsi restaurée et administrée deviendra
un objet de curiosité, sera enviée de tous et citée
comme une merveille dans les environs.

Admettons que le propriétaire veuille vendre sa
propriété après la restauration. Les acquéreurs, qui
n'eussent pas osé acheter dans l'état primitif, payeront le double une propriété d'agrément et de produit, dans laquelle on trouve tout, et où il n'y a rien
à dépenser; il se présentera vingt acquéreurs pour
un. Qu'aura dépensé le propriétaire pour atteindre
ce but? Rien; moins que rien, puisqu'il aura fait
une économie notable dans la dépense, accru le revenu et augmenté la valeur foncière. Il aura dépensé
un peu d'intelligence, et, disons-le, cette dernière dépense lui aura procuré une agréable et salutaire distraction, et un utile emploi de son temps.

Si le propriétaire a un revenu limité, le goût du
jardinage, et qu'il veuille se créer une occupation
lucrative, il pourra consacrer seulement 5 à 6 ares au
jardin d'agrément, et convertir le reste en *verger
Gressent*. (Voir *l'Arboriculture fruitière*, dixième
édition.) Cette création lui donnera un produit couvrant, et au delà, toutes les dépenses de la propriété,
avec peu de main-d'œuvre et sans grande peine.

Ces modifications sont possibles partout, même dans les *bastides* du Midi ; seulement n'oublions pas que, sous ce climat, il faut renoncer à créer un potager, si l'on n'a pas de l'eau en abondance et à discrétion. Le manque d'eau n'est pas un obstacle à la destruction du *jardin fouillis*, à la création d'un jardin fruitier, comme l'indique *l'Arboriculture fruitière*, et d'un jardin d'agrément. Il y aura toujours avantage à séparer des cultures incompatibles, dépensant beaucoup et ne produisant rien. L'eau n'est indispensable en aussi grande quantité que pour le potager.

Les légumes sont des êtres vivants et organisés, puisant leur nourriture dans le sol et dans l'atmosphère ; la lumière est indispensable à leur développement ; l'air et la lumière sont les besoins les plus impérieux dans leur existence ; ils *ne peuvent donc croître à l'ombre ;* en outre, les légumes exigent des engrais très actifs, une somme élevée de chaleur et d'humidité qu'il est impossible de leur donner, sans sinon détruire, mais au moins nuire beaucoup aux cultures qui y sont mêlées.

Disons encore, comme nous le verrons plus loin, que le potager exige un sol défoncé, bien épuré, amendé au besoin et abondamment pourvu d'engrais spéciaux, pour chaque catégorie de légumes ; qu'il est indispensable, pour obtenir de bons résultats, de ne cultiver que des variétés d'élite, bien appropriées au climat, et soumises à un assolement régulier.

Lorsque les propriétaires renonceront à cultiver *en jardins fouillis* des espaces énormes où les engrais

sont toujours insuffisants, la main-d'œuvre très coûteuse, et où tout est placé dans des conditions déplorables pour la végétation, et adopteront une culture raisonnée, économique et productive, et surtout
lorsqu'ils auront montré l'exemple pratique aux
paysans, les imitateurs viendront en foule. Alors rien
ne sera plus facile que d'introduire à la fois, dans le
pays, la culture intensive et extensive des légumes,
qui, en donnant au propriétaire tout ce qui lui a
manqué, créera de nouveaux cultivateurs qui, en
s'enrichissant, apporteront dans la contrée abondance, richesse et honneur à l'introducteur de ces
bienfaisantes cultures.

Il ne faudra, pour obtenir cet immense résultat, que
suivre à la lettre les indications des chapitres suivants.

CHAPITRE III

CE QUI ÉTERNISE LA ROUTINE

La routine, fille de l'orgueil et de l'ignorance, mère
de la bêtise, de la présomption et de la paresse, est
la plaie de notre beau pays de France ; elle y règne
en souveraine absolue. Chacun se plaint de sa dicta-
ture ; beaucoup gémissent sous ses méfaits, et tous

travaillent, involontairement sans doute, mais d'une manière efficace, à éterniser son règne !

Établissons d'abord le bilan de la routine en agri-culture et en horticulture ; ensuite nous examinerons les causes de sa puissance et de sa longévité.

En agriculture, question non seulement de richesse, mais encore d'existence, de vie, la routine conduit la France tout simplement à la disette. La France, qui, avec son excellent sol, et sous son climat privilégié, devrait pourvoir l'Étranger de blé, lui en achète ; elle fait trop peu de fourrages, de plantes sarclées, et man-que de viande et d'engrais, la clef de la fertilité. Re-tranchez de notre riche pays la région du Nord, qui a chassé la routine de ses champs pour y introduire la science, que produit le reste ?

Hélas ! c'est là que nous aurons à gémir sur les dé-sastreux effets de la routine. Presque partout l'asso-lement triennal avec jachère ; la ruine des cultiva-teurs ; pas de bestiaux, point d'engrais ; le sol non cultivé, mais écorché avec des instruments dérisoires ; deux récoltes épuisantes se succédant, pitoyables le plus souvent dans les bonnes années, et presque nulles dans les années sèches.

Tout le monde connaît ces lamentables résultats depuis bien longtemps ; mais on continue sur les mêmes errements, parce que nos devanciers ont opéré ainsi. Les fermiers se ruinent, et la France les imite en achetant à l'Étranger les grains et les bestiaux qu'elle devrait lui vendre. Je signale ces faits, bien qu'ils paraissent étrangers au sujet que je traite dans

ce livre, parce que j'y apporte un remède efficace.
(Voir 4ᵉ partie, les légumes agricoles : le potager du
fermier, de la ferme, du petit cultivateur, du métayer, etc. etc.) A l'horticulture maintenant !

Le progrès a trouvé beaucoup moins d'adeptes en
horticulture qu'en agriculture. L'amélioration s'est
portée sur une seule branche : l'horticulture de luxe,
les arbres d'ornement et les fleurs ; l'horticulture productive, celle qui concourt si puissamment à l'alimentation et à la santé publiques, comme à la prospérité générale, est restée prosternée devant la *déesse
Routine.*

Faut-il, pour prouver ce que j'avance, d'autres faits
que ceux-ci ?

Les arbres fruitiers de nos jardins, soumis à des
formes contraires aux lois végétales, et même au bon
sens, et condamnés à l'infertilité par suite des tailles
désastreuses qu'on leur applique ;

Les marchés de nos villes de province encombrés
de fruits impossibles, sans valeur aucune, détestables
au goût et souvent nuisibles à la santé ;

Nos *jardins fouillis* créés chaque jour par des praticiens, dépensant beaucoup et ne rapportant rien ;

Les arbres fruitiers achetés de *confiance*, portant
sur l'étiquette les noms de variétés que nous avons
indiquées, et ne produisant que des poires de curé ou
autres drogues semblables ;

Les jardins faits, défaits et refaits par des *praticiens*
se disant très habiles, ayant des *systèmes* et même
des *secrets à eux*, coûtant le prix de plusieurs créa-

tions sérieuses, et donnant pour résultat autant de nouvelles déceptions ;

Les potagers dépensant des sommes énormes sans pouvoir alimenter la cuisine ;

Les légumes immangeables ;

Ceux qui ne réussissent jamais ;

Le manque de légumes sur tous les marchés de province ;

Leur disette complète chez la classe ouvrière, pour laquelle les légumes seraient à la fois une alimentation abondante, économique et hygiénique ;

Le manque total de légumes dans certaines contrées où ils sont même inconnus, et où les habitants sont plus mal nourris que les animaux de nos fermes.

Je pourrais citer beaucoup d'autres faits ; ceux qui précèdent sont assez concluants pour constituer un mal immense.

Les causes de ce mal sont : l'ignorance, l'égoïsme, l'apathie et la cupidité. On ne peut combattre ces fléaux de notre époque que par le savoir, l'esprit du bien, l'activité et l'honnêteté. La tâche n'est peut-être pas aussi difficile qu'on le pense, et je vais essayer de le prouver.

L'IGNORANCE disparaîtra devant l'enseignement, mais devant un enseignement sérieux, ayant fait ses preuves de capacité, *théoriquement* et *pratiquement*, et lorsque cet enseignement sera *examiné* et *contrôlé* par l'autorité.

L'enseignement, c'est l'avenir de la France ; il appartient au mérite constaté, et non à la faveur ou à une cocarde quelconque.

C'est ce qui a eu lieu pour l'agriculture ; aussi a-t-elle fait des progrès avec ses professeurs de mérite, ses instituts agricoles et ses fermes-écoles, soumis au contrôle des inspecteurs d'agriculture.

Mais l'enseignement horticole, où en est-il à l'heure où j'écris ces lignes, septembre 1894? Qui pense à faire pénétrer les notions si utiles de l'horticulture productive dans les campagnes? Où sont les professeurs et qui s'occupe d'eux?

Nous avons un immense défaut en France : l'apathie... pour les choses les plus utiles, et elle augmente toujours en raison de la nécessité de la chose. S'agit-il d'une question de bien-être, de richesse, d'existence même ; on en reconnaît bien la nécessité, mais, au lieu d'agir pour la résoudre et sortir du chaos, on s'adresse au gouvernement, et l'on attend patiemment qu'il nous donne la chose désirée, et en attendant on reste plongé dans l'ignorance la plus complète des choses les plus urgentes.

C'est l'histoire de l'enseignement de l'horticulture productive ; le besoin s'en faisait sentir partout et on a attendu que le gouvernement le donne. Le pouvoir avait d'autres questions à résoudre, et, manquant de renseignements pratiques sur la question, il a envoyé aux campagnes des livres enseignant la culture maraîchère de Paris, et fait donner quelques cours d'arboriculture en province, cours dans lesquels l'utopie de spéculation fruitière au capital de 40,488 fr. 50 par hec-

tare était enseignée comme devant donner 36,000 fr.
de rente par hectare..., suivant l'auteur et l'inventeur, bien entendu.

Des livres enseignant la culture des maraîchers de
Paris ont été envoyés dans les campagnes. Le luxe de
fumiers de cette culture, sa prodigalité de châssis et
de cloches a effrayé les prudents campagnards; ils se
sont abstenus, comme devant l'exposé de la culture des
fruits de table au capital de 40,488 fr. 50 par hectare.

La province a lu les livres, écouté les cours, et elle
n'a rien fait ! Elle n'a pas voulu se lancer dans des
entreprises aventureuses, n'ayant aucun précédent
pratique, et placer sa fortune sur une idée. Je l'en
félicite de tout cœur dans son propre intérêt !

La province n'est pas si sotte que les idéologues parisiens veulent bien le croire ; elle lit tout, mais elle
pèse tout, et réfléchit avant d'agir. Elle a même lu
un petit bouquin promettant *trois mille francs de
rente* au premier venu se livrant à l'élevage des lapins;
elle a mis autant d'empressement à le lire qu'à ne pas
élever de lapins, et a déposé le petit bouquin sur une
petite tablette où l'exposé de la culture à 36,000 fr.
de revenu par hectare est allé lui tenir compagnie
avec la culture maraîchère de Paris.

Après les livres, et les cours donnés par le gouvernement, la province n'a rien fait ; elle est retombée
dans son apathie, et a continué à sommeiller dans la
routine, qui lui paraissait plus sensée que les folies
qu'elle avait entendues et lues. C'est regrettable assurément, mais à qui la faute ?

Cela se passait sous l'Empire ; ce qui a été fait était loin d'être parfait, mais au moins on avait essayé quelque chose, pouvant être perfectionné et devenir utile. Aujourd'hui on chante la *Marseillaise*, cela tient lieu de tout ; le premier ouvrier venu, ayant une voix aussi forte que son ignorance est grande, et *beuglant* la *Marseillaise* du lever au coucher du soleil, inclusivement, est nommé ou se nomme lui-même d'emblée professeur d'une science dont il ne sait pas le premier mot. Il émarge, cela lui suffit, et le pays s'arrange comme il peut !

Si nous voulons sortir de ce lamentable état de choses, rien de plus facile ; mais il faut quelques hommes d'initiative qui veuillent bien, dans l'intérêt de leur pays, approfondir des questions d'intérêt local, que le gouvernement le mieux organisé ne peut résoudre ni même étudier.

Si vous voulez le progrès et la richesse de votre pays, Messieurs, mettez-vous à l'œuvre. Que vingt ou trente propriétaires, à défaut du département ou de la commune, se cotisent pour une faible somme. Elle produira plus que cela est nécessaire pour faire donner un cours qui apportera la richesse dans le pays.

Mais, pour Dieu, si vous voulez faire enseigner, choisissez un professeur sachant la culture, ayant fait ses études d'abord et ses preuves ensuite, et non un manouvrier s'affublant du titre de professeur, et souvent plus ignorant que ses auditeurs.

Le cours organisé, vous aurez le concours actif des

instituteurs primaires, qui feront des applications dans le jardin communal, et au besoin donneront d'excellentes leçons dans leur village.

En opérant ainsi vous n'aurez pas à solliciter auprès du pouvoir, du département ou de la commune, et vous aurez en quelques semaines implanté dans votre localité le germe de sa future prospérité.

Qui veut la fin veut les moyens. Qu'un homme d'initiative se mette en avant, tout le monde le suivra. On peut quand on veut, et, Dieu merci, il existe encore assez d'hommes dévoués à leur pays et à ses intérêts pour tenter quelques efforts.

Plus que jamais, il faut opposer le savoir à l'ignorance, l'esprit du bien public à l'égoïsme, l'activité à l'apathie, l'honnêteté à la rapacité, non seulement en la pratiquant soi-même, mais en l'exigeant de tous, et dans toutes les transactions. Le jour où les hommes influents se mettront à l'œuvre, et payeront de leur personne, le pays sera sauvé et la routine enterrée.

Au besoin, et à défaut d'enseignement, que de simples particuliers fassent de bonnes créations à l'aide de livres pratiques ; leur exemple sera vite suivi, et en servant leurs propres intérêts ils auront servi ceux de la population qui les entoure, et auront puissamment contribué à son bien-être.

CHAPITRE IV

INNOVATIONS IMPORTANTES

———

DIVISION ET CLASSEMENT DES CULTURES DE LÉGUMES

Il est non seulement indispensable de séparer les cultures d'arbres fruitiers, de légumes et de fleurs, comme je l'ai indiqué dans le chapitre II, pour obtenir des résultats certains ; mais il faut encore adopter, suivant les besoins de chacun, un mode de culture qui lui donne à bon marché, et d'une manière assurée, tous les produits nécessaires. De là l'obligation de diviser la culture des légumes en *culture intensive* et en *culture extensive*, et même d'introduire dans chacune de ces cultures des classements, suivant la nature des produits à obtenir.

La CULTURE INTENSIVE est celle avec laquelle, à l'aide d'un certain capital et d'un travail suffisant, on obtient, sur un très petit espace de terrain, une grande quantité des plus beaux et des meilleurs produits.

La CULTURE EXTENSIVE, au contraire, demande peu ou presque pas de capital, moins de travail, mais donne sur un plus grand espace de terrain des produits moins abondants et de qualité plus inférieure.

La culture intensive, dans toute l'acception du mot, convient au potager du propriétaire, chez lequel avec des engrais suffisants, un arrosage copieux et une certaine somme de travail, on obtient, sur un espace très restreint, des récoltes des plus abondantes, des plus variées et de premier choix.

Le potager du fermier, attenant à la ferme, où la surveillance est constante et facile, sera soumis à la culture intensive, mais à un degré moindre que celui du propriétaire. Il faut au fermier les légumes néces-saires à sa consommation personnelle, et une grande quantité de plants à repiquer en plaine pour les be-soins des ouvriers agricoles. Il sera dépensé dans ce jardin autant d'engrais que dans celui du propriétaire, mais moins d'eau et de main-d'œuvre.

Les potagers du rentier, où il faut obtenir des ré-coltes abondantes sur un très petit espace ; du pres-bytère et de l'instituteur primaire, devant servir de type de production à la commune ; ceux des employés de chemin de fer, des gendarmes, des douaniers, etc., servant de ressources à leur famille, et devant donner un excédent dont la vente solde tous les frais et produit même quelquefois un bénéfice, devant par conséquent produire beaucoup et à très bon marché, appartiennent aussi au domaine de la culture inten-sive, mais à des degrés différents que nous indique-rons plus loin pour chacun d'eux.

Le potager de la ferme, destiné à produire les légu-mes nécessaires au personnel agricole, un excédent destiné à la vente, ou des récoltes dérobées pour les

animaux, suivant les débouchés ou les besoins, est
l'expression la plus exacte de la culture extensive. Ce
potager, placé en plaine, entrera dans l'assolement
agricole, sera cultivé avec les instruments agricoles,
et ne recevra pas d'arrosements.

Les potagers du petit cultivateur et du métayer,
placés également en plaine, et destinés à alimenter les
marchés, appartiennent aussi à la culture extensive,
mais à un degré différent. Ces cultivateurs, manquant de bons instruments agricoles, seront obligés
de faire le travail à la main ; en outre, ils devront
varier davantage leurs produits pour en retirer une
somme plus élevée.

Les potagers des hôpitaux, des communautés, des
grands établissements ayant un nombreux personnel,
et celui des camps, destinés à pourvoir à l'alimentation du personnel et du bétail, et à produire un excédent vendu pour solder les frais, sont également soumis à la culture extensive à des degrés différents, et
avec des modes d'application particuliers que nous
indiquerons à chacun des chapitres spéciaux pour ces
jardins.

Cette organisation toute nouvelle ne suffit pas seulement pour atteindre notre but : *production abondante à bon marché ;* il faut encore la compléter par
une disposition rationnelle des jardins, une préparation du sol convenable, un arrosage abondant et
économique, un assolement qui, en nous assurant la
conservation des variétés, distribue sagement les
engrais, et place chaque espèce de légumes dans le

milieu qui lui convient. La fabrication économique des engrais, les défoncements du sol, la disposition des cultures, les outils. à employer, et enfin les variétés à choisir sous chaque climat de la France, tout cela constitue l'organisation générale. J'y consacre toute la seconde partie de ce livre.

Il y a loin de la ligne que je trace à celle suivie, jusqu'à ce jour, par la plupart des enseignements actuels et des ouvrages horticoles. Les uns comme les autres, s'enfonçant dans la même ornière, ont couvert le chemin de *fondrières*, au lieu de l'aplanir pour en rendre l'accès facile à tous.

Le but de mon enseignement n'est pas d'apprendre à quelques jardiniers à faire des fruits et des légumes, coûtant dix fois ce qu'ils valent sur le marché, mais de rendre la production abondante pour tout le monde, et de créer à la fois du travail, du bienêtre et d'importantes richesses avec ces productions qui apporteront forcément une notable augmentation à l'agriculture, par l'abondance des engrais, et une culture énergique du sol.

Ce but est facile quand on sait la culture. Ce n'est pas une chose difficile à apprendre, mais c'est une science qu'il faut encore se donner la peine d'acquérir si l'on veut obtenir des résultats concluants, et s'affranchir des erreurs désastreuses de l'ignorance, comme de la cupidité mercantile et domestique. Rien n'est plus facile en étudiant mes trois volumes : *l'Arboriculture fruitière, le Potager moderne* et *Parcs et Jardins*. **Ces livres sont le fruit de longues années**

de travail et de pratique consciencieuse. La culture
des fruits est divisée dans *l'Arboriculture fruitière*,
dixième édition, comme celle des légumes dans *le
Potager moderne*, en culture intensive et en culture
extensive, afin de rendre la production économique
d'abord plus facile pour tous, et ensuite lucrative
pour chaque genre de produit. *Parcs et Jardins*
donne la clef de la création facile des plus jolis
jardins paysagers et de la culture des fleurs aussi
simple qu'économique.

CHAPITRE V

PRINCIPES GÉNÉRAUX

Avant d'aborder la culture intensive des légumes
et la création du potager, il est utile de poser des
principes généraux applicables aux cultures intensives
et extensives, et qui sont la clef de la production dans
tous les potagers, sans exception.

1° TOUJOURS CULTIVER UN ESPACE LE MOINS GRAND
POSSIBLE, MAIS LE BIEN CULTIVER. Les jardins trop
grands sont ruineux en engrais et en main-d'œuvre ;
ils occasionnent une dépense égale à leur étendue, et
ne produisent presque rien faute de culture suffisante ;

2° NIVELER LE POTAGER AVEC SOIN, POUR RENDRE LES

ARROSEMENTS MOINS COPIEUX ET PLUS EFFICACES. L'eau coule presque toujours sur les planches inclinées, et ne profite pas aux plantes. Lorsque les planches sont horizontales, l'eau s'infiltre au pied des plantes ;

3° DÉFONCER LE POTAGER EN PLEIN A UNE PROFONDEUR VARIANT ENTRE 50 ET 70 CENTIMÈTRES, SUIVANT L'ÉPAISSEUR DE LA COUCHE DE TERRE VÉGÉTALE ET LA QUALITÉ DU SOL. Quand un potager a été bien défoncé, et la terre purgée de pierres et de mauvaises herbes, la moitié de la main-d'œuvre est économisée, le travail est des plus faciles et l'activité de la végétation doublée. Un sol défoncé est toujours frais ; il demande moitié moins d'eau que celui qui ne l'est pas ; l'action des engrais est beaucoup plus énergique, parce qu'ils sont dissous plus vite dans un sol meuble et perméable que dans une terre sèche en mottes ; les binages et les sarclages sont moins fréquents et les mauvaises herbes beaucoup plus rares ;

4° OPÉRER DES LABOURS PROFONDS, MÊME QUAND LE SOL A ÉTÉ DÉFONCÉ. Les labours doivent avoir une profondeur de 35 à 40 centimètres. Dans ces conditions, la terre la plus forte devient friable, meuble, et d'une fertilité sans égale ;

5° OPÉRER LES LABOURS LORSQUE LA TERRE EST BIEN ÉGOUTTÉE. Il faut bien se garder de labourer lorsque la terre est trop mouillée, surtout dans les sols argileux. Chaque coup de bêche forme une petite brique, qui acquiert une dureté extrême. La terre forte, labourée trop mouillée, peut rester improductive pendant plusieurs années.

L'inconvénient est moindre dans les sols légers ;
mais la terre se divise mal et reste moins perméable ;

6° PRATIQUER DES BINAGES ÉNERGIQUES, SURTOUT DANS
LES SOLS ARGILEUX, ET LES RENOUVELER QUAND LA TERRE
EST BATTUE PAR LES ARROSEMENTS OU CROUTÉE PAR LA
SÉCHERESSE. Le binage n'a pas seulement pour objet
de détruire les mauvaises herbes ; son principal but
est de rendre le sol perméable à l'air et aux rosées.

Qui bine souvent arrose ! En effet, lorsque la croûte
formée à la surface de la terre est brisée par la
binette, l'humidité du fond remonte à la surface du
sol, par l'effet de la capillarité, pendant le jour, et la
nuit les rosées pénètrent jusqu'aux racines.

Si vous laissez subsister la croûte superficielle, la
sécheresse l'augmente chaque jour, et les plantes
souffrent énormément ;

7° SARCLER AUSSITÔT QUE LES MAUVAISES HERBES
APPARAISSENT DANS LES SEMIS. Les mauvaises herbes
vivent au détriment des plantes ; elles absorbent l'engrais qui leur est destiné, et les étouffent très promptement avec leurs racines et leurs feuilles.

Il n'y a pas de prétexte pour ajourner le sarclage
des semis. Si la terre est sèche, on l'arrose ; elle est
humide alors, et rien n'empêche de sarcler. Quand
on laisse grandir les mauvaises herbes, on déracine
les semis en les arrachant ;

8° ARROSER COPIEUSEMENT, C'EST-A-DIRE MOUILLER LA
TERRE A FOND, OU S'ABSTENIR COMPLÈTEMENT. Rien n'est
plus pernicieux pour les légumes qu'un arrosage

incomplet ; il excite les plantes sans les nourrir, et les expose à tous les accidents.

Si vous avez une quantité d'eau insuffisante, *mouillez à fond* quatre, cinq ou six planches, et passez à quatre, cinq ou six autres ensuite. Bien mouillées, elles pourront se passer d'eau pendant huit jours et végèteront énergiquement. Si vous arrosez à moitié vous courez le risque de tout perdre. Dans ce cas, il vaut mieux biner ;

9° FAIRE LES SEMIS ET LES REPIQUAGES EN PÉPINIÈRE SUR DES ESPACES TRÈS RESTREINTS AFIN DE LEUR DONNER TOUS LES ARROSEMENTS QUI LEUR SONT INDISPENSABLES. La surface de la terre des semis ne doit jamais se dessécher, surtout pendant les chaleurs. Il suffit d'une heure de soleil, lorsque la terre est sèche, pour faire périr un semis en état de germination : les germes très tendres sont brûlés en un instant ;

10° PAILLER TOUTES LES PLANTES DEMANDANT BEAUCOUP D'HUMIDITÉ. Le paillage est indispensable, surtout pour les *fraisiers de Gaillon*, les *tomates*, les *laitues*. Il suffit d'une couverture de 3 à 4 centimètres d'épaisseur sur toute la planche, avec du fumier de couche usé ou des composts pour y maintenir constamment la fraîcheur ;

11° ÉVITER DE TROP RATISSER LES SEMIS ET D'EMPLOYER DES RATEAUX TROP FINS. L'excès de propreté est souvent nuisible aux plantes. Il faut râtisser les semis pour unir la terre et enlever les corps étrangers ; mais il ne faut pas abuser du râteau. Dans ce cas, on tasse la terre, on la rend plastique, imperméable à l'air et à l'eau, et on compromet le succès du semis ;

12° FAIRE LES REPIQUAGES EN PÉPINIÈRE DÈS QUE LES PLANTES ONT QUATRE FEUILLES BIEN DÉVELOPPÉES, ET ARROSER COPIEUSEMENT LES JEUNES PLANTS, POUR LES FAIRE VÉGÉTER PROMPTEMENT. Sans pépinière de légumes, pas de produits prompts et de bonne qualité. Les choux, les salades, etc., mis en pépinière lorsqu'ils ont quatre feuilles, commenceront à *tourner* en quelques jours dans une terre bien pourvue d'humus et toujours maintenue humide, et, toutes choses égales d'ailleurs, produiront beaucoup plus vite des pommes énormes et serrées lorsqu'ils seront en place.

La pépinière de légumes est la clef de la production d'un potager. Elle doit toujours être abondamment approvisionnée de tout, pour remplir les vides et parer à tous les accidents : sans pépinière, pas de bonne culture et pas de beaux produits. Cela est bien simple et bien facile à faire, et cependant c'est ce qu'il est le plus difficile à obtenir des jardiniers.

Ces principes généraux doivent toujours être présents à la mémoire du cultivateur, et être rigoureusement appliqués partout, pour obtenir un succès complet.

DEUXIÈME PARTIE

CULTURE INTENSIVE. — ORGANISATION GÉNÉRALE

CHAPITRE PREMIER

CRÉATION DU POTAGER

SITUATION, EXPOSITION, NATURE DU SOL

Il n'est pas toujours facultatif de choisir, chez les propriétaires surtout, l'emplacement et l'exposition les plus favorables pour le potager; le parc a des exigences de vues, de conformation et de perspective qu'il est impossible d'enfreindre, et, disons-le, le potager, malgré toute son utilité, est loin d'offrir un aspect pittoresque : il faut donc le reléguer dans un coin et le soustraire à tous les regards.

Fort heureusement le potager, d'une utilité absolue, est beaucoup moins exigeant que le jardin fruitier au point de vue de la situation, de l'exposition et surtout de la qualité du sol; en cherchant bien et en déployant un peu d'imagination, on trouvera toujours le moyen de le créer dans de bonnes conditions ou de le masquer assez habilement pour qu'il ne déshonore pas le paysage. Lorsqu'on créera un potager pour la spéculation, soit dans une ferme ou chez un propriétaire cultivateur, où les nécessités de la perspective n'existent pas, on choisira, bien entendu, l'emplacement le plus favorable au produit, pouvant être exploité dans les meilleures conditions d'économie.

Pour donner des résultats assurés, le potager doit être créé dans les conditions suivantes :

1° *Être abrité naturellement des vents du nord et de ceux de l'ouest ; être fermé à ces deux expositions et ouvert à celles de l'est et du sud.*

Les vents du nord sont glacials ; ils apportent la gelée, la grêle, etc. etc. On ne saurait trop garantir un jardin de ces vents pernicieux pour toutes cultures, par leur âpreté, les ravages qu'ils causent et le retard qu'ils apportent dans la végétation. Les vents d'ouest, moins froids que ceux du nord, ne sont pas moins à redouter ; quand leurs violentes rafales ne brisent pas les plantes, ils les tourmentent assez pour retarder considérablement leur végétation.

Un bon jardin doit être hermétiquement fermé au nord et à l'ouest par des abris naturels et, à leur défaut, par des abris artificiels, et, si ce même jardin est ouvert à l'est et au midi, il sera d'une précocité remarquable, abrité des vents froids et des tourmentes, exposé aux premiers rayons du soleil et à la chaleur du midi. On peut tout faire et tout espérer dans un pareil jardin.

Sous le climat de l'olivier, il sera nécessaire d'abriter le potager au midi par une haie de thuyas, pour le soustraire à la trop grande chaleur, et d'y établir des abris puissants à l'aide de plantations épaisses contre les vents de la mer.

Sur tout le littoral de la mer, que ce soit au nord, à l'ouest ou au sud, le premier soin sera de garantir le potager des vents de mer, par les accidents du terrain d'abord, et ensuite par d'épaisses et solides plantations d'arbres verts ;

2° *Le potager doit être uni comme une table ; s'il présente une pente, il faut niveler avec le plus grand soin.*

Un potager en pente, même lorsqu'il est incliné au midi, se trouve toujours dans une situation défavorable. La culture du potager est intensive au premier chef ; chaque planche doit produire en moyenne au moins quatre récoltes par an, et ce résultat ne peut être obtenu qu'à l'aide d'une culture active et d'arrosages fréquents.

Une pente, quelque légère qu'elle soit, est un obstacle à l'exécution des façons, et presque une impossibilité à des arrosements fructueux ;

3° *L'eau étant indispensable au potager, on doit sinon le placer près d'un ruisseau ou d'une source, mais au moins dans un endroit où l'on soit certain de percer un puits peu profond, fournissant de l'eau en abondance et ne tarissant jamais, à moins cependant que l'on ait une conduite d'eau à sa disposition.*

Les fonds sont en général très favorables à l'établissement des potagers ; les pentes qui les environnent forment un abri naturel contre les vents : leur sol est

riche et frais et il s'y trouve souvent des sources ou
des fontaines donnant une grande quantité d'eau. A
défaut de sources superficielles, on est assuré d'en
rencontrer de très abondantes à une petite profondeur ;

4° *Le potager doit être créé dans un sol de consistance moyenne, plutôt léger que compact, mais cependant assez substantiel.*

Le sol est un des plus puissants agents naturels de
la végétation ; il compte pour beaucoup dans les succès obtenus en culture ; mais il ne faut pas cependant
exagérer son importance, et mettre sur le compte de
sa mauvaise qualité les nombreuses déceptions dues
uniquement à l'ignorance, à la paresse et à l'incurie.

La culture des légumes est non seulement possible,
mais encore profitable dans tous les sols, excepté dans
la silice et le calcaire purs, et encore cette culture y
donnerait des résultats passables, si le sol était amendé,
suffisamment fumé et bien cultivé.

Posons donc en principe : QUE LA CULTURE DES LÉ-
GUMES EST POSSIBLE DANS TOUS LES SOLS.

Ceci posé, étudions sommairement la constitution
du sol et les amendements à y introduire afin de créer,
au besoin, un sol, sinon artificiel, mais au moins
assez heureusement amendé pour donner les meilleurs
résultats.

Examinons d'abord les trois principaux éléments
servant de base à la fertilité et entrant, en quantité
plus ou moins grande, dans la constitution des sols:
l'argile, la silice et la matière calcaire.

L'ARGILE, desséchée naturellement, se compose de

52 parties de silice, de 33 d'alumine et de 15 d'eau ;
elle est plastique, tenace, difficile à diviser, retient
une quantité d'eau considérable, 70 pour 100 de son
poids environ ; elle possède la faculté de s'emparer
des gaz ammoniacaux et de les retenir entre ses parti-
cules. L'argile mouillée forme une pâte molle, adhé-
rente aux outils ; sèche, elle acquiert la dureté de la
pierre. Dans ces deux cas, elle est imperméable à l'air.
En outre, il faut que l'argile soit entièrement saturée
d'engrais pour que les végétaux que l'on y cultive se
ressentent de l'effet des fumures.

Les sols argileux sont froids, humides, tardifs par
conséquent, et ils joignent à ces désavantages le
double inconvénient de donner facilement prise à la
gelée et de se fendre par les grandes chaleurs.

Ces sols conviennent particulièrement aux artichauts, aux choux, poireaux, fèves, etc. etc. ; mais
les asperges, la plupart des racines et des légumes à
fruits secs y viennent mal.

Malgré ces inconvénients, on forme d'excellents
potagers dans des sols argileux, en les amendant
convenablement.

Des amendements, impossibles en grande culture,
sont facilement applicables au potager, où, comme
dans le jardin fruitier, nous ferons de la culture intensive dans toute l'acception du mot, c'est-à-dire
où nous dépenserons un capital élevé et une grande
somme de travail, pour obtenir une abondante récolte
sur un espace très restreint.

Nous sommes en présence d'un sol très argileux,

destiné à former un potager ; d'une terre assez plastique pour faire de la brique ou de la poterie. Si nous laissons le sol dans cet état, quelques légumes à production foliacée y donneront de bons résultats ; presque tous les autres y languiront.

Le premier point à obtenir de l'amendement est un sol friable et perméable à l'air, qui ne colle ni aux pieds ni aux outils, lorsqu'il est mouillé, et ne se fende pas par la sécheresse.

Nous n'avons pas ici, comme pour le jardin fruitier, à redouter un peu d'humidité dans le sol ; au contraire, c'est une des conditions les plus favorables pour le potager : c'est à la fois une grande économie sur les arrosements et un garant de fertilité. Aussi, faudra-t-il bien se garder de drainer le potager dans les sols frais ; ce serait une faute des plus graves, à moins cependant de rencontrer de l'eau stagnante dans le sol, à une profondeur moindre de 60 centimètres.

L'arrosement est ce qui coûte le plus cher dans la culture des légumes ; on ne doit rien négliger de ce qui peut contribuer naturellement à en diminuer les frais.

Nous conserverons donc au sol une fraîcheur salutaire ; rechercherons le moyen de le rendre divisible et perméable au meilleur marché possible, suivant les ressources du pays.

Si le sol à amender est formé en entier de terre à brique ou à poterie, et qu'il soit possible de se procurer un combustible quelconque à très bon marché, le moyen le plus énergique, donnant les résultats les plus complets et les plus prompts, est le brûlis. Peu importe la nature du combustible : en Sologne, ce seront des bourrées de sapin dont on ne sait que faire ; en Picardie, de la tourbe ; en Bretagne, des ajoncs et des genêts ; ailleurs, du charbon ou du coke, des broussailles. Peu importe : le préférable est celui qui coûte le moins cher.

On ouvre la terre pour en former des billons de 60 à 80 centimètres d'élévation, le combustible est placé en quantité suffisante au fond de ces billons, pour faire un feu susceptible de durer deux heures environ ; on recouvre le combustible avec de grosses mottes de terre, de manière à former une espèce de fourneau et à permettre aux flammes de pénétrer entre les mottes : on met le feu, puis on a soin de boucher les trous avec de nouvelles mottes de terre partout où les flammes se font jour.

Lorsque les fourneaux sont refroidis, on brise les mottes avec la tête de la pioche : un seul coup les réduit en poussière.

Il suffit alors, en défonçant, de bien mélanger le produit du brûlis avec le sol, d'y ajouter un chaulage ou un copieux marnage, et une bonne fumure, pour obtenir immédiatement une terre amenée au plus haut degré de puissance et de fertilité.

Toutes les fois que le brûlis ne coûtera pas plus cher que le transport du sable, il devra lui être préféré. Non seulement l'argile fortement chauffée ne redevient jamais plastique et agit comme le sable, mais dans cet état elle absorbe avec avidité les gaz de l'atmosphère, et concourt puissamment à augmenter l'action des fumures; en outre, le brûlis purge le sol d'une manière radicale des insectes et des mauvaises herbes qui ravagent et ruinent le potager.

Pour les sols moins argileux, que l'on désigne généralement sous le nom de terres fortes, des amendements bien choisis et une bonne culture les rendront bien vite d'une fertilité remarquable.

N'oublions pas que notre potager sera abondamment fumé, labouré trois à quatre fois par an, et biné huit à dix fois, chaque planche devant produire en moyenne au moins quatre ou cinq récoltes. L'enfouissement des engrais, et une culture aussi active suffiraient seuls à ameublir complètement le sol en quelques années; nous y ajouterons quelques amendements pour augmenter sa fertilité et hâter son ameublissement, et n'aurons recours aux brûlis que pour les sols réputés impossibles.

Posons d'abord en principe : que *les amendements calcaires apportent une grande somme de fertilité dans les sols argileux*. Si la terre est trop compacte, il faudra d'abord y introduire du sable, le bien mélanger avec le sol, et ensuite avoir recours aux amendements calcaires. On peut employer indistinctement, suivant leur prix de revient :

La CHAUX VIVE, dans la proportion de deux à trois hectolitres par are. On la mêle d'abord avec trois à quatre fois son volume de terre, pour la laisser fuser, et ensuite on mélange bien le tout ensemble et on l'ajoute aux engrais pour être répandue également sur le sol ;

La MARNE dans la proportion de trois ou quatre mètres par are, et mélangée avec les engrais, à la condition toutefois d'employer des marnes actives contenant une grande quantité de carbonate de chaux. Il faut toujours se défier des marnes, dont l'aspect est des plus trompeurs ; il sera prudent de les faire analyser avant de les employer pour le potager ;

Les PLATRAS et vieux mortiers de chaux, provenant de la démolition des maisons ; ils ne coûtent que la peine de les enlever dans le voisinage des villes, et sont aussi efficaces que la chaux et la marne. Il faut les pulvériser et les mêler avec des engrais ;

Les CENDRES, à défaut de chaux, de marne ou de plâtras. Les cendres de bois sont les meilleures ; mais elles sont souvent d'un prix élevé.

On peut employer avec succès la charrée, cendre qui a servi à faire la lessive. Les cendres des fours à chaux et des briqueteries, moins pures que celles des foyers, sont excellentes et ne coûtent pas cher. Les cendres de houille provenant des usines sont aussi un précieux amendement ne coûtant presque rien : les cendres de tourbe, de tannée, et même celles des locomotives, qui encombrent toutes les gares, et dont les employés de chemins de fer sont toujours très heureux de se débarrasser moyennant une faible gratification, sont excellentes, à la condition, toutefois, de les passer à la claie, pour en enlever les cailloux et les détritus de charbon.

Les cendres de locomotive sont une véritable richesse pour le potager, pour la grande culture et pour le vignoble. On les jette presque partout aux décharges publiques comme jadis le noir des raffineries. J'en ai fait enlever de grandes quantités dans plusieurs gares ; tous ceux qui les ont employées suivant mon conseil en ont obtenu, comme moi, d'excellents résultats. Je ne saurais trop engager les propriétaires, les cultivateurs et les vignerons à les enlever, à ne pas laisser perdre un produit précieux destiné à augmenter la richesse des récoltes, principalement dans les sols argileux et siliceux.

Enfin, si le propriétaire n'a pas de chaux, de marne, de plâtras, et qu'il ne puisse pas se procurer de cendres, il lui sera facile d'en faire dans les pays fourrés et boisés comme la Bretagne et la Sologne, etc. etc., avec des ronces, des épines, des éclaircies de sapins, des bruyères, des ajoncs, des genêts, des algues, des varechs, de la tourbe, de la tannée, etc. Dans d'autres contrées, les propriétaires auront un bénéfice notable à faire nettoyer leurs bois, et à faire des cendres avec les mauvaises broussailles qui les obstruent et les empêchent de pousser. La main-d'œuvre employée à faire des cendres sera payée au centuple dans les schistes de Bretagne et les sables de Sologne, qui ne contiennent pas un atome de calcaire.

Admettons encore que l'on manque de tout cela, il restera la ressource d'acheter de la chaux dans le pays, si elle est à un prix abordable, ou de faire venir du plâtre de loin.

Un potager créé dans un sol argileux ainsi amendé donnera les plus brillants résultats; il ne sera pas des plus hâtifs, mais, après quatre ou cinq années de culture, aucun jardin ne l'égalera pour la richesse, la beauté et la quantité de ses produits. Les sols argileux bien cultivés sont les plus fertiles, mais aussi les plus exigeants ; le propriétaire doit toujours se souvenir qu'ils demandent à être soigneusement amendés et copieusement fumés, et le jardinier ne doit pas oublier que ces terres exigent plus de travail, et doivent être constamment ameublies par de profonds labours et par des binages fréquents et réitérés.

La SILICE ou sable entre en quantité plus ou moins grande dans la constitution de tous les sols. On l'y rencontre en plusieurs états : sous forme de cristal de roche insoluble dans l'eau et les acides ; sous forme de poudre blanche très fine, soluble dans l'eau et les acides; enfin en combinaison avec d'autres substances, formant des sels, où elle joue le rôle d'acide, tels que l'alumine, la potasse, etc.

Les sols siliceux variant du blanc au rouge, suivant la quantité d'oxyde de fer qu'ils contiennent, offrent les caractères opposés à l'argile : ils sont friables, faciles à travailler, perméables à l'air, mais, toujours exposés à la sécheresse, ils ne retiennent que 25 pour 100 d'eau environ.

Ces sols sont hâtifs, mais très brûlants dans l'été, et si l'on ne peut les arroser sans cesse très copieusement, on a toutes les peines du monde à y obtenir une récolte passable dans les années sèches.

Les potagers créés dans les sables sont une ruine pour le propriétaire ; il ne peut en espérer de bons résultats qu'après les avoir complètement saturés d'engrais, et s'il est à même de pailler et de les faire *noyer* au moins une fois par jour, depuis le mois de mai jusqu'à celui de septembre, dans les années sèches.

Un tel potager est impossible ; il dépense le double d'engrais et dix fois plus d'eau (l'arrosement est ce qu'il y a de plus dispendieux) que la récolte ne vaut, et si l'on néglige d'arroser, on n'obtient plus rien. Il est bien préférable de renoncer à une culture ruineuse et d'amender.

L'amendement le plus efficace est l'argile; elle donne de la consistance au sol, augmente sa fertilité, et lui permet de retenir une plus grande quantité d'eau, mais l'argile employée humide ne se mélange pas au sable; elle reste en mottes et n'agit pas. Il faut opérer ainsi pour obtenir de bons résultats :

Se procurer de l'argile pendant l'été, l'étendre au soleil, dans une cour ou dans les allées, jusqu'à ce qu'elle soit bien sèche: alors il faut la pulvériser complètement et couvrir le sol, par un temps bien sec, d'une couche de cette poudre, épaisse de 5 millimètres à 1 centimètre.

Aussitôt après, on donne un hersage énergique avec la fourche crochue (fig. 1), pour bien mêler la poudre d'argile avec le sol, puis on l'enfouit au moyen d'un labour par un temps très sec. Si le temps était incertain, il faudrait n'étendre sur le sol que la quantité de poudre d'argile pouvant être hersée et enfouie dans

la journée. La poudre mouillée redeviendrait adhé-
rente et ne se mêlerait pas au sable.

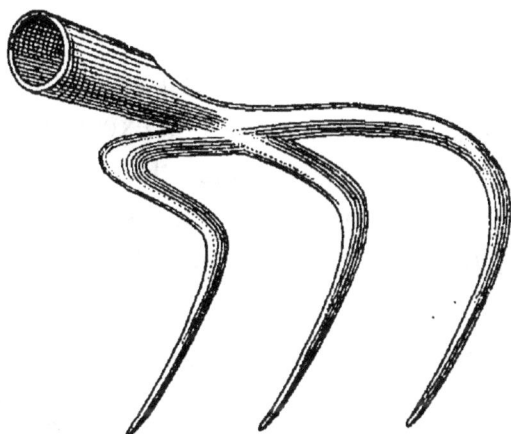

Fig. 1. — Fourche crochue.

Le labour doit être fait à la fourche à dents plates.

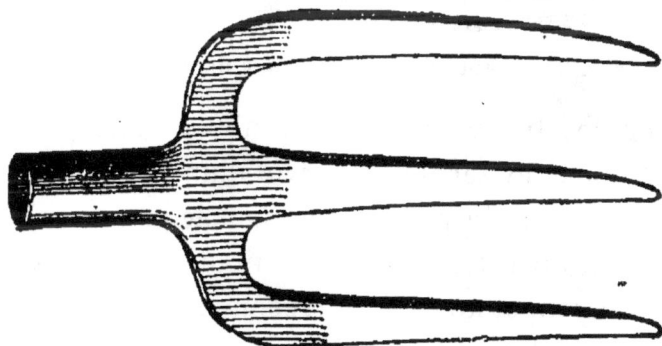

Fig. 2. — Fourche à dents plates.

(fig. 2), et non avec la bêche, qui amalgame moins bien
l'amendement avec le sol.

J'insiste sur l'emploi de la fourche à dents plates,
trop peu en usage dans les jardins, parce qu'elle seule
opère un mélange parfait de la poudre d'argile avec

le sol. La bêche opère mal ce mélange et réunit l'argile au lieu de la mêler.

Il était difficile autrefois de se procurer la fourche à dents plates dont j'avais donné le modèle ; il fallait la faire venir de Paris. Les Américains, plus intelligents que nous, en ont fabriqué d'excellentes, et en ont inondé la France, c'est le mot. Heureusement une grande usine française a eu le bon esprit de faire fabriquer ces fourches américaines (fig. 3), et aujour-

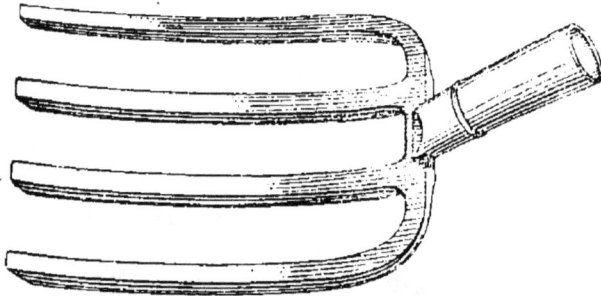

Fig. 3. — Fourche américaine à dents plates.

d'hui on les trouve partout. Il n'y a donc plus de prétexte pour éviter de se servir d'un outil aussi indispensable dans le potager que dans le jardin fruitier.

C'est une opération longue et minutieuse ; mais c'est le seul moyen, et aussi le plus économique, pour améliorer un sol trop siliceux. Grâce au parfait mélange de l'argile, la terre prend la consistance et devient onctueuse aussitôt. Alors il y a augmentation du double dans les produits et moitié de diminution dans les doubles dépenses des engrais et de l'arrosage.

Si le propriétaire a un besoin absolu d'un potager et qu'il ne puisse l'établir que dans un sol très sili-

ceux, sa première opération devra être d'amender.
Cela lui occasionnera une dépense première ; mais
cette dépense sera pour lui une énorme économie de
temps et d'argent ; en outre, l'amendement, qui, du
reste, n'est pas très dispendieux, peut se faire en plusieurs fois. On peut amender un carré, c'est-à-dire le
quart du potager, tous les ans, et dans tous les cas
il serait préférable et profitable d'amender complètement la moitié ou même le quart du potager, que de
faire imparfaitement la totalité. La culture est une
œuvre de savoir, de temps et d'expérience ; elle est
aussi profitable, exécutée dans de bonnes conditions,
que ruineuse quand elle est dirigée par l'ignorance,
la précipitation et l'irréflexion.

Si l'on ne peut se procurer à bon compte la quantité d'argile nécessaire, on peut la remplacer par des
vases de mares et d'étangs, par des curures de fossés, d'égouts et de lavoirs publics, que l'on emploie à
l'état de dessiccation et pulvérisés comme l'argile.

Les cendres produisent aussi les meilleurs effets
dans les sols siliceux : elles les rendent onctueux et
augmentent leur fertilité, par l'addition de potasse
qu'elles y apportent.

Le meilleur moyen de les employer est de les mélanger avec les engrais.

Si les sols essentiellement siliceux présentent de
nombreux inconvénients, hâtons-nous de dire qu'il
est des sables très fertiles : ceux contenant une certaine quantité d'argile, désignés vulgairement sous le
nom de *sables gras*, et fortement colorés en rouge.

C'est le sol préférable à tous pour établir un potager. Sa précocité, comme son extrème fertilité, s'explique par la présence de l'oxyde de fer, qui attire et fixe sous forme d'ammoniaque l'azote de l'atmosphère.

Les SOLS CALCAIRES, formés de chaux à l'état de carbonate, et contenant une quantité plus ou moins grande d'argile et de silice, sont les moins favorables à la culture des légumes, excepté cependant à celle des asperges, qui ne sont jamais aussi belles et aussi bonnes que dans les terres calcaires à l'excès, et même dans le calcaire pur.

Leur couleur blanche repousse l'action des rayons solaires ; ils s'échauffent très difficilement, absorbent très promptement une quantité d'eau considérable, et se dessèchent avec rapidité. Partant ils sont froids, tardifs, toujours trop humides ou trop secs.

Les sols calcaires, suivant leur consistance, s'amendent avec une quantité plus ou moins grande d'argile ou de silice. Il faut toujours choisir pour mêler aux sols calcaires des matières fortement colorées, soit pour amender, soit pour fumer, afin de donner prise à l'action des rayons solaires en faisant disparaître leur couleur blanche.

Les argiles brunes, les sables rouges et les frasiers de forges sont les meilleurs amendements à introduire dans les sols calcaires, avec du noir animal, de la suie, de la tannée, de la tourbe et des terreaux de couches pour engrais. Avec des soins, du raisonnement et quelques années, on améliore assez ces sols ingrats pour en retirer d'excellents et d'abondants produits. Le premier, le plus urgent et le plus profitable de tous les actes, est celui d'amender le sol d'abord, et de le placer ensuite dans de bonnes conditions de fertilité, en lui donnant assez d'eau et des engrais appropriés à sa nature.

La tannée est parfaite en ce qu'elle agit comme amendement et comme engrais, mais dans les sols calcaires seulement, où son acidité naturelle est corrigée par l'excès du calcaire. Dans les sols argileux, siliceux et de consistance moyenne, elle ne peut être employée sans préparation, sans être nuisible. (J'en parlerai aux *Engrais*.)

Il résulte de l'examen que nous venons de faire des trois principaux éléments constituant tous les sols, argile, silice et calcaire, que non seulement chacun de ces éléments séparés forme un sol imparfait, impropre à la plupart des cultures, mais encore que, mélangés, l'élément dominant nuit à la qualité du sol et nécessite les amendements.

La terre modèle est le *loam*, appelé *terre franche* dans certains pays. Les loams contiennent 33 p. 100 d'argile, 33 p. 100 de silice et 33 p. 100 de calcaire. Toutes les cultures sont faciles dans ces sols; tout y prospère et y donne d'abondants produits, avec moins d'engrais et de travail. Mais cette terre modèle se rencontre rarement; c'est au cultivateur à chercher à approcher le plus possible de ce type, à l'aide d'amendements judicieusement appliqués. Qu'il étudie, examine scrupuleusement et opère sagement, sans parcimonie comme sans prodigalité, et il sera bientôt convaincu de cette grande vérité : *il n'existe pas de mauvais sols ; il n'y a que de mauvais cultivateurs.*

La nature est plus généreuse que ne le supposent les nonchalants ; elle possède des trésors que l'homme laborieux et entreprenant sait seul découvrir. Très souvent le remède est placé à côté du mal ; il n'est pas rare de trouver un sol argileux placé sur un sous-sol siliceux, et une couche de calcaire à une certaine profondeur ou à une petite distance.

Dans ce cas, il n'y a qu'à opérer le mélange des couches séparées, opération des plus faciles en procédant au défoncement, ou à faire quelques charrois.

Règle générale pour tous les jardins fruitiers et potagers : ne choisissez jamais un emplacement, et gardez-vous de commencer un travail d'amélioration, avant d'avoir sondé le sol en plusieurs endroits à 1 mètre de profondeur, vous être bien rendu compte de sa composition chimique et des ressources d'amendements qu'il renferme, si vous ne voulez pas vous exposer à faire une mauvaise opération, à recommencer votre travail et à faire une quadruple dépense en pure perte.

Disons, avant de terminer ce qui est relatif au sol, que la meilleure terre sera peu fertile, si elle ne contient une certaine quantité d'humus.

L'humus est la base de la fertilité du sol ; il provient de la décomposition des végétaux et des matières animales.

L'humus fournit aux plantes l'azote provenant des

végétaux dont il est formé ; du gaz acide carbonique qui imprègne l'eau du sol, et forme au pied de la plante, et sous l'abri de ses feuilles, une atmosphère surchargée de cet acide (les plantes absorbent de l'acide carbonique par les racines et par les feuilles).

L'humus a d'autant plus d'efficacité sur la végétation, qu'il possède, comme les corps poreux, la faculté de s'emparer et de condenser les gaz qui l'entourent. Ces gaz sont restitués par l'élévation de la température ou par l'humidité qui les chasse des pores.

L'humus est en quelque sorte un réservoir de substances nutritives placé au pied de la plante.

En outre, l'humus agit dans les sols argileux comme agent diviseur ; il maintient la fraîcheur dans les sables, et agit comme agent colorant dans les sols calcaires à l'excès. L'humus est la clef de la fécondité dans tous les sols.

Il nous sera facile d'introduire une quantité plus ou moins grande d'humus ou de terreau dans le sol, et par conséquent de diriger la végétation presque à notre gré, si nous savons bien choisir et fabriquer nos engrais, et surtout les employer avec discernement.

Notre terrain choisi, pouvant fournir la quantité d'eau nécessaire aux arrosements, reconnu propre à l'établissement du potager, occupons-nous de son dessin, de sa forme, de son étendue, de sa distribution et de son tracé.

CHAPITRE II

CRÉATION DU POTAGER

FORME, DISTRIBUTION, CLÔTURE, ÉTENDUE, TRACÉ

Il est bien entendu que le potager est exclusivement consacré à la culture des légumes, et qu'il ne doit y entrer ni arbres fruitiers ni fleurs. La seule plantation admissible dans le potager est celle en espalier pour couvrir les murs de clôture, et un cordon de vignes ou de poiriers et pommiers à deux rangs, au bord de la plate-bande. On obtient dans ces conditions des fruits magnifiques, mais sous réserve de ne pas mettre de légumes dans la plate-bande. (Voir l'*Arboriculture fruitière*, dixième édition.)

La première chose à faire, après avoir examiné le sol, s'être rendu compte de sa qualité, l'avoir sondé pour s'assurer d'y trouver la quantité d'eau nécessaire aux arrosements, est de lever le plan du terrain, afin de l'étudier sur le papier.

Le potager n'est pas un jardin de luxe, mais d'utilité ; c'est encore moins un lieu de promenade : il est exclusivement destiné au produit, et doit être aménagé, et distribué uniquement en vue de la production abondante et économique des légumes.

La coquetterie du potager gît dans sa bonne organisation ; son luxe, dans la fertilité. Des architectes paysagistes ont créé des potagers ronds ; la forme circulaire favorise un peu l'exposition des murs, et est peut-être plus facile à dissimuler par des massifs. Ce sont ses seuls avantages. D'un autre côté, elle fait perdre un temps précieux aux jardiniers, et les gêne pour l'organisation des planches. La forme carrée, quelque irrégulière qu'elle soit, est préférable et plus commode pour la culture. Elle permet d'établir les dispositions les plus faciles et les plus économiques ; les pointes et les angles sont autant de précieuses ressources pour les aménagements et la *cuisine* du potager.

L'abondante production que nous demandons au potager n'exclut ni l'ordre ni la propreté. Rien de plus ignoble que de voir des tas de fumier et des débris de toutes sortes dans un jardin ; des outils, des paillassons, des cloches, des châssis ou de la poterie traîner dans tous les coins. Quelle que soit la forme du potager, il est indispensable d'établir tout auprès, et dans un coin bien caché :

1° Une petite cour pour la fabrication des fumiers, l'aménagement des terreaux et des paillis ;

2° Une serre pour les outils, et dans laquelle ils seront soigneusement accrochés ;

3° Une autre serre pour les châssis, les cloches, la poterie inutile, les paillassons, etc. etc. ;

4° Un grenier ou une petite pièce quelconque pour serrer les rames, les échalas, les tuteurs, etc. etc. ;

5" Une serre à légumes, pour conserver les légumes pendant l'hiver, faire germer les pommes de terre, etc.

Si les bâtiments faits ou à construire dans le jardin étaient impropres à l'établissement d'une serre à légumes, on la placerait ailleurs.

Le défaut dominant, dans la création des potagers actuels, c'est de les faire toujours trop grands ; c'est plus qu'un défaut : c'est un vice. Un potager trop grand demande une main-d'œuvre très dispendieuse, laissant toujours à désirer, et il n'a jamais assez d'eau, d'engrais et de main-d'œuvre. La dépense est très élevée et la récolte à peu près nulle.

L'étendue du potager doit être calculée ainsi en moyenne : deux ares de terre par habitant, maître ou domestique, et un are par étranger venant passer quelques jours. Dans les grandes maisons, recevant beaucoup, où les étrangers affluent pendant l'été, et où le personnel des domestiques augmente à chaque instant, le potager doit être organisé pour parer à toutes les éventualités.

Supposons une maison composée de six maîtres et d'autant de domestiques, recevant pendant tout l'été et ayant quelques réunions de douze à quinze personnes pendant les vacances, les chasses, etc. etc. Le nombre des visiteurs, augmenté de celui des domestiques, avec le personnel de la maison, équivalant à trente personnes, il faudrait, d'après mon calcul, un potager de 60 ares ; mais, par mesure de prudence,

nous le porterons à 80 ares dans la prévision des
mauvaises années, et même à 1 hectare si le maître
de la maison a une famille nombreuse à laquelle il
expédie des provisions.

Un potager d'un hectare peut suffire largement à la
maison la plus importante, aux envois de provisions
à ses parents et à ses amis, et apporter encore, à l'aide
de cultures dérobées faites avec intelligence, un précieux appoint de nourriture en verdure, et même en
grenailles pour la basse-cour.

Pour une maison moyenne, composée de quatre
maîtres, deux domestiques, un jardinier et sa femme,
et où l'on reçoit quatre étrangers par an, un potager
de 24 ares est suffisant, pour être richement approvisionné toute l'année.

Si au lieu de quatre personnes on en reçoit huit,
on ajoutera quatre ares au potager.

Un jardinier avec sa femme soignera parfaitement
un potager de 25 ou 30 ares, et n'aura besoin d'un
aide que s'il a, avec cela, un parc un peu étendu, et
beaucoup de corbeilles de fleurs.

J'insiste sur le chiffre de deux ares par personne,
parce qu'il est suffisant dans une maison où il n'y a
pas de nombreuses réceptions, si l'on applique à la
lettre la culture du *Potager moderne*.

Admettons, ce qui arrive très souvent, une maison
où le mari et la femme vivent seuls avec un domestique : un potager de 8 à 10 ares leur suffira pour
pourvoir à tous leurs besoins.

Si le maître de la maison a le goût du jardinage, son petit jardin lui coûtera par an :

6 voitures de fumier à 12 fr.	72 fr.
8 journées d'hommes à 4 fr., à époques différentes, pour les labours et les couches.	32
Semences, environ..	20
	124 fr.

Si le propriétaire aime le jardinage, il fera tout le reste, qui n'a rien de fatiguant, et avec une dépense annuelle de 124 fr., il approvisionnera abondamment sa maison de primeurs et de légumes. Trente melons le rembourseront totalement de ses frais. Qui l'empêche d'envoyer trente melons au marché, en dehors de sa provision s'il veut, ou est obligé de faire des économies ?

Si ce même propriétaire ne veut pas toucher à son jardin, et se contente de diriger le jardin suivant les indications du *Potager moderne*, son jardin lui coûtera par an :

6 voitures de fumier à 12 fr.	72 fr.
20 journées de jardinier à 4 fr.	80
10 — de femme à 1 fr. 50	15
Semences, environ..	20
	187 fr.

A ce prix, il aura encore grand bénéfice à récolter ses légumes, dont il sera abondamment pourvu, ainsi que de primeurs et de fruits de table, que je ne porte pas en ligne de compte.

Le potager doit être clos, pour le défendre des atteintes des maraudeurs, des animaux domestiques et des lapins, et pour augmenter sa précocité, à l'aide d'abris artificiels. La meilleure de toutes les clôtures est un mur ; c'est aussi la plus dispendieuse, mais l'intérêt du capital employé pour la construction des murs est très largement payé par la production des espaliers.

Si le potager est rond, nous n'avons pas à nous occuper de l'orientation des murs : la forme circulaire lui est favorable ; mais, s'il est carré, on devra, pour la prospérité des espaliers, placer les angles aux quatre points cardinaux, contrairement à ce qui se fait habituellement. Voici pourquoi :

Si, suivant la vieille coutume, on oriente un mur au midi franc, exposition presque toujours choisie par les personnes qui ignorent l'arboriculture, mais à laquelle les arbres grillent, et les fruits brûlent neuf fois sur dix, le mur qui lui fait face est exposé au nord et reste dégarni le plus souvent, parce que rien n'y vient ; les murs latéraux offrent l'exposition de l'est, trop sèche, et celle de l'ouest, trop humide. Résumé : quatre murs à quatre mauvaises expositions. Cependant, si ces murs sont construits, il faudra les utiliser tels qu'ils sont : *l'Arboriculture fruitière* en donne les moyens ; mais, s'ils sont à construire, il faudra procéder ainsi : placer les quatre angles du jardin au nord, au midi, à l'est et à l'ouest, afin d'avoir

sur les murs, les expositions mixtes du nord-est
et du nord-ouest, du sud-est et du sud-ouest, toutes
excellentes et susceptibles de donner un produit
double des précédentes.

Lorsqu'on sera obligé d'établir le potager au milieu
d'un parc, et qu'il y aura nécessité de le cacher, on
pourra ne faire que deux murs : l'un au nord, abritant des vents froids, et donnant l'exposition du midi;
l'autre à l'ouest, parant des vents violents et donnant
l'exposition de l'est. Ces deux murs pourront être
garnis d'espaliers, et l'on pourra clore les deux autres
faces, celle du midi et celle de l'est, avec une haie
croisée de rosiers de Bengale, clôture excellente et du
plus joli effet dans un parc (fig. 4. Cette haie, sou-

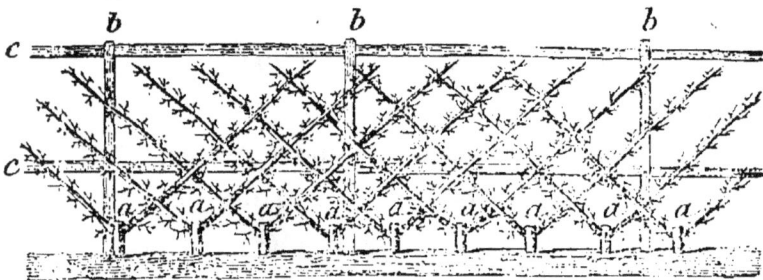

Fig. 4. — Haie croisée.

tenue par une charpente en fer ou en bois et des fils
de fer, et formée de losanges réguliers, offre un aspect
magnifique comme floraison, tout en étant d'une solidité remarquable, en ce que toutes les branches sont
greffées ensemble, à tous les points où elles sont en
contact. Une haie ainsi formée offre une clôture im-
pénétrable et un ornement splendide. (Voir l'Arbori-

culture fruitière, dixième édition, pour la plantation
et la formation des haies croisées.)

On pourra planter de grands arbres devant les deux
murs construits au nord et à l'ouest, d'abord pour cacher
les murs, ensuite pour doubler l'abri artificiel
d'un abri naturel plus élevé ; mais les grands arbres
devront être plantés à 6 mètres au moins des murs,
afin de ne nuire aux espaliers ni par leurs racines ni
par leur ombre. Enfin, avec un peu d'imagination et
d'habitude de dessiner des jardins, il sera toujours
facile de créer un potager fertile, même au milieu d'un
parc, et de le cacher complètement par des massifs
d'arbres, d'arbustes, d'arbres fruitiers, soumis à des
formes s'harmonisant avec le paysage, ou des haies
de rosiers. Les murs seraient plus nuisibles qu'utiles
dans le Midi ; les clôtures devront se composer uniquement
de rideaux de thuyas, pour avoir un abri
naturel contre l'ardeur du soleil. L'emplacement
choisi et le mode de clôture adopté, il faut penser à
la distribution du potager.

L'assolement de quatre ans est celui que nous adoptons
généralement comme le plus profitable sous tous
les climats ; il nous faudra par conséquent faire quatre
carrés d'égale grandeur, au centre desquels nous établirons
un puits ou un bassin, afin de pouvoir arroser
copieusement ces carrés avec la pompe Ludon, quand
toutefois les carrés n'excéderont pas 20 mètres d'angle
en angle ; s'ils sont plus grands, nous organiserons
plusieurs bassins. L'arrosage à la pompe est le plus
prompt et le plus économique.

Je donne les moyens de l'établir facilement et économiquement au chapitre : *Arrosage*. Il ne faut jamais
s'effrayer de l'irrégularité du terrain lorsqu'on crée
un potager ; les emplacements les plus irréguliers
sont ceux dont on tire le meilleur parti, et que l'on
aménage le plus commodément.

Supposons un potager de 30 à 40 ares bien aménagé, ayant toutes ses dépendances sous la main.

Ce potager sera parfaitement soigné par le jardinier aidé de sa femme, mais à la condition d'avoir
tout sous la main. Si les fumiers, les terreaux, les
châssis, les cloches, les échalas, les rames et les
tuteurs sont serrés dans un endroit éloigné, il faudra
que le jardinier et sa femme se dérangent vingt fois
par jour pour aller chercher cent objets dont ils auront besoin à chaque instant. De deux choses l'une :
ou la besogne sera négligée, et le produit diminué
avec la même dépense; ou il faudra un aide de plus,
coûtant 1,000 à 1,200 francs, qui augmentera les
dépenses, pour obtenir le même résultat que si le
potager eût été bien aménagé.

La culture ne donne de bénéfices qu'autant que le
travail est bien organisé, et c'est ce qui manque la
plupart du temps dans la création des jardins, parce
que le plus souvent les architectes qui les créent,
entièrement étrangers à la culture, font de très jolis
dessins, il est vrai, de la *fantasia* très élégante, mais
ne possèdent pas les notions élémentaires de la culture,
de là des plans dont l'exécution est impossible, donnant lieu à des allées et venues continuelles, et des

tournaillements incessants, dépensant en pure perte la moitié du temps d'un homme laborieux et intelligent, payé suivant son mérite.

Ensuite, la surveillance, facile quand tout est réuni, devient impossible quand tout est disséminé ; là où le jardinier laborieux perdra forcément le tiers de sa journée en allées et venues, celui qui ne l'est pas la perdra presque tout entière.

Un vieux proverbe a dit : *Chacun son métier: les...* Le proverbe a raison. Il est incontestable que, si nous voulions faire des maisons, nous ferions d'aussi pitoyables constructions que messieurs les architectes font de lamentables jardins.

Il est difficile de donner un spécimen de plan pouvant servir à des terrains de conformations différentes. Néanmoins, je donne ici le plan d'un potager, suffisant pour indiquer au propriétaire tout ce qui est indispensable dans son jardin ; il n'y aura qu'à modifier suivant la conformation du terrain.

Le jardin potager (fig. 5) est entièrement clos de murs et a deux entrées par les portes A. Nous établirons de trois côtés des plates-bandes B de 1^m,50 de large, autour des murs, et un cordon à deux rangs au bord de la plate-bande (Voir *l'Arboriculture fruitière*, dixième édition, pour faire cette plantation avec succès) ; au centre du jardin, un bassin C, pour les arrosements et donner la facilité de mouiller les quatre carrés en un instant avec la pompe à brouette Dudon ; la portée des lignes D n'excède pas 18 mètres.

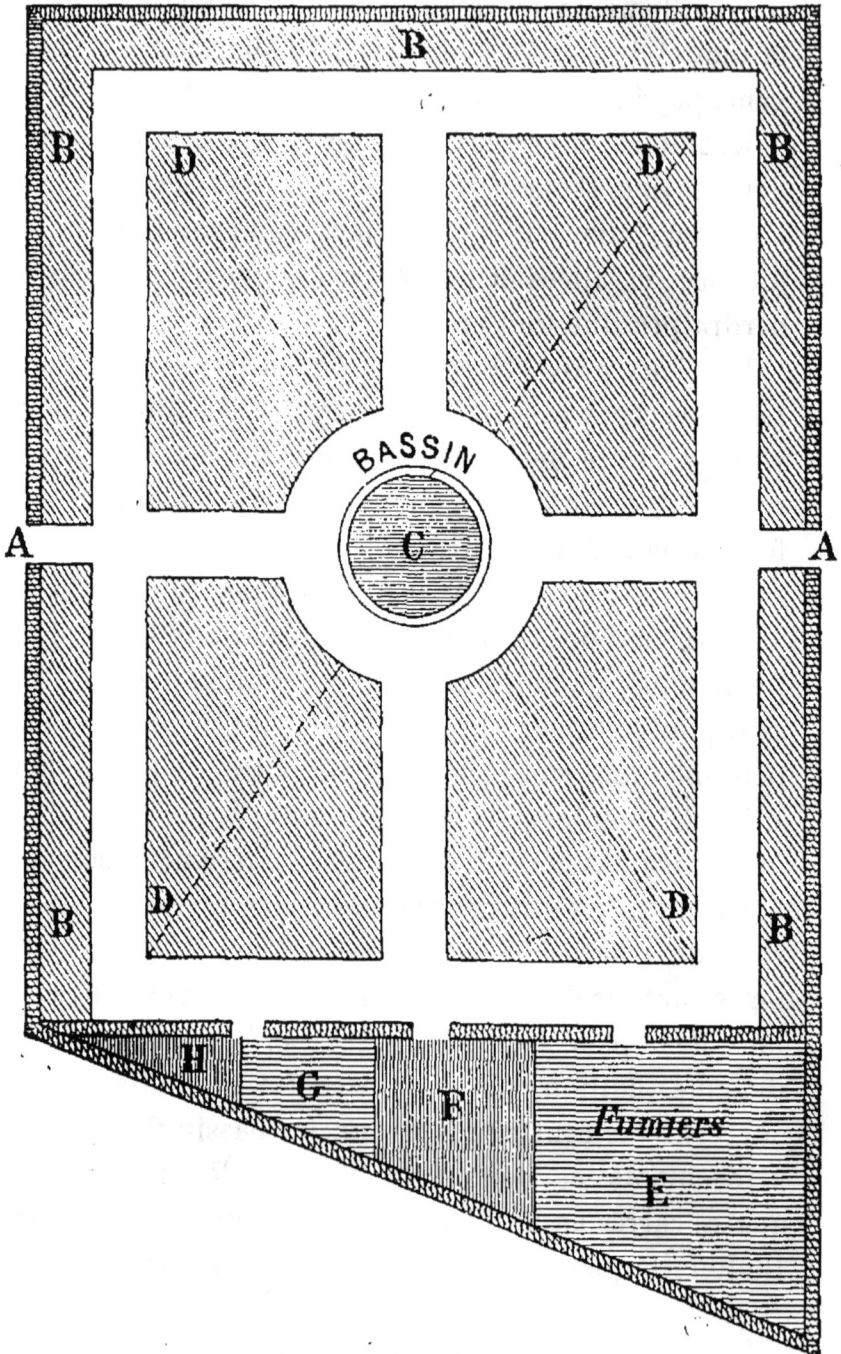

Fig. 5. — Plan du potager.

Le bassin est alimenté par un puits abondant ou une conduite d'eau.

Dans l'angle du bas, nous établirons dans la partie E une fabrique d'engrais et les dépôts de terreaux ; dans la partie F, un hangar pour abriter les rames, les tuteurs, les coffres, les paillassons, la poterie, etc.; le hangar G sera consacré aux châssis, aux cloches, etc., et celui H aux outils.

Si le jardin présentait une autre irrégularité, on pourrait y construire la maison du jardinier et même la serre aux légumes. La véritable place du jardinier est au centre de ses cultures, et autant que possible éloigné des autres domestiques, dont le voisinage engendre sans cesse des conflits entre le jardin et l'office, deux choses qui doivent être complètement séparées dans l'intérêt des deux services.

Dans tous les cas, celui qui dessine un jardin potager ne doit jamais oublier que les engrais et les outils de toutes espèces doivent être à portée, et que la construction d'un hangar est une dépense minime, comparativement à celle occasionnée par la perte du temps, quand il faut aller chercher tout cela au loin.

Si le potager a une certaine étendue, il faudra chercher un emplacement suffisant, en dehors de l'assolement, pour y créer un plant d'asperges. Un angle, une irrégularité, sont souvent employés à cet effet. Le plus souvent, le plant d'asperges, qui représente une masse de verdure pendant tout l'été, peut servir à masquer le potager quand il est placé au milieu du parc, ou à former une masse verte s'harmonisant avec les massifs.

Des allées de 1ᵐ,50 au moins à 4 mètres au plus, suivant la grandeur du potager, sont commodes pour circuler facilement avec des brouettes ou une voiture à bras, indispensables à la distribution des engrais et à la récolte des légumes. Que le potager soit placé dans un parc, ou séparé, la circulation facile doit toujours y être établie, afin de faciliter le service de la culture.

Les carrés du potager étant exclusivement destinés à la culture des légumes, ne contenant ni plantation d'arbres ni fleurs, nous supprimons les plates-bandes autour des carrés; elles sont un obstacle à la culture, en occasionnant à la fois une perte de temps et de terrain. Nous les supprimons pour établir des planches parallèles dans toute l'étendue des carrés (fig. 5).

Lorsque le plan a été suffisamment étudié et arrêté sur le papier, on opère ainsi le tracé sur le terrain :

On commence par tracer au cordeau les plates-bandes du tour et les carrés; on place à chaque angle un piquet solide, enfoncé de 60 centimètres au moins pour que les ouvriers ne puissent le déranger en défonçant et retrouver ses points de repère; on vérifie toutes ses mesures, on vide ensuite les allées à une profondeur de 15 centimètres environ, en rejetant la terre sur les plates-bandes et les carrés, afin que le tracé ne s'efface pas, et l'on procède à la préparation du sol.

CHAPITRE III

PRÉPARATION DU SOL

NIVELLEMENT, AMENDEMENT ET DÉFONCEMENT

Le tracé fait sur le terrain, et les piquets placés à chaque angle pour servir de points de repère, on peut défoncer. Mais, préalablement, il faut examiner attentivement le terrain, première condition pour rendre les arrosages profitables aux plantes.

Le nivellement doit être fait, en même temps que le défoncement, par les terrassiers qui l'exécutent, et sans grande augmentation de prix. Cela leur est facile quand leur travail est bien préparé ; il ne leur en coûte guère plus de peine, et c'est une grande économie pour le propriétaire. Le nivellement fait à la journée, avant ou après le défoncement, revient souvent plus cher que ce dernier, et a l'inconvénient d'abîmer le sol surtout après le défoncement. Il eût mieux valu ne pas défoncer que de piétiner et de rouler des brouettes sur un défoncement tout frais.

Cependant, si le terrain était couvert de buttes de terre, il faudrait niveler grossièrement, mais avant de tracer, c'est-à-dire abattre les buttes les plus saillantes et boucher avec les trous les plus profonds. Dans tous les autres cas, voici comment on procédera :

On prend trois *nivelettes* (fig. 6), ou mieux quatre pour chaque face du carré à niveler, soit douze pour un carré que nous supposons avoir 18 mètres sur chaque face. On place la première *nivelette*, non pas tout à fait à l'angle du carré, mais à vingt centimètres de cet angle, dans l'allée, de façon à enfoncer des piquets de nivellement tout autour du carré, afin que les terrassiers ne les dérangent pas en défonçant, et s'en servent pour niveler.

La première *nivelette* placée à une hauteur de 80 centimètres environ, on en enfonce une seconde à 6 mètres de la première, et à la même hauteur ; ensuite on place la troisième à 6 mètres de la seconde ; on les aligne toutes les trois les unes sur les autres, et l'on place la quatrième à l'autre angle.

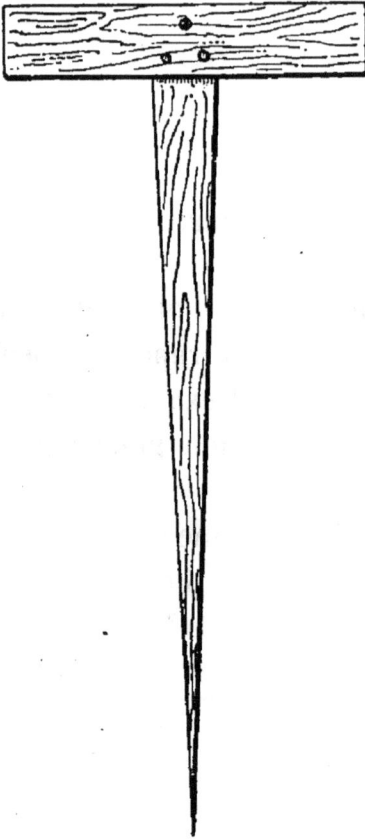

Fig. 6. — Nivelette.

Ensuite, on place, comme nous venons de le faire, en les ajustant sur celles des angles, trois *nivelettes*, à

6 mètres de distance, sur chacune des deux faces attenant à celle déjà nivelée, et deux sur la quatrième, pour déterminer une ligne parfaitement horizontale tout autour du carré. Cela fait, on ajuste une *mire* (fig. 7) à la longueur d'une nivelette de hauteur moyenne ; c'est celle que doit avoir le terrain, et l'on enfonce au maillet un piquet entre chaque nivelette, en ajustant sa hauteur sur elle avec la *mire*.

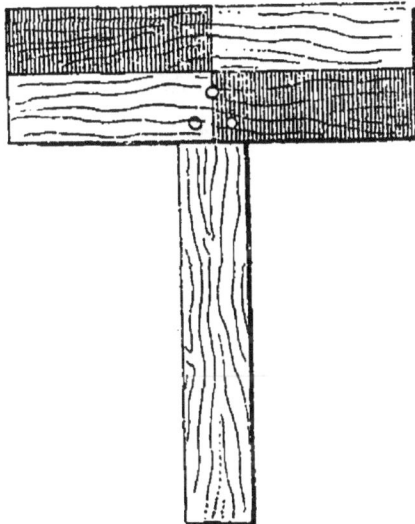

Il faut, en outre, en plaçant les piquets de nivellement, tenir compte du foisonnement de la terre défoncée : il est d'un dixième environ ; ainsi, en dé-

Fig. 7. — Mire.

fonçant à 60 centimètres, on doit compter sur 6 centimètres de foisonnement, et placer les piquets 6 centimètres plus haut que le niveau réel.

Ces piquets enfoncés, on retire les *nivelettes* une à une ; on place dans leur trou un piquet ajusté avec la *mire*, et au besoin avec deux *mires*, quand il ne reste plus assez de *nivelettes*. La tête de chaque piquet représente la hauteur exacte que le sol doit avoir ; ces piquets, placés à 3 mètres les uns des autres, au bord de l'allée, sont un guide sûr pour les terrassiers et offrent une grande facilité pour vérifier à chaque instant le nivellement, avec une *mire* placée sur les piquets de chaque extrémité, et une troisième posée sur le sol.

En opérant ainsi, le jardin défoncé est aussi uni qu'une table, et ce résultat, ordinairement dispendieux, est obtenu presque sans augmentation de dépense ; une gratification de 10 à 15 francs, suivant la grandeur du jardin, indemnisera suffisamment les terrassiers du temps qu'ils auront perdu à vérifier leur nivellement à la *mire*.

Les mêmes piquets serviront pour niveler les allées lorsque le défoncement sera opéré. Il est utile de leur donner une pente générale, presque insensible à l'œil, mais indispensable pour faciliter l'écoulement des eaux pendant les pluies d'orage ; une pente de 2 millimètres par mètre est suffisante. Reprenons pour exemple notre carré de 18 mètres ayant sept piquets sur chaque face. Ces piquets sont placés à 3 mètres de distance ; la pente générale est de 36 millimètres.

Il faudra donc enfoncer les piquets ainsi : le premier ne sera pas touché ; le second sera enfoncé de 6 millimètres, le troisième de 12, le quatrième de 18, le cinquième de 24, le sixième de 30, le septième de 36.

Il n'y aura plus qu'à mettre de la terre jusqu'à la tête des piquets, et la pente sera réglée avec une grande justesse, sans peine comme sans dépense inutile. Les allées ne doivent être nivelées que trois semaines au moins après le défoncement, lorsque la terre a repris son aplomb, et que le nivellement a été vérifié et reconnu exact ; mais, je ne saurais trop le recomman-

der, les piquets de nivellement ne doivent pas être
dérangés avant que le tassement complet du sol
défoncé soit opéré : cela demande quinze à vingt
jours.

Il est urgent d'établir des allées bombées (fig. 8)
pour faciliter l'écoulement des eaux sur les bords, et

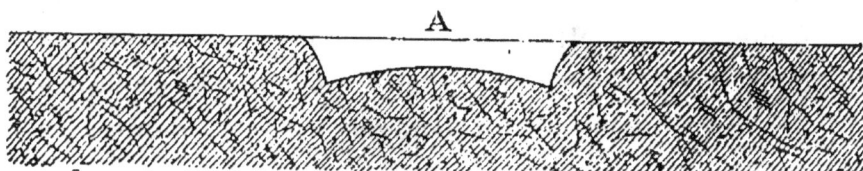

Fig. 8. — Disposition des allées.

conserver le milieu en bon état. Les allées nivelées et
bombées, comme je l'indique, ne *gâchent* jamais, même
après les plus grandes pluies, lorsqu'on les laisse sécher
pendant deux heures seulement. En outre, une partie

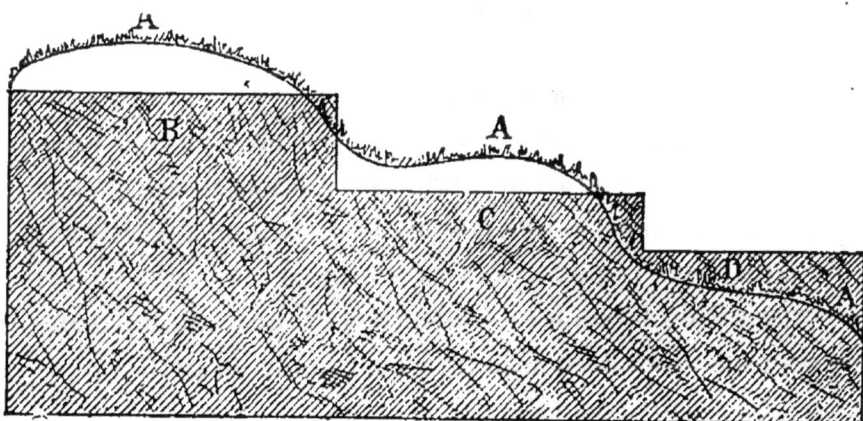

Fig. 9. — Nivellement à l'aide de banquettes.

des eaux s'infiltre sur les bords, dans la terre cultivée,
et y apporte une bienfaisante humidité. Les allées de
tous les jardins doivent être disposées ainsi.

Lorsque le potager est placé sur une pente très rapide, il est utile d'établir des banquettes horizontales, seul moyen d'avoir les planches unies, faciles à cultiver et retenant l'eau.

On détruit la pente naturelle du sol (A, fig. 9) en le coupant en B, C et D, pour y établir une série de banquettes horizontales, sur lesquelles la culture est facile et productive. On n'a recours à ce moyen que dans les pays très montagneux, où l'on est quelquefois forcé d'établir un potager sur une pente très rapide.

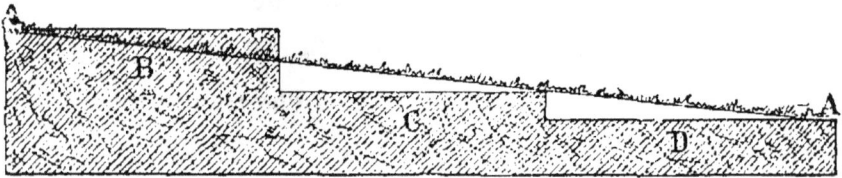

Fig. 10. — Banquettes faites au râteau.

Lorsque le potager a une pente générale très prononcée (fig. 10), on peut la conserver, surtout lorsqu'elle est du nord au midi, mais en l'adoucissant par le nivellement, et en établissant les planches B, C et D dans le sens opposé à la pente, où il est facile de les dresser de façon à les obtenir parfaitement horizontales comme dans la figure 10 à l'aide de petites banquettes faites au râteau.

Les piquets de nivellement placés, on procède au défoncement général.

Le défoncement se fait de trois manières suivant la qualité et la profondeur du sol :

1° A JAUGE OUVERTE. Dans le cas où le sol est de même qualité jusqu'à la profondeur voulue, et quand il n'y a pas d'amendement à introduire, il n'y a qu'à défoncer : ce défoncement doit avoir les profondeurs suivantes:

50 centimètres dans les sols argileux ;

60 centimètres dans les sols de consistance moyenne et 70 dans les sables.

Sous le climat de l'olivier, il sera utile d'augmenter la profondeur du défoncement de 10 à 15 centimètres, afin d'obtenir plus de fraîcheur dans le sol.

Ce travail est payé à la tâche de 30 à 35 centimes le mètre courant dans les sols argileux, suivant leur tenacité, et 25 à 30 centimes dans les sols de consistance moyenne et dans les sables. Ces prix, très rémunérateurs en province, devront être augmentés de 5 à 10 centimes aux environs de Paris, où la main-d'œuvre est plus coûteuse en raison du prix élevé des vivres.

Les plates-bandes des murs, destinées à recevoir des arbres fruitiers, seront défoncées à la profondeur d'un mètre.

Il ne faut jamais fumer en défonçant, ni les plates-bandes destinées à planter des arbres, ni les carrés du potager. Le fumier embarrasse et retarde les terrassiers ; et ce fumier, enfoui trop profondément, placé hors de la portée des racines, est *entièrement perdu.*

Celui qui fume en défonçant fait subir trois pertes au propriétaire : celle du fumier, du charroi et du temps

des terrassiers ; je pourrais dire quatre en comptant
la première récolte, qui sera à peu près nulle, faute
d'engrais à sa portée.

Les défoncements doivent toujours être faits à l'entreprise ou à la tâche ; ils ne sont possibles aux prix
indiqués que dans cette condition. Chaque fois
qu'un propriétaire tentera de les faire exécuter à la
journée, quelque bon marché qu'il paye les ouvriers,
le travail sera mal fait et reviendra à un prix exorbitant. Un bon terrassier fait 20 mètres de défoncement en moyenne dans sa journée ; il demande toujours à travailler à la tâche ; il préfère se donner de
la peine et gagner de l'argent. Le mauvais ouvrier, à
la journée, fait à peine 4 mètres, et répète sans cesse
que le défoncement est un travail impossible. Dans
ce cas, si le propriétaire habite un pays où les ouvriers soient trop mous pour entreprendre à la tâche,
c'est-à-dire ne veulent pas se donner un peu de mal
pour gagner de 6 à 8 fr. par jour, il aura un grand
bénéfice à faire venir des terrassiers et leur payer
le voyage aller et retour. J'en ai envoyé autrefois en
Berry et en Touraine ; les propriétaires en ont été
enchantés, et les ouvriers du pays les considéraient
comme des travailleurs fantastiques.

Le défoncement *ne doit jamais être fait à la bêche,
mais toujours à la pioche et à la pelle.* Le défoncement
à la bêche est désastreux pour le propriétaire, en ce
que le sol retourné sens dessus dessous, la bonne terre
au fond et la mauvaise dessus, peut rester complètement infertile pendant plusieurs années, et ruineux

pour l'ouvrier, parce qu'il n'avance pas et gagne à
grand'peine de pitoyables journées. L'un et l'autre
feraient mieux de se tenir tranquilles.

Le défoncement à la pioche (fig. 11), pour abattre

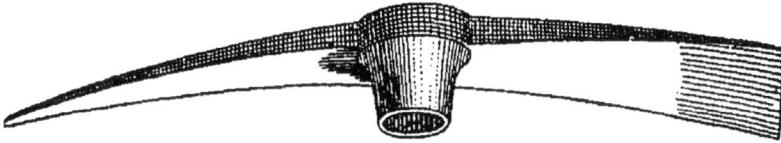

Fig. 11. — Pioche.

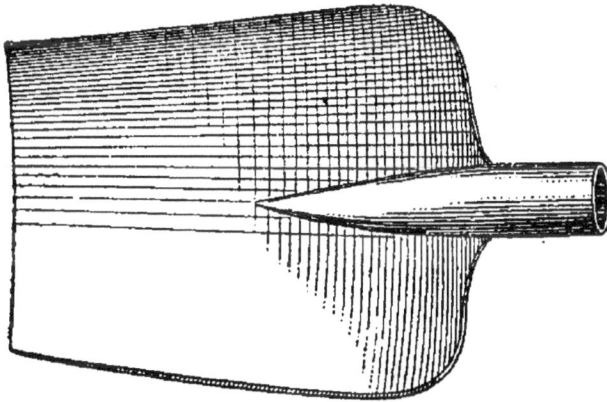

Fig. 12. — Pelle en fer.

la terre, et à la pelle (fig. 12), pour la ramasser, est
seul profitable aux propriétaires, et avantageux pour
l'ouvrier, surtout s'il sait s'éviter les transports de
terre ; rien n'est plus facile. Voici comment on procède :

Admettons que nous ayons à défoncer quatre carrés
de potager séparés par une allée en croix (fig. 13).
Nous ferons défoncer les quatre carrés sans rouler une
seule brouettée de terre. On ouvrira la tranchée à
l'angle du premier carré donnant sur l'allée du milieu

(A, fig. 13). Cette tranchée aura 3 à 4 mètres de large sur 4 à 5 de long pour que trois hommes puissent y

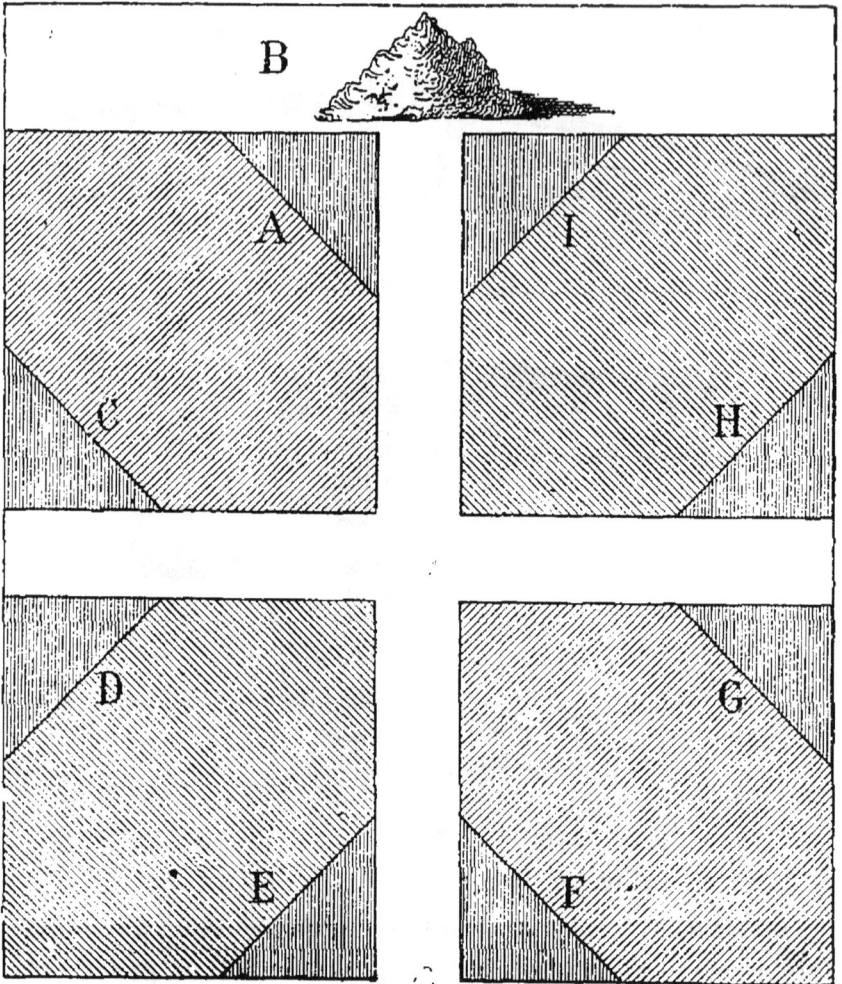

Fig. 13. — Défoncement.

travailler de front sans se gêner. La terre de l'ouverture de la tranchée sera jetée dans l'allée auprès de son ouverture, en B.

Six hommes descendront dans la tranchée et travailleront par trois de front : trois à *piocher* et trois à *pelleter*, et ils se relayeront alternativement. Les trois premiers abattront la terre au fond de la tranchée, par tranches de 30 à 40 centimètres d'épaisseur, et à la profondeur voulue ; les trois seconds ramasseront, avec leurs pelles, cette terre déjà mêlée en tombant sous la pioche, et la remêleront encore en la jetant derrière eux, jusqu'à la hauteur des piquets de nivellement. En opérant ainsi, le nivellement et le défoncement seront opérés du même coup. Le mélange des terres sera parfait : on obtiendra un guéret profond, de terre excellente et de même consistance ; ce sol se maintiendra toujours frais, sera d'une fertilité remarquable, et donnera par sa fraîcheur naturelle une économie de moitié sur les arrosements.

La tranchée a été ouverte en A (fig. 13), à l'angle droit du premier carré ; le défoncement sera conduit de manière à le terminer à l'angle opposé, celui de gauche, en bas du carré, où il restera un vide égal (C, même figure) à la terre enlevée et laissée en réserve dans l'allée ; ce vide sera comblé par la terre de l'ouverture de la tranchée à l'angle gauche du second carré : cette terre sera jetée à la pelle par-dessus l'allée (D, même figure). Le second carré sera défoncé comme le premier et terminé par l'angle du bas E ; ce nouveau vide sera comblé par l'ouverture de la tranchée du troisième carré, à l'angle (F, même figure) faisant face au vide. Ce carré sera défoncé comme les deux précédents, et terminé par l'angle G (même

figure) bordant l'allée transversale. Le vide sera comblé par l'ouverture de la tranchée du quatrième carré
H, que les terrassiers termineront par l'angle gauche
en haut, I, où se trouve la réserve de terre B, provenant de l'ouverture de la première tranchée A. Il n'y
aura qu'à la pousser à la pelle pour combler le dernier vide.

Dans tous les défoncements, il est urgent de bien
mêler ensemble les couches de terre du dessus, du
milieu et du dessous ; d'extraire avec le plus grand
soin les pierres et les racines ; de bien casser les mottes
de terre et d'enterrer très profondément le chiendent,
s'il y en a ; il ne repousse jamais quand il est enfoui à
plus de 60 centimètres. La terre d'un potager soumis
au défoncement doit être complètement épurée. C'est
une opération qui ne se fait qu'une fois, mais il est
urgent de bien la faire pour qu'elle soit profitable.

2° LE DÉFONCEMENT AVEC AMENDEMENT se fait à la
même profondeur que le précédent, et s'opère de la
même manière, à la pelle et à la pioche, pour que
le mélange des terres soit parfait.

Si l'on opère dans un sol argileux, il sera très profitable d'employer le plus de terre meuble possible.
Celle de la superficie des allées devra être enlevée à
la profondeur d'un fer de bêche, et jetée sur les plates-
bandes, pour être remplacée, dans les allées, par la
terre du fond de la tranchée. La terre de la surface,
exposée à l'influence des agents atmosphériques, est
toujours délitée, tandis que celle du fond est plastique
à l'excès.

Lorsqu'on introduit un amendement dans le sol :
plàtras, sable ou cendres de houille, on étend cet
amendement également sur le carré à défoncer ; on
jette la terre des allées par dessus ; on mêle le tout en
défonçant, et l'on jette la terre du fond de la tranchée
dans les allées, pour remplacer celle qui y a été enlevée.

Ce défoncement se paye le même prix que le précédent, mais avec cette différence que la terre prise
dans les allées se paye aux terrassiers 10 centimes le
mètre de surface.

Lorsque les amendements sont appliqués à des sols
siliceux, et qu'il n'est pas nécessaire de prendre la
terre des allées, le défoncement est payé le même prix
que celui à *jauge ouverte*. On paye seulement à part,
à la journée, l'épandage de l'amendement.

3° LES DÉFONCEMENTS AVEC CHANGEMENT DE TERRE sont
les plus longs et les plus dispendieux. On les pratique
dans les sols peu profonds, dont le sous-sol est impropre à la culture, quand il est composé de glaise,
de marne ou de tuf.

On commence par prendre toute la terre végétale
des allées et la jeter sur les carrés ; on ouvre la tranchée comme je l'ai indiqué précédemment ; on mélange
toutes les bonnes terres et l'on rejette au fur et à mesure le sous-sol dans les allées. Quand il y a 40 ou
50 centimètres de bonne terre, le travail n'est pas
énorme, et l'on arrive assez facilement à faire 70 centimètres d'excellente terre, sans charrois. Dans ce cas,
le défoncement se paye 5 centimes en sus ; les allées,

comme défoncement. Les terrassiers brouettent la terre et nivellent les allées. Mais, quand il n'y a que 25 à 30 centimètres de bonne terre, l'opération devient plus difficile et plus dispendieuse.

Dans ce cas, il n'y a pas à hésiter ; il faut créer un sol riche et profond où il n'existe pas. Malgré les difficultés que cela présente en apparence, ce n'est pas plus dispendieux, quand le travail est bien conduit, qu'un mauvais défoncement exécuté à la journée, dans un bon sol. Il faut commencer par prendre dans les allées toute la terre végétale qu'il est possible d'y trouver, et la jeter sur les carrés. Lorsque la tranchée est ouverte, on emploie toute la bonne terre ; on extrait ensuite la mauvaise, avec laquelle on remplit les vides faits dans les allées, et l'on emporte l'excédent, que l'on remplace par de la bonne terre prise ailleurs, forte ou légère, suivant la consistance du sol, et dont on se sert en dernier lieu pour recharger le défoncement et achever le nivellement.

Il est rare d'en venir à ces extrémités ; c'est un cas exceptionnel. La plupart du temps, le sous-sol peut être mélangé en partie avec la terre des carrés et celle des allées, sans être obligé d'avoir recours à des charrois toujours coûteux. Cependant, quand on est réduit à ces moyens extrêmes, et qu'un potager est indispensable, il faut le créer le plus vite possible, mais bien faire ce que l'on entreprend : une telle opération mal exécutée coûterait assez cher, et ne donnerait que de mauvais résultats.

Dans ce cas, le défoncement se paye 10 centimes

de plus par mètre que le prix courant; les allées
comptent comme défoncement; les terrassiers les nivellent et chargent les voitures de mauvaise terre
extraite du terrain, et on leur paye en sus à la journée l'épandage de la terre rapportée.

Disons, avant de terminer ce qui est relatif aux défoncements, qu'il faut toujours les faire à l'avance,
et les exécuter par un temps sec, surtout dans les sols
argileux. Il faut autant que possible les faire à l'automne ou au commencement de l'hiver, pour mettre
le jardin en culture au printemps. La création d'un
jardin est une chose sérieuse, quand on veut la bien
faire et obtenir des résultats profitables. Elle nécessite sinon l'intervention d'un homme spécial, mais au
moins ses conseils, pour le plan, les dispositions à
prendre et les indications à donner pour l'exécution,
si l'on veut éviter les déceptions et les dépenses inutiles.

Il faut à cet homme, toujours surchargé de travail,
le temps d'étudier les dispositions nécessaires dans
tous leurs détails, et aussi aux ouvriers celui indispensable pour exécuter leur travail dans de bonnes
conditions. Si la précipitation est nuisible dans presque toutes les circonstances de notre vie, je pourrais
dire que c'est la pire de toutes les choses dans la création d'un jardin.

Que les propriétaires, dans l'intention de créer des
jardins, m'envoient donc leurs demandes de renseignements pendant l'été, lorsque les jours sont longs
et que l'on peut travailler, afin que je puisse leur

donner des indications en temps utile, au lieu de me les adresser à la veille de commencer les travaux, pendant l'hiver où je n'ai pas une minute à moi, et en me les demandant *par retour du courrier*.

CHAPITRE IV

ARROSAGE

L'arrosage est l'opération la plus importante et, sans contredit, la plus indispensable dans le potager, et c'est à coup sûr celle dont on se préoccupe le moins, bien qu'il soit impossible d'obtenir une récolte passable sans la quantité d'eau suffisante.

Les propriétaires apportent ordinairement des soins assidus à la création du potager, mais ils songent rarement à l'arrosage. Les plus soigneux croient avoir tout prévu en creusant un puits très profond, fournissant péniblement, et à grands frais, à peine le dixième de l'eau nécessaire, au milieu d'un immense jardin. Ils disent : « Le puits est bon ; le jardinier tirera de l'eau et arrosera, » sans se rendre compte de la quantité d'eau nécessaire, de la possibilité de la tirer, ni du temps que demande l'extraction de l'eau et l'arrosage à la main.

Aussi le résultat est-il le même dans les années sèches pour tous les jardins manquant d'eau ou d'appareils pour l'amener et la distribuer. Dès que le mois de mai arrive, le jardinier et ses aides sont uniquement occupés à tirer sur la corde du puits et à porter les arrosoirs ; ils ne font que cela. Il est impossible qu'ils fassent autre chose, et encore, avec des moyens d'action aussi vicieux, et une disette d'eau presque complète, ils ne peuvent obtenir des produits satisfaisants; tout leur temps est consacré, de mai à septembre, à empêcher les plantes de mourir, rien de plus. Disons que, pendant cette période de temps, toutes les cultures sont négligées, car tout ce qui existe réclame de l'eau sous peine de mort.

On doit toujours s'assurer de trouver la quantité d'eau nécessaire avant de créer le potager, et en faire la distribution sur le plan, afin d'être en mesure de poser les tuyaux de conduite d'eau, sans dépense additionnelle, en faisant le défoncement.

Avant toute opération, le propriétaire ne saurait trop se convaincre de ceci : *l'eau est indispensable à l'existence des plantes, surtout des légumes ;* elle est autant et même plus nécessaire que l'engrais, car *des montagnes* de fumier enfouies dans un sol desséché seront de nul effet sur la végétation, si l'on ne peut introduire dans le sol la quantité d'eau nécessaire pour décomposer les engrais et les dissoudre, afin de les rendre assimilables, et de réparer les pertes de l'évaporation par les feuilles.

Plus la température est élevée, plus l'évaporation

est grande, et plus aussi le sol demande à être arrosé ; s'il cesse d'être suffisamment mouillé, la nutrition s'opère mal, et la végétation languit.

L'eau est le besoin le plus impérieux des plantes, des légumes surtout, qui accomplissent très rapidement leur végétation.

L'eau même à l'état pur fait partie de l'organisation du végétal : elle donne la souplesse à ses organes en les pénétrant, elle entretient le mouvement ascensionnel de la sève par l'évaporation continuelle des feuilles ; enfin, elle dissout les substances nutritives contenues dans le sol et les introduit dans les végétaux. Sans eau dans le sol, pas de végétation possible ; avec une quantité d'eau insuffisante, végétation languissante.

La meilleure de toutes les eaux à employer pour l'arrosage est l'eau de pluie, en raison de sa pureté et de la quantité d'air qu'elle contient ; ses propriétés dissolvantes lui donnent la faculté de se charger très facilement de principes fertilisants. Toutes les fois qu'il sera possible de recueillir les eaux de pluie, elles seront une précieuse ressource pour l'arrosage et l'on devra de préférence les employer pour arroser les semis, les jeunes plantes, et faire les dissolutions pour détruire les insectes.

Les eaux de sources et de rivières, bien qu'inférieures aux eaux de pluie, sont préférables à celles des puits, en ce qu'elles sont moins chargées de substances minérales et plus aérées. Le plus grand défaut des eaux de sources est d'être froides ; on y remédie en les laissant s'échauffer dans un bassin.

Les eaux de puits peuvent être employées à l'arrosage ; mais il est urgent de les tirer à l'avance, afin de les échauffer, et surtout de les aérer, en les laissant exposées quelques heures à l'air et au soleil. L'eau de puits, tirée le matin dans un bassin ou même dans des tonneaux découverts, est excellente pour arroser le soir même, mais il est urgent de prendre cette précaution.

Les eaux destinées à l'arrosage sont d'autant meilleures qu'elles contiennent une plus grande quantité d'air. Quand l'eau est chargée de matières en putréfaction et ne contient plus d'oxygène, elle devient nuisible à la végétation.

De ce fait, l'utilité de diviser l'eau le plus possible en arrosant ; la pompe *Dudon* et l'arrosoir Raveneau remplissent parfaitement ce but.

L'arrosage est l'opération la plus coûteuse dans la culture du potager, lorsqu'il n'est pas organisé mécaniquement. Recherchons donc les moyens les plus efficaces et les plus économiques pour extraire et distribuer la quantité d'eau nécessaire, le plus promptement et avec le moins de main-d'œuvre possible.

Si l'on dispose d'un cours d'eau, et que le potager ait une grande étendue, on établira une pompe *Dudon* à demeure dans un coin du potager : cette pompe, la plus simple, la plus puissante et la plus facile à manœuvrer que je connaisse, extraira l'eau et la distribuera dans les réceptacles, où elle s'échauffera. On choisira la pompe d'un calibre plus ou moins fort

BIBLIOTHÈQUE NATIONALE R.F. IMPRIMÉS

suivant la quantité d'eau dont on aura besoin, et elle
sera mue par un manège, à l'aide d'un cheval ou d'un
âne, ou par un homme, avec un balancier horizontal.

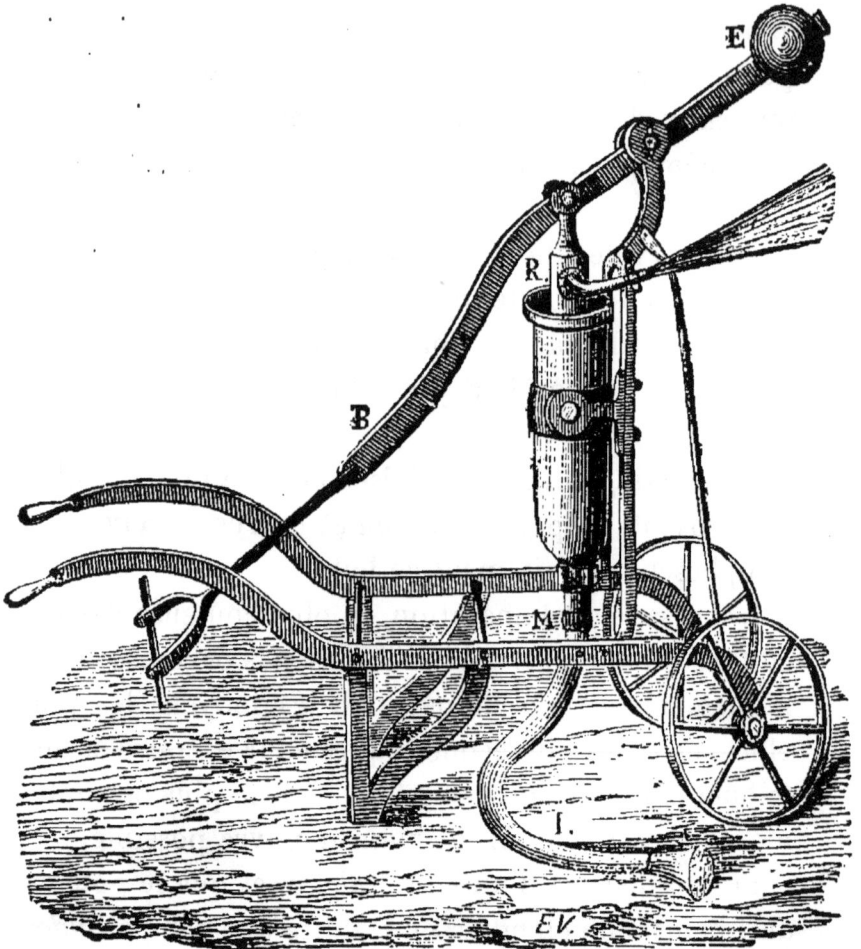

Fig. 14. — Pompe à brouette Dudon.

Les pompes fixes Dudon donnent, suivant leur grosseur, un, deux ou trois litres d'eau par coup de piston.
Elles exigent peu de force ; celle que j'ai fait installer

chez moi, sur un puits ayant 10 mètres de profondeur, est facilement manœuvrée par un enfant : elle donne plus d'un litre d'eau par coup de piston et vaut de 110 à 120 francs.

Au besoin on pourrait prendre de l'eau à une rivière, à une source ou à un étang avec la *pompe à brouette Dudon* (fig. 14), et la distribuer dans les réceptacles ; la même pompe peut aspirer l'eau des réceptacles et la lancer sur les carrés, à une distance de 18 mètres, avec la force d'un homme.

A défaut de cours d'eau, de source ou d'étang, c'est un puits qui fournira l'eau du potager. Dans ce cas, le moyen d'extraction d'eau le plus énergique et le plus économique est la *pompe fixe de Dudon*. Si la profondeur du puits n'excède pas 12 mètres, un seul corps de pompe sera suffisant.

A la profondeur de 8 mètres on place la pompe à l'orifice du puits ; à celle de 10 mètres, à 2 mètres au-dessous du sol.

Mon puits a 10 mètres de profondeur ; la pompe est placée à 2 mètres dans le puits (fig. 15). Cette pompe fonctionne parfaitement, vide le puits en moins d'une heure, par le tuyau A (fig. 15), et envoie l'eau par des tuyaux souterrains B, dans des tonneaux garnissant tout le potager, et placés à des distances de 60 à 90 mètres du puits.

Un robinet de décharge D sert à vider les tuyaux quand il gèle, et le balancier C permet de manœuvrer facilement la pompe avec la force d'une femme ou d'un enfant.

Lorsque la profondeur du puits excède 12 mètres,

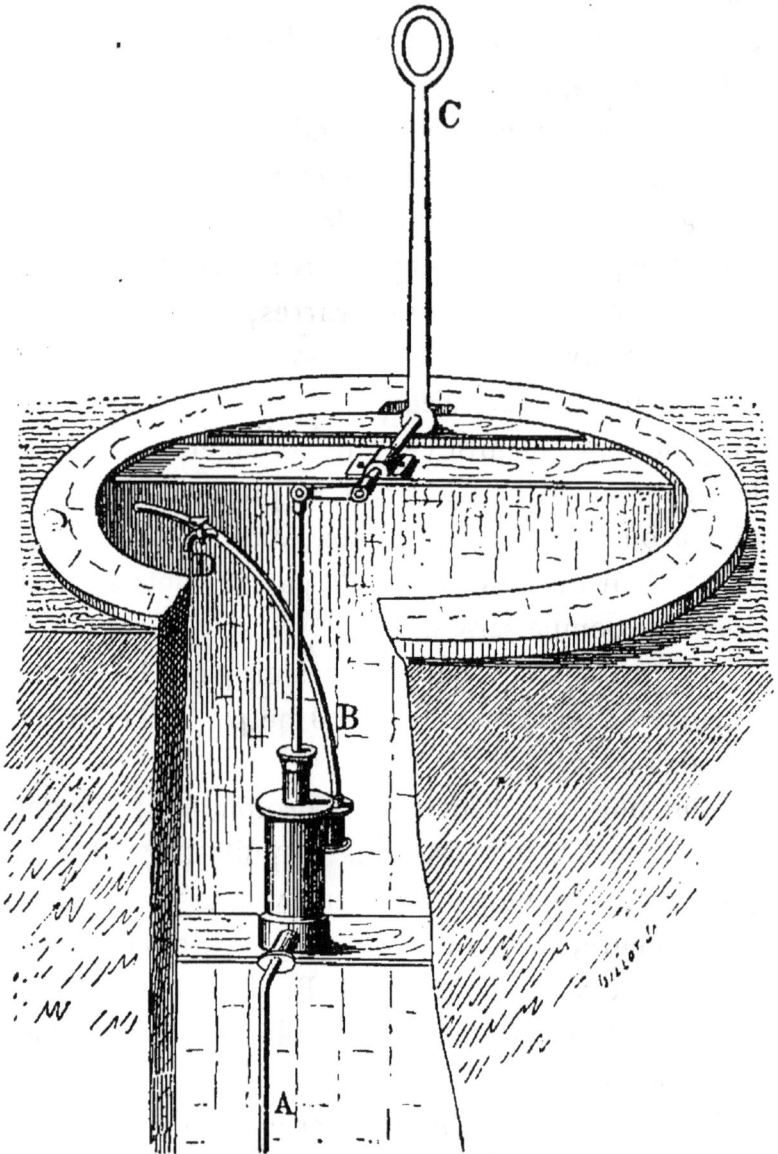

Fig. 15. — Pompe fixe Dudon.

faut établir deux et même trois corps de pompes

dans le puits. L'extraction de l'eau est aussi facile, mais elle exige plus de force. Quand le puits est abondant, il y a bénéfice à établir deux pompes qui fournissent de l'eau en quantité ; c'est plus économique que le tirage à la corde, ne fournissant pas d'eau, et dépensant en main-d'œuvre, en moins de trois mois, ce que coûte une bonne installation.

M. *Dudon-Mahon* vient d'inventer une pompe à trois corps, qui est une petite merveille de puissance et de solidité, comme tout ce qui est sorti de ses ateliers. Il y a quatre modèles de différentes forces de cet excellent instrument, avec lequel on peut extraire l'eau très vite, et en abondance.

Dans cette remarquable et puissante pompe, pas de réparations ; jamais de boulons à démonter, pas de presse à étoupe à regarnir. Cette pompe, construite avec le plus grand soin, et des matériaux de première qualité, ne demande jamais de réparations ; son ajustage, des plus parfaits, défie toutes les épreuves.

Cette pompe peut être mise en mouvement par un manège spécial que M. *Dudon* a construit avec un rare bonheur. Ce manège, d'une solidité à toute épreuve et d'une grande simplicité, peut être installé partout avec une grande économie.

Le *manège Dudon* se compose d'une colonne solide, montée sur trois pieds, se boulonnant dans n'importe quel bâti. La partie supérieure de la colonne est surmontée par un chapeau portant le bras moteur du manège, et une grande colonne dentée inférieurement. Cette couronne actionne un premier pignon, et par son intermédiaire met en mouvement les bielles auxquelles sont reliées les tiges des corps de pompes. Rien de plus simple, de plus solide ni de plus énergique.

Ce manège, aussi puissant qu'économique, peut être mis en mouvement par une machine à vapeur, une roue hydraulique, un moteur à air, un cheval, un âne, et même par une manivelle à bras.

Parmi les utiles nouveautés que M. *Dudon-Mahon* a mises à l'Exposition universelle de 1878, figure un balancier hydraulique marchant avec une régularité mathématique par le poids de l'eau. Ce balancier fait marcher un bélier hydraulique, également de M. Dudon. Avec ses ingénieux appareils, on peut tirer de l'eau nuit et jour, sans s'occuper du mécanisme ; il marche tout seul, et le moteur est l'eau elle-même. Rien de plus simple ni de moins coûteux.

J'ai adopté, depuis longues années, à l'exclusion de toutes autres, les pompes *Dudon* et tous les essais que j'ai faits depuis me confirment dans mon opinion.

La *pompe-brouette Dudon* (fig. 16), la première dont je me suis servi, est la plus puissante, la plus solide, celle qui demande le moins de force et la meilleur marché.

Avec cette pompe on prend de l'eau et on l'envoie où l'on veut. Je laisse la parole à M. *Dudon :*

« Toutes mes pompes et pistons sont en cuivre et montés sur brouette en fer à deux roues ; ces pompes peuvent être utilisées à tous les usages, pour purin, arrosage de cours et jardins, épuisements, incendies, fosses d'aisance, mélasses, vins, etc.

« Les cuirs des pistons peuvent être d'une durée
infinie, attendu que l'eau ne fait que traverser le piston en dedans, l'extérieur glissant sur l'huile dans
son cylindre. Les acides ne peuvent donc les détério-
rer; un seul boulet en caoutchouc suffit pour aspirer

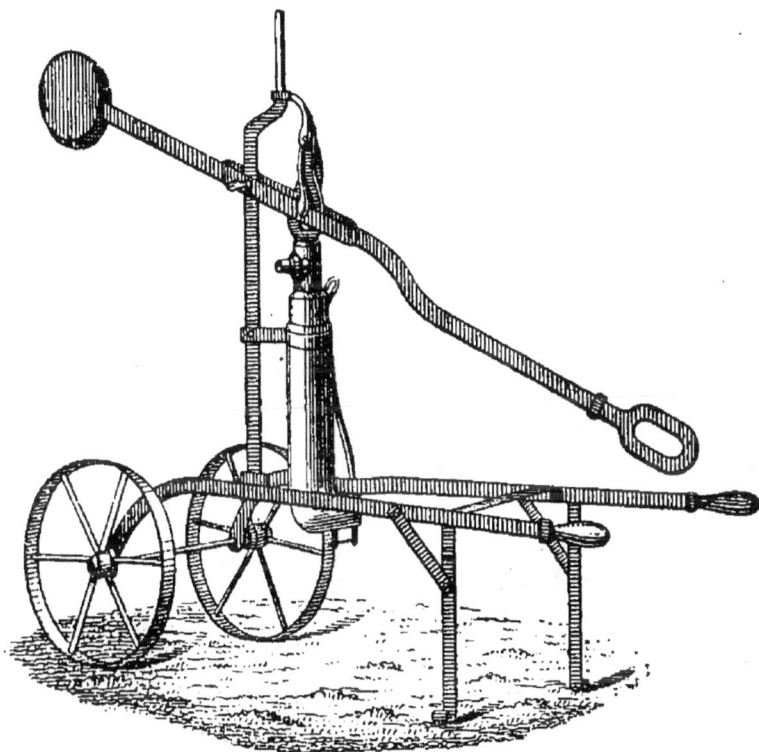

Fig. 16. — Pompe-brouette Dudon.

et refouler ; elles ont aussi une grande force de projection : un seul homme peut projeter l'eau dans un
rayon de 17 à 18 mètres. La quantité d'eau est calculée selon la grandeur du cylindre désigné d'autre part.

« Trois modèles de pompes montées sur brouette
en fer à deux roues, désignées comme suit :

« Modèle n° 1, porte 15 cent. intérieur, donne 4 litres par coup de piston ;

« N° 2, porte 12 cent. intérieur, donne 2 litres par coup de piston. Ces deux premiers sont munis d'un bâton de manœuvre au lieu d'un anneau ;

« N° 3, 9 cent. intérieur, donne 1 litre par coup de piston.

N° 1. . . . . Prix. 220 fr.

N° 2. . . . . — 190

N° 3. . . . . — 115

« N° 4, pompe portative pour l'arrosage des fleurs et des arbres fruitiers ; elle sert également pour les bestiaux constipés ; il suffit d'ajouter au jet un mètre de tuyau en caoutchouc (fig. 17).

N° 4. . . . . Prix.   25 fr.

« La maison *Dudon-Mahon* est représentée à Paris par *M. Ridard*, successeur de *Derouet*, quincaillier, rue de Bailleul, n° 9. »

L'eau extraite, il s'agit de la distribuer dans les réceptacles, au moyen de tuyaux souterrains, de bassins, bacs ou tonneaux.

On emploie des tuyaux en fer, en fonte, en grès et en terre cuite ; le diamètre varie suivant la quantité d'eau à distribuer ; plus elle est grande, plus le diamètre doit être fort.

Les tuyaux en fer, se vissant par le bout dans des manchons, sont les plus solides ; il suffit de chauffer un peu le pas de vis et de le garnir de suif et de poix, pour éviter toutes les fuites possibles et la rouille des vis. Une fois posés, ils ne demandent ni entretien ni réparations. On emploie le diamètre de 35 millimètres pour un potager de 25 à 40 ares, et celui de 50 millimètres pour un potager de 60 à 120, et même 150 ares.

J'ai chez moi des tuyaux en fer depuis plus de quinze ans. Je les ai

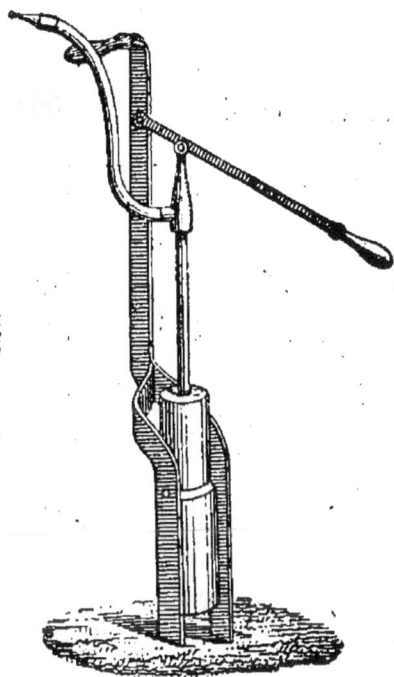

Fig. 17.— Pompe portative Dudon.

fait enlever, il y a deux ans, des jardins, où ils étaient enterrés depuis plus de douze ans ; ils étaient dans le meilleur état, et je n'ai eu qu'à les faire reposer dans un autre jardin, où ils pourront fonctionner un temps illimité sans la moindre réparation.

Les tuyaux en grès ou en terre cuite, lutés avec du ciment, offrent une grande économie, mais sont sujets à de fréquentes réparations. Cependant, lorsqu'ils sont posés avec soin, ils sont solides, et peuvent rendre des services importants. Les diamètres de 50, 60 et 70 millimètres sont les préférables pour les

potagers petits, moyens et grands. Il ne faut jamais
oublier que la solidité des tuyaux en grès ou en terre
gît dans la pose ; ils doivent être ajustés avec soin, et
posés partout dans le fond de la tranchée ; le moindre vide en dessous les fait casser aussitôt.

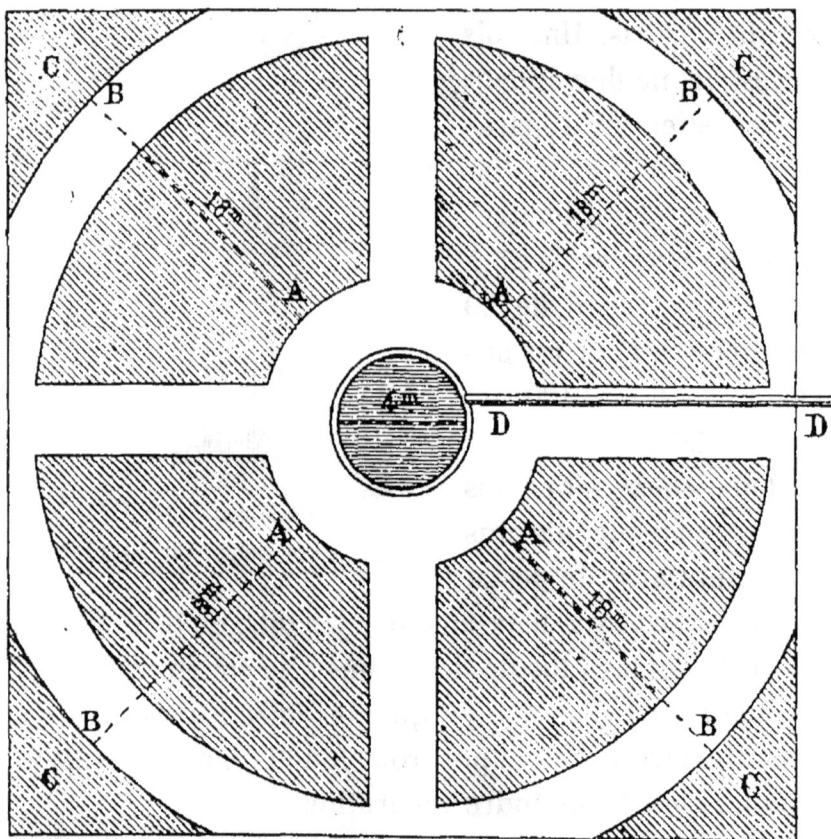

Fig. 18. — Arrosage à la pompe d'un potager de 20 ares avec un seul bassin central.

Les tuyaux de conduite d'eau doivent toujours être
placés au bord des allées ; ils ne sont pas exposés aux
coups de bêche, comme dans le carré, et n'ont rien

à redouter des brouettes, qui ne passent pas dessus.
Si, exceptionnellement, l'on était obligé de poser un
tuyau de conduite d'eau dans une allée affectée aux
voitures, il faudrait le placer dans le milieu.

En principe, les réceptacles doivent être placés au
centre dans les petits jardins, et sur les points les
plus centraux dans les
grands, afin d'em-
ployer le moins pos-
sible de réceptacles et
de tuyaux de conduite
d'eau. Ainsi, avec un
seul bassin central,
nous arrosons parfai-
tement avec la pompe
à *brouette Dudon*, dont
la portée est de 18 à
20 mètres, un potager
de 20 ares (fig. 18).
En plaçant la pompe
aux points A, le jet
atteindra les points B;
il suffira d'ajouter un
tuyau de 2 mètres seu-
lement pour lancer

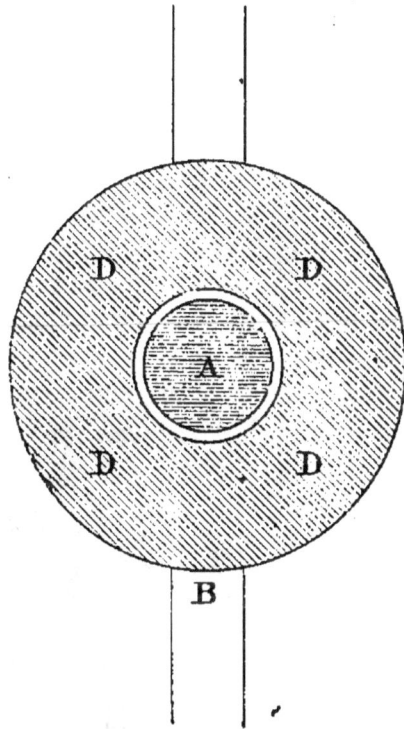

Fig. 19. — Bassin central, construit
autour du puits.

l'eau, et les angles C seront facilement arrosés. Un
tuyau d'aspiration de 4 mètres est suffisant pour placer la pompe aux points A et vider le bassin.

Si l'eau est fournie par un puits placé au centre
dans ce potager de 20 ares, il n'y aura pas de tuyaux

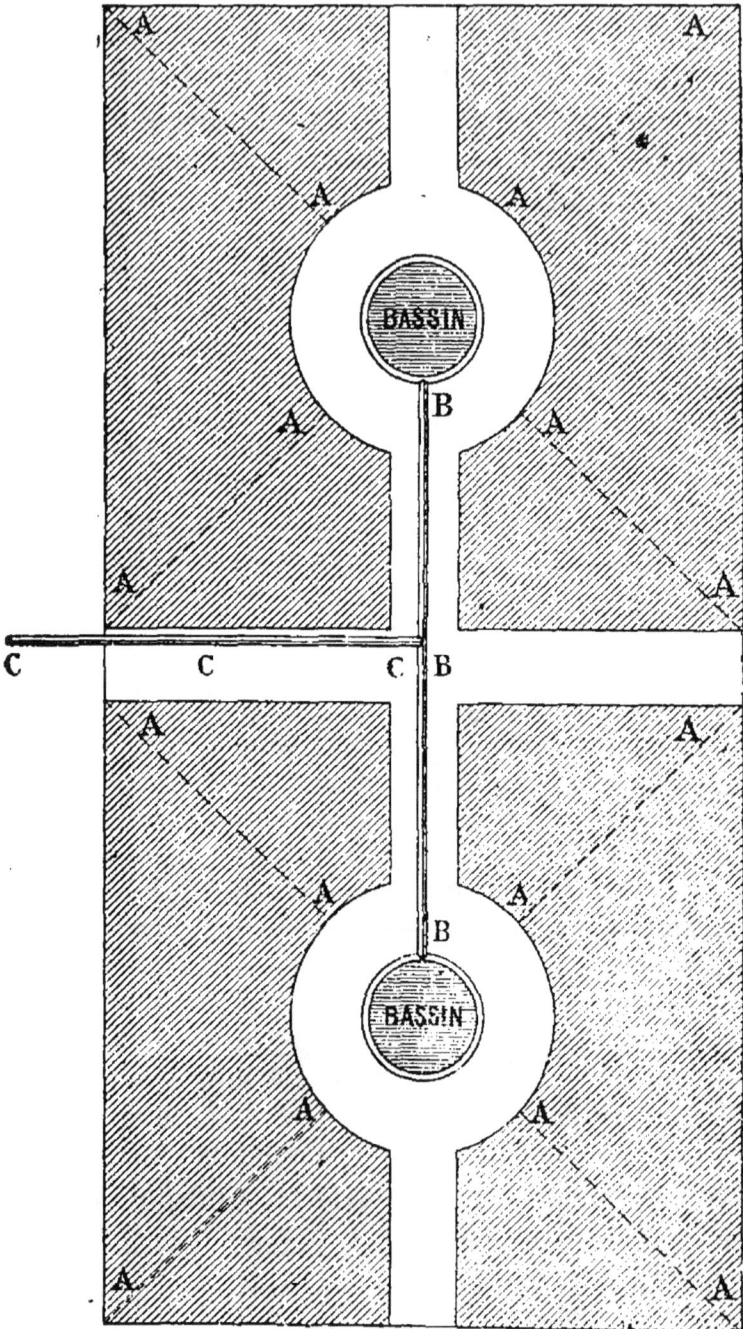

Fig. 20. — Arrosage à la pompe d'un potager de 40 ares avec deux bassins.

de conduite à employer, mais un simple bassin circulaire à construire autour du puits, comme l'indique la figure 19. On posera une pompe fixe *Dudon* sur le puits A ; le balancier de la pompe sera placé en B, au bord de l'allée, et l'eau tombera dans le bassin circulaire D, où elle s'échauffera, et d'où elle sera prise avec la pompe à brouette.

S'il n'y a pas de puits dans le potager, une seule ligne de tuyaux suffira pour alimenter le bassin.

Un potager de 40 ares peut être arrosé à la pompe avec deux bassins seulement (fig. 20). Les lignes A ont une longueur de 20 mètres, juste la portée de la pompe. Si l'eau est fournie par un puits armé d'une pompe fixe placée au centre de l'un des bassins, il suffira d'un tuyau de communication B, entre les deux bassins, pour assurer le service de l'arrosage. Si l'eau est prise en dehors du jardin, il faudra ajouter un tuyau de conduite C pour l'amener dans le tuyau B (fig. 20).

Un potager d'un hectare peut être parfaitement arrosé à la pompe avec quatre bassins et un bassin central si l'eau est fournie par un puits, et par quatre bassins seulement si elle est amenée du dehors (fig. 21).

Le bassin central A, construit comme celui de la figure 19, page 107, renferme au centre le puits, pourvu d'une pompe fixe. Les tuyaux B alimenteront les quatre bassins C, d'où la pompe à brouette, opérant sur les lignes D, pourra atteindre toutes les parties du jardin. Si l'eau est prise en dehors du jardin, le bassin A sera supprimé, ainsi que la ligne de tuyaux

B, placée dans l'allée centrale, et le tuyau E alimentera les quatre bassins.

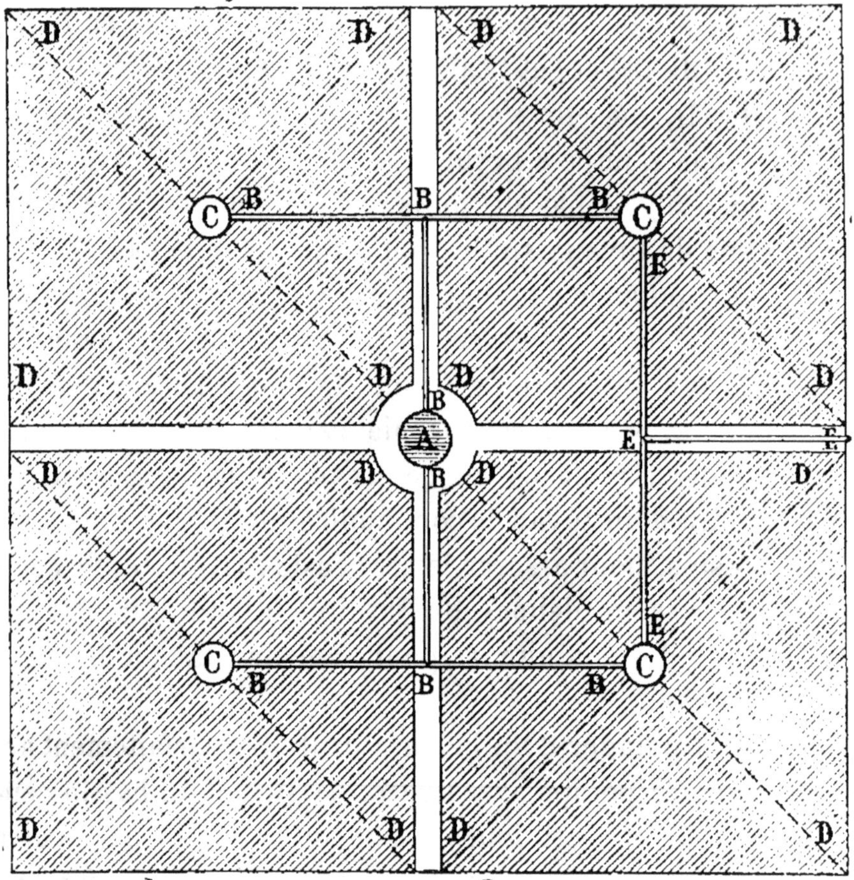

Fig. 21. — Arrosage à la pompe d'un potager d'un hectare avec quatre bassins et un bassin central.

Les tuyaux de conduite d'eau en fer ou en fonte devront être enterrés à une profondeur de 30 à 40 centimètres ; ceux de grès ou de terre cuite à celle de 40 à 50. Dans tous les cas, pour les uns comme pour les autres, il faudra établir une pente de 2 millimètres

par mètre environ du réceptacle à la prise d'eau,
afin de pouvoir vider les tuyaux à l'approche des
gelées, et éviter de graves accidents s'ils restaient
pleins ; l'eau, se dilatant en gelant, les ferait éclater.

J'insiste sur la nécessité de la pente *du réceptacle
à la prise d'eau*, comme elle est indiquée (fig. 22),
parce que plusieurs personnes, malgré toutes mes
indications, ont fait le contraire, et des accidents s'en
sont suivis. On soude un robinet de décharge en A
(fig. 22), ou en D (fig. 15), page 100 ; il suffit de l'ouvrir une fois par an, avant les gelées, pour vider le
tuyau B, et éviter tout accident. Cette pente n'est pas
un obstacle à la distribution de l'eau ; la pompe la
refoule facilement et sans augmentation de force.

Fig. 22. — Pente de tuyaux.

Lorsqu'il y a plusieurs bassins, il est utile de placer
au-dessus des coudes C (fig. 22), terminés par un robinet
placé au-dessus de chacun d'eux, afin de pouvoir les
fermer ou les ouvrir suivant les besoins du service.

Toutes les fois que l'étendue du jardin le permettra, il y aura toujours bénéfice à arroser à la pompe.
On y trouvera d'abord une immense économie de
main-d'œuvre, et ensuite l'arrosage sera bien plus
profitable aux plantes, parce que :

1° L'eau lancée en pluie très fine à une certaine
hauteur se charge d'oxygène, s'échauffe en se divi-

sant et acquiert les propriétés dissolvantes qui lui manquaient ;

2° L'eau qui retombe ne bat pas la terre, ne coule jamais à la surface : tout pénètre sans déperdition et mouille bien les feuilles ;

3° Le sol, n'étant pas battu, reste perméable à l'air et nécessite moitié moins de binages qu'avec l'arrosage à l'arrosoir ;

4° La pompe rend facile l'aspersion des massifs d'arbres du parc, pendant les grandes chaleurs. Lorsque les feuilles sont grillées par le soleil ou couvertes de poussière, une simple aspersion sur les feuilles, donnée le soir avec de l'eau chauffée au soleil, rend aux arbres une fraîcheur toute printanière.

Lorsque le jardin ne sera pas assez grand pour se servir de la pompe fixe ou de la pompe à brouette, il faudra avoir recours à la pompe à main et au tonneau arroseur *Dudon* (fig. 23), excellents instruments, et d'un grand secours dans tous les jardins, autant pour l'aspersion des arbres fruitiers que pour l'arrosage des couches et la destruction des insectes.

Le tonneau arroseur Dudon (fig. 23) contient 60 litres d'eau ; il est monté sur une brouette et se manœuvre facilement. Ce tonneau doit être peint en noir, pour absorber la chaleur des rayons solaires ; dans ce cas, il suffit de l'emplir et de le laisser deux heures au soleil pour avoir de l'eau presque tiède, et que l'on peut employer sans le moindre danger, même en plein soleil. Le tonneau est garni au fond d'un cercle en fer, dans lequel on introduit le pied de la

pompe à main, et porte, à l'ouverture du dessus, deux
crans dans lesquels on introduit la monture. La pompe

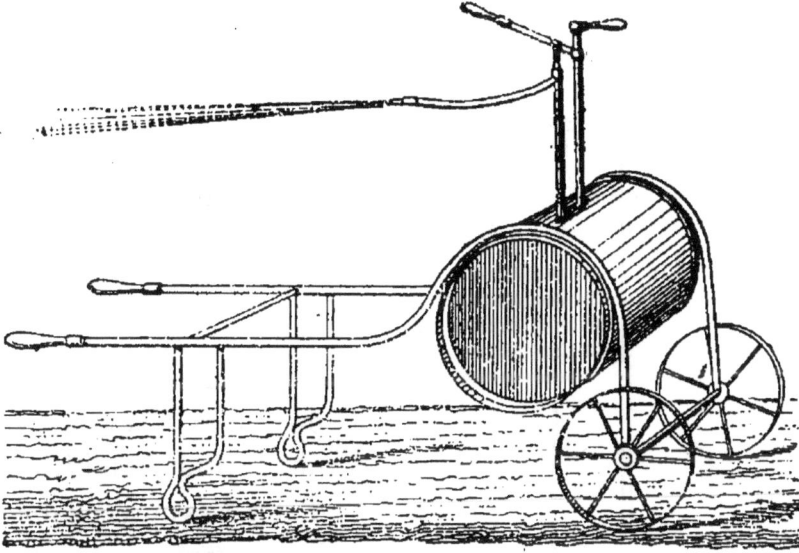

Fig. 23. — Tonneau arroseur.

ainsi fixée ne bouge plus, et est des plus faciles à
manœuvrer.

La pompe à main (fig. 24) est très énergique ; elle
lance l'eau à 15 ou 16 mètres. Le tuyau en caoutchouc est terminé par une petite lance, dont on règle
le jet avec le pouce, pour obtenir une pluie aussi fine
qu'on le désire.

Rien n'est plus commode, plus expéditif et plus
énergique que le tonneau arroseur et la pompe à main
Dudon, pour l'aspersion des arbres fruitiers, l'arrosage des châssis, des semis, et pour la destruction des
pucerons à l'aide du savon noir. La projection est
assez forte pour bien mouiller le dessus et le dessous

des feuilles ; aucun insecte ne peut échapper à l'action de la pompe à main. 1,500 grammes de savon noir, dissous dans un tonneau de 60 litres, ou 60 grammes de liquide concentré Rozeau sont suffisants pour obtenir les meilleurs résultats.

Le commerce, qui expérimente toujours dans sa boutique, a préconisé, pour l'arrosage à la pompe, les pommes d'arrosoir, puis les queues d'hirondelles. Ces moyens sont impuissants pour régler la distribution de l'eau. Le pouce, posé sur l'orifice de la lance, règle et divise le jet à volonté. C'est le seul instrument dont on doit se servir si l'on veut exécuter très vite de bon travail ; quelques minutes suffisent à un manouvrier pour bien opérer.

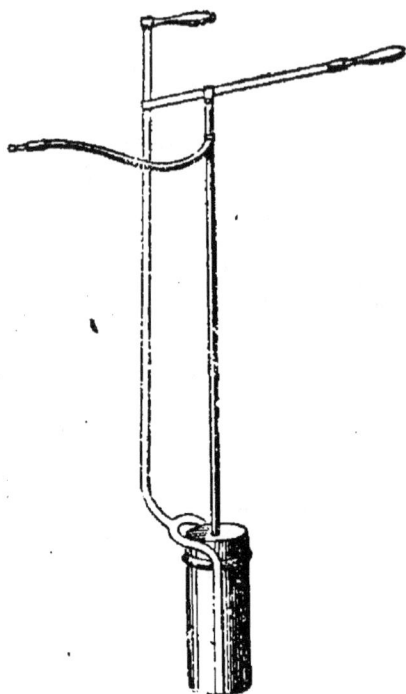

Fig. 24. — Pompe à main Dudon.

Le succès bien légitime des produits *Dudon-Mahon* a fait naître une foule de mauvaises imitations, que le commerce cherche à vendre pour les produits *Dudon-Mahon*. Exiger sur tout ce qui sort de chez *M. Dudon-Mahon* le timbre qu'il appose sur tous les objets sortant de ses ateliers.

Malgré l'organisation d'arrosages à la pompe, il faudra toujours avoir, dans le potager, au moins une paire d'arrosoirs. Le préférable et le seul que l'on

Fig. 25. — Arrosoir Raveneau.

devrait employer est l'arrosoir Raveneau (fig. 25 et 26), à l'exclusion de tous les arrosoirs à pomme et à goulot.

Cet arrosoir est construit de manière à débiter très vite, et à projeter une très grande quantité d'eau. On répand en une heure,

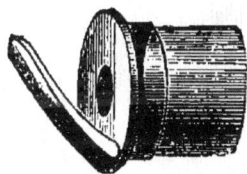

Fig. 26. — Brise-jet Raveneau.

avec l'arrosoir Raveneau, plus d'eau qu'on ne pourrait le faire en trois heures avec les arrosoirs à pomme, et cela sans battre la terre ni perdre un temps précieux à déboucher les pommes à chaque instant. Tout passe dans ces arrosoirs, même les souris qùi se noient et les crapauds qui tombent dans les tonneaux. On marche sans jamais s'arrêter ni s'occuper de rien. Le *brise-*

Fig. 27. — Emploi de l'arrosoir et de la seringue Raveneau.

jet (fig. 26), qui termine le goulot, étend l'eau en nappe très mince. Une grande étendue de terrain est mouillée sans que la terre soit battue, ni que l'eau coule dans les allées, et l'eau divisée à l'infini est en même temps échauffée et aérée (fig. 27).

Mentionnons ensuite un instrument qui devient indispensable dans les jardins, tant il est expéditif : la seringue Raveneau.

Cette seringue, très facile à manœuvrer, est munie de trois *brise-jets* différents. Avec l'un, on obtient un jet atteignant loin, pour asperger les feuilles dans les serres et le jardin ; avec le second, construit d'une manière toute spéciale, on badigeonne un mur plus vite et mieux qu'il n'est possible de le faire avec une brosse. La projection est puissante ; en un instant le mur est chaulé à fond, et tous les insectes atteints. Avec le troisième *brise-jet*, on détruit très vite et très facilement les pucerons et les chenilles. Le liquide est projeté en pluie très fine, très divisée et formant tourbillon ; pas un insecte n'échappe, ni en dessus ni en dessous de la feuille (fig. 27 et 28).

Fig. 28. — Seringue Raveneau.

La seringue Raveneau est l'instrument le plus commode et le plus énergique que je connaisse.

On devra toujours arroser de préférence le soir ; l'arrosage est plus profitable ; l'évaporation est moins grande que pendant le jour, et l'eau pénètre plus profondément en terre.

M. Raveneau, homme intelligent, travailleur et
chercheur, est mort il y a quelques années. Sa veuve
fait encore fabriquer ses excellents arrosoirs, que le
commerce cherche à faire tomber en les vendant le
plus cher possible. Ce brave et honnête commerce
voudrait tuer l'invention Raveneau, la meilleure qui
existe, pour débiter plus sûrement ses fonds de ma-
gasins.

Je ne saurais trop le dire, l'arrosoir *Raveneau* est le
meilleur de tous, et je suis heureux de le constater
encore pour rendre hommage à la mémoire d'un *pio-
cheur* que j'estimais.

L'arrosage le soir n'est pas une règle absolue. Il est
incontestablement plus profitable que celui donné
pendant le jour ; mais il ne s'ensuit pas qu'il faille
s'abstenir d'arroser parce qu'on ne peut le faire le
soir. En culture, et en jardinage surtout, il n'est pas
toujours possible de faire les choses dans les meilleures conditions ; dans ce cas, il faut les faire le mieux
possible. A défaut de temps le soir, on arrose le matin,
et, si l'on ne peut arroser le matin, on arrosera toute
la journée ; cela vaut mieux que de s'abstenir.

Je ne saurais trop répéter qu'il vaut mieux ne pas
arroser du tout que de le faire incomplètement. Le
but de l'arrosage est de mouiller la terre profondément pour dissoudre les engrais. Dans ce cas, l'arrosage détermine une végétation prompte et vigoureuse ;
mais, si l'on *bassine* seulement, c'est-à-dire si l'on humecte un peu la superficie, l'opération est plus nuisible
qu'utile, en ce que les feuilles rafraîchies fonctionnent

énergiquement et trouvent des racines inertes qui ne leur envoient pas de sève. *Il faut bien mouiller la terre* et *faire pénétrer l'eau profondément.* J'insiste sur ce fait, d'une grande importance, parce que la plupart des jardiniers arroseraient volontiers tout un jardin avec une carafe d'eau, si on les laissait faire.

Disons encore que le refus d'arroser quand il fait du soleil n'est qu'un prétexte inventé par la paresse. L'arrosage au soleil est loin d'être nuisible : l'eau s'évapore plus vite, voilà tout. Le point capital est de donner de l'eau aux plantes quand elles en ont besoin, et de ne jamais les laisser languir.

Quand on n'a pas assez d'eau pour *bien mouiller* toutes les planches du potager, il vaut mieux *mouiller à fond* six ou huit planches par semaine que d'épandre son eau en quantité insuffisante dans la totalité du jardin. Une planche *bien mouillée* peut se passer d'eau pendant huit jours et donner d'excellents résultats. La même planche *bassinée* pendant deux semaines n'avance pas et ne produit rien. Il en est de la distribution de l'eau comme de celle de l'engrais : *tout ou rien.* Si vous n'avez de l'eau que pour mouiller deux planches, *mouillez-les à fond*, et passez à d'autres ensuite, mais ne bassinez pas : c'est perdre à la fois votre eau, votre temps, votre argent et votre récolte.

L'excellent arrosoir Raveneau rend l'arrosage au goulot impossible ; c'est une qualité de plus. Pour les personnes qui ne possèdent pas ce précieux instrument, je dois signaler les graves inconvénients de cet arrosage, vicieux s'il en fût jamais.

Lorsqu'on arrose les plantes au goulot, c'est-à-dire au pied seulement, après avoir retiré la pomme de l'arrosoir, on humecte bien la racine ; mais on oublie que toutes les parties non arrosées sont sèches, et, comme leur surface est beaucoup plus grande que celles des parties mouillées par l'arrosage partiel, elles absorbent par capillarité, en moins d'une heure, toute l'humidité locale, et la plante arrosée au pied est presque aussi sèche deux heures après l'arrosement partiel, qu'elle l'était avant. En outre l'arrosage au goulot a l'inconvénient de déchausser, et même de déraciner les plantes, quand il est fait sans précaution.

Pour arroser une planche avec profit, il faut opérer ainsi : donner la première fois peu d'eau en plein, assez pour humecter la terre, pas trop à la fois, pour qu'elle ne coule pas à la surface. On laisse bien pénétrer ce premier arrosage, et un quart d'heure après on en donne un second, qui pénètre également ; si l'eau coule à la surface, on s'arrête, car, dès l'instant où l'eau coule, elle bat la terre et la rend imperméable à l'eau et à l'air. Une demi-heure après, on donne un troisième arrosage plus abondant que les deux précédents, et qui, cette fois, pénètre très profondément dans une terre déjà imbibée à une certaine profondeur.

Chacun des arrosages est donné à la pomme fine, à défaut du brise-jet, et l'on verse d'aussi haut que possible pour diviser l'eau, et lui permettre de se charger d'oxygène. Si l'eau a été versée trop vite et que la terre soit battue, il faut donner un binage au crochet quelques heures après l'arrosage, et avant d'en donner un autre, qui serait de nul effet sur une plate-bande à surface unie et battue comme une allée ; l'eau y coulerait sans pénétrer dans le sol, et l'on aurait dépensé une certaine somme de travail, de temps et d'argent, pour arroser les allées, pendant que les plantes périraient faute d'humidité pour dissoudre les engrais et accélérer l'ascension de la sève.

Je demande très humblement pardon à mes lecteurs de cette longue dissertation sur la manière d'arroser ; elle paraîtra au moins inutile à quelques-uns, mais l'expérience de l'enseignement, comme ce que je vois faire tous les jours, me fait un devoir de la reproduire.

Mes auditeurs se partagent en trois catégories :

La première, composée d'hommes intelligents, ne redoutant pas de mettre la main à l'œuvre, et suivant toutes mes prescriptions à la lettre ; pour ceux-là, le succès est assuré d'avance.

La seconde, composée d'hommes intelligents, se disant amateurs de progrès, mais ne voulant rien faire par eux-mêmes. Ceux-là viennent à nos cours, et applaudissent à notre enseignement, dont la logique les séduit : ils applaudissent de bonne foi, amènent un jardinier plus ou moins intelligent avec eux et lui disent : « Appliquez cela. » Le résultat est souvent mauvais, parce que le maître n'a pas surveillé l'exécution, parfois contraire à ce que nous avons prescrit. Les choses en restent là, et le propriétaire n'a rien à répondre à un manouvrier déguisé en jardinier qui

lui dit *d'un ton solennel :* « Vous voyez, Monsieur :
le système ne vaut rien ! »

La troisième est formée d'hommes *purement pratiques*, ce qui, dans la langue française, se traduit par :
*Ne sachant rien et ne voulant pas en apprendre da-
vantage.* Ceux-là, souvent, ont été envoyés à nos
cours un peu contre leur volonté, ils y viennent avec
une opinion faite, et n'en démordent que lorsque les
résultats leur crèvent les yeux.

Ces braves gens-là basent leur opinion sur une idée
fausse : c'est qu'il est plus difficile de conduire une
charrue, de manier une bêche, une pioche ou un râteau, que de se faire recevoir bachelier. On peut facilement, à leur point de vue, devenir un savant : mais
on est incapable de donner un coup de serpette ou de
remuer une bêchée de terre, si l'on n'est pas né manouvrier. C'est leur croyance, et ils sont de bonne foi
dans leur erreur. Ne les croyez pas ennemis du progrès : ils l'adopteront ; mais quand ils auront vu.
Faites voir d'abord les résultats à ces intelligences peu
exercées, ennemies de l'étude par conséquent ; aussitôt elles se mettront à l'œuvre pour imiter.

La défiance de l'homme illettré envers les *messieurs
qui font de la culture s'explique, jusqu'à un certain
point, par les insuccès des étourdis qui ont voulu
faire par eux-mêmes, tout changer et tout bouleverser, avant d'avoir acquis des connaissances sérieuses.*
Le propriétaire possède l'intelligence ; il doit travailler, non à bêcher, à arroser, mais à acquérir des connaissances solides pour diriger ses serviteurs. Celui

qui agit ainsi coopère plus qu'il ne pense à sa prospérité personnelle et à celle de son pays. Faites faire quelque chose de mieux que ce qui existe, aussitôt vous
trouverez des imitateurs ; mais faites d'abord, et ne
dites pas à un homme ennemi de l'étude et de toute
théorie d'appliquer ce qu'il comprend à peine, et je
dirai même ce qu'il ne veut pas comprendre du tout,
avant d'avoir vu les résultats.

Cela est tellement vrai que les praticiens dont je
parle sont des ennemis pour nous pendant toute la
durée des leçons théoriques : ils viennent à la première leçon pratique, uniquement pour se moquer du
monsieur qui ose toucher à la terre! Mais, dès qu'ils
voient le *monsieur* une serpette ou un outil à la main
s'en servir avec adresse et leur démontrer qu'avec
moitié moins de mal qu'ils s'en donnent on fait plus
vite de meilleur travail, ils deviennent sérieux, écoutent, regardent consciencieusement, reviennent à la
seconde leçon pratique, qu'ils écoutent religieuse-
ment ; à la troisième, ils regrettent de n'avoir pas
suivi avec fruit les leçons théoriques, et vers la fin il
en est qui nous demandent très sérieusement s'il
n'est pas possible de recommencer le cours, parce que
cela leur serait *ben utile.* Si nous donnons un cours
l'année suivante, les plus récalcitrants, dans le principe, sont nos plus fervents adeptes, quelquefois nos
meilleurs élèves.

Il y a trois puissances en culture : le savoir, le capital et les bras. Le propriétaire possède un capital et
les bras ; qu'il acquière le savoir et le fasse appliquer

par les bras dont il dispose. Avant peu, la richesse de
la France aura doublé ; mais il faut faire exécuter et
montrer le résultat. C'est la question *sine qua non*'

CHAPITRE V

ENGRAIS

FABRICATION, SERVICES ET RÉSERVES

L'engrais est la clef de la fertilité pour toutes les
cultures, et surtout pour le potager. Pas d'engrais,
point de légumes ; j'irai plus loin, je dirai même :
Avec une somme suffisante d'engrais mal fabriqués
et mal employés, on n'obtiendra que des résultats
négatifs !

Cela ne veut pas dire que l'engrais soit inutile,
mais qu'il faut savoir le préparer, l'employer et s'en
servir à propos, pour obtenir de grands résultats. Je
prouverai surabondamment qu'en culture l'engrais
est une puissance égale à celle de l'argent en industrie ; il faut savoir s'en servir pour en retirer un grand
produit ; c'est la science de la culture.

J'ai comparé la puissance *engrais* à celle *argent* ;

j'ajouterai, pour compléter ma pensée, que, si un né-
gociant n'a jamais *trop d'argent*, un cultivateur *n'a
jamais assez d'engrais*. Ceci posé : l'engrais est la
première puissance en culture, il faut donc tout recueillir : en fabriquer partout et avec tout. Cela est
facile avec un peu de bon vouloir et d'activité.

Il existe partout, et dans tout, des éléments de fertilité ; il n'est pas un village de notre beau pays de
France qui ne possède les substances nécessaires, pour
fertiliser les sols les plus ingrats, et cependant presque
partout ces richesses se perdent, le plus souvent au
détriment de la salubrité et de la santé publiques.

Pourquoi ?

Parce que l'habitant des villages ne connaît pas les
substances fertilisantes, parce qu'il ignore qu'en les
préparant de telle ou telle façon, et en les enfouissant
dans ses champs ou dans son jardin, il obtiendrait
de riches récoltes avec tout ce qu'il laisse perdre.

Avons-nous le droit d'en vouloir au laborieux et
paisible campagnard qui laisse couler le purin de son
écurie ou de son étable dans les ruisseaux de son village au risque d'y faire naître le typhus et d'y appeler de nombreuses épidémies ? Avons-nous le droit de
dire à ce laborieux ouvrier agricole :

« Vous laissez perdre les vases de vos mares et de
vos étangs, qui y engendrent les fièvres intermittentes ;
vous laissez perdre les feuilles des routes, les genêts
et les ajoncs qui étouffent vos bois, les herbes de vos
fossés, les roseaux de vos étangs, etc. » Tout cela est
vrai ; mais qui donc a dit à cet homme, qui travaille

comme quatre et élève difficilement sa famille avec
une mauvaise culture : « Toutes ces choses peuvent
faire d'excellents engrais, et être converties en pain,
en viande, en lait, en beurre, en fourrage, en fruits
et en légumes. »

Tout cela est la richesse pour lui et pour le pays tout
entier. C'est plus que la richesse : c'est la vie, la santé !
Le paysan ne sait pas cela ; s'il le savait, il recueil-
lerait ses purins, ramasserait les feuilles, et couperait
les herbes au clair de lune ou à l'aube du jour, pour
acquérir davantage et augmenter le bien-être des
siens.

Ce que j'avance est tellement vrai que, partout où
j'ai été assez heureux pour réunir une quantité d'instituteurs primaires et leur dire : « Le père de famille
gourmande fort ses enfants lorsqu'ils laissent perdre
une bouchée de pain que le *bon Dieu donne :* il a raison en principe, mais il ignore que lui-même, en laissant écouler ses purins sur la voie publique, en négli-
geant de recueillir tout ce qui peut être converti en
engrais, perd des sacs de blé, et une quantité de
lait, etc. etc. Votre mission est de l'éclairer, de lui
apprendre à faire de l'engrais et de la culture raisonnée ! »

Partout j'ai été secondé par les instituteurs primaires
et je suis heureux de rendre hommage à leur zèle ;
partout, dis-je, des petites fabriques d'engrais ont été
installées ; la fertilité est apparue, et l'aisance l'a suivie.
Je résume ainsi la fabrication des engrais : richesse et
santé publiques.

Cela dit, cherchons quelles sont les substances susceptibles d'augmenter la production du sol, la meilleure manière de les préparer et comment nous devons les distribuer dans nos cultures.

La première chose dont on doit se préoccuper en créant un jardin, et même avant de le créer, est la fabrication des engrais. Je vais la traiter ici généralement, avec réserves d'indications spéciales pour les jardins du propriétaire, du rentier, du fermier, du petit cultivateur, des hôpitaux, des communautés, des pensions, des presbytères, de l'instituteur, des gares et des camps.

Avant tout, et comme question de principe, on doit proscrire, et de la manière la plus absolue, les *trous à fumier* que l'on installe à peu près partout, et dans tous les pays, sous prétexte d'y fabriquer du terreau. Voici pourquoi :

Les parties les plus actives des fumiers sont celles qui ont été dissoutes par l'eau et sont entraînées avec elle; que deviennent les parties liquides, le plus pur et le meilleur de l'engrais jeté dans votre trou? Elles s'infiltrent au fond et vont richement fumer les entrailles de la terre! Que reste-t-il dans votre trou au bout d'un an, quand vous le videz ? Rien ou presque rien comme valeur nutritive; un résidu, rien de plus, qui agit plutôt comme amendement, en allégeant la terre, que comme agent nutritif. Ses parties nutritives entraînées par les eaux pluviales, sont enfoncées à deux ou trois mètres de profondeur et complètement perdues.

La fabrique d'engrais doit être installée, non dans un trou, mais sur une éminence, sur deux plates-formes inclinées en sens inverse (A, fig. 29), afin de faire écouler toutes les parties liquides dans un réceptacle que nous placerons au centre (B, même figure). C'est la fosse à engrais liquide.

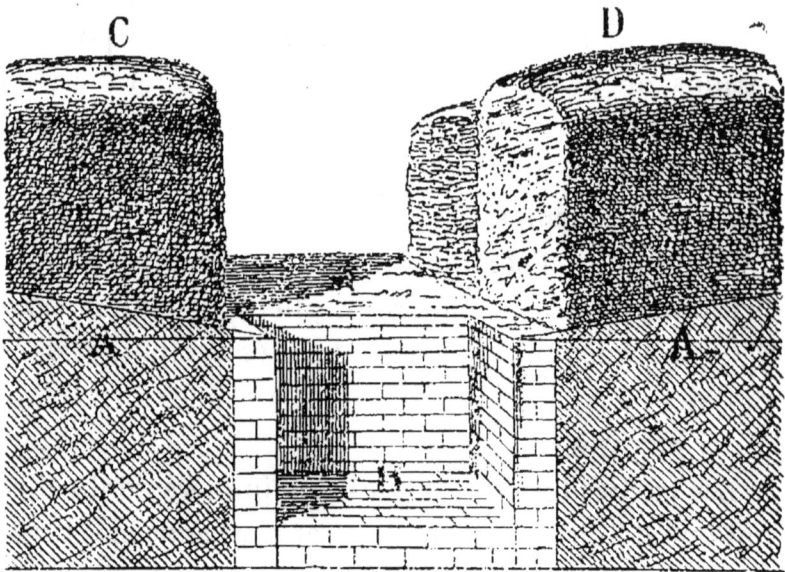

Fig. 29. — Fabrique de fumier avec fosse à engrais liquide.

La grandeur des plates-formes sera déterminée par l'étendue du jardin ; les plus petites doivent être assez grandes pour y manier deux tas de fumier sur chaque, c'est-à-dire avoir une étendue de 8 à 10 mètres sur 5 ou 6. On doublera la grandeur pour les grands jardins.

La pente vers la fosse à engrais liquide sera de quatre centimètres par mètre pour les plates-formes pavées, et de six pour celles qui ne le seront pas.

Suivant la richesse en engrais et les ressources du propriétaire, la fosse à engrais liquide sera plus ou moins grande, construite en maçonnerie ou briques avec ciment.

On doit toujours choisir pour la fabrique d'engrais un endroit au nord et autant que possible ombragé par de grands arbres. Un hangar vaudrait mieux ; mais, recherchant la plus stricte économie dans nos applications, nous indiquons d'abord les moyens les moins dispendieux, et à la portée de tous.

La fosse à engrais liquide est l'âme de la fabrica-

Fig. 30. — Tonneau à engrais liquide.

tion des composts, précieuse ressource qui nous permet de faire des quantités considérables d'engrais sans fumier. Au besoin, par économie, on remplace la fosse à engrais liquide par un vieux tonneau enterré au pied des plates-formes (fig. 30), ou encore,

ce qui vaut mieux, par quatre baquets enterrés de
même et faits avec deux vieux tonneaux sciés en deux.

ENGRAIS LIQUIDES

Le réceptacle, quel qu'il soit, établi au centre des
deux plates-formes, nous y amènerons chaque jour,
par des tuyaux ou des rigoles, les purins des écuries
et des étables, les urines de la maison, les eaux ménagères, toujours perdues ; ceux de vaisselle, de savon, de toilette, lessive, etc. Rien n'est plus facile, au
besoin, que de recueillir les purins et toutes les eaux
ménagères dans un vase quelconque, et de les porter
chaque jour dans la fosse; mais, comme on oublierait
souvent de les porter, il sera bien plus sûr d'installer
des conduits très économiques, avec des tuyaux de
terre cuite lutés avec du ciment, qui conduiront les
purins de l'écurie et de l'étable, et les eaux ménagères de la maison d'habitation, à la fosse à engrais
liquide.

Nous ajouterons aux liquides amenés dans la fosse
toutes les curures des pigeonniers et des poulaillers,
qui devront être soigneusement nettoyés et sablés
toutes les semaines, moyen infaillible de ne pas perdre
la colombine, d'entretenir les volailles en bonne santé,
et de les débarrasser des insectes, qui les dévorent,
nuisent à la ponte des poules comme à l'accroissement
des poulets.

On établira pour les domestiques et les ouvriers
des latrines avec un tonneau mobile : toutes les ma-

tières fécales en provenant seront également jetées dans la fosse à engrais liquide. S'il est possible d'établir des appareils mobiles, comme cela se fait en beaucoup d'endroits pour les maîtres, il sera urgent de le faire, et d'en ajouter le produit aux engrais liquides. Quelques kilogrammes de sulfate de fer dissous dans l'eau et jetés dans la fosse neutralisent l'odeur immédiatement. S'il n'était pas possible de recueillir les matières fécales et qu'on manquât de purins et d'eaux ménagères, il faudrait acheter quelques hectolitres de poudrette pour les remplacer, et les désinfecter par le même procédé ; dans tous les cas, on doit désinfecter les engrais liquides, d'abord dans l'intérêt de la salubrité, ensuite pour faire disparaître la répugnance des ouvriers à les employer, et enfin parce que le sulfate de fer, tout en faisant disparaître l'odeur, augmente considérablement la valeur de l'engrais et détruit le germe des parasites.

Si l'on habite une ville, il est facile d'augmenter la quantité des engrais liquides, en recueillant les lessives et les eaux de savon des blanchisseurs, les eaux dans lesquelles les chiffonniers dégraissent les os, le sang des abattoirs ; toutes ces choses sont perdues, et cependant ce sont des éléments de fertilité énorme.

Mais, ne l'oublions pas, il ne peut y avoir de bonne fabrication de fumier sans engrais liquide. Si la personne qui organise une fabrique d'engrais recule devant la dépense d'une fosse à engrais liquide, qu'elle établisse les deux plates-formes et enterre un vieux tonneau défoncé au centre (fig. 30).

L'engrais liquide est la base de la fertilité du potager : avec de bons engrais liquides pour animaliser des herbes, de la tannée, tous les débris du jardin, perdus le plus souvent, on peut fabriquer des quantités considérables d'excellents fumiers.

On peut fabriquer les meilleurs engrais liquides à l'aide des recettes suivantes :

1° Le guano, dissous dans quarante fois son volume d'eau, est désinfecté avec 1 kilogramme de sulfate de fer par hectolitre.

2° La colombine, curure de poulaillers et de pigeonniers ; étendue de trente fois son volume d'eau, avec 800 grammes de sulfate de fer par hectolitre ;

3° Les matières fécales, étendues dans quarante fois leur volume d'eau avec 2 kilogrammes de sulfate de fer par hectolitre ;

4° La poudrette, étendue de trente fois son volume d'eau, avec 1 kilogramme de sulfate de fer par hectolitre ;

5° Les urines, étendues de six fois leur volume d'eau, avec 800 grammes de sulfate de fer par hectolitre ;

6° Les purins et jus de fumier, étendus de cinq fois leur volume d'eau, avec 500 grammes de sulfate de fer par hectolitre ;

7° Le sang des abattoirs, étendu de huit à dix fois son volume d'eau, avec 2 kilogrammes de sulfate de fer par hectolitre ;

8° Les eaux dans lesquelles les chiffonniers dégraissent leurs os, étendues de quinze fois leur volume d'eau, avec 2 kilogrammes de sulfate de fer par hectolitre ;

9° Mélange des urines de la mais on avec les eaux de vaisselle, de savon, lessives, etc., avec 500 grammes de sulfate de fer par hectolitre ;

10° A défaut d'autre chose, du crottin de cheval ramassé sur les routes, avec huit à dix fois son volume d'eau ; y ajouter 1 kilogramme de sulfate de fer et 500 grammes de sulfate d'ammoniaque par barrique.

Disons, en terminant, qu'il est urgent de recouvrir la fosse à engrais liquide avec un plancher mobile pour empêcher l'évaporation, et pouvoir marcher dessus pour monter et démonter les tas de fumier en voie de fabrication ou fabriqués. Les tonneaux ou les baquets seront munis d'un couvercle en planches.

La fosse à engrais liquide établie, il s'agit d'augmenter la masse des fumiers avec tout ce qu'il est possible de recueillir et quelques parcelles de fumier seulement, afin de pouvoir en faire d'abondantes réserves pour les couches. Examinons d'abord la valeur des fumiers animaux, et faisons nos réserves pour les couches avant de fabriquer nos composts.

FUMIERS

Le fumier de cheval, d'âne et de mulet est le meilleur pour la culture des champignons et la fabrication des couches chaudes. Il possède, en outre, l'avantage de pouvoir être conservé pendant plusieurs mois sans se décomposer. Il suffit pour cela de le conserver sous un hangar ou de le mettre en mulon à l'état sec. On passe des perches transversales dans le mulon pour l'aérer et l'empêcher de fermenter, et on le recouvre d'un capuchon de paille pour empêcher la pluie de le pénétrer.

Ces fumiers n'entreront jamais dans la fabrication des composts, ils seront mis en réserves, comme je viens de l'indiquer, pour la confection des couches.

Le fumier de vache est excellent, en ce qu'il produit beaucoup d'humus; il est précieux dans la fabrication des composts, et peut être employé, à la rigueur, pour faire des couches tièdes.

Le fumier de mouton a une grande valeur; mêlé aux composts, il apporte une richesse énorme; mais, fermentant très difficilement, il ne vaut rien pour les couches.

Le fumier de porc, contre lequel il existe des préjugés fortement enracinés dans les campagnes, est très actif et d'un grand secours dans la fabrication des composts.

Les fumiers de vache, de mouton, de porc, de lapin, celui des chenils, etc., seront employés à la fabrication des composts. Celui de cheval sera mis en réserve pour les couches et au besoin augmenté avec du fumier de vache, s'il n'y en avait pas en quantité suffisante.

COMPOSTS

La réserve des couches faite, il s'agit de fabriquer des masses d'engrais avec ce qui nous reste de fumier, nos engrais liquides et des matières végétales.

On commence par faire un amas de tous les détritus du potager ; des herbes provenant des sarclages et des binages: tiges de légumes, d'asperges, d'artichauts, de pois, de haricots, les trognons de choux, de salades, etc., en un mot, de toutes les matières végétales qu'il est possible de se procurer ; toutes sont bonnes, à la condition de les employer fraîches et de ne jamais les laisser sécher.

Il est utile, pour éviter la production des mauvaises herbes, de n'employer que des plantes avant la floraison et même en fleurs, mais jamais en graines ; cela aurait l'inconvénient de remplir les composts de graines qui germeraient et viendraient bientôt, sinon étouffer les cultures, mais au moins occasionner une main-d'œuvre énorme en sarclage. Toute herbe défleurie doit être mise à part pour être brûlée, et la cendre sera ajoutée aux composts.

Les feuilles seront ramassées soigneusement, et par un temps sec, quelques jours après leur chute, à l'automne, et non au printemps, quand elles sont décomposées. Les feuilles seront mises en réserve, comme le fumier de cheval, pour être mêlées avec lui et employées dans la fabrication des couches, où elles maintiennent une chaleur douce et d'une longue durée.

Suivant les ressources et l'importance de la propriété, on peut considérablement augmenter la masse de composts, en y ajoutant des genêts, des ajoncs, des bruyères, des roseaux, des feuilles, des herbes de marais et de fossés, des algues, du varech, les tontures de haies et de gazons, etc. Si la propriété renferme une certaine quantité de ronces et de chardons, il est urgent de les couper pour les empêcher de se multiplier, et en les brûlant on obtient des cendres excellentes qui viennent ajouter à la qualité des engrais.

Les sciures et menus copeaux qu'on laisse pourrir dans les bois, la plupart du temps, fourniront des cendres précieuses, qui apporteront aussi leur part de fertilité dans le potager, surtout dans les contrées où le sol est dépourvu de calcaire, comme en Bretagne et en Sologne. On ne saurait trop faire de cendres dans ces pays ; elles y sont plus précieuses que les engrais.

La tannée, dans les contrées où elle est abondante et souvent presque pour rien, est une précieuse ressource. C'est encore une richesse perdue ; elle peut être utilement employée, mélangée avec des fumiers et des herbes, arrosée à l'engrais liquide, et additionnée d'un peu de chaux pour détruire son acidité.

Au besoin, la tannée, malgré son acidité et les dangers qu'elle présente, peut être employée seule quand on manque d'herbes. C'est une substance précieuse en ce qu'elle fournit une grande quantité d'humus ; ressource inappréciable quand on crée un potager dans un sol pauvre. Mais, dans ce cas, il faut savoir la préparer pour l'employer sans danger.

La tannée peut être employée à l'état naturel dans les sols composés de calcaire presque pur, mais dans ceux-là seulement. Dans ce cas, l'excès du calcaire corrige son acidité ; elle agit comme amendement et comme engrais, et *dans ce cas seulement* elle produit les plus heureux résultats.

Dans tous les autres sols, la tannée ne peut être employée sans danger, si elle n'a subi l'une des préparations suivantes :

On la met en tas, en y mêlant environ un vingtième de chaux : on arrose ensuite à l'engrais liquide ; après avoir manié une ou deux fois et arrosé encore, on obtient un engrais aussi abondant qu'efficace.

Auprès des villes, où l'on peut se procurer pour rien des eaux ammoniacales provenant de la fabrication du gaz, il suffit d'arroser la tannée avec ces eaux, de la manier et de l'arroser ensuite à l'engrais liquide, pour obtenir le même résultat.

On fabrique les meilleurs terreaux avec de la tannée très vieille, c'est-à-dire déjà composée, mêlée avec du crottin de cheval, et arrosée à l'engrais liquide ; même dans ce cas, il sera prudent d'y mélanger un peu de chaux.

Je ne saurais trop insister sur la préparation de la tannée, très précieuse pour augmenter le volume des engrais, mais dont l'acidité est mortelle pour les plantes quand on a négligé de la bien préparer pour faire disparaître son acidité.

La tourbe peut rendre d'importants services dans la confection des composts. Il est utile d'y ajouter un dixième de chaux environ et de l'arroser à l'engrais liquide. Ainsi préparée, c'est un puissant engrais.

Cela dit, je reviens à la fabrication des composts :

Lorsque les matières végétales sont réunies, on en

forme un premier lit de 30 à 40 centimètres d'épaisseur sur une des plates-formes, et ce lorsqu'elles
sont toutes fraîches, on ne doit jamais les laisser faner ; on recouvre aussitôt ce lit de fumier, puis on
arrose copieusement, tous les deux ou trois jours,
avec l'engrais liquide contenu dans la fosse (B,
fig. 29).

Cet arrosage se fait avec l'écope lorsque le tas n'est
pas trop haut, et avec une pompe à purin lorsqu'il
est plus élevé. Il ne faut pas craindre d'arroser copieusement pour bien mouiller le tas, et y faire développ-
per une prompte fermentation. Le liquide filtre à
travers le fumier et les herbes, suit la pente de la
plate-forme, et l'excédent vient retomber dans la fosse
à engrais liquide : rien n'est perdu.

Quelques jours après, on recouvre le tas d'un nouveau lit de matières herbacées, que l'on recharge
ensuite d'un lit de fumier ; on jette chaque jour sur
le tas de compost tous les débris de la cuisine ; éplu-
chures de légumes, coquilles d'œufs, déchets, plumes
et sang de volailles et de gibier ; la suie des chemi-
nées, les balayures de la maison et des cours.

Près des fabriques de conserves, on se procurera à
très bon compte des détritus de poissons : sardines,
etc., ayant une action énergique sur la végétation.

Les marcs de vin et de cidre, même lorsqu'ils ont
été distillés, contiennent encore des substances fferti-
lisantes, et augmentent utilement la masse des engrais.

On continue à monter le tas de compost alternativement avec un lit de matières herbacées, de fumier, et avec les déchets de la cuisine, jusqu'à ce qu'il ait atteint la hauteur de .2 mètres, en ayant le soin de l'arroser tous les deux jours avec l'engrais liquide contenu dans la fosse (fig. 29) ou dans le tonneau (fig. 30).

Si l'on opère comme je l'indique, la fermentation s'établira aussitôt, et les matières végétales entreront promptement en décomposition. Lorsque le tas a atteint la hauteur de 2 mètres, on le démonte en le coupant en tranches verticales; on mèle bien toutes les herbes décomposées, la tannée, etc., avec le fumier; on en forme un tas de l'autre côté de la plate-forme (D, fig. 29); on arrose cinq ou six fois encore avec l'engrais liquide, assez copieusement pour que le liquide, en filtrant à travers puisse animaliser toutes les parties herbacées, puis on défait une seconde fois ce compost, on en remêle bien ensemble toutes les parties, et on le met en réserve à côté. Dans cet état, c'est un des meilleurs engrais, et peut-être un des plus puissants que l'on puisse employer en ce qu'il est complet et renferme tous les éléments nécessaires à la végétation. Avec une bonne réserve d'engrais liquide, il est facile de faire des masses de compost et d'augmenter considérablement la fertilité du potager, sans autre dépense qu'un peu de peine et d'activité pour ramasser, réunir et mêler ensemble toutes les substances fertilisantes qu'on laisse perdre.

La fabrique de fumier doit être établie dans une des cours de réserve dont j'ai parlé à la création du

potager, être sous la main du jardinier, et à portée
du jardin. La première plate-forme est consacrée à la
fabrication, la seconde à la réserve, c'est-à-dire aux
engrais fabriqués. Ainsi, dès que le premier tas de
compost est démonté et refait pour recevoir encore
quelques arrosements d'engrais liquides, on doit en
construire un nouveau à la place qu'il occupait ; aussitôt le premier remanié une seconde fois, et transporté en réserve sur l'autre plate-forme, le second
démonté à son tour prend sa place, et l'on en construit un troisième.

Les vases de mares et d'étangs, comme les herbes
aquatiques, sont excellentes ; mais il est urgent d'y
ajouter un peu de chaux vive avant de les mêler aux
composts. J'insiste sur ce mélange de chaux, parce
que j'ai souvent vu employer ces vases et ces herbes
toutes fraîches, et dans ce cas on obtient de très
mauvais résultats. Le plus souvent on les laisse *mûrir*
pendant un an à l'air, et on les emploie, sans autre
inconvénient que celui d'avoir des tas de boue étendus dans un parc, et c'en est un qu'il est facile d'éviter
avec une addition de chaux vive, en laissant les vases
égoutter huit ou quinze jours seulement, et en les mélangeant avec des composts.

Lorsque les composts fabriqués doivent rester longtemps en réserve sur la seconde plate-forme, il est
bon de les arroser encore avec l'engrais liquide de la
fosse et de recouvrir le tas d'un peu de terre, 10 centimètres d'épaisseur, pour empêcher l'évaporation.

Je ne saurais trop appeler l'attention des proprié-

taires et des jardiniers sur la fabrication des composts ;
il faut avoir fabriqué des engrais soi-même, et en
avoir fait fabriquer autant que je l'ai fait, chez moi
et chez autrui, pour se faire une juste idée des immenses ressources que l'on trouve dans une foule
d'objets qu'on laisse perdre, presque partout, au détriment de la culture. La fabrication et l'économie des
engrais est une question importante, non seulement
au point de vue de la fraction de culture qui fait l'objet de ce livre, mais au point de vue de la production
générale.

La grande culture, qui possède un capital élevé et
connaît la valeur des engrais, non seulement ne laisse
rien perdre, mais encore achète des engrais artificiels
pour des sommes élevées, et fait des bénéfices considérables. La petite culture, manquant de capital et
ignorant la valeur des engrais, laisse couler ses purins
dans les rues des villages et grainer les herbes qui,
au lieu d'augmenter la masse des substances fertilisantes, sèment ses champs de mauvaises herbes qui
étouffent ses récoltes. La petite culture se soutient
par le travail, et, si je puis m'exprimer ainsi, l'excès
du travail chez elle remédie en partie à l'insuffisance
du savoir, du capital et des engrais.

Beaucoup de maires, cultivateurs, ont pris des arrê-
tés pour empêcher l'écoulement des purins sur la voie
publique ; nous les en félicitons : c'est du pain et de
la santé qu'ils donnent aux paysans sans qu'ils s'en
doutent ; si cette mesure aussi sage qu'utile était prise
partout, la masse des engrais serait sensiblement

augmentée, et la production générale le serait en raison de la quantité des matières fertilisantes introduites dans le sol.

Il n'existe pas de prétexte acceptable pour se dispenser de fabriquer des engrais, même quand il n'y aurait ni fumier ni herbes dans la maison.

On peut faire de l'engrais liquide partout ; à défaut de fumier, on trouve des boues de ville, engrais des plus précieux en ce qu'il renferme tous les éléments de fertilité.

Mêlez deux tiers de tannée ou de tourbe à un tiers de boues de ville, et arrosez à l'engrais liquide : vous obtiendrez un engrais excellent.

La paille de colza, la chenevotte, les tourteaux, etc., remplacent les herbes mêlées avec des boues, de la tannée ou de la tourbe.

Les balayures des routes, dont les cantonniers ne savent que faire, sont précieuses, surtout dans les sols argileux ; elles agissent d'abord comme agent diviseur, et ensuite comme engrais, chargées qu'elles sont d'urines, de crottin et de fer. Excepté dans les sols très siliceux, il y a bénéfice à les mêler aux composts.

Les dessous des mulons de sel, les débris de poisson, les balayures des fabriques de draps, de couvertures, etc., mêlés au composts, donnent les meilleurs résultats. Lorsqu'on peut se procurer des déchets de laine à bon marché, c'est un engrais précieux en ce qu'il agit énergiquement comme un agent nutritif, et chasse les vers blancs. Partout où l'on enfouit les déchets de laine le ver blanc disparaît. Restent les cendres, précieuses dans les composts ; toutes sont bonnes : cendres de bois, de tourbes, de fours à chaux, même celles de houille, provenant des usines et des locomotives, sont une richesse réelle, perdue le plus souvent.

Les cendres, quelle que soit leur provenance, doivent être recueillies avec le plus grand soin ; elles agissent comme stimulant, mêlées avec d'autres substances, et peuvent remédier à l'insuffisance du calcaire.

On devra toujours commencer par faire la réserve de cendres nécessaire pour le carré C du potager ; le surplus sera mêlé aux composts.

Admettons qu'un propriétaire créant un potager soit dépourvu de fumier et d'engrais liquide. S'il a des bois, qu'il les fasse nettoyer ; les genêts, les ajoncs, les bruyères, les fougères et les feuilles lui feront le meilleur fumier, arrosés avec le mélange suivant :

Pour 100 hectolitres : eau, 85 hectolitres ; vidange, 15 hectolitres ; sulfate de fer, 100 kilos ; sulfate d'ammoniaque, 100 kilos.

A défaut de matières herbacées, la tannée, la tourbe et les marcs de raisins et de pommes, traités avec la même composition et additionnés de chaux ou de cendre, peuvent devenir une précieuse ressource.

Les algues, les varechs et toutes les herbes de mer ont une puissante action, mélangées dans les composts ; on ne doit jamais négliger de les recueillir, lorsqu'on peut s'en procurer à bon marché. Employées seules, elles donnent un engrais incomplet; mélangées aux composts et animalisées avec les engrais liquides, elles ont une grande puissance.

J'indique tous ces moyens pour prouver à tous que vouloir c'est pouvoir. J'ai dit qu'il n'existait pas de sols où la culture fût impossible ; je puis ajouter qu'il n'existe pas de pays, quelque déshérité qu'il paraisse, où l'on ne trouve de quoi faire assez de fumier pour fertiliser les terres les plus ingrates, et en retirer un abondant produit en légumes.

Après la production des légumes, viendra forcément l'augmentation de celle des céréales et des fourrages, du pain, de la viande, du lait, du fromage et du beurre, c'est-à-dire la vie et la richesse à la place de la disette et de la misère.

ENGRAIS CHIMIQUES

A défaut d'engrais, ou devant les prétentions souvent exorbitantes des paysans, les engrais chimiques peuvent rendre temporairement de grands services.

On ne peut nier les brillants résultats obtenus par les engrais chimiques ; les expériences de M. GEORGES VILLE, faites dans du sable pur, à l'aide d'engrais chimiques, ne peuvent laisser aucun doute sur leur efficacité.

En culture de légumes, les engrais chimiques n'ont pas donné tout ce que l'on en espérait ; ils ont activé la végétation et produit le volume, mais au détriment de la qualité.

Dans le cas où l'on manquerait absolument de fumier on pourrait employer pour le potager, les composés ci-dessous, mais il faudrait fumer l'année suivante avec du fumier, le seul engrais efficace pour les légumes, et le seul aussi donnant le terreau indispensable aux semis.

Ces composés sont :

1° ENGRAIS N° 1, pour le carré A du potager (légumes à production foliacée) ;

2° ENGRAIS N° 2, pour le carré B du potager (racines);

3° ENGRAIS N° 3, pour le carré C du potager (légumes à fruits secs).

Ajoutons à cela :

LE FLORAL pour les fleurs et les légumes, et une excellente composition pour les gazons.

Le floral a donné de très bons résultats pour les fleurs; la composition pour les gazons a activé leur végétation, mais ni l'un ni l'autre, malgré le bon effet qu'ils produisent, ne dispensent de l'emploi des engrais animaux, et surtout des terreaux, que rien ne peut remplacer pour les fleurs comme pour les gazons.

M. *Ridard*, successeur de *Derouet*, quincaillier, rue de Bailleul, n° 9, à Paris, est chargé de la vente de ces engrais ; il donnera tous les renseignements nécessaires.

_____

CHAPITRE VI

ASSOLEMENT

DISTRIBUTION DES ENGRAIS, COUCHES

L'assolement, c'est la clef de la richesse, la base de la production, dans le potager comme en grande culture. Et qui se doute, à l'époque où nous vivons, parmi la majeure partie des jardiniers, et même de certains docteurs en horticulture, qu'un assolement bien entendu du potager est le premier élément de succès, un garant certain d'abondance et d'économie tout à la fois dans la production?

Rien n'est si simple cependant et si facile à comprendre pour qui veut écouter et raisonner. Les légumes doivent être classés en trois catégories bien distinctes :

1° LES LÉGUMES A PRODUCTION FOLIACÉE, tels que : choux, artichauts, choux-fleurs, poireaux, etc., demandant, pour donner un produit maximum, une fumure très copieuse ;

2° LES RACINES : carottes, oignons, navets, salsifis, etc., exigeant une terre abondamment pourvue d'humus, mais redoutant les fumures fraîches.

3° LES LÉGUMES A FRUITS SECS, voulant une terre épuisée d'engrais, mais renfermant une certaine quantité de potasse, base de leur formation.

Voilà en deux mots la clef de la culture des légumes ; c'est clair, net, simple et bien facile à exécuter, à l'aide de l'assolement.

Comment sont traitées ces trois catégories de légumes, dont les besoins sont si différents, dans la culture ancienne, et par toutes les méthodes consacrées jusqu'à ce jour, dans le *jardin fouillis*, si vous voulez ? Toutes de la même manière !

On éparpille sur un espace énorme tout le fumier que l'on possède, c'est-à-dire que l'on donne à chacune de ces trois catégories, si distinctes dans leurs appétits, un quart de fumure à peine. C'est la seconde édition de la sauce universelle du restaurateur à prix fixe. Et quel résultat ! Dépense élevée en engrais gâchés, en main-d'œuvre impuissante et en arrosages inutiles, pour obtenir quoi ?

Des légumes à production foliacée périssant d'inanition, mettant la moitié de l'année à accomplir leur piteuse végétation, et uniquement bons à exercer la patience des cuisinières ;

Des racines à l'état microscopique, avec des tiges géantes ;

Des légumes à fruits secs sans fruits, mais avec des tiges de 2 mètres de haut.

Ces tristes résultats sont patents ; quatre-vingts propriétaires sur cent me répondront : C'est ma propre histoire ; j'ai suivi la ligne indiquée par les praticiens se disant les plus habiles; ils se sont trompés, je le reconnais, mais le remède?

Le remède est bien simple : c'est de rompre franchement avec les erreurs du passé, et d'introduire la culture intensive dans votre potager, c'est-à-dire le diminuer d'abord de moitié au moins, et soumettre cette moitié à l'assolement de quatre ans avec couches. Avec la même quantité d'engrais judicieusement dépensée, et moitié de main-d'œuvre rationnellement dirigée, on obtiendra une abondante récolte non seulement de tous les légumes nécessaires, mais encore quantité de primeurs qui ne coûteront rien, en procédant ainsi :

Diviser le potager en quatre carrés égaux ; ces quatre carrés sont désignés par les lettres A, B, C et D. Les trois premiers seront exclusivement consacrés aux cultures de pleine terre, et grâce à la rotation chacune des trois catégories de légumes sera placée dans les meilleures conditions pour donner un produit maximum. Sans plus de dépense d'engrais, il nous sera facile d'installer des couches qui donneront à la fois des primeurs, des melons et du plant tout élevé, pour repiquer en pleine terre, aussitôt que la température le permettra. Chaque carré aura une destination différente et recevra des produits différents tous les ans, pendant une période de quatre ans.

Le carré A (fig. 31) recevra la première année une *fumure maximum*, c'est-à-dire que l'on couvrira le sol d'une épaisseur de 25 centimètres environ de fumier en état de décomposition, assimilable par conséquent, et l'on enfouira. Ce carré recevra pendant toute l'année les plantations de légumes à production foliacée, qui y donneront très rapidement les produits les plus beaux et les plus abondants.

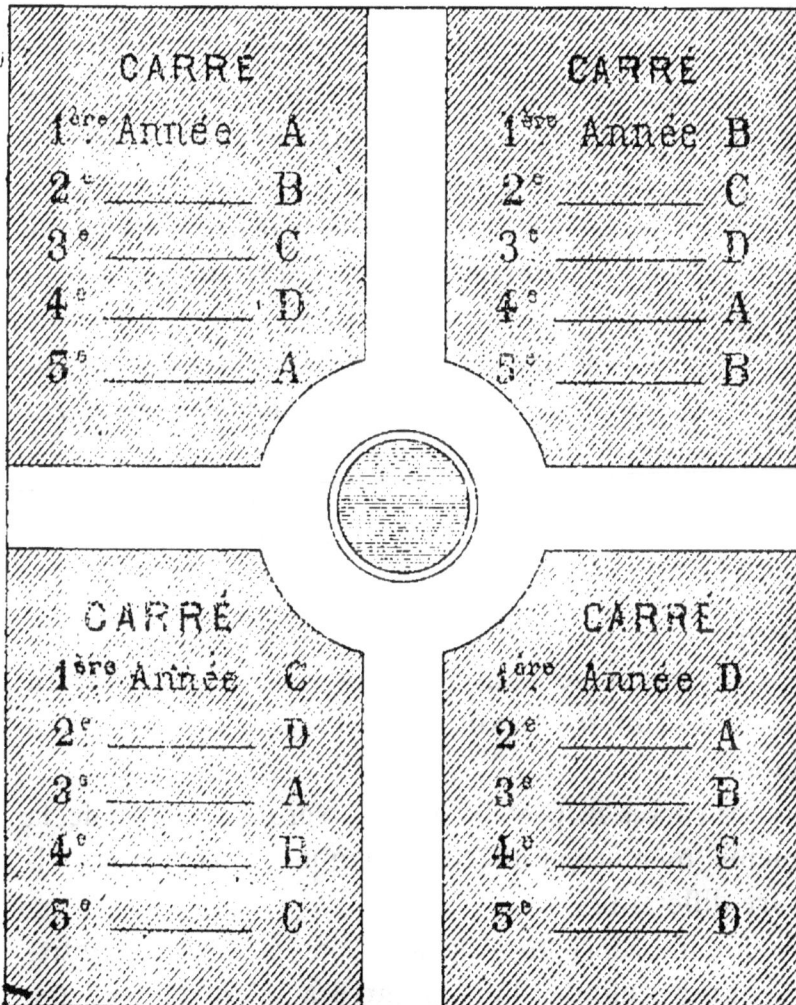

CARRÉ
1ère Année A
2ᵉ _____ B
3ᵉ _____ C
4ᵉ _____ D
5ᵉ _____ A

CARRÉ
1ère Année B
2ᵉ _____ C
3ᵉ _____ D
4ᵉ _____ A
5ᵉ _____ B

CARRÉ
1ère Année C
2ᵉ _____ D
3ᵉ _____ A
4ᵉ _____ B
5ᵉ _____ C

CARRÉ
1ère Année D
2ᵉ _____ A
3ᵉ _____ B
4ᵉ _____ C
5ᵉ _____ D

Fig. 31. — Assolement du potager.

La seconde année, ce carré A deviendra le carré B ; on y sèmera et plantera sans fumure, mais avec terreautage et paillis provenant de la démolition des couches, les racines : carottes, navets, salsifis, oignons, salades, etc., qui donneront une récolte maximum dans une terre épuisée de fumier frais, mais abondamment pourvue d'humus. Les racines produiront des tiges moyennes, mais des racines énormes; les salades ne monteront pas, comme toujours, sur des fumures fraîches, et donneront des pommes monstrueuses.

Ce même carré deviendra, la troisième année, le carré C ; il ne recevra pas de fumure, mais un cendrage énergique. On y cultivera les légumes à fruits secs, qui, placés dans leur élément, donneront les produits les plus riches et les plus abondants, grâce à la potasse fournie par la cendre.

La quatrième année, ce carré prendra la lettre D et sera affecté aux couches, aux plantes pour graines, à l'élevage des fleurs, aux semis et aux pépinières des légumes, en un mot à toute *la cuisine* du jardin.

La cinquième année, la rotation recommencera avec une fumure maximum, et le carré D redeviendra le carré A.

Les carrés B, C et D (fig. 31) seront cultivés de la même manière et affectés chaque année à une culture différente.

Que le propriétaire ne s'effraye pas de la quantité d'engrais enfouie dans le carré A; c'est le seul que l'on fume, c'est-à-dire un quart de l'étendue du jardin chaque année. Si nous voulons bien compter la quantité d'engrais qui était étalée inutilement sur toute la surface d'un jardin double au moins, c'est-à-dire sur

une surface huit fois plus grande qu'un carré, et
quelque mince qu'ait été la fumure, nous reconnaîtrons
qu'avec la même quantité d'engrais il nous restera
assez de fumier pour monter plusieurs couches, et
que les fumiers fabriqués comme je l'ai indiqué au
chapitre *Engrais* (page 124), pourvoiront amplement
aux besoins du potager.

J'insiste sur l'économie des engrais, parce que plusieurs propriétaires m'ont écrit pour me signaler deux
obstacles qui leur paraissent insurmontables :

1° *L'impossibilité d'enfouir une épaisseur de* 25
centimètres de fumier. Je renvoie le lecteur au chapitre
des labours ; il verra combien l'opération est simple
et facile en opérant comme je l'ai indiqué.

2° *L'énorme dépense qu'occasionnerait cette colos-
sale fumure.* Les propriétaires comptaient que 1 mètre
de fumier acheté, tassé par conséquent, ne couvrirait
que 4 mètres de terrain. De là des calculs à perte de
vue, donnant des chiffres monstrueux d'achat de
fumier.

Disons tout d'abord, ou plutôt répétons qu'avant
de créer un potager il faut organiser la fabrication
et le service des engrais. Si le propriétaire veut bien
faire exécuter à la lettre ce que nous avons indiqué,
(page 124), pour la fabrication des engrais, il y en aura
toujours assez qui ne lui coûteront rien que la peine
de recueillir tout ce qu'on laisse perdre, pour faire
très largement face aux besoins du potager.

Pour les personnes qui ont négligé ou n'ont pas pu
faire fabriquer d'engrais, et se trouvent dans la néces-

sité d'acheter du fumier, il est urgent de rectifier l'erreur.

Supposons à fumer au maximum un carré de 5 ares, 500 mètres. En employant 1 mètre de fumier pour couvrir 4 mètres de terrain, il en faudrait l'immense quantité de 125 mètres.

Les personnes qui nous font cette objection, souvent soulevée, il est vrai, par des praticiens cherchant tous les moyens possibles de ne rien essayer n'ont pas compté que 1 mètre de fumier, tassé comme on l'achète, donne 5 mètres au moins quand il est répandu sur la terre, et divisé à la fourche comme doit l'être toute fumure.

Donc, en achetant du fumier, il en faudra 25 mètres et non 125, pour fumer au maximum un carré de 5 ares ou 500 mètres.

Il en est de même du cendrage, produisant les plus féconds résultats. On se figure *a priori*, quand la pratique manque, que des wagons de cendres sont indispensables pour cendrer un carré de 5 ares ou 500 mètres. Un millimètre de cendre enfouie dans le carré D y apporte une fertilité très grande ; quand on peut en enterrer deux millimètres, la production est énorme.

Un mètre de cendre est suffisant pour cendrer très énergiquement un carré de 5 ares ou 500 mètres. Il n'est pas de maison de maître qui ne produise 1 mètre de cendre par an, et il en est des milliers qui en jettent chaque année 4 ou 5 mètres dans la rue.

J'insiste sur tout cela, parce que je tiens à prouver que l'assolement, en apportant une grande abondance dans les produits, apporte aussi une économie de moitié dans la dépense des engrais, et dans celle de la main-d'œuvre, quand on ne laisse rien perdre, et que l'on veut bien recueillir les éléments de fertilité, perdus le plus souvent, non seulement pour le propriétaire, mais encore pour la production générale.

J'ai prouvé matériellement pendant plus de trente années, à mes anciens jardins-écoles, qu'avec l'économie d'engrais et de main-d'œuvre apportée par l'assolement la terre est en meilleur état de culture dans le carré C, n'ayant pas reçu de fumure depuis trois ans, que dans le jardin fouillis le plus copieusement fumé.

Cela est facile à comprendre.

Les légumes à productions foliacées : choux, artichauts, etc., ne constituent pas une culture épuisante. La terre reste saturée d'humus, c'est le mot, après avoir donné ses six, sept et quelquefois neuf récoltes.

Les racines qui succèdent aux légumes à production foliacée, la seconde année, ne sont pas non plus une culture épuisante ; elles trouvent une abondante nourriture et laissent encore le sol en très bon état.

Les légumes à fruits secs sont la seule culture épuisante ; ils succèdent aux racines, mais ils ont pour s'alimenter le cendrage, leur fournissant la potasse qui leur est indispensable. Grâce au cendrage, la terre est encore en parfait état l'année suivante, en assez bon état pour faire, avec le plus grand succès, dans le carré D, les plantes pour graines et les navets de pri-

meur, montant toujours à graine dans un sol trop
riche ou trop récemment fumé.

Un assolement rationnel est la base de la fécondité
de la terre, et la clef de la richesse du potager, parce
que l'assolement renferme :

1° LE RESPECT DE LA LOI DE L'ALTERNANCE, loi qui
fait que le même produit, quelque abondamment
fumé et bien cultivé qu'il soit, donne rarement une
récolte maximum deux années de suite dans le même
carré.

Je sais que cette théorie, neuve pour beaucoup de
praticiens, bien qu'ayant donné les plus féconds résultats depuis longues années, blesse leurs idées et
dérange leurs habitudes; la majeure partie cultive
encore le même légume, plusieurs années de suite,
dans le même carré, et cela uniquement parce que
c'est la *mode du pays*. J'irai plus loin en disant que,
fort de mes études, de mes observations et de mon
expérience, j'affirme que dès la seconde année il y a
diminution dans le produit; à la troisième, dégénérescence, tardiveté et diminution très sensible dans la
récolte, et j'irai même jusqu'à affirmer que plus les
semis successifs se prolongent dans le même terrain,
plus la dégénérescence est grande.

Bien plus, je suis profondément convaincu que les
variétés de légumes abâtardies, à peine bonnes à donner aux animaux, que l'on trouve dans presque toutes
les régions de la France où la culture des légumes s'est
entièrement localisée, ne seront arrivées à cet état de
dégénérescence et de tardiveté qu'à la suite des semis

successifs dans le même sol, et de leur culture dans les mêmes planches.

J'irai plus loin encore en disant à ceux qui veulent faire de la routine et la propager quand même : « Prenez vos semences de variétés revenues presque au type originel par la promiscuité : semez pendant cinq ou six années, et chaque année des semences nouvelles dans une terre neuve, et vous arriverez, sinon à retrouver la variété primitive, mais au moins à améliorer sensiblement celle que vous avez semée d'abord. Ce n'est ni vous ni moi qui avons fait cette loi : elle émane de la nature ; votre entêtement plus ou moins grand ne la détruira pas, et la routine est impuissante à conjurer ses effets. Laissons donc tout faux orgueil de côté, et assolons notre potager à quatre ans avec couches, ou à trois ans sans couches, de façon à ce que la même espèce ne revienne dans le même carré que tous les quatre ou cinq ans. »

En opérant ainsi, nous serons non seulement assurés d'obtenir les récoltes maximum partout, mais encore de conserver pures les précieuses variétés qui remplaceront vos légumes *ligneux* et *filandreux*.

Je suis loin de demander le bouleversement de tout ce qui existe pour créer à neuf. Loin de là, sachant combien la force de l'habitude est grande, je dirai ici, comme dans mes cours, à tous ceux qui hésitent : « Avant de détruire, expérimentez : faites des essais comparatifs; eux seuls peuvent vous éclairer d'une manière certaine. Si vous avez un potager composé de quatre carrés cultivés à la mode du pays, conti-

nuez votre culture habituelle dans trois ; essayez celle
que vous enseigne ce livre dans le quatrième, et, lorsque vous aurez bien vu et comparé les résultats,
compté les dépenses et les produits des deux cultures,
adoptez franchement et sans arrière-pensée celle qui
vous aura donné les meilleurs et les plus abondants
produits, avec le moins de dépense.

« Je puis et dois vous dire à l'avance quel résultat
vous donnera le carré que vous aurez divisé en quatre,
pour le soumettre à l'assolement de quatre ans, avec
couches.

« A la seconde rotation, vers la sixième année, ce
potager, qui vous aura paru d'abord lilliputien, sera
suffisant pour vous fournir les légumes que vous n'a-
vez jamais pu obtenir avec quatre fois plus de terre,
et cela avec une dépense diminuée de plus des trois
quarts. »

2° L'ÉCONOMIE DES ENGRAIS PAR LEUR BONNE PRÉPARA-
TION ET LEUR DISTRIBUTION RAISONNÉE. Je pose en principe que la même quantité d'engrais assimilables,
employée avec discernement sur un espace donné,
produira *six*, quand la même quantité, et même une
quantité supérieure, mal fabriquée et répartie à faux
sur le même espace, produira à peine *un*, avec autant
et même plus de main-d'œuvre.

3° LA POSSIBILITÉ D'OBTENIR COMME RÉCOLTE SUPPLÉ-
MENTAIRE UNE ABONDANTE PRODUCTION DE PRIMEURS, NON
SEULEMENT SANS AUGMENTATION DE DÉPENSE D'ENGRAIS,
MAIS ENCORE EN AMÉLIORANT CEUX-CI ET EN LES RENDANT
PLUS PROPRES A L'ENFOUISSEMENT.

Les engrais ne sont assimilables qu'à l'état liquide ou gazeux, c'est-à-dire que les plantes ne peuvent absorber les substances nutritives qu'ils contiennent que lorsqu'ils sont arrivés à l'état de décomposition. Dès l'instant où il est àvéré que les engrais décomposés, consommés, ont sur les plantes une action immédiate et plus énergique que les fumiers frais, nous avons avantage à décomposer nos engrais avant de les enfouir. Le moyen, non seulement le plus économique, mais encore le plus profitable pour décomposer les engrais, est d'en faire des couches. Ces couches nous donneront toutes les primeurs désirables, sans autre dépense que l'achat premier de quelques châssis et de quelques cloches. L'économie de la main-d'œuvre qu'il eût fallu employer à manier les fumiers couvrira largement les frais d'entretien des châssis et des cloches, et la récolte annuelle ne sera grevée que de l'achat premier du matériel.

On considérait autrefois l'installation d'une couche comme une chose difficile, dispendieuse et même ruineuse. C'est une erreur dont on est revenu, grâce à mon enseignement, et, disons-le, lorsque l'usage des couches sera entièrement popularisé, et que l'on en fera à la chaumière comme au château, les cultures de pleine terre doubleront leurs produits, et le plus petit jardin, tout en doublant sa production, donnera, sans dépense aucune, des melons et des primeurs; il n'existera pas un village, un hameau, où le curé ou l'instituteur ne puissent en récolter en quantité, s'ils veulent s'en donner la peine.

Les couches étant, par le fait, la fabrique de fumier assimilable, d'engrais par excellence, il est de l'intérêt du producteur d'en établir le plus possible, pour augmenter à la fois les récoltes de pleine terre et les produits de châssis et de cloches, toujours d'un prix élevé, et ne coûtant rien lorsque les couches entrent dans l'assolement du potager. Il est facile de monter beaucoup de couches avec une grande économie d'engrais, de châssis et de cloches, en employant le fumier de cheval mêlé avec des feuilles pour les *couches chaudes;* le fumier de vache mêlé avec les feuilles, des mousses, etc., pour les *couches tièdes;* des matières herbacées, et même de la tannée, mélangées avec un peu de fumier, pour les *couches sourdes* et les *poquets,* et en employant, pour certains produits, des abris économiques à la place de châssis ou de cloches en verre.

En opérant ainsi, on augmente considérablement la masse des engrais et des terreaux, indispensables pour l'élevage des plantes potagères et des fleurs, et l'on obtient tout ce qu'il est possible de désirer avec la plus grande économie, tout en améliorant et augmentant la somme des engrais, la production du sol, par conséquent. Je consacrerai un chapitre spécial à la fabrication des couches *chaudes, tièdes, sourdes,* des *poquets,* et aux abris destinés à les recouvrir. Je consacre également un chapitre à l'assolement de chacun des jardins que je traite : ceux du propriétaire, du rentier, du fermier, de la ferme, du petit cultivateur et du métayer, du presbytère, des hôpitaux, des communautés et des pensions, des instituteurs, des

chemins de fer, des employés et des camps, chacun de
ces jardins ayant un but différent, demandant une
culture et un assolement spéciaux. Je ne traite ici de
l'assolement du potager à trois et quatre ans qu'en
principe, et en me réservant de le modifier pour chacun
des jardins que j'ai cités, et suivant les ressources et
les besoins de chacun.

Sous le climat du Midi, les couches chaudes et
tièdes peuvent être supprimées. Cependant, avec des
couches tièdes seulement, on obtiendrait très facilement toutes les primeurs désirables. Les couches
sourdes, recouvertes avec des abris économiques, seront seules indispensables pour les semis de primeurs
et pour obtenir le terreau nécessaire au potager et au
jardin d'agrément.

L'assolement de quatre ans est applicable dans le
Midi, avec des couches tièdes pour les grandes primeurs, et des couches sourdes pour l'élevage des
plants. Les primeurs donneront un produit élevé ; et,
n'eût-on encore que du plant précoce et les terreaux,
il y aurait bénéfice à faire des couches, et à en faire
beaucoup.

L'assolement de quatre ans offre les avantages suivants sur les autres cultures :

1° De produire sur chaque sol des récoltes maximum, la terre étant dans l'état de culture et d'engrais
le plus favorable aux plantes qu'elle reçoit ;

2° De dépenser moins d'engrais et moins de main-
d'œuvre que les cultures donnant des résultats bien
moindres ;

3° De permettre au producteur de faire une abondante récolte de primeurs, presque sans dépense additionnelle ;

4° De ne laisser revenir que tous les cinq ans la même culture dans le même carré, garantie première de fertilité et de conservation des variétés ;

5° De régulariser la fertilité de toutes les parties du jardin, grâce à la régularité des fumures et des cultures ;

6° D'augmenter encore cette fertilité, en introduisant dans le sol, à époque régulière, un stimulant (la cendre) qui concourt puissamment à activer l'action des engrais et éloigne les vers blancs d'une manière certaine ;

7° D'établir un ordre parfait dans les cultures, et de rendre les erreurs impossibles à l'aide du tableau suivant :

ASSOLEMENT DE QUATRE ANS

CARRÉ A

Sur la fumure maximum :

Angélique.	Céleri.
Artichauts.	Choux.
Aubergine (dans le Midi).	Choux-fleurs.
Betteraves (en contre-plantation).	Épinards.
	Laitues de primeur.
Cardons.	Maïs.

Patates (dans le Midi). et marjolin pour grande
Poireaux. primeur.
Pommes de terre feuilles Radis.
  d'orties. Royale Kidney Ravès.
Rhubarbe.

CARRÉ B

Sur terreautage et paillis :

Ail.
Arroche.
Basilic.
Betteraves.
Carottes.
Céleri rave.
Chicorées.
Scarolles.
Mâches de première
  saison.
Navets.
Oignons.
Panais.
Persil.
Piment (dans le Midi).

Ciboule.
Ciboulette.
Échalottes.
Épinards.
Fenouil.
Fraisiers.
Laitues de saison.
Romaines.
Poireaux.
Pommes de terre.
Raiponce.
Salsifis.
Scorsonère.
Tomates.
Tétragone.

CARRÉ C

Sur cendrage :

Capucine.
Cerfeuil.

Chicorée sauvage.
Estragon.

Fèves.

Haricots.

Oseille.

Persil.

Pimprenelle.

Pois.

Romaines.

Scorsonère.

Scolymes.

Lentilles.

Mâches.

Navets de grande pri-
meur.

Thym.

Tétragone.

CARRÉ D

Couches :

Melons.

Concombres.

Aubergines, etc. etc.

Semis et repiquage en pé-

pinière sur couches.

Melons.

Giraumonts.

Concombres.

Poquets pour :

Potirons, Concombres.

Cornichons, etc.

Pépinières de légumes.

Élevage de fleurs.

Absinthe.

Anis.

Bourrache.

Semis de pleine terre.

Plantes pour graines.

Sarriette.

Pimprenelle.

Sarrasin.

Chicorée sauvage.

L'assolement de trois ans est semblable à celui de quatre ans ; il se compose des carrés A, B, C, traités de même manière, mais il ne comporte pas de couches. La rotation recommence la quatrième année : pas de melons, pas de primeurs, pas de plants élevés à l'avance et pas de terreau.

L'assolement de trois ans est plus particulièrement appliqué à la culture extensive, où il rend de grands services en doublant au moins les produits de la culture ordinaire. Cet assolement est des plus précieux pour la culture des légumes en plaine, entrant en combinaison avec l'assolement agricole, et dans le verger Gressent, où la production des légumes paye plus que les frais de création, dès la première année, comme nous le verrons plus loin.

CHAPITRE VII

INTRODUCTION DE L'ASSOLEMENT DANS LES ANCIENNES CULTURES

Beaucoup de personnes, entièrement converties à la théorie de l'assolement du potager, ont reculé quelque temps devant l'exécution. Elles voyaient parfaitement la lumière ; mais, dès l'instant où elles levaient les bras pour la prendre, un vieux praticien les arrêtait court.

— Ah! Monsieur, vous ne savez pas à quoi on s'expose à tout bouleverser comme ça.

— Essayons ! Vous avez là *le Potager* de M. Gressent?

— Oui ; mais c'est pas lui qui a *inventé la légume ;* y en avait avant lui et y en aura encore après.

— Il ne prétend pas avoir inventé les légumes, mais les cultiver avec fruit.

— Monsieur, tout ça c'est des idées ; vous n'avez pas compté tout le fumier que *va falloir* acheter, les châssis, les cloches, tout le tremblement, sans compter que je ne veux pas faire *toute cette ouvrage-là* tout seul.

Bon nombre de propriétaires se sont laissés influencer par des arguments de cette force, doublés de ceux des voisins plus ou moins envieux du mieux qui pourrait se produire chez autrui, et n'ont pas manqué de surenchérir sur le praticien.

Il est dans la nature humaine de haïr la supériorité ; elle n'accepte jamais une idée juste, ou le *mieux,* et même le bien, sans lui chercher un vice. J'en ai la preuve, depuis près de quarante années, par les visiteurs de mes jardins.

On venait voir pour s'instruire ; on regardait, et, quand on avait reconnu des produits abondants et de première qualité, on se tournait vers moi.

— C'est beau ; mais vous avez un terrain exceptionnel.

— Comme mauvaise qualité, oui.

— Allons donc !

— En doutez-vous ? Regardez.

J'ai poussé souvent la bienveillance jusqu'à prendre une bêche, et faire un trou, pour leur prouver que le sol de mes anciens jardins-écoles se composait de sable et de gravier.

— Mais, alors, vous dépensez en engrais dix fois la valeur des produits.

— Le quart de ce que vous dépensez, Monsieur, pour ne rien obtenir dans un excellent sol. Voici le compte de mes engrais.

— C'est prodigieux !

— C'est raisonné, étudié et pratiqué, rien de plus.

Devant la brutalité du fait accompli, on se radoucissait, et quelquefois on prenait la peine d'étudier. On réussissait, et alors on devenait un prosélyte ardent qui en faisait beaucoup d'autres, mais le début était toujours le même.

Pendant plus de trente-cinq années, j'ai fait voir, tous les jours, des potagers et des jardins fruitiers à tout venant. Pendant douze ans, j'ai laissé visiter, quotidiennement, mes anciens jardins-écoles de Sannois, créés dans un sol impossible, et montrant toujours les mêmes résultats. Le 1er janvier 1878, ne pouvant donner la moitié de mon temps à recevoir les visiteurs, et fatigué des déprédations continuelles dans mes cultures, j'ai fermé mes anciens jardins-écoles au public.

J'ai créé alors un nouveau jardin fruitier que j'ai laissé visiter deux fois par mois, jusqu'en 1884, époque à laquelle j'ai transporté toutes mes cultures loin de Paris, et n'ai conservé à Sannois que mon domicile.

La difficulté, pour ne pas dire l'impossibilité de la main-d'œuvre à la porte de Paris, m'avait obligé à n'avoir plus de cultures à Sannois.

L'introduction des assolements de quatre et de trois ans est des plus faciles à opérer dans toutes les cultures, et même dans les *jardins-fouillis*. L'opération est la même pour les deux assolements. Voici comment on procède :

1° Raser complètement le terrain que l'on veut soumettre à l'assolement, et le purger entièrement d'arbres, de broussailles, de fleurs, etc. ;

2° Diviser le terrain en quatre ou en trois parties égales, suivant l'assolement que l'on adopte : celui de quatre ou trois ans ;

3° Tracer tout de suite les allées, et enlever, dans toute leur étendue, 10 centimètres de terre environ, que l'on jettera sur les carrés ;

4° Défoncer les carrés en plein, à une profondeur variant entre 50 et 70 centimètres, suivant la nature du sol, et opérer comme je l'ai indiqué pages 79 et suivantes ;

5° Prendre à la fabrique d'engrais le fumier le moins décomposé, pour fumer au maximum le carré A, c'est-à-dire le couvrir entièrement d'une épaisseur de 25 centimètres de fumier. On mettra en réserve le fumier le plus consommé, réduit presque à l'état de terreau. Ce fumier, très décomposé, sera porté sur le carré B ; on en répandra une épaisseur de 4 à 5 centimètres sur toute l'étendue du carré, et on l'y enfouira ;

6° Cendrer le carré C, sans y mettre de fumier ; 1 à 2 millimètres d'épaisseur de cendre, répandus sur toute la surface du carré, sont suffisants pour produire les plus brillants résultats ;

7° Établir les couches dans le carré D, et ne fumer avec des fumiers très consommés, ou des terreaux, que les planches destinées aux pépinières de légumes, et à l'élevage des fleurs.

L'ordre est établi dans le potager ; il n'y a plus qu'à consulter le tableau du chapitre précédent, page 160, pour mettre chaque espèce de légume à sa place, et suivre la marche que je viens d'indiquer pour obtenir les plus féconds résultats.

La première année ne donne pas tout ce que l'on est en droit d'attendre de l'assolement ; il faut à la terre le temps de se saturer d'humus, et de s'ameublir par une culture énergique.

La seconde année, il y a une amélioration très sensible : le carré A, fumé au maximum l'année précédente, devient le carré B, dans les meilleures conditions ; le carré B, terreauté la première année, est cendré, et devient le carré C, dans de bonnes conditions ; le carré C, cendré l'année précédente, devient le carré D ; il recevra les couches, et sera terreauté partiellement pour les semis et les pépinières de légumes et de fleurs ; enfin le carré D, qui a porté les couches et reçu des fumures partielles l'année précédente, sera fumé au maximum pour devenir le carré A, et sera d'une fertilité remarquable.

Le produit sera considérable dès la seconde année, il augmentera encore la troisième, où trois carrés auront reçu leur fumure au maximum, et le produit augmentera encore sensiblement à la seconde rotation, la cinquième année, parce qu'alors tous les carrés seront également fertilisés, et la terre sera amenée partout au plus haut degré de puissance et de fertilité.

Quand on introduit l'assolement dans un jardin où la terre n'est pas en mauvais état, on se contente de fumer le carré A au maximum, et de cendrer le carré C ; les carrés B et D peuvent recevoir les racines et les couches, etc., sans fumure.

Tout cela sera accompli sans dépense, sans bruit, sans plus de travail, et le produit sera plus que quintuplé.

CHAPITRE VIII

DES COUCHES, DES CHASSIS, DES CLOCHES ET ABRIS ÉCONOMIQUES

La culture forcée se divise en quatre séries bien distinctes :

1° Celle de grande primeur, faite sur couches chaudes recouvertes de châssis ;

2° Celle de seconde saison, faite sur couches tièdes recouvertes de châssis ou de cloches ;

3° Celle de dernière saison, faite sur couches sourdes recouvertes de cloches ou d'abris économiques ;

4° Celle d'arrière-saison, établie sur poquets ou en pleine terre, recouverts temporairement avec des abris économiques.

On emploie pour faire des couches chaudes :

Les fumiers de cheval, d'âne ou de mulet, mélangés avec des feuilles. Ce sont ceux qui donnent la chaleur la plus forte, mais elle n'est pas de très longue durée ; les feuilles prolongent la fermentation et maintiennent plus longtemps la chaleur ; c'est leur fonction dans les couches chaudes. Ces fumiers doivent être employés frais, c'est-à-dire avant qu'ils aient fermenté. *Tout fumier vieux*, c'est-à-dire qui a fermenté, *est impropre à la confection des couches chaudes ;* il vaut mieux se tenir tranquille que d'employer du fumier qui n'a plus le pouvoir de fermenter. Je ne saurais trop insister sur ce point, car, malgré mes recommandations, je vois chaque jour des couches faites avec du fumier passé, qui n'a jamais donné dix degrés de chaleur, et toutes les graines pourrissent sans germer sur de telles couches.

Les fumiers de cheval, d'âne et de mulet sont les seuls qui puissent se conserver. Ils suspendent leur fermentation à l'état sec, et la reprennent dès qu'on les mouille ; et encore est-il bon, lorsque ces fumiers sont en tas depuis longtemps, de les mêler à un **peu** de fumier frais. Pour les conserver, il faut les laisser sécher un peu avant de les mettre en tas ; avoir le soin de placer plusieurs perches en travers, de distance en distance, afin d'aérer le centre, pour les empêcher d'entrer en fermentation et placer un capuchon de paille au sommet, pour empêcher la pluie de les pénétrer. Le meilleur fumier pour la confection des couches chaudes est celui des auberges, qui reçoivent beaucoup de chevaux entiers et économisent la litière, mais il doit être *employé sortant de l'écurie.* La paille est tellement piétinée par les chevaux, qu'il entrerait en fermentation, malgré toutes les précautions, si on voulait le conserver. Quand on veut le garder, il faut le mêler avec du fumier plus pailleux, le laisser sécher et le mettre en mulon.

On emploie pour les couches tièdes :

1° Le fumier de vache, dont la fermentation est moins turbulente que celle du fumier de cheval, mais de plus longue durée ; en le mêlant avec du fumier de cheval, on pourrait s'en servir avec avantage pour monter des couches chaudes ; mais c'est le fumier par excellence, mêlé avec des feuilles, pour les couches tièdes ;

2° Les fumiers de lapin et de porc, mêlés avec des herbes. Les fumiers de porc et de basse-cour, mêlés avec du fumier de vache et des feuilles, peuvent encore fournir de bonnes couches tièdes.

Pour les couches sourdes et les poquets, on emploie tout ce qui est susceptible de fermenter pendant quelques semaines : les fumiers de basse-cour mêlés avec des feuilles ou des herbes ; à défaut de fumier, des herbes mêlées avec un peu de déchets de laine. Ces déchets, fermentant très vite et donnant une chaleur très élevée, peuvent devenir une précieuse ressource pour mêler avec des feuilles et ranimer du fumier un peu passé.

La mousse peut entrer aussi dans la confection des couches sourdes. La chaleur qu'elle produit est moins forte que celle des feuilles, mais elle est d'assez longue durée. On peut faire d'excellentes couches tièdes et sourdes avec de la mousse mêlée à du fumier ; cela est économique dans le voisinage des bois.

Les tontures de gazons et les herbes employées toutes fraîches, venant d'être coupées, et mêlées à un peu de fumier, peuvent encore faire des couches sourdes sur lesquelles on peut élever d'excellents melons.

La chenevotte (tiges de chanvre coupées par tronçons de 35 à 40 centimètres de longueur) est excellente. La tannée peut devenir une précieuse ressource pour la construction des couches sourdes et des poquets.

Les feuilles doivent entrer dans la confection de presque toutes les couches, surtout dans celles des couches chaudes et tièdes ; elles fermentent moins vite que les fumiers, mais donnent une chaleur plus égale et de très longue durée. Le mélange de fumier et de feuilles produit des couches excellentes et où la chaleur se maintient fort longtemps.

On ramasse avec soin les feuilles, aussitôt après leur chute, avant leur décomposition, et par un temps très sec, pour les conserver en mulon, comme le fumier de cheval, jusqu'à la confection des couches.

C'est en octobre et en novembre, au plus tard, qu'il faut recueillir les feuilles pour les avoir bonnes. Plus tard, elles sont décomposées par les pluies et ne fermentent plus.

Enfin, avec un peu d'intelligence et de l'activité rien n'est plus facile que de faire une assez grande quantité de couches avec une grande économie, et d'y obtenir des résultats très satisfaisants. Si les feuilles, la mousse et même les herbes, qui ne coûtent rien dans le voisinage des bois, entrent en très grande proportion dans la fabrication des couches, il faudra augmenter la quantité des couches *tièdes* et *sourdes*. On obtiendra sur ces couches des produits aussi bons que sur les couches chaudes, mais six semaines ou deux mois plus tard, et l'on aura en plus les terreaux, sans lesquels il est impossible de faire une bonne culture de pleine terre et d'élever des fleurs.

Les couches où les feuilles, la mousse et les herbes entrent dans une grande proportion, fournissent pour les cultures de pleine terre des fumiers excellents et des terreaux de bonne qualité, ayant dix fois la valeur de la main-d'œuvre employée à recueillir les matières premières.

Quelles que soient les ressources d'une maison en engrais, il y a toujours avantage à faire une grande quantité de couches. On manque presque toujours de petites primeurs et de melons dans les habitations de campagne ; on est forcé de les faire venir de Paris. Cela coûte cher, surtout lorsque leur prix est additionné des ports et des paniers. Le jardin, je ne saurais trop le répéter, doit fournir tout cela avec ses couches, et le fournit d'autant plus que les couches sont un des principaux éléments de fertilité pour les cultures en pleine terre, dont le produit est facilement doublé avec les fumiers et les terreaux de couches.

Si la maison est riche en fumier de cheval et de vache, et qu'il y ait possibilité de se procurer quelques voitures de feuilles, le propriétaire est en droit d'exiger toutes les primeurs possibles, et dans les cultures de pleine terre une abondance de produit proportionnée à l'abondance et à la richesse des terreaux.

Si, au contraire, la maison offre peu de ressources en engrais, il faut redoubler d'activité pour réunir tout ce qu'il est possible de se procurer économiquement pour la fabrication de couches : feuilles, mousses, déchets de laine, de fabriques, etc., que l'on mêlera avec un tiers environ de fumier, mais du fumier *tout frais*, et on arrivera encore à faire une grande quantité de couches *tièdes* et *sourdes*, qui donneront les melons et les petites primeurs six semaines plus tard que les couches chaudes, mais qui en donneront à discrétion et fourniront des débris de fumier et du terreau indispensables pour mettre les cultures de pleine terre en rapport sérieux.

C'est, au contraire, lorsque les ressources en fumier sont limitées qu'il faut augmenter le nombre des couches et des composts par tous les moyens possibles, au lieu de laisser perdre tout ce qui peut être recueilli.

La nécessité d'établir des couches quand même et d'utiliser tout à leur confection m'a fait expérimenter depuis plusieurs années un nouveau mode de confection de couches qui m'a parfaitement réussi, tout en apportant une économie de moitié sur l'emploi du fumier.

Les couches seules pouvant nous donner du *terreau*, *augmenter la masse des engrais*, nous fournir sans dépense *des primeurs* et *du plant tout élevé*, à mettre en pleine terre *quand la culture routinière commence à semer*, nous en ferons le plus possible, et nous emploierons à leur confection toutes les matières possibles.

En outre, pour augmenter considérablement l'élevage du plan, la production des primeurs et des melons, nous supprimerons les couches chaudes, hautes de 60 à 80 centimètres, et les couches tièdes de l'épaisseur de 40 à 50 centimètres, que nous avions adoptées autrefois, pour les remplacer par des couches plus simples, donnant autant de chaleur, plus faciles à faire, et employant beaucoup moins de fumier. Cela nous permettra d'en faire le double au moins avec la même quantité de fumier, avantage immense, permettant de doubler la culture forcée sans plus de dépense, et mettant les personnes ayant peu d'engrais à même de faire toutes les primeurs désirables.

Comme toujours, nous avons attendu la sanction de l'expérience avant d'enseigner notre nouveau mode de monter les couches. Cela dit, procédons par ordre.

COUCHES CHAUDES

Les couches chaudes se montent de janvier à mars pour les semis de toutes espèces, et pour semer et élever les premiers melons. Il doit entrer dans ces couches une assez grande quantité de fumier de cheval, pour obtenir une chaleur très élevée ; mais, si les plantes que l'on doit y élever sont destinées à y rester quelque temps, il est urgent de mêler un tiers de feuilles au fumier de cheval frais, afin de conserver une chaleur de plus longue durée.

On peut faire entrer les feuilles dans la proportion de moitié dans les couches chaudes lorsqu'on est à court de fumier de cheval : on obtient les meilleurs résultats en activant ces couches avec des réchauds souvent renouvelés.

Lorsqu'on monte des couches chaudes surtout, il est urgent d'en établir plusieurs lignes parallèles, afin de donner plus d'action aux réchauds que l'on place dans les sentiers, et d'obtenir une grande somme de chaleur avec un peu de fumier.

Voici comment on opère pour monter des couches chaudes :

Après avoir calculé ce que l'on peut occuper de terrain avec le fumier dont on dispose, on divise ce terrain en planches parallèles, de la longueur voulue pour poser quatre, six, huit ou dix panneaux de châssis, suivant la quantité dont on dispose, et larges de 1^m,40.

Ces planches seront séparées par des sentiers de la largeur de 40 centimètres (B, fig. 32).

On enfonce des piquets à chaque angle aux points A (même figure), pour poser un cordeau, et l'on trace toutes les planches avec la bêche. Les planches tracées, on creuse la première à une profondeur de 10 centimètres, et l'on met la terre provenant de cette opé-

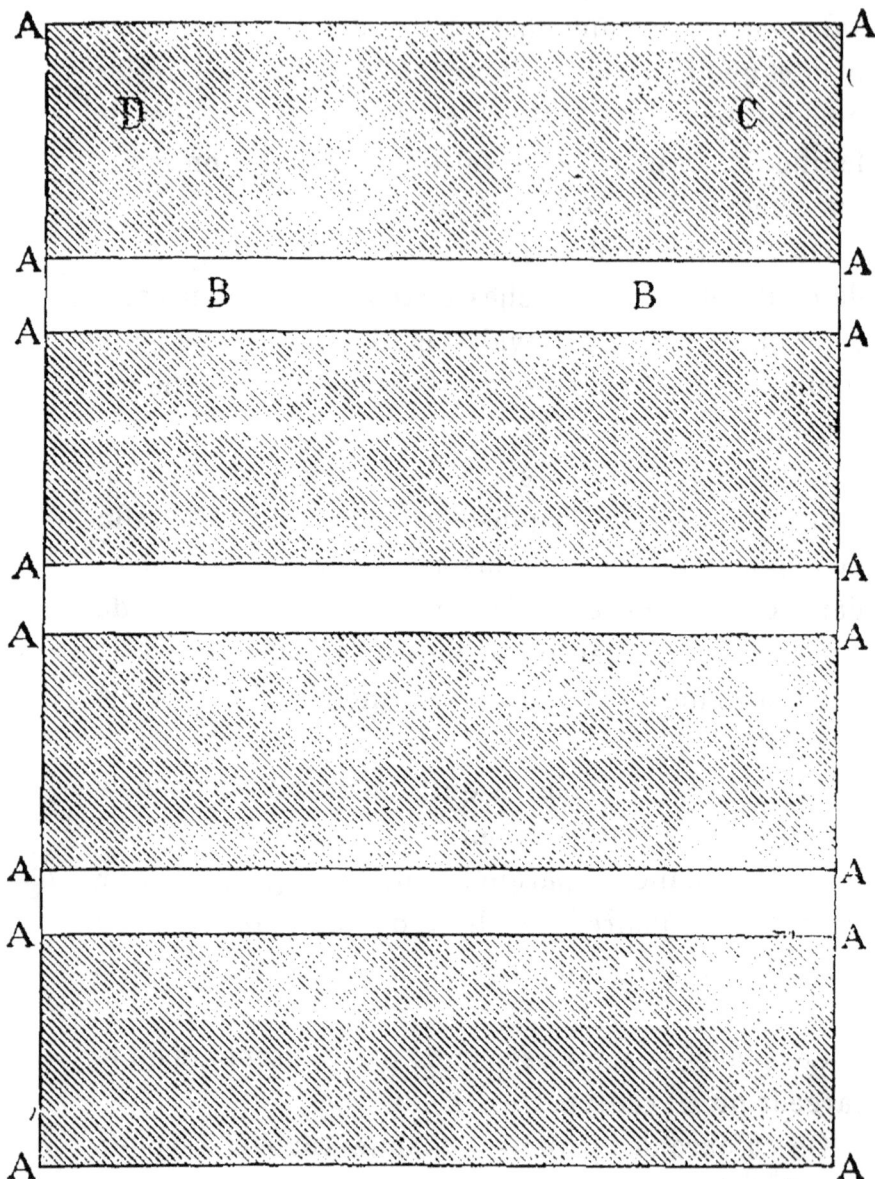

Fig. 32 — Disposition des couches.

ration en réserve à droite et à gauche de la planche;

elle nous servira à charger la couche, après l'avoir mélangée avec du terreau.

Lorsque la première couche est faite, on passe à la seconde, et ainsi de suite.

Avant de charrier le fumier et les feuilles à la place où les couches doivent être montées, il faut opérer le mélange du fumier avec des feuilles et humecter le tout, c'est-à-dire au fur et à mesure que l'on défait le tas de fumier : *mêler ensemble le long et le court ; celui qui est consommé avec le plus pailleux ; diviser les plaques de crottin et les mêler avec la paille la plus longue ; bien amalgamer avec ce fumier la quantité de feuilles nécessaire*, en ayant le soin d'en extraire les pierres et tous les corps étrangers qui pourraient s'y trouver ; *délier les nœuds de paille* et ensuite arroser le tout *par petites parties avec la pomme de l'arrosoir, et mieux encore avec le brise-jet Raveneau, afin que tout soit également mouillé.* J'insiste sur ces détails, parce que les jardiniers, peu habitués à faire des couches, négligent ces petits soins et dépensent, pour faire de mauvaises couches, beaucoup plus de peines et le double de fumier qu'il en faudrait pour en obtenir d'excellentes.

Presque toujours, les débutants, en voulant mêler le fumier, le secouent comme s'ils faisaient la litière à un cheval. C'est la pratique la plus vicieuse, en ce que tout le crottin tombe sur le sol, et qu'il ne reste plus que de la paille à mêler avec les feuilles.

Il faut que tout soit bien mélangé par parties égales : crottin, paille et feuilles, ou l'on s'expose à faire de mauvaises couches ne donnant pas de chaleur.

Lorsque le fumier a été mélangé avec des feuilles et suffisamment arrosé pour que toutes les parties soient mouillées, on le porte à l'endroit où les couches doivent être montées, et on le décharge par tas dans les tranchées, pour monter vivement les couches aussitôt le fumier apporté.

Ensuite on prend du fumier sur chaque tas par petites fourchées, et on le pose *bien à plat* au fond de la tranchée (la paille doit toujours être couchée, jamais debout), en ayant le soin *d'appuyer chaque fourchée avec le dos de la fourche, de manière à former un lit de fumier très égal, et surtout sans cavités.*

On commence au point C, et l'on opère à reculons jusqu'à l'autre extrémité, au point D (fig. 32). On place ainsi sur toute la longueur de la couche un lit de fumier de 40 centimètres d'épaisseur environ, puis *on le foule avec les pieds*, ou plutôt *avec les sabots*, seule chaussure propre à fouler convenablement un lit de fumier.

On verse encore quelques arrosoirs d'eau en foulant le fumier ; il se tasse mieux, et l'on est certain que toutes les parties sont suffisamment humectées.

Pour les couches chaudes, une épaisseur de 40 centimètres de fumier, mouillé et foulé, est suffisante.

Cependant, quoiqu'il soit urgent de bien mouiller le fumier pour obtenir une fermentation égale et soutenue, il faut bien se garder *de le noyer :* le fumier trop mouillé pourrit sans donner de chaleur. La pratique est nécessaire pour apprécier le degré de mouillure ; à défaut de pratique, on peut se baser sur ce renseignement : lorsque le fumier est mouillé à point, il conserve la forme qu'on lui donne, en le pressant dans la main, mais sans exprimer d'eau.

Lorsque toute la première planche est garnie d'un lit de fumier foulé et mouillé comme je viens de l'indiquer, on pose les coffres en leur donnant une légère inclinaison au midi. Une pente de *deux à trois* centimètres est suffisante pour faire couler l'eau et ne rien perdre de la force des rayons solaires. Il suffit d'une cale quelconque en bois, ou d'une brique posée aux angles de derrière du coffre, pour donner la pente voulue.

On donne souvent aux châssis une pente beaucoup plus forte : 25, 30 et même 40 centimètres. C'est la plus déplorable opération que l'on puisse faire. Avec une pente aussi exagérée, de deux choses l'une : il faut mettre une épaisseur double au moins de terre mélangée de terreau sur le derrière du châssis ; ou, si l'on veut charger la couche également, laisser un vide énorme derrière, entre le terreau et le châssis.

Dans le premier cas, le devant de la couche chauffe, et le derrière reste froid ; dans le second, les plantes du devant donnent lieu à une bonne végétation, mais celles du milieu et du derrière *se tirent*, c'est-à-dire qu'elles montent à une hauteur exagérée pour chercher la lumière, développent des tiges longues et grêles, et fournissent du plant bon à jeter au fumier.

Des praticiens, voulant toujours avoir raison, disent à leur maître : « *Tout ça, c'est des bêtises !* j'ai des châssis de 40 centimètres de pente ; *c'est les meilleurs.* Je monte mes couches en pente, et j'ai des produits superbes. »

La couche montée en pente offre trois inconvénients majeurs :

1° De donner une chaleur médiocre par devant, et exagérée par derrière. Des plantes ont froid ; d'autres brûlent sous le même châssis ;

2° De rendre l'application des réchauds impossible, et d'abandonner les primeurs à la grâce de la température quand les couches ne chauffent plus ;

3° D'employer, pour obtenir des résultats aussi médiocres qu'incertains, le double de fumier nécessaire pour être certain d'en obtenir d'excellents et d'assurés.

J'insiste sur ces détails, parce que chaque jour l'expérience me prouve que les insuccès sont dus à de mauvaises applications, et que ces applications déplorables coûtent au propriétaire, pour avoir un résultat négatif, le double d'engrais et de main-d'œuvre qu'il en faut pour être assuré d'un brillant succès, en opérant avec intelligence.

Les coffres posés comme je l'ai indiqué, on recharge la couche, c'est-à-dire que l'on fait apporter du terreau, et que l'on en remplit les coffres en le mélangeant avec moitié de terre ; l'épaisseur de terre, mélangée de terreau, doit être de vingt centimètres. On emploie à cet effet de la terre extraite de la tranchée et mise en réserve à droite et à gauche de la planche. On laisse un vide de cinq à six centimètres seulement entre le terreau et les vitres du châssis.

Cet espace est suffisant quand on sème. Pendant le temps que les plantes emploient à lever et à produire leurs premières feuilles, le fumier de la couche se tasse, le terreau descend, et il y a bientôt sous le châssis le vide nécessaire au développement des plantes.

Quand on fait des couches destinées à recevoir des repiquages, on laisse un vide de 8 à 12 centimètres.

Les coffres remplis, on pose les châssis dessus, et l'on s'occupe de monter immédiatement les réchauds; on apporte un mélange de feuilles et de fumier, comme celui qui a servi à monter les couches, et l'on remplit tous les sentiers jusqu'en haut des coffres. On foule et on mouille les réchauds, comme les couches. Trois ou quatre jours après, la fermentation s'établit partout; la couche est chaude; on sème aussitôt.

Quand la température devient froide, s'il survient une gelée, et que la chaleur des couches diminue, on amène du fumier frais, que l'on mélange avec celui des réchauds qui remplissent les sentiers; on le mêle bien, on le manie, le mouille et le foule, et deux jours après la chaleur des couches est ranimée pour quelques semaines encore.

Quelque long et rigoureux que soit un hiver, il est toujours facile d'entretenir la chaleur des couches, en renouvelant les réchauds. Il faut de la surveillance, cela est vrai ; mais il est non moins vrai que l'on ne fait jamais rien si l'on ne veut pas se donner la peine d'y mettre la main, et que l'on n'obtient rien même avec le superflu et une dépense énorme, si l'on manque des premières connaissances et que l'on ne sache pas commander.

Le plus souvent, il suffit de manier les réchauds de temps à autre et de les mouiller, pour obtenir le résultat désiré, et parfaitement entretenir la chaleur des couches par un hiver ordinaire ; quand le froid redouble et semble devoir être de longue durée, on enlève les vieux réchauds, et on en fait de nouveaux avec du fumier frais. On peut braver les plus fortes gelées avec des réchauds frais.

Nous avons établi des couches chaudes dans les meilleures conditions pour un carré de couches. Le même résultat peut être obtenu pour des couches chaudes et tièdes, établies dans le même carré. On placera les couches tièdes sur les bords des carrés, et les chaudes au centre, pour augmenter encore leur chaleur. Un résultat analogue pourra être également obtenu pour quelques châssis seulement, établis sur une seule ligne, en opérant ainsi :

Supposons que nous voulions monter quatre panneaux de châssis sur une couche chaude :

Nos châssis ont 1^m,30 carré ; nous creuserons une tranchée de 10 centimètres de profondeur, longue de 5^m,40 et large de 1^m,40 (A, fig. 33).

Nous mettrons en réserve la terre provenant de la tranchée, pour rechar er la couche en la mélangeant

avec du terreau. En procédant ainsi, la terre emprun-
tée est restituée ; on n'a jamais de transport de terre
à effectuer, il n'y a jamais de trous dans les carrés
où l'on établit les couches.

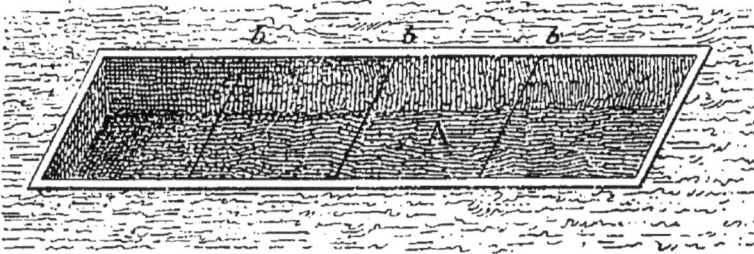

Fig. 33. — Tranchée pour couche chaude.

Cela fait, on monte la couche dans la tranchée (A,
fig. 33), puis on pose les coffres et on les remplit de
terre mélangée de terreau, comme je l'ai indiqué
pour le carré. Il est préférable d'employer des coffres
doubles, de deux panneaux de châssis (B, fig. 34) :

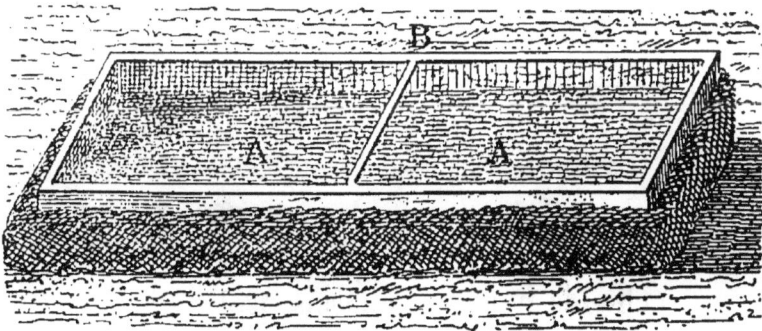

Fig. 34. — Coffre posé sur la couche.

cela donne plus de place pour les semis, les repiquages et est très commode pour la culture des
melons.

La tranchée est un peu plus longue et un peu plus large que les coffres ; ils posent en plein sur la couche. Dans ces conditions, l'action de la couche sera complète et celle des réchauds très énergique.

On pose les châssis, on remplit les coffres ; ensuite on les entoure des quatre côtés avec du fumier frais, que l'on mouille, de manière à faire disparaître complètement les coffres dans le fumier (A, fig. 35).

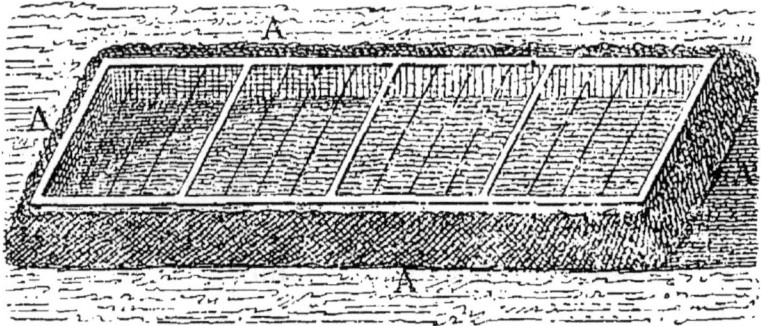

Fig. 35. — *Coffre garni et réchauds.*

Pour établir un bon réchaud autour des châssis isolés, il faut une épaisseur de cinquante centimètres au moins de fumier à la base du réchaud, et quarante en haut. La hauteur du réchaud est celle du sol au sommet du coffre ; il doit être complètement enfoui dans le fumier qui l'entoure.

Ces réchauds pour les châssis isolés doivent être faits avec du fumier frais, mélangé de feuilles, mouillé et tassé comme ceux des châssis en ligne, et surtout (c'est ce qu'il y a de plus difficile à obtenir des praticiens) le réchaud doit monter jusqu'au sommet du coffre et même le dépasser.

Quand le réchaud baisse, il faut aussitôt le recouvrir
de fumier pour que le coffre reste garni jusqu'au sommet : dans ce soin gît tout le succès des couches. Ces
réchauds se remanient et se remplacent comme ceux
des châssis en ligne, quand la couche ne chauffe plus,
ou que la gelée devient intense.

Dans la pratique on établit bien les réchauds, en
montant les couches, mais on ne les entretient pas, et
on les renouvelle très rarement. Les réchauds baissent
forcément en marchant dessus pour les châssis en ligne
et en s'appuyant sur ceux des châssis isolés. Le coffre
est découvert en partie ; le froid pénètre à travers les
planches ; la couche ne chauffe plus, et la végétation
s'arrête, quand les plantes ne périssent pas par la
pourriture.

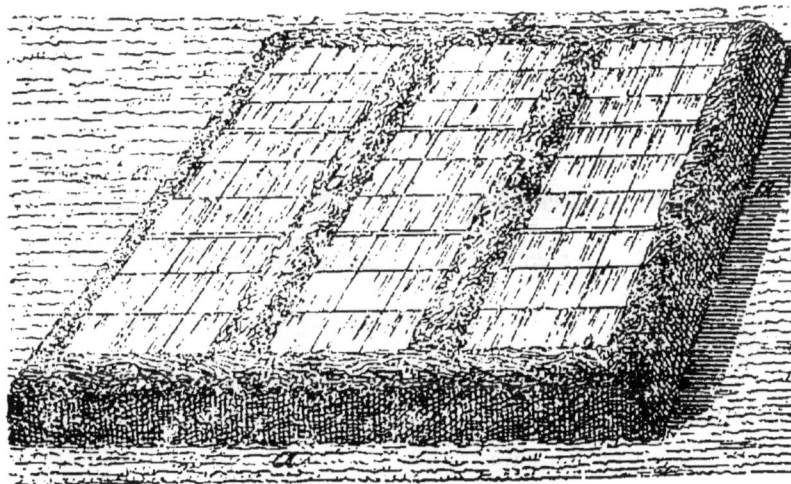

Fig. 36. — Réchauds des châssis en ligne.

Ces accidents, très fréquents, seront évités en entretenant les réchauds, c'est-à-dire en les rechargeant de
fumier quand ils baissent, et en le ranimant avec du

fumier frais dès que la chaleur diminue. Quand la
gelée est forte, on les renouvelle entièrement.

Ainsi, il est bien entendu que l'on ne doit jamais voir
les coffres entourés de réchauds, pour les châssis en
ligne, comme pour ceux isolés.

Les réchauds des châssis en ligne doivent toujours
présenter l'aspect de la figure 36.

Le tour A, comme les sentiers (B, figure 36), doit
toujours être de la hauteur des coffres, et les cacher
entièrement.

Pour les châssis isolés, le réchaud qui les entoure
doit également cacher entièrement le coffre, comme
le montre, en A, la figure 37.

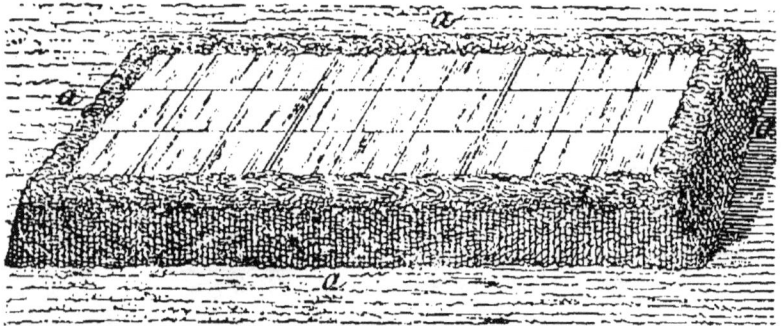

Fig. 37. — Réchauds des châssis isolés.

En suivant les lignes qui précèdent *à la lettre*, il n'y
aura jamais de déceptions, ni d'échecs dans les cultures sous châssis.

COUCHES TIÈDES

Les couches tièdes se construisent exactement
omme les couches chaudes, mais avec cette différencec

qu'au lieu d'établir un lit de fumier de 40 centimètres d'épaisseur au fond de la tranchée, on le fait de 30 seulement, et l'on garnit les coffres avec du fumier moins actif et moins tassé ; mais il faut les garnir comme ceux des couches chaudes, jusqu'au haut des coffres.

Ces couches se montent en février et mars : elles sont excellentes pour élever les melons de seconde saison, les primeurs, et tous les plants qui doivent aller en pleine terre.

La couche tiède est une précieuse ressource quand on n'est pas riche en fumier de cheval : celui d'étable lui suffit. Et, si l'on était à court de ce dernier fumier, on pourrait encore le mélanger avec des feuilles, de la mousse, de la chenevotte, etc., suivant les ressources du pays, et obtenir d'excellents résultats. Dans ce cas, on porterait l'épaisseur de la couche à 40 centimètres comme les couches chaudes, et avec presque rien on obtiendrait d'excellentes primeurs, tout le plant nécessaire pour la pleine terre, et de riches terreaux.

COUCHES SOURDES

Avec les modifications que j'ai apportées dans la confection des couches chaudes et tièdes, les couches sourdes deviendront inutiles dans les trois quarts des potagers ; mais elles seront encore une précieuse ressource dans les localités où l'on manque de fumier, comme pour les instituteurs, les employés, etc., qui ne peuvent en acheter en quantité suffisante. Elles leur fourniront encore, avec un peu de peine et de travail, d'excellents melons, du plant précoce, et une bonne quantité de terreau.

Toutes les couches, sans exception, doivent être orientées de l'est à l'ouest, et le terreau, mêlé de terre qui les recouvre, être dressé un peu en pente au midi, afin de donner plus de prise à l'action des rayons solaires. Cette règle doit être observée dans tous les cas, que la couche soit couverte de châssis ou de cloches, ou même avec des abris économiques.

La COUCHE SOURDE est la dernière expression de la culture artificielle. Ceux qui préfèrent se chauffer tout l'hiver gaspillent tous les ans dix voitures de bon fumier de cheval, sans obtenir un produit satisfaisant dans leur jardin, et laissent pourrir dans le parc vingt voitures de feuilles, crieront à l'*impossibilité*. Laissons-les crier, démontrons l'utilité des *couches sourdes*, et agissons pour obtenir d'abord des produits dont nous sommes privés, et prouver aux oisifs qu'avec de la bonne volonté et un peu de courage on obtient tout ce que l'on veut.

Les couches sourdes se montent à la fin de mars ou dans les premiers jours d'avril, lorsque les gelées ne sont plus qu'accidentelles. On les établit dans des tranchées parallèles, larges de 80 centimètres à 1 mètre, profondes de 15 à 20 centimètres, séparées par des allées de 40 centimètres.

On met en réserve la terre provenant des tranchées ; une partie servira à recouvrir les couches après l'avoir mélangée avec du terreau, ou, à défaut de terreau, avec de la terre mêlée à un tiers de crottin de cheval bien émietté.

Il va sans dire que la terre mélangée avec le terreau devra toujours être meuble, bien divisée et bien épurée.

On peut employer toutes les matières fermentescibles pour la confection des couches sourdes, peu importe lesquelles, pourvu qu'elles donnent un peu de chaleur, mélangées avec un fumier quelconque, et nous produisent du terreau, première et indispensable richesse du potager. Ainsi, avec un tiers de fumier de cheval ou de vache, mêlé de fumier de porc et de lapin, mais tout frais, et deux tiers de feuilles, de mousse, de chenevotte, de tiges tendres de genêts, d'ajoncs, de bruyères, de roseaux, ou même deux tiers de tontures de gazons ou d'herbes coupées dans les fossés, sur les chemins ou sur le bord des étangs, etc. etc., nous ferons encore de bonnes couches sourdes sur lesquelles on pourra élever des melons sous cloches et même sous abris économiques. Ces couches seront une précieuse ressource pour les semis délicats et les repiquages de plantes sensibles à la gelée: les tomates, les concombres, etc., etc., et elles nous fourniront du fumier assimilable et des terreaux pour les cultures de pleine terre.

Le mélange du fumier et des matières herbacées que l'on emploiera devra être aussi complet que celui du fumier de cheval et des feuilles, pour les couches chaudes et tièdes.

On mouillera également le tout, que l'on transportera mêlé et humecté au bord de la première tranchée, au fond de laquelle on établira un lit de 40 centimètres d'épaisseur, avec les mêmes soins que pour les autres couches ; on le tassera et on le mouillera comme je l'ai dit ci-dessus ; ensuite on couvrira de terreau mélangé avec moitié terre. La couverture aura 20 centimètres d'épaisseur, elle ne doit jamais être moindre pour toutes les couches.

Lorsque la couche de terre mélangée de terreau est trop mince, les racines des plantes atteignent le fumier, tout s'emporte et ne produit rien de bon.

Quand les melons se trouvent placés dans ces conditions, ils poussent avec une rapidité énorme, et ne produisent jamais un fruit.

Si le propriétaire était privé de fumier et qu'il ne pût établir que des *couches sourdes*, il pourrait entretenir leur chaleur pendant assez longtemps, en leur appliquant un demi-réchaud. Dans ce cas, on vide les allées à la profondeur de la tranchée, lorsque les couches commencent à se refroidir ; puis, on les remplit avec un mélange de feuilles et de fumier frais jusqu'à la hauteur du terreau. La fermentation qui se dégage aussitôt de ce mélange de fumier et de feuilles mouillées communique une nouvelle chaleur aux couches, chaleur qui peut encore être prolongée en maniant de temps en temps les réchauds, et en y ajoutant au besoin un peu de fumier frais, arrosé et foulé, comme pour les autres couches.

A défaut de fumier et de feuilles, on peut encore établir des réchauds avec des herbes foulées et mouil-

lées. Il est urgent de les employer fraîches. Les herbes
en valent pas le mélange des feuilles avec du fumier,
mais elles peuvent cependant donner un bon et utile
résultat, et préserver de tout accident par une gelée
passagère.

POQUETS

Les poquets sont une ressource précieuse et des
plus économiques pour la culture des concombres,
des giraumonts, des potirons et même des melons,
quand on n'en fait que quelques pieds. Lorsqu'on en
cultive seulement quinze à vingt pieds, il y a avantage à les faire en pleine terre, d'après ma nouvelle
méthode. (Voir aux cultures spéciales : *Melons en
pleine terre.*)

On fait un trou rond, de 60 centimètres de diamètre et de 20 centimètres de profondeur. On le remplit avec des matières fermentescibles, mêlées à un
peu de fumier ; on mouille, on tasse avec les pieds ;
on recouvre avec la terre extraite du trou, mélangée
avec du terreau ou du crottin de cheval, et l'on recouvre
avec une cloche économique, sous laquelle les melons
prospèrent.

Rien n'est plus facile que de faire des melons dans
le dernier hameau. MM. les curés et les instituteurs
en ont donné depuis longtemps l'exemple, suivi avec
empressement par les paysans de plusieurs localités,
auxquels cette innovation a apporté non seulement
un bien-être, mais encore une notable augmentation

dans leurs cultures de pleine terre, par l'addition des engrais et des terreaux provenant des plus modestes couches.

A défaut de couches, les poquets rendent encore de grands services pour la culture des concombres, des aubergines, des tomates, etc., et surtout pour les semis, toujours beaucoup plus précoces que ceux de pleine terre, même lorsqu'ils ne sont recouverts qu'avec des abris économiques.

CHÂSSIS ET CLOCHES

Les coffres de châssis doivent être faits en *bois blanc* et jamais en chêne. Le bois dur paralyse l'action des réchauds, comme la peinture, le goudron, et tout ce qui peut boucher les pores du bois. Quatre planches épaisses de 20 à 25 millimètres au plus, en bois blanc, le plus poreux possible, employé tout brut, et quatre pointes à chaque angle, forment le meilleur de tous les coffres (fig. 38).

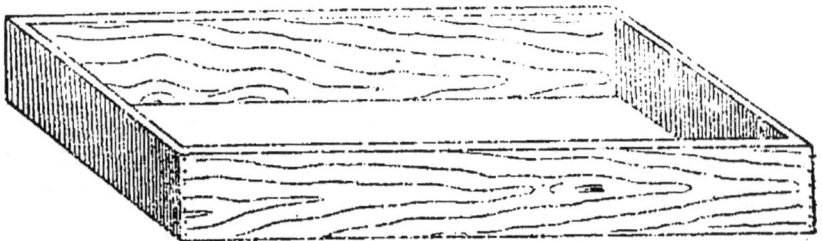

Fig. 38. — Coffre de châssis.

C'est le roi des coffres pour la culture forcée, comme le plus simple, le plus facile à se procurer et le meilleur marché. Trois briques, posées par derrière : une à chaque angle et la troisième au milieu, suffisent pour lui donner l'inclinaison voulue en le calant solidement. On bouche le vide avec un peu de fumier ployé en deux.

La hauteur des coffres est celle de la largeur d'une planche ; toutes ont la même largeur : de 22 à 26 centimètres. Celles de 24 centimètres sont les préférables. Le coffre est donc de la même hauteur de tous les côtés : de 22 à 26 centimètres, la largeur de la planche.

L'épaisseur d'une brique ou d'un morceau de bois, avec lequel on le cale par derrière, lui donne une pente suffisante : 4 centimètres environ ; on peut donner jusqu'à cinq centimètres de pente, mais ne jamais les dépasser, parce que l'on *détruirait l'action des réchauds*.

L'industrie, se croyant beaucoup plus *forte tête* que les professeurs, a édité des coffres de châssis inclinés de 20 centimètres environ, et munis de quatre pieds. Ces coffres, outre les inconvénients de l'inclinaison exagérée, offrent encore celui des pieds.

En enfonçant dans la couche que nous venons de faire avec tant de soin les quatre pieds du coffre, longs de 20 centimètres environ, on y fera autant de trous, par lesquels la chaleur fera irruption, comme par une cheminée, et le milieu de la couche sera froid. Si nous nous contentons de poser ces malencontreux pieds sur la couche, il restera entre le coffre et elle un vide de vingt centimètres tout autour, qui rendra toute concentration de chaleur impossible.

Il n'y a qu'un moyen de se servir utilement de ces coffres : couper les pieds, poser une brique en bas, pour les relever, et enfoncer le haut dans le fumier pour les abaisser. On abîmera la couche; elle perdra beaucoup de sa chaleur, on dépensera pas mal de temps à ajuster tout cela, mais le coffre ayant coûté le triple des planches pourra être utilisé.

Pour couronner cette œuvre idiote, l'inventeur y a ajouté des agrafes pour fermeture. Le jour passe partout, et le froid aussi, bien entendu.

Quatre planches de bois blanc, solidement clouées à chaque angle avec des pointes : voilà LE MEILLEUR DE TOUS LES COFFRES.

Les châssis les plus solides et les plus économiques sont ceux en fer; ils n'ont jamais besoin de réparations et ne coûtent guère plus cher que les châssis en bois, mais ils ont l'inconvénient d'être très lourds, il faut deux hommes pour les manier; si on veut diminuer le poids en employant du fer très mince, ils joignent mal, et laissent pénétrer le froid.

Les préférables sont les châssis avec cadre en bois et traverses en fer; ils sont plus légers, sont facilement enlevés par un homme et ils ferment hermétiquement. La dimension préférable est celle de $1^m,30$ sur $1^m,30$. Plus grands, les châssis ne sont pas maniables; plus petits, on est très gêné pour la culture des melons. Un coffre de deux panneaux de $1^m,30$ sur $1^m,30$ contient sept pieds de melons, donnant vingt fruits. Les châssis modèle Gressent coûtent environ

10 francs; les verres sont taillés pour châssis, en verre double, 8 fr. 50; en verre demi-double, 6 fr. 50. Le verre demi-double est très solide, presque autant que le double, quand il est bon.

CLOCHES

Il faut bannir du potager ces lourdes cloches anciennes, hautes et pointues, en verre de rebut et n'ayant aucune prise. La qualité inférieure du verre apporte de l'obscurité aux plantes; la hauteur de la

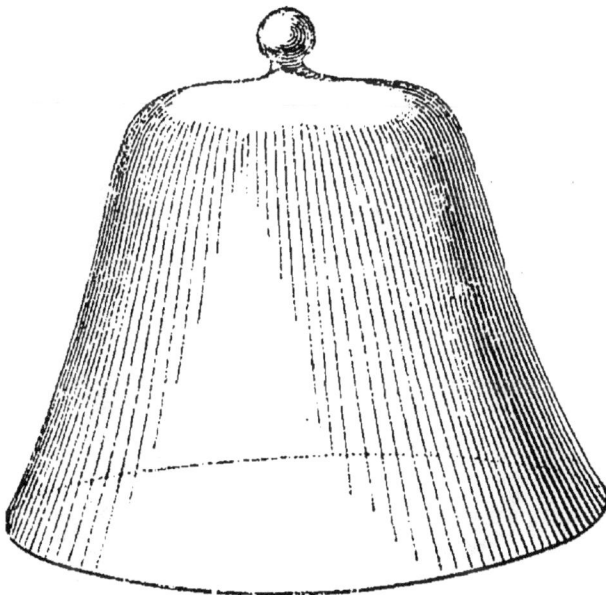

Fig. 39. — Cloches à bouton.

cloche les fait monter, et leur forme n'offrant aucune prise, on perd un temps précieux à les ôter et à les remettre tout en en cassant beaucoup.

La cloche à bouton (fig. 39) doit être préférée;

elle se fabrique en grand dans les verreries et à des prix très modérés. Le bouton qui la termine permet de l'enlever facilement, on gagne du temps et on en casse moins souvent ; en outre, le verre, d'une qualité plus belle, donne davantage de lumière aux plantes ; la cloche est moins haute et plus large, double avantage pour la culture en ce que la chaleur est plus forte et les plantes ne s'allongent pas.

Les anciennes cloches valent 1 fr.; on peut avoir des cloches à boutons au même prix, grâce aux améliorations que les verriers ont apportées dans la fabrication de ces excellentes cloches.

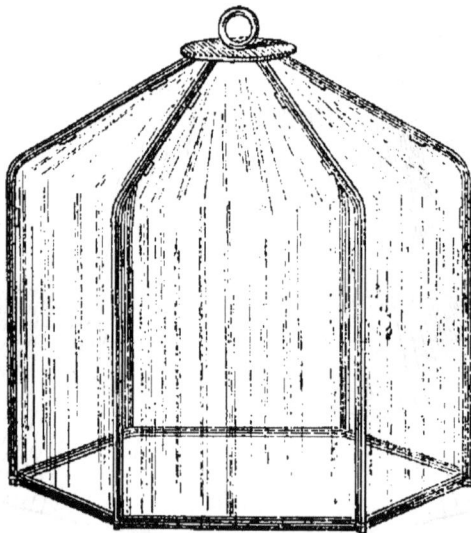

Fig. 40. — Cloche Derouel.

M. *Basile Derouel* (*Ridard* successeur),quincaillier, rue de Bailleul, n° 9, à Paris, près le musée du Louvre, est aussi l'inventeur d'une cloche à combinaison. Cette immense cloche, figure 40, est bâtie avec char-

pente en fer ; ce doit être très solide, mais pas facile
à remuer, et d'un prix aussi monumental que l'objet
lui-même.

M. *Basile Derouet* a été aussi muet sur le prix de
sa cloche que sur les combinaisons qu'elle renferme,
et il a quitté le commerce, après fortune faite, sans
divulguer le secret de la cloche de son invention.

Enfin, si les ressources du cultivateur ne lui permettent pas d'acheter du verre (châssis et cloches),
on peut avoir d'excellents résultats avec les abris
économiques, et obtenir deux mois plus tard, sur
couches tièdes et sourdes, les mêmes produits que
sur les couches chaudes, couvertes de châssis vitrés
et de cloches en verre.

ABRIS ÉCONOMIQUES

Les personnes qui ne veulent ou ne peuvent pas
faire la dépense de châssis et de cloches ne doivent
pas renoncer aux cultures forcées, pas plus qu'aux
bénéfices des couches et de leurs terreaux. Elles auront recours aux abris économiques : le calicot, et
même le papier huilé, remplaceront le verre des
châssis et des cloches.

Commençons par les châssis.

Pour organiser un châssis économique, on confec-
tionne d'abord un coffre avec quatre planches de bois
blanc et seize pointes, quatre à chaque angle (fig. 38),
page 192, comme je l'ai indiqué pour les couches
chaudes et tièdes.

Le coffre fait, on procède à la confection d'un cadre

de même dimension pour le recouvrir. Il faut pour
cela quatre tringles de bois blanc ou de tout autre,
peu importe (j'indique le bois blanc comme le meilleur marché), épaisses de 2 centimètres et larges de
5 ou 6 : on entaille chaque bout à mi-bois, avec un
ciseau, une plane ou même un couteau, aux points A
(fig. 41).

Fig. 41. — Barre de cadre pour châssis économique.

On juxtapose les entailles, et douze pointes, trois
à chaque angle, terminent l'opération (fig. 42).

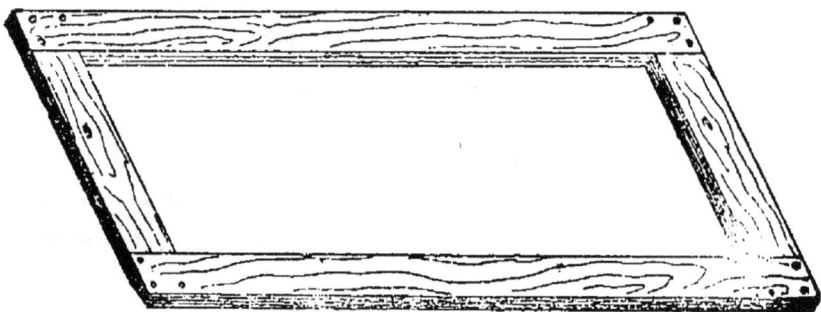

Fig. 42. — Cadre pour châssis.

Nous avons le cadre ; reste à remplacer le verre.
Rien n'est aussi facile, ni plus économique. On tend
sur ce cadre un morceau de calicot, ou même une
parcelle de vieux rideaux ou de toute autre chose ;
peu importe, pourvu que l'étoffe soit blanche. On la
cloue solidement, avec des clous de tapissier, sur le
cadre, en ayant soin de la bien tendre, et l'on se trouve
à la tête d'un coffre et d'un châssis coûtant à peine

quelques sous et susceptible de durer plusieurs années.

Rien ne sera plus facile que d'élever d'excellents
plants de melons et tous les plants possibles sous ce
châssis ; seulement, au lieu de semer en janvier,
comme sous les châssis en verre, nous sèmerons dans
le courant de mars ou avril, et nous aurons le soin de
poser chaque soir, sur notre châssis économique, le
double de paillassons que sur les châssis en verre.

Si les châssis économiques paraissent d'une dépense trop élevée, nous aurons recours aux cloches.
Il sera aussi facile d'en faire autant que nous le voudrons, et ce sera meilleur marché encore. Si on tient
à les avoir très solides, il faut les établir en fil de fer
avec couverture en étoffe. Ces cloches reviennent à
18 ou 20 centimes, font de bons abris, sont assez solides pour durer cinq ou six années sans réparations
et peuvent être recouvertes
indéfiniment ; le fil de fer
ne s'use pas.

La cage de cloche en fil
de fer est tout ce qu'il y a
de plus facile à établir.
Pour obtenir une régula-
rité parfaite, il faut faire
un moule en bois plein,
ayant une hauteur de 40
centimètres et 40 centi-

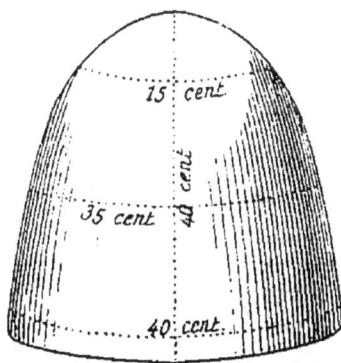

Fig. 43. — Moule à cloche
économique.

mètres de diamètre à la base, 35 au milieu et 15 au
sommet (fig. 43). C'est la forme de la cloche.

On fait d'abord trois cercles en fil de fer de 40, 35 et 15 centimètres de diamètre.

Ces cercles doivent être en fils de fer doubles, tortillés ensemble, pour avoir une grande solidité. On emploie pour les cages de cloches du fil de fer galvanisé n° 14. Lorsque les fils de fer sont coupés à la longueur voulue, on les ploie en deux, on les accroche à un clou à crochet (a. fig. 44), on en tortille les deux

Fig. 44. — Fil de fer tortillé.

bouts également et régulièrement l'un sur l'autre, comme l'indique la figure 44 ; ensuite on coupe la boucle en b, afin d'avoir quatre brins, pour fermer solidement le cercle, en les tortillant ensemble.

On mesure chacun des cercles bien exactement sur le moule : on les ferme, et ensuite on les place sur le moule, où on les arrête avec trois ou quatre pointes. Un coup de marteau sur la fermeture et tout autour suffit pour leur faire conserver la forme plus régulière.

Les cercles faits, on coupe quatre bouts de fil de fer de 1^m,30 à 1^m,50 de longueur ; on les ajuste et on les ploie par la moitié pour en tresser une longueur de 75 centimètres environ. La partie tressée est roulée sur un bâton pour former une boucle bien ronde et arrêtée par deux tours. Un coup de marteau sur l'arrêt a (fig. 45) et sur le bâton suffit pour former très régulièrement la boucle *b*, indispensable pour prendre la cloche.

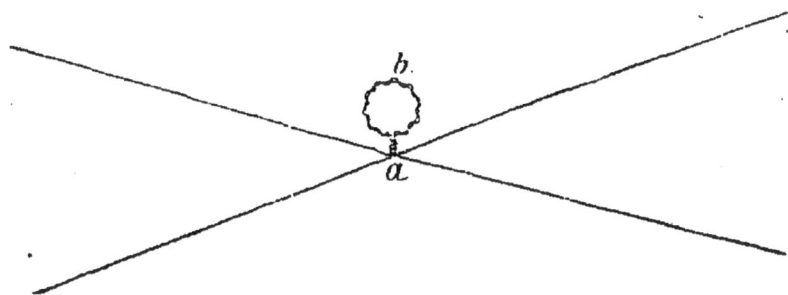

Fig. 45. — Boucle de cloche économique.

On espace horizontalement et bien également les quatre fils de fer, et l'on place dessous le cercle de

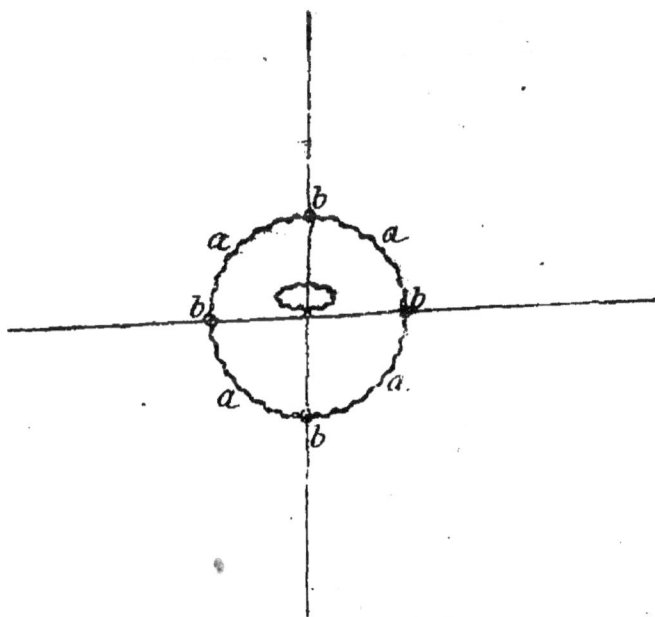

Fig. 46. — Pose du premier cercle.

15 centimètres (*a*, fig. 46), en ayant soin de mettre la boucle bien au centre, puis on fait un tour à cha-

que fil de fer, sur le cercle, en *b* (fig. 46), en serrant le plus possible, à la main d'abord, et avec une pince ensuite.

On arrondit à la main les fils de fer formant les montants de la boucle au cercle, pour les poser sur le moule. Un coup de marteau sur les quatre fils de fer

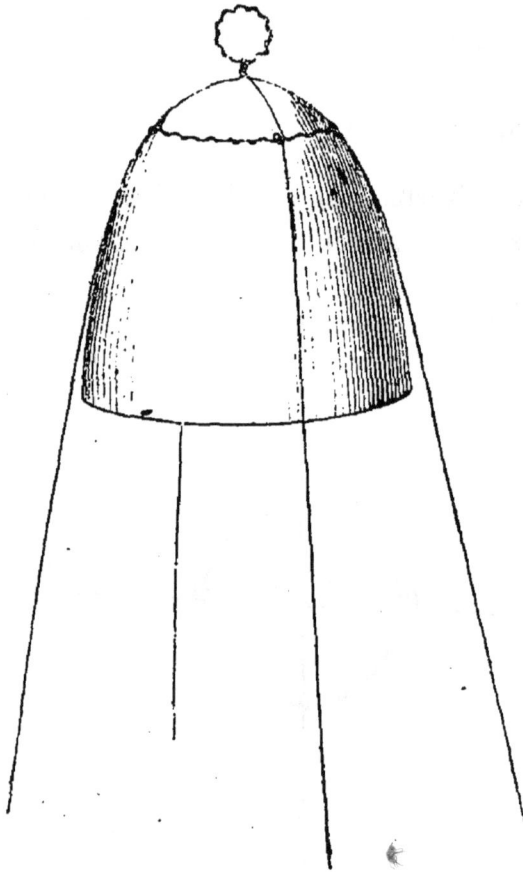

Fig. 47. — Premier cercle régularisé sur le moule.

formant les montants, et sur le cercle, suffit pour leur donner et leur faire conserver exactement la forme du moule (fig. 47). On retire la cage du moule pour poser le second cercle, celui du milieu, de 35 centimètres de diamètre. Rien de plus facile en mesurant exactement, sur chaque fil de fer formant les quatre montants, une distance égale pour arrêter le cercle par un tour de fil de fer, comme nous l'avons fait pour celui du haut. On remet le tout sur le moule et l'on régularise au marteau.

Le troisième cercle, celui du bas, de 40 centimètres de diamètre, est posé et régularisé de la même manière.

Lorsque le dernier cercle est placé, il doit rester sur chacun des quatre fils de fer une longueur de 50 à 60 centimètres, que nous emploierons à confectionner des pieds, qui seront enfoncés en terre pour que le vent ne puisse pas enlever les cloches, et à consolider notre cage, en doublant les quatre fils de fer formant les montants.

Il faut aux pieds de la cloche une longueur de 12 à 15 centimètres piqués en terre, pour résister à tous les vents. Donc, nous ploierons nos quatre fils de fer formant montant, en *a* (fig. 48), pour former les quatre pieds et pour consolider les montants; nous tortillerons l'excédent jusqu'à la boucle *d*, où nous arrêterons le tout en *c* (même fig.), et couperons avec la pince, en *d*, les bouts qui resteront.

On remet la cage sur le moule. Un léger coup de marteau donné partout achève l'opération. Vous avez une cage très régulière et d'une solidité à toute épreuve. Il ne reste qu'à coudre dessus un morceau d'étoffe blanche, pour avoir une cloche excellente et très solide, comme celle de la figure 49.

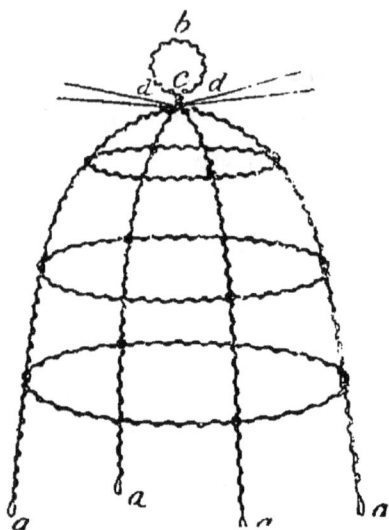

Fig. 48. — Formation des pieds et achèvement de la cage.

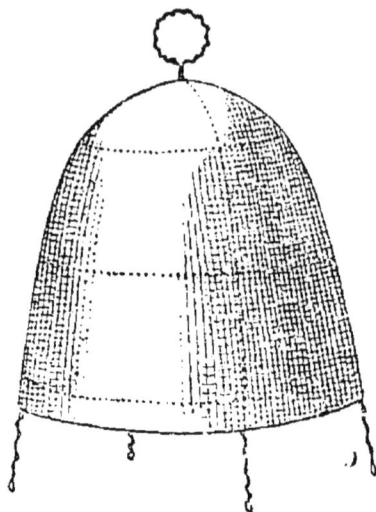

Fig. 49. — Cloche économique terminée.

A défaut d'étoffe blanche, on pourra employer du gris ou toute autre couleur claire ; la pluie et le soleil en feront vite du blanc. La couleur blanche repousse l'action des rayons solaires. C'est un inconvénient pour les cloches : mais, d'un autre côté, elle donne de la lumière que nous ne pourrions obtenir avec une couleur foncée donnant plus de chaleur, mais pas de lumière. Entre les deux, il n'y a pas à hésiter à choisir la lumière.

Ces cloches sont très suffisantes pour élever des melons de troisième saison et tous les plants possibles. J'ai dû m'étendre sur leur fabrication, parce que les marchands de verre en détail et autres *négociants* du même genre nous ont menacé de *doubler le prix des cloches*. S'ils avaient donné suite à leur menace, nous nous serions passé d'eux et de leurs cloches avec les abris économiques.

Enfin, si parmi mes lecteurs il se trouve quelqu'un qui ne veuille pas prendre la peine de fabriquer des cloches comme je l'indique, ou trouve qu'elles entraînent à une dépense trop grande, je vais lui donner le moyen d'en faire qui ne coûteront rien du tout.

Prendre quatre baguettes d'osier, d'orme ou de noisetier; cela se trouve partout pour rien. En croiser deux en croix pour faire les quatre montants, former deux cercles avec les deux autres, et les attacher au montant avec de l'osier; faire au sommet une boucle également en osier pour enlever la cloche, et appointir les pieds d'un coup de serpette. Voilà une cage ne coûtant pas un centime. Prendre ensuite un vieux journal (on en trouve partout et pour rien par le temps qui court), le frotter avec un peu d'huile, pour que la pluie coule dessus sans le déchirer; couvrir la cage avec, et attacher les quatre coins aux quatre pieds avec de l'osier ou du jonc (je veux même économiser la ficelle); et vous aurez une cloche qui, placée sur une couche sourde et même un poquet, vous donnera du plant précoce et d'excellents melons.

Je donne tous ces moyens, parce que je veux prouver que vouloir c'est pouvoir. C'est ce que j'ai prouvé depuis de longues années, théoriquement dans mes leçons et mes livres, et pratiquement par mes cultures. Que ceux qui doutent du succès, et hésitent à faire la dépense d'un ou deux châssis et de quelques cloches, veuillent bien essayer avec du calicot ou même du papier huilé. La première année, leur récolte de melons, portée au marché, les mettra à même de se bien monter en verre, sans sortir un centime de leur poche. J'insiste parce que l'assolement de quatre ans n'est possible qu'avec des couches, et que les couches, loin de dépenser, rapportent beaucoup, tout en doublant encore le produit des récoltes de pleine terre.

On ne fera que des couches *tièdes*, *sourdes* et des *poquets* avec les abris économiques; ils ne peuvent pas servir pour les *couches chaudes*.

Avec des couches sourdes et des poquets recouverts d'abris économiques, on fera non seulement des melons, concombres, tomates, aubergines, etc. ; mais encore on obtiendra du plant de toutes choses, bon à mettre en place avant qu'il soit possible de semer en pleine terre. On aura deux mois d'avance sur la routine, et les produits obtenus ainsi auront le double de valeur de ceux semés en pleine terre.

Je n'ai pas dit un mot des antiques couches souterraines, construites à grands frais dans la plupart des anciens jardins, avec un luxe de maçonnerie qui semble défier le temps. La théorie des assolements précédemment développée les condamne de la manière la plus absolue.

Je regrette de faire le désespoir de quelques propriétaires et de bon nombre de jardiniers, en proscrivant ces couches de toute l'énergie de mes convictions, comme une chose impossible et même nuisible ; voici pourquoi :

Les couches en maçonnerie n'ont pas raison d'être en ce qu'elles dépensent une masse de fumier énorme pour donner des résultats négatifs. Il est impossible de leur appliquer un réchaud : rien ne peut réchauffer leur froideur sépulcrale. Ces constructions sont à peine bonnes à faire des couches sourdes, et encore faudrait-il les combler aux trois quarts. Pourquoi donc dépenser le fumier suffisant pour établir le triple d'étendue d'excellentes couches chaudes et tièdes, pour obtenir une couche pitoyable pour les plantes, mais parfaite pour favoriser la multiplication des vers blancs et des courtilières ?

Malgré tout mon respect pour les antiquités, je me vois forcé de demander la destruction complète de celle-là, comme l'objet le plus nuisible au jardin. Voici comment : on enfouit chaque année, dans ce tombeau, le fumier suffisant pour établir bon nombre d'excellentes couches et sans même obtenir le résultat que donnerait une couche sourde construite avec des herbes (ceci n'est qu'une dépense sèche). Mais, chaque année, il faut vider ce sépulcre pour y établir une nouvelle couche, plus froide que la tombe. Le jardinier n'a pas le temps, il charge des hommes de journée de ce travail ; ils vident la moitié, les trois quarts quelquefois, de la masse de fumier ensevelie. Le dernier quart renferme des millions de larve de hannetons et courtilières, qui éclosent dans les conditions les plus favorables, et ne manquent pas d'aller déposer leurs œufs dans le petit paradis qu'on leur a si soigneusement construit.

Pendant tout l'été, le jardin tout entier est ravagé par la tribu des vers blancs et des courtilières, éclos sous la protection de la couche qui les a multipliés à l'infini, mais n'a pas donné une seule primeur.

Avec l'assolement de quatre ans, les couches changent de carré chaque année, et n'y reviennent que tous les cinq ans.

Les couches chaudes et tièdes sont construites dans une tranchée de 10 centimètres ; les couches sourdes seules ont une profondeur de 20 centimètres, juste celle d'un léger labour. Donc, l'année suivante, tout est *démoli à fond*, et l'asile est détruit. Pas un ver blanc ni une courtilière n'échappent.

On m'objectera que les antiques couches en maçonnerie sont placées dans *un bon endroit ;* on ajoutera même que plusieurs sont abritées par des petits murs construits exprès.

Je répondrai au propriétaire : « Pour conserver un petit mur tout lézardé, voulez-vous être privé de primeurs, dépenser inutilement une masse de fumier dont vous avez besoin, et empester votre jardin des insectes les plus nuisibles? Détruisez votre petit mur, et faites faire par vos bûcherons une douzaine de bonnes claies, de 1^m,10 à 1^m,30 de hauteur. Entourez-en vos couches, du côté du nord, de l'est et de l'ouest ; le résultat sera le même comme abri, et vous aurez le bénéfice de vos fumiers, employés à faire de bonnes couches, d'abondantes récoltes en plus, et les insectes en moins. »

Si vous manquez de bois et n'êtes pas à même de faire fabriquer des claies avec économie, remplacez-les par des paillassons faits avec des genêts ou des roseaux, le résultat sera le même.

CHAPITRE IX

DES INSTRUMENTS ET OUTILS A EMPLOYER

Nous avons créé le potager, l'avons pourvu de moyens d'arrosage faciles et de couches.

Il nous faut maintenant des outils pour travailler le sol.

L'outillage a une grande importance au point de vue du succès des cultures et du prix de revient de la main-d'œuvre. Avec un outil bien fait un homme exécute vite et sans fatigue un excellent travail; avec un mauvais outil, la façon donnée au sol est très imparfaite, très lente, et fatigue l'ouvrier outre mesure, en revenant au double, au moins, au propriétaire.

La fabrication de l'outillage a été grosse en difficultés. L'homme qui pratique possède la construction de l'outil; mais celui qui le fabrique ou le vend n'a pas l'esprit de la chose, et veut toujours modifier pour s'épargner un peu de travail et surtout augmenter son bénéfice. De là des outils impossibles.

À Paris, ce sont des élucubrations plus ou moins dénuées de bon sens, de gens qui ne savent de la culture que ce qu'ils ont vu du haut d'une impériale de diligence ou par la portière d'un wagon. Cela ne les empêche pas de mettre au jour une foule d'*inventions* plus impraticables les unes que les autres et de les offrir au public, comme le *remède souverain à tous les maux* avec un aplomb majestueux ! En province, ce sont le plus souvent, sous prétexte de solidité, des masses impossibles à remuer, pour opérer les façons les plus délicates.

Je fais fabriquer mes outils comme je les entends et les veux, c'est-à-dire maniables et exécutant vite des façons énergiques, sans autre peine que de donner un dessin et des dimensions à un bon taillandier.

Ne pas confondre les outils de taillandier avec les outils généralement vendus dans le commerce, qui, malgré le beau vernis cachant leurs imperfections, ne sont que des plaques de tôle incapables d'entamer le sol.

J'ai dit à un bon taillandier, parce que tous les fabriquent plus ou moins bien, et donnent des outils forgés soigneusement, aciérés et bien trempés, très tranchants et très solides par conséquent.

Les bons outils sont faciles à reconnaître, ils ne sont jamais vernis; le vernis est le manteau dans lequel se drape la falsification; il n'est appliqué que pour cacher les défauts de fabrication, et l'absence de la trempe. Les outils bien faits conservent toujours des traces bleuâtres, indiquant qu'ils ont été trempés,

Quand on passe le doigt sur le tranchant, toujours mince, on sent le mordant de l'acier. Un outil présentant ces caractères est toujours bon.

Les outils de grosse ferronnerie, généralement vendus par le commerce, mal fabriqués et pas trempés du tout, ont un aspect tout opposé. Les formes ne sont pas arrondies; ils sont fabriqués avec du fer brut rempli de défauts (c'est pourquoi on leur applique un beau vernis). Les tranchants sont épais, et, quand vous y passez le doigt, vous ne sentez pas plus de mordant que sur une lame de bois. En outre, les dimensions des outils de grosse fabrique n'ont jamais celles que j'indique, et qui sont indispensables pour opérer vite et sans fatigue un excellent travail.

Je fais fabriquer mes outils chez un taillandier sur les indications que je lui indique, je donne approximativement les prix que je paye : ils sont variables, attendu que je ne fais fabriquer que pour mon usage personnel, en petite quantité et toujours de première qualité.

M. *Basile Derouet* (Ridard successeur), 9, rue de Bailleul, à Paris, auquel j'ai donné tous les modèles d'outils que je vais décrire, peut les faire fabriquer dans des conditions meilleures, opérant par grandes quantités. Je ne puis indiquer ses prix, ne recevant pas ses tarifs, mais il est facile de les lui demander.

Les outils indispensables pour le potager sont :

La BÊCHE, le premier et le plus utile de tous, mais la bêche aciérée, à lame mince et bien trempée, susceptible d'exécuter de bons labours, assez large et assez longue pour remuer la terre, et' non une plaque de fer plate, courte et épaisse, incapable d'entrer dans un sol même défoncé, ou une bêche d'enfant, grande comme une pelle à feu, avec laquelle on fait un labour de 20 centimètres de profondeur.

La bêche (fig. 50) doit être bien trempée ; la lame mince, comme celle de tous les outils de bonne qualité, doit avoir de 38 à 40 centimètres de longueur, 22 de large en haut et 18 en bas. Elle doit être un peu creuse dans le milieu pour pénétrer plus facilement dans le sol, pourvue d'une douille solide pour y adapter un bon manche de frêne tourné, et se terminant par une boule sur laquelle on pose la main droite. Une bonne bêche de labour, bien faite, vaut de 6 à 7 francs. C'est le prix que je les ai toujours payées chez les meilleurs taillandiers.

J'ai fait faire à l'échelle la bêche de labour, afin d'éviter des erreurs préjudiciables aux propriétaires, et à certains marchands des *boniments* inutiles pour remplacer la bêche de labour par des pelles à feu.

Le commerce a un tel intérêt à vendre des pelles à feu pour des bêches de labour, qu'il ne s'est pas contenté de *boniments* dignes d'un meilleur sort ; un marchand a fait fabriquer pour les besoins de sa cause, pauvre citoyen ! une bêche de labour et une fourche à dents plates, avec des dimensions exagérées, et une

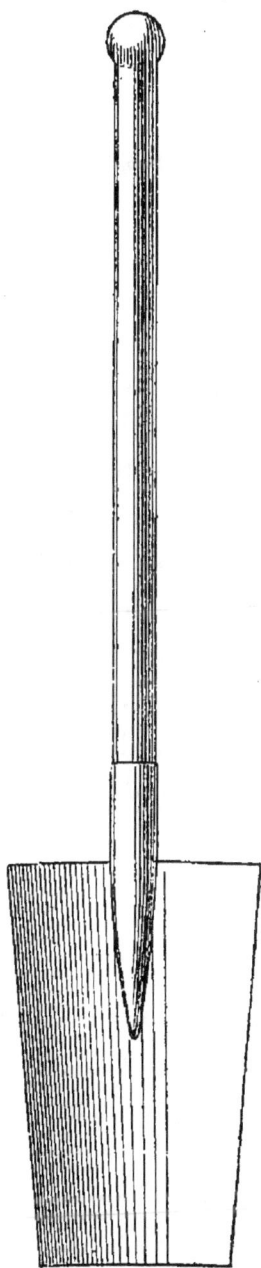

Fig. 50. — Bêche de labour
(modèle au dixième).

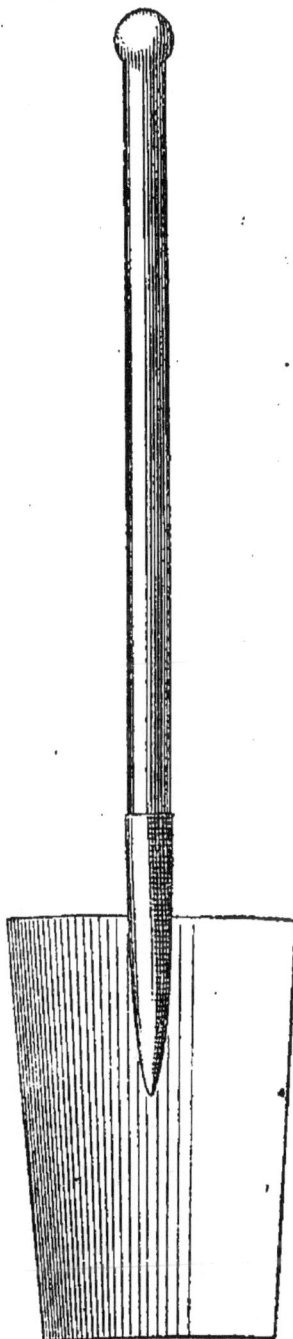

Fig. 51. — Bêche de service.

épaisseur de fer à défier la durée du monde, pour
prouver au bon public comme quoi le professeur Gressent est un imbécile, et que les labours ne peuvent
s'exécuter qu'avec des pelles à feu.

Le susdit citoyen présente aux clients les deux outils
pesant une quinzaine de kilogrammes chacun et coûtant 15 francs, tout est par quinze ! et débite le *boniment*
habituel : Voilà les modèles Gressent ; comment voulez-
vous qu'un homme puisse manier de pareils outils du
matin au soir dans une terre forte et dure ?

Je ne descendrai pas à répondre à de telles stupidités ; je les signale dans l'intérêt du public, rien de
plus. Les Américains se sont chargés de répondre
pour moi, en envoyant en France des fourches à
labourer ayant mes dimensions. Ces fourches ne
pèsent pas 1 kilogramme ; elles ont quatre dents,
plates en dessus et triangulaires en dessous, pour leur
donner à la fois une légèreté et une solidité à toute
épreuve. Ces fourches, toutes montées solidement dans
d'excellents manches, se vendent tout emmanchées
7 francs.

Je me contente de la réponse des Américains !

Prenez garde, citoyen, que les Américains ne nous
envoient bientôt des bêches et toute la série d'outils
que vous devez faire fabriquer. Je le crains plus
que je ne le désire ; si cela arrivait, que feriez-vous,
citoyen, de vos *superbes modèles* ? Vous ne savez pas ?
Eh bien ! ils vous serviraient de brevet d'ingratitude,
avec *garanties du public !*

Avec la bêche de labour, une seconde, plus petite,

est nécessaire pour les seconds labours, la déplantation des grandes plantes en motte, etc. Pour cette seconde bêche de service, les dimensions ne sont pas
indispensables, comme pour celle de labour. Une
longueur de lame de 30 à 32 centimètres, et une largeur de 20 centimètres en haut et de 16 à 17 en bas,
est suffisante (fig. 51).

En outre, les bêches, comme tous les outils pourvus
de douilles, doivent être emmanchées *à chaud*, afin
d'éviter le désagrément de voir des hommes passer la
moitié de leur journée à garnir le manche de leurs
bêches de chiffons ou de morceaux de cuir, et les per-
forer de clous, ce qui n'empêche pas la lame de quitter
le manche toutes les demi-heures.

Voici comment on emmanche à chaud : on taille la
pointe du manche de manière à ce qu'il n'entre pas
tout à fait au fond de la douille; on le mouille pour
qu'il ne brûle pas, puis on chauffe la douille presque
jusqu'au rouge brun; on y introduit le manche que
l'on fait entrer de force en frappant deux ou trois coups
sur une pierre avec la tête, on plonge aussitôt le tout
dans l'eau froide, pour faire resserrer le fer, qui s'est
dilaté lorsqu'il était chaud. Une bêche ainsi emmanchée n'a pas besoin de clou et ne se démanche
jamais.

La FOURCHE A DENTS PLATES (fig. 52), de la même dimension que la bêche de labour, et emmanchée de
même, est très expéditive pour les labours en terre forte.
C'est le modèle que l'on devra faire fabriquer pour opérer les labours dans les terres dures et plastiques.

Pour tous les labours dans le jardin fruitier, dans les carrés d'asperges, dans le voisinage des arbres, et

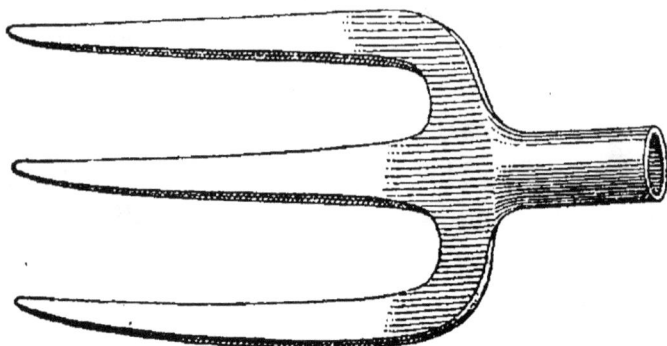

Fig. 52. — Fourche à dents plates.

toutes les opérations à faire dans le potager, nous employons la *fourche américaine* à dents plates, très légère, d'une solidité à toute épreuve, et ayant les dents

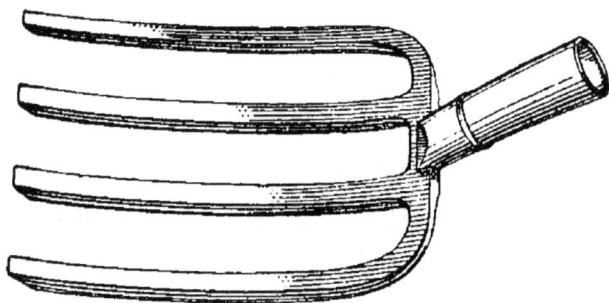

Fig. 53.— Fourche américaine à dents plates.

assez longues pour opérer les labours les plus énergiques (fig. 53).

La solidité de cette fourche est telle qu'elle peut être, malgré sa légèreté, employée pour les labours dans les terres les plus tenaces.

La fourche à dents plates, trop peu employée, ne

fatigue pas les hommes dans les terres tenaces, ne coupe jamais les racines dans les plates-bandes où il y a des arbres fruitiers, et est indispensable dans le potager pour arracher les racines : carottes, bette-raves, etc., labourer des asperges, dans lesquelles la bêche produit un véritable désastre, et précieuse pour bien amalgamer le terreau ou les amendements avec le sol.

Devant l'*invasion* des outils américains, dont nous ne pouvons nier la supériorité, une grande usine française a eu la patriotique pensée de faire fabriquer les modèles américains, afin de sauver l'honneur de la fabrication française.

Le succès a été complet, et nous ne pouvons que cordialement remercier ce grand industriel, d'avoir appris au peuple français que la richesse ne vient plus en fumant, en dormant, et en faisant de la politique, mais en travaillant, et que le travail seul peut sauver notre fabrication aux abois de la concurrence étran-gère.

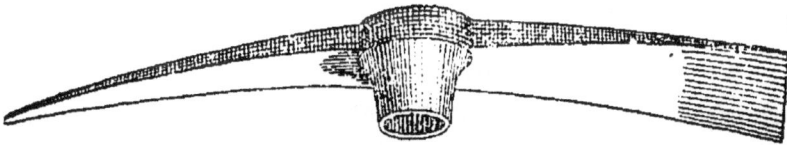

Fig. 54. — Pioche.

La PIOCHE (fig. 54) est indispensable pour les défon-cements ; c'est un outil de première nécessité dans tous les jardins pour faire les défoncements, les trous pour les arbres, et pour les arracher ; comme tous les outils, elle doit être aciérée et bien trempée. Il n'y a pas de dimension exacte pour la pioche; on la choisit plus ou moins grande, suivant la ténacité du sol et les travaux que l'on a à exécuter. La pioche vaut 5 francs environ.

La PELLE EN FER (fig. 55) est la compagne inséparable de la pioche pour les défoncements ; elle est en outre très expéditive pour ramasser les ordures et les

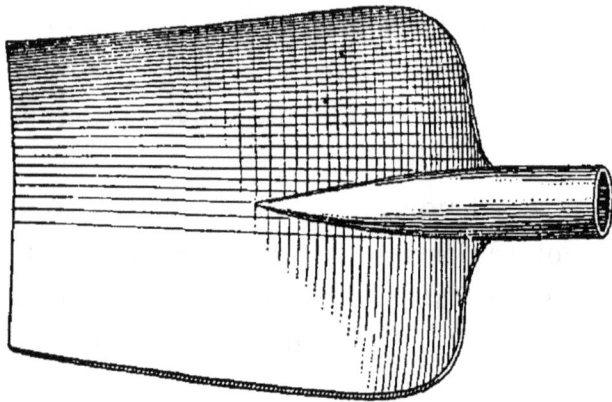

Fig. 55. — Pelle en fer.

pierres dans les jardins. Le modèle ci-contre est excellent, très solide, et coûte 1 fr. 50.

La FOURCHE A FUMIER, forte, grande, à dents triangulaires, est excellente pour manier le fumier, charger les voitures, les brouettes et répandre l'engrais.

C'est l'ancien modèle de fabrication française, pouvant rendre de grands services, mais ne valant pas les fourches américaines, dont la légèreté et la solidité, comme la perfection, semblaient jeter un défi impossible à relever à l'ancienne fabrication française.

La FOURCHE A COUCHES (fig. 56), légère et à dents rondes, polies et bien aciérées, sert exclusivement à la construction des couches ; il faut qu'elle soit ma-

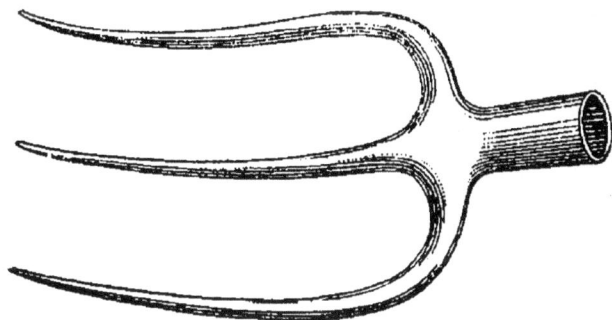

Fig. 56. — Fourche à couches.

niable et armée d'un manche très long. C'est un outil spécial pour la fabrication des couches ; elle vaut de 3 à 4 francs.

La fourche américaine, très légère, et d'une solidité à toute épreuve, avait jusqu'à ce jour remplacé avec avantage les deux dernières fourches dont je viens de parler. Leur supériorité est telle sur les nôtres, qu'avec tout le patriotisme possible on ne pouvait nier leur perfection.

Devant des résultats aussi écrasants pour la fabri-cation française, je me demandais avec angoisse ce qu'elle deviendrait, s'il plaisait aux Américains de fabriquer tous nos outils d'horticulture, et de les en-voyer en France.

Au moment où j'agitais cette question avec la plus grande anxiété, un fabricant français éditait des fourches de même format, et de la même légèreté que les fourches américaines (fig. 57). La confection est des plus remarquables, et j'ai tout lieu de croire qu'elle aura la solidité des produits américains, si j'en juge

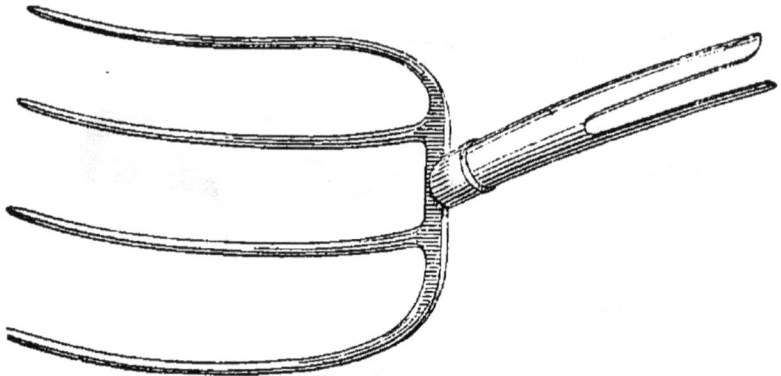

Fig. 57. — Fourche, forme américaine, de fabrication française.

par l'usage que j'en ai fait. Ces précieuses fourches, pouvant remplacer les trois dernières, se vendent de 5 à 7 francs tout emmanchées et solidement emmanchées.

Cette nouvelle fabrication est du plus heureux augure ; je fais les vœux les plus sincères pour que le fabricant ne s'arrête pas en un si bon chemin.

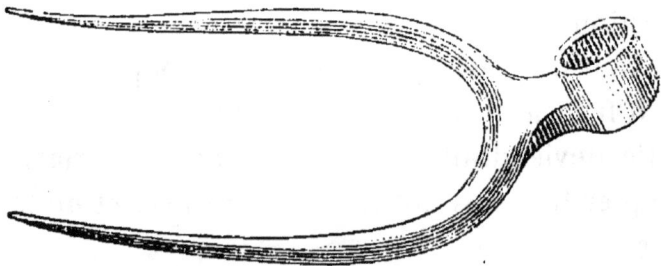

Fig. 58. — Crochet à fumier.

Le CROCHET A FUMIER (fig. 58), s'emmanchant comme une houe, est très expéditif pour décharger les voitures de fumier, démolir les tas de fumier et les couches, et en même temps d'un grand secours pour l'arrachage des pommes de terre. Il doit être bien fait et bien trempé, ou il casse dès que l'on s'en sert. Cet outil vaut de 2 à 3 francs.

La BINETTE (fig. 59), excellente pour exécuter rapi-

Fig. 59. — Binette.

dement les binages dans les cultures éloignées, telles que pommes de terre, betteraves, choux, etc. La lame doit être bien aciérée, bien trempée et très tranchante ou on ne peut pas s'en servir. Une binette expéditive doit avoir une lame de 20 à 22 centimètres de long et 15 à 16 de large au bout. Cet outil vaut de 2 à 3 francs.

La RATISSOIRE A DEUX BRANCHES (fig. 60). Excel-

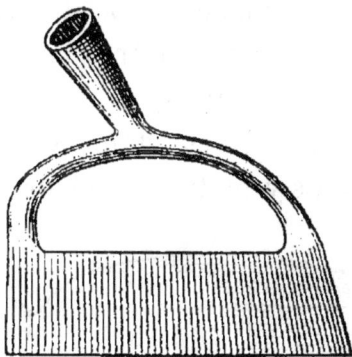

Fig. 60. — Râtissoire à deux branches.

lent outil, expédiant vite et bien beaucoup de travail, sans fatigue pour l'ouvrier et détrônant les an-

ciennes râtissoires à pousser et à tirer. La première,
montée sur une douille, se faussait toujours ; la
seconde avait l'inconvénient d'obliger l'ouvrier à
marcher sur ce qu'il avait biné, par conséquent à
écraser la terre allégée et à replanter l'herbe coupée avec ses pieds.

La râtissoire à deux branches vaut de 3 à 4 francs.
On peut lui faire remettre une lame, que l'on rive sur
l'ancienne, lorsqu'elle est usée. La lame doit avoir de
25 à 26 centimètres de long et 10 de large, et le
manche une longueur de 2ᵐ, 50 à 3 mètres. Plus le
manche est long, moins l'ouvrier fatigue, et plus
aussi le travail se fait vite.

La PETITE RATISSOIRE A DEUX BRANCHES. Le même
modèle, mais beaucoup plus petit : la lame n'a que
10 centimètres de largeur, en bon acier et très tranchante.

Ce charmant petit outil est de la plus grande utilité.
pour expédier très vite les binages superficiels, éclaircir les semis, et couper les mauvaises herbes entre
deux terres, dans les massifs ou les plates-bandes,
sans y mettre les pieds.

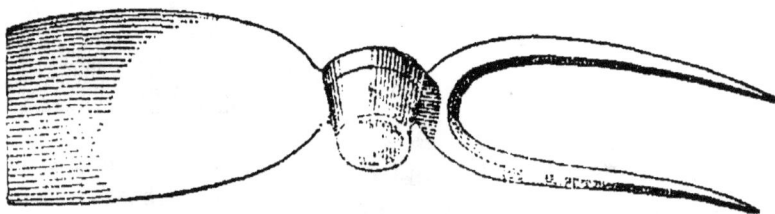

Fig. 61. — Grande cerfouette.

La GRANDE CERFOUETTE (fig. 61) est un des instruments les plus utiles dans le potager ; mais c'est aussi le plus difficile à obtenir des marchands qui s'obstinent à nous vendre des plaques de tôle portant le nom de cerfouette, de toutes les dimensions, excepté les bonnes.

Comme tous les outils, la grande cerfouette doit être aciérée, bien trempée et très tranchante ; sa longueur totale, du bout de la lame à l'extrémité des crochets, doit être de 33 centimètres, et la largeur de la lame en bas de 11 centimètres. L'outil vaut de 3 à 4 francs.

Rien n'est aussi expéditif et aussi énergique que cet outil, quand il est bien fait et a les dimensions que j'indique, pour opérer les binages dans les planches plantées en ligne. Un coup de lame remue profondément la terre, l'ameublit, et tranche les racines des mauvaises herbes ; un coup de crochet ensuite, l'herbe est ramenée à la surface et sèche aussitôt. En un instant, on fait à la fois un binage profond et un nettoyage complet.

La PETITE CERFOUETTE (fig. 63) est employée pour

Fig. 62. — Petite cerfouette.

le même usage, mais dans les plantations plus rapprochées ; elle est précieuse pour façonner les pépinières de légumes, de fleurs et toutes les cultures demandant des binages énergiques.

La petite cerfouette doit avoir une longueur totale de 18 à 20 centimètres ; la largeur de la lame à l'extrémité est de 6 à 7 centimètres. Le prix varie entre 2 francs et 2 fr. 50.

LE RAYONNEUR (fig. 63) est un outil indispensable. Il sert à tracer avec la lame la plus forte les sillons

Fig. 63. — Rayonneur.

dans lesquels on sème les pois, les fèves, etc., et avec la plus petite les raies des semis des petites graines faits en ligne, les tracés de repiquage, etc. etc. Cet utile instrument coûte 3 francs environ.

Le SARCLOIR (fig. 64). Très expéditif pour couper les mauvaises herbes entre deux terres, indispensable

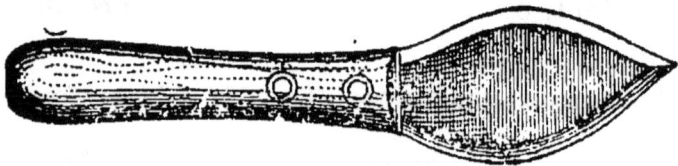

Fig. 64. — Sarcloir.

pour sarcler très vite les semis en ligne, éclaircir ceux à la volée et biner les couches. Prix : 1 à 2 francs.

LA FOURCHE CROCHUE (fig. 65). Le plus énergique de tous les outils pour briser les mottes après les labours, ramener les pierres et les racines à la surface, et ameublir le sol quand la superficie est desséchée. En

dix minutes on herse énergiquement un carré avec
cet excellent outil : c'est le plus utile, le meilleur

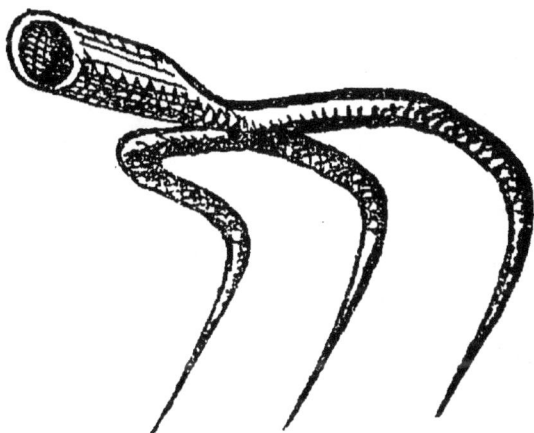

Fig. 65. — Fourche crochue.

peut-être, et aussi le moins employé. La grandeur
est celle de la fourche à fumier ; le manche doit être
très long, pour augmenter la
force de l'outil. Le prix est de
3 francs environ.

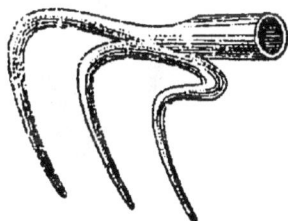

La PETITE FOURCHE CROCHUE
(fig. 66). Très expéditive pour
exécuter, en un instant, un binage superficiel dans les cultures rapprochées. La partie

Fig. 66. — Petite fourche
crochue.

recourbée doit avoir la longueur de 10 centimètres et
la largeur des trois dents 10 à 12 centimètres. Elle
vaut 2 francs à 2 fr. 50.

La HOUE (fig. 67). Instrument très énergique et
très expéditif quand on a de grands carrés d'artichauts, etc., à biner très profondément. La houe ex-

pédie vite le travail ; elle fait de bons labours à jauge

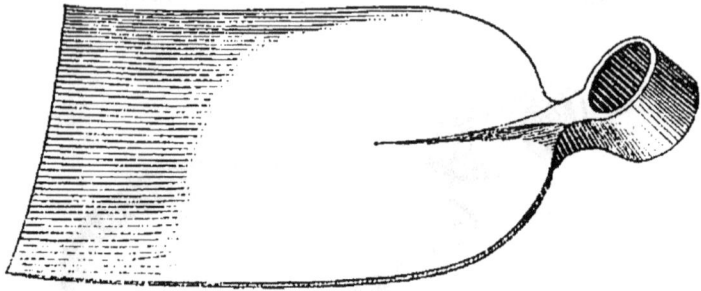

Fig. 67. — Houe.

ouverte, mais il faut des bras pour la manœuvrer.
Elle coûte de 3 à 4 francs.

Le CROCHET A BINER (fig. 68). Excellent instrument
pour biner les carrés d'asperges et les plates-bandes

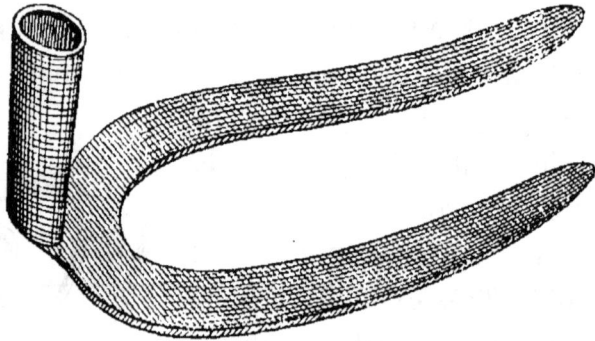

Fig. 68. — Crochet à biner.

du jardin fruitier. Il remue profondément la terre
sans jamais endommager les racines. Le crochet à
biner coûte de 3 francs à 3 fr. 50.

La PETITE FOURCHE A DENTS PLATES (fig. 69). Outil
indispensable pour l'extirpation des mauvaises herbes
à racines profondes, et l'arrachage des racines, bordures, etc. La longueur de l'outil est de 20 centi-

mètres, la largeur des trois dents de 12 centimètres,
et la longueur du manche de 30 à 40 centimètres.

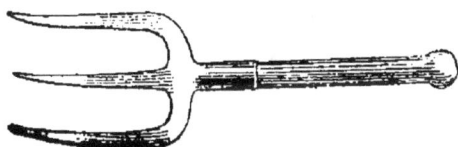

Fig. 69. — Petite fourche à dents plates.

Cet excellent petit instrument vaut 2 francs environ.

Le RATEAU A DÉGROSSIR (fig. 70), armé de fortes
dents triangulaires en fer forgé, pour briser les der-

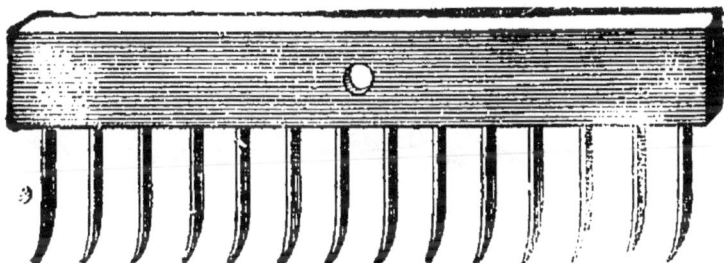

Fig. 70. — Râteau à dégrossir.

nières mottes après le hersage à la fourche crochue,
herser sur les semis à la volée, et râteler les allées.
Le prix est de 1 fr. 50 à 2 francs.

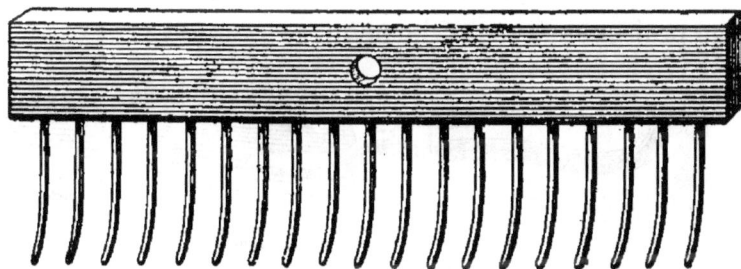

Fig. 71. — Râteau fin.

Le RATEAU FIN (fig. 71), à dents rondes et plus ser-

rées. Il termine le travail commencé par le précédent.
On l'emploie dans les semis en lignes et à la volée,
après avoir recouvert la graine ou hersé avec le râteau à dégrossir, afin de bien unir la planche et d'y
enlever les dernières mottes, pierres, etc. Il coûte de
1 fr. 25 à 2 fr.

Le RATELET. Petit râteau de 20 centimètres de long
exclusivement employé au nettoyage des sentiers
de planches, et sans lequel il est difficile de les obtenir propres. Les dents sont rondes et rapprochées,
comme au précédent.

Le PLANTOIR (fig. 72). Cheville recourbée, en bois,

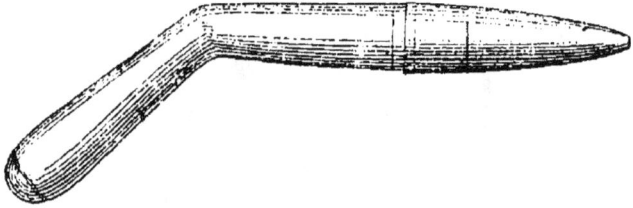

Fig. 72. — Plantoir.

avec pointe en cuivre ou en fer, pour faire les repiquages. On peut faire soi-même d'excellents plan-
toirs avec un morceau de bois dur, légèrement brûlé
et poli ensuite avec la peau de roussette.

Fig. 73. — Déplantoir.

Le DÉPLANTOIR (fig. 73). Indispensable pour enlever
les plantes en mottes, sur les couches, sans briser les

racines et dans les pépinières de légumes et de fleurs. Prix de 1 fr. 50 à 2 fr. 50, suivant la grandeur.

ARROSOIR RAVENEAU (fig. 74). Les meilleurs et les plus expéditifs de tous, surtout si l'on prend le mo-

Fig. 74. — Arrosoir Raveneau.

dèle de maraîcher, jetant des nappes d'eau énormes sans battre la terre, inonder les allées et tremper celui qui arrose. (Voir page 116, fig. 27.)

La POMPE A MAIN DUDON (fig. 75). Très commode pour arroser les châssis. Elle est très puissante, et on règle le jet à volonté avec le pouce. Il est facile de diviser l'eau autant qu'on le veut. Cette pompe coûte 25 francs.

Quand on a une certaine quantité de châssis à soigner, rien n'est plus commode que le tonneau arroseur Dudon (fig. 76). Ce tonneau doit être peint en noir, pour augmenter l'action des rayons solaires.

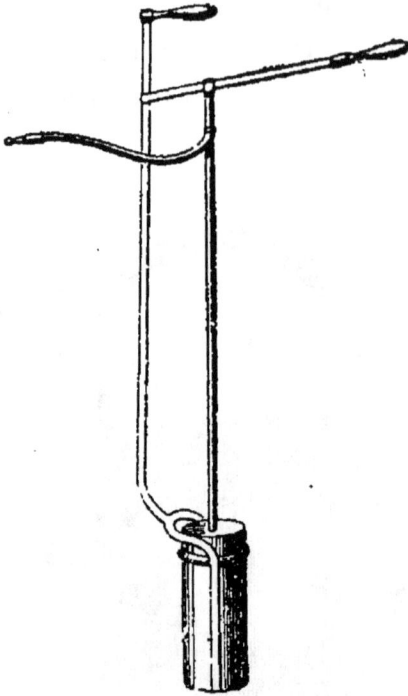

Il suffit de l'emplir le matin, et de le laisser au soleil, pour avoir de l'eau tiède quelques heures après. On y adapte la pompe à main, et l'on peut, à toute heure, donner très vite aux châssis l'eau dont ils ont besoin, et toujours sans danger, cette eau étant chauffée à l'avance.

Le RATEAU-ROULEAU (fig. 77), édité par M. Derouet, ayant pour

Fig. 75. — Pompe à main Dudon. successeur M. Ridard 9, rue de Bailleul, à Paris. Je n'en connais que le cliché qu'il m'a remis. Je ne le classe pas parmi les outils indispensables, n'ayant jamais pu comprendre à quoi il pouvait servir; son mécanisme est au-dessus de la portée de mon intelligence. Prière de demander à M. Derouet de s'expliquer sur l'emploi de son outil.

L'EXTIRPATEUR (fig. 78). Ce petit outil doit être le fidèle compagnon du propriétaire dans ses promenades, pour couper, sans se baisser, les drageons qui naissent au pied des arbres, et pour détruire toutes les mauvaises herbes ayant les racines les plus résistantes. Toutes choses des plus nuisibles, générale-

ment négligées par les praticiens, et que le proprié-
aire détruit en se promenant.

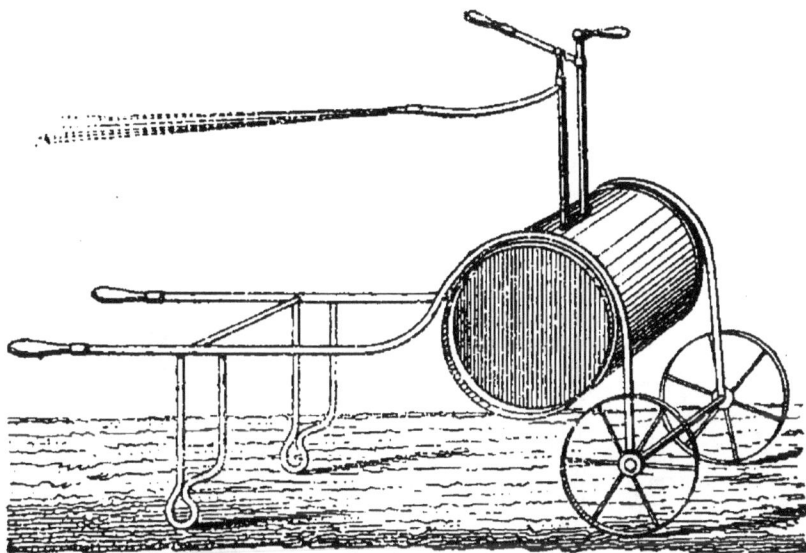

Fig. 76. — Tonneau arroseur.

Cet outil, très solide, est fort léger et peut servir
de canne. La lame, forte, longue de 8 centimètres et
large de 3 environ, en bon acier bien trempé, se termine par des petites dents coupantes (*a*, fig. 78); elle
fait partie du fer rond *c*, dont elle est la prolonga-
tion, et le tout se termine par une douille *b* (même
fig.) dans laquelle on introduit un manche de la longueur d'une canne.

La longueur totale de l'instrument est de **35** à **40**
centimètres, et le manche de **1** mètre.

Rien de plus énergique que la lame : il n'est pas
de racine, quelque dure qu'elle soit, résistant à l'action des dents. Le fer rond est assez fort, ainsi que

la lame, pour être enfoncé profondément en terre,

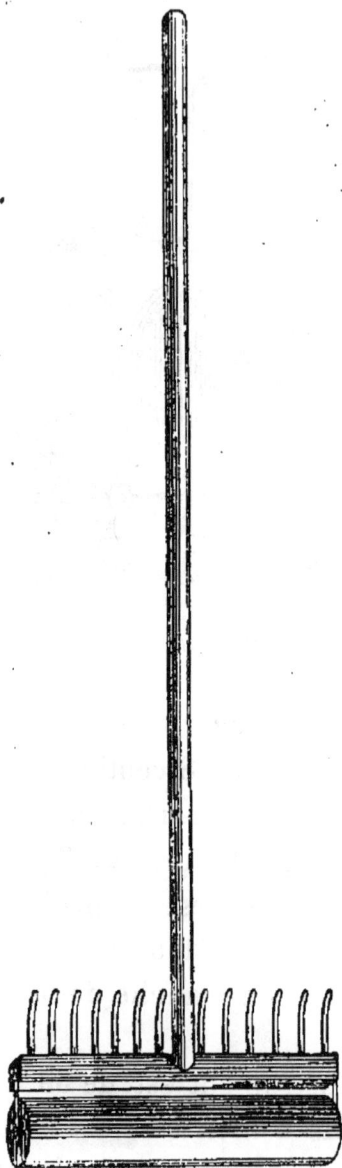

Fig. 77. — Râteau-rouleau.   Fig. 78. — Extirpateur.

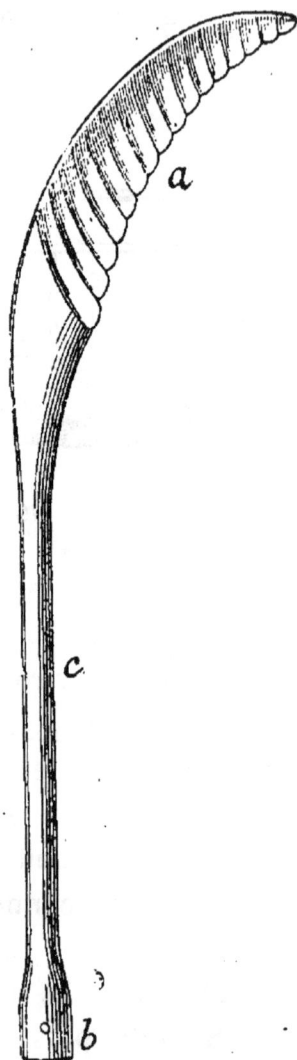

et couper même les racines les plus coriaces au milieu. Dans ces conditions, elles ne repoussent jamais. J'ai fait fabriquer cet excellent outil avec toute la solidité désirable, alliée à la légèreté, et je ne saurais dire tous les services qu'il m'a rendus depuis que je le possède.

La SERPE (fig. 79), pour appointir les tuteurs et

Fig. 79. — Serpe à lame bombée.

les rames, et pour couper les grosses branches des arbres. Ce modèle est le meilleur, comme le plus facile à manier.

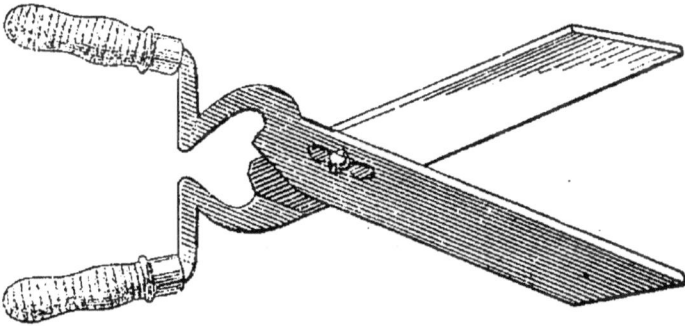

Fig. 80. — Cisaille.

Les CISAILLES (fig. 80), des plus expéditives pour tondre les haies, bordures, etc. etc.

Ajoutez à tout cela un cordeau de 50 à 60 mètres, des piquets que le jardinier fera avec les premiers morceaux de bois venus, et une curette (fig. 81) pour dépâter ses outils, et qu'il fera lui-même avec un morceau de bois dur.

Complétez tout cela par l'achat d'une brouette ;
vous aurez dépensé une centaine de francs, qui se-

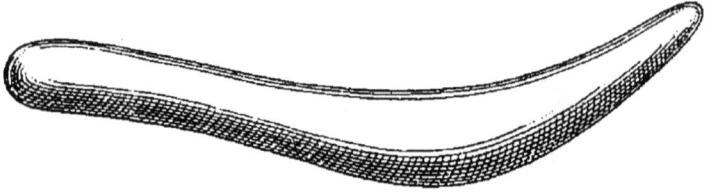

Fig. 81. — Curette.

ront vite regagnés par la bonne exécution des cultures et la célérité avec laquelle elles auront été
faites, à l'aide d'instruments aussi énergiques que
faciles à manier.

TROISIÈME PARTIE

CULTURES GÉNÉRALES

———◆———

CHAPITRE PREMIER

LABOUR. — ENFOUISSEMENT DU FUMIER DRESSAGE DES PLANCHES

———

La culture proprement dite a pour but :

1° D'exposer la plus grande surface de terre possible à l'influence des agents atmosphériques pour qu'elle puisse se déliter et s'imprégner en même temps des gaz contenus dans l'atmosphère ;

2° D'ameublir le sol à une grande profondeur, pour que les racines puissent s'y étendre librement, que l'eau y pénètre vite et profondément, pour lui conserver l'humidité ;

3° De rendre le sol perméable à l'eau et à l'air, afin de le conserver frais, sans humidité surabondante, et de permettre au gaz oxygène de décomposer les engrais qu'il renferme ;

4° De détruire les mauvaises herbes, c'est-à-dire toutes les plantes étrangères à la culture, qui étouffent les récoltes, et absorbent en pure perte les en-

grais qui leur sont destinés. Les moyens employés
pour atteindre ces divers buts dans le jardin potager sont : les labours, les hersages à la fourche
crochue, les binages et les sarclages à l'outil et à la
main.

Le labour est un moyen d'ameublissement très
énergique ; mais il demande à être fait assez profondément, et en temps opportun, pour donner tous les
résultats désirés. Les labours doivent être multipliés
dans les sols argileux, naturellement compacts et
humides. Dans les sols de cette nature, il est urgent
de faire avec la fourche à dents plates (fig. 82), ou

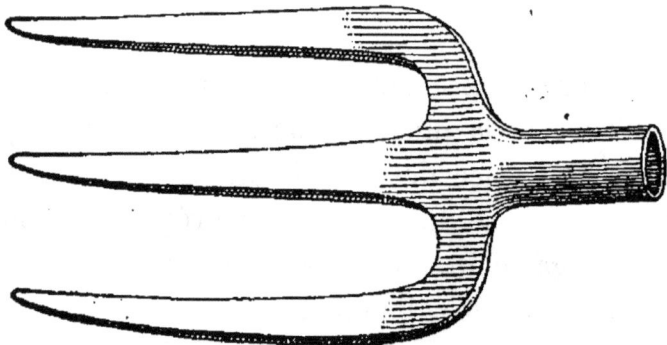

Fig. 82. — Fourche à dents plates.

la fourche à dents plates américaine, un labour
grossier à l'automne (en mottes il n'y a pas d'inconvénients), afin d'exposer les mottes de terre à
l'influence des gelées, qui les pulvérisent complètement. La fourche à dents plates expédie très vite et
n'abîme jamais la terre, même quand elle est un peu
humide. Puis, au printemps, lorsque la terre est bien
saine, on pratique un second labour plus profond avec

la bêche de labour, et à l'aide duquel on rend la terre
très meuble.

Il faut bien se garder de labourer les terres compactes lorsqu'elles sont très mouillées. Dans ce cas,
chaque coup de bêche forme une brique, et l'on s'expose à rendre le sol infertile pendant plusieurs années. On doit ne travailler les terres fortes que lorsqu'elles sont saines, c'est-à-dire ni trop sèches ni trop
humides.

Un labour au printemps suffit dans les sols de consistance moyenne et dans les sols siliceux. Mais il faut
que ce labour soit fait dans de bonnes conditions, et
assez profondément, comme le second labour, celui de
printemps, donné dans les terres fortes.

L'expérience de longues années de culture m'ayant
surabondamment prouvé les bons résultats des labours
profonds, j'ai dû insister, dès la première édition du
Potager moderne, sur leur *indispensabilité*, et donner
un modèle de bêche à labourer (fig. 83), en indiquant
toutes ses dimensions.

Le commerce, pour s'éviter la peine de faire fabriquer cette bêche comme je l'ai indiqué, a trouvé
moins fatigant d'expédier des *pelles à feu*, adorées
de jardiniers économes de leurs mouvements, et plus
commode de dire aux personnes qui réclamaient mes
modèles : « Le professeur se trompe ; prenez-moi
c't *article-là* ; les premiers ouvriers du globe n'en veulent pas d'autre ! »

Pour répondre aux nombreuses réclamations
que j'ai reçues, j'ai donné les dimensions de

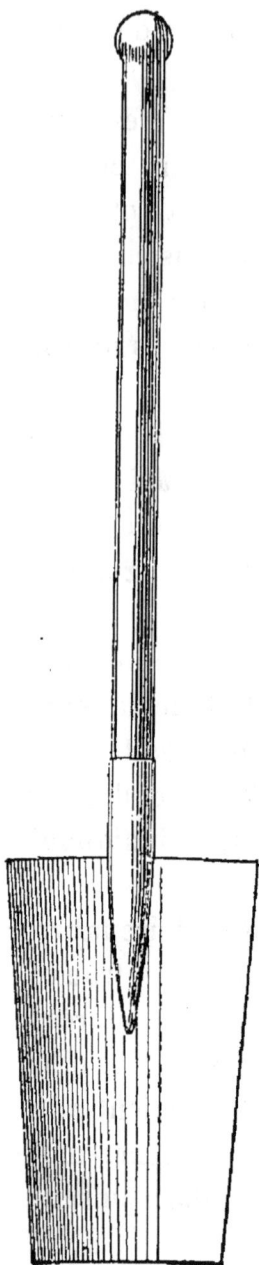

Fig. 83. --- Bêche de labour
(modèle au dixième.)

tous les outils, afin qu'il soit
facile de les faire fabriquer par
le premier taillandier venu,
si les expéditeurs trop cama-
rades des jardiniers refusent
de les livrer comme je les désigne.

Le labour de printemps a une
grande importance ; de sa bonne
exécution dépend en partie l'a-
venir de la récolte, et cependant
il est généralement considéré
comme une opération toute ma-
chinale, abandonnée le plus
souvent à des hommes de journée, qui ne soupçonnent même
pas ce que peut être un bon
labour.

Les hommes de journée, les
paysans surtout, travaillent
fort, font le labour dans le
potager comme en plaine ; ils
enlèvent des bêchées de terre
énormes, en se contentant de
les retourner, ce qui produit
une grosse motte bien dure, et
rend le sol imperméable à l'air
et à l'eau. C'est le pire de tous
les labours : vingt hersages énergiques sont impuissants pour

ameublir le sol, quand un tel travail a été fait dans une terre forte.

Les jardiniers cassent bien les mottes; mais ils emploient des bêches si petites et si courtes que la profondeur de leur labour atteint rarement 20 centimètres. La surface est propre, unie, bien ameublie; mais le labour est si peu profond que la moindre chaleur vient immédiatement dessécher le sol. Les plantes y viennent assez bien d'abord; mais dès qu'elles acquièrent une certaine force, les racines ne trouvant plus de terre meuble pour s'étendre, la végétation s'arrête sans cause apparente.

Le labour doit être fait le plus profondément possible; la bêche doit pénétrer verticalement, de toute sa hauteur, dans la terre, afin de donner au labour une profondeur de 35 à 40 centimètres. Mais, pour cela, il faut employer des bêches de labour et non des imitations de pelles à feu. Il faut prendre peu de terre à la fois, une épaisseur de 20 centimètres environ, la retourner et bien la pulvériser. En opérant ainsi, on va tout aussi vite qu'en enlevant d'un coup des masses de terre qui forment des mottes énormes; les pierres, les racines de liseron et de chiendent sont mises à découvert et extraites; l'ouvrier a moins de peine, et il fait un labour qui contribue, presque autant que l'engrais, à activer la végétation, au lieu d'abîmer la terre en dépensant le double d'efforts; et, de plus, il ne pousse pas d'herbe après un tel labour. Si le jardinier met un peu plus de temps à faire un bon labour et à bien purger la terre des pierres et des racines, il regagne quatre fois ce temps dans l'été par l'absence des mauvaises herbes.

Le labour profond est d'autant plus facile dans le potager qu'on opère sur de la terre défoncée à 60 centimètres au moins, et des plus friables par conséquent : les lames des bêches, minces et légères, exécutent ce travail très vite et sans fatigue pour l'ouvrier.

Un mot sur l'enfouissement des engrais, inhérents au labour, est nécessaire ici. Lorsqu'on exécute un labour par lequel on enfouit une fumure, on place habituellement le fumier d'intervalle en intervalle au fond de la jauge. Cette opération, ainsi faite, offre plusieurs inconvénients graves.

Le premier est de ne fumer que très partiellement la planche ou le carré, où le fumier forme, sous le sol, de petits serpenteaux, comme le montre la figure 84.

Fig. 84. — Fumure en serpenteaux.

Tous les espaces occupés par les parties A n'ont pas reçu d'engrais, et les plantes placées sur les serpenteaux ne profitent en rien d'une fumure souvent très abondante.

Le second inconvénient n'est pas moins grave :

c'est celui d'enfouir le fumier trop profondément pour que les racines puissent l'atteindre. Une telle fumure ne produit aucun effet la première année, puisqu'elle est placée hors de la portée des racines ; ce n'est que la seconde année, lorsqu'on laboure et retourne le sol à nouveau, que le fumier, entièrement décomposé et ramené à la surface, se trouve mêlé à la terre occupée par les racines. Alors c'est un terreautage pour la seconde année, rien de plus. C'est en opérant ainsi que l'on dépense des masses d'engrais considérables et autant de main-d'œuvre, sans obtenir le moindre résultat ; c'est encore ce mode vicieux qui a donné naissance à ce dicton, très enraciné dans certaines localités : « L'effet du fumier ne se fait sentir que la seconde année. »

Il ne faut jamais oublier que, les plantes ne pouvant se déplacer, comme les animaux, pour aller chercher leur nourriture, il est indispensable de la mettre à leur portée, pour qu'elles puissent l'absorber.

Lorsqu'on fume, on commence par répandre également le fumier sur le sol avant de labourer, afin d'en mettre une quantité égale partout, et l'on en réserve assez pour mélanger avec la terre mise de côté pour boucher la jauge.

Avant de commencer le labour, on ouvre une jauge suffisante, et l'on creuse verticalement avec la bêche, comme l'indique la ligne A (fig. 85), afin de donner toute la profondeur possible au labour. On jette la terre de manière à établir une ligne inclinée B (même figure). Les mottes sont plus faciles à briser, et celles

qui échappent tombent au fond de la jauge, où il
est facile de les diviser. On place le fumier bien également, sur la pente, à une profondeur de 10 cen-

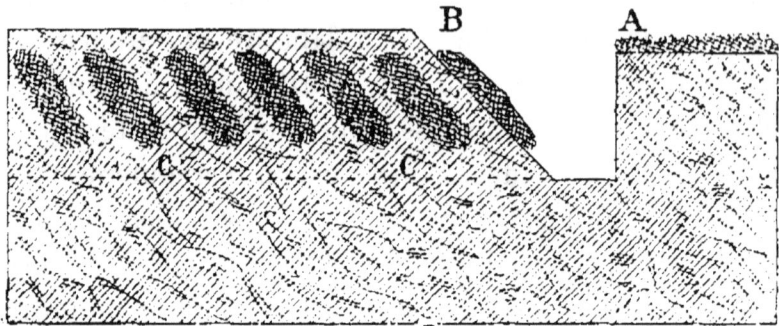

Fig. 85. — Fumier bien enfoui.

timètres environ, de manière à ce qu'il ne descende
pas jusqu'à la ligne C, profondeur du labour.

Le fumier, ainsi enfoui obliquement à une profondeur de 10 centimètres, couvre également toute étendue du sol ; les eaux pluviales et celles des arrosements le dissolvent facilement, et saturent également
toute la terre d'engrais liquide, jusqu'à la ligne C.

Dans ces conditions, les plantes repiquées, dans
toutes les parties de la planche, trouvent une nourriture abondante ; il est impossible que leurs racines
ne tombent pas en plein engrais, les parcelles de fumier étant placées obliquement et ne pouvant échapper aux racines des plantes repiquées verticalement,
même dans les intervalles.

Pour rendre l'avantage de ce mode de fumure plus
sensible, la figure 86 représente un essai comparatif
que tout le monde peut renouveler.

J'ai dit de placer le fumier à 10 centimètres de profondeur, voici pourquoi : les plantes, comme nous le savons, absorbent les engrais surtout à l'état liquide. Dans la partie A de la figure 86, que deviendront les parties liquides des engrais enfouis en serpenteaux au fond de la jauge, à une profondeur de 35 à 40 centimètres au moins (C. même figure)? Elles

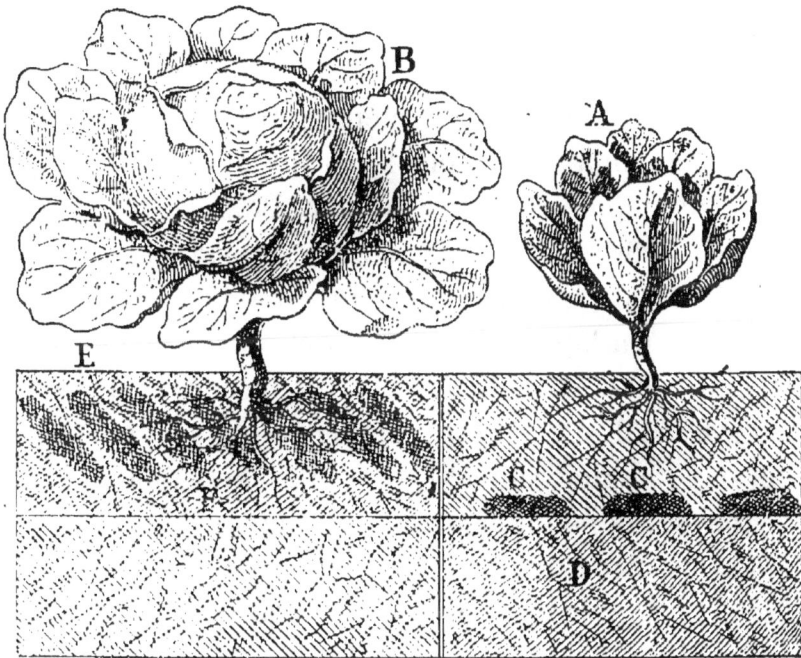

Fig. 86. — Fumure comparée.

seront entraînées par les eaux pluviales ou par les arrosements en D, où jamais les racines des choux n'atteindront, et elles satureront le sous-sol d'excellent engrais, sans que le chou A en absorbe un atome. Bien plus, s'il est planté entre deux serpenteaux, il n'aura à sa disposition qu'une terre complètement

veuve d'engrais, et, en admettant encore que le hasard
l'ait fait placer immédiatement au-dessus d'un serpen-
teau de fumier, c'est à peine si quelques radicelles
parviendront jusqu'à lui. La fumure est dépensée en
pure perte, et, quelque copieuse qu'elle soit, la récolte sera à peu près nulle.

Passons maintenant à la partie B de la même
figure, labourée et fumée comme je viens de l'indiquer. La racine du chou B a été piquée dans la partie fumée, et, l'eût-elle été même entre les intervalles E,
il eût été impossible que la racine ne fût pas placée
immédiatement en plein fumier. De plus, les arrosements et les eaux pluviales ont complètement saturé
les intervalles E d'engrais liquide et les ont entraî-
nés jusqu'à la ligne F, dépassant de beaucoup l'extrémité des racines. Donc toute la couche de terre,
placée de E en F, est complètement saturée d'engrais, chaque radicelle en a une large part, et le
chou B, abondamment nourri, depuis le jour de sa
mise en place jusqu'à celui de son entière croissance,
sera le double en grosseur du chou A, qui, mourant
d'inanition, mettra deux fois autant de temps que
son voisin à former une pomme chétive, dure et
filandreuse. En outre, le chou B atteindra des proportions doubles du chou A, avec une dépense d'engrais moitié moindre. Quelque peu qu'il y en ait, il
en profitera, tandis que son voisin subirait le sup-
plice de Tantale, avec une brouettée de fumier au-
dessous de ses racines.

Que le lecteur me pardonne une aussi longue expli-

cation pour une chose aussi simple ; mais ce livre est
destiné à tomber souvent entre les mains des jardiniers, et j'ai vu faire tant de labours et gâcher tant
de fumier que mon expérience m'oblige à entrer
dans des détails complets, pour être compris de tous
ceux qui voudront appliquer, raisonner, travailler
sérieusement et avec fruit.

Il en est de l'enfouissement du fumier comme de
l'emploi du sable dans les terres fortes du val de la
Loire. Les paysans l'emploient avec raison, mais ils
l'emploient mal. Au lieu de mélanger le sable avec
la terre ou avec les engrais, ce qui serait encore
préférable pour diviser une terre compacte, et la
rendre perméable, ils placent le sable sur le sol. Indépendamment de son inefficacité sans mélange avec
le sol, sa couleur blanche repousse l'action des
rayons solaires, et une terre déjà froide naturellement ne peut parvenir à s'échauffer. Il en résulte
une tardiveté énorme dans la récolte, tandis que
l'on eût obtenu une précocité remarquable en mêlant le sable aux engrais et en l'enfouissant, au lieu
de le répandre sur le sol. Les meilleures choses mal
appliquées donnent souvent des résultats contraires
à ceux que l'on attend, et alors on accuse le sol,
la saison, la semence, etc., et surtout les professeurs quand ils ont les mains propres et parlent français.

Immédiatement après le labour, il est toujours
utile, dans les terres compactes, et même dans celles
de consistance moyenne, de donner un bon hersage

avec la fourche crochue (fig. 87), pour briser les mottes qui ont échappé à l'action de la bêche, et parfaitement unir la planche. S'il reste une pierre,

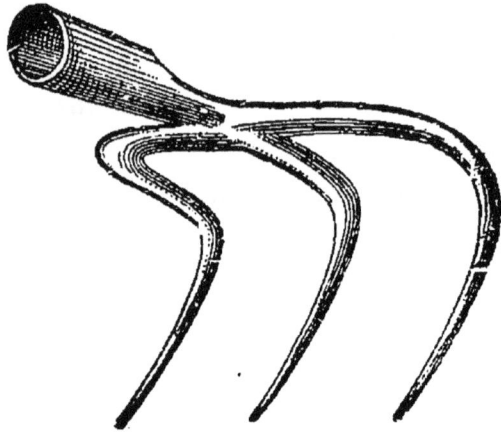

Fig. 87. — Fourche crochue.

une racine de liseron ou de chiendent, la fourche crochue la ramènera à la surface de la planche, en ameublissant complètement le sol.

J'ai dit précédemment que l'arrosage était ce qui coûtait le plus cher dans la culture du potager. J'ai donné le moyen d'arroser économiquement ; mais, quelque bon marché que coûte l'eau, elle ne doit pas être gâchée plus que le fumier, car souvent elle est rare, et il faut toujours en conserver en réserve en cas de grande sécheresse, où l'on en manque quelquefois. Nous organiserons donc nos planches de manière à ce que toute l'eau dépensée profite aux plantes, sans en perdre une goutte.

Si la planche labourée et hersée est destinée à recevoir un semis en plein ou en ligne, on établira

tout autour, avec le râteau à dégrossir, un rebord de 3
à 4 centimètres, afin de renfermer l'eau des arrosements, et celle des pluies, dans la planche, la forcer
de s'y infiltrer, et l'empêcher de couler dans les sentiers. Ensuite on unira parfaitement la planche entière avec le râteau (fig. 88).

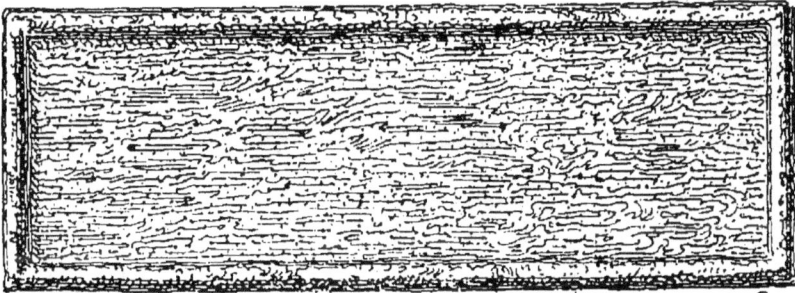

Fig. 88. — Planche dressée pour un semis.

Si la planche doit recevoir des repiquages, on fera
également un rebord tout autour, mais moins haut :
3 centimètres suffiront, et l'on tracera avec la petite
lame du rayonneur (fig. 89) autant de sillons de 2 à

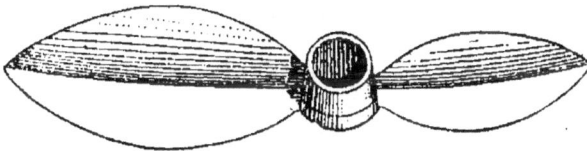

Fig. 89. — Rayonneur.

3 centimètres de profondeur qu'il y aura de lignes
de plants, et on repiquera dans les sillons (fig. 90).

Que les planches soient destinées à des semis ou à
des repiquages, on ne doit jamais employer, pour les
dresser et établir les rebords, que le râteau à dégrossir (fig. 91).

Ce râteau brise parfaitement les mottes, en laissant la terre perméable. Le râteau fin tasse trop la terre

Fig. 90. — Planche dressée pour un repiquage.

et nuit aux cultures ; on ne doit l'employer que pour recouvrir les graines après le semis.

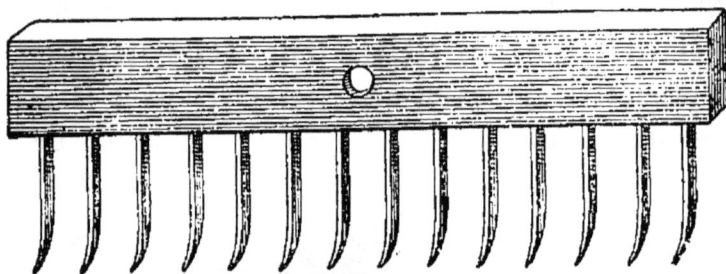

Fig. 91. — Râteau à dégrossir.

En opérant ainsi, on force l'eau à s'infiltrer dans les sillons, c'est-à-dire sur la racine des plantes ; on double largement l'effet des arrosements en employant la même quantité d'eau ; on gagne donc un temps précieux, et de plus on ne gâche jamais les sentiers, qui deviennent impraticables et difficiles à réparer lorsqu'ils ont été inondés.

CHAPITRE II

SEMIS, REPIQUAGE, PÉPINIÈRE DE LÉGUMES
TERREAUTAGE, PAILLIS

———

Les semis demandent des soins assidus pour donner de bons résultats : ils ont une grande importance dans le potager, car la récolte de la saison est subordonnée à leur réussite. Le jardinier doit donc y apporter toute son attention, et ne rien négliger pour assurer leur prospérité. Le meilleur plant est celui que l'on fait soi-même ; il ne faut jamais compter sur son voisin pour vous procurer le plant nécessaire : si le voisin vous donne du plant, ce n'est qu'après avoir pris le meilleur pour lui. Quand le jardinier donne à *un ami*, c'est pis encore : son amour-propre est en jeu ; il est ravi de voir *son ami* échouer, et il ne manque jamais de lui donner ce qu'il a de plus mauvais. Les cadeaux des amis des jardiniers coûtent toujours plus cher au propriétaire que l'achat de bonnes semences.

On fait les semis de deux manières : à la volée et en lignes.

J'ai complètement renoncé aux semis à la volée, pour les oignons, les carottes, les salsifis, etc. Des essais comparatifs, faits pendant plusieurs années, m'ont prouvé que :

1° Le semis en ligne donne un tiers de plus en produits et de plus beaux produits ;

2° Procure une précocité remarquable ;

3° Emploie moitié moins de semence ;

4° Économise sur le semis à la volée les deux tiers de la main-d'œuvre employée en sarclages.

Il y a donc bénéfice, et grand bénéfice, à tout semer en ligne, excepté cependant les navets, les radis, les mâches et les semis destinés à être repiqués, qui peuvent être faits à la volée, mais très clairs. Cependant le semis en ligne est préférable pour les radis, les mâches et les raiponces quand on les sème en contre-plantations, dans d'autres récoltes.

Les plantes ne donnent de beaux et abondants produits que lorsque la germination a été prompte et leur premier accroissement rapide. Pour obtenir ce double résultat il faut :

1° Le concours de l'eau ;

2° Celui de l'air ;

3° Celui de la chaleur.

L'eau amollit la graine, la fait gonfler et lui fait déchirer son enveloppe ; l'air agit chimiquement sur son contenu et le rend propre à servir de nourriture première à la plante ; la chaleur accélère la germination.

Il faut donc que le sol ensemencé soit constamment humide, non seulement pendant la germination, mais encore après, afin de favoriser le développement de la jeune plante. Combien, dans l'été, de semis déjà germés ont péri en quelques heures, faute d'un arrosoir d'eau donné à temps !

Le moment de la germination est le plus dangereux pour les semis, quand il fait chaud ; il suffit de laisser la surface du semis se dessécher une heure seulement par le soleil, pour griller les germes et tout perdre. Il faut arroser les semis plutôt quatre fois que deux, par les grandes chaleurs, non seulement jusqu'à la parfaite levée, mais encore jusqu'à ce que le plant soit assez fort pour supporter le soleil.

La terre ensemencée doit être parfaitement ameublie afin d'être perméable à l'air. Sans le concours de l'air, les meilleures graines pourrissent et ne germent pas. C'est ce qui arrive souvent dans les terres fortes, quand on ne s'est pas donné la peine de les ameublir pour les semis, par de bonnes façons, des amendements, et de les rendre perméables à l'air.

En outre, le sol ensemencé doit être pourvu d'engrais assimilable, c'est-à-dire bien décomposé, pour fournir une abondante nourriture à la plante aussitôt qu'elle naît. Rien ne peut remplacer le terreau pour les semis : il remplit toutes les conditions voulues. Aussi les semis faits avec addition de terreau manquent-ils rarement, quand toutefois on ne les laisse pas se dessécher.

De plus, pour que la germination soit active, il faut que la température soit assez élevée.

On obtient de la chaleur à volonté pour les semis sur couches ; il n'en est pas de même pour ceux de

pleine terre. Il faut savoir choisir le moment opportun, c'est-à-dire :

*Semer par un beau temps et lorsque la terre est
saine.* Quand on sème par la pluie, et quand il fait
froid, la germination n'a pas lieu ; la graine pourrit,
tandis qu'elle lève en quelques jours dans une terre
en bon état et par une température douce.

Donc, pour tous les semis de pleine terre, nous
choisirons un temps doux, et nous ne sèmerons que
dans la terre bien saine. Après le labour profond, le
hersage à la fourche crochue et le dressage de la
planche avec le râteau à dégrossir, nous opérerons
ainsi :

Si nous avons quatre ou cinq lignes de carottes,
d'oignons, etc., à semer dans une planche, nous placerons à chaque bout de la planche quatre ou cinq
piquets à distance égale ; puis, nous poserons du même
coup le cordeau sur les quatre ou cinq lignes, chose
facile, en passant d'un piquet à l'autre avec le cordeau. Cela fait, nous tracerons avec la petite lame du
rayonneur, contre chaque ligne du cordeau, un petit
sillon profond d'un centimètre environ.

Pour aller plus vite, on trace en reculant deux
lignes à la fois, trois s'il y en a cinq, d'un côté de la
planche, en passant d'une ligne à l'autre, et l'on achève
le reste de l'autre côté de la planche. En opérant ainsi
tout cela est fait en un instant.

On retire le cordeau, puis on sème dans les sillons.
On les remplit ensuite avec du vieux terreau de
couche usé, et l'on donne très légèrement un coup de

râteau fin (fig. 92), pour enlever les derniers corps
étrangers.

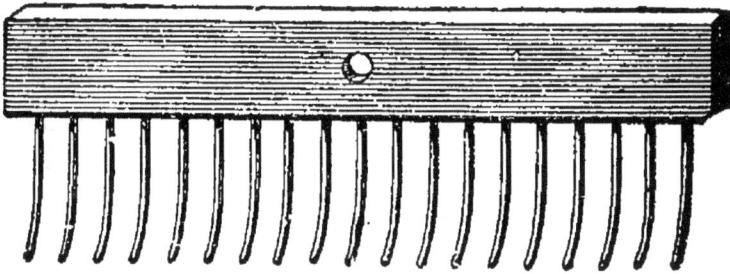

Fig. 92. — Râteau fin.

Ensuite, on prend dans un panier du vieux fumier
de couche, presque désagrégé, et l'on en répand à la
main une épaisseur de 5 à 8 millimètres sur toute la
planche, en ayant soin de bien le briser dans les
mains, afin de le rendre aussi léger et aussi divisé que
de la balle d'avoine.

Cette couverture absorbe et conserve une forte dose
d'humidité ; elle est très perméable à l'air, et les parties nutritives qu'elle contient, dissoutes par les eaux
pluviales et celles des arrosements, fournissent aux
jeunes plantes une nourriture abondante dès que la
germination est accomplie. En outre, la couverture
de débris de couches, en maintenant la fraîcheur et en
fournissant un aliment abondant aux plantes, empêche
la terre de se battre après les arrosements. Le paillis
de débris de couches est un des premiers éléments de
succès pour les semis.

Plusieurs auteurs recommandent encore de battre
légèrement la terre avec le dos de la bêche ou avec
une planche, afin de faire adhérer la graine au sol. Il

est des praticiens qui vont même jusqu'à piétiner complètement la terre avec leurs sabots avant d'ensemencer. Je considère cette pratique, léguée par la routine la plus aveugle, comme essentiellement nuisible. Le battage, quelque léger qu'il soit, tend toujours à rendre le sol imperméable. Je l'ai complètement supprimé depuis longues années ; mes semis sont très beaux et n'ont jamais manqué. J'ai fait plusieurs essais comparatifs, et toujours les semis non battus étaient plus vigoureux, mieux venants et plus précoces que ceux qui l'avaient été.

Un seul arrosement après les semis est suffisant pour faire adhérer la graine à la terre ; je le préfère au battage. Il est très rare qu'un semis de printemps, époque à laquelle les vents desséchants du nord-est règnent d'une manière presque continue, puisse se passer d'arrosages pendant les premiers jours. Si le temps est humide, la première pluie et l'arrosoir, au besoin, remplacent le battage avec avantage. Si le sol est léger, il suffit de dresser la planche sept à huit jours avant de semer, pour avoir une terre un peu ferme, mais perméable, et que je considère comme bien préférable au battage, dont on abuse presque toujours, au détriment des semis.

Tous les semis destinés au repiquage en pépinière, tels que choux, salades, etc. etc., doivent être faits dans une planche du carré D, sur laquelle on étend une épaisseur de 5 à 10 centimètres de vieux terreau de couche avant de labourer.

On opère le labour à la fourche à dents plates

(fig. 93), ou la fourche américaine, pour mieux amalgamer le terreau avec la terre.

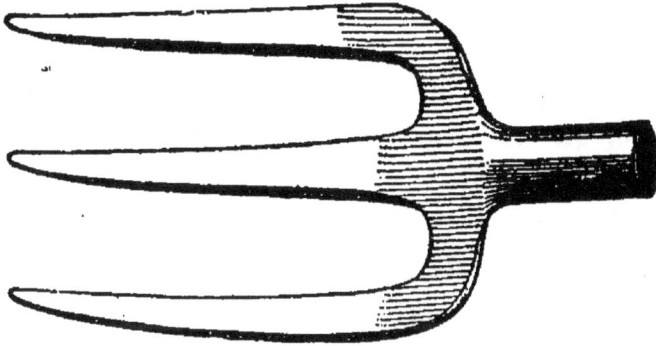

Fig. 93. — Fourche à dents plates.

On herse avec la fourche crochue ; on dresse la
planche avec des rebords ; on sème à la volée, ou l'on
rayonne de 10 à 20 centimètres de distance pour les
semis en ligne.

On peut également semer à la volée, mais très clair,
puis on recouvre la graine avec du vieux terreau de
couche.

Quand le semis se fait pendant les chaleurs, la surface de la planche ne doit jamais se dessécher. Aussitôt que l'humidité disparaît, il faut arroser. On arrose
quelquefois les semis quatre et cinq fois par jour
pendant les mois de juillet et d'août.

Les semis en ligne, quand on les fait assez clairs,
donnent toujours du plant excellent, dans lequel il n'y
a presque pas de rebuts à faire, tandis que dans ceux
à la volée la végétation est moins égale.

La qualité du plant à repiquer a une grande importance : c'est l'avenir de la récolte. Les semis ne réus-

sissent pas toujours bien et, en cas d'échec, ce qui peut arriver au plus habile horticulteur, il est plus sûr, plus prompt et surtout plus profitable de recommencer le semis que de repiquer de mauvais plants.

La qualité du plant étant le premier élément de succès, on ne saurait apporter trop de soin aux semis.

Règle générale : *Il ne faut jamais semer dans une terre plastique, dure, ou qui se motte.* Si le sol est argileux, il est urgent de mettre une ou deux brouettées de sable dans la planche où l'on doit faire les semis, et l'enfouir, non à la bêche (cela n'amalgame pas assez le sable avec l'argile), mais avec la fourche à dents plates, qui opère un mélange parfait.

Les semis faits dans une terre dure, compacte, se croûtant et se gerçant à l'air, ne produisent jamais que du plant mal constitué, tardif et délicat, quand toutefois ils réussissent. Il ne suffit pas seulement d'ameublir le sol avec un mélange de sable, lorsque la terre est trop forte ; il faut encore la saturer d'humus pour fournir une nourriture copieuse aux jeunes plantes, et cela par une addition de terreau de couche, comme nous l'avons indiqué.

Pendant les grandes chaleurs, il est urgent de faire les semis de choux et de salades à l'ombre, ceux de choux surtout, auxquels un soleil trop ardent nuit beaucoup. A défaut d'endroit ombragé, on ombre avec une toile ou une claie.

Disons encore que, depuis quelques années, les semis ont à lutter contre un ennemi redoutable : la petite loche, qui pullule depuis peu dans les jardins.

Ces insectes ne sortent que la nuit, et attaquent les semis au moment où le germe se dégage de la graine ; en une nuit tout est dévoré si l'on n'y fait attention.

Les semis de choux, ceux de Bruxelles surtout, sont les plus exposés à leurs ravages.

J'ai employé avec succès la *poudre foudroyante Rozeau ;* il suffit d'en souffler sur le sol avec un petit soufflet à soufrer, pour être préservé des attaques redoutables des loches.

Cette poudre excellente pour la destruction de tous les insectes se vend : 9, *rue de Bailleul, à Paris, chez M. Ridard, le successeur de M. Basile Derouet.*

Un dernier mot sur un préjugé profondément enraciné dans beaucoup de localités, et dont l'application compromet gravement les semis, surtout ceux du mois d'août.

Les semis, dit-on, *ne réussissent que dans le décours de la lune,* et là-dessus on attend la décroissance de la lune pour semer.

Quand on ne veut pas prendre la peine d'arroser les semis, le dicton peut avoir raison, en ce qu'il pleut presque toujours au renouvellement de la lune, et alors les semis sont arrosés. Mais, quand on arrose, le résultat est beaucoup plus certain, à quelque période que soit la lune. Il est prouvé par l'expérience qu'elle n'a aucune influence sur la germination.

Les semis bien faits ne demandent plus que l'eau nécessaire à leur prompt développement, et des sarclages. Il ne doit jamais y avoir une mauvaise herbe

dans les semis. Quand le plant a quatre feuilles bien
développées, on met en pépinière.

La PÉPINIÈRE DE LÉGUMES, presque inconnue à dix
ou douze lieues de Paris, est le premier élément de
production, le garant d'abondantes récoltes, de produits bâtifs et de bonne qualité. Sans pépinière de légumes, on perd la moitié au moins de la production
du potager, et toutes les récoltes sont retardées de
plusieurs mois.

Les pépinières de légumes s'établissent dans le
carré D du potager, avec les élevages de fleurs, les
semis, etc. Mais, à défaut de place, on peut les placer momentanément dans une ou deux planches du
carré A, entre deux récoltes, en contre-plantation au
besoin, et même, au pis-aller, entre les lignes d'asperges. Il ne peut y avoir de prétexte pour laisser
chômer les pépinières, base de la production du potager; on doit toujours avoir en pépinière une quantité de plants de toute espèce, ayant accompli le
quart ou le tiers de leur végétation, bons à enlever
en mottes, pour garnir les planches dès qu'elles sont
débarrassées de leurs récoltes.

Lorsque le plant est bon à lever, c'est-à-dire quand
il a *quatre feuilles bien développées*, *pas plus tard*,
et cela pour tous les plants sans exception, il faut
le mettre en pépinière. A cet effet, on fume abondamment, avec des engrais très consommés, une ou
deux planches du carré D. On enfouit l'engrais par
un labour ; on dresse la planche avec un rebord, et
l'on trace avec le rayonneur des sillons profonds de

2 à 3 centimètres, et distants de 20 à 25 centimètres suivant le volume des plants à repiquer (fig. 94).

Fig. 94. — Pépinière de légumes.

Les plants repiqués à temps, c'est-à-dire quand ils ont quatre feuilles, acquièrent en pépinière un accroissement aussi prompt que considérable. Les choux surtout gagnent plusieurs semaines de précocité, produisent des pommes énormes et dures comme du bois.

Cela se comprend facilement. Au moment où le plant va se gêner et péricliter dans le semis, on l'enlève pour le distancer également dans une terre riche et bien entretenue d'eau. Il tient six à huit cents choux en pépinière dans une planche moyenne; six arrosoirs d'eau suffisent pour la bien mouiller. Ce n'est rien que d'arroser chaque jour trois ou quatre planches de pépinières, et il serait impossible d'arroser la même quantité de plant en place, à moins d'y employer tout spécialement un homme. Et encore n'obtiendrait-on pas les mêmes résultats, parce qu'avec le décuple d'eau donnée partiellement la terre serait moins humide qu'avec la dixième partie jetée en plein dans une planche.

En outre, la pépinière de légumes, lorsqu'elle est bien alimentée, ne permet pas à la terre de se reposer. On a toujours plus de plant à mettre en place que de terre libre. Si on enlève la récolte d'une planche le matin, on la laboure aussitôt, et le soir elle est repiquée avec le produit des pépinières.

La pépinière de légumes est la richesse du potager, comme son absence en est la ruine. C'est grâce à la pépinière et à ses ressources, que nous faisons chaque année huit à neuf récoltes dans la même planche. Quand il n'y a pas de pépinières dans un potager, on y voit toujours de la terre inoccupée, et l'on s'extasie sur le succès, lorsqu'on a obtenu trois demi-récoltes de mauvais légumes.

REPIQUAGE. Avant de procéder au repiquage, un mot sur la déplantation du plant, dans le semis; c'est nécessaire, car le plus souvent il n'est pas déplanté, mais arraché avec force, opération qui brise toutes les racines, rend la reprise plus difficile et retarde de beaucoup la végétation.

Lorsqu'on déplante du plant, il faut bien se garder de l'arracher, sous prétexte que la terre n'est pas dure et qu'il ne tient pas, mais plonger le déplantoir verticalement et profondément en terre, pour enlever le plant en grosses mottes, que l'on divise ensuite avec précaution, sans rompre les racines, et en ayant soin de conserver les parcelles de terre ou de terreau qui y restent attachées. En outre, il faut tou-

jours déplanter très peu de plant à la fois, le repiquer immédiatement, et ne jamais le laisser faner en
l'étalant d'avance sur le sol. Le plant arraché et trié
est placé dans un panier plat, où on le prend au fur
et à mesure pour le repiquer.

Le déplantoir (fig. 95) est indispensable pour bien
opérer la déplantation du semis.

Fig. 95. — Déplantoir.

Le seul instrument qui serve au repiquage est le
plantoir (fig. 96) ; il offre bien des inconvénients,

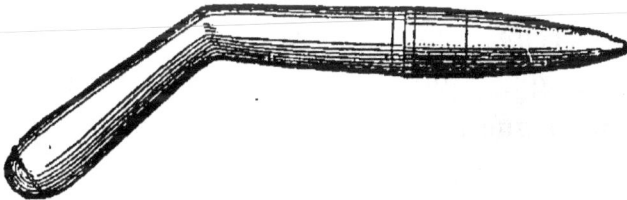

Fig. 96. — Plantoir.

nous le savons ; mais, à défaut de quelque chose de
meilleur, nous sommes forcé de nous en servir. Le
point capital est de bien repiquer, ce que presque
tous les praticiens ignorent : c'est aux mauvais repiquages et aux mutilations de racines que nous devons les trois quarts des insuccès.

Le plus souvent, les plants sont repiqués dans des
trous trop peu profonds ; la racine est pliée au fond

du trou, et le plant ne vient jamais bien. Les praticiens connaissent cet inconvénient, et pour l'éviter ils ont soin de couper ou plutôt de déchirer la racine avec leurs doigts. Ce moyen, très énergique, est trop contraire aux lois de la végétation pour que nous en usions.

D'autres font bien leur trou assez profond, mais en font un autre qu'ils laissent béant à côté, et écrasent la racine avec le plantoir, sous prétexte de la faire adhérer à la terre. Le trou à côté du plant repiqué est encore en usage dans beaucoup de localités ; il sert, dit-on, à infiltrer l'eau sur la racine. Quand on a arrosé deux fois au goulot, la racine est déterrée, et le plant périt. Nous connaissons des amateurs de cette méthode qui retardent leurs repiquages cinq et six fois, et n'obtiennent jamais que des produits de rebut.

Le repiquage doit être fait dans un trou assez profond pour que la racine y descende tout entière. On tient le plant avec la main gauche pour l'enterrer à la profondeur voulue, et avec la droite on bouche le trou à l'aide de la pointe du plantoir, en nivelant bien la terre, pour ne laisser ni creux ni bosse autour de la racine. Elle doit descendre tout entière dans le trou, et être enterrée jusqu'à sa naissance.

Il faut bien se garder de repiquer trop profondément et d'enterrer le collet de la plante, ce qui arrive souvent dans la pratique. Dans ce cas, les choux et les salades surtout sont à peu près perdus, les choux reprennent très difficilement, sont mangés au collet

par les vers, et ne donnent jamais de bons produits ;
les salades montent presque toutes sans pommer,
quand elles ne périssent pas.

Tout en repiquant bien, il faut opérer vite, et ne
pas perdre un temps précieux à prendre des mesures
inutiles : le plant fane et en souffre beaucoup. Que
l'on repique en pépinière ou en place, il n'y a qu'une
ligne à mesurer : celle du milieu. On place une règle
de 2 mètres le long du sillon, et l'on est mesuré pour
2 mètres ; il n'y a que la règle à pousser quand on
est au bout. Les autres lignes se piquent *à l'œil*, en
plaçant les plants sur les lignes au milieu des intervalles de la ligne précédente, et ainsi de suite pour
chaque ligne des deux côtés de la planche.

Les repiquages doivent être faits par un temps pluvieux ou au moins le soir, et jamais en plein jour,
quand il fait du soleil. Le plant qui fane est longtemps à reprendre ; dix heures d'obscurité, après le
repiquage, suffisent pour assurer sa reprise.

Un arrosage en plein, à la pomme, et jamais au
goulot, est indispensable aussitôt après le repiquage ;
l'eau s'infiltre dans les rigoles, sur les racines par
conséquent, et attache mieux le plant à la terre que
les désastreuses pressions du plantoir.

L'arrosoir *Raveneau* (fig. 97) rend l'arrosage au
goulot impossible ; le brise-jet ne peut se démonter ;
il est soudé après le goulot ; c'est un double service
que nous rend cet excellent instrument : l'arrosage
au goulot détruit autant de plantes que les intempéries et les insectes réunis.

Disons, en terminant, que le repiquage accélère la végétation des légumes et favorise leur développement. Les choux, les salades, etc., pomment bien mieux et bien plus vite après le repiquage en pépinière. En outre, les produits des pépinières de légumes sont

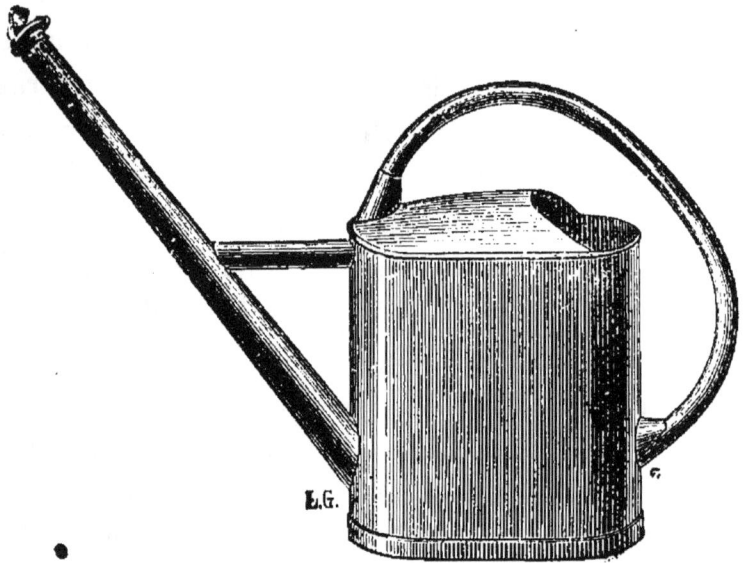

Fig. 97. — Arrosoir Raveneau.

toujours très beaux, très rustiques, très précoces et ne montent jamais. Cela tient non seulement au repiquage, mais encore à ce que, agglomérés sur un petit espace, il est facile de donner sans peine à ces produits l'engrais, l'eau et tous les soins nécessaires. On enlève les plants de pépinière en mottes pour les mettre en place; les plantes ne fanent même pas, et cette seconde déplantation contribue puissamment au développement de la pomme, chez les choux et les salades surtout.

Le PAILLAGE concourt puissamment à la reprise et à la prompte végétation du plant que l'on met en place. L'usage en est très restreint dans les jardins, faute de couches et de composts. Les salades, les fraises et les tomates gagnent beaucoup en grosseur, en qualité et en précocité, lorsqu'elles ont été paillées avec soin.

L'opération du paillage consiste à couvrir le sol avant, et mieux, après le repiquage, d'une couche de fumier, provenant de démolition des couches, épaisses de 2 à 4 centimètres environ. Cette couverture de fumier, sans cesse traversée par les pluies et les arrosements, fournit une quantité d'engrais liquide assez considérable, qui vient saturer complètement la couche de terre occupée par les racines ; tout en empêchant l'évaporation et la dessiccation du sol, elle est aussi un obstacle à la production des mauvaises herbes.

Le TERREAUTAGE produit aussi les meilleurs résultats ; il consiste à employer les terreaux usés des couches, au profit des cultures de pleine terre. On terreaute non seulement tous les semis avec soin, mais encore on mêle un peu de vieux terreau au sol, en mettant en place les produits de la pépinière.

Avec l'assolement de quatre ans avec couches, et une fabrique de fumier bien organisée, nous aurons toujours des vieux terreaux et des paillis à discrétion pour les semis, les pépinières de légumes et les plantations, c'est-à-dire partout l'abondance et la fertilité, une végétation luxuriante et la richesse.

CHAPITRE III

SARCLAGES ET BINAGES

Le SARCLAGE est une des opérations les plus importantes, mais aussi des plus négligées dans le potager ;
il consiste à enlever les mauvaises herbes des semis,
à la main, lorsque ceux-ci, faits à la volée, sont très
jeunes et très serrés, et avec le sarcloir lorsqu'ils ont
été faits en ligne.

En principe, il ne doit jamais exister de mauvaises
herbes ni de plantes étrangères dans les semis destinés
au repiquage, ni dans les planches ensemencées à la
volée ou en ligne. Les mauvaises herbes sont toujours beaucoup plus vigoureuses que les plantes cultivées : de plus, elles poussent en quantité prodigieuse,
par conséquent elles vivent au détriment des plantes
cultivées, non seulement en absorbant l'engrais qui
leur était destiné, mais encore en les étouffant avec
leurs feuilles et leurs racines.

Dès que les semis sont bien levés et que les mauvaises herbes apparaissent, on fait un premier sarclage
à la main, c'est-à-dire que l'on arrache une à une
toutes les mauvaises herbes. Il faut bien se garder de
les laisser devenir plus fortes que les plantes semées,

sous prétexte que l'herbe est trop petite ou qu'il
fait trop sec. La mauvaise herbe n'est jamais trop
petite pour être détruite : elle pousse avec une rapidité
excessive lorsqu'on la laisse au milieu des semis;
et lorsqu'on néglige de l'enlever aussitôt qu'elle
apparaît, il devient très difficile de s'en débarrasser.
Il existe encore deux inconvénients graves quand on
attend trop tard pour sarcler : une partie des racines
casse, et l'herbe repousse; quand la racine est arra-
chée tout entière, les plantes qui l'environnent sont
presque déracinées et souffrent beaucoup.

La sécheresse est un prétexte inadmissible pour
empêcher le sarclage. Avec quelques arrosoirs d'eau,
on humecte la terre, et les herbes s'arrachent tout
aussi bien qu'après la pluie.

Le premier sarclage doit être donné aussitôt que
les mauvaises herbes se montrent : on arrose avant
si le sol est trop sec, et très légèrement après, pour
rattacher à la terre les racines qui ont été ébran-
lées.

Dans les semis à la volée, il est utile d'éclaircir les
places où il y a trop de plant, en faisant le premier
sarclage; aussitôt que les mauvaises herbes repoussent,
on en opère un second, et l'on repique avec un petit
bâton très pointu dans les clairières. Il y en a toujours
dans les semis à la volée, et il n'est possible de les
sarcler qu'à la main, opération très longue.

Dans les semis en ligne, le premier et le second sarclage se font en grande partie avec le sarcloir (fig. 98).
Grâce à cet excellent instrument, le travail est meil-

leur, et il faut moins de temps pour opérer trois sarclages qu'un seul à la main.

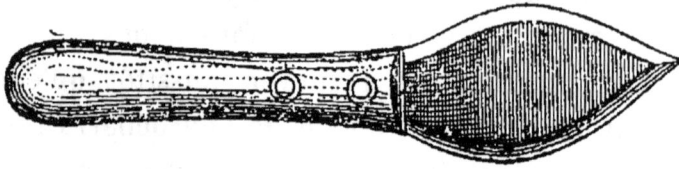

Fig. 98. — Sarcloir.

On tient le sarcloir de la main droite ; avec la pointe
on pénètre très avant dans les lignes pour éclaircir les
parties trop drues, et avec les côtés on tranche rapidement, entre deux terres, les racines des herbes placées entre les lignes, pendant que la main gauche
enlève les herbes coupées, et arrache celles qui ont
échappé au sarcloir.

Il y a avantage à détruire les mauvaises herbes, et
à éclaircir avec le sarcloir : le binage, opéré très superficiellement avec cet instrument, ameublit la terre, la
rend perméable et rechausse les plantes. Il est bien
rare de donner un troisième sarclage quand les deux
premiers ont été bien exécutés, et surtout faits à temps,
car alors le semis s'est assez fortifié pour envahir complètement le sol, et il étouffe à son tour les mauvaises
herbes. Les sarclages sont peu dispendieux ; ce sont
des femmes qui les exécutent la plupart du temps. Ils
avancent considérablement la récolte, et en augmentent
énormément la qualité et la quantité.

Le BINAGE est une des opérations les plus importantes, et celle qu'il est le plus difficile d'obtenir des
praticiens. Il contribue, à lui seul, aussi puissamment

au succès des cultures que les labours et les arrosements tout à la fois.

On considère généralement le binage comme une opération uniquement destinée à détruire les mauvaises herbes ; c'est une erreur profonde. Le binage rend le sol perméable à l'air, et y maintient l'humidité. Par conséquent, il agit énergiquement sur la végétation, en facilitant la décomposition des engrais, et en accélérant l'ascension de la sève ; c'est là son principal but. Ce binage est aussi efficace qu'un bon labour sur la végétation ; la destruction des herbes n'est que secondaire.

Tout ce qui n'est pas paillé dans le potager doit être très fréquemment biné, surtout après les arrosements qui battent la terre et forment à la surface une croûte dure et sèche.

Cette croûte superficielle est très nuisible à la végétation, surtout dans les sols un peu compacts. Elle empêche, d'une part, l'air de pénétrer, et s'oppose par conséquent à la décomposition des engrais ; de l'autre, cette croûte dure et desséchée arrêtant l'évaporation, il n'y a plus d'humidité à la surface. Aussitôt la croûte superficielle brisée, l'air et les rosées pénètrent le sol, et, l'évaporation se rétablissant, l'humidité du fond remonte à la surface par l'effet de la capillarité, et apporte aux racines la fraîcheur dont elles étaient privées.

Il est impossible de déterminer le nombre des binages et l'époque à laquelle il faut les donner. Cela est subordonné à la nature du sol, à sa consistance, et aussi à la température. Il est évident qu'il faut biner plus souvent dans un sol argileux que dans un sol léger ; la terre s'y croûte plus vite, et sa cohésion est telle qu'elle se fend pendant la sécheresse.

Les binages doivent être plus fréquents dans tous les sols, quand la température est très élevée ; un bon binage est plus efficace qu'un mauvais arrosement, surtout s'il est mal appliqué. Une petite quantité d'eau jetée brusquement bat la terre sans la mouiller, et ne fait qu'augmenter l'épaisseur de la croûte superficielle.

Les binages sont indispensables après les arrosements, car, quelque bien administrés qu'ils soient, ils déterminent toujours la formation d'une croûte à la surface du sol, et il est de toute nécessité de la briser pour que les arrosages soient fructueux.

On pratique le binage avec plusieurs instruments. **La binette** (fig. 99) est très expéditive, mais c'est un

Fig. 99. — Binette.

outil imparfait pour le potager ; il ne pénètre pas assez profondément et n'ameublit pas suffisamment le sol. L'emploi de la binette dans le potager doit se restreindre aux pommes de terre et aux cultures très éloignées et rarement arrosées.

Nous emploierons presque toujours la cerfouette, outil bien plus énergique, et opérant un travail plus parfait.

La grande cerfouette (fig. 100) nous rendra les plus

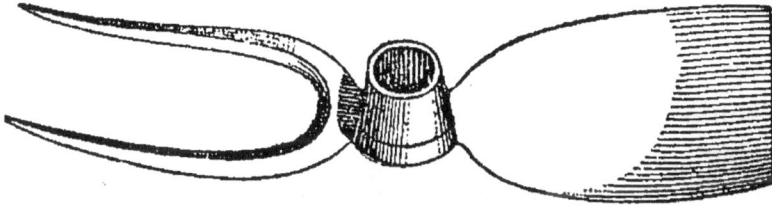

Fig. 100. — Grande cerfouette.

grands services dans les planches de choux, de salade, etc. La lame pénètre très facilement, remue la terre à une grande profondeur et détruit toutes les mauvaises herbes. Avec les dents, on ameublit très profondément le sol autour des racines, sans les endommager. La façon opérée, un coup de crochet donné vivement ramène toutes les herbes à la surface, où il est facile de les enlever, et unit parfaitement la planche.

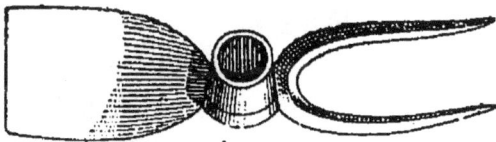

Fig. 101. — Petite cerfouette.

La petite cerfouette (fig. 101) rend les plus grands services dans les pépinières de légumes. C'est le seul

outil à employer. La lame effectue un binage énergique entre les lignes, le crochet brise les mottes,
ramène l'herbe à la surface, et rechausse les plantes.
La petite cerfouette peut être employée avec le plus
grand avantage pour biner, pendant les grandes
sécheresses, les semis en ligne de carottes, oignons, etc.
Le sol est remué profondément avec la lame et avec
le crochet, sans endommager les racines, et la récolte
gagne énormément à cette opération.

Enfin, si, comme cela arrive dans les jardins bien
cultivés, il n'y a pas de mauvaises herbes, et que l'année ne soit pas trop sèche, on accélérera très sensiblement la végétation en donnant
de temps en temps un hersage
dans les planches avec la petite
fourche crochue (fig. 102).
Le sol est fouillé à 8 ou 10 centimètres de profondeur ; l'air
y pénètre facilement, décom-
pose les engrais, et la végétation y gagne beaucoup.

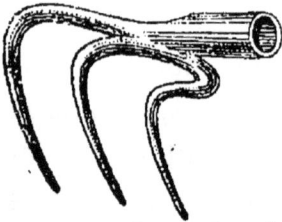

Fig. 102. — Petite fourche crochue.

Je ne saurais trop insister sur la nécessité des
binages, et j'insiste d'autant plus qu'il existe un préjugé très enraciné chez certains praticiens ; ils ne
veulent pas biner par la sécheresse, et sont convaincus
que le binage fera sécher la terre davantage encore.
Le contraire a lieu : le binage donne de la fraîcheur au
sol. Un binage énergique est plus efficace qu'un arrosement incomplet. Si vous manquez d'eau, binez
souvent et profondément : vous sauverez vos plantes.
Qui bine arrose !

Je ne saurais mieux résumer ce chapitre qu'en disant que le binage est l'échelle de la production du potager. Avec des binages profonds et réitérés, *l'action des engrais et des arrosages est doublée ;* sans binages les engrais et les arrosages perdent plus de moitié de leur efficacité.

CHAPITRE IV

SUCCESSION DE CULTURES
ET CONTRE-PLANTATION

La succession des cultures et la contre-plantation sont la conséquence naturelle, le complément de l'assolement. Le savoir et une longue expérience leur ont donné naissance ; c'est-à-dire que, comme l'assolement, ces deux combinaisons sont complètement ignorées de ce que l'on est convenu d'appeler des *praticiens*, mot dont la signification réelle est : MANOUVRIERS.

LA SUCCESSION DES CULTURES exige des connaissances exactes en culture, et aussi en variétés de légumes. C'est l'art d'organiser les semis et les pépinières de légumes, avec un choix de variétés susceptibles de prolonger la récolte de chaque espèce pendant toute la saison ; en un mot, de réaliser ce rêve du propriétaire : *récolter de tout en quantité suffisante, et le plus longtemps possible.* Rien n'est plus facile si nous voulons faire de la culture raisonnée, et nous mêler de la direction de notre potager, au lieu de l'abandonner à l'ignorance et à l'incurie.

Pour obtenir ce résultat, il faut deux choses : faire une culture intelligente, et cultiver les variétés propres à chaque saison.

Rien n'est plus facile que d'établir une succession de cultures ; prenons les pois par exemple :

En semant, en janvier, des *pois Quarantains, Caractacus* et *nains Levêque;* en février, des *pois merveille d'Amérique, Michaud de Hollande* et *Express;* en mars, des *pois de Knigt, ridés nains verts;* en avril, des *pois de Clamart* et autres variétés naines et à rames ; en mai, juin et juillet, des *pois de Clamart tardifs*, nous récolterons en abondance, et sans interruption des petits pois excellents depuis le mois de mai jusqu'aux gelées. (Voir plus loin pour les variétés à semer chaque mois de l'année).

Il en est de même des haricots verts et en grains frais, des laitues, des chicorées, des artichauts, des choux, etc. etc. ; il faut en avoir, sans interruption, pendant presque toute l'année.

Ce résultat, facile à obtenir, sera dû autant au choix des variétés pour chaque saison qu'à la culture. Faites les mêmes semis avec une seule des variétés de pois indiquées ci-dessus, toutes excellentes ; un ou deux semis réussiront, et le reste ne donnera rien ; parce que la variété ne sera pas semée dans la saison qui lui est propre.

Il en est de même pour tous les légumes : l'enseignement, et à son défaut les livres pratiques comme celui-ci, peuvent seuls diriger les propriétaires et les cultivateurs. On trouvera aux cultures spéciales les renseignements les plus complets, et plus loin, une table de l'époque des semis de chaque variété, mois par mois, afin de les faire tous se succéder sans interruption, et aussi de semer avec succès en semant chaque chose en son temps.

J'ai traité des semis de pleine terre et des pépinières de légumes en pleine terre (troisième partie, chapitre II, pages 249 et suivantes); il suffit de semer peu et souvent de chaque variété de saison, et de bien organiser ses pépinières, pour être abondamment pourvu de plant pendant l'été. Reste à organiser les semis et les pépinières de légumes sur couches, sous châssis et sous cloches, pour avoir, aussitôt que la température devient douce, une quantité de plants tout élevés, à mettre en pleine terre.

C'est une précieuse ressource, un des immenses avantages de l'assolement avec couches. Lorsque la culture routinière commencera à semer en pleine terre, vous y repiquerez des plants tout élevés sous châssis et sous cloches, qui, en vous donnant près de trois mois de précocité, vous permettront de faire deux récoltes de plus. Il suffira, pour obtenir ce résultat, de bien organiser le service des couches, rien de plus.

Admettons que nous ayons cinq panneaux de châssis à monter sur couches chaudes. Nous en réserverons un pour semer les melons à part; ils demandent beaucoup de chaleur dès le début, et viennent mal lorsqu'ils sont mêlés à d'autres plantes. Nous monterons donc d'abord trois châssis : un pour les melons, les deux autres pour les plants de grande primeur. Les deux châssis seront montés sur un coffre de 2^m,60 de long sur 1^m,30 de large. C'est plus commode pour les semis.

Nous planterons dans chacun des angles A (fig. 103)

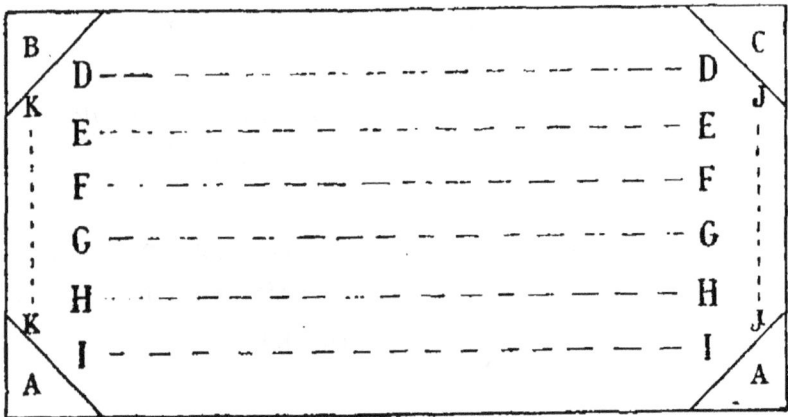

Fig. 103. — Semis sur couches chaudes.

trois pieds d'oseille ; nous enterrerons trois pots de persil dans l'angle B, et dans l'angle C un pot de persil et deux de cerfeuil. Cela ne nuira en rien aux semis, et fournira continuellement, pendant les gelées, la cuisine d'oseille, de persil et de cerfeuil.

L'oseille se cueille feuille par feuille sur la couche ; on porte à la cuisine, pour les y laisser, deux pots de persil et de cerfeuil, que l'on réenterre sur la couche aussitôt qu'ils sont cueillis. Ils repoussent pendant qu'on cueille les suivants ; et avec neuf pots, six de persil et trois de cerfeuil, dont trois à la cuisine et six sous châssis, on est abondamment pourvu pendant les gelées.

Nous sèmerons sur la ligne D des tomates, des aubergines, etc. ; sur la ligne E, trois ou quatre variétés de laitues ; sur la ligne F, des cardons, du céleri, etc. ; sur la ligne G, des concombres, giraumonts, potirons, etc. ; sur la ligne H, des choux-fleurs, choux hâtifs, etc. ; sur la ligne I, deux ou trois variétés de chicorées ; sur les lignes J et K, plusieurs variétés de romaines, laitues et petits semis divers.

Quand les plantes auront développé quatre feuilles, on montera une seconde couche chaude de deux panneaux de châssis, sur laquelle on repiquera, en pépinière, et en lignes distantes de 15 à 20 centimètres, les plantes demandant le plus de chaleur, comme les tomates, les aubergines, etc. : on pourra encore faire quelques semis entre les lignes de plants.

Les plantes demandant moins de chaleur : choux, laitues, chicorées, etc., seront repiquées sur une couche tiède, et sous cloche, à 6 centimètres de distance. On leur donnera de l'air pour les fortifier toutes les fois que la température le permettra ; et, si le temps se refroidit, on entourera les cloches de fumier que l'on mouillera pour le faire fermenter. S'il gelait fort, on couvrirait complètement les cloches avec des paillassons.

On donnera un labour au déplantoir à la couche chaude sur laquelle on a semé les plants, pour y mettre en place sept pieds de melons des plus forts.

On paillera l'intérieur des châssis; on remaniera les réchauds, et la récolte des premiers melons sera assurée.

Aussitôt que les melons élevés à part seront bons à déplanter, on montera des couches tièdes et sourdes pour repiquer en pépinière les plants semés et élevés sur les couches chaudes. On mettra sous châssis ceux demandant le plus de chaleur, comme les tomates, les aubergines, concombres, etc., et sous cloches les choux, laitues, chicorées, etc. etc. Au besoin, ces derniers plants peuvent être placés sous abris économiques.

Nos cinq châssis sur couches chaudes sont libres; on donne au terreau un bon labour au déplantoir, en y ajoutant un peu de terre bien épurée.

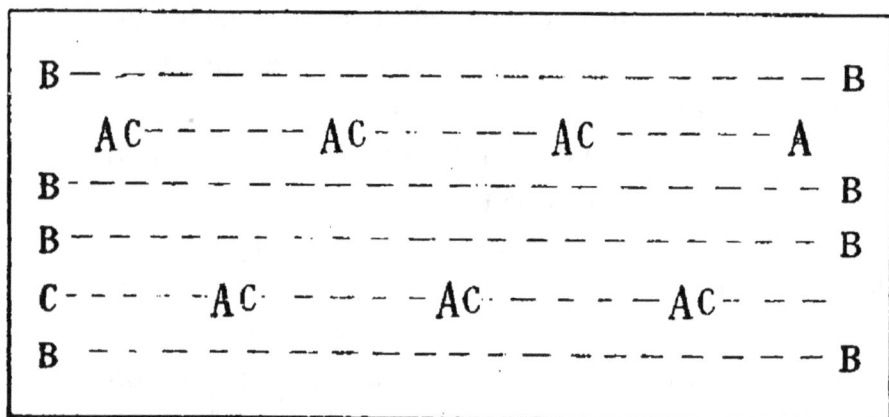

Fig. 104. — Plantation de melon avec pépinière.

On démonte ensuite les réchauds, auxquels on ajoute un peu de fumier frais; on les mouille, on les rétablit, et cinq ou six jours après, quand ils sont bien actifs, on transplante tous les melons en place et en pépinière sous ces cinq châssis, et l'on en sème de nouveau, pour la dernière saison, entre les lignes, en procédant ainsi.

On choisit les pieds les plus forts pour les mettre en place, sept pieds par châssis double (A, fig. 104). On plante en pépinière les autres pieds sur les lignes B, et l'on sème les melons de dernière saison sur les lignes C.

Sous le châssis simple, on met trois pieds seulement en place, en A (fig. 105); on plante en pépinière sur les lignes B, et l'on sème les melons de dernière saison sur les lignes C.

Quelques semaines après, les plantes repiquées en pépinière et celles semées sur les couches sourdes sont bonnes à enlever, les

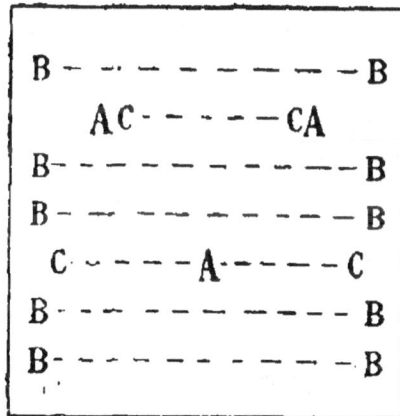

Fig. 105. — Châssis simple avec plants de melons.

premières pour être mises en place en pleine terre, et les secondes en pépinière sur couche sourde, ou même en pleine terre, recouvertes avec des abris économiques.

La couche sourde n'est utile que pour les plantes exigeant beaucoup de chaleur. On sème encore sur cette couche une troisième saison de plantes, qui iront en pépinière, en pleine terre.

Les couches tièdes sont libres. On ajoute un peu de terre au terreau, et on laboure au déplantoir; on leur applique des demi-réchauds pour mettre en place les melons en pépinière et en contre-plantation sur les couches chaudes. Ceux semés sur les couches tièdes seront mis en place sur les couches sourdes aussitôt qu'elles seront libres, et en pleine terre.

Lorsque les melons commenceront à produire, on contre-plantera des choux-fleurs entre: ils deviendront monstrueux quelques semaines après la récolte totale des melons. Il ne faut contre-planter les choux-fleurs que lorsque les melons sont récoltés en partie, afin de ne pas leur nuire, et employer des choux-fleurs élevés en pépinière, bien entendu.

Les choux-fleurs, aussitôt les melons enlevés, pourront être contre-plantés avec des laitues : ensuite on démolira la couche pour en recueillir le fumier et le terreau.

J'ai commencé en janvier, par des couches chaudes, sur lesquelles j'ai semé pour mettre en pépinière sur couches tièdes, sourdes et en pleine terre.

On peut débuter en février par des couches tièdes, pour mettre en pépinière sur couches sourdes et en pleine terre, sous abris économiques et à l'air libre.

A défaut de couches tièdes, on peut encore commencer en mars par des couches sourdes, et avec des abris économiques, pour repiquer en pleine terre.

Dans ce dernier cas, on aura encore son jardin garni de plants végétant avec la plus grande activité, quand la routine se crèvera vainement les yeux tous les matins pour voir lever ses semis de pleine terre.

Sans couches, je ne saurais assez le dire, le potager est une ruine, c'est la misère constante ; avec couches, c'est l'abondance ; c'est plus : une richesse continuelle. Et cela à tous les degrés de culture, et quand bien même on ne pourrait établir que des couches sourdes, faites avec n'importe quelles substances. Nous serons toujours riches en plants de toute espèce, quand la température permettra de mettre les plantes en pleine terre.

Il est bien entendu que nous continuons en pleine terre, pendant tout l'été, ce que nous avons fait sur couches : à semer sans cesse, et à mettre en pépinière toutes les variétés, suivant leurs saisons, afin de faire succéder les récoltes sans interruption, et d'avoir constamment des pépinières de légumes bien garnies, pour fournir à tous les besoins de la contre-plantation.

La contre-plantation consiste à placer entre des plantes mises en place, et devant occuper la terre assez longtemps, d'autres plantes accomplissant leur végétation très promptement, et ne pouvant nuire, ni par leur volume, ni par leur séjour trop prolongé, à la récolte principale.

Il faut une certaine expérience et une parfaite connaissance de la végétation des plantes pour contre-planter avec succès. Des contre-plantations bien entendues permettent de faire jusqu'à huit et neuf récoltes abondantes, en pleine terre, dans la même planche.

C'est la richesse du potager. Je vais m'efforcer de les rendre faciles par de nombreux exemples sur couches chaudes, tièdes, sourdes, et dans les divers carrés du potager.

COUCHES CHAUDES

Premier exemple. — Vers le 15 janvier, on sème sous un panneau de châssis des concombres, des tomates, de la laitue à couper et quelques radis. On enlève d'abord des concombres, que l'on met en place sur une nouvelle couche chaude, et l'on repique les tomates en pépinière entre les concombres. On récolte d'abord les radis et une partie des laitues; entre ces deux récoltes, on contre-plante des pommes de terre hâtives, entre lesquelles on peut encore contre-planter quelques pieds d'oseille, lorsque les radis et les laitues sont enlevés. Les pommes de terre récoltées, on plante des concombres ou des melons tardifs, entre lesquels on fait de nouveaux semis, pour contre-planter, en dernier lieu, avec des choux-fleurs, quand on commencera à récolter les melons. Total : six récoltes et du plant.

Deuxième exemple. — On sème des melons plein un châssis, après avoir enlevé le semis de melons de première saison, on met en place des laitues crêpe, contre-plantées de tomates, et l'on sème quelques radis très clair. Les radis récoltés et les salades enlevées, on palisse des tomates, que l'on contre-plante de concombres, contre-plantés à leur tour de choux-fleurs, dans lesquels on sème quelques radis, et au besoin diverses plantes. Total : six récoltes et du plant.

Troisième exemple. — On sème en janvier des haricots *flageolets d'Étampes* pour manger en vert, et l'on sème en même temps quelques radis très clair entre les lignes. Après les radis, quelques pieds d'oseille, de persil, cerfeuil, etc. Quand les haricots touchent à leur fin, on enterre entre les lignes des pots de fraisiers ; les haricots enlevés, on repique des laitues gottes entre les pots. Lorsque les fraises sont récoltées, on met en place des melons de dernière saison, contre-plantés de choux-fleurs, dans lesquels on sème quelques radis ou des mâches. Total : sept récoltes.

COUCHES TIÈDES

Premier exemple. — Vers le 15 février, on plante des pois hâtifs, entre lesquels on fait quelques semis de tomates, choux-fleurs, salades, etc., destinés à être repiqués en pépinière, sous un autre châssis : dès que les pois commencent à donner, on les contre-plante de tomates hâtives, contre-plantées à leur tour avec des laitues, et un semis de radis. Après les tomates, on fait une récolte de concombres, contre-plantés de choux-fleurs, et, en dernier lieu, on emplit le coffre de chicorées pour les conserver à l'abri des gelées. Total : sept récoltes et du plant.

Deuxième exemple. — Vers la même époque, on sème des carottes hâtives, contre-plantées de choux-fleurs, dans lesquels on sème des radis ; après les choux-fleurs, on plante des concombres à cornichons, et, en dernier lieu, on fait mûrir les artichauts que la gelée ferait périr en pleine terre. Total : cinq récoltes.

Troisième exemple. — Vers le mois de février on plante des pommes de terre hâtives, entre lesquelles on sème diverses plantes, que l'on enlève pour placer en pépinière sous un autre châssis, dès que les pommes de terre grandissent. Après les pommes de terre, on plante des melons contre-plantés de choux-fleurs, vers la fin de la récolte des melons. Après les choux-fleurs, on remplit le coffre de chicorée pour conserver. Total : quatre récoltes et du plant.

COUCHES SOURDES

Les couches sourdes, bien que faites assez tard, et ne donnant pas de grandes primeurs, sont de précieuses ressources pour la contre-plantation. Il n'y a aucun inconvénient à contre-planter les concombres mis en place avec des laitues, et à border la couche tout autour avec des chicorées auxquelles on fait succéder des laitues. Lorsque la récolte des melons s'avance, on les contre-plante avec des choux-fleurs, dans lesquels on sème des mâches et des radis.

On peut encore placer derrière les melons, au nord de la couche, une rangée de tomates. Leur voisinage éloigne les pucerons, qui détruisent quelquefois des plantations entières de melons.

Les poquets peuvent aussi donner plusieurs récoltes. On les entoure de salades en mettant les melons ou les concombres en place, et, lorsque la récolte des melons s'avance, on peut planter trois choux-fleurs; s'en servir pour abriter de la chicorée d'hiver, ou y semer des mâches.

PLEINE TERRE

EXEMPLES DE CONTRE-PLANTATION DANS DIVERSES PLANCHES DU CARRÉ A

1° Dans les premiers jours de mars, on repique des poireaux semés à la fin de l'été précédent; vers la mi-juin, après la récolte des poireaux, on laboure, puis on plante du céleri que l'on contre-plante avec des laitues, remplacées par une récolte de choux de Bruxelles contre-plantés avec de la chicorée, et l'on termine par un semis de mâches. Total : six récoltes.

2° En février, on plante des choux d'York, contre-plantés avec des laitues; après la récolte des choux on plante des choux-fleurs contre-plantés de salade ; un semis de raiponces ou de mâches termine la saison. Total : sept récoltes.

3° Après une récolte de pommes de terre marjolin, Royale-Kidney ou à feuilles d'orties, contre-plantées de laitue gotte, on plante des cardons contre-plantés de choux d'Ulm et de laitue. Total : cinq récoltes.

4° On repique de l'oignon blanc en novembre : après cette récolte, on plante des choux d'Ulm contre-plantés de salades, et l'on termine par des choux de Bruxelles contre-plantés de laitue, et un semis de mâches ou de raiponces. Total : six récoltes.

5° En mars, on plante des choux-fleurs entre lesquels on sème des épinards ; après la récolte des choux et des épinards, on plante des poireaux dans lesquels on sème quelques radis, et des mâches ensuite. Total : cinq récoltes.

EXEMPLES POUR LE CARRÉ B

1° On repique en janvier de l'oignon blanc dans des fraisiers de Gaillon à demeure ; à la fin de la saison on contre-plante des poireaux dans les fraisiers. Nous n'avons que trois récoltes ; mais les fraisiers de Gaillon produisent sans interruption, de mai à novembre.

2° On sème des carottes hâtives en février ; après la récolte des carottes, on plante des laitues contre-plantées de chicorées ; après ces deux dernières récoltes, on sème des épinards avec contre-plantation de salades entre les lignes. Total : cinq récoltes.

3° En mars, on plante de la romaine verte ou de la laitue rouge d'hiver, entre lesquelles on sème quelques radis ; après la récolte des salades, on plante des tomates contre-plantées de laitues d'été, bordées d'ail ou d'échalote, et l'on termine par un semis de navets. Total : six récoltes.

4° On sème en février de l'oignon ; en juillet on plante des salades dans lesquelles on sème en lignes des carottes hâtives de Hollande ou des navets. Total : trois récoltes.

On sème en mars des navets hâtifs; après la récolte des navets, des carottes tardives, suivies d'un semis de mâches, de raiponces, ou de deux récoltes de salades. Total : quatre récoltes.

EXEMPLES POUR LE CARRÉ C

1° On sème en mars des pois nains hâtifs, contre-plantés d'oignons, carottes, navets, etc., pour graines. Après la récolte des pois, on sème des haricots pour manger en grains frais, et l'on termine par un semis de navets ou de raiponces. Total : quatre récoltes.

2° On sème en avril des haricots hâtifs pour manger en vert, contre-plantés avec des légumes pour graines; après la récolte des haricots verts, on sème des pois tardifs, et l'on repique des pissenlits entre les lignes. Total : quatre récoltes.

3° On plante en février des fèves de marais, contre-plantées de laitue gotte, suivies d'une saison de haricots verts, et l'on termine par un semis de mâches, raiponces, pissenlits, Total : quatre récoltes.

4° On sème en mars des lentilles contre-plantées avec des légumes pour graines; ensuite, on fait une récolte de haricots verts, suivie d'un semis de navets ou de mâches. Total : quatre récoltes.

CARRÉ D

Ce carré doit devenir, l'année suivante, le carré A; il est destiné aux couches de toutes espèces, aux semis et aux pépinières de légumes et de fleurs. Si le potager est très grand, on pourra y cultiver des racines, et même des fourrages en culture dérobée pour les animaux, et quelques graines pour les volailles.

Ainsi, après des pépinières de légumes, on peut semer en août un trèfle incarnat. Après les premiers élevages de fleurs, il est facile d'obtenir un sarrasin ou un orge. Le millet, si utile pour l'élevage des poulets, trouve sa place dans le carré D. Rien n'est plus facile que de repiquer des betteraves dans les pépinières de légumes, de la tétragone, et de forcer la récolte des potirons si l'on a des vaches.

Après les semis et les pépinières de légumes, on peut faire des pois, des haricots verts, des navets, des salades, etc. Toutes les couches et les poquets doivent être, à l'arrière-saison, couverts de choux-fleurs, pour conserver pendant l'hiver.

Le carré D peut donner facilement deux récoltes de légumes, ou une récolte de grains et de fourrages, après avoir fourni les primeurs, tous les semis, et de nombreuses pépinières de légumes et de fleurs. Mäis les pépinières doivent être largement approvisionnées, car, sans elles, il n'y a pas de production sérieuse possible.

La contre-plantation varie à l'infini; c'est une chaîne de production sans fin, quand les semis sont faits à temps, et les pépinières bien alimentées. J'ai donné plusieurs exemples pour guider les débutants privés de nos leçons. Il faut savoir, cela est vrai, pour opérer avec succès; mais, lorsqu'on est guidé par un livre pratique, l'expérience vient vite, et bientôt le propriétaire, qui avait entrepris la culture de son jardin en tremblant, est tout surpris de voir, grâce à sa direction, l'abondance remplacer la disette.

CHAPITRE V

VARIÉTÉS DE LÉGUMES A CULTIVER, AVEC INDICATION DU CLIMAT PROPRE A CHACUNE D'ELLES.

Il ne suffit pas seulement de faire de bonne culture pour obtenir un succès complet : mais il faut encore appliquer cette culture à des variétés méritantes, belles, de bonne qualité, végétant promptement, et non à des légumes immangeables pour le propriétaire, et presque invendables pour le spéculateur.

La culture la mieux exécutée pourra améliorer les variétés les plus défectueuses, les rendre un peu moins mauvaises et un peu plus hâtives ; mais, pour cela, il faudra employer de longues années ; et encore, en perdant beaucoup de temps, et plus de la moitié des récoltes, échouera-t-on souvent. Il est bien plus simple et beaucoup plus économique de commencer avec des variétés d'élite, répondant à coup sûr à ce que nous attendons d'elles.

Malheureusement les variétés d'élite sont à peu près inconnues dans les campagnes ; ou si, par hasard, un propriétaire en a introduit quelques-unes, elles y sont à l'état de dégénérescence complète, faute de culture raisonnée.

Une des conditions essentielles, et je dirai même le premier élément de succès en horticulture, est de se renfermer dans le possible, et non de courir sans cesse après le merveilleux. C'est le défaut dominant des personnes ayant beaucoup de bon vouloir et pas de connaissance en culture ; elles cherchent toujours à collectionner. Séduites par les descriptions des catalogues, vraies au fond, elles s'empressent d'introduire dans le Nord les plantes du climat de l'olivier ; cultivent sous un ciel brumeux, un climat froid et humide, une plante exigeant une grande somme de lumière et de chaleur, et sont surprises de n'avoir pas réussi.

Tel ou tel produit du Midi donne un résultat déplorable dans le Nord, et la plante du Nord, transportée sous le soleil du midi, donne un résultat négatif. Il faut à chaque climat des variétés spéciales.

Souvent on se procure des graines d'excellentes variétés, mais on sème au printemps ce qui doit l'être au mois d'août, et en été ce qui devrait l'être au printemps. Ces erreurs, causes d'autant de déceptions, sont plus fréquentes qu'on ne le suppose, surtout de la part des praticiens.

Les semences achetées dans des maisons douteuses,

manquant de connaissances en horticulture, et même d'ordre, celles mal récoltées ou conservées trop lontemps, sont autant de causes d'insuccès.

Les inconvénients que je signale sont les fidèles compagnons des quatre-vingt-dix centièmes des semis de légumes faits en province. Cela est triste, assurément, mais c'est la réalité. Il ne s'agit pas de gémir sur ce déplorable état de choses, mais d'y trouver un remède efficace et immédiat. C'est ce que je vais m'efforcer de faire en donnant:

1º Une liste des meilleures variétés de légumes à cultiver, avec l'indication des climats sous lesquels on doit les cultiver ;

2º L'époque des semis de chaque variété, mois par mois ;

3º Des indications précises sur le choix des semences ; la manière de les cultiver et la durée de leurs facultés germinatives.

PRINCIPALES VARIÉTÉS DE LÉGUMES
A CULTIVER

AVEC INDICATION DE CLIMAT

AIL ROSE. — La meilleure variété et la plus fertile ; à cultiver partout.

ARROCHE BLONDE ET ROUGE FONCÉ. — A cultiver partout.

ARTICHAUT GROS VERT DE LAON. — Le meilleur de

tous pour le Nord, l'Est, une partie du Centre et de l'Ouest.

ARTICHAUT VIOLET. — Hâtif, résistant bien à la sécheresse, mais inférieur en qualité au précédent. Excellent pour l'extrême Centre et le Midi.

ARTICHAUT CAMUS DE BRETAGNE. — Bonne variété, réussissant particulièrement dans l'Ouest et le Centre. Rustique, productive et excellente.

ARTICHAUT VERT DE PROVENCE. — Variété très rustique, bravant les grandes chaleurs, mais laissant à désirer pour la qualité. A cultiver sous le climat de l'olivier seulement.

ASPERGE ROSE HATIVE D'ARGENTEUIL. — La reine des asperges, détrônant toutes les variétés connues jusqu'à ce jour ; sans rivale pour la qualité, la grosseur, la fertilité et la précocité. A cultiver sous tous les climats, à l'exclusion de toute autre variété. Cette magnifique et excellente asperge excitera l'admiration de tous sur la table du propriétaire, et fera toujours la fortune du cultivateur partout où on l'introduira.

Une foule de personnes récoltant des asperges vertes, amères et grosses comme des tuyaux de plume ont prétendu que les asperges d'Argenteuil *étaient trop belles pour être bonnes!* C'est l'éternelle histoire du renard et des raisins trop verts.

Toutes les fois que l'on voudra bien planter *l'asperge rose hâtive d'Argenteuil*, suivre à la lettre les indications de culture indiquées dans ce livre et SURTOUT SE GARDER DES CONSEILS DES MARCHANDS DE GRIFFES;

on obtiendra en deux années des asperges splendides et excellentes.

AUBERGINES : VIOLETTE LONGUE, MONSTRUEUSE, BLANCHE DE CHINE, PANACHÉE ET VIOLETTE NAINE TRÈS HATIVE. — Quatre variétés excellentes à cultiver dans le Nord, l'Est, l'Ouest, et une partie du Centre, sur couches chaudes, tièdes, sourdes et sur poquets, et à l'air libre, sur poquets ou en pleine terre, dans l'extrême Centre et le Midi. L'aubergine naine, très hâtive, est d'une précocité remarquable ; la monstrueuse est la plus grosse.

BASILIC FRISÉ. — Charmante plante aromatique, employée comme assaisonnement et comme plante d'ornement.

BASILIC NAIN VERT COMPACT. — Touffe très naine et très garnie, serrée et très régulière. Même usage que le précédent.

BASILIC FIN VERT. — Très joli feuillage, et d'une odeur suave ; même usage que le précédent.

BASILIC FIN VIOLET. — Feuille violet foncé, parfum très développé fortement anisé. Même usage que les précédents : rendant des services comme plante d'ornement par son coloris et sa bonne odeur. Les quatre variétés à cultiver partout.

BETTERAVE ROUGE LONGUE. — Très grosse et très rustique, mangeable en salade, et très nutritive pour les animaux. A cultiver dans le Nord, l'Est, l'Ouest et une partie du Centre.

BETTERAVE ROUGE CRAPAUDINE. — Bonne pour la

table, réussissant bien partout, mais préférablement dans le Centre et le Midi.

BETTERAVE PYRIFORME DE STRASBOURG. — Grosse. productive et bonne de qualité en salade, pour le Nord, l'Est et l'Ouest.

BETTERAVE ROUGE NOIR DEMI-LONGUE. — Moins grosse que la *rouge longue*, plus foncée, mais de qualité supérieure. C'est une des meilleures betteraves de table. Réussit bien partout.

BETTERAVE ROUGE RONDE HATIVE. — Très précoce et bonne pour la table. A cultiver dans le Nord, l'Est, l'Ouest et le Centre.

BETTERAVE ROUGE NOIR, PLATE D'ÉGYPTE. — Très belle variété, des plus recommandables, autant par sa qualité que par sa rusticité ; c'est la meilleure de toutes les betteraves de table. A cultiver partout.

BETTERAVE DISETTE GÉANTE MAMMOUTH. — Variété des plus recommandables par son rendement, racines monstrueuses, à cultiver en contre-plantation, pour les animaux, dans le carré D du potager. Sous les climats du Nord, de l'Est, de l'Ouest et du Centre.

BETTERAVE ROSE CORNE-DE-BŒUF. — Variété très recommandable et des plus estimées, ne différant de la *Disette géante* que par sa forme plus mince et en corne de bœuf. Même culture que cette dernière.

BETTERAVE GLOBE JAUNE. — Variété rustique et productive, précieuse à cultiver dans les grands potagers, en bordures, et en contre-plantation pour les animaux. Sous les climats du Nord, du Centre, de l'Est et de l'Ouest, et même du Midi.

BETTERAVE JAUNE OVOÏDE DES BARRES. — Excellente variété pour les animaux, très rustique et des plus productives pour le Nord, l'Est, l'Ouest et le Centre.

BETTERAVE JAUNE GÉANTE DE VAURIAC. — Excellente variété, tardive, grosse, à chair blanche très ferme et d'un grand rendement. Très précieuse à cultiver partout.

BLANC DE CHAMPIGNON. — On peut cultiver le champignon partout, dans des caves ou dans d'anciennes carrières sur couches, avec la certitude de n'avoir jamais de champignons vénéneux. La culture en est facile sous tous les climats. (Voir aux cultures spéciales : *Champignons*.)

CAPUCINE BRUNE. — Coloris remarquable, de grande dimension. A cultiver partout.

CAPUCINE GRANDE. — Plante très précieuse pour cacher très vite une chose désagréable à voir ; elle atteint la hauteur de 4 à 5 mètres.

CAPUCINE NAINE. — La seule ne gênant pas dans le potager, où elle n'occupe pas plus de place qu'une touffe de haricots nains. Très florifère, très variée, et des plus riches de coloris. A cultiver partout.

CAPUCINE DE LOBB. — La plus grande et la plus riche en coloris. Excellente pour cacher les choses désagréables à voir. Plante cultivée tant comme plante ornementale que pour le produit de ses fleurs, sous tous les climats.

CARDON DE TOURS. — Excellente variété, une des meilleures, malgré ses épines. Pour le Nord, le Centre, l'Est et l'Ouest.

CARDON PLEIN INERME. — Bonne variété, valant le cardon de Tours, mais sans épines. A cultiver dans le Nord, l'Est, l'Ouest et le Centre.

CARDON D'ESPAGNE. — Bonne variété pour le Centre et le Midi.

CARDON PUVIS. — Bon et résistant bien à la chaleur : précieux pour l'extrême Centre et le Midi.

CAROTTE A CHASSIS (*dite Grelot*). — Variété très courte et très hâtive, spéciale pour les semis sous châssis, et en pleine terre pour les récoltes très précoces et très tardives, c'est-à-dire pour les premiers et les derniers semis de pleine terre ; ceux de février, d'août et septembre pour obtenir pendant l'hiver des carottes nouvelles en pleine terre. A cultiver dans le Nord, l'Est, l'Ouest et le Centre, sous châssis et en pleine terre.

CAROTTE ROUGE COURTE DE HOLLANDE. — Variété très hâtive et d'excellente qualité, la seule qui, avec la précédente, puisse se semer avec succès pendant tout l'été et à l'automne : de février à juin pour les récoltes à conserver dans les serres à légumes ; en août et septembre pour obtenir des carottes nouvelles en pleine terre, de décembre à mars (voir aux cultures spéciales). A cultiver partout.

CAROTTE DEMI-COURTE DE CHOIX. — Excellente variété, obtuse, aussi grosse d'un bout que de l'autre, chair rouge, sans cœur. Se sème sous châssis et en pleine terre. A cultiver partout.

CAROTTE DEMI-COURTE DE GUÉRANDE. — Rouge obtuse et de très bonne qualité. A cultiver partout.

CAROTTE DEMI-LONGUE DE LUC. — Très bonne variété de saison, qualité remarquable, et presque aussi hâtive que la Hollande. À cultiver dans le Nord, l'Est, l'Ouest, le Centre et même le Midi.

CAROTTE DEMI-LONGUE NANTAISE (sans cœur). — Variété remarquable par sa qualité et sa longue conservation ; elle est plus hâtive que la rouge longue, mais moins précoce que la précédente.

La *carotte nantaise* doit être employée de préférence pour les semis de saison destinés à alimenter la serre à légumes ; aucune ne l'égale en qualité. A cultiver partout.

CAROTTE ROUGE LONGUE DE ST-VALÉRY. — Belle variété, bonne pour la table, mais bien tardive pour les jardins. Son emploi est plutôt dans la culture extensive ; elle est précieuse dans les sols profonds où sa longueur la défend de la sécheresse. A cultiver partout, dans l'extrême Centre et le Midi surtout.

CAROTTE ROUGE LONGUE OBTUSE SANS CŒUR. — Excellente variété de qualité supérieure et de très longue garde. A cultiver partout, dans les sols profonds et exposés à la sécheresse, dans le Midi surtout.

CAROTTE ROUGE LONGUE DE MEAUX. — Excellente variété d'hiver, très bonne pour la grande culture. A cultiver partout.

CAROTTE BLANCHE DES VOSGES. — Excellente variété, des plus productives. Bonne pour la cuisine de la ferme, donnant une nourriture par excellence au bétail, et un produit abondant.

Dans une maison un peu importante, il y aura toujours bénéfice à cultiver cette remarquable variété dans les planches libres du carré D. Les chevaux, les vaches, les chèvres et les lapins auront, en grande quantité, une nourriture des plus saines, ne coûtant rien au propriétaire. A cultiver partout, dans les sols profonds.

CAROTTE BLANCHE A COLLET VERT. — Excellente variété fourragère ayant les mêmes qualités que la précédente.

CÉLERI PLEIN BLANC. — Excellente variété, jamais creuse, et de qualité remarquable. Pouvant être cultivée dans le Nord, l'Est, l'Ouest et le Centre à la condition de lui donner assez d'eau.

CÉLERI PLEIN BLANC DORÉ. — Nouveauté des plus recommandables par sa qualité et sa précocité.

CÉLERI PLEIN BLANC COURT HATIF. — Variété du plus grand mérite ; côtes toujours très pleines, et ayant l'avantage de blanchir sans être butté. A cultiver partout, et en grande quantité.

CÉLERI PASCAL. — Variété du céleri plein blanc, mais à côtes plus larges, plutôt court, ferme et rustique, se conserve très bien et de qualité excellente. Même culture que les précédents.

CÉLERI MONSTRUEUX. — Superbe variété, ayant les qualités de la précédente, mais beaucoup plus grosse ; les pieds sont monstrueux. A cultiver dans le Nord, l'Est, l'Ouest et le Centre.

CÉLERI DE TOURS. — Variété très grosse, bonne de qualité et très rustique. Avec le céleri de Tours, on est toujours assuré d'avoir une récolte excellente et abondante. A cultiver spécialement sous les climats de l'Ouest, du Centre et du Midi.

CÉLERI-RAVE HATIF. — Précieux légume, pas assez connu, et qui ne sera jamais assez répandu.

Le *céleri-rave* fournit d'excellents tubercules pendant tout l'hiver, sans autre peine que de les mettre dans la serre à légumes, où ils se conservent aussi facilement que des navets. Sa culture ne saurait être assez propagée dans les pays où le jardinage est arriéré, et où l'on manque de légumes frais pendant tout l'hiver. A cultiver dans le Nord, l'Est, l'Ouest, le Centre et même le Midi.

CÉLERI-RAVE LISSE DE PARIS. — Excellente nouveauté ; qualité remarquable, ayant les tubercules plus unis que le précédent.

CERFEUIL FRISÉ. — Très jolie variété, aussi bonne que le cerfeuil commun, mais moins abondante en feuilles. A cultiver partout.

CERFEUIL COMMUN. — Plus rustique et plus productif que le précédent. A cultiver partout.

CHICORÉE CORNE-DE-CERF (OU FINE DE ROUEN). — Bonne variété de saison, à côtes un peu fortes, mais bien frisée et donnant de belles touffes. Convenant surtout dans le Nord, l'Est et l'Ouest.

CHICORÉE DE MEAUX. — Très belle et très bonne variété, à côtes moins grosses que la précédente, mais plus frisée et moins sujette à monter. Excellente pour les semis précoces et tardifs dans le Nord, l'Est, l'Ouest et le Centre.

CHICORÉE FINE D'ITALIE. — Moins grosse que la précédente, mais variété remarquable par la finesse de ses découpures, donnant de belles touffes, très blanches, et réussissant sous tous les climats.

CHICORÉE DE GUILLANDE. — Excellente variété très fine et très pleine, très recommandable. Peut être cultivée partout.

CHICORÉE DÉ LA PASSION. — Variété des plus méritantes, et que l'on ne saurait trop propager. La *chicorée de la Passion* est une variété d'automne et d'hiver, à côtes un peu plus fortes, mais très tendre, très bonne et énorme. J'en ai récolté chez moi qui avaient 80 centimètres de diamètre. A cultiver partout, même dans le Midi, comme une des meilleures acquisitions que l'on puisse faire, surtout pour cuire.

CHICORÉE REINE D'HIVER. — Variété à large feuille, légèrement déchiquetée, ayant un peu l'aspect d'une scarole, mais très rustique et résistant très bien au froid. A propager partout.

CHICORÉE DE RUFFEC. — Magnifique chicorée de saison, hâtive, fine, très bonne, et presque aussi grosse que la précédente, la *chicorée de Ruffec* donne des touffes énormes, monte très difficilement et est plus tendre que toutes les chicorées de saison. A propager et à cultiver partout.

CHICORÉE TOUJOURS BLANCHE. — Belle et bonne variété naturellement blanche, et donnant toujours d'excellente et belle salade, même sans la lier. A cultiver partout.

CHICORÉE FRISÉE DE LOUVIERS. — Magnifique variété très frisée, blanchissant bien sans pourrir, grosse et excellente de qualité, ayant tous les avantages de la chicorée *Valéri Gimel*, mais plus volumineuse et plus frisée. J'ai abandonné cette dernière au profit de la *chicorée de Louviers*. A cultiver partout.

SCAROLE RONDE. — Belle et bonne variété, pommant bien, très grosse et très blanche. A cultiver partout.

SCAROLE BLONDE. — Variété moins rustique que la scarole ronde, pommant moins bien et se coupant avant son entier développement. A cultiver partout.

SCAROLE EN CORNET. — Excellente variété, au moins aussi grosse que la précédente, mais à feuilles presque frisées. A cultiver partout.

SCAROLE GROSSE DE LIMAY. — Variété des plus grosses pommant bien, blanche et excellente de qualité. Variété des plus remarquables. A cultiver partout.

CHICORÉE WITLOOF OU DE BRUXELLES ENDIVE. — C'est une importation flamande, ayant sa valeur. La *chicorée Witloof* donne pendant l'hiver une pomme allongée, excellente cuite; c'est une précieuse ressource quand on manque de légumes frais. A cultiver dans le Nord, l'Est, l'Ouest et le Centre.

CHICORÉE SAUVAGE AMÉLIORÉE A LARGE FEUILLE. — Superbe et excellente variété, à feuilles très larges, très productive. C'est une précieuse ressource pour les animaux. Rien ne peut remplacer cette magnifique variété, à cause de son énorme produit, pour l'élevage des volailles, des lapins, et pour faire de la barbe de capucin, quand on la veut et pas trop amère. A cultiver partout.

CHICORÉE SAUVAGE AMÈRE. — C'est la chicorée sauvage de Paris, possédant toutes les qualités médicales. On l'emploie pour faire de la *barbe de capucin;* elle est plus fine que la précédente, mais d'une amertume très prononcée. C'est la chicorée médicale ; quand on en donne trop aux animaux, ils ressentent son influence, très rafraichissante.

CHOUX CABUS

CHOU PRÉFIX. — Le plus hâtif de tous les choux cabus, bien pommé et excellent de qualité. A cultiver dans le Nord, l'Est, l'Ouest et le Centre de la France.

CHOU TRÈS HATIF D'ÉTAMPES. — Belle et bonne variété, des plus précoces ; pomme moyenne et serrée.

CHOU EXPRESS. — Variété aussi hâtive et aussi méritante que les précédentes.

CHOU D'YORK. — Très hâtif, ayant l'inconvénient de monter facilement, mais bonne pomme, dure et serrée. A cultiver dans le Nord, l'Est, l'Ouest et le Centre.

CHOU PETIT HATIF D'ERFURT. — Très précoce. Belle pomme et de bonne qualité ; venant quelques jours après les deux précédents, et appelé à occuper une place bien conquise dans nos jardins. C'est un des choux hâtifs ayant une valeur réelle. A cultiver partout ; sa précocité peut le faire accepter même sous le climat de l'olivier.

CHOU BACALAN HATIF. — Variété très méritante, un peu moins hâtive que les précédentes ; belle pomme, serrée et de bonne qualité. A cultiver partout. Très rustique.

Chou de Brunswick. — Excellent, demi-hâtif, à pomme grosse, dure, aplatie. Variété de saison des plus recommandables. A cultiver dans le Nord, l'Est, l'Ouest et le Centre.

Chou cœur-de-bœuf gros. — C'est le choux de printemps par excellence, autant par sa précocité que pour sa qualité. Gros, rustique, pomme serrée, réussissant partout, et à cultiver sous tous les climats comme fond de culture des choux d'été.

Chou cœur-de-bœuf petit. — Mêmes qualité et culture que le *cœur-de-bœuf gros*.

Chou johannet ou nantais. — Belle et bonne variété, à pomme aplatie, gros, de bonne qualité, et venant bien partout, même dans le Midi, où il donne de superbes choux de très bonne heure.

Chou rouge conique. — Excellente variété à la pomme pointue et serrée, qualité supérieure. A cultiver dans le Nord, l'Est, l'Ouest et le Centre.

Chou de Schweinfurt. — Bonne et énorme variété, ayant le mérite d'une grosseur peu commune, mais ayant, dans le Nord de la France, l'inconvénient de geler par les hivers rigoureux. C'est un excellent chou de grande culture pour les climats de l'Ouest, du Centre et du Midi.

Chou quintal. — Monstrueux, à pomme très dure et très rustique. C'est le chou à choucroute, celui de la ferme et du marché par excellence. A cultiver dans le Nord, l'Est, l'Ouest et le Centre.

CHOU GROS CABUS DE ST-FLOUR. — Plus gros que le chou *quintal*, c'est le monstre de l'espèce, dépassant en volume toutes les autres variétés, le plus rustique et d'une culture facile, très utile pour l'alimentation des fermes et la fabrication de la choucroute. Même culture que le chou quintal.

CHOU DE SAINT-DENIS. — Excellent chou d'été, surtout pour la culture extensive, pommes énormes et des plus dures, c'est un chou précieux pour la ferme. A cultiver sous les climats du Nord, de l'Est, de l'Ouest et du Centre.

CHOU DE HOLLANDE. — Belle et bonne variété d'été, très rustique dans le Nord, l'Est, l'Ouest et le Centre.

CHOU ROUGE GROS. — Belle et bonne variété, à pomme très grosse et très dure, venant bien dans le Nord, l'Est, l'Ouest et le Centre.

CHOU ROUGE PETIT D'UTRECHT. — Pomme petite, mais très serrée. C'est le chou par excellence pour manger confit ou en salade, dans les pays où les salades de choux sont en usage. A cultiver dans le Nord, l'Est, l'Ouest et le Centre.

CHOU DE DAX. — Belle et bonne variété tardive, à pomme grosse, dure et aplatie. A cultiver partout, surtout dans le Midi, où le chou de Dax résiste parfaitement à la chaleur.

CHOU DE VAUGIRARD. — Excellente variété de culture, tardive, mais rustique, et donnant une très belle pomme. A cultiver dans le Nord, l'Est et l'Ouest.

Pour obtenir les choux cabus dans toute leur beauté et leur précocité, il faut les semer au mois d'août.

CHOUX DE MILAN

CHOU D'ULM. — Le plus petit, mais le plus hâtif et le meilleur des choux de Milan : c'est le chou par excellence pour la perdrix : petit, sans côtes, très frisé et d'une finesse à nulle autre pareille. A cultiver dans le Nord, l'Est, l'Ouest et le Centre.

CHOU TRÈS HATIF DE PARIS. — Excellente variété possédant toutes les qualités de la précédente et même de quelques jours plus hâtive. Même culture.

CHOU JOULIN. — Plus gros que les précédents, très hâtif. Excellent de qualité pour les climats du Nord, de l'Est, de l'Ouest et du Centre.

CHOU DU CAP. — Bonne pomme, très frisé, un peu tardif, des plus recommandables par sa qualité à nulle autre semblable. Le chou du Cap a une saveur toute particulière ; c'est le meilleur des choux de Milan pour les tables bien servies. A cultiver partout.

CHOU GROS DES VERTUS. — C'est le chou par excellence pour l'hiver. Gros, hâtif et parfait de qualité. A cultiver partout, même dans le Midi, en ayant le soin de le semer et le planter en pépinière à l'ombre.

CHOU MOYEN DES VERTUS. — Même qualité que le précédent, mais plus petit. Même culture.

CHOU VICTORIA. — Variété anglaise très frisée, bonne qualité, le plus gros de tous les choux de Milan, précieux pour la ferme sous les climats du Nord, de l'Est, de l'Ouest et du Centre.

CHOU DE PONTOISE. — Belle et bonne variété à pomme dure, large et aplatie, tardif et peu sensible à la gelée. C'est un chou précieux pour le marché et pour la culture sous les climats du Nord, de l'Est et de l'Ouest.

CHOU DE NORWÈGE.— Précieuse variété, très belle et excellente, ne gelant pas. C'est le roi des choux d'hiver. Il devrait être cultivé partout, dans le Nord, l'Est et une partie du Centre.

CHOU DE LIMAY. — Belle et bonne variété, des plus rustiques, résistant très bien à la gelée, mais donnant une petite pomme arrondie et peu serrée. Excellent pour le marché et précieux sous les climats du Nord et de l'Est surtout.

CHOU PANCALIER DE TOURAINE. — Bonne variété de saison, très frisée, pomme très pleine, de qualité remarquable, très rustique et supportant bien la chaleur. A cultiver partout, même dans l'extrême Centre et le Midi, où le *Pancalier de Touraine* réussit mieux que les autres choux de Milan.

CHOU DE BRUXELLES. — Précieux légume dont les rosettes sont très appréciées. Moins fort que tous les choux, le Bruxelles a ses grandes entrées sur toutes les tables. De plus, il ne gèle jamais et pousse même sous la neige. Tous les jardins doivent en être largement pourvus. A cultiver partout.

CHOU DE BRUXELLES NAIN. — Bonne variété, productive et rustique, plus petite que la précédente. Les pommes sont moins grosses et plus serrées. Même emploi que le Bruxelles. A cultiver partout.

CHOUX VERTS A FOURRAGE

Les choux verts offrent une précieuse ressource pour les animaux. On peut en obtenir une certaine quantité dans les grands potagers en les cultivant dans le carré D. Cette culture n'étant qu'accidentelle, nous cultiverons les trois meilleures variétés seulement, pour en avoir sous tous les climats :

Chou Caulet de Flandre. — Variété très rustique, à nervures rouges, ayant l'avantage de bien résister à la gelée. Précieuse pour les semis tardifs, particulièrement dans le Nord et dans l'Est.

Chou branchu du Poitou. — Variété très productive, très estimée dans l'Ouest, où les potages au chou vert sont en usage, et précieuse pour les animaux, auxquels elle donne un aliment aussi abondant que nutritif. A cultiver dans le Centre, l'Est et l'Ouest.

Chou cavalier (grand chou à vaches). — Le plus grand des choux à fourrage, très rustique et de très bonne qualité pour le bétail. A recommander partout.

CHOUX-NAVETS. — RUTABAGAS

Chou rutabaga jaune (à collet vert). — Excellent légume, bien que jusqu'ici on ne l'ait guère cultivé que pour les animaux. Le rutabaga jaune tient du chou et du navet; il a, pour le goût, quelque analogie avec le fond d'artichaut. C'est une plante vigoureuse, venant bien partout et sans beaucoup de soin. Il suffit de rentrer les racines à la cave pour être approvisionné pendant tout l'hiver d'un excellent légume frais. Les feuilles donnent une nourriture abondante pour les animaux. A cultiver dans le Nord, l'Est, l'Ouest et le Centre.

Chou rutabaga jaune ovale. — Racine ovale, presque cylindrique, à collet rouge, variété à grand rendement, excellente pour la nourriture du bétail en hiver. A cultiver partout.

Chou rutabaga blanc a collet rouge. — Bonne variété, très productive, à cultiver spécialement pour les animaux, comme récolte dérobée, dans les grands jardins. La feuille est très abondante et la racine fournit beaucoup. A cultiver partout.

Chou rutabaga Sutton's Champion a collet rouge. — Très belle variété anglaise, d'un produit énorme pour les animaux, et comestible pour la ferme. A cultiver partout.

CHOUX-RAVES

Chou-rave blanc hatif de Vienne et Chou-rave violet hatif de Vienne. — Ce sont les deux meilleures variétés parmi celles comestibles. Mêmes usages et mêmes climats que les choux-navets. Ces légumes offrent une précieuse ressource pour la cuisine et pour les animaux ; il y a bénéfice à les introduire dans les grands jardins, en culture dérobée ou en contre-plantation.

CHOUX-FLEURS

Chou-fleur demi-dur de Paris. — Belle et bonne

variété, d'une culture facile pour les semis précoces et très tardifs. A cultiver sous tous les climats. Semer en janvier et en février sur couches, et en septembre en pleine terre.

CHOU-FLEUR LENORMAND, *pied court*. — Superbe variété, la plus grosse de toutes, pour l'été et l'automne, dans le Nord, l'Est, l'Ouest et le Centre.

CHOU-FLEUR NAIN HATIF D'ERFURT. — Superbe et excellente variété, des plus hâtives, très commode à cultiver sous châssis, et donnant d'excellents résultats en pleine terre.

CHOU-FLEUR NAIN HATIF DE CHALONS ET CHOU-FLEUR DUR DE TOUTES SAISONS. — Superbes variétés naines très hâtives, à pommes énormes très fines et très serrées. Ce sont les meilleures variétés pour cultiver sous châssis et en pleine terre.

CHOU-FLEUR IMPÉRIAL. — Variété des plus recommandables, tête très grosse et très belle. A cultiver partout.

CHOU-FLEUR D'ALGER. — Tête énorme et bonne de qualité ; semer au printemps et sous châssis pour mettre en pleine terre en mai et juin. A cultiver partout.

CHOU-FLEUR DEMI-DUR DE SAINT-BRIEUC. — Belle et bonne variété, des plus rustiques, et réussissant à peu près partout. Elle n'est pas très hâtive, mais les pommes sont belles et de bonne qualité.

• CHOU-FLEUR DUR D'ANGLETERRE. — Très belle variété tardive ; pommes remarquables, et bon de qualité. A cultiver dans le Nord, l'Est, l'Ouest et le Centre.

CHOU-FLEUR GÉANT DE NAPLES. — Belle et bonne

variété, pomme grosse, et résistant bien à la chaleur.
Excellent pour le Centre et le Midi.

BROCOLIS

BROCOLI BLANCHATIF. — Variété du plus grand mérite,
très hâtive et remplaçant au besoin le chou-fleur
au printemps. A cultiver partout.

BROCOLI BLANC DE MAMMOUTH. —Belle variété, pomme
très grosse. Le plus beau de tous les brocolis. Semer
en avril et mai. A cultiver partout.

BROCOLI DE ROSCOFF. — Des plus recommandables
pour sa beauté, sa qualité et sa grande précocité. A
cultiver partout.

CIBOULE

CIBOULE ROUGE OU COMMUNE. — Variété productive
et très rustique, très recherchée pour les assaisonnements. A cultiver partout.

CIBOULETTE. — Ayant beaucoup de rapport avec
la ciboule, mais poussant en touffes très fines et très
serrées. Ne donne pas de graines. A repiquer partout.

CONCOMBRES

CONCOMBRE BLANC HATIF. — La meilleure variété à
cultiver, joignant la précocité au volume et à la
qualité. A cultiver partout.

CONCOMBRE BLANC DE BONNEUIL. — Plus tardif, mais
énorme et excellent. A cultiver partout.

CONCOMBRE VERT A CORNICHONS (cornichon vert de
Paris). — Le meilleur de tous pour faire des corni-

chons. C'est son unique emploi. Aucune variété ne peut le remplacer, ni par son petit volume ni par sa couleur vert foncé. A cultiver partout.

CONCOMBRE VERT LONG ÉPINEUX. — Bonne variété très hâtive et de qualité excellente. A cultiver partout.

CONCOMBRE BRODÉ DE RUSSIE. — Excellente variété, très précoce à cultiver sous châssis et en pleine terre.

CRESSONS

CRESSON DE FONTAINE. — Plante des plus recommandables sous tous les rapports, mais demande à être semée dans un terrain très humide et même arrosée par un léger courant d'eau. A cultiver partout.

CRESSON DE JARDIN. — Plante vivace, rustique et des plus précieuses dans les localités où il n'y a pas de cressonnières. Le cresson de jardin a la même feuille et la même saveur que celui de fontaine ; il est égal en qualité, et de plus il vient partout et dans tous les sols. A cultiver partout.

CRESSON ALÉNOIS. — Excellent pour assaisonnement ; sa saveur et son piquant sont très appréciés. A cultiver partout.

CRESSON ALÉNOIS FRISÉ. — Même qualité et même emploi que le précédent, mais plus élégant : la feuille est très frisée. A cultiver partout.

CRESSON ALÉNOIS NAIN TRÈS FRISÉ. — Variété naine, ayant les mêmes qualités que les précédentes.

ÉCHALOTE DE JERSEY. — Très hâtive, productive et moins forte que l'échalote commune. A cultiver partout.

CROSNES DU JAPON. — Plante très rustique et très productive ; mais, les tubercules se conservant mal, il faut les laisser en terre et ne les arracher qu'au fur et à mesure des besoins.

Tubercules petits, mais très nombreux, dont le goût a quelque ressemblance avec le topinambour. A essayer un peu partout, comme légume d'hiver additionnel.

ÉPINARDS

ÉPINARDS DE FLANDRE. — Belle et bonne variété, belles feuilles, excellente pour le Nord et l'Est.

ÉPINARDS RONDS. — Variété rustique et productive, pour les climats du Nord, de l'Est, de l'Ouest et du Centre.

ÉPINARDS D'ANGLETERRE. — Magnifique, à feuilles très larges. Très productif.

ÉPINARDS A FEUILLES DE LAITUES. — Très belle et excellente variété, à feuilles cloquées, énormes, très productive. A cultiver dans le Nord, l'Est, l'Ouest et le Centre.

ÉPINARDS MONSTRUEUX DE VIROFLAY. — Variété des plus recommandables par sa vigueur et son énorme produit. Les feuilles, très abondantes, sont monstrueuses, c'est le mot, et bonnes de qualité. A cultiver dans le Nord, l'Est, l'Ouest et le Centre.

ÉPINARDS LENTS A MONTER. — Excellente variété, ayant toutes les qualités des précédentes, et en outre la plus lente à monter à graines. A cultiver partout.

FÈVES

FÈVES NAINES A CHASSIS. — La plus petite de toutes, spécialement employée pour la culture sous châssis. A cultiver partout.

FÈVES DE MARAIS. — Très productive pour le Nord, l'Est et l'Ouest.

FÈVES DE SÉVILLE. — Superbe variété, à très longues cosses, excellente pour l'Est, l'Ouest, le Centre, le Midi et une partie du Nord. Dans l'extrême Nord, la précédente réussit mieux.

FÈVES NAINES VERTES DE BECK. — Bonne variété, très naine, remarquable par sa grande précocité et ne pouvant être remplacée pour donner des fèves en robe ; qualité supérieure, et ayant le mérite de pouvoir être semée jusqu'en juin. A cultiver dans le Nord, l'Est, l'Ouest, le Centre et le Midi.

FRAISIERS des quatre saisons (dits fraises remontantes)

FRAISIER DE GAILLON SANS FILET A FRUIT ROUGE. — FRAISIER DE GAILLON SANS FILET A FRUIT BLANC. — Variétés par excellence parmi les petites fraises. Qualité hors ligne, fertilité, production continue de mai aux gelées, et pas de coulants. A cultiver partout.

FRAISIER BELLE DE MEAUX. — Excellente variété, très rustique, fertile, à fruit rouge foncé se succédant pendant toute la saison. A cultiver partout.

FRAISIERS à gros fruits

FRAISIER MARGUERITE LEBRETON. — La meilleure des

grosses fraises. Très fertile et rustique. A cultiver partout.

Fraisier princesse royale. — Grosse fraise précoce, très fertile, excellente pour forcer et pour le marché, mais n'ayant pas la saveur de la précédente.

Fraisier docteur Morère. — La plus grosse des fraises connues. Rustique, fertile et excellente de qualité. C'est une fraise de saison des plus recommandables; elle fera toujours sensation dans tous les desserts.

Parmi les fraises énormes, je citerai les plus grosses : Docteur Nicaise et Maréchal de Mac-Mahon, joignant le volume et la qualité.

Il est beaucoup d'autres variétés très recommandables que je passe sous silence.

Cependant je dois signaler comme une des meilleures variétés de grosses fraises : *Héricart de Sthury.*

Cette fraise grosse, d'un rouge vif et de bonne qualité, est très précoce; le fraisier très vigoureux vient partout et sans grands soins. C'est une des variétés les plus précieuses pour la culture en plaine ou dans le verger Gressent.

GIRAUMONTS

Giraumont turban. — Variété de qualité remarquable pour les potagers. A cultiver partout sur poquets, et en pleine terre dans le Midi.

Giraumont petit de Chine. — Variété hâtive à petits fruits. Même culture.

Courge de l'Ohio. — Rustique, fertile; fruit de la

grosseur du Giraumont, mais de qualité hors ligne ;
rien n'égale sa finesse. A cultiver partout.

HARICOTS NAINS

HARICOTS BONNEMAIN. — Variété ayant l'immense
mérite d'être plus hâtive que toutes les variétés connues, et des plus propres à la culture sous châssis
par sa petite taille.

Les touffes sont basses et trapues, la feuille vert
pâle, les fleurs blanches, le grain blanc ayant quelque analogie avec celui des flageolets. C'est une des
meilleurs variétés pour primeur. A cultiver partout.

HARICOTS NAINS FLAGEOLETS D'ÉTAMPES. — Variété sans rivale pour faire des haricots verts,
autant pour sa précocité que pour la qualité et l'abondance de ses produits. A cultiver partout.

HARICOT FLAGEOLET DE PARIS. — Restant vert, même
lorsqu'il est sec. Il n'a pas d'égal comme haricot à
manger en grains frais ; c'est le meilleur de tous.
Très fertile, hâtif, excellent en vert, et réussissant en
toute saison. Cette remarquable variété devrait être
cultivée partout.

HARICOT FLAGEOLET NAIN TRIOMPHE DE CHASSIS. —
Nouvelle et précieuse variété à grain vert, la meilleure à cultiver sous châssis, très naine et d'une
précocité remarquable, dépassant en production
toutes les autres variétés similaires. A cultiver
partout.

HARICOT FLAGEOLET MERVEILLE DE FRANCE. — Variété des plus méritantes, très hâtive et productive,

ayant l'avantage de conserver son grain toujours très vert. A cultiver partout.

Haricot chocolat. — Variété à écosser, très naine et de bonne qualité, excellente pour la culture sous châssis, très précoce. A cultiver partout.

Flageolet nain hatif a feuilles gaufrées. — Très bon haricot pour vert, de bonne qualité, d'une fertilité peu commune, très hâtif, excellent pour la pleine terre, et précieux pour châssis. A cultiver partout.

Haricot noir de Belgique. — Variété très fertile, très hâtive, très précieuse pour faire des haricots verts en toute saison, surtout dans les contrées froides. A cultiver partout.

Haricot flageolet rouge. — Le meilleur et le plus beau des haricots rouges, excellent et très fertile. A cultiver partout.

Haricot flageolet jaune. — Excellente variété, précoce, rustique et d'un produit énorme; précieuse pour faire des haricots verts. A cultiver partout, surtout dans le verger Gressent, et même dans la plaine.

Haricot jaune cent pour un. — Très bonne variété naine, très rustique et d'une production abondante. A cultiver partout, surtout dans le Nord et l'Est.

Haricot Bagnolet gris. — Une des meilleures variétés pour haricots verts, la plus répandue aux environs de Paris, très bonne qualité et productive. A cultiver partout.

Haricot merveille de Paris. — Variété excellente pour haricots verts, plante vigoureuse, très productive, ayant beaucoup de ressemblance avec le *Ba-*

gnolet, mais plus naine et ayant comme lui le grain légèrement noirâtre panaché. A cultiver partout.

HARICOT DE CHINE (sans parchemin). — Qualité supérieure en grains frais et secs, très fertile. Venant bien partout, réussissant bien dans le Midi.

HARICOT DE SOISSONS NAIN. — Bonne variété pour manger en grains secs. Fertile, bon de qualité, mais inférieur au Soissons à rames. Ce haricot est sujet à la pourriture; il ne faut le cultiver que dans les terres saines, dans l'Est et le Centre.

HARICOTS NAINS (mange-tout)

HARICOT BEURRE NOIR. — Variété très recommandable de *mange-tout*, bon de qualité et productif. A cultiver partout.

HARICOT BEURRE BLANC. — Mange-tout excellent. Même emploi que le précédent, mais plus fin. A cultiver partout.

HARICOT PRINCESSE (sans parchemin). — Très fertile, rustique, et excellent de qualité, en grains verts et secs. A cultiver partout.

HARICOTS A RAMES (mange-tout)

HARICOT BEURRE NOIR D'ALGER (sans parchemin). — Excellent et fertile, un des meilleurs mange-tout. A cultiver sous tous les climats.

HARICOT BEURRE BLANC. — Excellent, un peu moins productif que le noir, mais plus délicat. A cultiver partout.

HARICOT PRINCESSE. — Mange-tout des plus appréciés, très productif et bon de qualité. A cultiver partout.

HARICOT PRÉDOMME (friolet ou carré de Caen). — Même emploi et mêmes qualités que le précédent, réussissant mieux sous les climats froids et humides. A cultiver partout et surtout dans le Nord, l'Est et l'Ouest.

HARICOT INTESTIN. — Variété très méritante comme qualité et production, comme le *Prédomme* légèrement tardive. A cultiver partout.

HARICOTS A RAMES (à écosser)

HARICOTS DE SOISSONS. — Très gros, excellent en grains secs et très productif. C'est le roi des haricots en grains. Le préférable pour le Nord, l'Est, l'Ouest et le Centre. Il réussit également dans le Midi.

HARICOT SABRE. — Qualité hors ligne pour manger en sec. Le grain est moins gros que le précédent; il est d'une fertilité prodigieuse. Les cosses sont abondantes et d'une longueur démesurée; la peau du grain est mince comme une pelure d'oignon. A cultiver partout.

LAITUES DE PRINTEMPS

LAITUE CRÊPE. — Variété précieuse, en ce qu'elle peut accomplir sa végétation sous châssis ou sous cloches, sans prendre l'air. C'est la seule dans ce cas et la laitue par excellence pour cultiver l'hiver. A cultiver partout, sur couches, sous châssis et sous cloches.

LAITUE GOTTE. — Excellente petite variété, en ce qu'elle pomme tout de suite aussitôt qu'elle a sept ou huit feuilles. A cultiver partout, sous cloches et en pleine terre.

LAITUE GOTTE LENTE A MONTER. — Ayant les qualités de la précédente, plus grosse, un peu moins hâtive, mais montant très difficilement. C'est la laitue par excellence pour cultiver l'hiver sous cloches, et au printemps en pleine terre.

LAITUE CORDON ROUGE. — Jolie et bonne laitue, pommant bien; en la semant en juillet et août, elle passe l'hiver en pleine terre sans couverture, et donne d'excellente salade pendant l'hiver et au printemps. A cultiver partout.

LAITUES D'ÉTÉ

LAITUE MERVEILLE DES QUATRE SAISONS. — Très belle et bonne variété, fortement colorée de rouge, très productive et d'excellente qualité, précieuse en ce qu'elle réussit en toutes saisons et supporte très bien la chaleur. A cultiver partout.

LAITUE GROSSE BLONDE PARESSEUSE. — Belle et bonne variété, pomme énorme aplatie au sommet, très productive et supportant bien la chaleur. A cultiver partout.

LAITUE DE BATAVIA. — Belle et bonne variété, à pomme énorme, et très tendre. A cultiver partout.

LAITUE DE BELLEGARDE. — Variété d'avenir, encore peu connue, et qui devrait être cultivée partout. Elle est remarquable autant par son volume que par sa qualité.

LAITUE SANGUINE GRAINE NOIRE. — La meilleure de
toutes les laitues rouges, qualité sans égale. A cultiver partout.

LAITUE IMPÉRIALE. — Magnifique et excellente laitue
à pomme très grosse et de bonne qualité, supportant
bien la chaleur et la sécheresse. A cultiver partout.

LAITUE BLONDE DE CHAVIGNÉ. — Bonne variété, lente
à monter, pomme régulière et très serrée, se formant
très vite. A cultiver partout.

LAITUE TRIOMPHE. — Belle et bonne laitue à pomme
très grosse, montant difficilement et ayant l'avantage
de pouvoir être cultivée en toutes saisons, supporte
bien le froid. A cultiver partout.

LAITUE PALATINE. — Belle et bonne variété, très
grosse, parfaite et pommant bien. A cultiver partout.

LAITUE BLONDE D'ÉTÉ. — Bonne variété d'été pour le
Nord, l'Est, l'Ouest et le Centre. Semer d'avril à juin.

LAITUE DE VERSAILLES. — Belle et bonne variété. A
cultiver partout.

LAITUE BOSSIN. — Énorme, mais pommant moins
facilement que la Bellegarde ; cette variété résiste bien
à la chaleur. Bonne pour le Centre et le Midi.

LAITUE-CHOU DE NAPLES. — Monstrueuse et très
bonne, acquérant le volume d'un petit chou. A cultiver partout.

LAITUE CHARTREUSE. — Pomme énorme, montant
difficilement, excellente de qualité. C'est une des
meilleures et des plus belles laitues d'été. A cultiver
partout.

LAITUE A COUPER. — Variété de ressource pour faire

de la salade très vite sur couche et en contre-plantation. On la récolte dès que les quatre ou cinq premières feuilles sont formées. A cultiver partout sous châssis et en pleine terre en une exposition abritée.

LAITUE FRISÉE A COUPER. — Variété des plus recommandables par sa prompte végétation et sa fertilité, comme par l'élégance de ses feuilles. Très lente à monter.

LAITUES D'HIVER

LAITUE GROSSE BRUNE. — Belle et bonne variété, pommant lentement, mais pomme énorme. A cultiver partout. La laitue grosse brune, semée en juillet et août, passe l'hiver en pleine terre sous couverture.

LAITUE ROUGE D'HIVER. — Bonne variété, résistant à des gelées rigoureuses, et donnant de belles pommes pendant tout l'hiver et au printemps, quand on la sème en juin, juillet et août ; elle passe l'hiver sans couverture. A cultiver dans le Nord, l'Est, l'Ouest et le Centre.

LAITUE DE LA PASSION. — Bonne variété d'hiver, pommant parfaitement et passant l'hiver en pleine terre sans couverture. Semée en août, elle donne des salades superbes à la fin de l'hiver et au printemps. A cultiver partout.

LAITUE DE TRÉMONT. — Pomme grosse, blond lavé et tacheté de roux. A cultiver partout.

ROMAINES

ROMAINE SANGUINE. — Belle et bonne salade d'été,

flagellée de rouge, qualité supérieure et de volume. A cultiver partout.

CHICON POMME EN TERRE. — Excellente petite romaine, pommant vite et bien, se coiffant naturellement et de qualité hors ligne. A cultiver partout.

ROMAINE VERTE. — Belle et bonne variété, pour toutes saisons, sous cloches comme en pleine terre, se coiffant sans être liée. A cultiver partout.

ROMAINE VERTE D'HIVER. — Très bonne variété, très rustique et peu sensible au froid, précieuse pour cultiver partout pendant l'hiver, en la semant en septembre.

ROMAINE BLONDE. — Moins verte que les précédentes et plus grosse ; la romaine blonde est justement estimée pour son volume, sa blancheur et sa qualité. A cultiver dans le Nord, l'Est, l'Ouest et le Centre.

ROMAINE GRISE MARAÎCHÈRE. — Très bonne variété, se coiffant sans être liée, excellente de qualité. A cultiver partout.

ROMAINE ROUGE D'HIVER. — Son principal mérite est de supporter les petites gelées. Précieuse surtout dans le Nord et l'Est, pour l'automne, l'hiver et le printemps.

ROMAINE BALLON. — Belle et bonne variété. A cultiver partout, autant pour son volume que pour sa qualité.

LENTILLE BLONDE. — La meilleure variété pour les climats de l'Ouest et du Centre.

MACHES

MACHE RONDE. — Bonne variété, très rustique. A cultiver partout.

MACHE RONDE A GROSSE GRAINE. — Excellente, donnant des touffes plus larges et mieux fournies que la précédente. A cultiver partout.

MACHE A FEUILLES DE LAITUE. — Touffes très fournies, feuilles larges, blondes et tendres, ayant l'aspect de celles de la laitue. C'est la mâche par excellence, autant pour sa remarquable qualité et sa jolie couleur que pour l'abondance de son produit.

MACHE VERTE A CŒUR PLEIN. — Très bonne variété formant de belles touffes presque pommées. A cultiver partout.

MELONS

MELON GRESSENT. — Fruit moyen, à écorce mince, verte, jaunissant en partie à la maturation complète et à chair foncée. Qualité supérieure et rusticité sans égale. Le *melon Gressent* remplace avec avantage toutes les variétés hâtives ; il est plus gros, plus rustique, et d'une qualité supérieure à tous ceux connus. Je l'ai grossi encore, sans lui rien faire perdre de sa qualité.

Je n'ai jamais récolté un melon médiocre depuis plus de trente ans que j'ai obtenu cette variété. Le *melon Gressent*, élevé sous châssis ou sous cloche, peut être mis en place en pleine terre. A cultiver partout. J'ai laissé cette précieuse variété dans toute se pureté à M. A. Blanche.

CANTALOUP SUPERFIN GRESSENT. — Beaucoup plus gros et presque aussi rustique que le précédent. Fruits gros et moyens, à écorce verte, très rugueuse, et à chair foncée. Qualité hors ligne, finesse à nulle autre pareille ; c'est le meilleur comme le plus fin de tous les melons.

Le cantaloup superfin a victorieusement subi les épreuves de la pleine terre, où il m'a donné des fruits superbes et excellents, et jamais un melon médiocre.

Ces deux variétés, d'une qualité supérieure, demandent moitié moins de soins que tous les autres. Grâce à ces deux variétés, les résultats les plus satisfaisants ont été obtenus dans l'extrême Nord, et depuis, en Angleterre, où le melon n'existait qu'à l'état herbacé ; et par nos instituteurs primaires, avec de simples abris économiques le plus souvent. A cultiver partout.

CANTALOUP D'ALGER. — Beau et bon melon, à chair ferme, rouge, parfumée et savoureuse, mais quelquefois un peu sèche. Variété rustique et fertile. A cultiver partout, et surtout dans le Midi, où elle donnera les meilleurs résultats.

PRESCOT FOND BLANC. — Bonne variété pour le climat du Nord et de l'Est ; c'est elle que les maraîchers de Paris cultivent de préférence. — On a cherché à grossir ce melon démesurément ; il y a perdu beaucoup de sa qualité. Passé les rives de la Loire, le *prescot fond blanc* dégénère et devient médiocre.

MELON NOIR DES CARMES. — Variété très précoce et assez rustique, mais ayant l'inconvénient de *brancher*, fournir trop de ramifications. Fruit moyen et petit, à écorce lisse, vert presque noir et à chair rouge, souvent un peu grosse. Bon de qualité. A cultiver partout.

MELON SUCRIN DE TOURS. — Variété demi-hâtive, bonne qualité, à chair rouge orange. Culture facile.

MELON VERT GRIMPANT. — Variété petite et de qualité médiocre.

C'est une espèce encore nouvelle dont on a fait grand bruit et que le commerce a livrée à la réclame la plus bruyante. Le melon vert grimpant est mangeable, rien de plus. Il a l'avantage de venir très facilement et de s'enchevêtrer vite dans de grandes rames, où il fructifie beaucoup ; cela est vrai, et peut même avoir son utilité, mais ne prouve pas, comme voudrait le faire dame Réclame, que ce soit une variété des plus recommandables, et encore moins un trésor, comme l'ont dit certains organes de la presse dite horticole, sans avoir goûté un de ces melons, et très probablement sans en avoir vu un pied.

PASTÈQUE A GRAINE NOIRE. — Bon fruit à chair rose et à graine noire, mais ne valant pas à beaucoup près un bon cantaloup, et mûrissant dans l'extrême Centre ou le Midi seulement.

NAVETS

NAVET BLANC PLAT HATIF. — Excellente variété, la plus hâtive de toutes, précieuse pour les semis de printemps, époque à laquelle on manque toujours de navets. A cultiver partout.

NAVET DES VERTUS (race Marteau). — Demi-long, blanc, tendre ; très bonne variété, des plus hâtives, mais demandant un bon sol. A cultiver dans le Nord, l'Est, l'Ouest et le Centre.

NAVET DE MEAUX. — Long, blanc, demi-sec, rustique, excellent de qualité et peu difficile sur le sol ; il réussit bien dans les terres un peu fortes. A cultiver dans le Nord, l'Est, l'Ouest et le Centre.

NAVET DE FRENEUSE. — Long, blanc, sec, demi-hâtif, remarquable de qualité et de bonne garde. A cultiver partout, excepté dans le Midi.

NAVET BOULE D'OR. — Variété rustique, jaune, de qualité supérieure, et réussissant bien dans tous les sols médiocres, sous les climats du Nord, de l'Est, de l'Ouest et du Centre.

NAVET JAUNE LONG. — Bonne variété rustique, et venant bien dans le Nord, l'Est, l'Ouest et le Centre.

NAVET PLAT A COLLET VIOLET. — Variété rustique, très grosse, bonne de qualité, précieuse pour le Nord et l'Est, en ce qu'elle supporte la gelée. A cultiver partout. Surtout pour la culture extensive.

NAVET JAUNE DE HOLLANDE. — Variété de forme presque ronde, à chair jaune, tendre et sucrée demi-tardif. A cultiver partout.

NAVET BOULE DE NEIGE. — Belle et bonne variété, chair d'un blond mat, de forme arrondie légèrement déprimée, hâtif et productif. A cultiver partout.

NAVET DEMI-LONG HATIF DE PARIS. — Variété de forme cylindrique, presque pointu, chair blanche, tendre et sucrée. Réussissant très bien dans des sols légers, recommandé pour la culture maraîchère. A cultiver partout.

NAVET JAUNE D'ÉCOSSE. — Belle et bonne variété, des plus productives, venant à peu près dans tous les sols et sous tous les climats. A cultiver partout.

NAVET GRIS DE MORIGNY. — Variété rustique et de qualité hors ligne, demi-hâtive, couleur gris noirâtre.

NAVET JAUNE DE MONTMAGNY. — Belle et rustique variété, à collet rouge, venant partout, et produisant beaucoup. Très précieux pour les grandes exploitations. A essayer partout.

NAVET RAVE DU LIMOUSIN. — NAVET RAVE D'AUVERGNE. — NAVET GROS DE NORFOLK. — NAVET LONG D'ALSACE. — NAVET TURNEPS (vrai). — Bonnes et excellentes variétés à cultiver pour les animaux.

OIGNONS

OIGNON BLANC HATIF DE VALENCE. — C'est la variété par excellence pour les oignons de printemps, sous tous les climats. On sème en août, et l'on repique avant l'hiver, pour obtenir des oignons nouveaux en avril et mai. A cultiver partout ; on n'en fera jamais assez. Ces oignons sont bons à consommer au moment où tous ceux conservés poussent, et jusqu'à ce que les nouveaux soient mûrs.

OIGNON BLANC TRÈS HATIF DE PARIS. — OIGNON BLANC TRÈS HATIF DE VAUGIRARD. — Variétés des plus méritantes, ayant les mêmes qualités que l'oignon de Valence, mais plus précoce. A cultiver partout.

OIGNON JAUNE DES VERTUS. — Excellente variété de

saison et de très longue garde. Pour le Nord, l'Est, l'Ouest et le Centre.

OIGNON ROUGE PALE DE NIORT. — Excellent, très rustique et de bonne garde. A cultiver dans tous les sols où l'oignon jaune vient mal, et sous tous les climats.

OIGNON JAUNE DE CAMBRAI. — Belle et bonne variété venant bien dans les terres un peu fortes, et d'assez longue garde. A cultiver dans les régions froides, dans les terres compactes.

OIGNON JAUNE DE MULHOUSE. — Graine à semer très épais, pour récolter des oignons gros comme une noisette, que l'on repique. (Voir ci-dessous : *Oignons Mulhouse bulbes.)*

OIGNON JAUNE PLAT DE VILLEFRANCHE. — Variété de grosseur moyenne, rose jaunâtre, précoce, bon de qualité et de bonne garde. A cultiver partout.

OIGNON GÉANT DE ZITTEAU. — Très gros, rustique et très productif.

OIGNON ROUGE MONSTRE. — Assez gros pour couvrir le fond d'une assiette. Dans le Nord, l'Est, l'Ouest et le Centre, il faut le semer sous châssis en janvier, pour le repiquer en pleine terre, à 30 centimètres en tous sens, vers le mois de mars. Dans ces conditions, il atteint un volume énorme, mais il lui faut le temps de se développer. A cultiver partout.

OIGNONS DE MULHOUSE (bulbes). — Petits oignons, gros comme une petite noisette, dont l'Alsace a la spécialité. On repique ces petits oignons en planche au printemps, et ils fournissent à la fin de l'été des oignons énormes. A cultiver dans le potager de la ferme et pour le marché, où ils sont très recherchés.

OSEILLE

OSEILLE DE BELLEVILLE. — Excellente variété, à larges feuilles, très productive, mais acide. A cultiver partout.

OSEILLE FEUILLE D'ÉPINARD. — Plante précieuse par la quantité de fourrage qu'elle produit ; les feuilles atteignent la longueur de 80 centimètres. Elle manque d'acidité, et en cela elle est fort utile pour mêler avec l'*oseille de Belleville*, souvent trop acide. A cultiver partout, surtout dans les grandes exploitations, où elle devient une ressource alimentaire.

OSEILLE A FEUILLES DE LAITUE. — Belle variété à feuilles larges et étoffées, très productive, moins acide que l'*oseille de Belleville;* c'est une variété à introduire partout, et à essayer sous tous les climats de la France.

PANAIS

PANAIS LONG. — Variété convenant aux terrains profonds, dans les pays chauds. Excellent pour le Centre et le Midi.

PANAIS ROND. — Plus hâtif et préférable pour les jardins dans le Nord, l'Est, l'Ouest et le Centre.

PANAIS DEMI-LONG DE GUERNESEY. — Très belle et très bonne variété. A cultiver partout.

PERSILS

PERSIL COMMUN. — C'est l'antique persil que tout le monde connaît, rustique, vigoureux, donnant quantité de *feuilles*, repoussant toujours et capable de suffire aux exigences du plus grand restaurateur ; de plus il donne une excellente nourriture pour les lapins. A cultiver partout.

PERSIL FRISÉ. — Toutes les qualités du précédent, un peu moins vigoureux, mais ayant les feuilles frisées. Le persil frisé est très recherché pour l'ornementation des plats; c'est le persil de table par excellence. A cultiver partout.

PERSIL A FEUILLES DE FOUGÈRE. — Variété ornementale, à feuilles vert foncé, finement découpées et imitant celles de la fougère. Il rend de grands services pour la décoration des plats, en donnant un ton différent du persil frisé. A cultiver partout.

PIMENTS

PIMENT DE CAYENNE. — Rouge, long, de moyenne grosseur, le plus employé comme condiment. A cultiver partout, en semant et repiquant sur couches, pour mettre en pleine terre en mai ou juin.

PIMENT-CERISE. — Charmante plante, bien faite, portant quantité de fruits rouges de la grosseur et de la forme d'une belle cerise. Même emploi, mêmes qualités et même culture que le précédent. Au besoin le piment-cerise peut être employé comme plante ornementale, à une exposition très chaude.

Piment carré doux. — Belle et bonne variété de piment, très appréciée en France. Ce piment laisse son goût sans *emporter la bouche*. Fruit rouge, gros et ramassé. A cultiver partout, dans les mêmes conditions que les variétés précédentes.

Pimprenelle petite. — La seule variété à cultiver dans les jardins, comme assaisonnement, et au besoin pour la nourriture des lapins, etc. Vient partout et dans tous les sols, même les plus arides.

Pimprenelle grande. — Convient à la grande culture. C'est une ressource dans les plus mauvais sols comme pâturage, et aussi comme fourrage dérobé sur des terres où rien ne pousse.

Elle peut devenir une ressource appréciable dans les potagers, et lorsqu'il y a de nombreux animaux à nourrir. Cultivée en bordure dans le carré D du potager, elle fournit en abondance un excellent fourrage.

PISSENLITS

Cette culture, aussi simple que facile, a pris une extension énorme depuis quelques années. Les pissenlits remplacent avec un immense avantage la chicorée sauvage, pour les salades étiolées appelées *barbe de capucin*.

Rien de plus commode, en effet, que de faire, à l'entrée de l'hiver, une plantation de pissenlits dans un tonneau ou une meule placée dans la cave ou dans un cellier, et qui fournit, sans autres soins qu'un peu d'eau de loin en loin, une excellente salade pendant tout l'hiver.

PISSENLIT LARGE FEUILLE. — Plante d'avenir donnant de superbes salades; les touffes ont 50 à 60 centimètres de diamètre. A cultiver partout.

PISSENLIT COEUR PLEIN. — Variété ayant les feuilles moins larges et les touffes un peu moins volumineuses que la précédente, mais le cœur plus fourni. A cultiver partout.

PISSENLIT AMÉLIORÉ TRÈS HATIF. — Splendide variété dont les touffes mesurent jusqu'à cinquante centimètres de diamètre. Plus hâtif que les deux variétés précédentes, et fournissant aussi plus promptement des touffes énormes. A cultiver partout, et pour tout, dans les mêmes conditions que les deux variétés précédentes.

PISSENLIT MOUSSE, FRISÉ COMME UNE CHICORÉE. — Même culture que les précédents.

POIREAUX

POIREAU MONSTRUEUX DE CARENTAN. — Variété d'un volume énorme et d'excellente qualité. Le poireau de Carentan peut atteindre la grosseur de six à huit centimètres de diamètre. Il détrône tous ceux connus comme volume. A cultiver dans le Nord, l'Est, l'Ouest et le Centre.

POIREAU DE ROUEN. — Énorme et excellent. La meilleure variété à cultiver, après le poireau de *Carentan*, dans le Nord, l'Est et l'Ouest.

POIREAU DU POITOU. — Très bon, à cultiver partout dans le Centre et le Midi.

POIREAU LONG D'HIVER. — Moins gros que les précédents, mais très rustique, et supportant bien les gelées.

Très précieux pour les récoltes d'hiver, sous les climats du Nord, de l'Est, de l'Ouest et du Centre.

POIRÉES

POIRÉE BLONDE (belle). — La meilleure à cultiver partout, pour adoucir l'acidité de l'oseille et pour certains usages médicaux. Feuilles larges et abondantes, employées comme les épinards.

POIRÉE DE LYON A CARDE BLANCHE. — Moins rustique, mais plus productive que la précédente, servant aux mêmes usages.

POIS NAINS

POIS TRÈS NAIN A CHASSIS. — Très petit, précieux pour la culture sous châssis. A cultiver partout.

POIS LÉVÈQUE. — Excellent pour châssis, un peu plus grand que le précédent, donnant de bons résultats en pleine terre et en bordures. Très fertile et le plus hâtif, bon de qualité. A cultiver partout.

NAIN GONTHIER. — Bonne variété à grains ronds, très naine, hâtive et pouvant s'employer comme bordure.

NAIN DE CLAMART HATIF. — Très bonne variété, de bonne qualité, hâtive et très productive. A cultiver partout.

NAIN DE HOLLANDE. — Variété de qualité supérieure, d'une fertilité prodigieuse, donnant des pois toujours fins et excellents, mais peu hâtive. A cultiver dans le Nord, l'Est, l'Ouest et le Centre.

Nain ridé vert. — De qualité hors ligne comme tous les pois ridés, fertile, mais toujours gros; c'est son principal défaut. Mais l'inconvénient de la grosseur écarté, il ne reste pas de pois lisses parmi les meilleurs qui l'égalent en qualité. Le pois *ridé nain vert* est accepté partout, et sur les meilleures tables, malgré sa grosseur, pour son incomparable qualité. A cultiver dans le Nord, l'Est, l'Ouest et le Centre.

Pois merveille d'Amérique. — Excellente variété, des plus recommandables; très nain, d'une fertilité énorme; grains beaucoup plus petits que le précédent, plus précoce et de qualité hors ligne. A cultiver partout.

Pois vert impérial. — Variété des plus recommandables, très fertile et de bonne qualité. A cultiver partout.

Pois nain hatif Breton. — Mange-tout nain, très précoce et très productif, de qualité parfaite; à cultiver partout.

POIS A RAMES

Pois quarantain.— Belle et bonne variété, des plus fertiles, donnant toujours la première d'excellents petits pois, quand on a eu la précaution de la semer en novembre, décembre ou janvier au plus tard. Dans ce cas, grande précocité et excellente qualité.

A cultiver partout, même sous le climat de l'olivier, où elle fera merveille, en la semant dès le mois d'octobre.

Pois prince Albert. — Très précoce, j'en conviens,

mais laissant à désirer pour la qualité, dans les sols manquant de calcaire. Je l'avais laissé de côté pour son manque de qualité, et le reprends aujourd'hui en raison de sa précocité. A cultiver partout, mais en petite quantité, et uniquement pour attendre quelques jours les excellents fruits des autres variétés.

Pois Caractacus. — Presque aussi précoce que le Prince Albert, très productif et de qualité supérieure. On ne cultivera jamais assez cette remarquable variété pour sa qualité et sa fertilité. A semer partout.

Michaud de Hollande. — Le roi des pois de saison, comme qualité, précocité et fertilité. A cultiver dans le Nord, l'Est, l'Ouest et le Centre.

Pois ridé de Knigt grains blancs. — Très productif, un des meilleurs qui existent, mais toujours gros, comme tous les poids ridés. A cultiver dans le Nord, l'Est, l'Ouest et le Centre.

Pois de Clamart tardif. — De qualité supérieure, tardif, le seul réussissant bien à l'arrière-saison. A cultiver partout; semer d'avril à août sous tous les climats.

Pois serpette. — Bonne variété, pas assez connue, de qualité remarquable et très fertile. Le pois *serpette* est un des meilleurs pois de saison; il donne toujours des pois fins et savoureux en abondance. A cultiver partout; semer de février à avril.

Pois express. — Excellente variété, très hâtive, à grains ronds verts, de très bonne qualité et très productive. A cultiver partout.

Pois demi-rame corne de bélier. — Le meilleur des

pois mange-tout; très fertile et de bonne qualité. A cultiver partout.

POMMES DE TERRE

POMME DE TERRE A FEUILLES D'ORTIES. — Variété, de qualité supérieure, très précoce et produisant le double des variétés anciennes. Précieuse pour la culture, sous châssis et en pleine terre. On n'en fera jamais assez. A cultiver partout.

POMME DE TERRE ROYAL KIDNEY. — Variété anglaise d'un grand mérite, très rustique, productive, et de bonne qualité; presque aussi hâtive que la feuille d'ortie. A cultiver partout.

POMME DE TERRE MARJOLIN. — C'était la meilleure variété et la plus hâtive avant la feuille d'ortie et la Royale Kidney. A cultiver partout sur couche et en pleine terre, pour faire des pommes de terre nouvelles. Planter sur couches de janvier à mars, et en pleine terre en mars.

POMME DE TERRE RONDE HATIVE DE BOULOGNE. — Variété hâtive et de bonne qualité, très productive et excellente pour la grande culture.

POMME DE TERRE ROBERSTON. — Très hâtive et de grand produit, bonne de qualité, très recommandab'e.

POMME DE TERRE EARLY ROSE. — Excellente variété, hâtive, précieuse pour la grande culture et les établissements ayant un nombreux personnel.

POMME DE TERRE JAUNE DEMI-LONGUE HATIVE. —

Qualité hors ligne, des plus productives. A propager partout.

POMME DE TERRE JAUNE DE HOLLANDE. — Hâtive, excellente et très fertile. La meilleure pour la table, le jardin et le marché. On ne saurait assez multiplier cette précieuse variété sous tous les climats.

POMME DE TERRE SAUCISSE. — Rouge, très bonne, des plus productives et de longue garde, à cultiver partout.

POMME DE TERRE POUSSE-DEBOUT. — Bonne variété de saison, demi-tardive, rouge rose, très productive, ne s'écrasant pas dans les ragoûts, remplaçant avec avantage la vitelotte, d'une infertilité désespérante. A cultiver sous tous les climats.

POMME DE TERRE MERVEILLE D'AMÉRIQUE. — Rouge-violet, ronde, de bonne qualité, de plus d'une *fertilité prodigieuse :* rien n'égale le rendement de cette magnifique et excellente variété. A cultiver partout, dans la plaine comme dans les jardins, sous tous les climats de la France. Des plus précieuses pour la grande culture et les établissements ayant un nombreux personnel.

Les innombrables variétés de pomme de terre dont le commerce emplit ses catalogues ont donné lieu à un trafic important, surchauffé encore par les réclames et les concours de toute nature.

La liberté commerciale est une chose respectable ; je m'incline devant elle, et me contente du peu de variétés que j'indique, parce qu'elles sont suffisantes pour donner à coup sûr, à mes adeptes, d'excellentes pommes de terre pendant toute l'année.

POTIRONS

Potiron jaune gros. — Variété énorme, le plus gros de tous, comestible, et précieux pour les animaux. A cultiver sur poquets dans le Nord et l'Est, et en pleine terre dans l'Ouest, le Centre et le Midi.

Potiron vert d'Espagne. — Moins gros que le précédent, mais d'une qualité remarquable. A cultiver sur poquets dans le Nord et l'Est et en pleine terre dans l'Ouest, le Centre et le Midi.

Potiron rouge d'Étampes. — Excellente variété très rustique et de qualité supérieure. A cultiver partout.

Pourpier doré a larges feuilles. — Très belle et excellente variété dont les feuilles peuvent être mangées cuites ou en salade. A cultiver partout.

RADIS

Radis rond rose a chassis. — Variété spéciale pour la culture sous châssis, très hâtif, excellent de qualité et ayant les feuilles moins grandes que celles des autres variétés, avantage des plus grands pour la culture sous châssis, à cultiver partout.

Radis rond rose hatif. — Bonne variété, à cultiver sous châssis, sous cloches et en pleine terre, sous tous les climats.

Radis rond rose a bout blanc. — Mêmes qualités et culture que le précédent.

Radis demi-long rose a bout blanc. — Jolie et excellente variété, très précoce sous châssis et en pleine terre, de qualité hors ligne et ayant le mérite de venir très vite. A cultiver partout.

RADIS JAUNE ROND HATIF D'ÉTÉ. — Excellent, piquant et précoce ; fait le meilleur des effets dans les raviers, où son coloris étonne tout le monde.

RADIS GRIS ROND D'ÉTÉ. — Mêmes qualité et culture que le radis jaune d'été.

RADIS BLANC ROND HATIF. — De qualité hors ligne et d'une précocité remarquable. C'est le premier radis que l'on obtient sur couche, avec la plus grande facilité. A cultiver partout.

RADIS ÉCARLATE DEMI-LONG. — Excellent radis de pleine terre, qualité supérieure, un peu piquant. A cultiver dans le Nord, l'Est, l'Ouest et le Centre.

RADIS VIOLET D'HIVER. — Chair fine et excellente. Ce radis devient aussi gros qu'une betterave, et est bien supérieur en qualité au radis noir. A cultiver partout.

RADIS NOIR LONG D'HIVER. — Variété très répandue, mais ne valant pas le radis violet d'hiver.

RADIS ROSE DE CHINE. — Très bon, en le semant en pleine terre au mois d'août, pour faire des radis pendant une grande partie de l'hiver. Précieux en ce qu'il ne gèle pas et fournit des radis par les températures les plus inclémentes. A cultiver partout, mais pour l'hiver seulement.

RAVE ROSE LONGUE. — Très bonne, et apportant par

sa forme longue de la diversité parmi les radis. A cultiver partout, en pleine terre.

RAIPONCE. — Excellente petite salade, venant toute seule, et offrant une précieuse ressource pendant l'hiver, sans autre peine que de jeter sa graine dans une planche et de la recouvrir avec un coup de râteau. A cultiver partout.

SALSIFIS BLANC. — Variété de qualité remarquable. A cultiver partout, surtout dans l'Ouest, le Centre et le Midi, où il réussit mieux que le noir.

SCORSONÈRE. — Variété très hâtive, un peu moins savoureuse que le salsifis blanc, mais ayant l'avantage de pouvoir se récolter pendant l'hiver, quand elle a été semée au printemps. A cultiver dans le Nord, l'Est et le Centre.

SCOLYME D'ESPAGNE. — Espèce de salsifis à racine conique, jaune brun, de qualité supérieure à tous les salsifis connus, semer en juillet et août par les grandes chaleurs ; les semis de printemps réussissent rarement. A cultiver partout.

SARRIETTE. — Plante d'un arôme tout particulier, des plus utiles en cuisine, pour l'assaisonnement des fèves, des poids, de certains potages maigres, etc. La sarriette pousse comme du chiendent ; il suffit d'en semer dans n'importe quel coin, pour en avoir sa provision. On l'arrache à l'automne, on la lie en bottes, et on la laisse sécher ; à l'état sec, elle conserve son parfum. A cultiver partout.

TÉTRAGONE. — Plante trop peu connue, remplaçant avec avantage l'épinard dans les pays chauds, ne montant pas et produisant beaucoup. Très précieuse pour la grande culture et les grands établissements ayant un nombreux personnel, mais moins bonne que l'épinard. A cultiver dans l'extrême Centre et le Midi surtout.

THYM D'HIVER. — La meilleure variété à cultiver.

TOMATE NAINE TRÈS HATIVE. — Variété des plus précoces, précieuse pour la culture sous châssis et en pleine terre. Fruits abondants, de grosseur moyenne et de bonne qualité. A cultiver partout.

TOMATE HATIVE A FEUILLES CRISPÉES. — Belle et bonne variété, très fertile et très précoce. A cultiver partout, mais très précieuse pour le Nord et l'Est surtout.

TOMATE MIKADO MONSTRUEUSE. — Très grosse, très fertile, mais plus tardive que la précédente. A cultiver partout, et surtout dans l'Ouest, le Centre et le Midi.

TOMATE A TIGE RAIDE. — Très belle variété, à tiges très fortes, à fruits énormes, pouvant au besoin se passer de supports, mais ne mûrissant que dans le Centre et le Midi.

TOMATE PERFECTIONNÉE DE LEDRAN. — Variété du plus grand mérite, la plus grosse et la plus lisse de toutes. Très hâtive et très productive. A propager partout.

Je termine ici ma liste de variétés de légumes ; elle n'est pas aussi étendue que beaucoup de mes lecteurs le désireraient ; mais je ne puis aller plus vite, pour guider sûrement mes auditeurs et mes lecteurs. Je fais depuis longues années, pour les légumes et pour les fleurs, ce que j'ai fait, et continue encore à faire, pour les fruits.

Toutes les nouveautés sont achetées et expérimentées aussitôt par moi ; mais, défiant de la réclame, jamais je ne les adopte sans les avoir expérimentées et m'être bien assuré de leur valeur.

Chaque année, mes expériences grossissent ma liste et chaque année aussi l'*Almanach Gressent*, paraissant le 1ᵉʳ septembre de l'année précédente, rend compte du résultat des expériences nouvelles, et donne la liste des variétés que j'ai adoptées. Si le libraire du pays répond, quand on le lui demande, que l'*Almanach Gressent* n'est pas paru, qu'il paraîtra plus tard, a cessé de paraître ou est épuisé, on n'a qu'à m'envoyer 50 centimes de timbres-poste, et à partir du 5 septembre on recevra *franco*, et par retour du courrier, l'*Almanach Gressent* de l'année suivante.

Même marche à suivre pour les *Classiques du jardin*, que les libraires font attendre indéfiniment. Quand ils se décident à les faire venir et ne répondent pas *a priori* : Cela n'existe pas, je ne connais pas ça ! Parbleu ? je le crois bien, les *Classiques du jardin* ne traitent ni de politique malsaine ni d'ordures ! On les recevra *franco par la poste*, et par *retour du courrier*, en me les demandant directement.

Maintenant que les meilleures variétés nous sont connues, passons à l'époque des semis de chacune d'elles, afin de rendre les erreurs et les déceptions moins nombreuses pour l'avenir.

CHAPITRE VI

ÉPOQUE DES SEMIS

L'expérience de ce que je vois chaque jour dans mes tournées en province m'oblige à écrire ce chapitre ; je ne saurais le recommander assez à l'attention du propriétaire comme du jardinier, et trop les engager tous deux à le consulter tous les mois.

L'époque des semis est un des premiers éléments de succès, et, quoi que nous disions et écrivions, ils sont rarement faits en temps opportun ; de là, une foule de déceptions : des choux ne pommant pas, des salades montant sans cesse à graine, et des récoltes en retard de plusieurs mois.

Presque partout on sème au printemps les variétés d'hiver, et à l'automne celles de printemps, et les jardiniers commettent les premiers cette regrettable erreur. Cela se comprend : ils ne connaissent pas les variétés, la plupart du temps.

Le propriétaire n'a pas le droit de leur faire un reproche ; il leur donne des graines de variétés qu'ils ne connaissent pas, et dont ils ignorent la culture et les besoins. Que le propriétaire donne à son jardinier *le Potager moderne* et de bonnes semences ; alors il aura **raison** de se plaindre s'il y a échec, parce que la négligence, la paresse ou le mauvais vouloir en seront la seule cause.

L'absence des couches dans la plupart des jardins et l'ignorance absolue de l'élevage des plantes sont une des causes de ce déplorable état de choses. Presque partout nous voyons semer des légumes de première saison en pleine terre, au moment où nous commençons à les récolter. On ignore même généralement que les variétés indiquées pour semer au mois d'août et de septembre passent l'hiver en pleine terre sans geler.

Pour rendre toute erreur impossible désormais, je vais indiquer, mois par mois, les variétés qu'il faut semer sur couche et en pleine terre. En suivant mes indications à la lettre, en semant dans de la terre en bon état, et en arrosant les semis, le succès sera certain.

JANVIER

Sur couches et sous châssis, on sème :

Melon Gressent.

Cantaloup superfin Gressent.

Melon noir des Carmes.

Aubergine (toutes les va-

riétés).

Piment (toutes les variétés).

Concombre blanc hâtif.

Tomate naine hâtive.

Tomate à feuille crispée.

— monstrueuse.

— tige raide.

Choux-fleur demi-dur de Paris.

Choux-fleur nain d'Erfurt.

— nain hâtif de Châlons.

Choux-fleur dur de toutes saisons.

Laitue crêpe.

— gotte.

— Passion.

— Gotte lente à monter.

Romaine verte.

Chicorée de Ruffec.

— de Meaux.

— frisée de Louviers.

Radis rose à châssis.

Radis blanc hâtif.

— rose bout blanc.

Pois très nains à châssis.

— merveille d'Amérique.

Pois Gonthier.

— nains de Hollande.

Pomme de terre Marjolin.

— à feuilles d'ortie.

— Royal Kidney.

Haricot flageolet d'Étampes.

Haricot à feuilles gaufrées.

— noir de Belgique.

Carotte à châssis.

Poireaux de Rouen.

— de Carentan.

Oignon rouge monstre, pour repiquer en pleine terre.

En pleine terre on sème vers la fin du mois :

Pois quarantain.

— Prince Albert.

— caractacus.

— Express.

— Michaud de Hollande.

— Merveille d'Amérique.

Oignon jaune des Vertus.

— rouge pâle.

— monstre.

Carotte rouge courte de Hollande.

Carotte demi-longue de Luc.

Quand la température est douce, on plante l'ail et l'échalote.

FÉVRIER

Sur couches et *sous châssis*, on sème :

Melon Gressent.

Cantaloup superfin Gressent.

Cantaloup d'Alger.

Prescot fond blanc.

Melon vert grimpant.

— noir de Carmes.

Pastèque.

Artichaut vert de Laon.

— camus de Bretagne.

Artichaut violet.

Tomate naine hâtive.

— hâtive à feuilles crispées.

Tomate monstrueuse.

— tige raide.

Aubergine (toutes les variétés).

Piment (toutes les variét.)

Concombre blanc hâtif.

— de Bonneuil.

— vert épineux.

Concombre à cornichons.

— brodé de Russie.

Poireau de Rouen.

— monstrueux.

— de Carentan.

Basilic vert.

— violet.

— frisé.

Cardon de Tours.

— d'Espagne.

— plein inerme.

Radis rose à châssis.

— jaune et blanc hâtifs.

Radis rose bout blanc.

— rose hâtif.

— violet d'hiver.

Oignon rouge monstre.

Tétragone.

Pomme de terre Marjolin.

— feuille d'ortie.

— Royale Kidney.

Sur couches et *sous cloches*, on sème :

Artichaut gros vert.
— de Laon.
— violet.
Chicorée de Ruffec.
— de Meaux.
— corne-de-cerf.
— fine d'Italie.
— de Guillande.
— frisée de Lou-
viers.
Scarole ronde.
— en cornet.
— grosse de Limay.
— blonde.
Choux préfin.
— d'Ulm.
— Joulin.
— rouge gros.
— Bruxelles.
— Bruxelles nains.
Chou-fleur nain d'Er-
furt.
Chou-fleur nain hâtif
de Châlons.
Chou-fleur demi-dur de
Paris.
Chou-fleur Lenormand.

Chou impérial.
— d'Alger.
— géant de Naples.
Laitue Chartreuse.
— sanguine.
— gotte lente à mon-
ter.
Laitue Bellegarde.
— Bossin.
— à couper.
— passion.
— cordon rouge.
— rousse de Hollande
— palatine.
— merveille des qua-
tre saisons.
Laitue blonde d'été.
— grosse brune.
— Batavia.
— chou de Naples.
— de Versailles.
Romaine verte.
— blonde.
— sanguine.
— Ballon.
Pissenlit large feuille.
— cœur plein.

Pissenlit amélioré hâtif.

Potiron jaune gros.

— vert d'Espagne.

— rouge d'Étampes.

Giraumont Turban.

Courge de l'Ohio.

Radis rose.

— blanc hâtif.

— jaune hâtif.

— rose bout blanc.

— écarlate.

— à châssis.

En pleine terre, on plante et sème :

Ail.

Échalote.

Ciboulette.

Cerfeuil commun.

— frisé.

Chicorée sauvage améliorée.

Chicorée sauvage amère.

— Witloof.

Carotte à châssis.

— rouge courte de Hollande.

Carotte demi-longue nantaise.

Carotte rouge longue obtuse sans cœur.

Carotte demi-longue de Luc.

Carotte rouge longue.

— de Guérande.

Carotte blanche des Vosges.

Ciboule.

Cresson alénois.

— frisé.

— de jardin.

— de fontaine.

Épinard monstrueux de Viroflay.

Épinard feuille de laitue.

— rond.

— de Flandre.

— d'Angleterre.

Oignon des vertus.

— jaune de Cambrai.

— rouge pâle.

— géant de Zitteau.

Oseille de Belleville.

— à feuille de laitue.

— à feuille d'épinard.

Panais long.
— rond.
— de Gernesey.
Persil commun.
— frisé.
Pois.
— Caractacus.
— Michaud de Hollande.
— merveille d'Amérique.
Pois ridé nain.

Pois nain de Hollande.
— de Knigt.
— corne-de-bélier.
— nain hâtif breton.
Scorsonère.
Sarriettes.
Fève de marais.
— de Séville.
— naine verte de Beck.
— à châssis.

MARS

On peut encore semer, *sur couche tiède* et *sous châssis :*

Melon Gressent.
— Noir des Carmes.
Cantaloup superfin Gressent.
Cantaloup d'Alger.
Prescot fond blanc.
Melon vert grimpant.
Tomate naine hâtive.
— hâtive feuille crispée.
Tomate monstrueuse.
Concombre blanc hâtif.
— vert long épineux.

Concombre à cornichons.
— blanc de Bonneuil.
Concombre brodé de Russie.
Les chicorées indiquées pour le mois précédent.
Choux d'Ulm.
— Joulin.
— Milan du Cap.
— rouge gros.
— Milan des Vertus.
Choux Victoria.

Choux de Limay.
— Norwège.
— Bruxelles.
— Bruxelles nain.
Artichaut gros vert de Laon.
Artichaut camus de Bretagne.
Artichaut violet.
Cardon de Tours.
— d'Espagne.
— plein inerme.
Potiron jaune gros.
— vert d'Espagne.
— rouge d'Étampes.
Giraumont turban.
Courge de l'Ohio.
Brocolis blanc hâtif.
— Mammoth.

Brocolis de Roscoff.
Radis rose hâtif.
— rose bout blanc.
— blanc hâtif.
— jaune hâtif.
— écarlate.
— à châssis.
— rave rose longue.
Laitue palatine.
— Bossin.
— Bellegarde.
— de Versailles.
— sanguine.
— chartreuse.
— merveille des quatre saisons.
Laitue Batavia.
— blonde d'été.
— chou de Naples.

Dans l'*orangerie* ou *une serre tempérée*, on sème dans des pots accrochés après les murs :

Haricots flageolets d'Étampes, à feuilles gaufrées, nains de Hollande et noirs de Belgique.

Ces haricots lèveront et fleuriront même dans les pots ; on les mettra en pleine terre aussitôt que la température le permettra. Ils donneront des haricots verts quelques jours après.

En pleine terre, on sème encore toutes les variétés indiquées pour le mois précédent, plus :

Betterave ronde hâtive.

Choux de Pontoise.

— de Norwège.

— de Dax.

— Bruxelles.

— Bruxelles nain.

— rutabaga jaune.

Crosnes du Japon.

Poireau de Rouen.

— de Carentan.

— du Poitou.

— long d'hiver.

Lentille blonde.

Pimprenelle.

Poirée blonde.

Arroche.

Pois de Knigt.

Pois ridé nain.

— serpette.

— merveille d'Amériq.

Pomme de terre Marjolin.

— à feuille d'ortie.

— royale Kidney.

— jaune de Hollande.

— pousse-debout.

— merveille d'Amérique.

— saucisse rouge.

— rose bout blanc.

— écarlate.

— rave rose longue,

et tous les radis.

Asperges.

AVRIL

Sur couche sourde, et même sur *poquets* et sous cloches, on peut encore semer, mais comme dernier délai :

Melon Gressent.

Cantaloup superfin Gressent.

Melon noir des Carmes.

Cantaloup fond blanc.

Melon vert grimpant.

Tomate naine hâtive.

— hâtive feuille cris-
pée.

Aubergine naine hâtive.

Chou-fleur d'Erfurt.

— demi-dur de
Paris.

Chou-fleur impérial.

— d'Alger.

— Lenormand.

— de St-Brieuc.

— dur d'Angle-
terre.

Chou-fleur géant de Na-
ples.

Chou-fleur nain hâtif de
Châlons.

Tous les brocolis.

Concombre blanc hâtif.

— à cornichon.

— de Bonneuil.

Chicorée corne-de-cerf.

— de Ruffec.

Chicorée toujours blan-
che.

— fine d'Italie.

— de Meaux.

Scarole ronde.

— en cornet.

— grosse de Limay.

Romaine verte.

— blonde.

— sanguine.

— Ballon.

Chicon pomme en terre.

Laitue de Bellegarde.

— grosse brune.

— palatine.

— blonde d'été.

— chartreuse.

— sanguine.

Céleri plein blanc.

— plein blanc court
hâtif.

Céleri monstrueux.

— rave.

— de Tours.

En pleine terre, on sème :

Artichaut gros vert de
Laon.

Artichaut violet.

Artichaut camus de Bre-
tagne.

Asperges d'Argenteuil.

Betterave rouge longue.

— ronde hâtive.

— Crapaudine.

— rouge-noire demi-longue.

Betterave rouge - noire d'Égypte.

Betterave pyriforme de Strasbourg.

Betterave ovoïde des Barres.

Betterave globe jaune.

— disette géante.

Capucine grande.

— brune.

— naine.

Carotte rouge courte de Hollande.

Carotte nantaise.

— rouge longue.

— rouge longue obtuse sans cœur.

Carotte demi-longue de Luc.

Carotte blanche des Vosges.

Carotte blanche à collet vert.

Cerfeuil commun.

— frisé.

Céleri plein blanc.

— plein blanc court hâtif.

Céleri monstrueux.

— de Tours.

— rave hâtif.

Chou d'Ulm.

— Joulin.

— Milan du Cap.

— des Vertus.

— Victoria.

— de Limay.

— Pontoise.

— de Dax.

— de Norwège.

— de Bruxelles.

— de Bruxelles nain.

Chou-fleur Lenormand.

— nain d'Erfurt.

— demi-dur de Paris.

— impérial.

— d'Alger.

— géant de Naples.

— de St-Brieuc.

— dur d'Angleterre.

— nain hâtif de Châlons.

Tous les Brocolis.

Chou branchu du Poitou.
— caulet de Flandre.
— rutabaga jaune.
— blanc.
— Sutton's Champion.

Chou-rave blanc hâtif de Vienne.

Chou-rave violet hâtif de Vienne.

Ciboule.

Cresson alénois.
— de jardin.
— de fontaine.

Épinard de Viroflay.
— d'Angleterre.
— feuille de laitue.
— lent à monter.

Haricots Bonnemain.
— flageolets d'Étampes.

Haricots Bagnolet gris.
— flageolets jaunes.
— jaunes cent pour un.
— flageolets de Paris.

Haricots flageolets feuilles gaufrées.

Haricots noirs de Belgique
— flageolets rouges.

Haricots jaunes de Chine.
— Prédomme.
— beurre nains et à rames.

Haricots de Soissons à rames.

Haricots sabre.

Laitue sanguine.
— palatine.
— de Versailles.
— blonde d'été.
— de Bellegarde.
— grosse brune.
— chou de Naples.
— chartreuse.
— Merveille des quatre saisons.

Romaine verte.
— blonde.
— sanguine.
— Ballon.
— grise.

Chicon pomme en terre.

Navet des Vertus.
blanc plat hâtif.
— collet violet.

Panais long, rond et de Guernesey.

Persil.

Pimprene'le.

Poireau de Rouen.

— de Carentan.

— du Poitou.

Poirée.

Pois Michaud de Hollande.

— nains de Hollande.

— ridés nains.

— merveille d'Amériq.

— Knigt.

— corne-de-bélier.

— breton.

Radis rose.

— rose bout blanc.

— écarlate.

— violet d'hiver.

— noir d'hiver.

Salsifis blancs.

Scorsonère.

Sarriette.

Pommes de terre de saison, toutes les variétés.

MAI

En pleine terre, on sème :

Betterave, toutes les variétés.

Carotte rouge courte de Hollande.

Carotte à châssis.

— nantaise.

— demi-long de Luc.

Carotte blanche des Vosges.

Carotte blanche à collet vert.

Céleri plein blanc.

— plein blanc court hâtif.

Céleri monstrueux.

Céleri de Tours.

Cerfeuil.

Chicorée corne-de-cerf.

— de Meaux.

— frisée de Louviers.

— fine d'Italie.

— de Ruffec.

— sauvage améliorée.

Chicorée sauvage amère.

Scarole ronde, grosse de Limay et en cornet.

Chou d'Ulm.

— Milan du Cap.

— Joulin.

Chou de Milan des Vertus.
— de Pontoise.
— de Dax.
— Victoria.
— de Limay.
— de Norvège.
— de Bruxelles.
— branchu du Poitou.
— caulet de Flandre.
— rutabaga, toutes les
        variétés.
Chou-rave blanc hâtif de
    Vienne.
Chou-rave violet hâtif de
    Vienne.
Cresson alénois.
Épinard monstrueux de
    Viroflay.
Épinard d'Angleterre.
— feuille de laitue.
— de Flandre.
— rond.
Haricots, toutes les varié-
    tés.
Laitue Bossin.
— de Bellegarde.
— sanguine.
— grosse brune.
— chartreuse.
— de Versailles.

Laitue blonde d'été.
— de Batavia.
— cordon rouge.
Romaine verte.
— blonde.
— sanguine.
— grise maraîchère.
Chicon pomme en terre.
Navet des Vertus.
— de Freneuse.
— collet violet.
Oseille, toutes les variétés.
Persil, toutes les variétés.
Pimprenelle.
Pissenlits (tous).
Pois ridés nains.
— merveille d'Améri-
    que.
Pois caractacus.
— Knigt.
— Clamart.
Radis rose.
— écarlate.
— rose bout blanc.
— violet d'hiver.
— noir d'hiver.
Salsifis blanc.
Scorsonère.
Sarriette.

JUIN

En pleine terre, on sème :

Carotte à châssis.
— rouge courte de Hollande.
— demi-longue de Luc.
Cerfeuil.
Chicorée de Meaux.
— corne-de-cerf.
— fine d'Italie.
— de la Passion.
Scarole ronde.
— grosse de Limay.
— en cornet.
Chou-fleur demi-dur de Paris.
Chou-fleur nain d'Erfurt.
— Lenormand.
— de St-Brieuc.
— dur d'Angle-terre.
— nain hâtif de Châlons.
Tous les brocolis.
Cresson alénois.
Fraisier de Gaillon.
— princesse Royale.

Fraisier Marguerite Lebreton.
Fraisier docteur Morère.
Haricots noirs de Belgique.
Haricots flageolets de Paris.
Haricots flageolets d'Étampes.
Haricots flageolets à feuilles gaufrées.
Haricots flageolets jaunes.
Laitue sanguine.
— palatine.
— blonde d'été.
— cordon rouge.
— grosse brune.
— Passion.
— merveille des quatre saisons.
Romaine verte.
— blonde.
— sanguine.
— verte d'hiver.
— Ballon.

Chicon pomme en terre.

Mâche ronde.

Navet des Vertus.

— collet violet.

— de Freneuse.

— boule d'or.

Navet de Meaux.

Pois de Clamart.

Radis rose.

— rose bout blanc.

Raiponce.

Salsifis blanc.

JUILLET

En pleine terre, on sème :

Carotte à châssis.

— rouge courte de Hollande.

Carotte demi-longue de Luc.

Cerfeuil.

Chicorée de Meaux.

— de la Passion.

— reine d'hiver.

— toujours blanche.

— frisée de Louviers.

— sauvage.

Scarole ronde.

— en cornet.

— grosse de Limay.

Épinard de Flandre.

— rond.

— d'Angleterre.

— à feuille de laitue.

Épinard monstrueux de Viroflay.

Fraisier de Gaillon.

— princesse Royale.

— Marguerite Lebreton.

Fraisier docteur Morère.

Haricots flageolets de Paris.

Haricots d'Étampes.

— à feuilles gaufrées.

Haricots flageolet jaune.

Laitue sanguine.

— palatine.

— cordon rouge.

— de la Passion.

— grosse brune.

Poireaux longs d'hiver.

Pois de Clamart tar-
  difs.
Radis rose.
  — écarlate.

Radis rose tout blanc.
  — rose de Chine.
  — violet d'hiver.
  — noir d'hiver.

AOUT

C'est le mois des semis les plus importants, de
ceux de tous les légumes d'hiver et de première saison, pour le printemps suivant. Quand les semis
d'août ont été manqués, la moitié de la récolte est
perdue ; c'est la misère dans le potager pendant
l'hiver et le printemps, et la disette pour toute l'année
où l'on subit un retard qu'il est impossible de rattraper, quoi que l'on fasse.

Tout ce qui est sujet à monter : épinards, persil,
cerfeuil, choux cabus, oignons blancs, salsifis, carottes tardives, etc., doit être semé de préférence
dans ce mois. (Voir, pour plus amples renseignements,
aux *Cultures spéciales*.)

En pleine terre, on sème :

Carotte à châssis.
  — rouge courte de
  Hollande.
Carotte demi-longue de
  Luc.
Cerfeuil.
Chicorée de Meaux.
  — de la Passion.

Chicorée reine d'hiver.
Scarole ronde.
  — grosse de Limay.
  — en cornet.
  — blonde.
Chicorée sauvage amélio-
  rée.
Chicorée sauvage amère.

Chicorée Witloof.

Chou de St-Flour.

— hâtif d'Étampes.

— préfin.

— d'York.

— pommé d'Erfurt.

— cœur-de-bœuf.

— Joannet.

— quintal.

— Schweinfurt.

— de Saint-Denis.

— de Brunswick.

— conique.

— rouge d'Utrecht.

— de Hollande.

— de Vaugirard.

— rouge gros.

Chou-fleur demi-dur de Paris.

— de St-Brieuc.

— nain hâtif de Châlons.

Tous les Brocolis.

Épinards, toutes variétés.

Fraisier de Gaillon.

— princesse Royale.

— Marguerite Lebreton.

Fraisier docteur Morère.

Haricots flageolets de Paris.

Haricots d'Étampes.

— feuilles gaufrées.

Haricots flageolets jaunes.

Laitue gotte.

— cordon rouge.

— rouge d'hiver.

— de la Passion.

— grosse brune.

— merveille des quatre saisons.

Romaine rouge d'hiver.

— verte d'hiver.

Chicon pommé en terre.

Mâche ronde.

— à grosse graine.

— à feuilles de laitue.

— verte à cœur plein.

Navets, toutes les Variétés.

Oignon blanc toutes les variétés.

Oseille.

Persil.

Pissenlits large feuille.

— cœur plein.

— amélioré hâtif.

Cresson de jardin.

Pois de Clamart tardif.

Radis rose.

— écarlate.

— rose tout blanc.

Radis rose de Chine.

Raiponce.

Salsifis blanc.

Scolyme d'Espagne.

SEPTEMBRE

En pleine terre, on sème :

Carotte à châssis.

Chicorée de la Passion.

— de Meaux.

— Reine d'hiver.

Chou express.

— hâtif d'Étampes.

— préfin.

— d'York.

— cœur-de-bœuf gros.

— pommé d'Erfurt.

Chou-fleur demi-dur de Paris.

Chou-fleur nain d'Erfurt.

— Lenormand.

— de St-Brieuc.

— dur d'Angleterre.

Tous les brocolis.

Épinard de Flandre.

— monstrueux de Viroflay.

— rond.

— d'Angleterre.

— feuille de laitue.

Laitue gotte.

— gotte lente à monter.

Laitue de la Passion.

— rouge d'hiver.

Romaine rouge d'hiver.

— verte d'hiver.

Navets, toutes les variétés.

Oignon blanc, toutes les variétés.

Radis rose de Chine.

OCTOBRE

Quand la saison est belle, on peut encore semer en pleine terre :

Mâche, toutes les variétés.   Laitue crêpe.

Laitue rouge d'hiver.   Romaine rouge d'hiver.

— de la Passion.   — verte.

Pour repiquer sous cloches, excepté la laitue rouge d'hiver, qui reste en pleine terre.

NOVEMBRE

Rien à semer : il y a qu'à abriter les semis des mois précédents des gelées.

DÉCEMBRE

Rien à semer ; on se prépare pour monter les couches chaudes le mois suivant et semer tout ce qui doit être élevé sous cloches.

J'ai simplement indiqué l'époque des semis de chaque variété dans ce chapitre, pour éviter les erreurs, en rendant les recherches plus faciles.(Voir aux cultures spéciales de chaque variété pour la culture et les soins à leur donner et les dernières époques de semis.)

Il va sans dire que les époques des semis doivent être retardes de quinze jours dans l'extrême Nord; comme elles doivent être avancées de quinze jours à trois semaines, et même un mois, dans le Midi.

CHAPITRE VII

CHOIX DES SEMENCES. — MANIÈRE DE LES CULTIVER. — DURÉE DE LEURS FACULTÉS GERMINATIVES.

Le choix des graines a une grande importance, et c'est souvent la chose dont on se préoccupe le moins. On a besoin de semence ; on envoie un domestique en acheter n'importe où.

N'oublions pas que les semis faits avec les meilleures graines ont contre eux toutes les mauvaises chances: insuffisance de préparation du sol, manque d'arrosement, semis mal faits, dans une terre dure, trop mouillée, ou en temps inopportun, manque de terreaux, attaques des insectes, etc. Ces mauvaises chances se multiplient à l'infini avec des semences de qualité médiocre.

Règle générale : on ne doit acheter des semences que dans les maisons qui, non seulement en font une spécialité, mais encore cultivent les graines qu'elles expédient. Dans ce cas seulement, on est assuré d'avoir ce que l'on demande, et des graines excellentes. Les maisons qui cultivent se respectent ; elles tiennent avant tout à leur réputation, et ne vendent que ce dont elles sont sûres. En outre, l'acquéreur peut trouver là les renseignements les plus utiles sur la valeur des variétés.

Il n'en est pas de même dans les maisons où l'on fait simplement le *commerce des graines*, comme les épiciers, merciers, et même des pépiniéristes qui, ayant une clientèle trop restreinte, se mettent à vendre des graines, *uniquement pour se faire des sous*. La culture des graines demande un sol et des conditions de culture toutes spéciales, devant être faites dans des conditions spéciales, et par un homme s'y consacrant tout entier.

Si un pépiniériste marchand de graines (il n'y en a pas dix en France) essaye de cultiver des graines dans ses pépinières, il ruinera ses arbres sans récolter de graines et ne livrera que des produits de rebut en arbres et en graines.

Le vendeur vend une chose qu'il ne connaît pas ; il est marchand avant tout, et par conséquent achète de la *marchandise* aux sources les plus économiques et de toutes les provenances. De là, des erreurs sans fin dans les variétés, dont le marchand est la première victime, et des achats à très bon compte de vieilles semences, levant peu, et souvent point du tout.

En outre, le propriétaire a le plus grand intérêt à acheter ses semences lui-même, et à les demander directement au producteur. Les intermédiaires de toutes sortes ont contracté des habitudes de remises qui empêchent les maisons honnêtes de leur livrer ; alors ils s'adressent à celles qui les attirent, et Dieu sait quels achats ils font !

Les bonnes semences sont une certaine valeur : elles exigent des frais de culture considérables, et beaucoup de main-d'œuvre pour le triage, le nettoyage, l'empaquetage, l'expédition. Elles ont toujours leur prix, et celles-là sont les meilleur marché. Quant aux graines à bon compte, leur résultat, trop connu, me dispense d'en dire davantage.

Les graines doivent être parfaitement nettoyées : c'est un indice de bonne provenance ; elles doivent être nourries, bien pleines, et même lourdes relativement. Des graines mal nettoyées contiennent moitié de grains vides ; il faut qu'elles passent au ventilateur, qui chasse tous les grains vides et mal remplis ; dans ce cas seulement on obtient des semences d'élite.

Les producteurs spéciaux traitent leurs graines ainsi, évitent le concours des intermédiaires, les remises aux domestiques, et refusent énergiquement tout dépôt en province.

Le propriétaire a donc le plus grand intérêt à se pourvoir de bonnes semences et de variétés certaines, chose facile en les prenant à bonne source. La dépense est minime en comparaison des résultats qu'elle donne et elle peut être, sinon supprimée, mais au moins notablement diminuée les années suivantes, par la récolte d'une grande partie des graines dans le potager.

Quand le propriétaire s'occupera de son jardin, et surtout pourra y donner les soins nécessaires, il aura toujours avantage à récolter quelques graines ; mais, pour les obtenir bonnes, il faut rompre avec les coutumes du passé, et bien se garder de cultiver les graines dans une terre richement fumée. Cela se fait à peu près partout, je le sais ; mais c'est un moyen infaillible d'obtenir des semences déplorables.

Nous voulons du grain, et non du fourrage sans grain, ou plutôt nous ne tenons nullement à obtenir une belle tige, mais des semences bien constituées pour reproduire fidèlement le type semé.

Cela n'est possible que dans une terre épuisée d'engrais et saturée de potasse, où la tige se développe assez lentement pour permettre à tous les sucs de s'élaborer.

Il faut, en outre, que les plantes à graines soient placées très loin des arbres ; l'ombrage ne leur est pas mortel, mais la graine ne se forme pas. Les tiges s'allongent démesurément, fleurissent à peine, et ne forment pas de graines.

Il faut aux plantes à graines tout le sol, de l'air en quantité, et surtout le soleil en plein ; sinon, pas de graines.

Le carré D offre toutes les conditions désirables pour obtenir les meilleurs résultats : des tiges médiocres, mais des graines puissamment organisées.

Nous cultiverons donc toutes nos plantes à graines dans le carré D, épuisé d'engrais récents, et pourvu de potasse par le cendrage de l'année précédente, pour éviter les échecs.

Disons encore que, pour conserver les variétés dans toute leur pureté, il faut changer les semences de sol, c'est-à-dire éviter de semer dans le même jardin les graines qui y ont été récoltées, sous peine de dégénérescence, même en cultivant les variétés les plus pures et les plantes à graines, comme je l'indique.

Voici ce qu'il faut faire quand on s'est procuré de bonnes semences : les partager avec un parent ou un ami ayant un jardin à une certaine distance du vôtre, cultiver chacun, et dans les conditions que j'indique, les plantes pour graines et échanger les semences chaque année.

En opérant ainsi, on peut être certain de conserver les variétés dans toute leur pureté, et de gagner énormément sur le produit.

Il ne suffit pas encore de planter les porte-graines dans les conditions que j'indique, pour obtenir des semences d'élite; il faut encore ne récolter que des graines de premier choix. On obtient ce résultat en supprimant toutes les têtes faibles, mal constituées, afin de concentrer toute l'énergie vitale de la plante sur celles que l'on conserve.

Pour éviter les échecs aux personnes qui voudront récolter des graines, j'indique aux *Cultures spéciales* les précautions à prendre pour choisir les porte-graines de chaque espèce et les soins à leur donner.

Les graines doivent, en outre, être récoltées très mûres; c'est la première garantie d'une très bonne reproduction.

Le meilleur mode de conservation est de les mettre
dans des petits sacs de toile que l'on serre dans un
casier ou un placard, dans une pièce très saine où le
soleil ne pénètre pas, et où il ne fasse jamais ni trop
chaud ni trop froid.

Toutes les graines ne conservent pas leurs facultés
germinatives pendant le même laps de temps. Toutes
choses égales d'ailleurs, il est toujours avantageux
de semer des graines nouvelles ; mais, dans le cas où
le propriétaire aurait acheté trop de graines, ou dans
celui où la récolte aurait manqué, je donne dans le
tableau suivant la durée moyenne de la faculté ger-
minative des graines des principales espèces afin de
les semer en toute assurance de succès pendant ce laps
de temps :

Asperges	2 ans.	Laitue	2 ans.
Betteraves	3 —	Lentille	2 —
Cardon	4 —	Mâche	4 —
Carotte	2 —	Melon	4 —
Céleri	2 —	Navet	3 —
Cerfeuil	2 —	Oignon	3 —
Chicorée	3 —	Oseille	2 —
Chou	4 —	Panais	1 —
Chou-fleur	4 —	Persil	2 —
Concombre	4 —	Pimprenelle	2 —
Épinard	2 —	Poireau	2 —
Fève	3 —	Pois	3 —
Fraisier	3 —	Radis	3 —
Haricot	3 —	Raiponce	4 —

Salsifis. . . .,	3 ans.	Tétragone. . .	4 ans.
Sarriette . . .	2 —	Tomate . . .	3 —
Scorsonère . .	1 —		

Beaucoup de graines, si elles sont bien soignées, se conserveront plus longtemps, mais il est prudent de changer les semences, achetées ou récoltées, lorsqu'elles auront atteint les époques que j'indique.

CHAPITRE VIII

EXPÉDITIONS DE GRAINES POTAGÈRES DES CULTURES GRESSENT, DONNÉES A M. A. BLANCHE, EN MAI 1887, A SANNOIS (SEINE-ET-OISE).

Depuis longues années, j'ai entrepris d'expérimenter toutes les variétés de légumes connues, pour former une liste des meilleures. En un mot, j'ai fait pour les légumes et pour les fleurs ce que j'avais accompli et continue à faire pour les fruits : *éliminer tout ce qui végète lentement, et de mauvaise qualité ou peu productif, pour ne choisir que des variétés d'élite, de qualité supérieure, très fertiles, et accomplissant promptement leur végétation.*

Les bons légumes étaient presque inconnus dans la plupart de nos départements ; j'ai considéré leur introduction dans toute la France, non seulement comme une question d'hygiène et de salubrité, mais encore comme une question alimentaire.

Il est aussi facile de cultiver une bonne variété qu'une mauvaise ; cela ne demande ni plus de travail ni plus de dépense, et on récolte un produit excellent, abondant, à la place d'une drogue sans nom, du rendement le plus chétif.

Quelques potagers de château étaient assez bien approvisionnés ; les besoins du propriétaire ont appelé ce progrès, mais il ne dépassait pas la limite du château. La plupart de nos marchés de province étaient entièrement dépourvus de légumes ; la classe moyenne s'en procurait avec difficulté, et la classe ouvrière en manquait totalement.

Les serviteurs agricoles en étaient réduits, pendant l'hiver, à la viande salée, aux pommes de terre et aux haricots quand l'année était bonne ; les ouvriers de fabrique étaient plus mal nourris encore ; ils ne trouvaient rien sur le marché. Rien de plus facile que de donner à tous une nourriture saine et abondante, de la salade en tout temps, et cela en créant d'excellentes positions aux cultivateurs, et en doublant la valeur foncière des terres : c'est le résultat obtenu en dix-huit années par mes cultures de graines de variétés d'élite.

J'avais bien indiqué, dans mes cours et dans mes livres, les variétés à cultiver, comme les cultures à faire pour alimenter abondamment les marchés d'excellents légumes, à la portée de toutes les bourses.

La culture a bien avancé, mais on continuait à cultiver *les variétés du pays*. C'était une grande amélioration assurément, il y avait progrès ; mais cela n'atteignait pas le but que je m'étais proposé. On récoltait beaucoup *plus* qu'avant ; mais ce *plus* était de mauvaise qualité, et formait à peine la moitié de ce que l'on pouvait obtenir avec de bonnes variétés.

Deux obstacles sérieux se sont produits pour empêcher les bonnes variétés de se répandre vite en province, et cela autant pour les petits rentiers que pour les instituteurs, qui ont rendu et rendent encore aux communes de si grands services avec leurs jardins.

1° La difficulté de trouver dans la même maison toutes les variétés que je recommandais. Les propriétaires demandaient bien toutes ces variétés; mais, ne pouvant en obtenir qu'une partie, ils étaient forcés de faire une culture incomplète, faute de trouver ce qui leur était nécessaire, après cent démarches.

2° Les quantités que le commerce imposait aux acheteurs, quantités dépassant leurs besoins et les obligeant à faire des factures au-dessus de leurs moyens.

3° Le prix des ports et celui des emballages, excédant quelquefois la valeur des graines. C'était un obstacle insurmontable pour les instituteurs, dont les ressources sont loin d'égaler le zèle, et que cette question, grosse pour leurs bourses, arrêtait court.

Vivement sollicité par les instituteurs et la majeure

partie de mes auditeurs et de mes lecteurs de les tirer d'embarras, et voulant la fin de cet état de choses ; voulant surmonter un obstacle énorme à un progrès des plus nécessaires à tous, j'ai pris le parti de faire ce que le commerce n'avait pas voulu exécuter. Mon but a été promptement atteint, en opérant ainsi :

1° En cultivant les semences de toutes les variétés que je recommande, afin de les avoir toujours toutes très pures, et réunies chez moi ;

2° En faisant des paquets de graines suffisants pour ensemencer les plus petits jardins, et non des hectares ;

3° En expédiant les petites graines *franco par la poste*, jusqu'au poids de 500 grammes ;

4° En ne comptant les emballages que ce qu'ils me coûtent et en employant les procédés les plus économiques pour l'expédition.

Grâce à un sacrifice annuel de 3,000 à 4,000 francs de droits de poste, le résultat a dépassé tout ce que je pouvais espérer. Les instituteurs de toutes les contrées de la France ont aussitôt fait venir ce que leur budget leur permettait de prendre. Chaque année, ils complètent leurs variétés, et grâce à eux les bons légumes sont introduits et cultivés aujourd'hui dans une foule de localités de tous les départements, à la grande satisfaction des habitants.

J'ai commencé mon œuvre de propagande hygiénique et alimentaire en 1870 et, grâce aux sacrifices que je me suis imposés, elle a marché avec une rapidité vertigineuse, malgré les tristes événements qui nous ont condamnés au repos pendant près de deux années.

Aujourd'hui mon œuvre est accomplie en grande partie ; grâce à mon initiative, beaucoup de nouveaux cultivateurs s'enrichissent avec la culture des bons légumes dans de nombreuses communes de France ; les marchés s'approvisionnent, et la classe ouvrière est plus abondamment et plus sainement nourrie.

Depuis, on m'a demandé de faire pour les fleurs ce que j'avais fait pour les légumes ; aussitôt j'ai réuni les plus belles collections de fleurs, et les ai cultivées en grand, pour les répandre partout.

La culture des graines m'a débordé ; elle m'a obligé à réinstaller de grandes cultures dans plusieurs départements. C'est plus de peine que je ne voulais m'en donner ; le résultat obtenu m'a fait oublier le mal, car mon but est presque atteint : alimentation large pour tous ; luxe de fleurs partout; travail créé à beaucoup par l'extension de ces cultures, c'est-à-dire ABONDANCE ET BIEN-ÊTRE POUR TOUS PAR LE TRAVAIL INTELLIGENT.

Voulant achever complètement mon œuvre, trois choses m'ont permis d'y ajouter des améliorations importantes : 1° de vastes cultures loin de Paris, à l'abri des maraudeurs et avec la main-d'œuvre à un prix acceptable; 2° la création des colis postaux pouvant lutter contre la spéculation honteuse sur les graines de première nécessité, et 3° le partage des améliorations survenues dans les moyens de transport entre mes clients et moi.

En 1880, des spéculateurs avaient acheté toute la graine d'oignon de la France et de l'Étranger ; les prix de 10 à 15 francs ont été portés à 25, ensuite à 40, 50 et 80 francs. Tous les déclassés de province ont trouvé des moyens d'existence dans la vente de la graine d'oignon, qu'ils ont fait payer 250 francs le kilogramme et plus en détail, aux moins favorisés de la fortune.

Les graines de poireaux et de salades menaçaient de prendre la même voie que celle d'oignons.

Devant cet état de choses, j'ai pu conserver les anciens tarifs pour assurer l'alimentation.

Le résultat était prévu ; j'avais une bonne récolte ; elle a presque suffi aux demandes.

La création des colis postaux (3 kil.) et celle du tarif des colis (5 kil.) à un prix uniforme pour toutes les distances m'ont permis d'étendre mon œuvre de propagande aux pois, aux haricots, aux fèves, aux pommes de terre hâtives, etc. etc., ne pouvant s'expédier par la poste, et payant souvent un port triple de leur valeur, pour les petits envois.

J'ai fait un nouveau sacrifice d'argent sur le port des colis de 3 et 5 kilogrammes, et grâce à cette mesure les petits colis seront expédiés pour quelques centimes dans toute la France.

CONDITIONS D'EXPÉDITION DE GRAINES ACCEPTÉES PAR M. A. BLANCHE, FRANCO, PAR LA POSTE

J'expédie *franco, par la poste*, toutes les petites graines jusqu'au poids de 500 grammes.

Les pois, les haricots, les fèves, le blanc de champignons, et toutes les grosses graines, trop lourdes ou trop volumineuses, ne peuvent s'expédier par la poste.

Toutes les petites graines, *expédiées franco par la poste*, parviennent en *quarante-huit heures* dans le village le plus privé de communication.

COLIS POSTAUX EXPÉDIÉS PAR CHEMIN DE FER

Toutes les grosses graines : pois, haricots, fèves, blanc de champignons, pommes de terre, etc. etc., et les petites excédant le poids de 500 GRAMMES jusqu'à 3 KILOGRAMMES sont expédiées par chemin de fer comme colis postal, aux conditions suivantes :

COLIS POSTAUX de 500 grammes à 3 kilos (2 kilos 700 gr. net de graines, les enveloppes pèsent 300 gr.) FRANCO EN GARE pour les commandes s'élevant à *huit francs*.

Le même à domicile 25 cent. en plus.

Les commandes INFÉRIEURES A QUATRE fr. payeront :

Livrables en gare. . . 0 fr. 40 c.
— à domicile. . » 65 c.

Ce tarif est pour toutes les distances.

Celles de 4 à 8 francs payeront :

Franco en gare. . . . . 0 fr. 25 c.
— à domicile . . . » 50 c.

COLIS DE CINQ KILOGRAMMES

Pour toutes les lignes ET TOUTES LES DISTANCES :

Le colis de 5 kilos, donnant 4 kilos 500 gr. net de graines, l'emballage pèse 500 gr.

Livrables en gare. . . . . . 0 fr. 50 c.
— à domicile. . . . 0 fr. 75 c.

On ne peut faire livrer à domicile que dans les localités pourvues d'un factage de chemin de fer.

Grâce aux sacrifices que j'avais faits sur les transports, surtout à la sûreté des variétés expédiées et à la promptitude des expéditions, mes envois de graines, faits dans le principe uniquement pour venir au secours des instituteurs primaires, sont devenus en quelques années une affaire des plus importantes. Tout le monde s'est joint aux instituteurs et a demandé des graines, dont la qualité en même temps que la modicité des prix étaient inconnues du public.

Le commerce qui n'avait voulu rien faire s'est ému de mon succès. Une partie m'a demandé à *acheter mon fonds ;* l'autre a essayé de le prendre.

Les uns se sont dits mes dépositaires, les autres mes correspondants, d'autres mes associés ; il en est même qui se disent mes *successeurs.*

J'ai répondu aux premiers par un refus, et aux seconds par le mépris.

Je n'ai pas voulu vendre au commerce parce qu'il eût immédiatement élevé mes prix, supprimé la franchise de port et les primes d'almanachs et de livres, si utiles à tous.

C'eût été tuer une affaire que j'avais eu tant de peine à puissamment organiser à la grande satisfaction de tous.

J'ai préféré DONNER mon exploitation de graines à M. A. BLANCHE, mon ancien chef d'expédition, à la seule charge de conserver mes tarifs, les franchises de ports, les primes, et d'annoncer mes livres à la quatrième page de ses catalogues.

M. A. BLANCHE *est en possession de mon exploitation de graines depuis le* 14 mai 1887. *Depuis cette époque je ne suis plus rien dans les graines : les commandes et les mandats de poste les concernant, comme les réclamations, doivent être adressés à* M. A. BLANCHE, *seul propriétaire des cultures Gressent à* SANNOIS *(Seine-et-Oise).*

C'est le dernier sacrifice que j'ai dû faire pour vous, chers lecteurs, afin de vous assurer dans l'avenir les avantages de ma création.

Toutes demandes de graines ou de catalogues doivent être adressées ainsi : M. A. BLANCHE, graines, à SANNOIS *(Seine-et-Oise).*

QUATRIÈME PARTIE

CULTURE INTENSIVE

CHAPITRE PREMIER

POTAGER DU PROPRIÉTAIRE

ENGRAIS ; ASSOLEMENT ; SON INTRODUCTION ; VARIÉTÉS
A CULTIVER

J'exclus à dessein de ce livre le potager du château, des grandes maisons, dans lesquelles on ne
compte pas, ayant toujours un ou plusieurs jardiniers
plus ou moins habiles, et avec lesquels on arrive à
alimenter la cuisine, n'importe à quel prix. Si cependant quelques grands propriétaires, s'occupant un
peu de culture, trouvent le prix de revient de leurs
légumes par trop exorbitant, nous leur fournirons
tous les moyens d'y remédier. J'entends par *potager
du propriétaire* celui d'une maison ayant une fortune
de dix à trente mille francs de revenus, assez grand
pour fournir la provision de légumes à la campagne
pendant l'été, et celle de la ville pendant tout l'hiver.

Nous supposons donc qu'il y a dans la maison au

moins un cheval et une vache, avec une basse-cour. C'est notre point de départ pour la fabrication des engrais.

SERVICE DES ENGRAIS

Avant toute autre chose, on doit organiser le service des engrais. Admettons que la maison possède de deux à quatre chevaux, deux ou trois vaches, des porcs et une basse-cour bien organisée. Il s'agit, avec le fumier de ces animaux, de pourvoir aux besoins, sinon d'un grand parc, mais au moins d'un spacieux jardin, orné de nombreuses corbeilles de fleurs, à ceux du jardin fruitier et du potager. Cela se peut avec de l'activité, une sage distribution des engrais, et avec une fabrique de fumier fonctionnant sans cesse.

ENGRAIS LIQUIDES

Notre premier soin sera d'installer la fabrique d'engrais et de construire au centre une fosse à engrais liquide, dans laquelle nous amènerons, par des conduits souterrains, le purin des écuries, de l'étable, toutes les eaux ménagères de l'habitation et des communs, et où nous ajouterons le produit des fosses mobiles, avec les curures de poulailler et de pigeonnier. (Voir *Fabrication des engrais*, pages 124 et suivantes.)

FUMIER

Le fumier des chevaux sera conservé en mulons, comme nous l'avons dit page 133, pour la confection des couches. On mettra également en réserve, pour le même objet, les feuilles ramassées dans le parc.

COMPOSTS

Il nous reste le fumier des vaches, des porcs et de la basse-cour : il faut avec cette ressource, faible en apparence, et nos engrais liquides, fabriquer des masses de composts, en y ajoutant :

Toutes les herbes du potager, les débris de cuisine, les balayures de la maison et des cours, de la tannée, de la sciure de bois ; au besoin des genêts, des ajoncs, des mousses recueillies dans les bois ; les herbes de mer, les roseaux des étangs, et même les vases, lorsqu'elles ont été égouttées quinze jours et mêlées à un peu de chaux vive.

La fabrique de composts ne doit jamais rester au repos ; il y a toujours de quoi l'alimenter *quand on le veut*. (Voir pages 134 et suivantes.)

ASSOLEMENT DE QUATRE ANS

L'assolement le plus avantageux, pour le potager du propriétaire, est celui de quatre ans ; mais, comme il est urgent que le propriétaire soit abondamment pourvu de tout, il sera utile de réserver, en dehors de l'assolement, l'espace nécessaire pour créer un plant d'asperges et un carré d'artichauts.

Ces deux cultures devront occuper chacune un espace égal à un des quatre carrés assolés à quatre ans.

« Cela fera beaucoup d'asperges et d'artichauts ! » me dira-t-on avec raison. C'est vrai ; mais, pour avoir assez, il faut cultiver trop pour parer aux mauvaises années, et on vend le surplus dans les bonnes, pour payer une partie des dépenses ou faire une bonne œuvre.

Dans le cas où l'on cultiverait les artichauts comme plante annuelle (voir *Artichauts*, plus loin, aux *Cultures spéciales*), on ne réserverait qu'un carré pour les asperges, et l'emplacement de celui des artichauts serait réparti en proportion égale dans les carrés A, B, C et D.

Le plant d'asperges peut donner d'excellents produits pendant vingt ans, s'il est bien soigné. Le carré d'artichauts cultivés à demeure ne restera que quatre ans ; son étendue étant égale à celle des carrés d'assolement, et les artichauts ayant, en quatre ans, reçu quatre fumures successives, nous les transporterons dans le carré A de l'assolement, et nous placerons les cultures destinées au carré A, dans l'ancien carré d'artichauts, sans rien changer à notre assolement. Quatre ans plus tard, nous remettrons nos artichauts dans le carré voisin, et nous leur ferons occuper successivement tous les carrés de l'assolement. En opérant ainsi, les artichauts ne reviendront que tous les

vingt ans dàns le mème carré, pour ainsi dire dans
une terre neuve pour cette culture, et où ils donneront
toujours de magnifiques, d'excellentes et d'abondantes
récoltes, gràce à l'observation de la loi de l'alternance.

Lorsque les asperges seront épuisées, on devra également en créer un nouveau plant dans un autre carré,
et faire rentrer dans l'assolement, par le carré A,
celui qui les portait. L'assolement, je ne saurais trop
le répéter, est la clef de la richesse du potager, et ce
n'est que par lui, avec ses fumures, ses cendrages et ses
récoltes régulières que l'on peut être assuré de produire abondamment, avec moins de main-d'œuvre et
sans plus d'engrais. Mais, pour obtenir ces résultats,
il faut que l'assolement soit appliqué à la lettre et
non *à peu près*. Beaucoup de jardiniers, qui n'en com-
prenaient pas toute l'importance, nous disaient,
lorsque nous l'avons introduit dans leurs jardins : « Je
fais à peu près cela ; seulement je donne moins de fumier au carré A et j'en donne un peu à tous les
autres ; cela vaut mieux. » Ils pourront cultiver ainsi
pendant de longues années ; ils dépenseront plus de
main-d'œuvre et une plus grande quantité d'engrais,
sans amener leur terre à l'*état de culture*, c'est-à-dire
à la saturer assez complètement et assez régulièrement d'humus pour l'amener au plus haut degré
de puissance et de fertilité, dans toutes les parties du
jardin.

Presque partout les mêmes produits, surtout ceux
qui demandent beaucoup d'engrais, reviennent tous

les ans sur les mêmes planches, notamment dans les plates-bandes, pour lesquelles le jardinier a une prédilection toute particulière, parce qu'il prétend qu'elles sont *bien graissées.*

Et, chaque année, il charge ces plates-bandes des mêmes récoltes épuisantes, et leur donne une demi-fumure ; et, comme la plupart du temps il ne fait ni composts ni couches, les engrais lui manquent, et le reste du jardin s'en passe. Le jardinier dit alors : « J'ai bien *graissé* mes plates-bandes ; *y* a pas besoin de fumier pour faire les pommes de terre, les haricots, etc., etc., » et il obtient les résultats que tout le monde connaît.

Nous avons eu, au début, toutes les peines du monde à introduire un assolement régulier dans certains potagers où les propriétaires nous avaient prié de guider leurs jardiniers. Cette régularité de culture blessait les habitudes reçues, dérangeait la manière de faire ; changer les couches de place surtout leur semblait quelque chose de monstrueux. Les propriétaires voulaient ; nous avons persévéré, et je suis heureux de constater aujourd'hui, après plus de vingt-cinq années d'application, que les jardiniers les plus opposés dans le principe à l'assolement, ceux auxquels nous l'avons imposé, en sont aujourd'hui les plus chauds partisans. Ils disent qu'aucun jardin ne peut être comparé au leur *et que la culture s'y fait toute seule.* Cela est vrai jusqu'à un certain point, ils ont accompli plusieurs rotations ; leur jardin est ce qu'on appelle *à l'état de culture* dans

toutes ses parties, et la fertilité est la compagne inséparable d'une culture aussi efficace que répara-
trice.

Si la maison du propriétaire a une certaine importance, qu'il habite la campagne l'été, la ville l'hiver,
et qu'il veuille s'approvisionner toute l'année avec
son potager, il devra appliquer à la lettre l'assolement de quatre ans, tel que je viens de l'indiquer, avec
six carrés d'égale grandeur : quatre seront destinés à
l'assolement; les deux autres : l'un aux asperges,
l'autre aux artichauts, et rentreront dans l'assolement
lorsque ces deux cultures auront été déplacées pour
occuper successivement tous les carrés.

Comme il faut attendre trois ans avant de pouvoir
récolter des asperges, il faudra, dès que la production
commencera à diminuer, créer d'abord la moitié d'un
carré d'asperges et détruire la moitié du carré existant,
c'est-à-dire conserver strictement ce qui sera nécessaire pour l'approvisionnement de la maison, et supprimer la vente ou les cadeaux, afin de ne point
entraver les autres cultures, et de leur laisser toujours
la même étendue de terrain. Dès que la moitié du
carré nouvellement planté sera en état de rapporter,
on plantera l'autre moitié, et l'on détruira complètement l'ancien carré, qui rentrera tout entier dans
l'assolement. Nous créons des carrés d'asperges un
peu trop grands, pour pouvoir les replanter par
moitié dans un autre carré, afin de n'être jamais
privé de ce précieux légume, en avoir assez avec un
demi-carré, et trouver une indemnité élevée dans la

vente de l'autre moitié, lorsque tout le carré est en rapport.

On emploie les vieilles griffes arrachées pour faire sur couches des *asperges aux petits pois*, pendant l'hiver. (Voir *Asperges vertes*, plus loin, aux *Cultures spéciales*.)

En adoptant cet assolement à la lettre, et avec assez de couches, le propriétaire sera toujours abondamment pourvu de toutes espèces de légumes et de primeurs pendant toute l'année.

Il est des propriétaires qui, par économie mal entendue, et peut-être aussi encore sous l'empire de ce préjugé *que les couches coûtent cher*, voudraient appliquer l'assolement sans couches. Ce sera une économie ruineuse pour eux, et je vais le leur prouver.

Voyons à quelles dépenses entraînent les couches. Si le parc est un peu grand et orné d'un certain nombre de corbeilles, il faudra d'abord soigner les fleurs; c'est l'affaire du jardinier en chef; il s'en acquitte comme de la direction du potager. Il faut, en outre, ratisser les allées une fois par semaine, tondre les bordures, exécuter les gros travaux du potager; c'est la mission du garçon jardinier. Un aide-jardinier est indispensable dans une propriété un peu étendue; cet aide coûte en moyenne 800 francs par an. Si le propriétaire veut faire une fausse économie, se passer de ce garçon jardinier et le remplacer par des hommes de journée, sous le prétexte qu'il n'habite sa campagne que de mai à novembre, voici ce qui arrivera.

Les hommes de journée sont rares à la campagne, surtout pendant l'été; ils coûtent de 3 à 5 francs par jour à la culture ; mais, dès l'instant où il faudra aller travailler chez un *bourgeois qui estriche*, ils exigeront davantage et travailleront moins. Un homme de journée à 5 francs, du premier mai au 31 octobre, coûtera au propriétaire 920 francs. Pour cette somme, il donnera à son jardinier un mauvais aide, incapable d'exécuter passablement le moindre travail de jardinage ; ce sera plutôt une force motrice qu'un aide, et encore cette force motrice manquera-t-elle au jardinier, quand il en aura le plus grand besoin, parce qu'elle est louée à la journée, et s'arrête toujours à l'heure.

Ainsi, pendant les chaleurs torrides de juillet et d'août, où il faut arroser le potager deux fois par jour, le jardinier sera seul pour exécuter ce pénible travail ; il sera à sa dure besogne dès trois heures du matin, et, ce qui est matériellement impossible, il n'aura rien à réclamer à son aide ; ce dernier lui montrera l'horloge marquant cinq heures : c'est l'heure à laquelle commençait la journée autrefois, maintenant elle commence à six heures. Le soir, l'aide part à sept heures ; c'est l'heure, il n'y a rien à dire à cela ; et le jardinier arrose jusqu'à neuf et quelquefois dix heures, au clair de la lune. Cet aide coûte 120 francs de plus qu'un garçon qui travaille avec ardeur ; parce qu'il apprend un état, et est toujours à côté du jardinier, qui le fait lever en même temps que lui, et ne l'envoie coucher que lorsqu'il y va lui-même.

Le propriétaire ennemi du garçon jardinier me dira :
« Mais l'hiver, que ferai-je de ce garçon que je paye
également? » A ce, je lui répondrai : « Monsieur, votre
garçon vous coûte 120 francs de moins qu'un homme
de journée qui n'eût pas fait la moitié de son travail.
J'avoue que, si vous n'avez pas de couches, de châssis
et de cloches, il arrivera assez souvent, lorsque les
plantations et les labours d'hiver seront terminés, à
votre garçon jardinier de ne pas faire grand'chose,
et à votre jardinier de se reposer complètement de
ses fatigues de l'été. Vous aimez l'activité, Monsieur,
et vous avez raison ; donnez des châssis et des cloches
à vos deux hommes, laissez-les faire des couches ; ils
vous enverront à la ville pendant tout l'hiver des salades, des pois, des haricots verts, des melons, des
tomates, etc. Vous aurez la satisfaction d'avoir des
primeurs qui ne vous coûteront que l'achat du verre ;
leur culture occupera vos jardiniers, qui, en vous donnant une grande satisfaction, amélioreront, par la
confection des couches, les fumiers destinés à l'enfouissement, et obtiendront du plant de toutes choses, qui
apportera la plus grande abondance comme la plus
grande précocité dans votre potager, au printemps. »

Il est prouvé que le fumier qui a servi à faire des
couches et a produit gratuitement, pour la main-
d'œuvre et l'achat, une récolte de primeurs et l'élevage des plantes de pleine terre est préférable au
fumier frais pour l'enfouissement. Jusqu'ici tout est
bénéfice ; reste l'achat du verre. Je tiens à vous con-

vaincre dans votre propre intérêt; voyons ce que coûte
le verre.

Les châssis en fer et en bois, de 1ᵐ,30 en tous
sens (c'est la meilleure dimension), valent de 10 à
11 francs.

Le verre simple ne vaut rien : il est cassé tout de
suite. Le verre demi-double tout coupé pour le vitrage
d'un châssis vaut de 6 à 8 francs par châssis. Je fais
dans ce prix la part de l'augmentation du fer et du
verre.

Donnez à votre jardinier 25 panneaux de châssis,
en bois et en fer, vitrés en verre demi-double, qui
vous coûteront au maximum :

25 châssis à 11 fr.	275 fr.
25 vitrages à 8 fr.	200
Ajoutez à cela :	
150 cloches à boutons à 1 fr.	150
	625 fr.

Ce matériel est suffisant pour obtenir toutes les
primeurs et tous les melons désirables; il durera
vingt ans au moins; c'est donc une dépense de 31 fr.
21 cent. à faire chaque année pour vos melons et
pour vos primeurs. Vendez quinze melons, à 2 fr. (on
en trouve le débit partout à ce prix-là), vous aurez des
melons et des primeurs pour rien, et de plus vous
aurez bonifié vos cultures avec le bénéfice additionnel des terreaux et des paillis.

Pour achever de convaincre les ennemis des

couches, faut-il leur établir le compte que je faisais journellement aux propriétaires qui venaient visiter mon jardin d'Orléans, avant que l'inondation de 1866 ne l'eût détruit, et me disaient en voyant mes melons et mes légumes : « Quelle production ! C'est superbe ; mais comme cela doit vous coûter cher ! » A quoi je répondais : « J'achète, chaque année, au mois de janvier, deux voitures de fumier pour monter une couche chaude de deux châssis ; sur l'un je sème mes melons, et sur l'autre mes légumes de primeur. Au mois de février, j'achète environ trois voitures du même fumier d'auberge, le meilleur de tous, avec lequel je monte une seconde couche chaude, qui me sert à repiquer mes melons en pépinière, et au mois d'avril 'achète encore trois voitures du même fumier, qui, mêlé avec des feuilles ou de la mousse, sert à la confection des couches tièdes, sur lesquelles je mets en place, sous cloches, les melons de dernière saison.

Total, huit voitures de bon fumier d'auberge
à 10 fr. . . . .   80 fr.

Plus, environ 3 mètres de crottin ramassé
par les vieillards et les enfants, à 5 fr. . .   15 fr.

Total général de la dépense pour une année.   95 fr.

« Avec les 3 mètres de crottin de cheval et les eaux ménagères, je fabrique environ dix voitures d'excellents composts, en les mêlant aux détritus du potager, du jardin fruitier et de la cuisine. Mes composts, joints

aux fumiers provenant de la démolition des couches,
sont plus que suffisants pour fumer mon potager,
soumis à l'assolement de quatre ans. Chaque année
je fais pailler le jardin fruitier avec mon excédent de
fumier ; en outre, les couches me donnent des quantités de terreau considérables.

« Ma dépense totale d'engrais est de 95 francs par
an. J'ai environ 12 ares de potager ; la terre est en
parfait état de culture, et ces 12 ares, cultivés *quand
on a le temps*, me produisent annuellement :

« 1° Deux cents melons de première qualité ;

« 2° Tout ce qu'il est possible de désirer en légumes
pour ma maison, se composant de trois maîtres et
deux domestiques ;

« 3° L'approvisionnement complet de mon jardinier et de sa famille, composée de six personnes ;

« 4° Le surplus de certaines récoltes tellement abondantes qu'il est impossible de les consommer, telles
que pois, artichauts, haricots, etc.

« Il en était vendu environ pour 80 francs par an,
donnés comme gratification à mes hommes. »

Je dois dire, pour rendre hommage à la vérité, que
mon potager était cultivé dans les plus mauvaises conditions. Il me servait pendant l'hiver à enterrer provisoirement les arbres destinés aux expéditions et à
la création des jardins fruitiers (je faisais de la pépinière alors). Souvent j'ai été obligé de garder des réserves d'arbres jusqu'en mars et même en avril. Ce n'est
que vers la fin de ce mois, et quand mes élèves n'étaient
pas trop pressés de travaux au dehors, que je mettais

mon potager entièrement en culture ; et, dans ces déplorables conditions, 12 ares que je fécondais avec une
dépense de 95 francs me produisaient annuellement :

1° Deux cents melons ;

2° Des légumes pour onze personnes ;

3° Un produit argent de 80 francs.

Je n'ai pas porté la main-d'œuvre en compte. Admettons que mon jardin ait dépensé une journée
d'homme par semaine (il ne la dépensait pas) ; mais
comptons 52 journées à 4 francs pour compter tous
les frais au maximum, soit 508 francs.

Maintenant établissons un compte sévère :

Loyer de 12 ares de terre à 10 fr.	120 fr.
Engrais.	95
52 journées à 4 fr.	208
Intérêt du matériel et usure d'outils. . . .	10
Total.	433 fr.

Admettons qu'au lieu de donner les légumes en
excédent à mes serviteurs, je les aie vendus pour
mon compte, et qu'au lieu de donner mes melons à
mes amis j'en aie envoyé, sur deux cents, cent au
marché, le produit donnera :

Légumes vendus.		80 fr.
20 melons vendus en mai.	7 fr. 50	150
20 — en juin.	4 fr.	80
20 — en juillet.	2 fr. 50	80
40 — en août	2 fr.	80
Total.		440 fr.

En opérant ainsi, ma provision de légumes pour onze personnes, y compris cent melons, non seulement ne m'aurait rien coûté, mais m'aurait encore produit un bénéfice de 7 fr.

J'établis ici ce compte, exposé cent fois par an peut-être à mes nombreux visiteurs, parce que le produit de ce jardin, comme ses dépenses, était de notoriété publique. Si ce même jardin n'eût pas été encombré d'arbres la moitié de l'année, et que mes élèves eussent pu y exécuter tous les travaux à temps, il aurait produit le double.

J'ai prouvé surabondamment, pendant douze années consécutives, que mes jardins-écoles de Sannois produisaient plus du triple de celui d'Orléans. La culture y était faite plus régulièrement.

J'ai cité mon jardin d'Orléans, parce qu'il était fait dans les plus mauvaises conditions de main-d'œuvre et avait un but analogue à celui du propriétaire : *alimenter la maison.*

Si, malgré tout ce que je viens de dire, quelques propriétaires persistaient à considérer les couches comme un objet de grande dépense, et voulaient essayer d'assoler leur potager sans couches, il faudrait qu'ils adoptassent l'assolement de trois ans. Ce serait plus coûteux et moins productif, mais, il faut le reconnaître, bien préférable à la culture qui est pratiquée. L'assolement de trois ans leur apporterait encore une notable économie sur ce qu'ils font, une augmentation sensible dans les produits, et une grande amélioration du sol. Cet assolement servira de tran-

sition entre l'ancienne et la nouvelle culture, et sera
un acheminement vers l'assolement de quatre ans
avec couches, le seul possible pour donner une grande
production au meilleur marché.

Dans ce cas, il faudrait partager le potager en trois
ou six parties égales; mélanger tous les fumiers avec
les composts; en enfouir les trois quarts sur la première sole, carré A, formant le tiers du potager, et
réserver un quart des engrais les plus consommés,
pour faire les terreautages sur la seconde sole,
carré B; la troisième recevrait seulement un cendrage
énergique et formerait le carré C.

L'assolement est ainsi établi: fumure maximum
sur le ou les deux carrés A, si le jardin est divisé en
trois ou six parties; terreautage sur le ou les
deux carrés B, et cendrage sur le ou les deux car
rés C.

L'année suivante, on fume au maximum la partie
cendrée l'année précédente; on terreaute la partie
fumée l'année précédente, et l'on cendre la partie ter-
reautée l'année d'avant, et ainsi de suite, sans interruption d'année en année. Mais il ne faut pas se
dissimuler que sans couches on est privé de terreau,
premier élément de succès dans la culture des légumes
et des fleurs, dans les semis surtout, et que le manie-
ment de tous les fumiers, pour les rendre propres à
l'enfouissement, entraîne à autant de main-d'œuvre
que la confection des couches et leur culture. On fera
la même dépense et l'on aura en moins la récolte
des primeurs, des plants tout élevés pour la pleine

terre et les terreaux indispensables dans le potager et les corbeilles de fleurs.

Recherchons maintenant les moyens les plus économiques d'introduire l'assolement de quatre ans dans les jardins neufs et dans les anciens que l'on voudra y soumettre en entier ou en partie.

Lorsqu'on aura installé la fabrique d'engrais comme nous l'avons dit, on fera les réserves de fumier et de feuille pour les couches, et on mettra à part les cendres des foyers et toutes celles qu'il sera possible de se procurer dans les usines, les fours à chaux, et même aux gares de chemins de fer.

Nous ajouterons à nos composts un peu de chaux, de plâtre ou de marne, si le sol est très argileux. La meilleure pratique est de faire fuser d'abord la chaux avec cinq ou six fois son volume de terre, de bien amalgamer le tout ensemble, et de le mêler ensuite avec la masse des engrais. Cependant, s'il y avait dans les composts des plantes coriaces, difficiles à désagréger, il serait avantageux de jeter de la chaux vive dessus et de mélanger ensuite le tout soigneusement, en démontant le tas. La marne peut se mêler sans préparation aux composts.

Lorsque nous aurons réuni toutes les matières fertilisantes que je viens d'énumérer, il nous manquera encore du terreau pour recouvrir nos couches. Le terreau est indispensable pour les semis, et surtout pour recouvrir les couches, et c'est ce qu'il y a de plus rare dans les pays où l'horticulture n'est pas avancée. Il est même des contrées où l'on ne sait pas encore ce que ce peut être. Admettons que nous en manquions complètement pour commencer notre jardin neuf ; il faut le remplacer par un mélange pour la première année, car les années suivantes les couches nous en fourniront à discrétion. Disons d'abord, pour les contrées éloignées, ce que c'est que du terreau : c'est tout simplement du fumier qui a servi à faire des couches, et que l'on a laissé décomposer jusqu'à ce qu'il soit réduit en poudre comme du tabac à priser. C'est de l'humus pur : tout est possible avec du terreau. On le mélange avec moitié bonne terre pour recouvrir les couches et on l'emploie pour recouvrir les semis.

Pour remplacer le terreau nous ferons ramasser dans les rues et sur les routes une certaine quantité de crottin de cheval que nous laisserons fermenter en tas. Ensuite, nous choisirons la meilleure terre du jardin ; nous la passerons à la claie pour en extraire toutes les pierres, et nous la mêlerons par moitié avec le crottin de cheval ; mais il est urgent que le crottin soit réduit en poudre avec le mélange. On le brise bien avec le râteau et on l'écrase ensuite avec les mains, s'il est trop dur. Ce mélange ne vaut pas le terreau : rien ne peut le remplacer ; mais, à son défaut, il peut recouvrir utilement les couches.

S'il est possible de se procurer de la tannée ancienne, décomposée, on peut la convertir en excellent terreau en y mêlant un tiers de crottin de cheval pulvérisé. et en arrosant le tout à l'engrais liquide ; mais il faut que la tannée soit très vieille et ait été conser-

vée en tas plusieurs années, pour perdre son acidité.

Maintenant que nous sommes armés de toutes pièces
en fait d'engrais, procédons, au printemps, à la mise
en culture de notre jardin neuf, nouvellement défoncé
et veuf d'engrais.

Nous choisirons d'abord les composts les plus anciens, les plus décomposés par conséquent, pour enfouir dans le carré B, destiné aux racines, salades,
fraisiers, etc. Suivant la richesse de la fabrique, nous
en répandrons 5 à 8 centimètres d'épaisseur sur le
sol, et nous l'enfouirons, en ayant le soin de réserver
la partie la plus décomposée pour recouvrir les semis.
Deux maniements à quinze jours d'intervalle, et trois
sur quatre arrosements successifs à l'engrais liquide,
amèneront ce résultat.

Nous construirons ensuite nos *couches chaudes* sur
le carré D, avec une partie de fumier de cheval en réserve mêlé avec des feuilles; quelques jours plus
tard, *les couches tièdes*, avec le reste du fumier de
cheval mêlé avec des feuilles, et plus tard encore les
couches sourdes, avec du fumier de vache et le reste
de nos feuilles. A défaut de terreau, toutes ces couches
seront recouvertes, la première année, avec le mélange
de crottin de cheval et de terre, que j'ai indiqué précédemment (voir pages 168 et suivantes), pour la fabrication des couches.

Les couches construites, et le carré B terreauté, nous
prendrons tout ce que nous possédons de composts fabriqués, et nous le répandrons sur le carré A ; nous y

apporterons également tout ce qui nous restera de fumier disponible ; nous le répandrons également par-dessus les composts, de façon à couvrir le sol d'une épaisseur d'environ 20 à 25 centimètres, et nous enfouirons le tout dans le même carré **A**, destiné aux légumes à production foliacée, tels que choux, choux-fleurs, etc.

Le carré **C**, destiné aux pois, haricots, etc., ne recevra pas de fumure, mais un bon cendrage. En outre, on aura le soin de réserver une partie des meilleures cendres, de celle des foyers où l'on brûle du bois, pour ajouter à certains semis de pois, haricots, etc., comme nous l'indiquerons plus loin aux cultures spéciales.

Aussitôt l'enfouissement des fumiers fait, on s'occupera d'en fabriquer de nouveaux, tant pour les besoins de la saison que pour la réserve destinée à l'année suivante. On doit, sans cesse et sans relâche, recueillir toutes les substances fertilisantes, et les mettre aussitôt en décomposition. La fabrique d'engrais doit toujours fonctionner ; lorsque le service est bien établi, il est facile de ne rien laisser perdre et de faire, sans trop de travail, et presque sans dépenses, une grande quantité d'excellent fumier.

L'organisation de la première année est plus difficile que celle des années suivantes, et, tout en se donnant plus de peine, on n'obtiendra pas d'aussi bons résultats. La terre est neuve ; elle n'est pas encore amenée à *l'état de culture ;* elle ne le sera que la cinquième année, lorsque la rotation sera accomplie, et que chacun des carrés aura reçu à tour de rôle une fumure maximum, un bon terreautage ou des paillis, un cendrage et des couches. Ce n'est guère qu'à la seconde rotation, lorsque la fumure maximum revient pour la seconde fois, que le potager a acquis toute sa fertilité, pour l'augmenter encore les années suivantes.

La récolte de la première année de l'assolement, tout en étant inférieure à celles qui suivront, sera bien supérieure aux précédentes. Il faut dire aussi que le jardinier fait son apprentissage cette première année, et qu'avec la meilleure volonté du monde ses services ne sont pas organisés comme les années d'après. Dès la seconde année, où deux carrés ont été fumés au maximum, où les couches ont donné une certaine quantité de terreau, et aussi où le jardinier est plus au courant, l'aspect des cultures change tellement, il obtient de si prompts résultats, qu'il redouble de zèle, et arrive la troisième année à une très belle production.

Lorsqu'on démolit les couches à la fin de la saison il faut d'abord enlever le dessus, l'ancien terreau qui les recouvrait, et le mettre à part ; il servira pour terreauter le carré B, l'année suivante, pour les semis et les corbeilles de fleurs. On retire ensuite le fumier le moins consommé, et on le mêle aux composts, soit en construisant les tas sur la plate-forme de réserve, soit sur le carré A, au moment d'enfouir. Ensuite on met à part les parties les plus consommées, en tas, à l'ombre, pour les convertir en terreau neuf destiné à recouvrir les couches l'année suivante, servir aux cultures qui demandent un engrais un peu énergique, à l'empotage des fleurs, etc. On sera peut-être un peu à court de terreau à la première démolition des couches, mais les années suivantes on en aura en quantité plus que suffisante, lorsque les services seront bien organisés.

Ce travail de première année fait, il n'y a plus qu'à suivre la marche tracée.

Lorsque le potager est déjà créé et qu'on veut le soumettre à l'assolement, rien n'est aussi facile. Que le lecteur me permette de lui rappeler deux recommandations des plus importantes : la première est de déblayer le jardin des tristes arbres fruitiers qui bordent les carrés et les envahissent de leur ombre et avec leurs racines; la seconde, de défoncer et niveler les carrés s'ils ne l'ont pas été. Ces deux opérations sont indispensables: ce sont les premiers éléments de succès.

Si le propriétaire tient trop à ses vieux arbres, qu'il rase et défonce seulement un carré, qu'il partagera en quatre pour y pratiquer l'assolement de quatre ans, comme je viens de l'indiquer. C'est un essai comparatif qui lui sera plus profitable qu'il ne le pense, et j'ai pour principe de provoquer les essais comparatifs, bien convaincu que la troisième année, si ce n'est la seconde, tout le *jardin fouillis* sera détruit pour faire place à un potager moderne et à un jardin fruitier.

Dans le cas où le carré destiné à faire l'essai comparatif aurait été fumé l'année précédente, il faudrait, après le défoncement, fumer le carré A, laisser le carré B tel que, cendrer le carré C, et monter les couches sur le carré D.

Si le propriétaire veut tout abattre et soumettre son potager tout entier à l'assolement de quatre ans, s'il a fabriqué assez de fumier et qu'il se trouve dans l'impossibilité de tout défoncer à la fois, il peut faire cette opération en quatre ans. Voici comment il faudra procéder :

1° Choisir, pour carré A de l'assolement, le plus maigre, celui qui sera resté le plus longtemps sans fumier, le faire défoncer en entier et le fumer au maximum un mois après le défoncement. Ce carré sera terreauté la seconde année, cendré la troisième, et recevra les couches la quatrième, pour redevenir le carré A la cinquième année, avec une fumure maximum. (Voir p. 149, fig. 31.)

2° Choisir pour carré B celui qui aura été le mieux fumé l'année précédente, le labourer très profondément, et ajouter des terreautages et des paillis. Ce carré sera cendré l'année suivante, recevra les couches la troisième année et sera défoncé aussitôt débarrassé de ses cultures.

3° Prendre pour carré C celui qui aura été le mieux fumé après le carré B, et le cendrer abondamment. Ce carré recevra les couches l'année suivante et sera défoncé aussitôt débarrassé, pour devenir à son tour carré A, avec une fumure maximum.

4° Établir les couches sur un des carrés les moins bien fumés. Ce carré devra être défoncé aussitôt libre, pour devenir l'année suivante carré A, avec une fumure maximum.

En opérant ainsi, le défoncement peut être fait en quatre ans et la dépense, toute minime qu'elle est, partagée en quatre. De plus, on a la ressource d'user complètement ses fumures.

Pour tous les assolements, sans exception, il faudra toujours commencer par organiser la fabrique d'engrais, sinon une année, mais au moins quelques mois à l'avance. Dans le cas où le propriétaire n'aurait pas d'engrais à sa disposition, il peut en acheter; mais il est urgent de les manier deux ou trois fois, et de les arroser à l'engrais liquide pour les décomposer avant de les enfouir, et dans ce cas encore établir aussitôt la fosse à engrais liquide et les plates-formes pour faire les composts.

S'il existait, dans le jardin à soumettre à l'assolement de quatre ans, un plant d'asperges et un carré d'artichauts en bon état, mais insuffisants pour la consommation de la maison, il faudrait partager le jardin en six parties égales, et agrandir ces deux cultures. Si elles étaient en mauvais état, il faudrait les conserver provisoirement, planter deux divisions à nouveau : l'une en asperges et l'autre en artichauts, et détruire les anciennes cultures pour les faire entrer dans l'assolement, aussitôt que les nouvelles produiront.

L'assolement de trois ans sans couches sera introduit par les mêmes procédés que celui de quatre ans, mais avec cette différence que le jardin sera divisé en trois, s'il n'y a pas de réserves d'asperges et d'artichauts, et en quatre s'il y en a. Le quart sera consacré à ces deux cultures.

Le propriétaire qui soumettra son ancien jardin à l'assolement de quatre ans devra organiser le service d'arrosage en même temps que la fabrique d'engrais. (Pour organiser l'arrosage d'une manière efficace et économique, voir pages 94 et suivantes.)

VARIÉTÉS DE LÉGUMES A CULTIVER

Maintenant que la fabrique d'engrais fonctionne, que notre arrosage est bien organisé, nos couches construites, et notre terre fumée suivant les exigences de l'assolement, occupons-nous de rechercher les variétés de légumes à introduire dans le potager du propriétaire. J'ai dit précédemment que la plupart de celles qui étaient cultivées dans les contrées où la culture des légumes s'était entièrement localisée étaient pitcyables. J'en demande bien humblement pardon à messieurs les jardiniers qui n'ont pas quitté leur pays ; mais cela n'est que trop vrai.

Que faut-il au propriétaire? De beaux et bons légumes, de bons surtout, et il lui en faut en toutes saisons. Donc nous réunirons, autant que faire se pourra, la beauté et la qualité dans le jardin du propriétaire ; mais nous sacrifierons toujours le volume à la qualité. Je suppose le propriétaire disciple, plus ou moins ardent, de Brillat-Savarin ; je crois être dans le vrai et agis en conséquence. Si quelques-uns,

par exception, professent le culte du gros et mépri-
sent le goût, qu'ils veuillent bien se donner la peine
de choisir leurs variétés au *potager de la ferme*, ils
en trouveront de très grosses, *faisant beaucoup de
profit*.

En principe, nous devons nous attacher aux variétés accomplissant promptement leur végétation ; ce
sont les meilleures et les préférables pour toutes les
cultures.

Elles occupent le sol peu de temps, permettent de
multiplier les récoltes, et sont en général de meilleure
qualité.

Chaque carré du potager soumis à l'assolement
devra donner en moyenne cinq récoltes par an. J'ai
donné le moyen de les obtenir facilement à l'aide de
l'organisation des carrés, des contre-plantations et des
successions de cultures. Je ne fais ici qu'indiquer les
variétés à introduire dans le jardin du propriétaire et
je les classe par ordre alphabétique, afin de faciliter
les recherches au lecteur.

VARIÉTÉS DE LÉGUMES A CULTIVER DANS LE POTAGER DU PROPRIÉTAIRE

AIL ROSE. — Variété plus hâtive et un peu moins
forte que la commune. Pour tous les climats.

ARROCHE BLONDE. — C'est la variété la plus convenable pour adoucir l'acidité de l'oseille.

ARTICHAUT GROS VERT DE LAON. — Le meilleur de
tous, le plus gros et le plus tendre de toutes les varié-

tés connues, comme le plus fertile. Pour les climats du Nord et de l'Est.

ARTICHAUT VIOLET. — Pour le Centre et le Midi.

ARTICHAUT VERT DE PROVENCE. — Pour le Midi seulement.

ARTICHAUT CAMUS DE BRETAGNE. — Très précoce, excellent de qualité, très rustique, précieux surtout pour les climats de l'Ouest et du Centre.

ASPERGE ROSE HATIVE D'ARGENTEUIL. — Variété unique à cultiver sous tous les climats, à l'exclusion de toute autre. Cette variété, que j'ai propagée dans toute l'Europe depuis vingt-cinq ans, n'a pas de rivale comme beauté, qualité et précocité. Elle donne ses produits à la troisième année quand toutefois on suit à la lettre les indications que je donne aux cultures spéciales pour la plantation et la culture.

Tout le monde a bavardé plus ou moins sur la culture de l'asperge, les uns pour voir leur nom imprimé, les autres dans l'intérêt de leur commerce. Je ne saurais trop mettre le public en garde contre ces écrits, et l'engager à suivre à la lettre la culture que j'indique plus loin, aux cultures spéciales. Cette culture a été profondément étudiée, et a pour elle la sanction de plus de trente années d'expérience, sous tous les climats et dans toutes les contrées de l'Europe.

AUBERGINE NAINE TRÈS HATIVE. — Excellente, et la plus précoce de toutes.

AUBERGINE MONSTRUEUSE. — La plus grosse de toutes, et très bonne.

AUBERGINE VIOLETTE LONGUE. — C'est une des meilleures variétés pour le climat du Nord, du Centre, de l'Est et de l'Ouest.

AUBERGINE PANACHÉE. — Plutôt curieuse que méritante.

AUBERGINE BLANCHE DE CHINE. — Ayant la forme, la couleur et le volume d'un œuf, plutôt curieuse que méritante.

BASILIC FIN VERT ET FIN VIOLET, à cultiver partout comme plante aromatique et pour les usages de la cuisine.

BETTERAVE ROUGE LONGUE. — Remarquable par son volume, excellente en salade, et d'un grand secours pour les animaux dans les maisons d'une certaine importance. Variété à cultiver sous tous les climats.

BETTERAVE CRAPAUDINE. — Très bonne pour salade. A cultiver partout.

BETTERAVE ROUGE NOIRE DEMI-LONGUE. — Parfaite; c'est la vraie betterave de table, à introduire dans tous les jardins. Sous les climats du Nord, de l'Est et de l'Ouest.

BETTERAVE D'ÉGYPTE. — Excellente variété d'une qualité remarquable, la meilleure de toutes les betteraves de table. A cultiver sous tous les climats.

BETTERAVE ROUGE RONDE HATIVE. — Bonne et très précoce. A cultiver dans le Nord, l'Est et l'Ouest.

BETTERAVE DE STRASBOURG. — Grosse et très bonne. A cultiver dans le Nord, l'Est et l'Ouest.

CAPUCINE NAINE. — Très florifère et très variée. Elle est préférable, dans le potager, aux grandes variétés, qui nuisent aux cultures voisines.

CAPUCINES GRANDES ET BRUNES. — Variétés très grandes et très florifères, pouvant masquer un treillage.

CAPUCINE DE LOBB. — La plus grande comme la plus riche en coloris et variétés de couleurs. Précieuse pour cacher très vite des objets désagréables à voir.

CARDON DE TOURS. — Excellent de qualité, mais ayant l'inconvénient de nombreuses épines. A cultiver partout, excepté dans le Midi.

CARDON D'ESPAGNE. — Pour le Midi.

CARDON PLEIN INERME. — Très bon, ayant l'avantage de ne pas avoir d'épines. A cultiver partout.

CAROTTES. — La *carotte rouge courte hâtive de Hollande*, excellente et offrant l'immense avantage de pouvoir être semée avec succès toute l'année.

Avec un peu de soin, la *carotte rouge courte de Hollande* donne des carottes nouvelles toute l'année en pleine terre. Elle est préférable pour les premiers semis de pleine terre, et, de plus, les semis successifs réussissent parfaitement jusqu'en septembre. Elle peut être cultivée partout même dans le Midi.

CAROTTE A CHASSIS. — Sous-variété de la précédente, mais beaucoup plus courte: elle sert pour les récoltes de primeurs sous châssis, et est précieuse pour les semis très précoces et très tardifs de pleine terre, en ce qu'elle produit avec rapidité. A cultiver partout.

CAROTTE DEMI-LONGUE NANTAISE. — Excellente variété, de qualité hors ligne. A cultiver comme carotte de longue garde, sous tous les climats.

CAROTTE ROUGE DEMI-LONGUE DE LUC. — Excellente

de qualité, de très bonne garde, et plus hâtive que la précédente. A cultiver partout.

Carotte demi-courte de Guérande. — Variété obtuse remarquable par sa bonne qualité, très productive. A cultiver partout.

Carotte demi-courte de choix. — Très bonne variété obtuse, aussi grosse d'un bout que de l'autre, chair rouge sans cœur. A cultiver partout, aussi bien sous châssis qu'en pleine terre.

Carotte rouge longue obtuse sans cœur. — Nouvelle variété, des plus méritantes, excellente de qualité, jamais boiseuse et de longue garde. Précieuse pour les terres profondes et dans les contrées exposées aux sécheresses. A cultiver partout.

Carotte blanche des Vosges et blanche a collet vert. — Précieuse ressource pour les animaux, en la cultivant dans le carré D du potager.

Céleri. — Quatre variétés à cultiver comme salade, sous tous les climats : le *céleri plein blanc court hâtif*, le *céleri plein blanc*, le *céleri monstrueux*, variété excellente et très grosse, et enfin le *céleri de Tours*, très bon, très gros, très rustique, et réussissant bien dans le Centre et le Midi.

Deux nouveautés des plus recommandables : le céleri plein blanc doré, excellent et assez hâtif, et le céleri rave lisse de Paris dont les tubercules sont moins rugueux que ceux du céleri-rave hâtif.

Céleri plein blanc court hatif. — Très bonne variété, tige courte, très pleine et toujours blanche. Ce céleri, des plus hâtifs, a l'avantage de blanchir sans être lié. A cultiver partout.

CÉLERI PLEIN BLANC (à grosses côtes). — Excellente variété, jamais creuse, un peu plus grosse, mais un peu moins hâtive. A cultiver partout.

CÉLERI MONSTRUEUX. — Énorme, jamais creux, d'excellente qualité. A cultiver partout.

CÉLERI DE TOURS. — Gros, très bon, et des plus rustiques. A cultiver surtout dans le Centre et le Midi.

Vient ensuite une autre variété très précieuse, et pas assez cultivée :

LE CÉLERI-RAVE HATIF. — Le meilleur et le plus hâtif de tous les céleris-raves, excellent légume dont la culture n'est pas assez répandue en France et offre une précieuse ressource pendant l'hiver où il se conserve dans la serre à légumes, sans plus de soin que les carottes et les navets.

CERFEUIL FRISÉ, pour fournitures. — Il a le même parfum que le *cerfeuil commun ;* la culture en est aussi facile, et de plus il a l'avantage d'être très joli.

Je passe sous silence le cerfeuil bulbeux, dont les louanges ont été chantées sur tous les tons ; c'est, à mon avis, un triste légume, dont les semis réussissent très difficilement, et demandent des soins infinis pour donner un chétif produit. Beaucoup d'horticulteurs se sont passionnés pour cette plante. La majeure partie des jardiniers qui l'ont expérimentée affirment que *c'est une mauvaise légume ;* je partage complètement leur avis.

LE CERFEUIL PRESCOT est un peu moins difficile, mais il vient encore très difficilement et ne vaut guère mieux que le précédent. A abandonner partout.

CHAMPIGNONS. — Nous n'admettons, dans l'intérêt de la santé publique, que les champignons de couches. J'indique aux *Cultures spéciales* la manière de les cultiver.

CHICORÉE. — Commençons par la *chicorée sauvage*, excellente pour les poules et les lapins, et pouvant au besoin faire une salade d'hiver, appelée communément *barbe de capucin*. Deux variétés à cultiver : la *chicorée sauvage améliorée*, à large feuille, excellente, tendant à pommer, produisant très vite énormément de feuilles pour les volailles, et ayant l'avantage de donner, lorsqu'elle est cultivée dans la cave, une fort jolie salade et moins amère que les autres variétés; la *chicorée sauvage* amère très blanche, mais ayant une amertume assez prononcée; la *chicorée Willoof* (appelée endive en Belgique). La culture de ce légume prend une grande extension en France. Il donne pendant l'hiver des pommes allongées, excellentes à la sauce blanche, au jus, etc. C'est une utile addition à la trop courte liste des légumes d'hiver. Mêmes usages. A cultiver partout.

Pour faire cuire et pour servir en salades, nous cultiverons : .

CHICORÉE FRISÉE DE LOUVIERS. — **Excellente** variété, très frisée et très tendre.

CHICORÉE CORNE-DE-CERF. — Très bonne. Pour les climats du Nord, de l'Est et de l'Ouest.

CHICORÉE FINE D'ITALIE. — Excellente et très fine, presque sans côtes, pour tous les semis de saison, sous tous les climats. Elle vient même sous celui du Nord, mais moins bien que les deux variétés suivantes.

CHICORÉE REINE D'HIVER. — La meilleure pour semis tardif, la plus rustique, large feuille légèrement déchiquetée et de qualité supérieure, supportant très bien le froid. A cultiver partout.

CHICORÉE FRISÉE DE MEAUX. — Excellente et très belle. Pour les semis tardifs.

CHICORÉE DE LA PASSION. — Excellente variété appelée à un grand avenir, énorme et très bonne. A cultiver partout comme chicorée tardive.

CHICORÉE FRISÉE DE RUFFEC. — Très hâtive, fort recommandable, énorme, très tendre, bien frisée. Parfaite pour les semis du printemps.

CHICORÉE TOUJOURS BLANCHE. — Variété des plus recommandables, pour salade ; elle mérite son nom en restant toujours blanche.

CHICORÉE DE GUILLANDE. — Très bonne qualité, frisée très fine et très pleine. A cultiver partout.

SCAROLE GROSSE DE LIMAY. — Superbe variété, grosse, très blanche, et pommant bien. A cultiver partout.

SCAROLE RONDE. — Bonne variété, rustique et réussissant partout.

SCAROLE EN CORNET. — Ne valant guère mieux que les autres variétés, mais plus jolie.

CHOUX. — Le propriétaire qui n'a ni moissonneurs

ni charretiers à nourrir doit être très sobre de variétés de choux, et choisir scrupuleusement ceux qui conviennent à sa table ; il devra surtout veiller à ce que son potager ne soit pas envahi par ces immenses choux cabus, aux pommes gigantesques, aux côtes larges et coriaces, au goût âcre et musqué, qui font les honneurs de la marmite du jardinier en général, et son bonheur en particulier. Les seuls choux que le propriétaire devra admettre dans son potager, comme dignes de figurer sur sa table, sont :

Chou préfin. — Le plus hâtif de tous, moyen et d'excellente qualité. A cultiver partout.

Chou hatif d'Étampes. — Moyen, bon de qualité et des plus précoces. A cultiver partout.

Chou cœur-de-bœuf petit et gros. — Précoce, beau et excellent de qualité. A cultiver partout.

Chou d'York très hatif. — Plus petit que le précédent et de quelques jours plus hâtif. Bon de qualité, mais au-dessous du préfin, et aussi moins hâtif.

Chou rouge hatif d'Erfurt. — Bonne variété, un peu moins hâtive que les précédentes, plus grosse et de bonne qualité. A cultiver partout.

Chou de Milan hatif d'Ulm. — Le plus petit, mais un des meilleurs, d'une délicatesse extrême, très frisé. A cultiver partout malgré son petit volume, pommant bien. C'est le chou par excellence pour la perdrix.

Chou Joulin. — Appartenant à la variété des *choux de Milan frisés*, très bon, sans côtes, plus gros que le chou d'Ulm, mais n'ayant pas sa délicatesse.

On peut le cultiver depuis le commencement du printemps jusqu'aux gelées, et en récolter depuis juin jusqu'en janvier, en le conservant dans la serre à légumes.

CHOU DE MILAN DU CAP. — Très frisé, de qualité hors ligne, précieux pour les perdrix et surtout pour les faisans, plus gros, mais moins précoce que le chou d'Ulm. A cultiver partout comme chou moyen et de qualité à nulle autre pareille.

CHOU PANCALIER DE TOURAINE. — Moyen, très frisé et excellent. A cultiver partout.

Ces quatre variétés sont ce qu'il y a de meilleur parmi les choux de Milan ; ce sont presque les seuls qui devraient être cultivés pour les gourmets. Cependant, comme une maison de maître se compose d'un certain personnel, nous introduirons dans le potager du propriétaire, sous tous les climats :

CHOU DE MILAN DES VERTUS. — Gros, trapu, vert très foncé, hâtif à pommer, et d'une qualité remarquable. Il est de longue garde et digne par sa qualité de figurer sur la table des maîtres, et peut être utilisé avec profit pour celle des domestiques.

CHOU DE MILAN DE PONTOISE. — Très rustique, bon de qualité, des plus précieux pour le Nord, en ce qu'il supporte la gelée beaucoup mieux que les autres variétés.

CHOU DE MILAN DE LIMAY. — Grosseur moyenne, plutôt petite, pomme peu serrée, bon de qualité et résistant bien à la gelée. A cultiver dans le Nord et l'Est surtout.

CHOU DE BRUXELLES. — Excellent et très précieux en ce qu'il fournit pendant tout l'hiver d'excellents produits. Le chou de Bruxelles est très rustique ; il végète même sous la neige.

CHOU DE BRUXELLES NAIN. — Excellente variété, et des plus productives. Même qualité que le précédent ; pommes plus petites et plus serrées. Ces deux variétés à cultiver partout.

CHOU ROUGE GROS. — Belle et bonne variété, pomme grosse et très dure ; excellent pour tous les usages de la cuisine, surtout pour farcir. A cultiver partout.

CHOU ROUGE D'UTRECHT. — Plus petit que le précédent, pomme très dure, pas de côtes. C'est le chou à salade par excellence pour les contrées où le chou rouge est employé confit, comme hors-d'œuvre, et même en salade. Vient partout.

CHOU-NAVET RUTABAGA JAUNE (à collet vert). — Excellent légume, ayant l'*immense tort* d'être passé inaperçu au milieu de toutes les sociétés de progrès, qui l'ont repoussé avec *des votes*. J'engage les *votants* à l'essayer avant d'émettre leur suffrage. Le rutabaga jaune tient, pour le goût, du fond d'artichaut et du navet. Excellent pour plusieurs emplois culinaires. A cultiver partout.

RUTABAGA BLANC A COLLET ROUGE. — Même qualité et même emploi que le précédent.

RUTABAGA SUTTON'S CHAMPION. — Variété anglaise du plus grand mérite, à collet rouge. Très rustique et des plus productives. Très précieuse pour les animaux, dans toutes les maisons, et sous tous les climats.

LE CHOU VERT est très estimé dans l'Ouest de la France pour confectionner des potages. La soupe de chou vert est très rafraîchissante et même purgative. Pour qui n'est pas né dans les départements de l'Ouest le chou vert n'a de valeur que pour les animaux. Les variétés préférables sont : le *choux branchu du Poitou* pour le Centre et l'Ouest, et le *caulet de Flandre* pour le Nord et l'Est.

LES CHOUX-RAVES BLANC ET VIOLET HATIF DE VIENNE. — Les meilleures variétés de chou-rave. C'est un légume ayant une certaine valeur, trop peu cultivé, pouvant l'être sous tous les climats, et offrant, comme le *rutabaga jaune*, une trêve aux légumes secs pendant l'hiver.

CHOUX-FLEURS. — Nous adopterons peu de variétés pour le potager du propriétaire :

CHOU-FLEUR HATIF D'ERFURTH. — Le plus hâtif de tous, pomme très belle, tige courte, le plus convenable pour la culture de primeur, sous châssis et sous cloches, et donnant les meilleures résultats en pleine terre.

CHOU-FLEUR NAIN HATIF DE CHALONS. — Superbe et excellente variété, pomme très grosse, très fine et très serrée. Mêmes emplois que pour le précédent, avec lequel il lutte avec l'avantage d'être français. A cultiver partout, parfait pour forcer.

CHOU-FLEUR DUR DE TOUTES SAISONS. — Très bonne

variété à forcer, de qualité extra, rustique, donnant surtout en automne. A cultiver partout.

CHOU-FLEUR DEMI-DUR DE PARIS. — Variété très belle, très bonne et pouvant être cultivée sous tous les climats : elle forme le fond des plantations de pleine terre, pendant l'été. A cultiver partout.

CHOU-FLEUR LENORMAND PIED COURT. — Énorme, très bon, et donnant les meilleurs résultats en pleine terre. A cultiver dans le Nord, l'Est, l'Ouest et le Centre.

CHOU-FLEUR IMPÉRIAL. — Très belle et volumineuse tête.

CHOU-FLEUR D'ALGER. — Un des plus gros choux-fleurs, très beau et excellent.

CHOU-FLEUR GÉANT DE NAPLES. — Très gros, rustique, un des meilleurs à cultiver dans le Centre et même le Midi.

CHOU-FLEUR DEMI-DUR DE SAINT-BRIEUC. — Très belle et très bonne variété, des plus rustiques, et venant bien partout où les autres souffrent et restent petites. Ce chou-fleur donne de bons résultats dans les terres un peu fortes : c'est le seul qui y réussisse. A cultiver. partout.

CHOU-FLEUR DUR D'ANGLETERRE. — Variété plus tardive que les précédentes, mais donnant des pommes plus serrées et d'une blancheur remarquable. C'est la variété par excellence pour faire des choux-fleurs d'élite, quand on n'est pas trop pressé de les récolter. A cultiver partout.

Je passe sous silence le *Petsaï*, chou chinois, et le

crambé maritime, dont la réputation diminue en raison de la réclame qui leur est faite.

LES BROCOLIS, dont la culture est plus facile que celle du chou-fleur, donnent d'excellents résultats dans les terres où les choux-fleurs viennent mal, en choisissant de bonnes variétés.

BROCOLI BLANC HATIF. — Belle et bonne variété, très précoce. A cultiver partout.

BROCOLI BLANC DE MAMMOUTH. — Fournissant la plus belle comme la plus grosse pomme. A cultiver partout.

BROCOLI DE ROSCOFF. — Le plus hâtif de tous, très beau et de qualité remarquable.

CIBOULE. — La variété préférable est la *ciboule rouge*.

CIBOULETTE. — Appelée : *civette, appétit*, suivant les localités ; très utile pour les sauces vertes et les salades.

CONCOMBRE. — Si l'on tient à en récolter beaucoup, il faut en cultiver cinq variétés :

VERT LONG ÉPINEUX. — Le plus hâtif de tous, pour en avoir de bonne heure sous châssis.

BLANC LONG HATIF. — Pour cultiver sur *couche sourde* et sur poquets. Belle et bonne variété.

BLANC DE BONNEUIL. — Énorme et excellent.

BRODÉ DE RUSSIE. — Des plus précoces.

VERT PETIT A CORNICHON (cornichon vert de Paris). — Exclusivement consacré à fournir la provision de cornichons. Ces cinq variétés pour tous les climats.

CRESSON ALÉNOIS. — Excellente fourniture pour les salades ; semer le *cresson alénois frisé*.

CRESSON DE JARDIN. — Ayant la même saveur que le cresson de fontaine, venant partout en bordures ; très précieux dans les localités où le cresson de fontaine fait défaut, il le remplace avec la plus grande facilité.

ÉCHALOTTES DE JERSEY. — La meilleure de toutes.

ÉPINARD ROND. — Pour tous les climats tempérés.

ÉPINARD DE FLANDRE. — Belle variété spéciale pour les climats du Nord et de l'Est.

ÉPINARD MONSTRUEUX DE VIROFLAY. — Produit énorme, feuilles colossales, bon de qualité. A cultiver partout.

ÉPINARD LENT A MONTER. — Même qualité que le précédent, mais montant à graines beaucoup plus lentement.

ÉPINARD A FEUILLES DE LAITUE. — Très beau et excellent. A cultiver partout, excepté dans le Midi.

ÉPINARD D'ANGLETERRE. — Feuilles très larges; très productif et très bon.

ESTRAGON. — (Voir aux *Cultures spéciales*.)

FÈVES. — Il est utile d'en cultiver quatre variétés :

FÈVE TRÈS NAINE A CHASSIS. — Très petite et spécialement employée pour la culture forcée.

FÈVE DE MARAIS. — Grosse et productive. Pour le Nord.

FÈVE DE SÉVILLE A LONGUES COSSES. — Très hâtive et très fertile pour la pleine terre, cosses d'une longueur démesurée. A cultiver de préférence sous tous les climats, excepté dans le Nord.

FÈVE NAINE VERTE DE BECK. — Très hâtive et

excellente, pouvant se semer jusqu'en juin. Des plus précieuses pour manger en robes, qualité remarquable. A cultiver dans le Nord, l'Est, l'Ouest et le Centre.

FRAISIERS. — Lorsqu'on veut récolter d'excellentes fraises sans interruption, depuis la fin de mai jusqu'aux gelées, il faut cultiver le FRAISIER DE GAILLON, variété excellente, d'une fertilité remarquable, ayant l'avantage de ne pas produire de coulants, et pouvant se cultiver sous tous les climats.

Cette précieuse variété pourrait à la rigueur remplacer toutes les autres ; elle doit former le fond des plantations de fraisiers, et de plus elle donne sans interruption pendant tout l'hiver, quand on veut lui faire les honneurs du châssis ou de la serre.

Pour avoir des FRAISIERS DE GAILLON très rustiques, très productifs et donnant de beaux fruits, il faut les obtenir de semis. (Voir plus loin, aux *Cultures spéciales* : FRAISIER.)

Il existe une très grande quantité de variétés de grosses fraises : il en est parmi de très recommandables. Je citerai seulement, comme les meilleures, les variétés suivantes, se reproduisant bien par semis :

VICOMTESSE HÉRICART DE THURY. — Excellente variété, hâtive, fruit très ferme, rouge et sucré.

PRINCESSE ROYALE. — Très belle et très fertile, bonne, et se forçant bien sous châssis.

MARGUERITE LEBRETON. — Une des plus belles et des meilleures variétés connues, se forçant bien et excellente pour la pleine terre.

DOCTEUR MORÈRE. — La plus grosse des fraises connues; excellente de qualité. J'en ai récolté chez moi qui pesaient 50 grammes. A cultiver comme une merveille de l'espèce.

Je cite quelques variétés de grosses fraises comme étant les plus recommandables et se reproduisant de semis. Il existe une quantité innombrable d'autres variétés, que je passe sous silence, mon but étant dans cet ouvrage, non de collectionner des variétés, mais de donner des récoltes assurées. J'engage les amateurs de variétés nouvelles à consulter les catalogues français et anglais des spécialistes; ils y trouveront des variétés par milliers.

COURGE DE L'OHIO. — Très délicate et d'une finesse incomparable. Rien ne peut l'égaler pour la confection des potages. Plante rustique, fertile et vigoureuse. A cultiver partout.

GIRAUMONT. — La meilleure variété est le *Giraumont turban* pour tous les climats. La qualité de cette courge est des plus remarquables, sans cependant avoir la finesse de la courge de l'Ohio.

HARICOTS. — Il faut en cultiver plusieurs variétés pour manger en grains secs et verts, et surtout pour faire des haricots verts une grande partie de l'année.

HARICOTS POUR MANGER EN GRAINS SECS

HARICOT DE SOISSONS A RAMES. — Très gros, très productif, et de qualité supérieu dans les sols légers. C'est le haricot de fond par excellence pour manger en grains secs. A cultiver partout.

Haricot sabre a rames. — C'est le meilleur de tous les haricots pour manger en grains secs et pour faire des purées ; il n'a presque pas de peau et cuit toujours bien ; son seul inconvénient est de monter très haut et d'exiger de très grandes rames. Le sabre à rame est en outre très fertile, et ses longues cosses contiennent une grande quantité de grains. Ce haricot peut être cultivé sous tous les climats, et devrait être propagé partout comme plante alimentaire des plus utiles.

Haricot jaune de Chine. — Nain, excellent en vert et d'une qualité remarquable en sec ; il est très farineux et possède une saveur toute particulière, des plus agréables. En outre il est bon en grain frais. A cultiver partout.

Haricot flageolet rouge. — C'est la meilleure variété, et peut-être la plus productive, pour les personnes aimant les haricots rouges. A cultiver partout.

HARICOTS A MANGER EN GRAINS VERTS

Haricot flageolet de Paris. — Variété indispensable dans le jardin du propriétaire, et la seule qui ne puisse être remplacée, comme saveur et comme qualité exceptionnelle. Cette variété est d'autant plus précieuse qu'elle joint à sa qualité remarquable une grande fertilité, et réussit à toutes les époques de l'année ; mais il faut se procurer de véritables flageolets de Paris, et bien se garder de semer les ignobles haricots auxquels on donne ce nom dans plusieurs pays.

Le flageolet de Paris ne peut être remplacé par aucune variété, pour consommer en grains frais, sur la table de tous les individus n'ayant pas le goût dépravé. Il est seul, comme haricot en grains frais, et ne peut être remplacé.

Depuis quelques années, on a cherché à remplacer le flageolet de Paris par le *haricot chevrier*, un peu plus vert que le flageolet, mais bien inférieur en qualité ; le *haricot chevrier*, malgré sa couleur séduisante, est pâteux et sans saveur.

HARICOT MANGE-TOUT. — Les six variétés suivantes à cultiver pour cet emploi :

HARICOT BEURRE NOIR D'ALGER A RAMES. — Très fertile et excellent. A cultiver partout.

HARICOT BEURRE BLANC A RAMES. — Un peu moins productif que le précédent, mais de qualité hors ligne et d'une finesse incomparable. A cultiver partout.

HARICOT PRÉDOMME A RAMES. — Très bon et réussissant bien dans les régions du Nord.

HARICOT PRINCESSE A RAMES. — Très productif et excellent de qualité.

HARICOT PRINCESSE NAIN. — Bonne qualité, un peu tardive. A cultiver partout.

HARICOT BEURRE NOIR NAIN. — Très bon, des plus productifs, et ne demandant pas de rames. A cultiver partout.

HARICOT BEURRE BLANC NAIN. — Parfait, des plus délicats et très productif. A cultiver partout.

HARICOTS VERTS

On n'a jamais assez de cet excellent légume, aussi sain qu'agréable au goût. On ne doit jamais manquer de haricots verts dans un jardin bien tenu.

Les variétés suivantes sont les plus recommandables ; je les classe par ordre de précocité :

Haricots flageolet d'Étampes. — Le plus précoce de tous les haricots destinés à produire des haricots verts, très bon et très productif. C'est une nouveauté des plus recommandables que le commerce a tenu à un prix tel, que peu de personnes ont osé l'essayer. Je l'ai multiplié en grand depuis 1879, et j'ai pu l'expédier à un prix abordable pour tout le monde. A cultiver partout. Il n'existe pas de haricot aussi précoce.

Haricots flageolet a feuilles gaufrées. — Le plus hâtif, après le *flageolet d'Étampes*. Qualité excellente, jointe à un produit énorme. Excellent pour cultiver sous *châssis* et en pleine terre, où on peut le semer d'avril à septembre comme le flageolet d'Étampes. A cultiver partout.

Haricots Bagnolet gris. — Une des meilleures variétés pour faire en vert et la plus cultivée aux environs de Paris. A cultiver partout.

Haricots noir de Belgique. — Variété des plus rustiques et productive, donnant très vite et en quantité de bons haricots verts, mais ne valant pas les flageolets d'Étampes et à feuilles gaufrées. A cultiver partout, surtout dans les localités froides ; il supporte une petite gelée au besoin, et donne de beaux résultats sous châssis. A cultiver partout.

Je clos ma liste de variétés de haricots pour le jardin du propriétaire. Il en est beaucoup d'autres recommandables; mais celles-là, les meilleures et les plus sûres, sont suffisantes pour obtenir avec certitude une abondante production de haricots à consommer en sec, en vert et en grains frais, pendant toute l'année. Dans *le Potager moderne*, comme dans *l'Arboriculture fruitière*, je suis sobre de variétés. L'expérience m'a prouvé que les collectionneurs manquent souvent du nécessaire avec les cultures les plus coûteuses, et la disette vient invariablement de ce que telles variétés souvent délicates, et sur lesquelles on comptait, ont manqué. Je pourrais même ajouter que presque toujours les plus riches en collections sont les plus pauvres en produits. Fidèle à mon programme, je me renferme dans les variétés donnant des résultats certains. Libre aux amateurs d'essayer de toutes celles qui les tenteront, mais à la condition d'en courir la chance, et de ne s'en prendre qu'à leur propre faute s'ils éprouvent des déceptions.

LAITUES. — C'est la salade par excellence ; il faut en avoir en toute saison : pour obtenir ce résultat, nous les classerons en trois catégories : laitues de printemps, d'été et d'hiver.

LAITUES DE PRINTEMPS

LAITUE GOTTE. — Très petite, mais pommant vite et montant de même. Excellente pour la culture sous châssis, sous cloche, et pour la première récolte de pleine terre sous tous les climats.

LAITUE GOTTE LENTE A MONTER. — Variété précieuse en ce qu'elle monte difficilement. Semée à l'automne ou en hiver, sous châssis, elle fournit d'excellentes salades bien pommées, et ne montant pas sous l'influence de la sève active du printemps. A cultiver partout.

LAITUE CORDON ROUGE. — Bonne variété rustique, pommant bien. A cultiver sous tous les climats (passant l'hiver sans couverture).

LAITUES D'ÉTÉ

LAITUE GROSSE BLONDE. — Pomme grosse, aplatie au sommet, de bonne qualité et très productive, supportant bien la chaleur. A cultiver partout.

LAITUE CHOU DE NAPLES. — Énorme, très bonne, précieuse pour les climats méridionaux.

LAITUE BLONDE D'ÉTÉ. — Belle et bonne variété. A cultiver dans le Nord, l'Est, l'Ouest et le Centre.

LAITUE IMPÉRIALE. — Superbe et excellente variété, à cultiver partout.

LAITUE DE VERSAILLES. — Excellente variété, blonde et montant difficilement. Bonne pour tous les climats.

LAITUE BATAVIA. — Très grosse, très bonne, vert doré un peu rouge sur le dessus. Pour tous les climats.

LAITUE PALATINE. — Excellente et très rustique, verte, brun rouge sur le dessus, la meilleure pour les semis d'été et de la fin de l'été.

LAITUE MERVEILLE DES QUATRE SAISONS. — Excellente

variété, bonne, très rustique, réussissant à toutes les époques de l'année, et supportant même de petites gelées.

LAITUE BOSSIN. — Excellente pour le Midi surtout, mais ayant les feuilles toujours un peu écartées.

LAITUE DE BELLEGARDE. — Superbe et excellente variété à pomme très grosse et très dure, énorme. La laitue de Bellegarde est la salade par excellence pour tous les climats de la France. Montant très difficilement.

LAITUE SANGUINE A GRAINE NOIRE. — Charmante et délicieuse salade, très fortement panachée de rouge à l'intérieur. Le cœur est jaune et rose, le dessus brun foncé. C'est une des meilleures et des plus jolies salades; on ne saurait trop la multiplier dans le potager du propriétaire, dans le Nord, l'Est, l'Ouest et le Centre.

LAITUE CHARTREUSE. — Superbe variété, une des plus grosses, pommes dures et serrées, montant très difficilement. A cultiver partout.

LAITUE BLONDE DE CHAVIGNÉ. — Belle et bonne variété, pomme assez grosse et d'excellente qualité, pommant très vite et montant lentement, à graines. A cultiver partout.

LAITUES D'HIVER

LAITUE PETITE CRÊPE OU PETITE NOIRE. — Petite, et pommant peu, mais très précieuse, sous châssis et sous cloche. C'est la seule variété qui puisse accomplir sa végétation sans que l'on soit obligé de lui donner de l'air. C'est la laitue d'hiver par excellence. A cultiver partout sous châssis et sous cloches.

LAITUE DE LA PASSION. — Bonne laitue d'hiver ; belle pomme, bonne de qualité, passant l'hiver en pleine terre sans couverture, et donnant de magnifiques salades au printemps, quand elle a été semée en juillet et août. A cultiver partout.

LAITUE GROSSE BRUNE D'HIVER. — Variété des plus rustiques et la meilleure pour l'hiver, mais montant assez vite à graines, bonne qualité. A cultiver partout.

LAITUE ROUGE D'HIVER. — Bonne et des plus rustiques, passant l'hiver en pleine terre sans couverture, et donnant de bonnes laitues au printemps en la semant en juillet et août.

ROMAINES

Les romaines étant très appréciées, il y a avantage à cultiver les variétés qui *se coiffent* naturellement, c'est-à-dire qui pomment très bien sans être liées. C'est du temps d'épargné et, par le fait, ces variétés valent largement, comme qualité, celles qu'il faut lier pour les blanchir ; ce sont :

ROMAINE VERTE MARAICHÈRE. — Propre à la culture de primeur et de pleine terre, très grosse et très bonne, venant bien en pleine terre et sous cloches. A cultiver partout.

ROMAINE BLONDE MARAICHÈRE. — La meilleure des romaines d'été, très grosse et excellente. A cultiver partout.

Romaine Ballon. — Très belle et bonne qualité, pomme très grosse, variété des plus recommandables mais pommant un peu moins vite que la précédente. A cultiver partout.

Romaine chicon pomme en terre. — Très jolie et excellente variété, venant très vite, donnant une pomme très ferme, et remarquable par sa qualité ; elle est moins sèche et plus tendre que les précédentes. A cultiver partout.

Romaine verte d'hiver. — Très rustique et résistant bien au froid. A cultiver partout.

Romaine rouge d'hiver. — Variété très rustique, supportant assez bien les gelées. C'est une précieuse ressource pour les régions froides, mais inférieure aux autres pour la qualité.

Lentille. — La blonde est la variété préférable. A cultiver partout.

MACHES

Mache ronde. — C'est une bonne variété rustique, venant bien, et à cultiver partout.

Mache ronde a grosse graine. — Belle variété à touffes très garnies, et à feuilles plus larges que la précédente. A cultiver partout.

Mache a feuilles de laitue. — C'est la meilleure à cultiver dans les jardins de propriétaire. Touffes larges, très étoffées, et ayant tendance à pommer ; feuilles blondes, larges, très tendres et d'une qualité supérieure.

Mache a feuilles de laitue, semée de juillet à septembre, en trois ou quatre fois, alimente la maison pendant tout l'hiver et le printemps, d'une excellente salade, ne demandant aucun soin pendant l'hiver.

MACHE VERTE A COEUR PLEIN. — Variété des plus recommandables, bonne de qualité, donnant de belles touffes presque pommées.

MELONS

Rien n'est meilleur et plus désiré qu'un bon melon, surtout à la campagne, lorsqu'on est éloigné de Paris, qui en fournit d'excellents à discrétion, et cependant rien n'est plus difficile à obtenir dès qu'on s'éloigne de la capitale. La plupart du temps, les melons manquent des soins nécessaires; mais souvent aussi le propriétaire est pour beaucoup dans l'insuccès du jardinier, en lui faisant cultiver une quantité de variétés de melons. Entend-il parler d'une variété que l'on dit bonne, il la fait cultiver aussitôt au milieu des autres et récolte presque toujours une espèce de citrouille, non pour le volume, mais pour la qualité. Toutes ces variétés se fécondent entre elles et produisent des mulets impossibles, des melons sans forme, sans saveur, immangeables. On met quelquefois cela sur le compte du sol : j'ai entendu des propriétaires dire avec le plus grand sérieux du monde : « Mon jardinier ne fait plus de melons; le terrain ne vaut rien pour eux. »

Le melon n'est jamais cultivé entièrement dans le sol; on lui en fait un artificiel; par conséquent, on peut le cultiver avec un égal succès dans une cour pavée, et même sur un rocher.

Cependant, à présent que la culture du melon en

pleine terre a pris une très grande extension, grâce aux deux excellentes et rustiques variétés que j'ai créées, la qualité du sol peut avoir une certaine importance sur la végétation de la plante, comme sur la qualité des fruits.

Dans tous les cas, pour obtenir des melons de qualité supérieure en pleine terre, il faut toujours une addition de terreau et de fumier bien consommés, modifiant beaucoup la nature du sol. Dans ces conditions, le melon peut être cultivé en pleine terre dans tous les sols, excepté dans ceux calcaires à l'excès, et encore on y obtiendrait de bons résultats en les amendant convenablement. (Voir aux cultures spéciales : *Melons.*)

Que les propriétaires cultivant inutilement à la fois une vingtaine de variétés de melons ne se croient pas ruinés lorsque je leur conseillerai de n'en cultiver que deux ou trois. Ils n'auront jamais été aussi pauvres en variétés, mais jamais non plus aussi riches en excellents melons.

En admettant deux ou trois variétés de melons pour le jardin du propriétaire, ce sera à la condition de les cultiver de manière à ce qu'elles ne fleurissent pas ensemble.

Non seulement les melons, mais encore la plupart des courges, se fécondent entre elles à de grandes distances. Il est donc urgent d'éviter la floraison simultanée des courges, si l'on ne veut s'exposer à tout perdre. Quelque grande que soit la distance, il y a toujours danger. Ce n'est pas le vent, mais les abeilles qui emportent et distribuent le pollen.

Nous excluons du jardin du propriétaire tous les melons brodés, incomparables aux cantaloups, que l'on obtient aussi facilement que les melons durs, sans saveur et indigestes.

La délicatesse des variétés de melons cultivés par les maraîchers de Paris et les soins qu'ils demandent ont seuls prolongé la culture des melons brodés dans les jardins de propriétaires. Les jardiniers essayaient bien de la culture du cantaloup ; mais, peu versés dans le dédale de soins à leur donner, ils échouaient le plus souvent, et revenaient au melon brodé.

Il était donc urgent de trouver des variétés de melons aussi rustiques que les melons brodés, pour les chasser à tout jamais du jardin des propriétaires. Elles n'existaient pas : je les ai créées et les ai améliorées encore, pendant longues années.

Je me félicite d'autant plus d'avoir obtenu mes deux excellentes variétés, que depuis plusieurs années les melons des maraîchers parisiens laissent à désirer pour la qualité.

Cela ne tient pas à la culture, mais aux exigences des acheteurs. Les restaurateurs ne trouvent jamais de melons assez gros. On leur a fait des melons monstrueux ; mais le volume a été atteint au détriment de la qualité.

Jusqu'à nouvel ordre, c'est-à-dire jusqu'à ce que je trouve mieux, je m'en tiens de préférence à mes deux variétés par excellence, et à une troisième pouvant les remplacer par sa rusticité.

MELON GRESSENT. — Fruit moyen, gros, écorce verte, presque lisse, chair très rouge, fruit toujours bien plein, d'une qualité supérieure.

Cette variété, d'une rusticité sans égale, est très fertile, et précieuse pour les cultures de grande primeur, de saison et d'arrière-saison. J'ai souvent mangé des melons Gressent encore excellents après les premières gelées blanches.

CANTALOUP SUPERFIN GRESSENT. — Fruit gros, à écorce verte très rugueuse et à chair foncée, d'une délicatesse extrême et d'une saveur sans égale. Cette variété, un peu moins hâtive que la précédente, ne m'a jamais donné un melon médiocre ; sa rusticité est presque aussi grande que celle du melon Gressent. Je cultive le cantaloup superfin avec succès en pleine terre, et ne connais pas de melon pouvant lui être comparé comme qualité.

J'avais obtenu dans le principe un melon moins gros, que j'ai appelé cantaloup amélioré. Le titre a été pris par des tripoteurs de graines, qui ont expédié sous ce nom tous les fonds de tiroir achetés à bon compte chez les grainetiers, et vendus très chers *à la pratique*. J'ai supprimé le melon et son nom, aussitôt que j'ai eu obtenu une qualité égale, sinon supérieure, et plus de volume : le cantaloup superfin Gressent.

Lorsque je trouverai meilleur, j'augmenterai ma liste. J'ai fait bien des essais depuis trente ans ; j'ai essayé tous les melons que l'on m'a envoyés comme des merveilles; je les ai expérimentés consciencieusement, et m'en suis tenu à mes deux variétés, comme les meilleures et les plus rustiques. Cependant j'admets encore:

CANTALOUP D'ALGER. — Gros, très rustique, très fertile, bon, moins délicat que les deux variétés précédentes, mais pouvant les remplacer au besoin.

Pour le climat de l'olivier, nous adopterons les deux variétés les plus recommandables parmi les melons verts connus:

MELON DE CAVAILLON. — Écorce lisse et à chair verte ou rouge.

PASTÈQUE A GRAINE NOIRE. — La meilleure de toutes les pastèques.

NAVETS

NAVET BLANC PLAT HATIF. — Le plus précoce de tous les navets, précieux pour les semis de mai et de juin, et pour ceux de saison quand les autres variétés ont été mangées. On obtient très vite des navets excellents. A cultiver partout.

NAVET BOULE D'OR. — Excellente variété, venant bien dans tous les sols.

NAVET DE FRENEUSE. — Excellent de qualité et restant entier après la cuisson. C'est un des plus estimés pour les ragoûts. Il réussit sous tous les climats.

NAVET DES VERTUS (Raco-Marteau) DEMI-LONG. — Blanc, très hâtif, précieux pour la première saison, et exclelent de qualité ; mais c'est un navet tendre, parfait pour le Nord, l'Est et l'Ouest.

NAVET DE MEAUX. — Variété rustique, très bonne partout et dans tous les sols, excepté dans le Midi.

NAVET JAUNE LONG. — Demi-tendre, assez bon, de qualité très rustique. Très bon pour le Midi.

NAVET JAUNE DE HOLLANDE. — Demi-tendre, d'une qualité remarquable et d'une très longue garde. Je ne saurais trop recommander la culture de ce précieux navet dans le jardin du propriétaire. Sous tous les climats.

NAVET GRIS DE MORIGNY. — Très rustique et de qualité supérieure, venant bien à peu près dans tous les sols. A cultiver partout.

OIGNONS

OIGNON BLANC HATIF. — Variété excellente et très précieuse pour fournir les premiers oignons lorsqu'on l'a semé au mois d'août, et repiqué à un endroit chaud et abrité pendant l'hiver. Dans ce cas on obtient de très bons oignons à récolter en mars et avril. L'oignon blanc, semé très dru au printemps, fournit les meilleurs oignons à confire : il est plus doux que les autres et bien préférable pour cet usage. Il peut être cultivé sous tous les climats.

OIGNON JAUNE DES VERTUS. — La meilleure de toutes les variétés pour les semis de printemps, sous tous les climats tempérés ; c'est aussi la variété se gardant le mieux et le plus longtemps.

OIGNON JAUNE DE CAMBRAI. — Bonne variété ayant

les qualités du précédent, mais plus rustique et venant mieux dans les sols un peu consistants.

Oignon rouge pale. — A cultiver partout où l'oignon jaune réussit mal. Bon et de longue garde. Propre à tous les climats.

OSEILLE

Oseille de Belleville. — A feuilles larges, très bonne et très productive.

Oseille feuilles de laitue. — Très belle et très bonne variété, à feuilles très larges, et moins acide que la précédente. A cultiver partout.

PANAIS

Panais rond. — C'est la meilleure variété à cultiver dans le potager du propriétaire.

Panais demi-long de Guernesey. — Variété très recommandable, à cultiver sous tous les climats, dans les terres profondes et exposées à la sécheresse.

Patate violette. — C'est la variété la plus recherchée et la meilleure pour châssis.

PERSILS

Persil frisé. — Variété à cultiver à l'exclusion de toute autre, remarquable par la beauté de ses feuilles et par sa lenteur à monter.

Persil a feuilles de fougère. — Très grand, à feuilles vert foncé, touffes énormes. Même saveur que les autres persils, mais feuilles différentes de forme et nuance. Excellent pour la décoration des plats.

PIMENTS

PIMENT DE CAYENNE. — Le meilleur. A cultiver partout, pour les assaisonnements.

PIMENT CERISE. — De bonne qualité et très joli. On pourrait presque en faire une plante d'ornement. Fruits rouges, très nombreux, de la forme, du volume et du coloris de la cerise.

PIMENT CARRÉ DOUX. — Très gros et plus doux que les deux variétés précédentes.

PIMPRENELLES

PIMPRENELLE PETITE. — A cultiver en bordures, spécialement pour les besoins de la cuisine.

PIMPRENELLE GRANDE. — Très productive, précieuse pour les animaux.

PISSENLITS

PISSENLITS CŒUR PLEIN et AMÉLIORÉ HATIF. — Les deux variétés à cultiver dans le jardin de propriétaire autant pour leur qualité que pour l'abondance de leurs feuilles.

POIREAUX

POIREAU MONSTRUEUX DE CARENTAN. — C'est le monstre de l'espèce : j'en ai obtenu chez moi d'aussi gros qu'une bouteille de bordeaux. Excellent et se gardant bien en terre, ou en jauge. A cultiver dans le Nord, l'Est, l'Ouest et le Centre.

POIREAU JAUNE DU POITOU. — Très gros et excellent. Pour le Centre et le Midi.

POIREAU DE ROUEN. — Énorme et excellent. A cultiver pour le Nord, l'Est et l'Ouest.

POIREAU LONG D'HIVER. — Variété très rustique, précieuse pour les semis d'hiver et pour les climats du Nord.

POIS

POIS PRINCE ALBERT. — Le plus précoce de tous, mais laissant à désirer pour la qualité dans les sols un peu consistants.

POIS EXPRESS. — Excellente variété, de bonne qualité, grains ronds verts. A cultiver partout.

POIS CARACTACUS. — Presque aussi précoce que le prince Albert; très fertile et excellent de qualité. A cultiver partout; on n'en sèmera jamais assez.

POIS QUARANTAIN. — C'est le pois précoce par excellence, tant pour la qualité que pour l'abondance du produit. Il mûrit quelques jours après le prince Albert, mais il est toujours bon. Semer de décembre à février, à une place abritée, dans toute la France, et d'octobre à janvier sous le climat de l'olivier. A cultiver partout.

POIS TRÈS NAIN A CHASSIS. — Variété des plus naines, spéciale pour la culture sous châssis.

POIS LÉVÊQUE. — Très bonne variété, très hâtive et petite, excellente, pour cultiver en pleine terre, en

ligne ou en bordure et même sous châssis où il donne
encore de bons résultats.

Pois Michaud de Hollande. — Variété précoce ;
semée au printemps, elle donne presque en même
temps que les pois quarantains semés pendant l'hiver.
Le pois *Michaud de Hollande* est d'une fertilité remarquable et d'excellente qualité. Je ne saurais trop
en recommander la culture dans le potager du propriétaire ; il réunit toutes les qualités : précocité,
bonté et fertilité. A cultiver partout.

Pois ridé nain vert. — De qualité hors ligne, mais
toujours un peu gros ; c'est un défaut, mais aucune
variété ne le dépasse en qualité. A cultiver partout.

Pois merveille d'Amérique. — Pois ridé très nain,
d'une grande fertilité et d'une précocité remarquable.
Qualité égale au précédent, mais beaucoup plus fin ;
c'est le premier pois ridé qui allie la finesse à la qualité. C'est une des variétés des plus recommandables.
A cultiver partout.

Pois de Knigt. — Pois ridé à rames, des plus recommandables, très productif, presque égal en qualité
au précédent, mais un peu plus gros. A cultiver partout, comme un des meilleurs et des plus productifs,
malgré sa grosseur.

Pois de Clamart. — Très productif, bon de qualité,
et très précieux comme pois tardif ; il peut être semé
jusqu'en août, et fournit toujours d'excellents pois
jusqu'aux gelées. A cultiver partout, excepté dans le
Midi.

Pois corne-de-bélier a rames. — Le meilleur des

mange-tout, et l'un des plus fertiles, très bon de qualité. A cultiver partout.

Pois nain hatif breton. — *Mange-tout*, d'une qualité remarquable, très productif. A cultiver partout.

Pomme de terre. — On ne doit cultiver dans le potager du propriétaire que les variétés ayant un mérite reconnu pour la table, et des variétés de toutes les saisons, afin de ne jamais manquer d'excellentes pommes de terre. Rien de plus facile en suivant à la lettre les indications données aux *Cultures spéciales* et en semant les variétés suivantes :

POMMES DE TERRE PRÉCOCES

Pomme de terre a feuilles d'ortie. — Jaune, longue, la meilleure des pommes de terre hâtives, des plus précoces; très productive, bonne pour cultiver sous châssis pendant l'hiver et donnant les meilleurs résultats en pleine terre, en la semant en février.

Depuis plusieurs années, je multiplie à l'infini cette précieuse variété et la popularise partout, à la satisfaction générale. A cultiver partout, et sous tous les climats, comme la meilleure et une des plus précoces des pommes de terre hâtives.

Marjolain quarantaine. — Jaune, allongée, bonne et très précoce, excellente pour châssis et pour les premiers semis en pleine terre, mais moins bonne que la feuille d'ortie, moins productive, mais plus précoce de deux semaines environ.

C'est la quarantaine de la halle de Paris, la plus

connue des pommes de terre hâtives et aussi la plus cultivée malgré son infériorité sur la précédente.

Royale Kidney. — Bonne variété anglaise, des plus rustiques et des plus productives, réunissant qualité et quantité. Précieuse dans les terres un peu fortes, où elle vient mieux que les autres variétés hâtives. Très bonne, sans valoir cependant la feuille d'ortie. A cultiver partout.

Ces trois variétés, à cultiver sous châssis et en pleine terre, doivent être plantées de bonne heure, en février après avoir germé en boîtes en décembre.

POMMES DE TERRE DE SAISONS

Hollande jaune. — Hâtive, très productive, et de qualité supérieure. C'est la meilleure variété à cultiver partout; elle produit d'excellentes pommes de terre au moment où les *feuilles d'ortie* ne sont plus bonnes, et se conserve bien jusqu'en février.

Jaune demi-longue hâtive. — De qualité hors ligne, hâtive et au moins aussi productive que la précédente. A propager partout.

Saucisse. — Rouge longue, d'une fertilité énorme, et de qualité hors ligne; elle s'écrase moins que la Hollande. A cultiver partout, comme une des meilleures variétés.

Pousse-debout. — Rouge, longue, belle et bonne variété, productive, un peu plus tardive que la précédente et se gardant deux semaines de plus. Cette pomme de terre ne s'écrase pas; elle a remplacé avec avantage la *vitelotte* désespérante par son infertilité. A cultiver partout.

MERVEILLE D'AMÉRIQUE. — Elle mérite son nom ; c'est une belle pomme de terre rouge, ronde, de bonne qualité et d'une fertilité prodigieuse. De plus, elle mûrit en pleine saison, germe tard, et se conserve bonne jusqu'en mars.

Cette superbe et excellente variété, que je cultive en grand depuis 1870, est appelée à se populariser très vite.

POTIRON VERT D'ESPAGNE. — Fruit vert, moins gros que le jaune, mais de qualité supérieure. Le seul qui puisse être admis dans le potager du propriétaire.

RADIS

RADIS A CHASSIS. — Radis rose, excellent pour la culture sous châssis, autant pour sa précocité que pour sa qualité et la petitesse de ses feuilles. A cultiver partout.

RADIS ROSE HATIF. — Rose, rond, excellent et très précoce. A cultiver partout.

RADIS ÉCARLATE. — Rouge, demi-long, excellent de qualité et un peu piquant.

RADIS ROSE BOUT BLANC. — Rond et demi-long, deux variétés, très précoces, très jolies et excellentes. A cultiver partout.

RADIS BLANC ROND HATIF. — Très précoce et de qualité hors ligne, d'une fertilité remarquable.

RADIS JAUNE ROND HATIF. — Un peu moins précoce et plus piquant que le précédent.

Radis violet d'hiver. — Gros comme une betterave, parfait, bien supérieur au radis noir; la chair est fine, savoureuse et pas trop piquante.

Raiponce. — A semer en petite quantité comme salade d'hiver; c'est une ressource quand les autres vont mal, pendant les hivers humides.

Rhubarbe. — C'est une importation britannique, méritant les honneurs du potager du propriétaire. On en fait d'excellentes tartes, et de très bonnes compotes. La meilleure variété à cultiver est la *rhubarbe de Népaul*, avec laquelle on fait aussi de bonnes confitures et d'excellents sirops. Nord, Est, Ouest et Centre.

SALSIFIS

Salsifis blanc. — Le meilleur de tous et remarquable par sa qualité. Il a le défaut d'être un peu long à venir et de ramifier sa racine; mais il rachète bien ses défauts par sa bonté.

Scorsonère. — Salsifis noir, plus hâtif, venant très vite, mais moins bon que le salsifis blanc.

Scolyme d'Espagne. — Salsifis jaune, de qualité incomparable aux autres salsifis. A cultiver partout.

Sarriette. — Plante aromatique à cultiver comme assaisonnement.

Thym d'hiver. — La variété préférable pour cultiver en bordure.

TOMATES

Tomate naine très hative. — Charmante variété,

la plus précoce de toutes, bonne, très productive, et prenant peu de place dans le jardin. A cultiver partout.

TOMATE ROUGE A FEUILLES CRISPÉES. — Excellente, très hâtive et très fertile, fruits gros et abondants ; c'est la tomate de fond pour tous les jardins. A cultiver partout.

TOMATE MONSTRUEUSE (Mikado). — Variété tardive, très fertile, à fruits énormes.

TOMATE A TIGE RAIDE. — Variété spéciale pour le Midi, le Centre et l'Ouest ; fruits monstrueux et excellents, mais ne mûrissant qu'avec une somme élevée de chaleur.

TOMATE PERFECTIONNÉE DE LEDRAN. — La plus grosse et la plus lisse de toutes. Très hâtive et productive.

TÉTRAGONE. — Plante très productive, remplaçant les épinards dans les contrées chaudes et sèches, mais n'en ayant pas la qualité. A cultiver dans le Midi seulement, où les épinards ne réussissent pas.

J'ai indiqué, parmi les variétés de légumes que j'ai pu expérimenter jusqu'à ce jour, les plus convenables pour le potager du propriétaire : celles donnant des résultats certains, et réunissant les triples avantages de la qualité, de la fertilité et de la précocité. J'ai multiplié toutes ces variétés et en ai cultivé toutes les semences pour les répandre le plus vite possible dans toute la France. (S'adresser pour les graines à *M. A. Blanche*, graines, à *Sannois*, seul propriétaire des anciennes cultures Gressent.)

J'en ai expérimenté beaucoup d'autres ; mais je ne les adopte qu'après deux années de culture, quand je suis bien fixé sur leurs qualités.

L'*Almanach Gressent* indique chaque année les nouveautés que j'ai adoptées, en fruits comme en légumes et en fleurs, comme les nouveaux procédés de culture; il paraît le 1er septembre de l'année précédente, et est envoyé *franco par la poste* et par le retour du courrier à toutes les personnes qui en font la demande à *M. Gressent*, professeur d'arboriculture, à Sannois (Seine-et-Oise).

Demander l'*Almanach Gressent* de bonne heure, car, malgré une augmentation de tirage chaque année, il est toujours épuisé dès le mois d'août, et quelquefois de juillet.

LA SERRE A LÉGUMES

La serre à légumes est indispensable dans toutes les maisons où il existe un potager bien organisé, c'est-à-dire produisant de tout en abondance; elle en est la conséquence et le complément. Elle sert d'abord à conserver les légumes dans les meilleures conditions, ensuite à faire germer les pommes de terre hâtives, à abriter les artichauts soumis à la culture annuelle, à prolonger la récolte des fraisiers, avancer celle des haricots verts, etc.

Il n'est pas indispensable de faire construire une serre à légumes. Un vieux bâtiment, n'importe lequel, peut en servir, pourvu qu'il réunisse ces trois conditions :

1° Qu'il n'y gèle pas;

2° Qu'il soit sain, frais, mais pas humide;

3° Que la lumière y pénètre modérément.

Un bâtiment dans ces conditions est facile à trou-

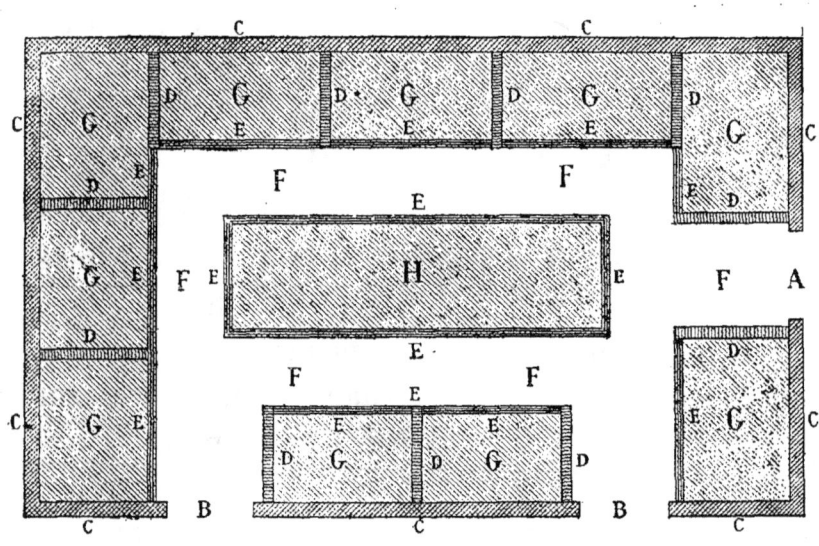

Fig. 106. — Plan de la serre à légumes.

ver dans presque toutes les propriétés où les bâtiments sont toujours trop nombreux. Dans ce cas, on n'a à faire que la distribution intérieure.

Supposons que nous ayons à construire la serre à légumes ; en traitant de la construction, je faciliterai en même temps le choix du bâtiment et sa distribution.

On tracera un carré long, d'une grandeur déterminée par l'étendue du potager. La porte A (fig. 106) devra être placée au nord ou à l'est à une exposition sèche. Elle devra être assez large pour y passer avec une brouette.

On creusera le sol à la profondeur de 70 centimètres à un mètre, suivant qu'il sera sec ou humide. Dans le cas où le sol serait argileux et fort humide, par conséquent, on établirait un drainage en dehors et tout autour de la serre à légumes, pour enlever l'humidité.

On percera deux croisées B (fig. 106) à fleur du sol, pour éclairer suffisamment l'intérieur.

Les murs de clôture C (même figure) devront avoir une certaine épaisseur, pour garantir l'intérieur des excès de température, 40 centimètres environ.

Tout autour du bâtiment on établira des stalles de la largeur de 1^m,20 à 1^m,60, et d'une longueur proportionnée à la grandeur de la serre et aux récoltes du potager.

Ces stalles seront établies à l'aide de petits murs de refend D (même figure), ayant une élévation de 70 à 90 centimètres, et seront closes en avant par un petit mur E (même figure), d'une élévation de 30 à 40 centimètres.

Ces stalles G (même figure) serviront à entasser et ranger dans le sable toutes les racines : carottes, navets, panais, rutabagas, choux-raves, betteraves, céleri-rave, etc.

On établira des allées F (même figure) assez larges pour y circuler avec une brouette ou de grands paniers.

Au milieu, on établira, un carré long H (même figure), entouré de petits murs d'une hauteur de 34 à 40 centimètres. Ce carré, bien éclairé par les croisées, sera rempli de bonne terre, dans laquelle on pourra planter les artichauts à demeure, faire germer les dahlias, etc.

Les boîtes de pommes de terre hâtives, en germination, seront posées sur les murs de refend D (fig. 106), comme l'indique la figure 107.

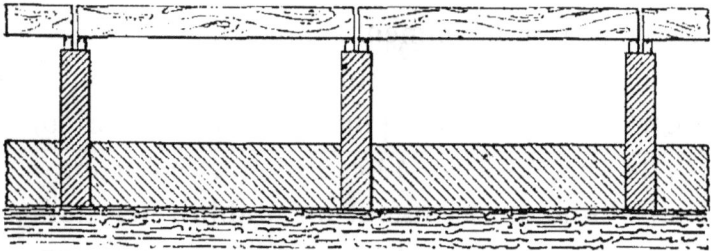

Fig. 107.—Boîtes de pommes de terre posées sur les murs des stalles.

On pourra poser plusieurs boîtes les unes sur les autres. Il suffira de faire les boîtes à la mesure des stalles pour en loger une très grande quantité sans obstruer la serre à légumes.

On posera sur les quatre murs de la serre à légumes des fils de fer n° 14, depuis la hauteur de $1^m,20$ jus-

qu'au plafond, en laissant entre eux une distance de
40 centimètres environ.

Ces fils de fer seront tenus aux extrémités par des
pointes à crochets galvanisées (fig. 108).

Il suffit, pour les extrémités, de faire deux tours de
fil de fer à la tête de la pointe, et d'enfoncer complètement, au marteau, la seconde
pointe A (même figure) jusqu'à la
ligne B, et même d'avantage jusqu'à ce que le fil de fer soit serré
et même entré dans le crépis du
mur.

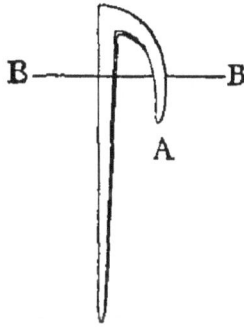

Pour les fils de fer des murs
qui serviront à accrocher des
pois, pour conserver des fraisiers, faire germer des pois, des
haricots, etc., on commence par
fixer une extrémité seulement de

Fig. 108.—Pointe à cro-
chet galvanisé, pour
fixer les fils de fer
contre les murs et au
plafond.

la ligne, en laissant l'autre bout du fil de fer libre. On
prend un pot à fleur pour moule, et on emploie les
mêmes pointes (fig. 108).

On place le pot de fleur (B, fig. 109) contre le
mur ; on l'entoure avec
le fil de fer A, fixé au
mur par un bout ; on
enfonce deux pointes (C,
même figure) de chaque
côté du pot, afin de ten-
dre dessus le fil de fer A,

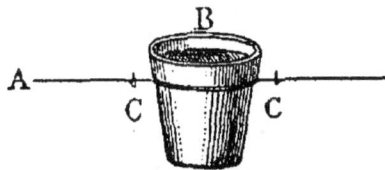

Fig. 109. — Pot à fleurs suspendu
contre le mur avec un fil de fer
et des pointes à crochet.

et de faire conserver au fil de fer la forme du pot, et

ainsi de suite tous les 40 centimètres environ, jusqu'au bout de la ligne.

Ces pots ne tenant pas de place, puisqu'ils sont collés au mur, sont d'un grand secours à l'approche des gelées pour prolonger la récolte des fraisiers de Gaillon, conserver au besoin des géraniums, etc. etc.; pendant l'hiver, pour soustraire une foule de plantes délicates à l'action des gelées, et au printemps pour semer des haricots précoces que l'on met en pleine terre quand les gelées ne sont plus à redouter. Sans autre peine que quelques bassinages à donner aux pots, on obtient une précocité de près d'un mois sur la pleine terre, pour les premiers haricots verts et certaines variétés de pois.

Le plafond est également garni de fils de fer, distants de 40 à 50 centimètres, dans toute son étendue. Ces fils de fer sont fixés d'abord à chacune des extrémités par une pointe à crochet solidement enfoncée,

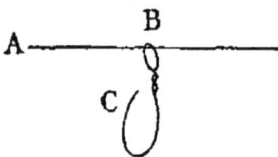

Fig. 110. — Crochet de fil de fer fixé au plafond.

et maintenue par d'autres pointes placées à un mètre de distance, et enfoncées à fond.

Ensuite on passe dans le fil de fer A (fig. 110) un bout de fil de fer que l'on boucle en B, et qui se termine par un crochet C (même figure).

Ces crochets, placés à 50 centimètres de distance, sont des plus utiles pour suspendre des choux-fleurs d'automne, la tête en bas; ils ne tiennent pas de place et se conservent ainsi pendant une grande partie de l'hiver. Les choux également accrochés au plafond de la serre à légumes, se conservent pendant les hivers les plus rigoureux, sans le moindre accident. Les fils de fer après lesquels sont adaptés les crochets, installés comme je l'ai indiqué, peuvent supporter un grand poids sans craindre de rupture.

La distribution intérieure de la serre à légumes, comme je viens de la désigner, est facile dans tous les bâtiments construits, ce qui ne manque pas à la campagne. On ne saurait croire tout ce qu'il est possible de conserver, et avec le plus grand ordre, dans une serre à légumes de quelques mètres, aménagée comme je viens de l'indiquer.

Dans tous les cas, la serre à légumes devra être surmontée d'un grenier rempli de paille ou de fourrage, afin de la défendre des fortes gelées. S'il venait des froids longs et rigoureux, on pourrait y placer un petit poêle, pour y maintenir une température de 3 à 4 degrés au-dessus de zéro. Mais il faudrait un hiver bien long et des gelées bien fortes pour en venir à cette extrémité.

Pour plus amples renseignements, voir aux *Cultures spéciales* les indications données pour la culture de chaque variété de légumes. Je n'ai donné ici que des indications pour choisir les variétés ; on trouvera aux *Cultures spéciales* tous les renseignements nécessaires pour les cultiver avec succès.

CHAPITRE II

POTAGER DU RENTIER

Le rentier est presque toujours locataire. Un mot de la position du locataire en face du propriétaire est indispensable au point de vue de la culture, et même de la création du jardin. Le rentier locataire devra appliquer à la lettre la culture indiquée au chapitre précédent pour le jardin du propriétaire.

Quelques personnes, objectant que le sol ne leur appartient pas, reculeront devant l'organisation, et surtout devant la dépense d'engrais nécessaires à l'assolement de leur potager, dans la crainte d'abandonner gratuitement au propriétaire le bénéfice des fumures enfouies. C'est un faux calcul. Le locataire qui améliore laisse, il est vrai, une plus-value au propriétaire : mais, lorsqu'il la lui abandonne, il en a retiré à peu près tous les bénéfices. Si, au contraire, il ne fait rien pour améliorer, dans la crainte de laisser quelque chose au propriétaire, il place son jardin dans la condition du *jardin fouillis*, et est lui-même la première victime de sa parcimonie. Il ne laisse rien au propriétaire, il est vrai ; mais, pendant toute la durée de son bail, il a dépensé sans rien récolter, et, s'il voulait se donner la peine de compter les dépenses faites, il reconnaîtrait bien vite qu'il perd énormément à ne vouloir rien laisser après lui.

Toutes les fois qu'un locataire aura seulement un bail de neuf ans, il aura bénéfice à assoler le potager et même à planter un jardin fruitier. Le potager lui donnera un bénéfice certain sur la première rotation ; ce bénéfice augmentera considérablement à la seconde, et le couvrira bien au-delà de ses dépenses, tout en abandonnant au propriétaire une terre amenée à l'état de culture. Le jardin fruitier produira dès la seconde année ; à la quatrième, il aura remboursé en fruits le capital dépensé pour le créer. (V. *l'Arboriculture fruitière*, dixième édition.) Il restera donc encore au locataire, après remboursement intégral, cinq années pour récolter, dont trois de produit maximum, il a donc un bénéfice à planter dans ces conditions. Le propriétaire y gagne beaucoup, c'est incontestable : mais le locataire a un bénéfice réel à agir ainsi ; il subit la loi de tous ceux qui font de la culture intelligente : il produit à la fois pour lui et pour ceux qui l'entourent ; j'en donne pour exemple les terres que j'ai cultivées, toutes ont été louées le double de ce que je les payais.

La culture que je vais indiquer dans ce chapitre ne s'applique qu'au petit propriétaire ou au rentier dont le revenu est très limité, achetant ou louant une maison avec un jardin, non pour en retirer à la lettre un *produit argent*, mais pour y trouver sans frais et comme compensation, sa provision de légumes et de fruits. Cela est facile : il récoltera non seulement tout ce qui est nécessaire à son ménage, mais encore il pourra retrouver dans l'excédent de ses récoltes, vendues au marché, une indemnité suffisante pour le couvrir non seulement de toutes ses avances de culture, mais encore, sinon de la totalité, au moins de la majeure partie de son loyer, s'il opère avec discernement, et surtout sans parcimonie.

Il existe beaucoup de petits rentiers dont le revenu est à peine suffisant ; la majeure partie a le goût du jardinage, et trouve dans le produit de son jardin à la fois une distraction, un exercice salutaire et une source de bien-être. C'est pour eux que j'écris ce chapitre. Ils obtiendront plus que je ne leur promets et qu'ils ne l'espèrent, en suivant mes indications à la lettre ; mais qu'ils n'oublient jamais que la terre est une emprunteuse généreuse, donnant beaucoup quand on lui a prêté assez, mais refusant tout produit à celui qui ne commence pas par lui faire les avances nécessaires.

Le premier soin du rentier sera de réunir et de fabriquer à l'avance les engrais indispensables. C'est facile avec bien peu de dépense, en se donnant un peu de peine. Les seuls animaux que possède le petit propriétaire ou le locataire sont quelques lapins. Je ne lui suppose pas même des poules ; je présume qu'il sait compter, et une demi-douzaine de *cocotes* enfermées dans une volière, et nourries avec du grain acheté, lui pondraient des œufs revenant à 50 centimes. La volaille enfermée est un objet de luxe ; elle coûte fort cher. Lorsqu'on veut que le produit couvre les frais, il faut avoir des volailles de races, dont les œufs se vendent au moins 2 fr., et encore être assuré à l'avance du placement des œufs. Si le rentier, placé dans les conditions que j'indique, possède des *cocotes*, il les mettra dans sa marmite, et achètera chaque année, avec la moitié de la dépense du grain qu'elles mangent, une voiture de fumier de cheval provenant d'une auberge. C'est le meilleur et celui qui porte le plus de profit pour mélanger.

Supposons à notre petit rentier, vivant avec sa femme et une domestique, un jardin de dix ares : il en conservera deux en corbeilles de fleurs, gazons et massifs, cultivera les arbres fruitiers en espalier contre les murs, et rasera complètement huit ares pour en faire un potager soumis à l'assolement de quatre ans. Il pourra faire assez de couches avec sa voiture de fumier d'auberge, en l'additionnant de feuilles. Restent les composts ; cherchons les moyens les plus économiques d'en fabriquer assez, sans autre ressource que quelques lapins.

Comme le grand propriétaire, le rentier devra d'abord installer une plate-forme pour la fabrication des engrais ; elle sera plus petite, mais installée de la même manière. Un vieux tonneau défoncé, deux au besoin, serviront de réservoir à engrais liquide (fig. 111). S'il est possible d'avoir des latrines mobiles, avec une barrique s'enlevant à volonté, ce sera une excellente chose, un moyen puissant de se procurer sans

frais un engrais liquide très énergique, pour animaliser les matières végétales.

Fig. 111. — Tonneau à engrais liquide.

Si les matières fécales manquent, il existe dans
toutes les villes et même dans tous les villages des
vieilles femmes trop faibles pour aller en journée, et
toujours heureuses de gagner quelques sous. A défaut
de vieilles femmes, on prend des gamins, et l'on
traite avec eux à raison de 1 fr. 50 à 3 francs, suivant
les pays, pour ramasser sur les routes un mètre de
crottin de cheval.

Avec deux mètres de crottin on fabrique quatre
voitures d'excellents composts.

Les mêmes individus pourront faire ramasser, très
économiquement et toujours à la tâche, des feuilles à
l'automne; couper des genêts, des bruyères et des
ajoncs dans les bois pendant l'été. Avec une dépense

de 10 à 20 francs, on peut avoir des montagnes de toutes ces choses, et les convertir en excellents composts, comme je l'ai indiqué pages 124 et suivantes, en y ajoutant chaque jour tous les détritus du potager, de la cuisine et de la maison.

La tannée ou la tourbe, s'il en existe dans le pays, seront de précieuses ressources après les avoir animalisées avec de l'engrais liquide.

Les engrais fabriqués, et le jardin divisé en quatre parties égales, il n'y a plus qu'à procéder à l'organisation de l'assolement de quatre ans. Le premier acte doit être de monter les couches avec la voiture de fumier d'auberge, mêlé avec la réserve de feuilles. Ne vous effrayez pas de ces couches; ce n'est pas difficile à faire : vous en établirez beaucoup en suivant à la lettre les indications données pages 168 et suivantes; elles vous porteront profit et doubleront, en outre, les récoltes de pleine terre.

Fig. 112. — Coffre de châssis.

Le petit rentier n'a pas les ressources du propriétaire, il manquera quelquefois de châssis, et même de cloches. Ce n'est pas une raison pour ne pas faire de couches et se passer de melons : il fera des couches,

aura des melons excellents, un peu plus tard que s'il
avait des châssis et des cloches, mais il en aura. Le
verre, qui coûte assez cher, sera remplacé par les
abris économiques, châssis et cloches. (Voir pages 197
et suivantes.) On commence par un ou deux châssis
économiques demandant quatre planches pour le
coffre (fig. 112); quatre tringles de bois pour confec-

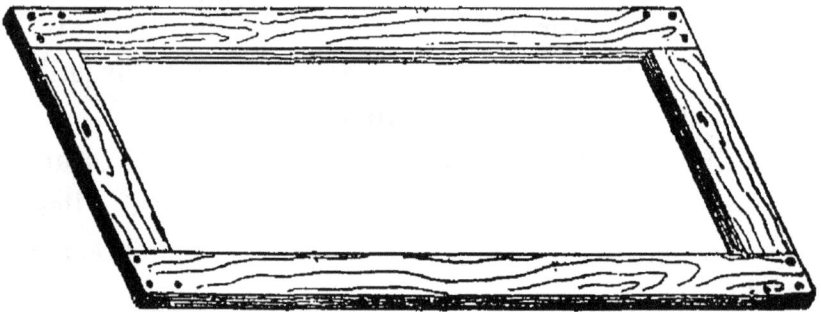

Fig. 113. — Cadre pour châssis économique.

tionner le châssis (fig. 113) et un morceau de vieille
étoffe pour le recouvrir.

Avec cela on peut faire tous les semis possibles,
donnant deux mois de précocité sur ceux de pleine
terre, et élever avec certitude de succès d'excellents
melons.

On ajoute aux deux châssis quelques cloches économiques (fig. 114), fabriquées avec un bout de fil de
fer et un morceau de vieille étoffe ou de papier huilé
(voir la fabrication des cloches économiques, page 199),
et on a un matériel complet.

Beaucoup de petits rentiers ont suivi mes conseils,
et l'année suivante les résultats ont été tels que les

locataires osant à peine essayer des abris économiques
dans le commencement se sont empressés d'acheter
du verre la seconde année.

Que ceux qui doutent du
succès et hésitent à faire
la dépense d'un ou deux
châssis et de quelques cloches veuillent bien essayer
des abris économiques. La
première année, leur ré-
colte de melons portée au
marché les mettra à même
de se bien monter en verre,
sans sortir un sou de leur
poche. J'insiste, parce que

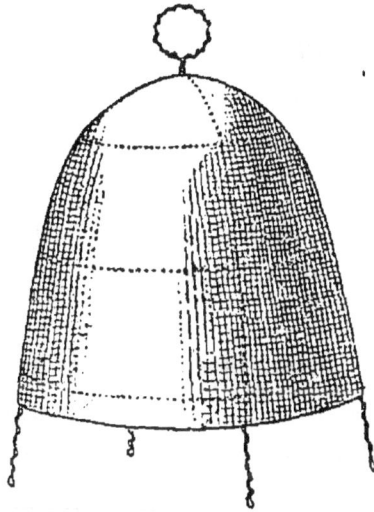

Fig. 114.— Cloche économique.

l'assolement de quatre ans n'est possible qu'avec des
couches, et que les couches, loin de dépenser, rapportent beaucoup, tout en doublant encore le produit
des récoltes de pleine terre.

On ne fera que des couches *tièdes* et *sourdes* avec
les abris économiques; ils ne peuvent pas servir pour
les *couches chaudes*. Ces couches seront montées dans
le carré D du potager, comme je l'ai dit pour le jardin du propriétaire, et le reste de ce carré sera affecté
à l'élevage des fleurs, à la récolte des graines, et, sur
une partie fumée au maximum, aux pépinières de
légumes, destinées à repeupler les planches au fur et
à mesure qu'on les débarrassera de leurs récoltes.

Le fumier acheté et les feuilles seront employés à
la confection des couches sur le carré D.

Un tiers environ des composts, la partie la plus décomposée, sera enfoui dans le carré B, en ayant toutefois le soin d'en réserver assez, et du plus consommé pour recouvrir les semis.

Le carré C sera cendré, et les deux tiers des composts seront enfouis dans le carré A.

On recouvrira les couches, la première année, avec un mélange de crottin de cheval et de terre ou de tannée, comme je l'ai indiqué, pour remplacer le terreau.

Enfin, la seconde année, on distribuera le produit de la démolition des couches, les composts, etc., et l'on continuera l'assolement comme je l'ai indiqué dans le chapitre 1er, page 378, pour le jardin du propriétaire.

Si, malgré tout ce que je viens de dire et d'indiquer pour faire des couches à bon marché, le rentier persistait à y renoncer, contre ses intérêts, il faudrait qu'il assolât son jardin à trois ans sans couches. Cette culture sera bien supérieure en produit à celle qu'il a faite jusqu'à ce jour; mais le manque de couches lui fera perdre plus de la moitié de sa récolte. Il faudra introduire l'assolement de trois ans, et le continuer comme je l'ai indiqué précédemment, pages 146 et suivantes.

Depuis la huitième édition du *Potager moderne*, j'ai reçu une quantité considérable de lettres de petits propriétaires, disant ceci en substance :

« Je ne m'étais jamais occupé de culture, et, grâce à *l'Arboriculture fruitière* et au *Potager moderne* dont j'ai suivi les indications à la lettre, mon jardin me produit non seulement une provision de fruits et de légumes, mais encore le surplus, vendu, me paye l'intérêt de la somme que j'ai payée la propriété.

« Recevez, Monsieur, le témoignage de ma profonde reconnaissance pour vos précieux enseignements, dont le résultat a été de m'approvisionner de tout, et de me loger pour rien. »

Le jardin du rentier au point de vue où je l'envisage doit produire une rente élevée et donner des récoltes certaines. Pour atteindre ce but, il faut faire un choix sévère de variétés; et, dans l'intérêt même du cultivateur, il devra se procurer ces variétés très pures et à bonne source, pour être assuré du succès et trouver un prix rémunérateur de l'excédent de ses produits.

VARIÉTÉS DE LÉGUMES A INTRODUIRE DANS LE JARDIN DU RENTIER

AIL ROSE. — Meilleur et plus précoce que le commun.

ARTICHAUT VERT DE LAON. — Pour le Nord, le Centre, l'Est et l'Ouest.

ARTICHAUT CAMUS DE BRETAGNE. — Pour le Centre, l'Ouest et une partie du Midi.

ARTICHAUT VERT DE PROVENCE! — Pour le climat de l'olivier seulement.

ASPERGE D'ARGENTEUIL. — La plus précoce et la plus belle. C'est une précieuse ressource pour le marché, quand on en a trop.

BETTERAVE ROUGE NOIRE. — La meilleure pour les salades.

BETTERAVE ROUGE LONGUE. — Variété très belle, très rustique, bonne dans les salades, et profitable pour les animaux. A cultiver partout.

CARDON DE TOURS. — Le meilleur de tous, et de longue garde. Pour les climats tempérés.

CARDON PLEIN INERME. — Pour les mêmes régions que le précédent, mais ayant l'avantage d'être sans épines.

CARDON D'ESPAGNE. — Pour le Midi.

CAROTTE A CHASSIS (dite Grelot). — Excellente variété, pour avoir des carottes de grande primeur.

CAROTTE ROUGE COURTE DE HOLLANDE. — Bonne variété, hâtive et très productive, pour semer au printemps et en août, pour avoir pendant tout l'hiver des carottes nouvelles en pleine terre.

CAROTTE ROUGE DEMI-LONGUE NANTAISE. — Excellente variété de saison, pour garder pendant l'hiver.

CAROTTE ROUGE DEMI-LONGUE DE LUC. — Excellente, hâtive et de bonne garde. A cultiver partout.

CAROTTE ROUGE LONGUE OBTUSE SANS CŒUR. — Pour le Centre et le Midi.

CAROTTE DE GUÉRANDE DEMI-COURTE OBTUSE. — Une des meilleures variétés à cultiver partout.

CÉLERI PLEIN BLANC. — Pour le Nord, le Centre et l'Est.

CÉLERI MONSTRUEUX. — Partout.

CÉLERI DE TOURS. — Pour l'Ouest et le Midi.

CÉLERI RAVE LISSE DE PARIS. — A cultiver partout.

CERFEUIL FRISÉ. — En semer peu à la fois et tous les quinze jours.

CHICORÉE FRISÉE DE MEAUX. — Pour cultiver au printemps et à l'arrière-saison, en pleine terre. Partout.

CHICORÉE CORNE-DE-CERF. — Pour tous les climats.

CHICORÉE DE RUFFEC. — Pour le printemps et l'été.

CHICORÉE DE LA PASSION. — Pour l'automne et l'hiver. A cultiver partout.

CHICORÉE SAUVAGE AMÉLIORÉE A LARGE FEUILLE. — Pour faire de la barbe de capucin en hiver dans la cave, et pour donner aux animaux pendant l'été.

CHICORÉE SAUVAGE AMÈRE. — Même emploi que la précédente, plus amère, mais moins productive.

SCAROLE GROSSE DE LIMAY. — Très belle, bonne et avantageuse pour la vente.

SCAROLE RONDE. — Très bonne et facile à cultiver partout.

SCAROLE EN CORNET. — Très belle et excellente. A cultiver partout.

CHOU CŒUR-DE-BŒUF GROS ET PETIT. — Excellent. Pour le printemps.

CHOU JOANNET. — Excellent, pomme très dure et assez volumineuse, pour l'été et l'automne. A cultiver partout.

CHOU JOULIN. — Excellent. Pour l'été.

CHOU DE MILAN DES VERTUS. — Pour l'hiver.

CHOU DE MILAN VICTORIA. — Très beau et le plus gros des choux de Milan.

CHOU DE SCHWEINFURT. — Énorme, excellent, surtout pour la choucroute.

CHOU DE MILAN DE LIMAY. — Très bon et résistant bien à la gelée.

CHOU DE BRUXELLES. — Pour la fin de l'hiver et le printemps.

CHOU-FLEUR DEMI-DUR DE PARIS. — Superbe et excellent.

CHOU-FLEUR NAIN D'ERFURT. — Très beau et très hâtif.

CHOU-FLEUR NAIN HATIF DE CHALONS. — Un des meilleurs pour forcer.

CHOU-FLEUR D'ALGER. — Très bon et énorme.

CHOU-FLEUR DEMI-DUR DE SAINT-BRIEUC. — Beau, bon, très rustique, et venant facilement partout.

BROCOLI BLANC, HATIF. — Excellent et très précoce, remplaçant avec avantage le chou-fleur, dans les terrains où il vient mal.

BROCOLI DE MAMMOUTH. — Moins hâtif que le précédent, mais plus gros. La pomme égale celle des choux-fleurs. A cultiver partout, comme le précédent.

BROCOLI DE ROSCOFF. — Excellent, très bon et le plus hâtif de tous.

CONCOMBRE BLANC HATIF. — Pour manger cuit.

CONCOMBRE BLANC DE BONNEUIL. — Énorme et excellent, très recherché pour la pharmacie. A cultiver partout.

CONCOMBRE VERT PETIT. — Pour faire des cornichons et des salades de concombre.

CRESSON ALÉNOIS FRISÉ. — A cultiver en bordure, pour assaisonner les salades.

CRESSON DE JARDIN. — Remplaçant le cresson de fontaine, dans les localités où il n'y a pas de cressonnières.

ÉCHALOTE DE JERSEY. — Plus précoce que la commune.

ÉPINARD MONSTRUEUX DE VIROFLAY. — Le plus productif de tous. A cultiver partout.

ÉPINARD D'ANGLETERRE. — Très productif.

ÉPINARD DE FLANDRE. — A feuilles très larges, très bon et très productif. Pour les climats du Nord.

FÈVE DE SÉVILLE A LONGUES COSSES. — Très hâtif, excellente et donnant beaucoup. A cultiver partout, excepté dans l'extrême Nord, où elle doit être remplacée par la *fève de marais*.

FRAISIER DE GAILLON. — Fruit délicieux et très productif. Cette variété peut remplacer toutes les autres. Elle donne des fraises excellentes de mai à décembre. Sous tous les climats.

HARICOT FLAGEOLET D'ÉTAMPES. — Le plus fertile et le plus précoce de tous les haricots, pour manger en vert. Excellent, à cultiver partout.

HARICOT FLAGEOLET A FEUILLES GAUFRÉES. — Très précoce et des plus productifs pour faire les premiers haricots verts.

HARICOT BAGNOLET GRIS. — Hâtif et très fertile pour haricots verts, le plus cultivé aux environs de Paris. A cultiver partout.

HARICOT FLAGEOLET JAUNE. — Très hâtif, très productif et donnant en quantité d'excellents haricots verts. A cultiver partout.

HARICOT FLAGEOLET DE PARIS. — Très productif en

vert, et en grains frais, on peut semer le *flageolet*
depuis la seconde quinzaine d'avril jusqu'en septembre ; aucune variété ne peut le remplacer, comme
qualité, pour manger en grains frais. A cultiver partout.

FLAGEOLET ROUGE. — Le meilleur et le plus productif des haricots rouges.

HARICOT NOIR DE BELGIQUE. — Très rustique et très
fertile, parfait pour faire des haricots verts pendant
tout l'été, surtout dans les contrées froides. A cultiver
partout.

HARICOT BONNEMAIN. — Très bon haricot pour consommer en sec, rustique et productif.

Le jardin du locataire étant ordinairement assez
exigu, nous en bannissons les haricots à rames, qui
nuiraient par leur ombre aux cultures voisines.

LAITUE-CHOU DE NAPLES. — Pour le Centre et le
Midi.

GROSSE BLONDE PARESSEUSE, BATAVIA et PALATINE. —
Pour l'été. A cultiver partout.

LAITUE MERVEILLE DES QUATRE SAISONS. — Réussissant
bien à toutes les époques.

LAITUE PETITE CRÉPE. — Pour cultiver seulement en
hiver, sous châssis et sous cloches.

LAITUE CORDON ROUGE, DE LA PASSION, ROUGE D'HIVER
ET GROSSE BRUNE D'HIVER. — Passant l'hiver sans
couverture. On les sème en juin, juillet et août, et
l'on obtient d'excellentes laitues en pleine terre pendant l'hiver et au printemps suivant. A cultiver
partout.

ROMAINE VERTE MARAICHÈRE. — Très grosse, excellente et pommant sans être liée.

ROMAINE BLONDE. — La meilleure et la plus grosse de l'été.

ROMAINE BALLON. — Très belle et excellente.

ROMAINE ROUGE D'HIVER. — Très rustique, bonne, et supportant bien la gelée. Elle demande à être liée pour bien pommer.

MACHE RONDE. — Très bonne; semer dans les carrés pour récolter en hiver.

MACHE A FEUILLE DE LAITUE. — Parfaite et donnant de très belles touffes.

MELON GRESSENT. — La meilleure variété, hâtive, très rustique, très facile à cultiver, et venant en pleine terre.

CANTALOUP SUPERFIN GRESSENT. — Gros et parfait de qualité, presque aussi rustique que le précédent, avantageux pour la vente. A cultiver partout.

CANTALOUP D'ALGER. — Beau et bon melon, très rustique.

PRESCOT FOND BLANC. — Bon et volumineux, à cultiver dans le Nord, l'Est et l'Ouest.

PASTÈQUE A GRAINE NOIRE. — Pour le Midi seulement.

NAVET BLANC PLAT HATIF. — Demi-dur, le plus précoce de tous.

NAVET DES VERTUS (race Marteau). — Demi-long, tendre, précoce, un des meilleurs navets de saison. A cultiver partout, comme le précédent.

NAVET DE FRENEUSE. — Dur.

NAVET DE MEAUX. — Demi-dur et très rustique.

NAVET BOULE D'OR. — Excellent et venant bien dans tous les sols. A cultiver partout.

NAVET COLLET VIOLET. — Le plus rustique de tous, venant partout. A cultiver sous tous les climats et dans tous les sols.

OIGNON BLANC HATIF ET TRÈS HATIF. — Pour semer au mois d'août, et repiquer pour donner les premiers oignons au printemps; on les sème aussi au printemps pour avoir des petits oignons à confire avec les cornichons.

OIGNON JAUNE DES VERTUS. — A semer au printemps pour fournir la provision de l'année, excellent et de bonne garde. A cultiver partout.

OIGNON GÉANT DE ZITTEAU. — Pour le Centre et le Midi.

OSEILLE DE BELLEVILLE. — Un peu acide et à larges feuilles ; semer en bordure.

OSEILLE FEUILLE DE LAITUE. — Belle et bonne variété, moins acide que la précédente.

PANAIS ROND. — En petite quantité.

PERSIL FRISÉ. — A semer en bordure.

PIMPRENELLE. — A semer en bordure, pour les lapins.

PISSENLIT AMÉLIORÉ HATIF et A CŒUR PLEIN. — Deux superbes et excellentes variétés.

POIREAU MONSTRUEUX DE CARENTAN. — Le plus gros de tous et excellent.

POIREAU DE ROUEN. — Pour le Nord, l'Est et l'Ouest.

POIREAU DU POITOU. — Pour l'Ouest, le Centre et le Midi.

POIREAU LONG D'HIVER. — Résistant bien au froid, précieux pour les semis tardifs.

POIS QUARANTAIN. — Variété des plus précoces quand elle est semée de novembre à février. Dans ce cas, on est certain d'obtenir de très bonne heure des petits pois excellents. A cultiver partout.

POIS CARACTACUS. — Variété très précoce, des plus productives et de qualité remarquable, presque aussi hâtive que la précédente, en la semant en janvier. A cultiver partout.

POIS EXPRESS. — Très hâtif, grain rond vert, excellente qualité.

POIS MICHAUD DE HOLLANDE. — Excellent, très productif et très hâtif. Pour le Nord, l'Est, l'Ouest et le Centre.

POIS NAIN DE HOLLANDE. — Parfait et très fertile. Pour tous les climats tempérés.

POIS RIDÉ NAIN VERT. — Le roi de tous les pois pour sa qualité supérieure. A cultiver partout.

POIS DE KNIGT. — Ridé à rames, de qualité supérieure, rustique, vigoureux, parfait et des plus productifs. A cultiver partout.

POIS DE CLAMART TARDIF. — Bonne variété, très fertile. A cultiver partout, et pouvant se semer depuis le mois de mars jusqu'à celui d'août.

POIS NAIN HATIF BRETON.—Excellent mange-tout nain.

POIS CORNE-DE-BÉLIER A RAMES. — Le meilleur des mange-tout, très fertile et excellent de qualité. A cultiver partout.

POMMES DE TERRE HATIVES

FEUILLES D'ORTIE. — La première de toutes comme qualité, produit et précocité. A cultiver partout.

ROYAL KIDNEY. — Presque aussi hâtive que la précédente, très rustique et de bonne qualité. Peu difficile pour le sol ; elle réussit bien partout.

MARJOLAIN.— Un peu plus hâtive que les précédentes, moins bonne de qualité, et moins fertile, bien que ce soit la plus connue.

Ces trois variétés se cultivent sous châssis et en pleine terre ; mais on ne doit jamais les planter sans les avoir fait germer en boîtes en novembre et décembre au plus tard.

POMMES DE TERRE DE SAISON

JAUNE DE HOLLANDE. — C'est la reine des pommes de terre de saison par sa qualité, sa précocité et sa fertilité. A cultiver partout.

SAUCISSE. — Rouge longue, qualité hors ligne, des plus productives, et s'écrasant moins que la Hollande.

POUSSE-DEBOUT. — Variété rustique et fertile, donnant partout d'excellents résultats. Elle ne s'écrase pas à la cuisson et remplace la vitelotte avec avantage.

MERVEILLE D'AMÉRIQUE. — Rouge, ronde, de bonne qualité et d'un produit sans égal. A cultiver partout. On n'en fera jamais assez.

JAUNE DEMI-LONGUE HATIVE. — Bonne de qualité et des plus productives.

POTIRON ROUGE D'ÉTAMPES. — Bonne variété, excellente pour les potages.

POTIRON VERT D'ESPAGNE. —Moyen, mais de qualité supérieure et de très longue garde. A cultiver partout comme le précédent.

RADIS ROND ROSE HATIF. — Très bon et venant très vite en pleine terre.

RADIS ROSE BOUT BLANC ROND ET DEMI-LONG. — Très jolis, excellents et très précoces, même qualité que le précédent.

RADIS VIOLET D'HIVER. — Gros comme une betterave et parfait. A cultiver partout.

RADIS ROSE DE CHINE. — Très bon. Semer en pleine terre en août, pour avoir des radis tout l'hiver.

RAIPONCE. — A semer dans les carrés comme salade d'hiver.

SALSIFIS. — Cultiver de préférence le SCORSONÈRE, plus hâtif que le salsifis blanc.

SARRIETTE. — En petite quantité comme assaisonnement.

THYM D'HIVER. — La meilleure variété. A cultiver en bordure.

TOMATE ROUGE HATIVE A FEUILLES CRISPÉES. — C'est la meilleure, la plus fertile et très hâtive.

TOMATE NAINE HATIVE. —Très précoce, excellente et tenant peu de place dans les jardins.

Avec ces variétés, on peut être assuré d'abondantes

récoltes d'excellents légumes, si l'on se procure réellement les variétés que j'indique.

Voir aux *Cultures spéciales* pour la culture de chaque espèce, et la place qu'elle doit occuper dans l'assolement.

CHAPITRE III

POTAGER DU FERMIER

Je dois établir ici une différence entre le potager du fermier et celui de la ferme, parce que, suivant les contrées où ce livre parviendra, il y a des fermiers de toutes les classes. Je ne puis confondre ensemble et indiquer la même culture pour les fermiers de la Brie, du Laonnois, de la Picardie et du Nord, souvent plus riches que leurs propriétaires, quand ils ne le sont pas eux-mêmes, et ceux des diverses contrées où le fermier est à la tête d'une exploitation rapportant de 600 francs à 2,000 francs au propriétaire, et où le fermier, rude ouvrier, donne l'exemple du travail manuel à ses domestiques, et vit presque toujours avec eux.

Je consacre à la cinquième partie, à la culture extensive, un chapitre spécial au potager du petit cultivateur et du métayer dont la culture et les besoins ne peuvent être comparés à ceux du fermier. Il faut à ce dernier des légumes fins pour sa table, et de gros légumes en quantité suffisante pour ses ouvriers agricoles et ses domestiques.

Il faut au fermier vivant confortablement, à la tête d'un nombreux personnel, et ayant autour de sa ferme de vastes jardins, un potager analogue à celui du propriétaire. Si, comme cela a lieu la plupart du temps, la fermière (on en trouve encore, et je suis heureux de le constater par le temps qui court) dirige la vacherie, la laiterie, la basse-cour et le potager, elle aura bénéfice à faire exécuter l'assolement de quatre ans, avec couches.

Le potager ainsi traité fournira amplement aux besoins de la table du fermier, et le surplus, vendu sur place, porté au marché ou envoyé à la halle de Paris, si la ferme est près d'une ligne de chemin de fer, payera tous les frais avec usure. Dès l'instant où il n'y a ni fleurs en grande quantité, ni serres à entretenir, un jardinier en titre n'est pas nécessaire pour diriger un potager soumis à l'assolement de quatre ans. Je dirai même qu'une fermière intelligente, ayant ce livre à la main, obtiendra de meilleurs résultats avec un homme ignorant l'horticulture, et quelques femmes de journée pour les petits travaux, qu'avec un jardinier en titre, qui négligera les cultures productives pour les fleurs, et ne saura pas concilier les besoins de l'agriculture avec les ressources du jardinage.

Tous mes efforts ont tendu, depuis de longues années, à créer une école de jardiniers. Je la considérais et la considère encore comme l'institution la plus utile à fonder. Le jardinier manque complètement en

France, du moins le jardinier sachant la culture, capable de produire au propriétaire les fruits et les
légumes dont il a besoin, à un *prix honnête*.

Nous avons bon nombre de jardiniers depuis 1,200 fr.
jusqu'à 3,000 fr. d'appointement ; ils *savent faire des
fleurs*, mais sont incapables d'alimenter l'office. Il
leur faut des aides-maraîchers et des adjoints arbori-
culteurs pour faire des fruits et des légumes, dont ils
n'ont pas daigné s'occuper.

Malheureusement tous nos jeunes jardiniers sont
formés à cette école ; dès qu'ils savent *empoter et dépoter une giroflée*, ils croient avoir acquis toute la
science de l'horticulture, et ne supportent pas une
observation.

Si j'eusse pu fonder l'école que je rêvais, j'aurais
pris pour trois années des jeunes gens offrant toutes
garanties de probité, qui eussent appris en ce laps de
temps la culture, et rendu des services importants à
toutes les personnes qui les auraient pris au sortir de
l'école, où ils auraient vécu honnêtement et appris,
avec la culture, que l'honnêteté est le chemin le plus
court comme le plus sûr pour arriver à la fortune.

Avant l'invasion, mon projet entrait en voie d'exécution ; il est ajourné indéfiniment à présent : le temps
s'est écoulé, et je suis beaucoup trop vieux pour prendre une semblable charge.

L'école de Versailles a été fondée depuis ; on y remplira, je l'espère, une grande partie de mon programme, mais, point des plus importants, il reste à
la rendre accessible aux jardiniers ; c'est l'affaire du

gouvernement, s'il daigne s'occuper de cette importante question, touchant à tant d'intérêts moraux et
financiers.

Je ne puis que conseiller au fermier entouré de
bons serviteurs de se garer des jardiniers dont je
parle. L'homme de journée ou le domestique à tout
faire, comme il y en a dans toutes les fermes, ignorant
en horticulture, exécutera à la lettre un ordre concis,
donné par la maîtresse de la maison. Dans ce cas, le
succès sera assuré, parce que l'application sera exacte.
Le jardinier en titre, presque toujours aussi ignorant
en culture que le domestique à tout faire, mais se
croyant le premier horticulteur du monde, pérorera
en recevant l'ordre, le modifiera dans l'exécution,
pour donner raison à son amour-propre, et le plus
souvent le résultat sera déplorable.

Nous établirons donc deux potagers chez le fermier ;
l'un soumis à l'assolement de quatre ans, cultivé à
peu de chose près comme celui du propriétaire. Ce
potager, attenant à la ferme, sera exclusivement dirigé par la maîtresse de la maison ; ses produits fourniront aux besoins de la table du maître, et l'excédent
sera vendu.

Le second potager, établi en plaine, dans les meilleures pièces de terre de la ferme, entrera dans l'assolement agricole avec un bénéfice énorme pour la culture. Ce potager sera dirigé par le fermier lui-même,
et cultivé par les domestiques agricoles. Les produits
consistant en gros légumes, de variétés rustiques et
fertiles, serviront à nourrir le personnel de la ferme,

et même celui des fermes voisines, lorsqu'elles auront
oublié qu'il faut des légumes aux charretiers et des
choux aux moissonneurs, ou n'auront pas pu en faire
faire. Je connais des cultivateurs qui, indépendamment de la provision de la ferme, retirent des sommes
très rondes des légumes vendus sur place à leurs voisins.

Que messieurs les cultivateurs, dont nous n'avons
pas l'honneur d'être connu, nous permettent de donner
quelques conseils à leurs dames, et de pénétrer au
sein de leurs cultures. Nous y sommes presque auto-
risés par leurs collègues, qui nous ont honoré de leur
amitié, chez lesquels nous avons créé des jardins fruitiers, et qui tous nous ont dit : « Nous manquons de
légumes pour nous et pour nos gens ; nous avons
essayé de quelques jardiniers à *la fleur d'oranger* (sic) ;
ils nous ont donné des masses de bouquets, mais pas
un légume pour nous, ni un chou pour nos serviteurs.
Nous avons payé ces jardiniers des prix fous ; le produit était nul. Nous les avons supprimés, parce que
c'était une dépense sèche. Donnez-nous donc le moyen
d'avoir assez de légumes pour nous et pour nos domestiques : vous nous rendrez un service signalé. »
Ce à quoi j'ai répondu en écrivant *le Potager moderne*,
livre pratique, à l'aide duquel bien des fermières ont
dirigé leur potager, avec un serviteur quelconque
ayant du bon vouloir et de l'intelligence, et un peu
de temps pris, de loin en loin, aux ouvrières de la
ferme. Avec ce même livre, rien n'est plus facile, si
les jardins ne sont pas assez grands, de cultiver les

légumes en plaine et de récolter, non seulement sans frais, mais encore en améliorant les terres, tous les légumes nécessaires aux domestiques et aux moissonneurs, et même pour vendre aux voisins. Je consacre à la culture extensive un chapitre spécial pour le potager de la ferme.

Occupons-nous d'abord du potager du fermier. Il y a trop de travail dans une ferme, et le temps des serviteurs y est trop précieux, pour l'employer à fabriquer des composts, surtout chez un cultivateur pourvu d'un nombreux bétail. Nous avons des masses de fumiers dans la cour : nous le choisirons frais ou consommé, suivant nos besoins ; un charretier l'apportera dans un tombereau, et nous aurons gagné beaucoup de temps. Le même charretier emportera les détritus du jardin et les jettera dans la cour, où ils ne seront pas perdus. Les poules en mangeront une partie ; l'autre augmentera la masse des fumiers.

Vous avez un jardin de moyenne grandeur, insuffisant pour fournir des légumes à votre nombreux personnel, mais plus que suffisant pour votre provision. Vous recevez du monde ; il faut que vous soyez bien fourni de toutes espèces de légumes. Et, si vous habitez un pays où l'horticulture soit en retard, vous aurez bénéfice à cultiver de bonnes variétés, car l'excédent sera enlevé sur le marché à un prix élevé, et l'on viendra même s'approvisionner chez vous, sans que vous ayez la peine de vous déranger. Ce jardin, dont les produits sont destinés seulement à l'approvisionnement de votre table et au marché, sera entièrement sous la direction de Madame. Vous, Monsieur, vous ferez des légumes en plaine pour vos domestiques.

Voici comment il faudra opérer pour obtenir des résultats certains dans le jardin des maîtres.

Commencez, Madame, par examiner attentivement vos espaliers ; s'ils produisent peu ou point, n'hésitez pas à replanter. Veuillez bien consulter *l'Arboriculture fruitière*, dixième édition ; ce livre vous indiquera tous les procédés possibles pour bien planter vos murs, obtenir des fruits très promptement, et même pour faire soigner vos arbres de manière à avoir une récolte égale tous les ans, à un dixième près.

Ensuite, vous ferez raser impitoyablement tous les fouillis qui encombrent les carrés du potager, à commencer par les vieilles quenouilles et les gobelets en entonnoir, qui vous donnent bien quelques mauvais fruits par hasard, mais empêchent par leur ombre vos légumes de pousser, et ne sont bons qu'à épuiser le sol au détriment des autres cultures. S'il existe des arbres à haute tige, il faudra les abattre, à moins qu'ils ne soient bien précieux, et, dans ce cas, il faudra renoncer à la culture des légumes sur un diamètre de 10 mètres environ autour d'eux. Achevez de déblayer votre jardin de tout ce qui encombre ou ombrage les carrés. Partagez le potager en quatre ou six parties égales, si vous voulez faire des asperges et des artichauts, comme il est dit dans le potager du propriétaire, page 380, et faites procéder au défoncement total ou partiel à votre choix, comme je l'ai indiqué pages 79 et suivantes.

Nous avons un bassin au centre du potager, avec

une *pompe à brouette Dudon*, qui servira à monsieur votre mari pour ses purins, et que vous trouverez encore en cas d'incendie chez vous ou chez vos voisins;

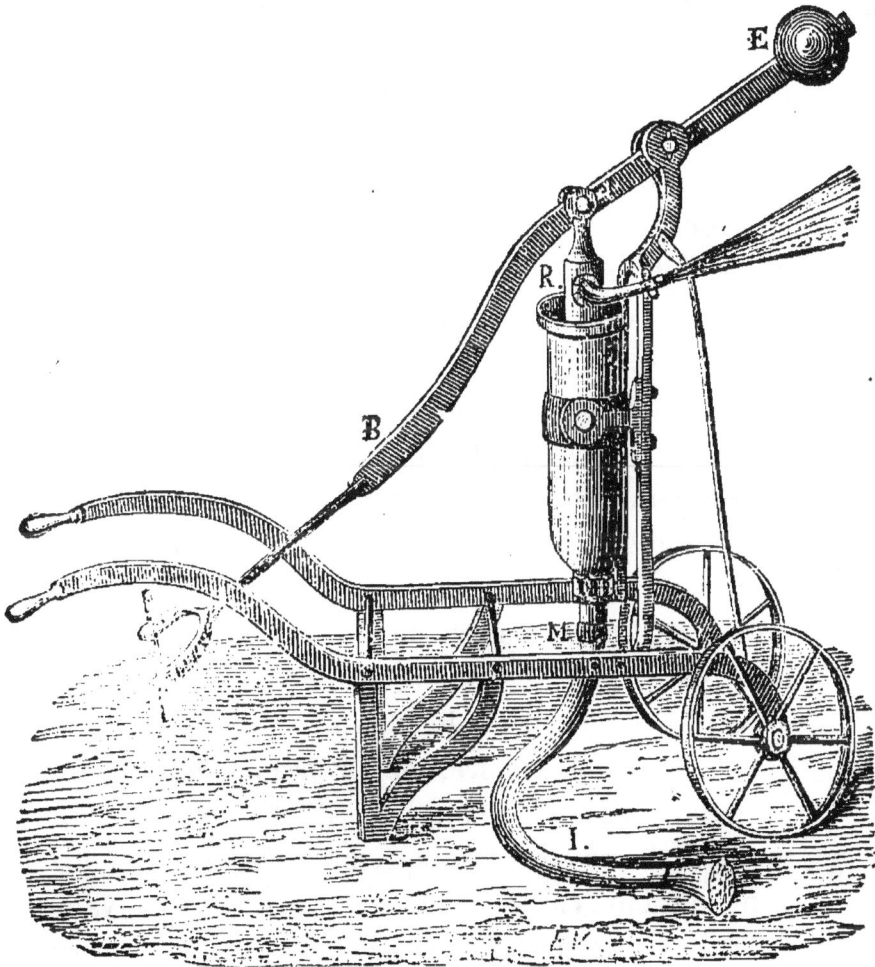

Fig. 115. — Pompe à brouette Dudon.

deux enfants de douze ans ou deux femmes de journée arroseront les quatre ou cinq carrés (les asperges n'ont pas besoin d'eau) en moins de deux heures. La *pompe à brouette Dudon* (fig. 115) est des plus solides; portative et facile à manœuvrer.

Voici le 15 février venu : le potager, partagé en quatre ou cinq parties égales, est défoncé ; le bassin est installé, il s'agit de monter les premières couches, de fumer, de labourer et de semer. Vous avez, Madame, un homme intelligent et dévoué ; vous lui avez dit qu'il obtiendrait d'abondantes récoltes en suivant vos conseils ; il vous croit. De plus, son amour-propre est en jeu ; il grille d'être mis à l'épreuve ; comptez sur lui : il exécutera vos ordres à la lettre, et la seule perspective de faire mieux que le jardinier de monsieur tel ou tel sera un mobile suffisant pour le faire travailler fort et longtemps.

Faites-lui choisir du fumier de cheval tout frais, pour monter deux *couches chaudes* sur le carré le *plus maigre;* ce sera le carré D de l'assolement. Vous ferez semer sur l'une de ces couches, couvertes de châssis, les premiers melons, et sur l'autre toutes les plantes de primeur. Trois semaines plus tard, faites faire deux *couches chaudes* encore, pour repiquer les melons sur l'une, et les autres plantes sur l'autre ; plus tard, on montera les *couches tièdes*, et enfin les *couches sourdes* dans le même carré D. (Voir pages 168 et suivantes, pour la confection des couches et pour les légumes à semer.)

Du 15 janvier à la fin de février, vous ferez choisir dans la cour du fumier très consommé, pour en couvrir le carré le moins fumé d'une épaisseur de 20 à 25 centimètres; ce carré prendra la lettre A de l'assolement, et sera destiné à recevoir les légumes à production foliacée.

Le carré le mieux fumé l'année précédente ne recevra pas de fumure ; il sera affecté aux racines et aux cultures redoutant les fumures fraîches. Les semis seront recouverts de fumier tout à fait décomposé. Ce carré prendra la lettre B de l'assolement.

Enfin, le dernier carré, peu fumé l'année précédente, sera énergiquement cendré. Il prendra la lettre C de l'assolement pour y cultiver les légumes à fruits secs.

S'il y a deux carrés de réserve pour les asperges et les artichauts, les plantations seront faites comme il est dit aux *Cultures spéciales* et entreront dans l'assolement, comme je l'ai dit au chapitre du *Potager du propriétaire*, pages 380 et suivantes.

L'année suivante, l'assolement se poursuivra, et le produit de la démolition des couches sera employé à faire du nouveau terreau et à couvrir les semis.

Le potager ne demandera plus, les années suivantes, que le fumier nécessaire à la confection des couches, la fumure du carré A, et la cendre indispensable pour le carré C.

Si vous redoutiez les couches, et ce serait un grand tort, Madame, surtout avec les quantités d'engrais dont vous disposez, il faudrait adopter l'assolement de trois ans, et l'exécuter en tous points comme je l'ai dit au chapitre *Assolement* (pages 146 et suivantes). Un propriétaire qui manque de fumier de cheval, et craint de ne pas toujours en trouver de convenable à

acheter, peut hésiter à faire des couches. C'est un
tort, mais ce tort, n'ayant pas de raison d'être dans
une ferme, devient une faute ; nulle part on ne peut
faire des couches avec plus de chances de succès
que dans une grande ferme où l'on n'a qu'à choisir
ses fumiers.

L'assolement introduit, les couches construites et la
terre en état, il nous reste à choisir les variétés de légumes à cultiver. On prendra celles indiquées pour le
jardin du propriétaire, pour les fermes de premier
ordre ne vendant pas de légumes, et celles du jardin
du rentier pour les fermes de second ordre, favorable-
ment placées pour envoyer des légumes au marché.

Pour le potager de la ferme, uniquement destiné à
nourrir le personnel agricole, nous sèmerons et élèverons dans le jardin du fermier des variétés toutes
spéciales, que nous repiquerons ensuite en pleine
terre. (Voir au *Potager de la ferme*, à la *Culture extensive*.)

Dans tous les cas, on devra semer sur couches, au
besoin, et repiquer en pépinière dans le carré D, et
même dans le carré A, tous les légumes destinés à
garnir le potager de la ferme, établi en plaine. Ces
potagers sont faciles à faire sous tous les climats de
la France, excepté sous celui de l'olivier, où il faut
des terrains irrigables pour obtenir des résultats
sérieux.

En conséquence, les couches sont indispensables
chez le fermier, pour élever d'abord ses propres légumes, et ensuite ceux indispensables à la ferme,

avant de les repiquer en plaine. L'étendue du jardin devra être calculée en conséquence de la consommation et des débouchés pour la vente. Cela fait, il n'y a plus qu'à suivre en tous points les procédés de culture indiqués pour le jardin du propriétaire.

CHAPITRE IV

POTAGER DU PRESBYTÈRE

Le potager du presbytère variera bien souvent de culture suivant son étendue, l'importance de la cure, et aussi le goût, plus ou moins prononcé, du curé pour les travaux de l'horticulture.

Tantôt le jardin du presbytère offrira les types fruitiers les plus remarquables et les arbres les mieux tenus; dans d'autres localités, il aura l'aspect d'un potager moderne, et servira d'école pour les bonnes variétés de légumes à introduire dans le pays; quelquefois ce sera un jardin coquet, orné des plus belles fleurs, et un modèle de floriculture pour les propriétaires et les jardiniers du pays.

Dans tous les cas, que le jardin du curé soit employé à produire des fruits, des légumes ou des fleurs,

il servira toujours d'école pour le pays, et sera constamment un bienfait au milieu des populations labo-
rieuses.

Si le curé est amateur, ou mieux encore si, comme
dans presque toutes les villes où j'ai enseigné, dans
la plupart de nos départements du Nord, de l'Ouest
et du Centre, il veut bien communiquer ses lumières
horticoles à ses paroissiens, il aura bénéfice à acheter
le fumier de cheval nécessaire pour faire des couches
chaudes, et à soumettre son jardin à l'assolement de
quatre ans, en y cultivant les mêmes variétés de légumes que le propriétaire, pour sa consommation
personnelle.

Dans l'hypothèse où le jardin du presbytère aurait
une certaine étendue, les murs, presque toujours garnis d'arbres sans formes, et donnant de mauvais fruits,
seront replantés à neuf. Les espaliers, et un double
cordon sur le bord de la plate-bande d'espalier, donneront assez de fruits pour la provision du presbytère.
Au besoin, on pourrait encore entourer les carrés
d'un cordon unilatéral à deux rangs de poiriers et de
pommiers ; mais ce sont les seuls arbres qui peuvent
être tolérés dans le potager. S'il n'y avait pas assez
de murs pour fournir la provision de la maison, il
faudrait consacrer une partie du jardin à la création
d'un petit jardin fruitier, suivant les indications de
l'*Arboriculture fruitière*, dixième édition. On pourrait employer une partie du terrain à la culture des
fleurs et à quelques arbustes, et mettre le reste en
potager.

Si ce potager est encore assez vaste, on pourra, indépendamment des variétés de légumes désignées pour le jardin du propriétaire, y cultiver, à titre d'expérimentation et d'enseignement, celles que j'indique pour les jardins du rentier et de la ferme, afin de mettre le curé à même de guider sûrement ses paroissiens dans l'établissement de cultures productives.

Lorsque messieurs les curés veulent bien consacrer leurs loisirs à l'horticulture, ils rendent d'importants services dans les villes, et surtout à la campagne, par leurs conseils sages et éclairés, aux jardiniers et aux paysans. Nous devons en grande partie au zèle des ecclésiastiques les notables progrès qui se sont faits si vite en arboriculture et en culture de légumes depuis de longues années, dans plusieurs départements. Ils sont appelés à rendre des services non moins grands, en cultivant et en introduisant dans leurs paroisses les meilleures variétés de légumes et les plus productives pour le marché.

Les paysans, et même bon nombre de jardiniers de petites villes ignorent le nom des variétés de légumes qu'ils introduisent dans leurs jardins ; souvent la variété cultivée dans le pays n'a pas de nom ; elle est tellement dégénérée qu'il serait fort difficile, pour ne pas dire impossible, de lui en donner un. Et cependant, ces mauvaises variétés sont sans cesse reproduites, au grand détriment du cultivateur, uniquement parce qu'on n'en connaît pas d'autres. Le jour où l'on introduira de bonnes variétés, hâtives surtout, chacun

s'empressera de demander du plant ou de la graine
à M. le curé, qui aura donné l'exemple. Il ne faut pas
quatre années pour extirper les mauvais légumes
d'un pays. et les remplacer par de bonnes et belles
variétés, et doubler, par conséquent, les récoltes de
légumes, toujours insuffisantes dans les campagnes.
Mais, pour atteindre ce but, il faut commencer par
cultiver soi-même, et montrer les résultats à satiété. Il
en est de l'horticulture comme de la grande culture :
dès qu'une chose inconnue dans le pays apparaît,
tout le monde commence par en rire ; mais bientôt
les rires cessent devant les résultats, et chacun suit
l'exemple donné.

Si l'on reculait devant la dépense du fumier de cheval pour faire les couches, il faudrait adopter l'assolement de trois ans, sans couches, bien qu'il soit
moins avantageux. Quelques melons envoyés au
marché rembourseront bien vite la dépense d'engrais,
et les produits seront beaucoup plus abondants avec la
ressource des couches et des composts réunis. Dans ce
cas, que le jardin du presbytère soit soumis à l'assolement de quatre ans avec couches, ou à celui de
trois ans sans couches, il deviendra une petite école
fruitière et potagère, et même de floriculture, où chacun pourra puiser les plus utiles renseignements.

La plupart du temps, les jardins de presbytère sont
grands, et souvent la cure offre peu de ressources.
Dans ce cas, le curé, s'il est amateur d'horticulture,
pourra encore rendre de grands services, tout en trouvant un bien-être réel dans la culture de son jardin.

Quelque minimes que soient les ressources, il faut d'abord s'occuper, avant tout, de l'aménagement des engrais. Cela est difficile, me dira-t-on, avec rien ! Cependant, en cherchant, nous trouverons encore le moyen de faire assez d'engrais pour soumettre un petit jardin à l'assolement de trois ans.

Une voiture de fumier de cheval, mêlé avec des feuilles, permettrait de faire quelques couches ; une couche chaude d'abord, pour les premiers melons et les semis de primeur, et ensuite des couches sourdes avec des feuilles mélangées d'un peu de fumier. Cela permettrait d'introduire l'assolement de quatre ans avec l'immense avantage des terreaux de couches. Si le fumier était très peu abondant, on pourrait encore cultiver mes deux variétés de melons, élevées sur couche, et mis ensuite en pleine terre ou sur poquets, et avoir, indépendamment des melons, d'excellents plants tout élevés à mettre en pleine terre aussitôt le retour de la belle saison.

J'insiste sur l'adoption de l'assolement de quatre ans, parce que les couches sont la base de la fertilité du potager, et, quelque modeste que soit la position d'un curé, il peut toujours acheter une voiture de fumier de cheval ; mais, dans ce cas, il faut prendre de préférence du fumier d'auberge tout frais. Enfin, il y a bien peu de paroisses où il n'existe pas une bonne âme qui s'empressera d'offrir une et même deux voitures de fumier à son curé, surtout s'il rend des services horticoles au pays. Qui encore ne donnerait pas une voiture de fumier en échange de cinq ou six melons! C'est un marché faisable! Il est avantageux pour les deux contractants. Un cultivateur donnera volontiers du fumier en échange de plants tout élevés de bonnes variétés de légumes à repiquer en plaine, et même dans son jardin. C'est un échange de bons procédés, et nous sommes heureux de constater qu'on n'en manque pas encore tout à fait dans notre beau pays de France.

Tous les moyens doivent être tentés pour introduire l'assolement de quatre ans. Si le curé est pauvre en fumier, il restreindra l'étendue de ses couches, et augmentera la masse des composts. Le résultat sera à peu près le même pour les cultures de pleine terre. Il est facile de faire une grande quantité de composts, en additionnant les débris du jardin et de la maison avec des feuilles et des herbes provenant des fossés, des landes ou des bois, et de les animaliser avec du crottin de cheval, ramassé dans les rues et sur les routes. C'est un petit travail qui peut être exécuté par les pauvres, par les infirmes, les vieillards et les enfants à des conditions très peu dispendieuses. On devra, comme je l'ai dit précédemment, garder toutes les eaux ménagères pour arroser les composts.

Si le carré D, destiné aux couches, en est peu garni, en raison du manque de fumier frais, une grande partie de ce carré sera consacrée à la culture des graines. Le jour où le curé cultivera de bonnes variétés de légumes, non seulement toute sa paroisse, mais encore les communes voisines demanderont des graines ; celles du curé seront toujours préférées, parce que, bien cul-

tivées et récoltées avec soin, elles seront de première
qualité. Le curé qui cultive dans l'intérêt du bien-être
de ses paroissiens ne vendra pas ses semences ; mais,
si ses moyens pécuniaires sont très limités, on s'empressera de lui offrir ce dont il a besoin en échange. Les
semis et les élevages de plantes sont très difficiles sans
terreau ; plus il y aura de couches, plus l'élevage du
plant et la récolte des semences seront faciles et abondantes.

Le dévouement d'un grand nombre de prêtres pour
les intérêts horticoles m'est bien connu ; mais, malgré
tout leur bon vouloir, beaucoup manquent du nécessaire pour appliquer la science qu'ils ont acquise. Trop
modestes, ils se contentent de donner des conseils, qui,
à la vérité, ont une grande influence ; mais cette influence serait doublée s'ils avaient les moyens de faire
et de montrer ce qu'ils conseillent d'exécuter. Je voudrais, dans l'intérêt général, que les jardins des curés
de campagne fussent des spécimens de bonnes cultures, des petites écoles dans lesquelles on élèverait
des plants de bonnes variétés, et où l'on récolterait des
semences en assez grande quantité pour les propager
promptement ; c'est une question alimentaire !

J'émets cette idée, parce que je sais d'avance qu'elle
sera adoptée, et elle l'est déjà par un grand nombre
d'ecclésiastiques, qui, par état, autant que par caractère, sont entièrement dévoués pour leurs paroissiens.

Les presbytères de campagnes ont ordinairement des
jardins assez étendus. Si le curé est horticulteur, il

rendra d'immenses services en cultivant les bonnes
variétés de fruits et de légumes, et en donnant à tous
ceux qui en demanderont des greffes, des plants et
des semences. Cela est possible, même avec des ressources très limitées. Que faut-il au curé pour créer
un petit jardin fruitier, et soumettre son potager à
l'assolement de quatre ans ? Une cinquantaine d'arbres
à peine de variétés types, qu'il peut multiplier à l'infini et sans dépense aucune, en créant une petite pépinière dans son jardin ; une certaine quantité de fumier de cheval ou de vache ; des feuilles, des herbes :
deux panneaux de châssis, quelques cloches, et de
bonnes semences pour commencer. Tout cela coûterait peu, et rendrait un service signalé au pays.

Le curé horticulteur, avec peu de dépense, pourra
apporter un bien-être réel au milieu des populations,
toujours privées des légumes nécessaires, et qui, avec
de bonnes variétés et une culture plus soignée, auront
non seulement des récoltes plus que suffisantes pour
leur consommation personnelle, mais encore un surplus, ayant une certaine valeur, à porter au marché.

Le paysan pauvre, avec une récolte de légumes insuffisante pour sa famille, sera aisé le jour où cette
récolte répondra à ses besoins, et riche quand cette
même culture lui donnera un excédent de 200 francs ;
200 francs dans un ménage de paysan sont plus que
10,000 francs dans celui d'un citadin.

Il faut avoir, pour ainsi dire, vécu avec la petite culture, être édifié sur la somme de travail qu'elle dépense
et sur l'économie avec laquelle elle vit, pour savoir

ce que vaut chez elle une petite somme donnée par une
culture supplémentaire ; 200 francs sont une fortune ;
ils représentent, non pas une certaine somme de bien-
être (le petit cultivateur ne s'en donne pas, ni ses enfants non plus), mais la possibilité d'acheter une foule
d'objets indispensables pour améliorer et augmenter
les cultures.

La petite culture est riche aux environs de Paris et
des grandes villes ; elle est riche, parce qu'elle sait
cultiver, et possède le capital nécessaire pour donner
à la terre tout ce qu'elle demande. Cette fortune, ou
pour mieux dire cette aisance, qui souvent fait envie
aux parasites des villes, est acquise au prix du travail le plus rude et le plus pénible : il n'est pas rare de
voir les petits cultivateurs fournir, eux, leurs femmes
et leurs enfants, dix-huit à vingt heures de travail
par jour. Un membre de la famille part à onze heures
du soir avec une charrette, pour la halle ; il passe une
partie de la nuit à décharger et caser son chargement
sur le marché, et, aussitôt débarrassé, il reprend le
chemin de sa maison, et travaille en arrivant jusqu'au
soir, exactement comme s'il avait passé la nuit dans
son lit. Et les frelons qui dépensent leur existence
devant les comptoirs de marchands de vin, à discuter
sur l'organisation du travail, les droits de l'homme et
les bienfaits promis par de stupides utopies, con-
voitent le miel si péniblement amassé par ces labo-
rieuses abeilles !

Le petit cultivateur de campagne est généralement peu aisé, tout en se donnant autant de peine que

celui des environs de Paris et des grandes villes : sa
position est mauvaise, parce qu'il ne sait pas cultiver,
ne connaît pas, le plus souvent, les variétés qui lui
donneraient un produit double, en moitié moins de
temps. Il manque aussi des engrais et des outils nécessaires : l'insuffisance de ses récoltes les lui refuse. C'est
ce petit cultivateur-là que je voudrais aider de bons
conseils en culture, de bonnes semences et de bons
plants ; c'est en sa faveur que je sollicite l'intervention, si dévouée, du curé de campagne, qui a une
grande autorité sur lui, et qui, mieux que personne,
peut l'éclairer de ses sages conseils et de l'expérience
acquise dans son propre jardin.

Le petit cultivateur sera le *premier moteur* de la
fortune publique, le jour où les bons principes de culture arriveront jusqu'à lui. Il sera le *premier ouvrier*
de la fortune publique, parce que, le jour où il saura
cultiver et où il connaîtra le plant et les semences qui
lui sont indispensables, le champ qui rapportait deux
produira vingt. Lorsque ce problème sera résolu, et
rien n'est plus facile, le petit cultivateur des campagnes,
placé dans ces conditions d'amélioration, tout en faisant
sa fortune, trouvera sur le sol un produit égal à la valeur
foncière, et, tout en devenant riche, il enrichira sa contrée, et chaque contrée, mise ainsi en valeur, ne tar-
dera pas à enrichir la France à son tour.

Est-il nécessaire de rappeler encore que tout le
Nord de l'Europe achète en France tout ce qui apparaît sur les marchés en fruits et en légumes ; que les
produits sont plus rares que les acheteurs étrangers,

qui nous apportent leur or, en échange des récoltes que notre sol privilégié donne en abondance, quand on veut bien se donner la peine de le cultiver.

Le paysan ne cultive pas ou cultive mal, parce qu'on ne lui a pas appris la culture, et qu'il ignore ce qu'il doit cultiver pour en retirer un produit élevé. Mais, dès que la lumière parvient jusqu'à lui, il faut voir avec quelle religieuse attention il écoute les rares leçons que nous pouvons lui donner, et avec quelle intelligence il les met à profit. Faut-il citer ici, comme preuve de ce que j'avance, les quelques leçons publiques et gratuites que je m'empressais de donner à la petite culture de plusieurs départements, dans des temps moins agités, et où la politique n'absorbait ni le temps ni les facultés de tous?

Partout mon école a trouvé de profondes racines et partout aussi elle a laissé de nombreuses traces de progrès et de prospérité.

Il faudrait que l'enseignement pénétrât dans les campagnes. C'est là qu'il produit les plus féconds résultats, et qu'il est le plus difficile de le faire parvenir par notre enseignement direct.

Les cours sont presque toujours donnés dans les villes : les paysans n'ont ni le moyen ni le temps de s'y rendre quinze à vingt jours de suite, pour acquérir les notions dont ils ont si grand besoin.

Les bibliothèques scolaires ont été très utiles aux campagnes. *L'Arboriculture fruitière* et *le Potager moderne* y ont rendu de grands services, et *Parcs et Jardins* en rend de non moins grands aujourd'hui, pour la création des jardins et la culture des fleurs ; mais cela n'est pas suffisant pour assurer au progrès une marche rapide.

Il faut à l'homme des champs une preuve matérielle : le curé et l'instituteur peuvent seuls la lui donner d'une manière efficace.

Les comices agricoles rendent d'importants services à la grande culture qui peut facilement se déplacer.

Les sociétés d'horticulture font de nobles efforts pour faire pénétrer le progrès ; mais leur action ne s'étend guère au-delà des villes ; la campagne reste privée de conseils et de leçons, et, je ne saurais trop le répéter, c'est la campagne qui en a le plus grand besoin, parce qu'elle peut faire des applications en grand, avec une stricte économie, et partout augmenter la production générale, le jour où elle saura comment il faudra qu'elle s'y prenne pour faire de bonne culture.

La campagne n'a ni le temps ni le moyen de se déplacer pour suivre la marche du progrès dans les sociétés urbaines ; elle reste dans son village, n'ayant pour ressources que son curé et son instituteur, plus puissants que toutes les sociétés quand ils le veulent, ainsi que cela a été prouvé dans bien des départements.

Le jour où les curés de campagne voudront convertir le jardin de leur presbytère en une petite école d'arboriculture, de culture maraîchère ou de floriculture, suivant leurs besoins ou leurs goûts, donneront l'exemple du résultat obtenu, pourront fournir des greffes des meilleurs fruits, et des graines de

bonnes variétés de légumes et de fleurs, ils rendront
des services signalés et contribueront, plus qu'ils ne
peuvent le penser encore, à l'augmentation de la
production générale, en conservant chez leurs paroissiens les principes qu'ils leur ont donnés. Rien n'est
plus moral et ne rend l'homme meilleur que le travail
des champs.

CHAPITRE V

JARDIN DE L'INSTITUTEUR PRIMAIRE

Le jardin de l'instituteur est tout l'avenir de la
commune et aussi l'avenir du pays; le bien-être, la
prospérité pour tous et partout, lorsque l'enseignement aura pénétré au village. Cet enseignement si
profitable, les instituteurs primaires pourront le donner, dans chaque commune, quand ils le voudront.

Disons tout d'abord que l'enseignement si utile de
l'arboriculture et du potager moderne ne peut pénétrer dans les campagnes que par les curés, s'ils le
veulent bien, ou plutôt s'ils peuvent trouver le temps
nécessaire pour s'occuper de jardinage, et par les
instituteurs primaires, dont la mission est d'apprendre

aux enfants les choses les plus utiles à leur existence, et à la conservation de leur honnêteté native. De plus, l'instituteur peut donner aux adultes les meilleures leçons d'horticulture, pendant les longues soirées d'hiver.

L'instituteur primaire a été et sera encore, dans ses modestes fonctions, un des agents les plus actifs de la prospérité publique. J'étais tellement convaincu de cette vérité, que je n'ai reculé devant aucun sacrifice pour enseigner aux instituteurs ; et je suis heureux de constater que, partout où j'ai pu leur enseigner l'horticulture, les résultats ont dépassé mes espérances.

Pour accélérer le mouvement, j'ai publié l'*Almanach Gressent*, et je cite ici un passage du premier, de celui de 1867, rendant parfaitement la situation : « La science de l'horticulture productive est la plus utile peut-être dans les campagnes, et c'est là qu'elle pénètre le plus difficilement. Les villes seules peuvent faire les subventions nécessaires pour fonder des cours ; les livres d'enseignement sont d'un prix trop élevé pour être achetés par les paysans. La culture s'améliore autour des villes et reste ignorée dans les campagnes, où son enseignement est le plus nécessaire. C'est donc au village qu'il faut répandre les premiers principes de l'arboriculture et du potager moderne.

« Nous avons atteint ce but dans certains départements où, secondés par MM. les préfets et les inspecteurs de l'académie, les instituteurs primaires ont été réunis pour assister aux leçons gratuites que je leur donnais, et ensuite les ont répétées à leurs élèves.

« C'est par l'enseignement primaire seulement que les principes d'une culture féconde peuvent remplacer dans les campagnes les préjugés les plus erronés et les plus nuisibles. Le jour où les instituteurs primaires apprendront aux enfants, en leur montrant à lire :

« Ce que c'est qu'un sol argileux, siliceux ou calcaire ; comment on l'amende ;

« Ce que c'est que le carbone et l'azote ; comment on prépare les engrais ; les substances avec lesquelles on peut en fabriquer ;

« Leur donneront les premières notions d'anatomie et de physiologie végétales pour leur faire comprendre le *mécanisme* de la végétation ;

« Joindront à cela les premiers principes de culture et de taille d'arbres en en faisant l'application dans le jardin communal ; le bien-être et l'abondance apparaîtront dans les pays les plus déshérités, où des sols très fertiles ne produisent rien ou à peu près rien.

« Cette profonde conviction me fait poursuivre avec ardeur l'enseignement auprès des instituteurs primaires et chercher depuis longtemps le moyen d'en répandre les premiers principes dans les campagnes, à l'aide d'une publication populaire à bas prix, les seules qui pénètrent au village.

« L'almanach à 50 centimes m'a paru offrir quelques chances de succès ; j'ai fait part de mon projet aux agriculteurs, aux propriétaires, à tous ceux enfin qui ont patronné mon enseignement ; ils m'ont approuvé et engagé à écrire l'*Almanach Gressent*, qu'ils consi-

. dèrent comme une publication de première utilité. »

J'ai commencé seul, et à mes propres frais, l'enseignement aux instituteurs primaires dans plusieurs départements, avec la conviction que le jour où les résultats seraient connus et bien avérés, le gouvernement d'alors, dont la sollicitude était si grande pour les populations rurales, chercherait les moyens de faire pénétrer dans les campagnes cet enseignement, si utile et si profitable à tous les pays.

Dans cette espérance, et avec la profonde conviction de rendre un service réel à mon pays, j'ai fait tout, et même plus que mes forces physiques et pécuniaires ne me permettaient, pour montrer des exemples, des *faits pratiques*, et accélérer partout la marche du progrès.

Le mouvement a été rapide, grâce au concours zélé des instituteurs primaires, donnant partout l'exemple de fécondes cultures. Et aujourd'hui, où les préoccupations politiques ne permettent pas d'encourager les instituteurs dans la voie du progrès horticole, je suis heureux de constater que la plupart ont continué avec le plus louable dévouement la tâche de progrès qu'ils s'étaient imposée et qu'ils accomplissent aux acclamations de leurs concitoyens.

Il faut avoir parcouru une partie de la France, en y faisant de l'enseignement, s'être rendu compte de l'état des cultures, comme je l'ai fait, en les visitant toutes, pour comprendre l'urgence de l'enseignement, au double point de vue de la dépopulation des campagnes et de l'augmentation de la richesse publique.

On ne sait pas assez à Paris qu'il existe en France des terres excellentes à l'état inculte, et cela, à la porte de grandes villes manquant totalement de fruits et de légumes. Ces terres restent incultes parce qu'on ne sait pas les cultiver, parce que jamais la parole d'un professeur, ou un livre de lui, n'a pénétré dans le pays.

Il ne faudrait que produire à la porte de ces villes pour vendre, et vendre plus cher qu'à Paris. Si l'on savait, on ferait, et on ne peut apprendre au village que par l'instituteur, qui lui-même ne peut s'instruire qu'à l'École Normale ou à nos cours donnés aux chefs-lieux de département, d'arrondissement et même de canton.

J'ai toujours porté le plus vif intérêt au paysan, parce que j'ai vécu à côté de lui, et ai pu l'étudier. Le paysan est l'abeille de notre beau pays de France, comme le citadin en est le frelon. Que faut-il pour doubler sa fortune et celle de la France ? Un peu d'enseignement horticole et agricole, qu'il ne demande même pas, mais qu'il acceptera avec une profonde reconnaissance.

J'ai la conviction que, lorsque l'enseignement de l'arboriculture et du potager moderne aura pénétré dans toutes les communes de France, la production du sol sera doublée. Il y aura pour la France abondance des produits dont elle est privée, produits apportant un grand bien-être au pays, et une notable augmentation de numéraire par les achats de l'étranger.

Ce but ne peut être atteint que par un enseignement sérieux, donné aux instituteurs dans un centre quelconque, enseignement qu'ils transmettront ensuite dans leurs communes, en l'appuyant d'applications pratiques dans leurs écoles.

J'ai cité l'empressement du clergé à répéter mes leçons et à les propager parmi leurs paroissiens; un mot à présent de ce qui a été fait par les instituteurs primaires.

Partout où j'ai donné des leçons aux instituteurs primaires, et ai été secondé par les préfets et les inspecteurs de l'Académie qui les autorisaient à donner congé à leurs élèves pour assister à mes cours, les jardins communaux ont été convertis en petits jardins-écoles montrant les résultats les plus concluants.

Les jardins des instituteurs d'une partie des départements du Nord, de l'Ouest et du Centre offrent des spécimens remarquables d'arboriculture fruitière et de culture de légumes. Ces deux cultures sont enseignées aux enfants, qui en retireront profit; mais cela ne suffit pas encore. Les résultats obtenus dans les jardins des instituteurs ont frappé les paysans, d'autant plus avides d'apprendre qu'ils ont vu quel bénéfice on peut obtenir à l'aide d'une culture raisonnée, et tous s'empressent de venir demander des conseils à leur instituteur. Plusieurs, les plus zélés et les plus capables, ont fait le soir, aux adultes, des cours qui ont donné les meilleurs résultats.

Il faudrait que ces cours fussent organisés et donnés dans toutes les communes. Rien n'est plus facile avec le concours du maire, une légère indemnité à l'instituteur, et mes livres pour les guider ; j'ai augmenté et classé tous les chapitres de mes récentes éditions dans ce but.

Ce cours serait fait par l'instituteur, pendant les longues soirées d'hiver, dans sa classe, et les leçons pratiques seraient données le dimanche, dans son jardin. Cet enseignement, appuyé de leçons pratiques et confirmé par les résultats obtenus, serait très suivi et rendrait d'immenses services.

Je sais que les instituteurs ont beaucoup à faire, mais je connais aussi leur zèle, lorsqu'il est question d'être utiles à leurs concitoyens et à leur pays. Le paysan, je ne saurais trop le répéter, a tous les éléments sous la main ; mais il ne produit pas, parce qu'il ne sait pas les utiliser. Qu'on lui enseigne dans son village, il appliquera aussitôt, et chaque semaine il aura pour une certaine somme de denrées à porter au marché.

Le nombre des acheteurs augmentera en raison de la production, et la richesse de la grande culture en proportion de celle de la petite, qui lui fournit un sol bien ameubli, des fourrages et des engrais.

Pour atteindre ce but tout humanitaire, il faut que le jardin de l'instituteur soit une véritable école où il puisse montrer à tous les résultats obtenus par une bonne culture, et la supériorité des bonnes variétés appelées à détrôner les mauvaises.

C'est la création des jardins-écoles qui a valu aux instituteurs en horticulture une autorité qu'ils n'ont

et n'auront jamais en agriculture, où ils n'ont rien à
montrer. Pour réussir un enseignement, il faut montrer, à l'appui de la parole, le résultat de ce que l'on
enseigne. C'est ce que les instituteurs ont fait dans
leurs jardins; de là leur autorité, et chez leurs
disciples le désir de l'enseignement.

Jadis on a essayé de faire enseigner l'agriculture
aux instituteurs. Les fermiers ne les ont pas écoutés et
les petits cultivateurs se sont bien gardés de suivre
leurs conseils, disant avec raison qu'ils n'avaient
l'expérience d'aucune des choses de l'agriculture.

Aujourd'hui, on recommande encore aux instituteurs d'enseigner l'agriculture; le résultat sera aussi
négatif que la première fois. C'est par l'horticulture seule que l'instituteur peut acquérir de l'autorité, et après avoir montré les résultats obtenus
dans son jardin. Alors, quand il conseillera la culture
des légumes en plaine, avec les assolements que
j'indique pour la culture des champs, tout le monde
le suivra avec confiance, et les résultats suivants
seront obtenus :

Les cultures profondes et les engrais donnés aux
légumes doubleront le rendement des céréales,
des fourrages ou des plantes sarclées qui les suivront;

Les engrais soigneusement recueillis et fabriqués
pour faire les soles si productives de légumes, non
seulement assainiront les villages, mais encore permettront d'établir alternativement ces cultures sur
toutes les pièces de la ferme ou de la métairie, et de

les amener en quelques années au premier degré de puissance et de fertilité ;

Indépendamment du produit élevé des légumes, la production agricole : celle du pain, de la viande et du lait sera doublée, dans les terres profondément ameublies, et abondamment fumées.

Alors, dans les contrées où ces cultures auront été établies, le résultat général sera celui-ci :

1° L'abondance remplacera la misère chez les petits cultivateurs ;

2° Les marchés seront approvisionnés de produits alimentaires sains, à un prix modique ;

3° Les valeurs foncières et locatives des terres augmenternot en raison de leur produit.

Ce sera le bien-être et la richesse pour tous par le travail intelligent, ce qui est infiniment plus productif et plus sûr que les agitations politiques, les spéculations de Bourses, et les grandes sociétés financières se liquidant en Cours d'assises, lorsque l'épargne Française a été mise en sûreté en Belgique ou en Angleterre, au profit d'escrocs de profession.

Ce but, auquel j'ai consacré la majeure partie de mon existence, est facile à atteindre avec le concours des instituteurs primaires, et avec l'aide de quelques propriétaires pour seconder leurs efforts.

Si l'instituteur enseignant l'agriculture avait dit tout d'abord à ses auditeurs :

« Pour augmenter vos récoltes, il est urgent de faire des labours plus profonds, des binages plus nombreux et plus énergiques, et de doubler vos fumures, » les bienveillants eussent répondu : Vous avez peut-être raison, mais nous ne pouvons pas. Les bons instruments nous manquent, nous n'avons pas d'argent pour en acheter, pas plus que des engrais, nous ne pouvons rien faire.

Les malveillants, et c'est toujours la majorité, au début, se fussent contentés de rire au nez du maître d'école qui ose parler de *c'te terre* qu'il ne connaît pas.

Lorsque les malveillants auront vu les produits du jardin de l'instituteur et bien compté ce que leur vente pourrait leur produire, ils seront les premiers à faire en plaine un essai de culture de légumes, et, sans s'en douter, ils exécuteront ce qu'ils avaient repoussé dans le principe : des labours profonds, des binages énergiques et des fumures copieuses.

Quand ces mêmes malveillants, au début, feront un blé après les légumes et obtiendront un rendement double, en grain et en paille, de ce qu'ils récoltaient, la cause de l'instituteur sera gagnée : on le consultera avec confiance et on suivra ses instructions à la lettre.

C'est ce que m'a prouvé l'expérience de l'enseignement. On n'obtient rien en présentant, de prime abord, une amélioration quelque bonne qu'elle soit, surtout quand elle exige une dépense première. On arrive facilement à tout faire adopter en débutant par les essais ne coûtant presque rien ; on marche lentement au début, mais sûrement, et, aussitôt que les résultats son prouvés, tout le monde opère avec une ardeur que, nous-mêmes nous sommes obligés de tempérer.

C'est ce qui me fait dire avec une profonde conviction, basée sur l'expérience du passé, que les instituteurs n'auront jamais d'autorité en agriculture, s'ils ne débutent par l'horticulture productive.

Cela dit, voyons comment le jardin de l'instituteur doit être créé :

Si le jardin est clos de murs, on plantera les murs en bonnes variétés de fruits de table, en réservant devant eux une plate-bande de 1^m,50 de large, afin de placer au bord des cordons unilatéraux à deux rangs. Ces murs seront plantés en candélabres à quatre branches, ou en grandes formes, suivant leur hauteur. Mais, avant tout, l'instituteur devra, autant que possible faire et enseigner les choses faciles, productives, et à la portée de tous. Dans le cas où le jardin serait clos de haies, on planterait également tout le tour. On tracerait une plate-bande de 2 mètres de large, pour y placer, suivant sa position ou sa grandeur, des contre-espaliers de Versailles ou des palmettes alternes Gressent. (Voir l'*Arboriculture fruitière*, dixième édition, pour faire ces plantations.)

Tout le milieu du jardin, débarrassé des arbres et des fouillis, serait consacré à la culture des légumes et soumis à l'assolement de quatre ans ou, à défaut d'engrais suffisants, à celui de trois ans, après avoir nivelé et défoncé le terrain.

L'assolement de quatre ans avec couches devra être préféré dans tous les cas, surtout pour les jardins d'instituteurs, qui doivent servir de modèles, et dans lesquels on élèvera une certaine quantité de plants de

légumes, et où l'on cultivera en grand les graines pour
la reproduction des bonnes variétés. Le produit du
plant et des semences indemniseront largement de la
dépense de fumier nécessaire à la confection des
couches. J'insiste également sur la culture des melons
toujours d'un produit élevé, parce que personne ne
sait les faire à la campagne, et qu'on préfère s'en
passer ou les faire venir de Paris quand on en est
éloigné. Le jour où il en sera porté de bons, et rien
n'est plus facile, sur les marchés de campagne, ils y
seront enlevés aussitôt. L'assolement de trois ans sans
couches ne devra être introduit que lorsqu'il y aura
impossibilité de se procurer du fumier frais.

L'instituteur qui enseigne l'horticulture peut facilement se procurer, presque sans dépense, le fumier
nécessaire à la confection de ses couches, et les matières indispensables pour faire ses composts. Il devra,
avant tout, organiser sa fabrique d'engrais, une
plate-forme double, avec réservoir à engrais liquide
au centre. Les plus grands élèves de la classe seront
d'excellents aides pour la plupart des travaux du jardin; non seulement ils aideront leur maître, mais encore l'application de la théorie leur sera de la plus
grande utilité pour leur instruction horticole.

Le plus souvent, le maire du village est cultivateur;
l'instituteur est presque toujours secrétaire de la mairie. Les bons rapports qui s'établissent entre le maire
et le secrétaire de la mairie suffisent pour assurer à ce
dernier sa provision de fumier frais pour les couches.
Si le maire n'est pas cultivateur, il y en aura toujours

un dans le pays, et il échangera volontiers des plants et des semences, ou même des melons, contre une charretée de fumier. Au pis aller, rien n'est cher dans un village, et l'instituteur aurait encore bénéfice à acheter une ou deux voitures de fumier de cheval tout frais et à le mêler avec des feuilles, pour faire des couches. Dans ce cas, il renoncerait aux couches chaudes, et ne ferait que des couche tièdes et sourdes. Rien ne peut remplacer le fumier et les terreaux provenant des couches, et je ne saurais trop répéter que la récolte des couches paye deux ou trois fois la valeur du fumier, tout en l'améliorant et en l'augmentant.

En outre, depuis quelques années, le goût des fleurs gagne les campagnes, et il est presque impossible d'en élever, d'en obtenir de belles, et surtout d'en faire les semis avec succès sans terreau.

La fabrique de composts et d'engrais liquide doit fonctionner chez l'instituteur avec d'autant plus d'activité que son jardin doit être un jardin modèle, et qu'il a sous la main les premiers éléments de fertilité. Il lui sera facile, suivant les ressources du pays, de se procurer une certaine quantité de matières herbacées qu'il pourra animaliser avec les engrais de sa classe. Il lui suffira d'établir une fosse mobile pour les enfants ou de les envoyer sur le tas de composts, pour avoir une quantité d'excellent engrais solide et liquide, qu'il sera facile de désinfecter avec quelques kilogrammes de sulfate de fer, qui viendront augmenter l'énergie des composts.

L'instituteur doit, avant tout, apprendre aux enfants

et aux paysans à fabriquer des engrais. Rien ne doit
être perdu chez lui ; il est appelé à donner l'exemple :
matières fécales, fumier, colombine, débris de cuisine, balayures de maison, de classes et de cours,
matières herbacées, suies, cendres, urines, eaux de
vaisselle, de savon, lessive, etc. etc., tout doit être
réuni et employé à la fabrication des engrais. Il faut
parcourir les villages pour savoir combien de substances fertilisantes sont perdues pour l'agriculture,
au détriment de la santé publique, et cela dans les
pays où les engrais manquent totalement. Lorsque
l'exemple sera donné, il sera bientôt suivi ; mais il
est urgent de le montrer, autant dans l'intérêt de la
production générale que dans celui de la salubrité.

L'assolement de quatre ans avec couches, ou de
trois ans sans couches, sera introduit dans le jardin
de l'instituteur par les mêmes procédés que pour
celui du propriétaire ; il lui sera facultatif d'opérer le
défoncement en une seule fois, ou en trois ou quatre
années, et même de ne soumettre à l'assolement qu'une
partie de son jardin, s'il ne peut faire tout en une
année, ou s'il veut conserver quelques cultures en
rapport.

Les jardins des instituteurs sont plus ou moins
grands ; mais, quelque petits qu'ils soient, ils auront
un bénéfice notable à introduire un assolement régulier. C'est la base de la production, et le seul moyen
d'amener très promptement la terre à *l'état de culture*
dans toutes les parties du jardin, et cela aussi bien
avec l'assolement de quatre ans qu'avec celui de trois

ans. Les instituteurs qui aiment l'horticulture, et le nombre en est grand, trouveront facilement, en suivant mes indications, le moyen d'utiliser leur jardin, et d'en retirer profit pour eux, pour leurs élèves et pour les habitants de leur pays.

Il serait difficile de désigner les variétés de légumes à cultiver dans le jardin des instituteurs. Ce choix est subordonné à l'étendue du jardin, à la position de l'instituteur, aussi à l'état de progrès du pays, aux ressources et à l'avenir qu'il offre pour l'horticulture. Toutes les variétés de légumes indiquées pour les jardins du propriétaire, du rentier, de la ferme, etc., sont excellentes ; l'instituteur devra choisir parmi elles, suivant l'étendue de son jardin, ses besoins et l'état de l'horticulture dans son pays, tant pour sa consommation personnelle que pour fonder sa petite école de légumes. Il est évident que, si son jardin est exigu, il devra s'abstenir de cultiver les haricots à rames, les gros potirons, les choux monstrueux etc. etc., enfin tous les légumes qui tiennent beaucoup de place et projettent de l'ombre sur les cultures voisines. Dans ce cas, les variétés indiquées pour le jardin du rentier seront excellentes.

Si le jardin de l'instituteur est grand, s'il enseigne l'horticulture à ses élèves, qu'il fasse un cours aux habitants du village ou même leur donne seulement des conseils, et que le pays soit très arriéré, il devra convertir son jardin en école de fruits et de légumes, y introduire à l'état d'essai les variétés indiquées pour le jardin du propriétaire, s'il a des jardiniers de maisons bourgeoises à guider; celles du jardin de la ferme pour l'approvisionnement du fermier, du petit cultivateur, et pour le marché, à titre d'expérimentation, le jardin de l'instituteur étant destiné à devenir un jardin d'utilité publique, par sa bonne culture autant que par les plants et les semences qu'il doit fournir, dans les contrées où les bonnes variétés sont inconnues.

J'ai écrit ce chapitre pour les instituteurs des départements avancés, enseignant et pratiquant l'horticulture. Il est bien des départements où cette science est inconnue, et où l'instituteur se contente de cultiver de mauvaises pommes de terre et de mauvais haricots dans son jardin. L'instituteur placé dans cette condition ne doit pas désespérer de son pays, quelque arriéré qu'il soit. Il est souvent plus facile d'introduire le progrès dans un pays où l'on ignore tout que dans celui où il existe des demi-savoirs et des préjugés qui deviennent des obstacles réels à un enseignement logique. Dans ce cas, l'instituteur aura un bénéfice réel à cultiver son jardin pour lui-même. Il devra commencer par l'assolement de trois ans sans couches, et cultiver les variétés de légumes indiquées pour le potager de la ferme. Sa culture, autant que ses légumes, attireront plus promptement qu'il ne le suppose l'attention des particuliers et des petits cultivateurs, qui ne tarderont pas à lui demander des conseils, du plant et des graines. Le premier pas sera fait ce jour-là, et le pays sera en voie de progrès, grâce à l'exemple donné par l'instituteur.

Lorsque l'assolement de trois ans sans couches, et

les variétés de légumes de la ferme seront acceptés,
l'instituteur pourra adopter l'assolement de quatre
ans avec couches dans son jardin : on suivra ses travaux avec intérêt, et il aura bientôt de nombreux imitateurs et de fervents adeptes. Que risque un instituteur à faire cet essai? Rien, moins que rien, puisque
le pis qu'il puisse faire est d'augmenter son bien-être
personnel. Et, s'il réussit complètement, ce qui n'est
pas douteux, il aura l'immense satisfaction d'avoir
rendu un grand service à son pays, en y introduisant
une industrie nouvelle, un bien-être incontestable, en
même temps qu'un élément de prospérité. Jamais le
temps et le travail consacrés à l'intérêt général ne
sont perdus; l'opinion publique, juge sévère et im-
partial, s'égare quelquefois un instant, mais elle
revient vite au juste et au vrai, et sait nous récom-
penser de nos efforts par la considération et l'estime
générales.

CHAPITRE VI

POTAGER DES GARES, DES EMPLOYÉS, DES GENDARMES, ETC.

Dans presque toutes les gares et les stations de nos lignes de chemins de fer, il existe des parcelles de terrain non employées par les Compagnies, et qu'elles abandonnent provisoirement à leurs employés pour y créer des jardins. Ces jardins, plus ou moins bien cultivés, offrent à la fois aux employés, quelquefois peu rétribués, une distraction salutaire et un petit profit trouvé dans la récolte des légumes.

Depuis que la mode d'habiter la campagne a été adoptée par la majeure partie des employés, le goût du jardin et de la basse-cour leur est venu. Presque tous les employés ont des jardinets, autant pour se distraire que pour y trouver une récolte plus ou moins illusoire, suivant la culture pratiquée.

Les gendarmes, mariés le plus souvent, et toujours stationnaires, sont dans le même cas : une provision de bons légumes est une ressource sérieuse pour eux et leur famille. Pourquoi donc ne tireraient-ils pas parti de ces parcelles de terrain, et ne s'y créeraient-ils pas une ressource? Cela est d'autant plus facile,

que ces petits jardins sont cultivés par les locataires
ou concessionnaires eux-mêmes, désireux d'en retirer
le plus grand produit possible, et que nous n'avons
pas à redouter chez eux la sotte vanité de quelques
jardiniers, souvent plus ignorants, mais rejetant bien
loin toute amélioration, parce qu'elle blesse leur
amour-propre.

Mettons-nous un instant à la place d'un modeste
employé de chemin de fer, juste assez rétribué pour
manger et se vêtir, lui et sa femme, et élever ses
enfants, et auquel la Compagnie donne la jouissance
de huit à dix arcs de terre. Ce petit jardin bien
cultivé lui donnera, et au delà, non seulement la provision de légumes nécessaires pour toute l'année, mais
encore la facilité d'entretenir une ou deux chèvres et une
vingtaine de lapins. Le lait des chèvres, la viande des
lapins et tous les légumes sont une petite fortune dans
un ménage qui doit compter par centimes, et il est
bien facile d'acquérir tout cela, et même encore une
petite somme d'argent en plus, par la vente de l'excédent de certains produits, en consacrant à une bonne
culture les heures laissées libres par le service.

Le petit jardin des gares et des employés devra être
soumis à un assolement régulier, nivelé et défoncé
comme les précédents pour donner un produit assuré.
L'assolement de trois ans sans couches est le préférable pour l'employé qui n'a que des heures perdues
à dépenser à son jardin, et à sa disposition que les
engrais qu'il pourra ramasser et fabriquer sans dépense
aucune. Cependant, si un employé avait un jardin un

peu étendu à la porte d'une ville ou même dans un village bien habité, offrant quelques ressources, et que sa femme voulût s'occuper du jardin, il pourrait en retirer un *produit argent* assez élevé, en adoptant l'assolement de quatre ans avec couches, et en consacrant exclusivement ses couches à la culture des melons. Il y aurait grand bénéfice, je le répète, dût-il acheter une certaine quantité de fumier.

Les ressources d'un employé sont très limitées, je le sais ; mais avec un peu d'activité il remédiera facilement à l'insuffisance de sa fortune. Admettons qu'il s'agisse de soumettre un jardin, tel que je viens de le désigner, à l'assolement de trois ans sans couches. Le premier soin sera de réunir et de fabriquer les engrais nécessaires ; rien n'est plus facile que de fabriquer les composts dans une gare et même dans une station où il séjourne toujours des chevaux, et où il y a souvent des débris de paille, de foin, etc. etc. Tout cela sera ramassé soigneusement par les femmes, ou par les enfants, et jeté au fur et à mesure sur le tas en voie de fabrication, mêlé avec les débris du jardin et les herbes, qu'il sera facile de couper dans les fossés et le long des talus. Une certaine quantité de cendres de locomotive, mêlée à ces composts, augmentera leur énergie ; les eaux ménagères et les urines qu'il sera facile de recueillir, fourniront l'engrais liquide nécessaire à la fabrication des composts.

Dans les grandes gares, et dans toutes celles de petite vitesse, où il vient constamment des chevaux et où l'on embarque des animaux, il sera facile de recueillir une très grande quantité d'excellent fumier, assez pour mettre le meilleur de côté, pour fabriquer des couches en le mêlant avec des feuilles, si l'employé veut cultiver des melons et tirer un produit argent de son jardin.

A la porte des villes, et avec assez d'engrais, il y aura bénéfice à introduire l'assolement de quatre ans avec couches *tièdes* et *sourdes* seulement, en consacrant ces couches à la culture des melons. Dans ce cas, on devra cultiver les variétés de légumes désignées pour le jardin du rentier ; l'excédent pourra être avantageusement vendu sur le marché.

Pour les jardins des gares des petites localités, des stations, et même pour ceux des gardes-barrières, des gendarmes, on adoptera l'assolement de trois ans sans couches, et l'on cultivera les variétés de légumes désignées pour le potager de la ferme.

Bon nombre de petits employés ont suivi les conseils que je viens de donner, et la majeure partie a acquis une certaine aisance, là où la gêne était leur compagne inséparable.

CINQUIÈME PARTIE

CULTURE EXTENSIVE

———•◦•———

CHAPITRE PREMIER

CULTURE EXTENSIVE DES LÉGUMES

———

C'est par cette culture, encore presque inconnue de la majeure partie de la France, que nos marchés se peupleront, dans un temps donné, d'abondants produits à bas prix, donnant une nourriture aussi saine que copieuse et économique à la classe ouvrière.

La culture extensive des légumes sera le remède le plus énergique contre l'effrayante dépopulation des campagnes, le jour où elle sera généralement adoptée par des hommes sérieux, unissant leurs efforts pour assurer le bien-être de tous, et reconstituer la fortune de la France.

Cette culture, introduite partout, créera vite de bonnes positions à une foule d'hommes intelligents, vivant péniblement au village, et y fera naître quantité de petites industries lucratives, tout en augmentant la valeur locative et foncière des terres.

Plus que jamais, je suis convaincu que l'avenir de la

génération actuelle, comme la richesse de la France, sont dans la culture de son sol privilégié. La richesse acquise par les produits du sol donne à tous sans rien prendre à personne ; elle ne fait que des heureux, jamais de mécontents. C'est la richesse vraie, la richesse morale, donnant naissance à la considération comme à l'honnêteté, n'engendrant ni ambitions stupides, ni envies, ni haines, ni vengeances.

J'ai écrit, en 1864, dans la première édition de ce livre, qu'il opérerait dans la culture des légumes une révolution complète. Cette révolution est accomplie dans plusieurs contrées de la France où les *jardins fouillis* ont disparu pour faire place à des cultures productives. L'impulsion est donnée ; il n'y a qu'à la suivre et à généraliser le mouvement.

Quantité de propriétaires ont fait de la culture intensive pour leurs besoins personnels ; le succès les enhardissant, ils ont essayé de la culture extensive, et y ont trouvé d'immenses avantages. C'est bien ce que j'espérais, mais je ne comptais pas sur des résultats aussi prompts,

Dans plusieurs départements, d'immenses *jardins fouillis*, qui n'avaient jamais produit autre chose qu'une *lourde* dépense, ont, sur mes conseils, été réduits des trois quarts.

Le quart converti en potager et en jardin fruitier fournit amplement, et à peu de frais, à l'approvisionnement de la maison, que l'on n'avait jamais pu obtenir.

Les trois quarts supprimés, convertis en verger Gressent, donnent aujourd'hui un revenu élevé.

Il a suffi de changer de mode de culture pour trouver à la fois, sur un sol qui n'avait jamais donné que de la perte, une récolte abondante pour la maison, et un revenu argent assez élevé.

Partout où l'exemple a été donné, il a été suivi, et le pays s'enrichit. Il y a encore des centaines de mille d'hectares de *jardins fouillis* à convertir en cultures productives. Mon but est non seulement de faire obtenir un produit sur ces excellentes terres, mais encore de faire mettre en rapport les biens communaux, comme les trop nombreux terrains abandonnés.

Cela est possible avec le concours des propriétaires, du clergé et des instituteurs primaires.

Que les propriétaires de toutes les contrées imitent ceux qui ont commencé dans tant de départements; qu'ils réduisent leurs *jardins fouillis* des trois quarts. Le quart bien cultivé leur produira ce qu'ils n'ont jamais pu obtenir sur la totalité avec une mauvaise culture, et les trois autres quarts, convertis en *verger Gressent*, leur donneront une rente élevée par la vente des fruits et des légumes, ou par la location. Les locataires ne manqueront pas quand le produit sera connu.

Que nos excellents curés de campagne, si dévoués à leurs paroissiens, leur donnent les premières notions de culture raisonnée, et montrent l'exemple dans leurs jardins ; le raisonnement remplacera vite le préjugé; le succès engendrera l'émulation, et bientôt l'apathie et la paresse feront place à l'activité et au travail.

Que les maires secondent les instituteurs en leur

donnant assez de terre pour faire des essais sérieux ;
que l'instituteur, de concert avec la commune, crée un
petit *verger Gressent* sur une parcelle de terrain communal ne rapportant rien le plus souvent ; qu'il fasse
pendant les soirées d'hiver des lectures de *l'Arbori-*
culture fruitière et du *Potager moderne*, et prouve
que le terrain communal donne des produits recherchés sur le marché. La population suivra ses utiles
leçons, et louera un prix élevé les terrains qui n'a-
vaient jamais rien produit à la commune.

Alors c'est l'abondance et la richesse pour tous,
pour la commune et pour les propriétaires, pour les
cultivateurs et pour les habitants.

Ce qui s'est fait dans plusieurs contrées, grâce à
l'initiative de quelques hommes dévoués, propriétaires, maires, curés ou instituteurs, peut s'accomplir
partout.

C'est pour atteindre ce but que j'invite chacun à me
seconder dans mon œuvre de tout son pouvoir, et écris
ce chapitre et les suivants.

La culture extensive des légumes peut se faire partout presque sans dépense. Elle demande, il est vrai,
une plus grande étendue de terre que la culture intensive, pour donner un revenu beaucoup moins élevé,
mais il y a encore grand avantage à la faire.

La culture extensive des légumes est la clef de l'alimentation comme de la plus-value des terres; faite
sur des terrains de peu de valeur, elle donnera un bénéfice élevé aux cultivateurs, et amènera forcément
dans un temps donné la culture intensive sur ces

mêmes terrains. Cela s'est produit dans beaucoup de localités, et le résultat a été celui-ci : des terres valant dans le principe 300 francs l'hectare en valent aujourd'hui 10,000 : il y a cent acquéreurs pour un, lorsqu'un lopin de terre est à vendre.

Quand on veut faire avancer le pays le plus arriéré, il faut l'éclairer, et non l'éblouir. Faites la lumière d'abord ; quand on y sera habitué, on cherchera le soleil.

La culture intensive des légumes, inconnue il y a trente ans, a créé des millions de revenu aux cultivateurs et quintuplé les valeurs foncières et locatives, depuis que je l'ai popularisée dans une grande partie de la France. On ne passe pas sans transition d'une culture plus que primitive à la culture ultra-intensive des maraîchers parisiens, ou des jardiniers du château, les seules que l'on ait tenté d'enseigner aux paysans.

On ne passe pas de l'état sauvage à l'extrême civilisation, parce que le sauvage ne comprend pas et ne peut pas comprendre. La civilisation l'éblouit et l'épouvante tout à la fois, et il se sauve au fond de ses forêts ou de son désert. Prenez ce sauvage tout doucement ; captivez sa confiance, et montrez-lui progressivement les bienfaits de la civilisation. Son intelligence s'agrandira peu à peu ; bientôt il deviendra un homme civilisé, et sera reconnaissant du service que vous lui aurez rendu. (Je veux bien croire à la reconnaissance des sauvages à défaut de celle des gens civilisés.)

Transportez ce sauvage de sa hutte dans une chau-

mière : il comprendra le progrès ; de la chaumière,
introduisez-le dans une maisonnette : le sens du bien-
être se développera chez lui ; de la maisonnette, passez
à un appartement confortable ; il s'y plaira, parce
qu'il commence à se civiliser, et voudra bientôt aller
plus loin encore.

De l'appartement au château, et même au palais,
il n'y a qu'un pas, facile à faire. Mais transportez le
sauvage, de sa hutte dans un palais, il s'enfuira
épouvanté.

Il en est de même en culture. Commençons par le
commencement, c'est-à-dire par le mieux, et non par
la fin, par le parfait, ou nous échouerons. Cela est
surabondamment prouvé par l'enseignement de la
culture maraîchère ou celle du château, qui depuis
DEUX SIÈCLES n'ont pas fait avancer les paysans d'un
millimètre ; comme le sauvage devant un palais, ils se
sont *enfuis épouvantés !*

Commençons donc par la culture extensive dans
les localités arriérées ; créons d'abord des *vergers Gressent* et des potagers en plaine. Quelques années après,
les cultivateurs, habitués au travail, fortifiés par un
enseignement logique, encouragés par les résultats,
feront de la culture intensive ; les grandes plantations
fruitières et les potagers intensifs succèderont bientôt
à la culture extensive. Ces créations, qui eussent
échoué dès le début, auront quelques années plus tard
un succès des plus complets, parce que les cultivateurs auront acquis d'abord l'expérience d'une culture
qu'ils ignoraient, et qu'ensuite les habitants, dont

le goût s'est raffiné au fur et à mesure qu'ils ont trouvé de bons produits à acheter, en demanderont toujours de meilleurs et les payeront plus cher. Si vous eussiez offert de vendre la première année les produits les plus recherchés, personne n'eût osé les acheter ; la quatrième ou la cinquième tout le monde les demandera.

Il en est ainsi de tout. Quand on veut le succès, il faut débuter par le commencement et terminer par la fin.

Commençons par la culture extensive ; la culture intensive viendra forcément à sa suite.

CHAPITRE II

VERGER GRESSENT

La *culture maraichère*, c'est-à-dire la culture forcée de grande primeur des légumes, comme la *spéculation fruitière*, au capital de 40,483 fr. 50 par hectare, avaient tellement ébloui les cultivateurs et effarouché le capital des propriétaires, que les uns et les autres se sont empressés de s'enfouir plus profondément que jamais dans la routine, qui, si elle ne les enrichissait pas, disaient-ils, ne les menaçait pas de les ruiner dès le début.

Il fallait une culture productive et économique pour ébranler leur résolution. C'est alors que j'ai créé le *verger Gressent*, ne coûtant presque rien à établir, produisant immédiatement, et permettant d'introduire partout de bonnes variétés de fruits et de légumes.

Le *verger Gressent* est la plus simple expression de la culture des fruits et des légumes. Il se compose de lignes d'arbres en touffes, distantes de 5 mètres, et les arbres plantés à 5 mètres sur les lignes (A, fig. 116). La forme en touffe est la seule à introduire dans le *verger Gressent* : tout le monde peut la faire, et elle permet la culture d'un grand nombre de bonnes variétés de fruits de table.

La taille à appliquer aux arbres en touffes est des plus simples : elle peut être exécutée par des femmes et des adolescents. (Voir *l'Arboriculture fruitière*, dixième édition, pour la plantation, le choix des fruits, la taille simplifiée, etc.).

Entre chaque ligne d'arbres et au milieu, on plante une ligne d'*asperges roses hâtives d'Argenteuil*, les pieds à la distance de 1 mètre entre eux (B, même figure), et un pied d'asperge entre chaque arbre.

Dans les sols très argileux, où l'asperge réussirait mal, on plante des artichauts de la même manière et aux mêmes distances.

Au bout de huit ou neuf ans, les arbres en touffes et les asperges occupent toute l'étendue du verger. Le produit est considérable, et la culture n'est presque rien. Elle consiste en un labour, une taille en

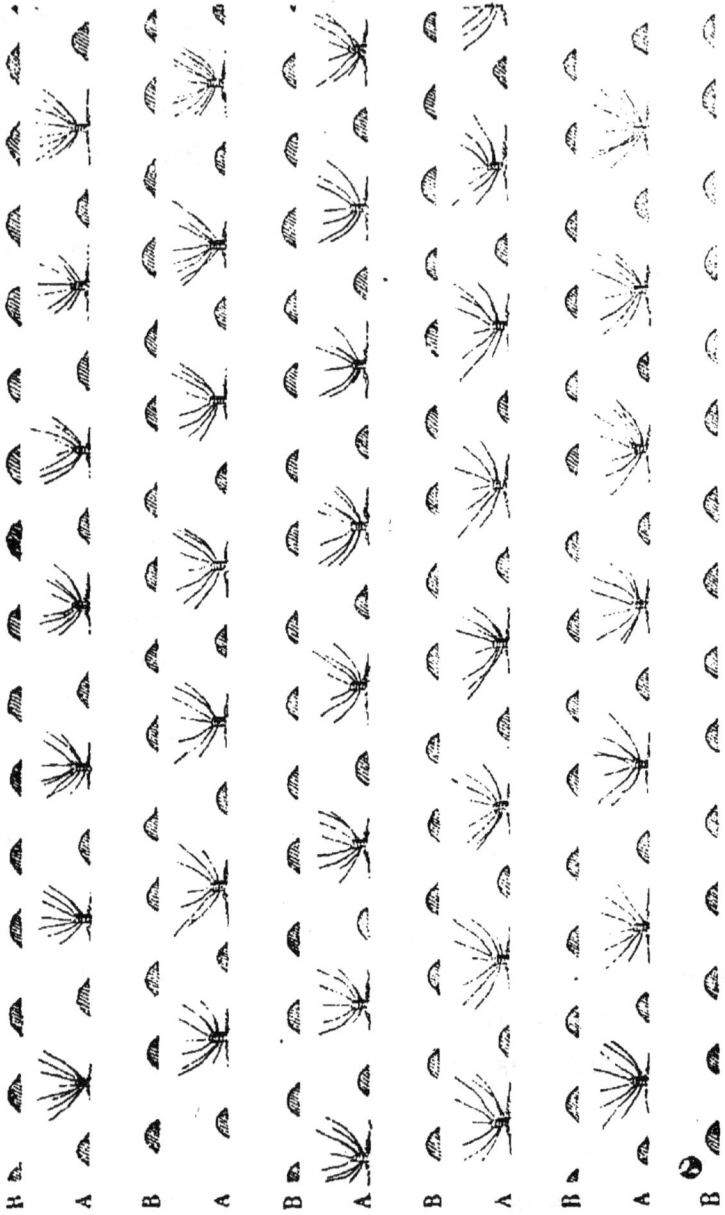

Fig. 116. — Disposition du verger Gressent, avec arbres en touffes et asperges.

sec, une taille en vert, et la récolte des fruits, pour les arbres ; en un débutage, une fumure, un buttage, et la cueille, pour les asperges.

Pendant les neuf premières années, que les arbres poussent, et avant qu'ils aient atteint le maximum de production, on cultive des légumes dans le *verger Gressent.*

Le produit de ces légumes rembourse, non seulement dès la première année, tous les frais de plantation et de culture, mais encore il donne en sus un produit argent ; la seconde, ils sont tout bénéfice ; la troisième année, les asperges donnent ; c'est un bénéfice considérable à ajouter aux légumes. Les premiers fruits apparaissent également la troisième année et augmentent encore le produit.

La quatrième année, la récolte des asperges est abondante, celle des fruits commence à devenir sérieuse, et ses deux récoltes, ajoutées à celles des légumes, donnent au cultivateur un revenu élevé.

A partir de la sixième année, les arbres s'étendent rapidement ; la récolte des légumes diminue, mais celle des asperges est à son apogée, et celle des fruits augmente sensiblement chaque année.

Vers la neuvième année, on supprime les légumes pour ne garder que les arbres et les asperges, ou une plate-bande de 1 mètre de large seulement au milieu des lignes pour y faire quelques légumes, mais cela seulement dans les sols trop compacts pour y cultiver l'asperge.

Le *verger Gressent* rembourse les dépenses de création et donne un revenu dès la première année ; à partir de la seconde à la neuvième année, le revenu augmente toujours.

Ce résultat est des plus faciles à atteindre en suivant mes indications à la lettre, et sous réserve des conditions suivantes :

1° Soumettre le *verger Gressent* à l'assolement de trois ans ;

2° Ne planter des légumes qu'à une certaine distance des arbres, afin de leur permettre de croître et de fructifier en toute liberté (j'indique plus loin les distances à observer) ;

3° Éviter d'arroser, ce qui nuit beaucoup aux arbres et les empêche de se mettre à fruit (on n'arrose pas dans la culture extensive des légumes) ;

4° Cultiver des légumes de moyenne grandeur pour qu'ils ne projettent pas d'ombre sur les arbres, des variétés assez rustiques pour se passer d'arrosements, de bonne qualité, fertiles, et ayant une grande valeur sur les marchés. (J'indique à la fin du chapitre les variétés de légumes à cultiver dans le *verger Gressent*.)

La culture extensive des légumes se fait plus économiquement, et avec le moins de main-d'œuvre possible. Elle ne donne guère que deux récoltes et demie en moyenne, au lieu de sept, huit et même neuf, obtenues par la culture intensive ; mais elle n'exige presque pas de main-d'œuvre et point de capital.

Le plus souvent les labours se feront à la charrue,

et presque toutes les façons avec les instruments agricoles. Les variétés cultivées sont assez rustiques pour se passer d'arrosements.

Dans le *verger Gressent*, où il serait difficile d'introduire la charrue à cause des arbres et des asperges, les labours se feront non à la bêche, mais à la fourche à dents plates (fig. 117) ou à la houe, et les **binages** à la main.

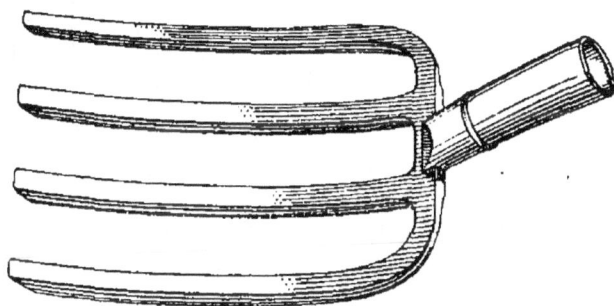

Fig. 117. — Fourche à dents plates, modèle américain.

Le *verger Gressent* ne se défonce pas. On fait pour chaque arbre des trous avec les soins indiqués dans *l'Arboriculture fruitière*, dixième édition. Tout le terrain est labouré, l'année de la création, à un fer et demi de bêche ; les labours suivants sont faits à un fer de bêche. Voilà pour la préparation du sol.

La plantation des arbres et des asperges faite, on procède ainsi à la distribution du terrain.

Les arbres sont plantés à 5 mètres de distance ; une ligne d'asperges est plantée au milieu des lignes d'arbres. On pose des piquets à 50 centimètres des arbres et de chaque côté, pour tracer une plate-bande de un mètre de large, *uniquement consacrée aux arbres* et *dans laquelle* IL NE FAUT JAMAIS PLANTER DE LÉGUMES, sous peine de perdre les arbres. On en fait autant pour les asperges, c'est-à-dire qu'on leur abandonne une plate-bande de 1 mètre de large, dans laquelle IL NE FAUT RIEN PLANTER NON PLUS. Les asperges ont besoin d'air et de lumière pour se dé velopper.

On peut prendre sur les plates-bandes réservées aux arbres et aux asperges un petit sentier pour soigner les planches, mais rien de plus. Les plates-bandes occupées par les arbres et les asperges doivent être binées toutes les fois qu'il y pousse de l'herbe ; elles doivent être constamment propres.

Il nous reste de chaque côté des asperges une plate-bande de 1^m,50 de large. C'est dans ces plates-bandes que nous cultiverons des légumes. Elles seront sou-mises à l'assolement de trois ans, comme il est dit pages 146 et suivantes.

Suivant les débouchés du pays et ses ressources en engrais, le cultivateur ne pourra faire qu'une sole du *verger Gressent*, ou le distribuer en trois soles.

Si, par exemple, le *verger* est placé près d'un grand centre où les légumes se vendent bien, ou encore si les acheteurs étrangers viennent enlever les produits sur place, il y aura économie à ne faire qu'une sole au lieu de trois. On y trouvera une grande économie de temps pour la vente, qui se fera en une seule fois, et pour l'exécution des cultures.

Dans ce cas, au lieu de partager le *verger Gressent* en trois parties égales pour établir les soles A, B et

C, on fumera la totalité au maximum pour y cultiver :
la première année, les légumes à production foliacée ; la seconde année, on cultivera sans fumier
les racines ; et la troisième, les légumes à fruits secs
sur cendrage. La rotation recommencera la quatrième
année par une fumure maximum. Quand le débouché
est assuré, les récoltes de la vente sont faites en une
seule fois, et la culture, réduite à quelques espèces
de légumes seulement, est plus simple et plus vite
faite, tout en donnant le même produit.

Quand le débit se fera en détail, il y aura avantage
à établir trois soles ; la première, A, sera fumée au
maximum pour les légumes à production foliacée ;
la seconde, B, recevra une demi-fumure d'engrais
très consommé pour y cultiver les racines, et la
troisième, C, sera cendrée pour y placer les légumes
à fruits secs. L'assolement est établi ; il n'y a plus
qu'à le suivre, comme je l'ai indiqué au chapitre
Assolement, pages 146 et suivantes, pour que le verger
donne constamment d'excellents produits à porter au
marché.

Le choix des variétés de légumes à planter dans
le *verger Gressent* a une grande importance aux points
de vue de la qualité, de la rusticité et de leur valeur
sur les marchés. Je ne saurais trop conseiller à mes
adeptes de suivre à la lettre la liste ci-dessous:

VARIÉTÉS DE LÉGUMES A CULTIVER DANS LE VERGER GRESSENT

AIL ROSE.

ARTICHAUT VERT DE LAON OU CAMUS DE BRETAGNE. — Suivant le climat, mais pour remplacer les asperges, et seulement une ligne au milieu des lignes d'arbres et un seul pied entre les arbres. L'*artichaut de Laon* sera cultivé dans le Nord, l'Est et une partie du Centre ; le *camus de Bretagne* dans l'Ouest et l'extrême Centre.

ASPERGE ROSE HATIVE D'ARGENTEUIL. — La seule variété à cultiver partout, comme la plus hâtive, la plus grosse, la meilleure, et la seule se vendant à un prix très élevé sur les marchés. L'asperge rose hâtive d'Argenteuil, cultivée dans le Midi, lutterait, à Paris, avec les asperges forcées, et se vendrait le même prix : de 30 à 40 francs la botte.

BETTERAVE ROUGE NOIRE DEMI-LONGUE. — La meilleure pour la table.

BETTERAVE ROUGE LONGUE. — Plus grosse que la précédente, mais moins fine, bien que très bonne à manger.

BETTERAVE GLOBE JAUNE. — Pour les animaux ; très rustique et très productive.

CAROTTE ROUGE COURTE DE HOLLANDE. — La reine des carottes hâtives pour semer en janvier et en février, où elle produit de très bonne heure, et en août et septembre, pour faire des carottes nouvelles pendant tout l'hiver.

CAROTTE NANTAISE. — De qualité supérieure, et de très longue garde, se vendant toujours cher

CAROTTE ROUGE DEMI-LONGUE DE LUC. — Très précoce, de bonne garde et excellente qualité.

CAROTTE ROUGE LONGUE OBTUSE SANS CŒUR. — Excellente, ayant une grande valeur sur les marchés. A cultiver dans tous les sols profonds ou exposés à la sécheresse.

CAROTTE BLANCHE DES VOSGES ET BLANCHE A COLLET VERT. — Très productives et excellentes pour les animaux.

CHICORÉE DE RUFFEC. — La meilleure pour les semis de printemps.

CHICORÉE DE MEAUX. — Très belle et très bonne pour toutes les saisons.

CHICORÉE DE LA PASSION. — Enorme, précieuse pour l'automne et l'hiver.

SCAROLE RONDE. — Bonne variété à cultiver en toutes saisons.

SCAROLE GROSSE DE LIMAY. — Superbe, bonne, et ayant de la valeur sur le marché. A cultiver en toutes saisons.

CHOU HATIF D'ÉTAMPES. — Moyen, mais un des plus précoces.

CHOU CŒUR-DE-BŒUF GROS. — Le meilleur comme le plus gros des choux hâtifs.

CHOU JOANNET. — Très beau et très bon chou de saison.

CHOU QUINTAL. — Énorme, l'un des plus gros, excellent pour faire de la choucroute.

CHOU DE ST-FLOUR. — Le monstre des choux cabus, plus gros que le précédent. Mêmes qualités.

CHOU DE SAINT-DENIS. — Un des meilleurs et des plus gros choux d'été.

CHOU ROUGE GROS. — Excellent, très beau et pomme très dure.

CHOU MILAN DES VERTUS. — Le meilleur à cultiver pour l'hiver; il réunit le volume à la qualité.

CHOU JOULIN. — Milan moins gros que le précédent, mais plus hâtif et de qualité supérieure.

CHOU DE NORWÈGE. — Précieux pour les contrées froides, en ce qu'il gèle très difficilement.

CHOU DE PONTOISE. — Plus gros, belle pomme, et aussi rustique que le précédent.

CHOU MILAN DE LIMAY. — Très rustique et résistant bien à la gelée.

CHOU VICTORIA. — Le plus gros de tous les choux de Milan, très frisé et bon de qualité.

CHOU DE BRUXELLES. — A cultiver partout; le produit est assuré dans tous les pays.

CRESSON DE JARDIN. — Plante des plus précieuses, et d'un grand produit dans les contrées où il n'y a pas de cressonnières. Semé en août, il donne en abondance, pendant toute l'année, d'excellent cresson que l'on s'arrache sur les marchés.

RUTABAGA JAUNE. — Très bon légume n'ayant que le tort de n'être pas connu.

RUTABAGA SUTTON'S CHAMPION. — Très bon et le plus productif.

CHOU-RAVE HATIF DE VIENNE, blanc et violet. — A cultiver partout comme légume.

ÉPINARD MONSTRUEUX DE VIROFLAY. — Le plus productif de tous.

ÉPINARD LENT A MONTER. — Aussi bon de qualité que l'épinard de *Viroflay*, mais plus lent à monter.

ÉPINARD ROND. — Excellent et très rustique. A cultiver partout, comme les précédents.

ÉPINARD DE FLANDRE. — Très belle et très bonne variété pour les climats du Nord.

ÉPINARD D'ANGLETERRE. — Bon, très productif, rustique, précieux pour les pays froids.

FÈVES DE MARAIS. — Pour le Nord.

FÈVES DE SÉVILLE. — Cosses énormes, bonnes et des plus productives, pour l'Est, l'Ouest, le Centre et le Midi.

HARICOT FLAGEOLET D'ÉTAMPES. — Le plus hâtif de tous pour haricots verts, et très productif.

HARICOT FLAGEOLET A FEUILLES GAUFRÉES. — Un des meilleurs haricots pour faire des haricots verts, autant par sa précocité que par l'abondance de son produit.

HARICOT BAGNOLET GRIS. — Excellent pour haricot vert de très bonne qualité. Variété des plus recommandables.

HARICOT NOIR DE BELGIQUE. — Très rustique, moins sujet à geler que tous les autres. Productif et excellent pour faire des haricots verts précoces.

HARICOT FLAGEOLET DE PARIS. — Le meilleur pour consommer en grains verts. Rien ne peut les remplacer comme qualité. Très fertile.

HARICOT BONNEMAIN. — Excellente variété, même usage que le précédent, mais plus hâtive. Grain blanc.

HARICOT FLAGEOLET JAUNE. — Très hâtif, et des plus productifs, donnant en quantité d'excellents haricots verts.

HARICOT JAUNE CENT POUR CENT. — Variété naine, productive et très rustique.

HARICOT DE SOISSONS NAIN. — Très bon de qualité pour grains secs, très fertile, mais craignant l'humidité ; il pourrit dans les terres humides.

FLAGEOLET ROUGE. — Le meilleur, le plus beau et le plus productif des haricots rouges.

Les haricots à rames ne doivent jamais entrer dans le *verger Gresseut*.

LAITUE DE LA PASSION. — Très belle, excellente, passant l'hiver en pleine terre sans couverture, et donnant de belles salades en hiver et au printemps quand elle a été semée en juin, juillet et août.

LAITUE CORDON ROUGE. — Très belle et très bonne ; même qualité et même culture que la précédente.

LAITUE ROUGE D'HIVER. — Bonne pomme, quelquefois un peu amère ; même qualité et même culture que les précédentes.

LAITUE GROSSE BRUNE D'HIVER. — Énorme et excellente, mais longue à pommer. Elle passe l'hiver en pleine terre, comme les trois précédentes, et peut se semer également au printemps, pour faire des laitues de saison. Ces quatre variétés à cultiver partout.

LAITUE CHARTREUSE. — La plus belle des laitues d'été.

LAITUE PALATINE. — Très belle et très rustique.

LAITUE-CHOU DE NAPLES. — Énorme et excellente.

LAITUE DE BELLEGARDE. — Très grosse et excellente. Ces deux dernières variétés demandent de la chaleur.

LAITUE MERVEILLE DES QUATRE SAISONS. — A cultiver partout.

ROMAINE VERTE. — Très belle, bonne et pouvant se semer en toutes saisons.

ROMAINE BALLON. — Très belle et excellente, à cultiver partout.

MACHE RONDE. — Bonne variété, très rustique.

MACHE GROSSE GRAINE. — Touffes un peu plus fortes que la précédente.

NAVET BLANC PLAT HATIF. — Très bon et le plus précoce de tous.

NAVET DES VERTUS. — Hâtif, très beau et excellent.

NAVET COLLET VIOLET. — Très gros, assez précoce, mais moins bon que les précédents.

NAVETS BOULE D'OR. — De qualité supérieure et de très longue garde. Vient partout.

NAVET DE FRENEUSE. — Excellent et de très longue garde.

NAVET JAUNE DE MONTMAGNY. — Très beau, de bonne garde, des plus rustiques et productifs.

OIGNONS : toutes les variétés. — Surtout les *blanc hâtif et très hâtif* qui, semés en août, donnent d'excellents oignons en mars, avril et mai, et se vendent toujours chers.

PANAIS ROND. — Le seul à cultiver dans le *verger Gressent*.

PERSIL FRISÉ.

POIREAU MONSTRUEUX DE CARENTAN. — Le plus gros de tous et très bon.

POIREAU LONG D'HIVER. —Excellente variété résistant bien au froid, précieuse pour les climats du Nord.

POIREAU DE ROUEN. — Très gros et très bon. A cultiver comme le précédent dans le Nord, l'Est, l'Ouest et le Centre.

POIREAU DU POITOU. — Court et très gros, bon de qualité et supportant bien la chaleur. Excellent pour le Centre et le Midi.

PISSENLIT LARGE FEUILLE, A CŒUR PLEIN, ET AMÉLIORÉ TRÈS HATIF. — Ces trois variétés à cultiver partout, soit pour blanchir en terre ou en meule.

POIS NAIN DE HOLLANDE. — Excellent et très productif. A cultiver partout.

POIS NAIN RIDÉ VERT. — Le meilleur de tous.

POIS NAIN LÉVÊQUE. — Très précoce et très bon.

Je n'admets que les pois nains dans le *verger Gressent;* ceux à rames feraient le plus grand tort aux arbres.

POMMES DE TERRE. — Toutes les variétés.

POTIRONS ET GIRAUMONTS. — Toutes les variétés.

RADIS ROSE DE CHINE. — A semer en pleine terre au mois d'août, pour récolter des radis pendant tout l'hiver. Il supporte la gelée sans couverture.

RADIS ÉCARLATE, ROSE HATIF, ET ROSE BOUT BLANC.— Trois variétés excellentes pour la pleine terre au printemps et à l'automne.

RADIS VIOLET D'HIVER. — Bien supérieur au radis noir, aussi rustique et plus gros.

RAIPONCE. — A semer en août et septembre, pour récolter pendant l'hiver.

SALSIFIS BLANC. — Le meilleur.

SCORSONÈRE (Salsifis noir). — Le plus hâtif.

TOMATE NAINE TRÈS HATIVE. — La seule à cultiver dans le *verger Gressent.*

Les semis et les repiquages en pépinière demandent des arrosements ; on les fera dans le jardin attenant à la maison du cultivateur. A défaut d'un jardin ou d'un coin de terre près de l'habitation, on fera les semis dans une planche bien labourée et copieusement fumée avec du crottin de cheval très consommé. Dans ce cas, il serait urgent d'avoir un peu d'eau à porter pour les arroser.

Les repiquages en place ne recevant pas d'arrosements, il faudra toujours avoir soin de les faire quand il pleut. Le moment le plus opportun est quand la pluie commence à tomber ; dans ce cas, il est rare qu'un repiquage réussisse mal.

J'ai donné toutes les indications possibles pour assurer le succès de la culture du *verger Gressent,* et en retirer le produit le plus élevé. Ce mode de culture n'est plus nouveau (je l'ai enseigné en 1868), il a donné partout les plus brillants résultats. Il a été accepté avec empressement pour sa simplicité, sa facilité de culture, et aussi son prix de création à peu près nul.

Les propriétaires ayant de très grands potagers les ont réduits des deux tiers, qui ont été convertis en *verger Gressent ;* ils donnent aujourd'hui des fruits, des asperges et des gros légumes en abondance.

La grande et petite culture, au moment où j'écris ces quelques lignes, considèrent le *verger Gressent* comme un bienfait et me remercient tous les jours de l'avoir créé. Il donne à la grande culture, sans dépense et sans main-d'œuvre, ce qui lui manquait : d'excellents fruits, des asperges et des légumes pour le personnel agricole. La petite culture a trouvé dans le *verger Gressent* des produits élevés sans avance de capital, c'est-à-dire l'aisance.

Le *verger Gressent*, c'est le point de départ du progrès en horticulture. On commence facilement par là, parce que la création ne coûte rien et que le revenu est immédiat. Les résultats du *verger Gressent* bien connus, les potagers et les jardins fruitiers viennent vite après.

Que les propriétaires animés de l'esprit du progrès créent un *verger Gressent* dans les pays les plus arriérés. Ils trouveront pour eux une ressource des plus sérieuses et un produit élevé ne leur coûtant rien ; les imitateurs se mettront vite à l'œuvre, et ils auront de plus la satisfaction d'avoir introduit le bien-être et l'aisance dans leur contrée, en augmentant sensiblement les valeurs foncières et locatives : *la fortune* de la France.

CHAPITRE III

POTAGER DE LA FERME

Il s'agit ici de fermes importantes, ayant un nombreux personnel ; il faut donc y faire du jardinage agricole dans toute l'acception du mot, c'est-à-dire produire une grande quantité de légumes à très bas prix, et avec le moins de main-d'œuvre possible : rien n'est plus facile dans une ferme, où les engrais et les instruments agricoles abondent, en opérant ainsi :

1° Choisir en plaine une pièce de terre pas trop forte, mais cependant assez argileuse pour conserver de la fraîcheur ;

2° Défoncer le plus profondément possible avec une charrue puissante, suivie d'une fouilleuse, afin de donner le plus de guéret possible ;

3° Faire toutes les cultures en ligne, afin d'exécuter toutes les façons avec les instruments agricoles. La charrue, le scarificateur, le rouleau, la herse, la houe à cheval et le semoir doivent remplacer les bras du jardinier ;

On ne fera à la main que les repiquages, les sarclages, les binages entre les plants, dans les semis serrés, tels qu'oignons, carottes, etc. ;

4° Ne cultiver que des variétés très rustiques, pouvant se passer d'arrosement. Il suffit de repiquer par un temps de pluie pour assurer la reprise, quand on a de bon plant élevé dans le jardin du fermier :

5° Faire entrer le potager de la plaine dans l'assolement agricole, afin de défoncer, d'année en année, les meilleures pièces de terre, pour faire profiter les céréales et les fourrages d'une culture profonde et des engrais restés en terre.

L'assolement de six ans est le plus profitable.

Après avoir profondément défoncé à la charrue et ameubli avec le scarificateur, etc., on opère ainsi :

La première année, sur une fumure maximum d'engrais un peu consommé de fond de cour, autant que possible, on cultive les légumes à production foliacée : choux, artichauts, etc.

La seconde année, sans fumier, les racines : carottes, oignons, salsifis, etc.

La troisième année, sans fumier, mais sur un cendrage, les légumes à fruits secs : pois, haricots, lentilles, etc.

La quatrième année, sans fumier, une avoine avec trèfle.

La cinquième année donne un trèfle excellent ; et, enfin, la sixième année, un blé sur trèfle retourné terminera la rotation.

Cet assolement donnera trois récoltes de légumes, deux céréales et un trèfle, dans les meilleures conditions : six récoltes maximum ; et, lorsque cette terre, ainsi cultivée pendant six ans, rentrera dans l'assole-

ment de la ferme, ce sera avec une plus-value énorme
occasionnée par le défoncement, une fumure des plus
copieuses, le cendrage et un ameublissement parfait.
Le fermier aura un grand avantage à cultiver ainsi
toutes ses meilleures pièces ; il y trouvera économie
d'un côté, et abondance de l'autre.

Le potager en plaine est possible sous tous les climats, excepté sous celui de l'olivier, où l'on ne peut
faire des légumes sans irrigation.

Le fermier qui voudra créer un potager agricole en
plaine en retirera un produit énorme. (N'oublions pas
que la disette des légumes règne en souveraine dans
la majeure partie de la France, et que la plupart des
fermiers ne savent où trouver les choux nécessaires
pour leur personnel et surtout pour leurs moissonneurs.)

De deux choses l'une : les produits du potager agricole seront vendus dans la plaine même ; les fermiers
des environs les enverront chercher sur place avec
des chariots, et seront trop heureux d'avoir des légumes à donner à leurs charretiers et à leurs moissonneurs ; ou, si la ferme est près d'un grand
centre, les produits du potager agricole seront vendus
ou au marché, ou à des acheteurs étrangers qui enlèveront tout à domicile. Dans les deux cas, le potager agricole rapportera un revenu très élevé.

Non seulement le fermier qui crée un potager agricole d'une certaine étendue en retire un *bénéfice argent
important ;* mais encore il augmente sensiblement la
valeur de ses terres pour l'agriculture, par l'introduc-

tion des cultures les plus profondes et des fumures maximum, sans compter le nettoyage parfait des terres. Tout cela réuni augmente considérablement les récoltes de la grande culture, sans préjudice des bénéfices réalisés sur le potager agricole.

Le fermier ayant le débit d'une certaine quantité de légumes double le produit de ses terres en vingt ans, quand il a *promené* un vaste potager agricole sur les meilleures pièces de la ferme.

Nous sommes plus à l'aise dans le potager agricole que dans le *verger Gressent*, où nous avons des arbres à ménager ; en outre, le fermier ayant toujours un vaste potager attenant à la ferme, potager assolé à quatre ans, avec couches, élèvera dans ce jardin, et dans les meilleures conditions, des plants plus délicats que dans le *verger Gressent*. Il suffira de les repiquer en plaine un jour de pluie pour assurer le succès de la reprise.

En outre, le fermier étant mieux monté que le plus riche particulier en toutes espèces de choses pourra étendre ses cultures à un plus grand nombre de variétés, notamment aux pois et aux haricots à rames, qui sont d'un produit élevé.

On pourra cultiver les variétés suivantes dans le potager agricole :

VARIÉTÉS DE LÉGUMES A CULTIVER EN PLAINE

AIL ROSE.

ARTICHAUT GROS VERT DE LAON OU CAMUS DE BRETAGNE suivant le climat.

ASPERGE ROSE HATIVE D'ARGENTEUIL. — En plaine et surtout sur les coteaux essentiellement calcaires, inaccessibles à la charrue.

BETTERAVE. — Toutes les variétés.

CAROTTE ROUGE COURTE DE HOLLANDE.

CAROTTE NANTAISE.

CAROTTE DEMI-LONGUE DE LUC.

CAROTTE ROUGE LONGUE OBTUSE SANS CŒUR.

CAROTTE ROUGE LONGUE.

CAROTTE BLANCHE A COLLET VERT. } Pour les animaux.

CAROTTE BLANCHE DES VOSGES.

CHICORÉE DE MEAUX.

CHICORÉE DE RUFFEC.

CHICORÉE DE LA PASSION.

CHICORÉE REINE D'HIVER.

CHICORÉE SAUVAGE AMÈRE ET SAUVAGE AMÉLIORÉE A LARGE FEUILLE. — Pour les feuilles et les racines, fournissant pendant tout l'hiver la salade appelée *barbe de capucin.* (Voir aux *Cultures spéciales.*)

CHICORÉE WITLOOF.

SCAROLE RONDE.

SCAROLE GROSSE DE LIMAY.

SCAROLE EN CORNET.

SCAROLE BLONDE.

CHOU CŒUR-DE-BŒUF GROS.

CHOU JOANNET.

CHOU DE SAINT-DENIS.

CHOU DE HOLLANDE.

CHOU QUINTAL.

CHOU DE ST-FLOUR (énorme).

CHOU DE SCHWEINFURT.

CHOU DE VAUGIRARD (pomme d'hiver).

CHOU DE BRUNSWICK.

CHOU ROUGE GROS.

CHOU DE MILAN DES VERTUS.

CHOU DE MILAN VICTORIA.

CHOU DE PONTOISE.

CHOU DE NORWÈGE.

CHOU MILAN DE LIMAY.

CHOU DE BRUXELLES.

CHOU CAULET DE FLANDRE (Nord). — Pour les animaux.

CHOU BRANCHU DU POITOU. — Pour les animaux.

CHOU CAVALIER (grand chou à vaches) pour les animaux.

RUTABAGA JAUNE A COLLET VERT.

RUTABAGA BLANC A COLLET ROUGE.

RUTABAGA SUTTON'S CHAMPION. — Variété à collet rouge, des plus productives.

CHOU-RAVE BLANC HATIF DE VIENNE.

ÉCHALOTE DE JERSEY.

ÉPINARD. — Toutes les variétés. On les sème au mois d'août.

FRAISIER PRINCESSE ROYALE.

FRAISIER MARGUERITE LEBRETON.

FRAISIER HÉRICART DE THURY.

HARICOTS. — Toutes les variétés, nains et à rames.

LAITUE PALATINE.

LAITUE DE BELLEGARDE.

LAITUE DE LA PASSION.

LAITUE GROSSE BRUNE D'HIVER.

LAITUE ROUGE D'HIVER.

LAITUE MERVEILLE DES QUATRE SAISONS.

LAITUE IMPÉRIALE.

LENTILLE BLONDE.

MACHE RONDE.

MACHE GROSSE GRAINE.

MACHE A FEUILLE DE LAITUE. — La plus belle et la meilleure.

MACHE VERTE A CŒUR PLEIN.

NAVET COLLET VIOLET.

NAVET DE MEAUX.

NAVET DES VERTUS.

NAVET JAUNE LONG.

NAVET BOULE D'OR.

NAVET DE FRENEUSE.

NAVET DE MONTMAGNY.

NAVET DE MORIGNY.

OIGNON DES VERTUS.

OIGNON ROUGE PALE DE NIORT.

OIGNON GÉANT DE ZITEAU.

OIGNON JAUNE DE CAMBRAI.

OIGNON BLANC HATIF ET TRÈS HATIF. — Pour semer en

août et repiquer en novembre. Il donne des oignons bons à manger en mars, avril et mai, et se conserve jusqu'en septembre.

PANAIS LONG.

PANAIS DEMI-LONG DE GUERNESEY.

PISSENLIT AMÉLIORÉ HATIF ET PISSENLIT CŒUR PLEIN.

POIREAU DE ROUEN.

POIREAU LONG D'HIVER.

POIREAU MONSTRUEUX DE CARENTAN. — Le plus gros de tous.

POIREAU DU POITOU.

POIS QUARANTAIN. — Le plus précoce.

POIS CARACTACUS. — Très précoce et très productif.

POIS MICHAUD DE HOLLANDE. — Très hâtif et très productif.

POIS EXPRESS. — Excellent et des plus précoces.

POIS DE KNIGT. — Un des meilleurs et des plus productifs.

POIS CLAMART.

POIS SERPETTE.

POIS NAIN DE HOLLANDE.

POIS RIDÉ NAIN VERT. — Le meilleur de tous.

POIS MERVEILLE D'AMÉRIQUE.

POIS CORNE-DE-BÉLIER (mange-tout).

POIS NAIN HATIF BRETON (mange-tout).

POMMES DE TERRE. — Toutes les variétés.

POTIRON JAUNE GROS.

POTIRON VERT D'ESPAGNE.

POTIRON ROUGE D'ÉTAMPES.

RADIS ROSE DE CHINE.

Radis violet d'hiver.

Raiponce.

Salsifis blanc.

Scorsonère.

Tétragone.

Voir, pour plus amples détails, la désignation des variétés indiquées au chapitre : *Variétés de légumes à cultiver*, pages 289 et suivantes.

CHAPITRE IV

POTAGER DU PETIT CULTIVATEUR
ET DU MÉTAYER

C'est assurément le petit cultivateur qui a le plus grand besoin de nos conseils, et celui pour lequel la culture des légumes bien entendue, près de sa maison ou dans la plaine, serait un acheminement vers l'aisance.

Le petit cultivateur, comme le métayer, est digne du plus grand intérêt. Ils deviendraient les agents les plus actifs de l'augmentation de la fortune publique, s'ils savaient ! Non seulement ils ne savent pas, mais encore ils manquent de capital, d'animaux et d'instruments. Ils travaillent comme quatre, et l'excès seul du travail et des privations tient lieu de tout ce qui

leur manque. Combien j'eusse été heureux de donner
un cours gratuit à ces bienveillantes abeilles de la société, s'il m'avait été possible d'en réunir quelques
centaines à mes leçons ! C'est dans cette laborieuse
classe que notre enseignement porterait les meilleurs
fruits, et c'est celle auprès de laquelle il pénètre le
plus difficilement.

Les légumes manquent dans la majeure partie de la
France ; beaucoup de grandes villes ne sont approvisionnées que par des maraîchers étrangers, qui apportent des légumes de plusieurs lieues, et quelquefois
du département voisin. Il est évident que, si la petite
culture se mettait à faire des légumes dans le voisinage de toutes les villes, elle rendrait un service signalé aux populations, et améliorerait bien vite sa
position sans nuire en rien à l'industrie maraîchère.

Il existe un préjugé très enraciné dans beaucoup de
localités : on croit que la culture des légumes n'est
possible que dans les marais. Elle est sans doute mieux
placée là que partout ailleurs ; mais elle est facile en
plaine, en cultivant des variétés rustiques.

Le maraîcher doit produire des légumes de primeurs
avant tout. Le petit cultivateur, les gros légumes, ceux
manquant presque partout, et les plus nécessaires à
l'alimentation. Personne n'est mieux à même de répondre à ce besoin, et de faire cette culture d'une
manière aussi lucrative que le petit cultivateur.

Les quelques essais que j'ai été assez heureux pour
faire faire ont donné des résultats tels, qu'à défaut
d'enseignement suffisant dans les campagnes, et de-

vant la difficulté d'y faire pénétrer des livres d'un certain prix, je n'ai pas hésité à publier chaque année l'*Almanach Gressent*, publication populaire illustrée, à 50 centimes, traitant spécialement d'arboriculture et de potager moderne. Cet almanach, distribué dans plusieurs contrées aux petits cultivateurs, par les soins de plusieurs journaux politiques, des sociétés d'agriculture et des propriétaires, a déjà rendu d'importants services, en répandant dans les campagnes les premiers principes d'une culture féconde en résultats. Que les journaux, les sociétés, les propriétaires qui ont bien voulu honorer l'*Almanach Gressent* de leur patronage veuillent bien recevoir ici l'expression de ma vive reconnaissance pour m'avoir aidé à accomplir mon œuvre d'enseignement général.

Je voudrais que les petits cultivateurs entreprissent partout la culture des légumes en plaine, parce que cette culture, en leur apportant une grande aisance, créerait des richesses énormes à la France :

1° Par la vente des légumes sur tous les marchés, vente qui s'élèverait à des sommes considérables. On n'achète pas parce qu'il n'y a rien sur le marché; approvisionnez-le, les denrées s'enlèveront, et, le jour où les légumes se vendront bien dans le pays, les acheteurs étrangers y viendront pour enlever tout ce que l'on pourra produire. De plus, cette nouvelle richesse, loin de nuire aux autres cultures, ne ferait que les augmenter ;

2° Par la plus-value des terres. Le jour où elles rapporteront le double, les valeurs foncières et locatives augmenteront en proportion ;

3° Par l'augmentation du salaire. Dès qu'une culture prospère, elle paye largement la main-d'œuvre : c'est l'aisance pour les paysans ; ils resteront au village et ne seront plus tentés de venir chercher la misère, les maladies et la mort, à Paris et dans les grandes villes. Le campagnard aimera alors le clocher qui l'a vu naître, et bénira le champ qui enrichit sa famille.

Pour obtenir ce résultat désirable, le petit cultivateur devra opérer ainsi :

Son premier soin sera d'établir au nord, à l'ombre autant que possible, et près d'un chemin, afin de rendre les charrois plus faciles, une fabrique d'engrais, composée de deux plates-formes inclinées en sens inverses, pourvues au centre d'un réceptacle à engrais liquide. Ce réceptacle pourra être fait en terre glaise pour plus d'économie. Les purins de l'écurie, de l'étable, du toit à porcs, les eaux ménagères, les urines et les matières fécales seront soigneusement recueillis, pour servir à la fabrication des composts.

Tous les débris herbacés seront ramassés avec soin, mis en tas et arrosés avec l'engrais liquide. On pourra en augmenter la masse avec les boues du village, des genêts, des ajoncs, roseaux, etc., au besoin employer de la tourbe ou de la tannée, préparée comme il est dit pages 124 et suivantes, en un mot réunir tout ce qui peut faire de l'engrais.

Si le petit cultivateur a un jardin auprès de sa maison, il le plantera d'arbres fruitiers à haute tige, avec des fruits de bonne qualité, afin de les vendre cher au marché, ou bien il créera un *verger Gressent*. Ce terrain, un peu ombragé, sera excellent pour les semis et les repiquages de légumes destinés à être plantés en plaine.

La fabrique de fumier établie, et le jardin organisé pour les semis et les repiquages, rien que cela s'il est petit, on choisira dans la plaine une pièce de bonne terre à blé, qui sera défoncée à la bêche, pour la soumettre à l'assolement de six ou de dix ans.

ASSOLEMENT DE SIX ANS

Première année. — Sur fumure maximum : légumes à production foliacée : artichauts, choux, etc.

Deuxième année. — Sans fumier : racine, carottes, navets, betteraves, etc.

Troisième année. — Sans fumier et sur cendrage : légumes à fruits secs : pois, haricots, fèves, lentilles, etc.

Quatrième année.--Sans fumier : avoine avec trèfle.

Cinquième année. — Trèfle.

Sixième année. — Blé.

ASSOLEMENT DE DIX ANS

Première, deuxième et troisième année. — Légumes, comme ci-dessus.

Quatrième année. — Avoine avec luzerne.

Cinquième, sixième, septième, huitième, neuvième et dixième année. — Luzerne fumée et plâtrée.

Le commencement de cette culture sera difficile,

en ce que le petit cultivateur, comme le métayer, manque d'engrais comme de capital ; mais, dès qu'il aura fabriqué du fumier pour commencer sa culture de légumes, la première récolte, portée au marché, lui donnera assez d'argent pour acheter les instruments indispensables ; la seconde lui permettra d'augmenter un peu le bétail, et la troisième le mettra presque à son aise.

Il restera, en outre, en terre, une partie du capital engrais, qui, après avoir produit le capital argent, augmentera sensiblement la production du grain, du fourrage et des racines : du pain, du beurre, du lait et de la viande. C'est l'aisance, et, lorsque tous les champs auront été soumis au même assolement, ce sera la richesse. Belle et bonne richesse que celle-là, acquise par l'intelligence unie au travail, n'enlevant rien à personne, donnant à tous au contraire, et conservant en même temps cette bonne et antique honnêteté, compagne inséparable des travailleurs.

Je suppose le commencement de cette culture aussi difficile que possible, chez un chef de famille manquant d'engrais, de capital et d'instruments. Les bras de la famille seront les premiers outils ; toutes les façons seront faites à la main ; lorsque les produits permettront d'acheter des instruments, les bras seront remplacés par la charrue, la houe à cheval, etc.

Le petit cultivateur commencera par planter les variétés indiquées pour le potager de la ferme ; lorsque les engrais augmenteront, que le sol sera bien ameubli et le débouché assuré, il pourra prendre les plus rustiques parmi celles indiquées pour le jardin du rentier.

CHAPITRE V

POTAGER DES COMMUNAUTÉS, DES HOPITAUX ET DES PENSIONS

Les hôpitaux, les communautés et les pensions ont des besoins à peu près semblables. Ces établissements, les hôpitaux et les communautés surtout, qui sont à même de fabriquer de grandes quantités d'engrais, et ont la plupart du temps la main-d'œuvre gratuite, auraient un bénéfice considérable à payer un jardinier en chef très capable. Le jardinier, avec l'aide de certains pensionnaires, de quelques vieillards, et même des femmes, mettrait facilement les jardins en plein rapport, pourvoirait abondamment l'établissement de tout ce qui lui est nécessaire, et donnerait encore un revenu assez élevé dans la vente de l'excédent des produits.

Il est des hôpitaux qui, avec d'abondantes ressources d'engrais, des murs d'une grande étendue, de vastes terrains, et la grosse main-d'œuvre gratuite, manquent du nécessaire en fruits et en légumes : ils achètent lorsqu'ils devraient vendre. Cela tient à une mauvaise direction des cultures, et au manque absolu de connaissance en arboriculture et en culture maraîchère. Le plus souvent ces cultures sont dirigées par des jardiniers peu capables, l'engrais est dépensé, la main-d'œuvre l'est aussi, et les produits sont presque nuls. Nous voyons là, comme partout, des cultures mal faites, des engrais mal appliqués, des variétés de fruits et de légumes aussi infertiles que tardives et mauvaises. En modifiant tout cela, et en introduisant dans ces jardins une culture rationnelle, on obtiendrait un produit abondant en vivres et en argent, là où la culture n'a été qu'un objet de lourdes dépenses.

Je visitais autrefois tous les hôpitaux des villes où je donnais des cours, et la majeure partie de leurs jardins présentaient les inconvénients que je signale. Ce vice ne vient pas du manque de zèle des administrateurs ; partout, au contraire, ils recherchent activement, et avec le plus grand dévouement, les moyens d'augmenter les revenus de l'hôpital. Cela tient uniquement au manque de connaissances en culture de la part des administrateurs, des économes et même des jardiniers. Lorsqu'il y a une personne connaissant la culture dans le Conseil d'administration, les choses changent vite de face ; ce membre s'occupe spécialement de diriger les cultures, et les produits sont bien vite décuplés.

Lorsqu'un hôpital ou une communauté possède une grande étendue de terrain clos de murs, le premier soin doit être de replanter progressivement d'année en année, tous les murs, qui donneront un revenu élevé en fruits, lorsqu'ils seront couverts d'arbres, portant des fruits de premier choix et de première qualité. Ce résultat est facile à obtenir presque sans dépense, en créant une petite pépinière.

La provision de la maison prélevée, le surplus sera vendu sur le marché de la ville, ou à Paris, si les fruits se vendent mal dans le pays. Il ne manque pas de bras, parmi les pensionnaires d'un hôpital, pour emballer les fruits, et au besoin faire des paniers. (Voir l'*Arboriculture fruitière*, dixième édition, pour la pépinière, le mode de plantation, l'éducation des arbres, la taille, et pour les variétés à planter.)

Les murs seuls, bien plantés avec de bonnes variétés de fruits, fourniront, si les arbres sont convenablement soignés, non seulement la provision de la maison, mais encore un produit argent; toute la terre sera libre pour la culture, et, si cette culture est bien faite, elle donnera aussi, indépendamment de la provision de l'établissement, un surplus en argent, qui couvrira bien au delà tous les frais de culture, toujours peu élevés dans un hôpital ou dans une communauté.

Quelquefois ces établissements possèdent de très vastes terrains et des animaux : une ou deux vaches, des porcs, des volailles, etc. Dans ce cas, il faut organiser les cultures de manière à pourvoir l'établissement, donner aux animaux une copieuse nourriture, et trouver en sus d'abondants produits à porter au marché. L'hôpital est la maison des pauvres; rien ne doit être négligé pour accroître sa richesse, même dans une petite proportion. Les bénéfices d'une bonne culture paraissent d'abord peu importants ; mais ils augmentent chaque année, et deviennent considérables au bout d'un certain temps.

Les hôpitaux et les communautés possèdent une richesse d'engrais à nulle autre pareille ; cette masse d'engrais, qui ne coûte rien, recueillie avec soin et bien employée, donnerait des récoltes luxuriantes, s'il existait une direction de culture sérieuse dans ces maisons.

Supposons un hôpital ayant une centaine de pensionnaires, dont la moitié peut travailler un peu. Admettons que cet hôpital ait trois ou quatre vaches, une douzaine de porcs, une basse-cour assez nombreuse, et dix hectares de terre. Comme toujours, avant de commencer, nous organiserons la fabrique d'engrais.

Tous les fumiers des animaux, sans exception, seront mis en réserve pour monter les couches. Toutes les feuilles seront également conservées pour les mélanger aux fumiers, dans la fabrication des couches.

Une très grande fosse à engrais liquide sera établie au centre de deux vastes plates-formes (fig. 118). On y portera chaque jour, ou, ce qui serait plus simple et plus économique, on établira des tuyaux souterrains, qui y conduiront les purins de l'étable, les urines de la maison, toutes les eaux de l'infirmerie et de la cuisine, les eaux de savon, les lessives, etc.

On montera, sur les plates-formes, d'immenses tas de composts, avec toutes les matières herbacées recueil-

lies dans le jardin, les détritus de la pharmacie, de l'infirmerie, et toutes les matières herbacées qu'il sera
possible de se procurer au dehors, à peu de frais.

Les pensionnaires, surtout si ce sont des aliénés, se
trouveront bien d'un peu de travail ; ils pourront recueillir au dehors, sous la conduite d'un gardien, des
roseaux, herbes de marais, bruyères, genêts, ajoncs,
etc., suivant les ressources du pays.

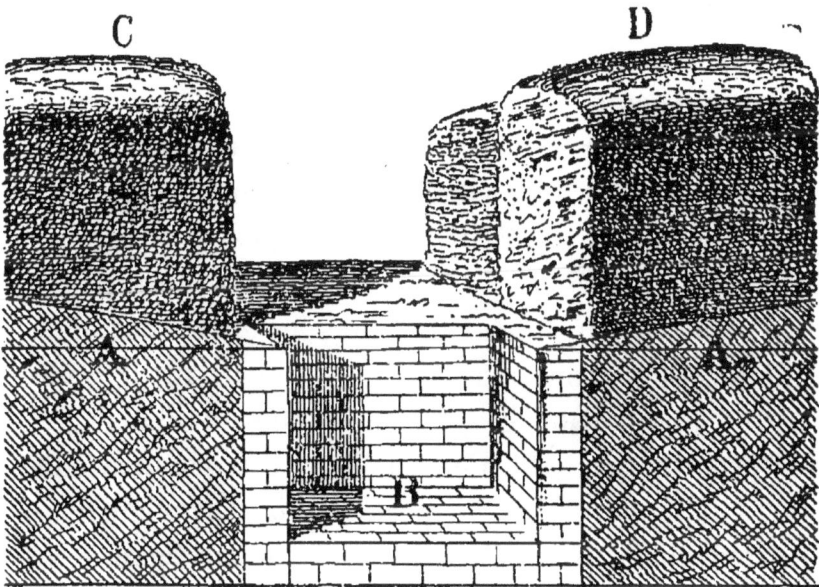

Fig. 118. — Fabrique d'engrais.

Ces substances herbacées seront animalisées avec
les matières fécales de l'établissement. Il est facile de
les transporter, en installant des fosses mobiles dans
les bâtiments, et à plusieurs places du jardin pour les
travailleurs. Quelques kilogrammes de sulfate de fer
neutraliseront l'odeur et assureront la salubrité. En
opérant ainsi, un hôpital ou une communauté peu-

vent fertiliser leur terre, mieux que ne peut le faire le plus riche fermier. Avec une telle richesse d'engrais, on peut tout obtenir. Les engrais fabriqués, nous diviserons ainsi nos dix hectares :

Deux hectares seront affectés au potager, qui sera soumis à l'assolement de quatre ans avec couches, et dans lequel nous cultiverons les variétés de légumes indiquées pour le potager de la ferme, et en petite quantité celles du jardin du propriétaire, pour la table des chefs de la maison seulement. L'assolement sera suivi comme je l'ai indiqué pages 146 et suivantes, mais avec cette différence qu'avec une assez grande quantité de couches on fera moins de primeurs que dans le potager du propriétaire. Ces couches seront consacrées, en grande partie, aux semis et à l'élevage du plant, qui sera repiqué à demeure, dans les autres cultures.

Les couches sont aussi indispensables dans le potager de l'hôpital ou des communautés que dans celui du propriétaire. Elles ne serviront que peu aux cultures de luxe ; mais elles permettront d'avancer considérablement tous les produits de pleine terre, avec le plan d'élite qu'elles fourniront. Une partie de ces produits ira au marché, avec l'avantage de la précocité, qui en doublera la valeur. Donc, les couches nous donneront un *produit argent,* indépendamment du bénéfice de leurs terreaux, qui augmenteront encore les récoltes de pleine terre dans une grande proportion, et faciliteront la culture des plantes médicinales, si utiles et si profitables dans les établissements de ce genre.

Le potager de deux hectares restera toujours en potager ; il sera défoncé entièrement, comme je l'ai indiqué pages 79 et suivantes. Si le sol est substantiel, argileux, on créera un plan d'asperges, d'un hectare seulement, pour les besoins de la maison. On plantera *l'asperge* ROSE NATIVE d'*Argenteuil ;* c'est la plus belle, la plus précoce, la plus fertile et la meilleure. Il y aura avantage à cultiver cette variété même en n'en faisant qu'un hectare parce que cette étendue est plus que suffisante pour la consommation et que les premières bottes d'asperges, vendues à un prix élevé, rembourseront, et au delà, les frais de la totalité de cette culture.

Si le sol est léger, profond et calcaire surtout, il sera profitable de faire deux hectares d'asperges. Le produit payera facilement les frais de la totalité des cultures.

Les six ou sept hectares restants seront consacrés à une culture mixte de légumes, dont la majeure partie sera vendue ; de racines pour la consommation du personnel et du bétail, et de fourrages et d'avoine pour les animaux. La terre destinée à cette culture mixte sera défoncée à la charrue, comme le potager de la ferme, ou fouillée à deux fers de bêche. Le travail peut s'exécuter en une fois ou en six années, suivant que nous adopterons l'assolement de six ou sept ans.

Si le sol est substantiel et de bonne qualité, il y aura bénéfice à adopter l'assolement de sept ans.

ASSOLEMENT DE SEPT ANS

Première année. — Après le défoncement à la charrue ou à la bêche, et sur fumure copieuse, *artichaut gros vert de Laon*. Ces artichauts resteront en place trois années, pendant lesquelles ils donneront de beaux et d'abondants produits si l'on a le soin de les fumer copieusement la deuxième et la troisième année. Tout sera vendu, nous avons notre provision d'artichauts dans les deux hectares de potager.

Quatrième année. — Les artichauts seront arrachés et l'on cultivera à leur place, sans fumure, suivant les besoins, des betteraves pour les animaux, ou des pommes de terre, et même quelques racines, telles que : carottes, navets, etc.

Cinquième année. — Suivant les débouchés du pays : on pourra cultiver, sans fumure, les oignons, qui donneront une récolte maximum avec un simple terreautage. Mais, pour cela, il faut que l'oignon s'écoule bien dans le pays et s'y vende un prix élevé.

Sixième année. — Sans fumier, on sème une avoine avec trèfle, qui donne un produit remarquable en paille et en grain.

Septième année. — On récolte un trèfle excellent, surtout si l'on prend la peine de le plâtrer.

Dans le cas où l'oignon n'aurait pas de débouché dans le pays, on ferait en cinquième année une avoine avec trèfle. On aurait par conséquent :

La cinquième année, une avoine remarquable ;

La sixième année, un trèfle superbe qui serait retourné ;

Et enfin la septième année, sans fumure, et sur un cendrage énergique, on obtiendrait une abondante récolte de pois de primeur, suivie d'une bonne récolte de haricots flageolets. Il y a souvent un bénéfice élevé à faire une grande quantité de pois. C'est un légume qui se vend cher, lorsqu'il est récolté de bonne heure, et qui donne encore un prix très rémunérateur lorsqu'il est vendu aux marchands de conserves. Il faut cultiver le *Michaud de Hollande*, le *Caractacus*, le *Prince Albert*, et le *nain vert ridé* pour la Halle, et le *pois serpette* pour les conserves.

L'oignon le plus avantageux à cultiver pour la spéculation est : le *jaune paille des Vertus*.

Si le sol était un peu trop siliceux, et que la culture de l'artichaut n'y fût pas avantageuse, on créerait deux hectares d'asperges au lieu d'un, et l'on soumettrait les six ou sept hectares à l'assolement de six ans, appliqué comme suit :

ASSOLEMENT DE SIX ANS

Première année. — Après défoncement à la charrue ou à deux fers de bêche, avec fumure très abondante, légumes à production foliacée, tels que : choux, artichauts, poireaux, céleri, etc.

Deuxième année. — Sans fumure, avec terreautage : carottes, navets, salsifis, pommes de terre, etc.

Troisième année. — Suivant les ressources du pays : oignons pour vendre, sans fumure, et sur terreautage. ou sur cendrage ; pois hâtifs et flageolets ensuite ; ou bien encore, si les haricots verts ou en grains verts ont de là valeur : haricots hâtifs suivis de pois tardifs.

Quatrième année. — Sans fumure : avoine avec trèfle.

Cinquième année. — Trèfle plâtré.

Sixième année. — Sans fumure et sur cendrage : pois hâtifs et récolte de haricots flageolets.

Ces deux assolements sont applicables aux jardins des hôpitaux, des communautés, des séminaires, des pensions et de tous les établissements réunissant un personnel assez nombreux pour fournir une grande quantité d'engrais ne coûtant rien. Cet engrais, perdu le plus souvent, est une source de richesse pour la production générale, et de prospérité particulière pour l'établissement qui le produit. Le jour où les directeurs de semblables établissements daigneront jeter les yeux sur la culture, ils produiront ce qu'ils voudront avec de pareilles ressources, et à l'aide de nos conseils. Ils vendront au lieu d'acheter, et auront par conséquent un bénéfice très clair, tout en contribuant à augmenter la production générale, qui, lorsqu'elle est abondante, apporte à tous santé et prospérité.

La distribution des cultures et les deux assolements que je viens de désigner, donneront les *résultats argent* suivants, dans les établissements où ils seront appliqués à la lettre et bien conduits :

ASSOLEMENT DE SEPT ANS SUR DIX HECTARES DE TERRE

1° Potager de deux hectares fournissant à la consommation de cent personnes . .   »

2° Un hectare d'asperges dont on vendra
   seulement les 100 premières bottes
   à 1 fr. 50. . . . .   150 »

3° Un hectare d'artichaut porte 15,000
   pieds ; admettons qu'il en manque
   3,000 ; restent 12,000 pieds donnant
   en moyenne un gros artichaut et
   deux moyens, le tout au prix de
   25 centimes au minimum par pied,
   12,000 pieds à 25 centimes. . . . . 3,000 »

4° Un hectare de betteraves, pommes
   de terre et racines, fournissant une
   nourriture abondante aux vaches,
   aux porcs, à la volaille, et même une
   addition de légumes à la maison. .   »   »

5° Un hectare d'avoine, donnant la paille
   et le grain nécessaires au bétail.   »   »

6° Un hectare de trèfle excellent, fournissant le fourrage des animaux. .   »   »

7° Suivant les débouchés et les ressources du pays : ou une récolte d'oignons, suivie d'une récolte de hari-

A reporter. . . . 3,150 »

Report. . . . . . 3,150 »

cots verts, ou une récolte de pois
hâtifs suivie d'une récolte de flageolets . . . .   »   »

L'oignon, quelque bon marché qu'il soit
vendu, donne 2,500 francs par hectare.

Les pois hâtifs donnent au minimum
4,000 litres par hectare ; 4,000 litres
à 30 centimes donnent un produit
de 1,200 fr. La récolte des flageolets vendus en haricots verts ou en
grains verts donne à l'hectare, au
minimum, 1,000 fr. qui, joints aux
1,200 fr. de pois, donnent un total
de 2,200 fr. par hectare : moyenne
pour la récolte d'oignons ou de pois
et de haricots verts. . . . . . . 2,350 »

Total des ventes. 5,500

Je ne fais pas figurer dans cette somme la vente de
fruits. Le personnel et les animaux sont largement
pourvus de tout ; je ne compte pas le produit du bétail
en lait et en viande, bien que ce produit soit encore
donné par nos cultures, qui, indépendamment de tous
ces avantages, nous rapportent encore, après avoir
pourvu gens et bêtes de tout ce qui leur est nécessaire,
une rente de 5,500 francs en argent.

Je n'ai pas compté les frais, il est vrai : mais je

n'ai pas compté la vente de l'excédent des fruits. Con-
sultez *l'Arboriculture fruitière*, cher lecteur ; vous y
verrez que le chiffre de la vente des fruits égalera,
s'il ne le dépasse, celui des légumes.

Vos engrais ne coûtent rien ; la main-d'œuvre,
presque rien. Il y a un chef de culture à payer ; admettons qu'on lui donne 3,000 fr., ce qui est énorme.
Les fruits le payeront et au delà. Qu'aurez-vous donc
déboursé pour obtenir l'abondance en tout, et un produit de 5,500 francs sur dix hectares? Un peu d'intelligence et de savoir en culture, rien de plus.

Vous allez, et je m'y attends, objecter que j'établis
mon compte dans l'hypothèse où j'aurais un excellent
sol à cultiver : voyons maintenant ce que nous allons
retirer d'un sol inférieur, d'une terre plus légère.
Nous avons les mêmes ressources en engrais et en
main-d'œuvre. Les artichauts donneraient de tristes
résultats dans un sol léger ; nous n'en ferons que dans
le potager, pour la consommation de la maison. Nous
remplacerons cette culture par celle des asperges qui
viennent bien dans les sables, avec une addition de
calcaire suffisante, et ne redoutent que l'humidité.

Nos dix hectares sont répartis ainsi :

Deux hectares en potager soumis à l'assolement de
quatre ans, qui pourvoiront à la consommation de la
maison ;

Deux hectares en *asperges roses hâtives d'Argenteuil;*

Et six hectares en culture mixte de légumes, de racines, de fourrage et d'avoine ; nous adopterons pour
ces six hectares l'assolement suivant :

ASSOLEMENT DE SIX ANS

Première année. — Après défoncement à la charrue ou à deux fers de bêche, et sur fumure maximum : culture de choux et de poireaux, etc.

Deuxième année. — Sans fumure et sur terreautage : récolte de racines pour la consommation de la maison et des animaux.

Troisième année. — Sans fumure, récolte d'oignons sur terreautage, ou de pois hâtifs, et de haricots flageolets sur cendrage.

Quatrième année. — Sans fumure, avoine avec trèfle.

Cinquième année. — Sans fumure : trèfle plâtré.

Sixième année. — Sans fumure et sur cendrage : récolte de pois hâtifs et de haricots flageolets.

Le sol est moins propre à la grande culture ; les récoltes moins belles nous priveront de deux têtes de gros bétail; mais ce même sol, un peu léger, nous permet de forcer la culture des légumes, la plus productive de toutes.

Estimons les produits de ce nouvel assolement.

Il nous donnera annuellement :

1° Sur deux hectares de potager soumis à l'assolement de quatre ans, tous les légumes nécessaires à la consommation de la maison. . . . . .   »   »

2° Deux hectares d'asperges hâtives. Un

hectare donne au minimum 4,000
bottes d'asperges à 1 fr. (j'en réserve
un hectare entier pour la maison. . 4,000 »
3° Un hectare de choux et poireaux donne
au minimum. . . . . 1,500 »
4° Un hectare de racine pour la consommation de la maison, gens et bêtes. » »
5° Un hectare d'oignons, haricots et pois
pour la consommation de la maison. » »
6° Un hectare d'avoine pour les bestiaux. » »
7° Un hectare de trèfle pour le bétail. . » , »
8° Un hectare en pois hâtifs suivis de haricots verts, estimés, vu la pauvreté
du sol. . . . . 1,000 »

Total des ventes. 6,500 »

Nous avons un produit argent plus élevé, mais deux
têtes de gros bétail en moins. Estimons 1,000 francs
nos têtes de gros bétail ; le produit argent sera le
même dans un sol médiocre. Cette différence, qui paraît anormale, s'explique par l'introduction de la culture de l'asperge, la plus productive de toutes, qui
donnera les meilleurs résultats dans un sol peu fertile.

Il n'y a pas de mauvais sol, je ne saurais trop le
répéter ; il n'existe que de mauvais cultivateurs. La
France, douée du sol le plus riche et le plus fertile,
est divisée en terres fortes et en terres légères. Chacune a sa valeur ; chacune peut rapporter une rente

élevée, quand on y fait la culture qui lui convient. Il faut étudier le sol d'abord, connaître ensuite les besoins des plantes que l'on veut cultiver, savoir modifier ses cultures suivant le sol et le climat, et alors on peut répéter ce proverbe, qui acquiert une vérité plus grande à mesure que la science remplace la routine : « Tant vaut l'homme, tant vaut la terre. »

Il est beaucoup d'établissements considérables, renfermant un nombreux personnel, mais ne possédant pas d'animaux. Le fumier frais leur manque pour construire des couches ; mais ils n'en possèdent pas moins tous les éléments nécessaires pour fabriquer des *masses* de composts, avec lesquels ils peuvent retirer de riches produits de leurs terres. S'ils veulent produire beaucoup et à bon marché, il faut adopter l'assolement de quatre ans avec couches, et dans ce cas acheter chaque année le fumier nécessaire à la confection des couches. Les composts serviront à fertiliser les carrés soumis à l'assolement.

Cependant, si l'établissement était pauvre, ou ne voulait pas faire la dépense d'engrais nécessaire à la création d'un bon potager, et qu'il n'eût à sa disposition qu'un ou deux hectares de terre, il pourrait encore en retirer un produit élevé en adoptant l'assolement de trois ans, tel que nous l'avons indiqué précédemment, tout en créant des plants d'asperge ou des carrés d'artichauts, suivant la qualité du sol. Le produit de ces cultures sera vendu en grande partie, et les carrés qui l'auront donné rentreront dans l'assolement, comme je l'ai dit également.

Dans le cas où une maison renfermant un nombreux personnel aurait un ou deux chevaux affectés au service de la maison, posséderait seulement trois hectares de terre, et voudrait en retirer un produit élevé sans faire des couches, il serait facile de récolter les légumes nécessaires à la maison et la nourriture des chevaux, en adoptant l'assolement mixte de six ans.

Dans ce cas, il faudrait renoncer aux primeurs, mêler les fumiers aux composts, et procéder ainsi :

1° Réserver la place nécessaire pour créer les plantations d'asperges et d'artichauts ;

2° Diviser en six parties égales tout ce qui restera de terre disponible, et faire :

ASSOLEMENT DE SIX ANS

Première année. — Sur défoncement à la charrue ou à la bêche, et sur une fumure très copieuse, tous les légumes demandant une nourriture très abondante : choux, poireaux, etc.

Deuxième année. — Sans fumure et sur terreautage, les racines : carottes, navets, etc.

Troisième année. — Sans fumure et sur un cendrage : les légumes à fruits secs.

Quatrième année. — Sans fumure, une avoine avec trèfle.

Cinquième année. — Trèfle plâtré.

Sixième année. — Un blé. La paille servirait pour les chevaux, et le grain serait vendu pour rembourser une partie des frais.

En opérant ainsi, on obtiendrait encore d'abondants produits, presque sans dépense. Les légumes semés et repiqués en ligne peuvent se cultiver avec la charrue et la houe à cheval, lorsque la main-d'œuvre est à un prix élevé ; et à l'aide des instruments agricoles la terre serait amenée à un état de fertilité remarquable en peu d'années, et cela dans toutes les parties de l'exploitation.

Disons, avant de terminer ce qui est relatif à la mise en valeur des terres des hôpitaux, des communautés ou des pensions, que les cultures dont j'ai parlé ne sont possibles que sur un sol débarrassé d'arbres, et qu'avant tout il faut consacrer un emplacement spécial au jardin fruitier, si les murs ne suffisent pas, et même au verger, si l'on en veut un, mais ne jamais laisser d'arbres sur la terre destinée à la culture.

En outre, on choisira les variétés de légumes les plus convenables au climat sous lequel on établira cette nouvelle culture. (Voir à la liste générale, pages 289 et suivantes.

CHAPITRE VI

POTAGER DES CAMPS

L'introduction des travaux horticoles dans l'armée peut amener les plus féconds résultats pour l'armée elle-même et pour le pays où la culture sera exécutée par nos soldats. Je vais plus loin : l'expérience de longues années m'a convaincu que l'armée rendra de grands services et propagera l'enseignement horticole comme les curés de campagne et les instituteurs primaires.

J'ai consacré un chapitre au potager des camps dans ma première édition ; j'avais alors parmi mes auditeurs les plus assidus des généraux, des officiers supérieurs et des officiers de toutes les armes qui, je le savais d'avance, seraient doublement heureux de guider leurs soldats dans des travaux qui, tout en leur créant une distraction salutaire, et un bien-être réel, sont appelés à apporter la prospérité dans des contrées où l'horticulture est inconnue.

Les résultats ont dépassé mes espérances, et à Paris, comme dans toutes les villes de province, où des officiers de toutes armes se pressaient à mes cours.

Une application des plus heureuses, la première

peut-être (1863 ou 1864), et que je cite toujours avec
bonheur, est celle du 57ᵉ de ligne, dans les fossés de
la citadelle de Lille. Elle a excité chez quantité d'officiers distingués le désir de créer des potagers mili-
taires dans les villes de garnison où il est possible
d'avoir du terrain, et depuis les imitations ont été
nombreuses.

J'ai visité autrefois le potager du 57ᵉ de ligne, où
j'ai été reçu avec la plus entière courtoisie par le colo-
nel du régiment, et, je m'empresse de le dire bien
haut, jamais je n'avais vu de cultures aussi propres,
aussi nettes, et alignées avec autant de précision. Partout une végétation luxuriante, et l'ordre militaire.

Ce magnifique potager était placé dans les fossés de
la citadelle, à une excellente exposition et bien abrité;
douze hommes suffisaient à l'entretenir, et, compta-
bilité faite, il donnait le résultat suivant :

Il fournissait abondamment le régiment d'excellents
légumes, qui revenaient à *un centime le kilogramme ;*
tous frais payés.

D'après l'avis des nombreux officiers qui assistent
à mes cours, les légumes entrent pour un tiers dans
la dépense de l'ordinaire du soldat.

Le travail de douze hommes, sur deux hectares à
peine, économise donc au régiment un tiers de la
dépense de sa nourriture.

Indépendamment de ces avantages, le travail plaît
aux soldats ; ils fréquentent moins les cabarets quand
ils travaillent, et apprennent un état qui peut devenir,
après leur libération, très profitable pour eux et pour

leur pays, où ils introduiront à la fois une bonne culture et d'excellentes variétés de légumes.

Les brillants résultats obtenus par le 57e de ligne m'avaient fait penser à introduire dans l'armée le double enseignement de l'arboriculture et du potager moderne, chose facile avec quelques cours :

Un, donné à Paris, dans une caserne quelconque, où l'on aurait réuni les officiers et les soldats de bonne volonté ;

Les autres, partout où il y a agglomération de troupes et de terrains à cultiver.

A l'aide de ces cours, du même enseignement, introduit dans toute l'armée, rien n'était plus facile que de créer quelques plantations d'arbres fruitiers et des cultures de légumes dans bon nombre de villes de garnison, ayant de vastes terrains attenant à la caserne, ou au besoin sur les terrains communaux non cultivés.

Ces cultures n'auraient jamais souffert, elles seraient devenues le jardin de l'armée, et non celles d'un régiment, puisqu'elles auraient été continuées, d'après les mêmes principes, par le régiment remplaçant celui qui les aurait créées ou soignées pendant quelque temps et apportant la même instruction.

Indépendamment du *bien-être apporté aux soldats et de l'économie d'un tiers de son ordinaire pour l'État* ces cours auraient encore un avantage immense : celui de *renvoyer dans leurs foyers des cultivateurs* possédant la *théorie* et la *pratique* d'une culture *raisonnée*.

Les hommes retournant dans leurs foyers dans ces conditions auraient eu un avenir assuré, et auraient forcément rendu des services réels à leur pays. Les plus capables eussent pu enseigner dans leur département et s'y faire une bonne position ; d'autres cultiver le sol natal, souvent inculte, avec profit pour eux et pour leurs concitoyens, qui n'auraient pas tardé à les imiter, et la majeure partie se serait placée très avantageusement dans les meilleures maisons en quittant le service.

Mon projet allait être mis à exécution en 1870, les événements ont tout ajourné indéfiniment. Il ne reste que l'initiative de quelques régiments auxquels je fais appel dans l'intérêt général.

L'armée, j'en suis convaincu, est appelée à concourir d'une manière très active aux progrès horticoles, ne fût-ce que par son initiative et son entrain. Le plus difficile à faire en France est de commencer une chose : quelque bonne et utile que soit cette chose, c'est à qui ne la commencera pas ; mais, une fois en voie d'exécution, tout le monde s'y met. C'est pour commencer notre œuvre profitable pour l'État, pour les propriétaires, les cultivateurs, l'armée, et pour chacun de ses membres, que son initiative est précieuse, en ce qu'elle peut donner l'impulsion pour créer la richesse partout.

Le camp de Châlons a été établi sur des terres que l'on ne pensait pas à cultiver. La présence d'un corps d'armée y a apporté d'énormes ressources en engrais, et aussitôt nos soldats ont fait des jardins dans cette terre condamnée à l'infertilité. Ces jardins ont été créés sous la direction des officiers amateurs d'horticulture, et, aussitôt l'idée conçue, des milliers de bras se sont offerts.

Si l'on eût proposé tous les engrais du camp à un homme du pays, à la condition de créer un potager d'un arpent, il eût répondu : « Cela ne se peut pas ; cette terre n'a jamais rien produit ! »

Ce que le paysan a trouvé impossible, l'armée l'a essayé, et elle a réussi.

Malgré tous nos revers, l'armée est restée la même ; le cœur de la France, par son courage, son entrain, sa valeur réelle. L'armée entreprendra tout, et l'accomplira avec cœur et avec énergie.

Si, agriculteur expérimenté et penseur profond, vous rêvez un essai de culture destiné à enrichir votre pays, vous rencontrerez une opposition ardente de la part de l'ignorance, et souvent même la coalition chez la routine. Vous verrez souvent une belle découverte, une pensée généreuse et profitable pour le pays, inessayable, faute de bras et de bon vouloir des premiers intéressés à se servir de votre découverte ! Ne vous découragez pas, et faites appel à l'armée, qui vous donnera autant de bras vaillants que vous en voudrez, et qui exécutera, avec sa fougue et son entrain, en quelques heures, ce que vous n'eussiez pas obtenu d'ouvriers prévenus en quelques semaines.

Si vous voulez voir un homme heureux, faites travailler un soldat ! Il fera tout ce que vous voudrez sans jamais risquer une observation ; il obéira passive-

ment, et agira avec ardeur et courage, quoi que vous
lui demandiez ! Tout est possible avec de pareils aides.
Le soldat travaille comme quatre et chante comme
six, tant il est heureux de travailler. Traitez-le bien,
vous en ferez un ami, un être tout dévoué sur lequel
vous pourrez compter quand même. J'ai été assez heureux pour employer des soldats, et j'affirme ce qui
précède par expérience.

Le jour où l'armée voudra faire de la culture sérieuse, elle fertilisera le globe. L'essai du camp de
Châlons a été heureux ; si le même essai eût été tenté
il y a trente ans en Algérie, il aurait eu les plus brillants résultats, non seulement pour l'armée elle-même,
mais encore pour la nation, en prouvant aux Français
timides que : vouloir c'est pouvoir. Il ne faudrait que
quelques exemples de bonne culture obtenus par l'armée pour attirer en Algérie, non pas des solliciteurs de
concessions, les demandant pour les vendre ou se figurant que la fortune vient en dormant, mais les horticulteurs, acquéreurs de terrains, qui viendraient s'y
établir avec leur famille et des ouvriers, et arrache-
raient bien vite aux Maltais le monopole de la culture
des légumes si lucrative dans ces contrées, où tout est
sous la main : sol fertile au premier chef, eau, engrais
jetés à la mer le plus souvent, où tout est réuni pour
enrichir de nombreuses familles françaises, et où il
ne manque que des travailleurs, des agriculteurs et
des horticulteurs.

Toute la vallée qui s'étend depuis le champ de ma-
nœuvres jusqu'à la pépinière du Hama est cultivée

par des Maltais, qui, en décembre et janvier, chargent
les bâtiments de pois, de haricots verts et d'artichauts,
pour approvisionner les marchés de Paris. Si, sous
un règne passé depuis longtemps, où on considérait
la culture comme une folie, l'armée se fût emparée
de ces riches et vastes terrains, et y eût commencé
une culture rationnelle, ils eussent été vendus au
poids de l'or à des Français, qui, en s'enrichissant eux-
mêmes, eussent enrichi l'État.

L'Afrique donnera à la France plus de richesses
par la fertilité de son sol, le jour où elle comptera
des travailleurs parmi ses habitants, que n'en pourraient donner toutes les mines d'or de la Californie.
Certains colons disent que les Trappistes *ont de la
chance.* L'établissement de Staouëli est formidable ;
il est d'une richesse sans égale : ses succès sont dus,
non au hasard, mais aux quatre premières puissances
en culture que l'ordre des Trappistes réunit : le savoir,
le capital, la main-d'œuvre et la discipline.

J'ai visité la province d'Alger, et parcouru une
grande partie de la France. Partout j'ai trouvé des
éléments de richesse, même dans les contrées les plus
pauvres, éléments ignorés, parce que l'on n'y connaît
pas les ressources de la culture. Enseignez la culture
aux pays les moins favorisés de la fortune, ils deviendront riches. Je considère mon enseignement comme
un sacerdoce, parce que l'expérience de cet enseignement m'a prouvé que partout, et dans toutes les
classes de la société, on rencontrait bon nombre de
personnes dévouées aux intérêts de leur pays, et qui

considèrent comme un devoir de répéter nos leçons
et de montrer à tous l'exemple d'une bonne culture.

J'ai été assez heureux pour rencontrer de fervents
adeptes parmi les propriétaires, le clergé, les instituteurs, qui, à la suite de nos leçons, rendent des services signalés dans plusieurs départements. Aujour-
d'hui, je fais appel à l'armée, qui aussi concourra à
la grande œuvre de l'instruction horticole, en donnant
l'exemple en France et dans nos colonies. Il suffit de
faire et de montrer les résultats, pour trouver immédiatement une foule d'imitateurs. L'armée a fait et
fera encore des essais, j'en suis certain, d'abord
parce qu'elle est commandée par des hommes distingués, tout dévoués à leur pays, et ensuite parce
qu'elle est composée de cœurs généreux et de bras
vaillants.

Admettons que, comme au camp de Châlons, un
corps d'armée séjourne pendant quelques mois d'été
sur un sol crayeux, et tente d'en féconder une partie
à l'aide des engrais du camp. La création des potagers ou plutôt de vastes cultures de légumes serait,
j'en suis convaincu, un des moyens les plus prompts
et des plus profitables pour rendre les sols crayeux
propres à la grande culture. Que faut-il dans les sols
de cette nature pour y obtenir de bonnes récoltes
d'avoine, de seigle, et même de froment. De l'engrais
en grande quantité, rien de plus. C'est du moins l'avis
des agriculteurs les plus expérimentés de la Champagne. Il s'agit donc de saturer le sol d'humus pour
le rendre fertile.

Pour atteindre ce but, nous avons à notre disposition un corps d'armée et une quantité considérable
de chevaux, qui nous fourniront des engrais humains
et du fumier de cheval à discrétion. Nous avons en
outre autant de bras que nous le voudrons pour
créer de vastes cultures de légumes qui, en préparant
la terre à produire des céréales et des fourrages, et
en décuplant sa valeur, fourniront quantité d'excellents légumes qui varieront l'ordinaire trop uniforme
des soldats, et approvisionneront copieusement la
table des officiers.

Ce résultat peut être facilement obtenu par l'armée
sans autre dépense que les engrais qu'elle produit et
les bras de quelques hommes de bonne volonté, avec
un emploi judicieux des engrais et un assolement
bien calculé.

Commençons par l'aménagement des engrais suivants que nous adopterons pour l'assolement de cinq
ou de six années.

L'assolement de six ans avec couches donnera, sur
le carré A, une récolte de légumes à production
foliacée, tels que : choux, artichauts, etc.; sur le
carré B, une récolte de racines, salades, etc.; sur le
carré C, une récolte de légumes à fruits secs : pois,
haricots, etc.; sur le carré A, portant les couches,
une récolte de melons, le plant et les semences nécessaires ; sur le carré E, une récolte d'avoine, et sur le
carré F, une récolte de trèfle.

L'assolement de cinq ans sans couches donnera :
trois récoltes de légumes, comme le précédent ; une,

avoine; et une, trèfle. Celui de quatre ans avec couches
sera bien préférable si la terre doit rester en potager.

Un assolement dans lequel il entre un douzième
de couches semblera impossible à ceux qui n'ont pas
l'expérience de cette culture. Ces couches, bien entendu, ne seront pas recouvertes de châssis vitrés,
mais de châssis de toiles et de cloches économiques,
sous lesquels on élève facilement d'excellents melons
de troisième saison. Qu'on donne seulement cette
idée à nos soldats ; les couches seront bientôt montées et les abris vite fabriqués, et messieurs les
officiers ne se plaindront pas de la quantité prodigieuse de melons qui sera récoltée au camp. C'est
le cas de répéter ici que les couches, loin de dépenser,
rapportent, et que le fumier qui a servi à les confectionner est meilleur pour l'enfouissement que celui
qui n'a pas été décomposé. En outre, les couches fournissent une quantité considérable de terreau indispensable pour assurer le succès des semis et des repiquages, et dont l'action sera des plus énergiques dans
les sols crayeux.

Admettons que nous voulions fertiliser six hectares
de terrain crayeux, n'ayant rien produit encore, avec
les ressources d'un camp et les bras des soldats, et
que nous voulions soumettre ces six hectares à l'assolement de six ans, pour aller plus vite.

Avant toutes ces choses, nous organiserons notre
service d'engrais pour féconder six hectares à la fois,
afin d'y établir notre assolement d'un seul coup, chose
possible, avec de grandes quantités d'engrais.

Nous mettrons d'abord en réserve le fumier de cheval et les feuilles nécessaires pour monter les couches.

Ensuite, sur une plate-forme inclinée et pourvue d'une fosse à engrais liquide, nous fabriquerons une grande quantité de composts avec tous les débris des jardins et du camp : matières herbacées, déchets de légumes, écobuages de savarts, herbes des fossés, etc., mélangés de matières fécales, le tout arrosé avec le purin des écuries et les urines. Les cendres provenant du camp seront mêlées avec les composts, les fumiers de vaches, de porcs, de volailles et les débris des cantines.

Rien ne devra être négligé pour augmenter la fabrique de composts et d'engrais liquides ; ce dernier sera désinfecté avec du sulfate de fer, au fur et à mesure de sa fabrication.

Nos six hectares seront divisés en six parties égales, d'un hectare chacune, qui prendront les noms des carrés A, B, C, D, E et F.

Notre réserve de fumier de cheval sera employée pour la construction des couches tièdes sur la moitié du carré D. Cette moitié de carré produira les melons, les primeurs, les semis et le plant nécessaire aux quatre hectares en légumes. L'autre moitié du carré D produira une récolte de potirons pour les hommes, et au besoin pour servir de nourriture à quelques vaches. Ces potirons, élevés sur couches, seront mis en place lorsque les gelées ne seront plus à craindre, au milieu d'un trou rempli d'une brouettée de fumier, recouverte de 25 centimètres de terreau, mêlé avec moitié de terre.

L'année suivante, le fumier des potirons seulement sera répandu dans tout le carré D, qui, en outre, sera cendré et arrosé à l'engrais liquide, et on y fera la seconde année une récolte de pois hâtifs suivie d'une récolte de haricots.

Le carré B recevra, la première année, une fumure ordinaire avec les composts les plus consommés : on y cultivera les carottes, les oignons, les navets, et, en dernière saison, quelques haricots verts.

L'année suivante, ce carré B sera ensemencé en avoine, dans laquelle on sèmera du trèfle.

Le carré C recevra une fumure légère de composts très consommés et un cendrage : on y cultivera, la première année, des pois hâtifs, suivis d'une récolte de haricots.

L'année suivante, le carré D recevra une fumure maximum de composts les plus actifs ; on y cultivera tous les légumes demandant une nourriture très abondante, tels que choux, artichauts, poireaux, pommes de terre, salades, etc.

Le carré A recevra, la première année, une fumure maximum de composts les moins consommés, pour y cultiver : les artichauts, choux, poireaux, pommes de terre, etc.

L'année suivante, le carré A sera terreauté avec une partie des débris de couches et produira les carottes, navets, oignons, etc.

Les deux carrés E et F recevront chacun une fumure moyenne de composts ; ils seront semés tous deux en avoine ; on sèmera du trèfle avec l'avoine dans le carré F seulement.

L'année suivante, les couches seront établies sur le carré E, et le carré F donnera un bon trèfle.

CARRÉ A

Résumé de l'assolement

Première année. — Sur fumure maximum : choux, artichauts, pommes de terre, poireaux, etc.

Deuxième année. — Sur terreautage ; carottes, navets, oignons, salades, etc.

Troisième année. — Sans fumier : avoine avec trèfle.

Quatrième année. — Sans fumier : trèfle.

Cinquième année. — Couches : primeur, plants et potirons.

Sixième année. — Sur fumure de potirons, engrais liquide et cendrage : récolte de pois hâtifs, suivie d'une récolte de haricots.

CARRÉ B

Première année. — Sur terreautage : carottes, navets, oignons, salades, haricots verts, etc.

Deuxième année. — Sans fumure : avoine avec trèfle.

Troisième année. — Trèfle.

Quatrième année. — Couches : primeurs, plants et potirons.

Cinquième année. — Avec fumure de potirons et cendrage : pois hâtifs et haricots.

Sixième année. — Sur fumure maximum : choux, poireaux, pommes de terre, salades, etc.

CARRÉ C

Première année. — Sur terreautage et cendrage : pois hâtifs, suivis d'une récolte de haricots.

Deuxième année. — Sur fumure maximum, artichauts, choux, poireaux, pommes de terre, etc.

Troisième année. — Sur terreautage : carottes, navets, oignons, salades, haricots verts.

Quatrième année. — Sans fumure : avoine avec trèfle.

Cinquième année. — Sans fumure : trèfle.

Sixième année. — Couches : primeurs, plants et potirons.

CARRÉ D

Première année. — Couches : récolte de primeurs, plants, potirons.

Deuxième année. — Avec le fumier des potirons, engrais liquide et cendrage : pois hâtifs, suivis de haricots.

Troisième année. — Sur fumure maximum : artichauts, choux, poireaux, pommes de terre, etc.

Quatrième année. — Sur terreautage: carottes, navets, oignons, haricots verts, etc.

Cinquième année. — Sans fumure : avoine avec trèfle.

Sixième année. — Trèfle.

CARRÉ E

Première année. — Sur fumure moyenne: avoine.

Deuxième année. — Couches: primeurs, plants, potirons.

Troisième année. — Avec fumure de potirons et cendrage: pois hâtifs, suivis de haricots.

Quatrième année. — Sur fumure maximum : artichauts, choux, poireaux, etc.

Cinquième année. — Sur terreautage: carottes, navets, oignons, etc.

Sixième année. — Sans fumure, fourrage.

CARRÉ F

Première année. — Sur fumure moyenne: avoine.

Deuxième année. — Sans fumure : trèfle.

Troisième année. — Couches: primeurs, plants, potirons.

Quatrième année. — Avec fumure des potirons et cendrage : pois hâtifs suivis de haricots.

Cinquième année. — Sur fumure maximum : artichauts, choux, poireaux, etc.

Sixième année. — Sur terreautage: carottes, navets, oignons, etc.

J'ai choisi cet assolement pour les potagers des camps, afin d'atteindre deux buts, qui ont à mes yeux une grande importance :

1° De donner, avec les engrais des camps et le travail des soldats, du bien-être à l'armée, depuis l'état-major, qui consommera les melons et les primeurs, jusqu'au dernier soldat, qui pourra augmenter son ordinaire d'excellents légumes de toutes espèces. Ce bien-être sera encore complété par la présence de quelques vaches, qui vivront facilement au camp avec les fourrages, les potirons et les débris de légumes et donneront chaque jour du lait et du beurre. Cet assolement offre, en outre, la facilité d'élever et d'engraisser un certain nombre de porcs et de volailles, tout en donnant à l'État une sole d'excellente avoine et de fourrage chaque année ;

2° De fertiliser et de mettre en valeur des terres abandonnées, et dont on n'a jamais cherché à tirer parti pour la production générale, moyen évident d'accroître la richesse publique et celle des contrées où l'armée donnera l'exemple.

Loin de moi la prétention de croire mon assolement le meilleur de tous ; il sera modifié, et je le modifierais probablement moi-même, si j'étais sur les lieux, au double point de vue des besoins de l'armée et de la plus-value des terres. Je pose aujourd'hui un jalon, rien de plus, et je le pose en faisant appel à notre belle et vaillante armée, parce que je sais que de nobles intelligences, heureuses de se dévouer au bien public de leur pays, chercheront avec moi la solution des problèmes que je pose : bien-être matériel pour l'armée, progrès dans les contrées privées d'enseignement, et augmentation de la richesse publique.

Quelle dépense occasionnera un essai ? Une dépense nulle. Le camp fournit une quantité considérable d'engrais ; une partie de ces engrais est employée, mais la fabrication des composts, à elle seule, pourvoirait largement à la *mise en état de culture* de bon nombre d'hectares.

Que faut-il pour atteindre ce but ? Des bras. L'armée vous en offre des milliers de robustes qui ne demandent qu'à agir. Non seulement l'armée offre à la cause de la fortune publique ses bras, mais encore elle renferme parmi ses officiers des intelligences d'élite, qui seront heureuses de concourir à cette œuvre d'utilité générale. Rien n'est plus contagieux que l'exemple. Que l'armée obtienne demain de beaux produits dans des terres réputées infertiles ; aussitôt les paysans, qui ont été les premiers à frapper ces terres d'anathème, imiteront nos soldats, et chercheront à obtenir les mêmes produits, mais, pour cela, il faut que le paysan *ait vu*. Le jour où il a vu, rien ne lui coûte ; il fait quand même, et l'exemple donné dans les contrées les plus déshéritées est bientôt suivi de féconds résultats.

N'oublions pas qu'en France, où notre sol est si riche, la production n'est pas en rapport avec la consommation, et qu'elle le sera difficilement avec les demandes de l'Étranger, qui vient tout enlever sur nos marchés les plus éloignés. Que demain la Champagne *la plus pouilleuse*, suivant l'exemple de l'armée, produise des légumes en abondance, aussitôt la spéculation, toujours aux aguets, se transportera où est la production, et épuisera vite ses marchés. Nous avons cent exemples de cela ; cent fois nous avons vu les pays les plus pauvres devenir les plus riches, le jour où ils ont produit pour satisfaire aux demandes de l'Étranger.

Ces essais faits dans les camps ne coûteront rien ou presque rien à l'État. L'armée fournit tout ; engrais et main-d'œuvre. Elle retirera un bien-être réel pour elle-même de son travail, et de plus elle donnera une grande valeur à des terres qui n'en avaient pas.

J'ai choisi l'assolement de six ans avec couches, parce qu'au bout de six années de la culture que j'ai indiquée l'armée en retirera un profit incontestable et que ses terres pourront facilement être livrées à la culture, qui se les disputera à bon prix, lorsqu'elle aura vu les produits.

J'admets que les récoltes ne payent que les engrais et la main-d'œuvre, qui, loin d'être une charge, offrira une distraction salutaire à nos soldats. Je compte pour rien le bien-être apporté aux officiers et aux soldats par ces cultures ; il restera au bout de six années la plus-value incontestable de la terre devenue fertile de stérile qu'elle était. Cette plus-value peut être estimée au minimum 500 francs par hectare. Si la culture hésite à acheter au bout de six ans, que l'armée continue une seconde rotation de six nouvelles années ; au bout de ce temps, le sol sera saturé d'engrais et fertilisé pour longtemps ; il suffira de l'entretenir pour en retirer les plus abondants produits, et sa plus-value sera cotée en raison de sa fertilité.

J'ai commencé par l'assolement de six ans avec couches, par un assolement mixte de culture jardinière et de grande culture, parce que j'ai en expectative la mise en valeur des terres dans les plus mauvaises contrées. Mon but est de les faire fertiliser par l'armée, qui possède les engrais et la main-d'œuvre pour les rendre le plus tôt possible à la grande culture, et enrichir le pays par la production du sol. Si je ne consultais que l'intérêt de la production des légumes pour l'armée, j'adopterais l'assolement de quatre ans pour la culture spéciale des légumes, et j'engagerais bien nos soldats à cultiver toujours le même terrain, qui, après deux rotations, au bout de huit ans, serait d'une fertilité remarquable. Il y aurait pour l'armée économie d'engrais et de main-d'œuvre, mais pour l'État privation de ventes de terres qui peuvent lui donner un bénéfice considérable.

L'assolement de quatre ans avec couches apporterait une économie notable d'engrais, car, dès la seconde année, le produit de la démolition des couches suffirait, avec très peu de composts, à la fumure du carré A, au terreautage du carré B, et l'engrais liquide féconderait suffisamment le carré C. La culture serait plus facile, plus économique et plus productive à la seconde rotation ; mais l'armée n'aurait pas à montrer aux incrédules de superbes avoines, de magnifiques trèfles et au besoin de riches sainfoins et de bonnes luzernes sur des sols condamnés depuis longtemps. L'État, de son côté, sera privé de ces récoltes et de la faculté de vendre, avec un bénéfice élevé, les terres fertilisées par six années de culture. Il me semble plus profitable pour l'État de vendre les terres *amenées à l'état de culture* au bout de six ans, et d'en fertiliser d'autres qui seront vendues à leur tour, six années après, avec des engrais et des bras qui ne lui coûtent rien.

Si la complication des couches semblait trop grande pour faire un essai complet, on pourrait adopter l'assolement de cinq ans sans couches. La terre serait moins vite *amenée à l'état de culture ;* mais les résultats seraient encore des plus profitables, et la plus-value du sol considérable au bout de cinq années.

Dans ce cas, il faudrait partager les cinq soles en cinq parties égales, mélanger le fumier de cheval avec les matières herbacées et les débris de toutes espèces, manier le tout deux ou trois fois, afin de décomposer le fumier avant de l'enfouir, et procéder ainsi à la mise en culture de cinq hectares.

CARRÉ A. — *Première année.* — Fumure maximum pour artichauts, choux, poireaux, salades, pommes de terre, etc.

Deuxième année. — Un simple terreautage pour les carottes, oignons, navets, salades, haricots verts, etc.

Troisième année. — Récolte de pois hâtifs, suivie de haricots, sur cendrage et arrosage à l'engrais liquide

Quatrième année. — Sans fumure : avoine avec trèfle.

Cinquième année. — Trèfle.

Le CARRÉ B recevrait la première année une fumure moyenne d'engrais très consommés, pour carottes, navets, oignons, etc.; la seconde année, un arrosage à l'engrais liquide et un cendrage pour pois hâtifs suivis de haricots ; la troisième année, sans fumure, une avoine avec trèfle ; la quatrième, un trèfle ; et la cinquième, sur fumure maximum, artichauts, choux, poireaux, pommes de terre, salades, etc.

Le CARRÉ C recevra, la première année, une fumure légère d'engrais très consommés; pour récolte de pois hâtifs suivie de haricots ; la seconde année, sans fumier, une avoine avec trèfle ; la troisième, un trèfle plâtré ; la quatrième année, fumure maximum pour artichauts, choux, etc. ; la cinquième, sur terreautage, carottes, navets, oignons, etc.

Le CARRÉ D recevra, la première année, une fumure légère pour avoine ; la seconde, fumure maximum pour artichauts, choux, etc.; la troisième, sur terreautage, carottes, navets, oignons, etc.; la quatrième, sur cendrage et engrais liquide, pois hâtifs, suivis de haricots, et la cinquième, sans fumier, un fourrage.

Le CARRÉ E recevra, la première année, une fumure légère pour avoine et trèfle ; la seconde, trèfle plâtré ; la troisième, fumure maximum pour artichauts, choux, etc.; la quatrième, sur terreautage, carottes, navets, oignons, etc.; la cinquième, sur cendrage et arrosage à l'engrais liquide, pois hâtifs, suivis de haricots.

Si enfin on ne voulait y cultiver que les légumes sans couches, il faudrait adopter l'assolement de trois ans, tel que je l'ai indiqué au chapitre *Assolement*. La privation des couches amène celle des terreaux, la plus grande ressource pour les cultures de légumes et pour saturer promptement d'humus une terre qui en est privée.

Je viens d'émettre des idées neuves que l'expérience de l'enseignement, celle de la culture et le désir de servir mon pays m'autorisent à publier dans l'intérêt de l'armée, dans celui des contrées arriérées qu'elle est appelée à visiter, et dans celui de la production générale, mère de la prospérité publique. Je livre mes pensées à l'armée, avec la conviction de la voir tenter encore de nouveaux essais. Personne n'a oublié les éminents services que M. le maréchal duc d'Isly a rendus à l'agriculture; il existe, nous le savons, des généraux désireux de continuer l'œuvre commencée par l'illustre maréchal Bugeaud. Si ce livre leur tombe entre les mains et qu'il puisse les déterminer à tenter quelques expériences, l'auteur aura reçu sa plus chère récompense en contribuant, pour sa modeste part, à apporter un peu de bien-être à nos vaillants soldats, un peu d'aisance chez nos laborieux paysans, une obole dans la caisse de la fortune publique.

Disons, avant de terminer ce qui est relatif au potager des camps, que le choix des variétés de légumes à cultiver a une grande importance, car les variétés estimées, hâtives, sont à peu près inconnues dans les pays étrangers à la science de l'horticulture. Si l'armée tente des essais, il faut que le bienfait soit complété en introduisant dans les contrées où les expériences seront essayées des variétés méritantes.

Pour l'assolement de six ans et pour celui de cinq ans, on devra recourir aux variétés indiquées pour les jardins du rentier et de la ferme, en choisissant les plus profitables et les plus rustiques.

La culture de l'asperge rose hâtive d'Argenteuil faite en grand au camp de Châlons donnerait de brillants résultats ; ce serait une véritable richesse à introduire dans le pays. (Voir aux cultures spéciales, *Asperges*.)

Voir aux cultures générales, aux cultures spéciales, pour le choix des variétés de légumes, les soins à donner à chacune d'elles et la place qu'elles doivent occuper dans l'assolement.

SIXIÈME PARTIE

CULTURES SPÉCIALES

ABSINTHE

L'absinthe peut servir à détruire les pucerons. On la fait bouillir dans l'eau et l'on arrose avec la décoction. L'absinthe se multiplie par éclats de pied et par semis ; elle demande peu de culture et d'engrais. On sème au printemps, et mieux au mois d'août, pour repiquer en place aussitôt que le plant est assez fort ; sa place est dans le carré D du potager, sous les climats du Nord, du Centre, de l'Est et de l'Ouest.

AIL

La culture de l'ail a peu d'importance dans les jardins : elle ne mérite pas une place spéciale dans le potager. Nous nous contenterons de le contre-planter dans les carrés B et C, dans d'autres récoltes, ou de le planter en bordure.

Dans le Midi, où l'ail entre dans l'alimentation du peuple, on le cultivera en planches, repiqué en lignes distantes de 20 à 30 centimètres, et les pieds à 15 centimètres de distance.

L'ail demande une terre un peu forte, assez abon-

damment fumée; mais il redoute l'excès d'humidité :
il ne faut jamais le contre-planter dans les cultures
trop fréquemment arrosées. On le multiplie par
caïeux, c'est-à-dire en séparant les gousses et en plantant chaque parcelle isolément. Pour ne jamais manquer d'ail, on en plante deux fois par an: en janvier
et février, pour récolter en juillet et août, et en
octobre, pour récolter au printemps.

L'ail réussit parfaitement en bordures ; c'est même
une des meilleures manières de le cultiver dans les jardins. On plante les caïeux à 15 centimètres de distance ; et, lorsque la tige a acquis tout son développement, on en fait un nœud pour arrêter l'ascension de
la sève, et concentrer toute son action sur la racine.

Si la culture de l'ail offrait un bénéfice, ce qui a lieu
dans certaines localités, on le cultiverait en planches,
dans la terre fumée l'année précédente, dans le carré B.
On plante en janvier, en lignes distantes de 25 centimètres, et les pieds en quinconce, à 20 centimètres.
La plantation faite, il n'y a qu'à entretenir la planche
avec deux ou trois binages pendant l'été.

Lorsqu'on arrache l'ail, quand la tige est complètement fanée, il est urgent de le laisser sécher pendant
plusieurs jours au soleil, avant de le rentrer. On le lie
par bottes avec ses propres tiges, et on les suspend à
des solives ou à un fil de fer dans un grenier. C'est le
meilleur mode de conservation.

Dans les jardins, et même pour le marché, nous
ne cultiverons que l'AIL ROSE, le meilleur de tous et
moins infect que le blanc.

ANGÉLIQUE

Plante trisannuelle, dont on emploie les tiges pour confire et la graine pour diverses liqueurs. L'angélique aime les sols humides et très substantiels ; elle pousse avec vigueur au bord des ruisseaux et des fontaines ; elle demande une fraîcheur constante pour prospérer.

On sème en août ; on arrose assidûment jusqu'à ce que le plant soit assez fort pour être repiqué en pépinière. On met en place, le printemps suivant, dans une terre abondamment fumée, en plantant les pieds à 1 mètre de distance. On récolte les tiges la seconde année ; la graine, la troisième.

Si l'on veut cultiver l'angélique en grand, il faut la mettre en place dans les planches du carré A, en quinconce, à 80 centimètres en tous sens, et arroser souvent et très copieusement : eau et engrais, voilà tout le secret de la culture de l'angélique.

ANIS

Plante annuelle, dont la graine est employée à plusieurs usages : en médecine, pour aromatiser le pain d'épice et faire de la liqueur. L'anis demande de la chaleur ; il ne peut guère être cultivé que dans l'extrême Centre ou le Midi de la France, pour l'obtenir très aromatisé.

On sème au printemps, en bordure ou en planches, suivant la quantité que l'on veut récolter, dans le carré C du potager. La culture de l'anis est facile; il ne demande que des sarclages, des binages pendant l'été, et quelques arrosements pendant les sécheresses.

La variété la plus estimée est l'*anis d'Espagne*. L'anis mûrit assez irrégulièrement; il faut récolter les graines au fur et à mesure de leur maturité, les laisser sécher pendant quelques jours et les conserver dans un sac de toile.

On choisit chaque année les plus belles têtes pour graines, et on supprime les autres. Les têtes choisies mûrissent bien et servent à faire les semis de l'année suivante.

ARROCHE

Deux variétés : la BLONDE et la ROUGE; la blonde est la meilleure pour mêler avec l'oseille et lui enlever une partie de son acidité. On sème l'arroche en mars, dans le carré D du potager, où elle prospère sans autres soins que quelques arrosements par les sécheresses. Quand on a laissé un seul pied d'arroche grainer.dans le jardin, on n'a plus à s'occuper de sa multiplication; il en pousse chaque année plus qu'il n'est nécessaire d'en conserver.

ARTICHAUTS

C'est un des meilleurs légumes. On doit en récolter toute l'année, sous tous les climats : il ne faut pour cela qu'un peu de soins, beaucoup d'eau, assez d'engrais et une culture bien entendue. Il y a quatre variétés d'artichauts à cultiver : le *gros vert de Laon*, pour le Nord, l'Est, l'Ouest et même une partie du Centre et du Midi ; le *violet*, plus hâtif, pour l'extrême Centre et le Midi ; le *camus de Bretagne*, pour l'Ouest et le Centre ; et enfin le *vert de Provence*, pour le climat de l'olivier.

L'artichaut *gros vert de Laon*, vigoureux et très fertile, est incontestablement le meilleur de tous et dont le fond est le plus large et le plus épais ; il est toujours tendre, même à la poivrade, lorsqu'il a acquis plus de la moitié de son développement. Il y a bénéfice à le cultiver à l'exclusion de toute autre variété, partout où il peut réussir.

Le *camus* de *Bretagne*, d'une vigueur extrême, le plus grand de tous, supporte bien la chaleur, est excellent de qualité, précoce, et remplace avec avantage le *gros vert de Laon*, dans l'extrême Centre, l'Ouest et même le Midi.

Le *violet* est le plus hâtif ; il vient partout avant les autres, mais laisse souvent à désirer pour la qualité.

L'*artichaut de Provence*, très rustique, mais toujours un peu ferme, pour ne pas dire dur, est cultivé seulement pour le Midi; c'est le seul pouvant supporter le climat de l'olivier.

L'artichaut, en général, aime les sols humides et argileux. On doit le fumer copieusement dans tous les cas, augmenter d'autant plus la dose de fumier et d'eau, qu'on le plantera dans des sols plus légers. Il y a deux manières de cultiver l'artichaut : en carrés à demeure, où il donne de bons produits pendant trois ou quatre ans, et comme plante annuelle. Le choix entre ces deux cultures dépend de l'importance du potager, de la quantité d'artichauts nécessaire, du produit que l'on veut en retirer, et aussi de l'activité du jardinier.

Si le propriétaire possède un potager très grand, créé dans un sol substantiel, qu'il ait à sa disposition des bras, beaucoup d'eau et de fumier, et que les artichauts se vendent bien dans sa localité, il aura avantage à créer un carré en dehors de l'assolement, comme je l'ai dit pages 378 et suivantes. Si, au contraire, le sol est léger, et que le propriétaire ne veuille récolter d'artichauts que ce qui est nécessaire à sa consommation, il aura avantage à adopter la culture annuelle. Nous allons décrire ces deux cultures. On pourra les expérimenter toutes deux, et choisir la mieux appropriée au sol et aux besoins du cultivateur.

L'artichaut peut aussi remplacer les asperges pour le *verger Gressent* dans les sols trop argileux pour cultiver l'asperge ; dans ce cas, c'est une excellente culture.

CULTURE DE L'ARTICHAUT A DEMEURE

Nous ne planterons jamais l'artichaut en planches, comme on le fait trop souvent dans certaines localités ; il y est gêné par les allées et se développe mal, mais en carré les racines s'étendent plus à l'aise dans de la terre meuble ; les arrosements sont plus profitables et, partant de là, les produits sont plus abondants et meilleurs.

Quand on crée, dans le potager, un carré d'artichauts destinés à rester en place trois ou quatre ans, le premier soin est de donner un labour ou plutôt de faire un défoncement à deux fers de bêche, c'est-à-dire à la profondeur de 50 centimètres environ, et cela même lorsque le potager a été défoncé. On enfouit une fumure très copieuse de fumier frais, en opérant le défoncement ; s'il est possible de se procurer des déchets de laine ou quelque chose d'analogue, une fumure à décomposition lente, on en mêlera avec le fumier.

Je ne saurais trop recommander l'emploi des déchets de laine ; ils ont le double avantage de former une fumure de fond dont les effets se font ressentir pendant plusieurs années, et de détruire les vers blancs, dont les ravages sont à redouter dans un carré d'artichauts.

Les diverses variétés que je viens de nommer se plantent à des distances différentes, toujours en carré et en échiquier : le *gros vert de Laon* à 1^m,20 en tous sens, le *camus de Bretagne* à 1ᵐ,40, le *vert de Provence* à 1 mètre, et le *violet* à 80 centimètres.

Cela dit, procédons à la plantation d'un carré d'artichauts *gros vert de Laon :* le sol défoncé et fumé, on place des piquets ainsi : à 60 centimètres des bords, et tous les autres à 1ᵐ,20 de distance. On pose le cordeau sur ces piquets ; on marque les lignes avec le rayonneur, et l'on enlève le cordeau. Avant de procéder à la plantation, on mesure une des lignes, afin de laisser une distance de 60 centimètres entre chaque bout de la plate-bande et le premier pied d'artichaut, et une de 1ᵐ,20 entre les pieds. On enfonce un petit bâton à chaque endroit où il faut planter un pied, en ayant soin de placer les petits bâtons en quinconce. En opérant ainsi, les pieds d'artichauts sont placés à 1ᵐ,20 de distance en tous sens. Cela fait, on procède à la plantation.

On fait d'abord des trous de 30 centimètres environ aux places marquées, avec la bêche ou avec un grand déplantoir (A, fig. 119). On met au fond des trous une bonne poignée d'engrais très consommé ou du vieux terreau de couche (B, même figure), on fait une petite réserve d'engrais ou de terreau à côté du trou ; on amalgame bien l'engrais avec la terre du fond, à l'aide du déplantoir ; ensuite on place l'œilleton au milieu du trou, à une profondeur de 10 à 12 centimètres, en ayant soin de détendre les racines, et de les bien couvrir de terre; l'on serre un peu au collet avec les mains, on remet un peu de terre encore, puis du fumier consommé, sur toute la largeur du trou, et l'on rechausse avec de la terre, en ayant soin de former un bassin autour du pied (C, même figure), afin de forcer l'eau des arrosements à s'infiltrer sur les racines.

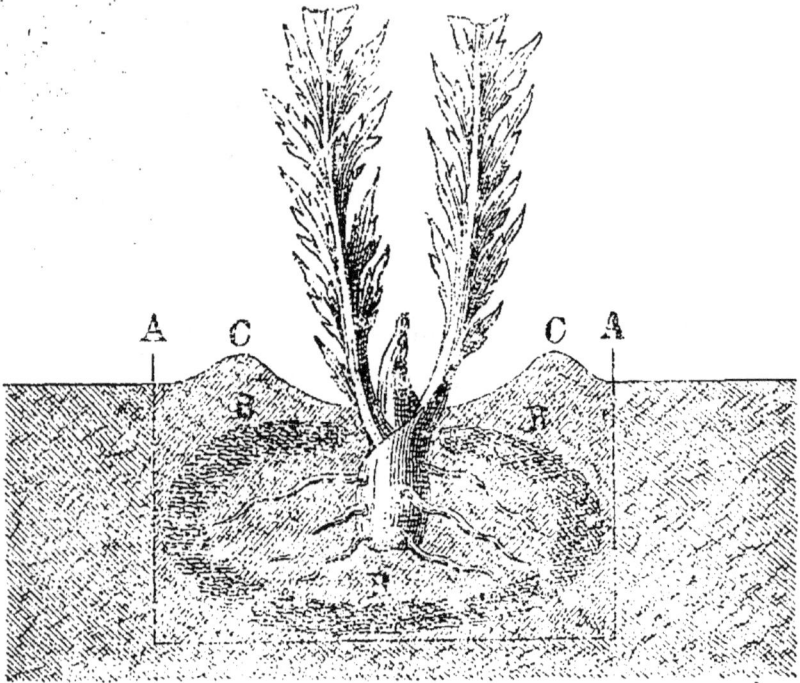

Fig. 119. — Plantation de l'artichaut dans le potager.

L'artichaut planté comme je l'indique pousse avec une vigueur excessive s'il est suffisamment arrosé, et donne des fruits quatre ou cinq mois après sa plantation. Cela se conçoit aisément : la racine de l'œilleton est entouré d'engrais assimilable, qui nourrit abondamment la jeune plante, et favorise le développement de nouvelles racines, qui s'étendent d'autant plus vite que le sol est bien ameubli et abondamment fumé.

On arrose copieusement, immédiatement après la plantation, et l'on continue tous les jours à arroser chaque pied, jusqu'à la reprise, et même quand il y a quatre ou cinq feuilles de poussées. Alors on n'arrose plus que tous les deux ou trois jours, mais on donne des binages de temps en temps, afin de maintenir la terre dans un état de propreté et surtout de perméabilité constant.

On peut contre-planter des choux hâtifs, des salades, de l'oignon blanc, etc., semer des radis en lignes, entre les artichauts; cela ne leur nuit en rien, et je dirai même qu'ils se trouvent très bien de ces contre-plantations de légumes, souvent et copieusement arrosés: car toute la surface du sol est entretenue dans un état d'humidité très profitable à l'artichaut. Les légumes contre-plantés doivent être tous enlevés quand l'artichaut couvre le sol et montre ses premières pommes. Le sol lui appartient alors tout entier et il faut le faire produire vite et beaucoup.

Dès que les premières pommes apparaissent, il faut débarrasser le sol de toutes les contre-plantations, donner un binage énergique et arroser tous les jours, même deux fois par jour si le temps est très sec. La beauté, la qualité et le nombre des artichauts sont subordonnés à la quantité d'engrais, et surtout d'eau qu'on leur donne.

Pour obtenir des produits hors ligne, il faut un arrosoir d'eau chaque fois, par pied d'artichaut.

Dans ces conditions, on peut récolter facilement sur chaque hampe d'artichaut deux gros fruits et cinq ou six moyens. Il y en a souvent une plus grande quantité : mais, dans un plant destiné à produire pendant plusieurs années, il y a bénéfice à supprimer les fruits trop nombreux, pour éviter de fatiguer les pieds et de nuire à la récolte de l'année suivante. Aussitôt les fruits récoltés, il est urgent de couper la hampe aussi profondément que possible sous terre et bien se garder de la laisser sur le pied ou de la couper à moitié, car elle pourrit sur place, et nuit considérablement au développement des œilletons, à la récolte suivante par conséquent ; quelquefois même il entraîne la perte du pied, **qui pourrit sur place.**

PLANTATION EN PLAINE

Quand on fait une plantation d'artichauts en plaine pour la spéculation, où l'on n'arrose pas, il est urgent de choisir une terre un peu argileuse, restant toujours fraîche ; c'est celle convenant tout spécialement à l'artichaut ; une terre à blé un peu forte est la meilleure pour cette culture. On défonce avec une charrue puissante suivie d'une fouilleuse, afin de donner le plus de guéret possible. On enfouit une fumure copieuse par un second labour ; on roule, on herse, et, quand la terre est bien préparée, on attend un jour de pluie pour planter les œilletons à la cheville, en ayant le soin de bien faire adhérer la terre au collet de l'œilleton. Il n'y a plus ensuite que des binages à donner pour maintenir le sol perméable et détruire les mauvaises herbes.

On plante les artichauts en plaine à 1 mètre de distance ; dans ce cas on fait les binages avec la houe à cheval, il n'y a que les entre-deux des pieds à biner à la main. C'est une économie notable dans la main-d'œuvre. Quand on fait une plantation d'artichauts en plaine pour la spéculation, dans une localité où les légumes se vendent bien, on peut contre-planter entre les lignes une rangée de choux très hâtifs, de pommes de terre à feuilles d'ortie ou de haricots nains, mais dans ces cas il faut exécuter les binages à la main ; c'est au cultivateur à voir s'il a bénéfice à faire des contre-plantations ou à économiser le binage à la main pour le remplacer par celui à la houe à cheval.

Les produits de la plaine ne sont pas à comparer à ceux des jardins, où il est facile de donner de l'eau à discrétion et de guider la végétation presque à son gré ; mais on obtient encore, en choisissant bien le sol et le temps pour les façons, des résultats très lucratifs. Quelques cultivateurs des départements du Nord et de l'Aisne ont essayé de la culture de l'artichaut en plaine, faite à la charrue, et tous ont eu à se féliciter du *résultat argent*.

L'artichaut est un des légumes par excellence pour la spéculation ; il peut se transporter facilement à d'assez grandes distances ; mais nous sommes au début de la production en grand, et pendant longtemps encore la province, qui manque de légumes, payera un prix très rémunérateur les produits du pays. Faut-il dire encore que les acheteurs étrangers, toujours à la piste des denrées alimentaires, envahissent tous les

marchés de France, aussitôt que les produits abondants y apparaissent, et qu'il est plus que probable
que les cultivateurs n'auront pas à se préoccuper des
envois au loin.

Les sols tourbeux, les marais peu ou point cultivés,
dans beaucoup d'endroits, sont excellents pour la culture de l'artichaut. Il suffit de les assainir avec des
tranchées un peu profondes, d'exhausser le sol de 30 centimètres environ avec la terre des tranchées, et d'ajouter à ce sol humifère un chaulage énergique pour
obtenir, pendant de longues années, les plus riches
produits, sans autre dépense d'engrais que de la chaux
ou du plâtre, et même des plâtras de démolition concassés.

J'ai toujours vu avec un chagrin profond les marais
qui partent de Creil, pour se terminer à Beauvais,
occupés par de l'osier et de mauvais bois blanc. Il
suffirait de creuser quelques fossés dans lesquels on
créerait des cressonnières pour les assainir; une addition de chaux, de plâtras de démolition, de plâtre ou
même de cendres de fours à chaux, d'usine ou de locomotives, permettrait à ce sol improductif de se couvrir de riches récoltes.

La culture du cresson et celle de l'artichaut, *annuelle* et non à demeure (ils pourriraient en hiver),
donnerait les plus féconds résultats. Il y a des centaines de mille francs à récolter chaque année dans
cette vallée, qui produit à peine un peu d'osier, du
bois blanc de rebut, et où l'on conserve des marais
uniquement pour la plus grande satisfaction des gre-

nouilles. Puisse cet avis être entendu des riverains du chemin de fer de Creil à Beauvais ! Ces marais sont improductifs; il ne tient qu'à eux de les couvrir des plus riches récoltes et d'en tirer des produits sérieux.

Si quelques propriétaires veulent *essayer*, et cet essai ne leur coûtera guère de travail et pas beaucoup d'argent, je les guiderai avec plaisir dans cette entreprise. C'est un service que je rendrai volontiers dans un pays où j'ai donné l'impulsion du progrès horticole, et dans lequel, grâce à mes cours, chacun a pu apprécier la valeur d'un enseignement donné dans le but de l'augmentation de la fortune publique.

J'ai posé le premier jalon ; une société s'est organisée depuis, dans le but de continuer l'œuvre que j'avais commencée ; si elle exécute la pensée que j'émets ici et met en produit les marais dont je parle, elle accomplira une œuvre utile et profitable à tous. Cela lui est facile avec un peu de travail et de dévouement.

Dans la petite culture on laboure à deux fers de bêche, pour planter les artichauts. Ce travail est plus coûteux que celui de la charrue, mais il est toujours plus parfait et, toutes choses égales d'ailleurs, donne un meilleur résultat.

L'artichaut est très exposé à geler, surtout dans la plaine, où, pour obtenir de beaux et bons produits, on le plante dans des sols argileux et humides. La conservation des pieds, pendant l'hiver, donne plus de peine et de travail que la culture de toute l'année. C'est le revers de la médaille dans l'exploitation de l'artichaut, et ce revers présente une surface telle,

que nous avons dû chercher et expérimenter une
autre culture, pour éviter une main-d'œuvre inces-
sante et très dispendieuse.

On fait, il est vrai, la culture de l'artichaut comme
la plupart des cultures. On connaît les dangers auxquels ils sont exposés, et l'on s'en rapporte à la Pro-
vidence pour les conserver. Ils se conservent souvent
plusieurs années de suite sans dommages sensibles,
quand les hivers ne sont pas rigoureux; mais sur-
vient-il une saison rude, des gelées prolongées,
presque tous les plants sont détruits, et c'est à peine
s'il reste assez de pieds pour repeupler tout ce qui a
été gelé. Alors on crie à la disette, on tempête après
la rigueur de la saison, et l'on manque d'artichauts
à peu près partout. La culture annuelle, facile pour
le potager, et possible pour la plaine, nous donne le
moyen d'éviter ces désastres.

Nous ne voulons rien abandonner au hasard. Il
nous faut une récolte égale chaque année. Recherchons d'abord le moyen de préserver les plantations
à demeure ; ensuite nous passerons à la culture annuelle.

Lorsqu'on a une plantation d'artichauts d'une certaine importance, il est facile de la préserver de la
gelée avec un peu de vigilance. Il faut guetter le
temps ; tant qu'il reste mou, doux et humide, on
laisse pousser les artichauts, mais en ayant le soin de
donner des binages de temps à autre pour détruire
les mauvaises herbes. Cela a une grande importance
avant de butter, car, si l'on opère le buttage dans un

sol surchargé d'herbes, ces herbes coupées et enfouies
vertes fermentent, pourrissent et peuvent, par un
temps humide, communiquer leur décomposition à
l'artichaut, très sujet à la pourriture.

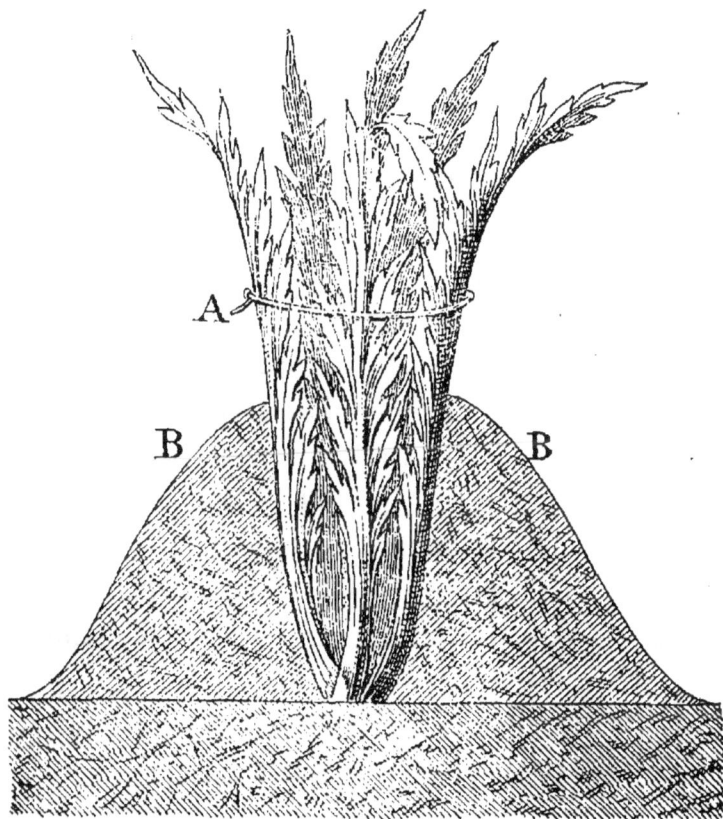

Fig. 120. — Buttage de l'artichaut.

Dès que le temps tourne au sec et que la gelée est
probable, il faut d'abord couper les plus grandes
feuilles et butter les pieds seulement ; c'est-à-dire
amener la terre au pied avec la binette, comme le
montre la figure 120. J'ai dit couper les plus grandes

feuilles, c'est-à-dire celles du tour, et non raser toutes les feuilles, comme on le fait à tort dans certains pays. Priver le pied d'artichaut de toutes ses feuilles, c'est retarder la première récolte de plus d'un mois, et la diminuer de moitié.

Pour butter, on met un lien de paille ou d'osier en haut de la tige, afin de réunir les feuilles en gerbes (A, figure 120). Ensuite, avec la binette ou la houe, on forme une butte haute de 30 centimètres environ avec la terre du tour, au pied de l'artichaut (B, même figure). De cette manière, le collet est parfaitement abrité, et les racines ne sont pas exposées à geler, ce qui a toujours lieu quand on creuse des tranchées le long des planches, pour rechausser la tige. Le buttage fait, on retire le lien.

Le buttage préserve le collet et les rudiments des œilletons : il favorise même leur développement ; mais il est insuffisant pour garantir le pied des atteintes d'une gelée intense et continue. Le buttage est la première opération préventive ; on l'opère dès que le temps menace et, aussitôt fait, il faut consulter souvent le baromètre, et se tenir tout prêt pour les autres opérations. On prépare des fumiers, des feuilles, de la litière, au besoin des genêts, des ajoncs, de la bruyère, en un mot ce qui peut servir de couverture, et, si la gelée paraît imminente, on couvre entièrement les buttes avec une brouettée de fumier, de feuilles ou de litière (A, fig. 121). Cette fumure sera enfouie au printemps ; elle est toute transportée ; c'est un ouvrage fait, et elle assurera la conservation des artichauts, quelque rigoureux que soit l'hiver.

Il faut butter à la première menace de gelée ; apporter le fumier avant qu'il gèle, afin de l'appliquer sur
la butte avant qu'elle soit gelée, et, aussitôt le fumier

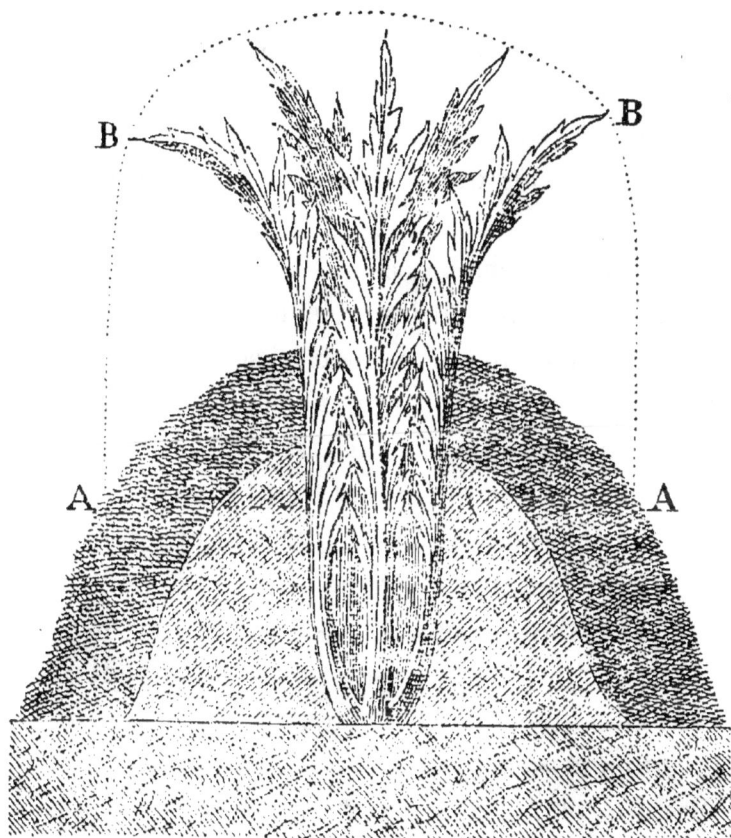

Fig. 121. — Butte d'artichaut, recouverte de fumier.

placé, il est urgent, en cas de froid, de mettre entre
les buttes une certaine quantité de feuilles sèches,
d'herbes desséchées ou de mauvaise paille, pour en
couvrir toutes les tiges, comme l'indique la ligne B
(même figure), dès que la gelée deviendra rigoureuse.

Les artichauts buttés, fumés et couverts de feuilles ou
de litière, peuvent impunément braver les hivers les
plus rigoureux ; mais il ne faut pas oublier qu'ils
pourrissent très facilement, et que chaque fois que le
dégel vient, il faut les découvrir complètement, sous
peine de les voir pourrir sous leur abri : s'il gèle la
nuit, qu'il dégèle le jour et que le temps reste sec, il
faut couvrir le soir et découvrir le matin. Si l'on ne
découvrait pas dès qu'il dégèle, on s'exposerait à la
pourriture.

Si le dégel est sérieux, c'est-à-dire accompagné de
pluie, non seulement il faut découvrir complètement,
mais encore déchausser un peu le collet, afin de l'exposer à l'air. On déchausse par un temps doux, et l'on
recouvre par la gelée. C'est un travail incessant et une
surveillance continue pendant tout l'hiver. La plupart
du temps, il en est des artichauts comme des arbres
fruitiers que l'on abrite chaque jour. On apporte beaucoup de zèle dans le commencement, mais on se refroidit vers la fin de la saison ; on a si souvent abrité
inutilement, qu'on ne croit plus au danger, et le jour
où les soins cessent, une gelée emporte tout.

Pour les plantations d'artichauts en plaine, on
pourra faire le buttage à la charrue, à l'approche des
gelées. On charriera ensuite le fumier destiné à être
enfoui au printemps ; on le déposera entre les lignes
et, le premier jour de gelée, on en couvrira les artichauts. Il faudra découvrir à chaque dégel accompagné de pluie.

Vers le mois d'avril, quand les gelées ne sont plus

à redouter, en enlève la litière ; on répand également
le fumier qui recouvre les buttes dans tout le carré ;
on démolit les buttes, et l'on donne un labour profond
à l'aide duquel on enfouit tout. Quinze jours plus tard,
vers le 15 avril, lorsque les pieds commencent à bien
pousser, on œilletonne, c'est-à-dire que l'on détache
du collet toutes les pousses inutiles : ce sont les œilletons que l'on plante pour créer à nouveau.

Habituellement on œilletonne en donnant le labour :
c'est une façon de moins et du temps de gagné quand
on n'a pas besoin de plant ; mais, quand on veut replanter, il faut mieux attendre quinze jours : les œilletons sont mieux formés ; ils sont pourvus de petites
racines à la base, et alors on choisit du plant d'élite,
dont la précocité et la fertilité sont assurées.

Voici comme on procède à l'œilletonnage : on déchausse complètement le pied tout autour ; on choisit
les deux plus grosses tiges pour les conserver, *deux
seulement par pied ;* si l'on en laisse davantage, la
récolte est sensiblement diminuée en quantité et en
qualité. Tous les traités d'horticulture conseillent
d'éclater les œilletons ; cela m'a toujours semblé barbare. La déchirure produit une plaie qui se cicatrise
toujours mal, et il me semblait que la récolte devait
souffrir des nombreuses déchirures faites au pied-mère.
Je me suis livré pendant plusieurs années à des essais
comparatifs : dans le même carré j'œilletonnais par
éclats, et je coupais au lieu d'éclater, sur une ou deux
rangées. L'expérience de plusieurs années m'a prouvé
ceci de la manière la plus péremptoire :

Les-pieds dont les œilletons avaient été coupés
étaient beaucoup plus vigoureux, donnaient plus de
fruits, des fruits plus beaux, et mûrissant trois semaines
avant ceux des pieds œilletonnés par éclats. Cela
s'est produit pendant huit ou dix années. J'ai abandonné l'œilleton nage par éclat ; je pratique et conseille,
à l'exclusion de tout autre, l'œilletonnage avec la serpette, et même avec le sarcloir (figure 122), assez
tranchant pour faire une plaie nette. En outre, les
œilletons destinés à être replantés étaient plus ou

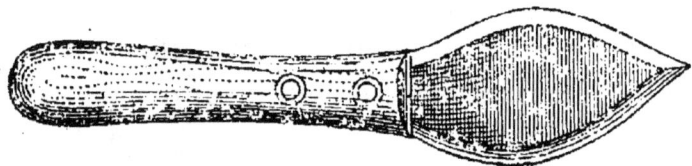

Fig. 122. — Sarcloir.

moins avariés lorsqu'ils étaient enlevés par éclats :
une partie pourrissait en terre, ce qui explique cette
recommandation de plusieurs traités d'horticulture :
« de couper avec la serpette les parties déchirées des
œilletons, de les laisser à la cave quatre ou cinq jours
avant de les planter, *pour cicatriser la plaie et éviter
la pourriture.* »

Je suis loin de nier l'efficacité du moyen contre la
pourriture ; mais j'affirme qu'un œilleton qui a fané
quatre ou cinq jours à la cave a éprouvé une fatigue
qui rend sa reprise très douteuse, et retarde considérablement son développement lorsqu'on le plante ;
donne lieu non seulement à une végétation moins
vigoureuse, mais encore fructifie plus tard, et donne

des fruits moins gros et moins abondants que celui
qui a été détaché avec la serpette ou le sarcloir et
replanté aussitôt. En outre, il faut sans cesse remplacer les morts dans les plantations faites avec des œilletons éclatés ; dans les nôtres, tout reprend.

Lorsqu'on œilletonne avec la serpette ou le sarcloir,
on sacrifie tous les œilletons faibles, et l'on enlève
avec précaution les
meilleurs, ceux qui
ont le collet gros,
et un bon empâte-
ment avec des ra-
cines adhérentes. Il
est facile, en les
coupant sur le pied-
mère, de conserver
les radicelles A
(fig. 123); ces radi-
celles concourent
puissamment à la
reprise, à la végé-
tation et à la fructi-
fication du sujet
planté, puisqu'on
plante un sujet par-
fait, composé d'une
tige et d'une racine,
au lieu de planter

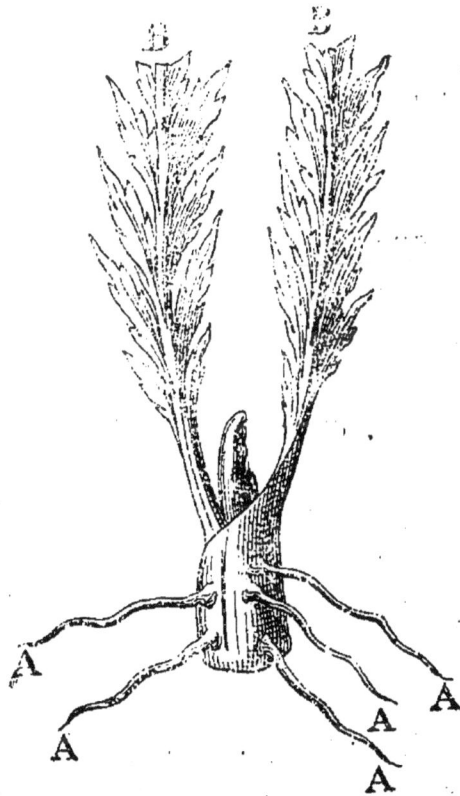

Fig. 123.— Œilleton d'artichaut enlevé
à la serpette.

un sujet imparfait, une bouture uniquement composée
d'une tige et privée de racines.

Dès que l'œilleton est détaché du pied-mère, on coupe les grandes feuilles en B (même figure), pour éviter l'évaporation, et on le plante aussitôt, comme nous l'avons indiqué.

Dès que l'œilletonnage est opéré, on rechausse le pied-mère. L'œilletonnage est fait chaque printemps, et ainsi de suite pendant les quatre années que dure le plant d'artichauts. Je ne parle pas de fumures, parce qu'il est entendu que tous les ans on recouvre les buttes de fumier que l'on enfouit dans le carré au printemps.

Si, au lieu de fumier, on employait de la litière ou des feuilles pour recouvrir les buttes, il faudrait donner chaque année une demi-fumure, que l'on enfouirait avec la litière ou les feuilles, par le labour de printemps.

. CULTURE ANNUELLE DE L'ARTICHAUT

Cette culture est bien préférable pour le propriétaire et pour le spéculateur à la culture à demeure ; elle évite d'abord tous les ennuis de l'hivernage, qui demande une surveillance constante ; ensuite elle donne avec moins de peine des produits plus précoces et plus tardifs, ceux qui se vendent le mieux et le plus cher. Avec la culture annuelle, il est facile d'avoir dans le potager des artichauts presque toute l'année. Dans ce cas, la culture de l'artichaut entre dans l'assolement, comme celle des autres légumes.

Au lieu de laisser les artichauts en terre, de les

butter, de les couvrir et de les découvrir sans cesse pendant tout l'hiver, sous peine de les voir geler ou pourrir, on arrache tout à la fin de la saison, un peu avant les gelées.

Après cet arrachage, on choisit les pieds qui *marquent*, c'est-à-dire montrant, à la fin de l'année, le rudiment d'une tête d'artichaut. On les met de côté, pour être replantés sous un châssis froid, après les avoir débarrassés d'une partie de leurs œilletons.

On appelle châssis froid un coffre posé sur le sol, sans couches dessous. On mêle tout simplement à la terre un peu de terreau.

Les pieds d'artichauts qui *marquent* sont plantés côte à côte au fond de ce coffre. On arrose pour assurer la reprise ; ensuite on place des châssis sur le coffre. La chaleur produite par le verre est suffisante pour obtenir une continuation de végétation satisfaisante, tant qu'il ne gèle pas.

A l'approche des gelées, il suffit de mettre un réchaud de fumier de cheval frais, sortant de l'écurie, tout autour du coffre, pour maintenir sous le châssis une température douce. On couvre le soir, et pendant toute la nuit, avec des paillassons plus ou moins épais suivant la température de l'atmosphère.

Sous cette température douce, les rudiments de pommes d'artichauts végètent sans interruption et produisent de bons fruits en novembre, décembre et même janvier. A défaut de coffres et de châssis, on peut planter les artichauts qui *marquent* dans la serre à légumes, ou même dans un cellier où il y ait un peu de lumière et où il ne gèle pas. Les fruits mûriront plus lentement que sous un châssis froid : mais ils donneront encore au milieu de l'hiver des produits assez satisfaisants.

Pour replanter les artichauts comme je viens de l'indiquer, on ne les œilletonne pas complètement ; on se contente de détacher ou plutôt de couper quelques œilletons pour dégager le pied-mère, sans trop le mutiler, ce qui nuirait à la maturation des fruits dont il porte le rudiment.

Ces œilletons, ou plutôt les meilleurs choisis parmi eux, ceux qui ont le collet gros, court, et sont pourvus de quelques racines, sont utilisés pour faire des artichauts de grande primeur. On les repique dans des pots assez grands que l'on enterre sous châssis froids dans une couche de terre, mélangée de terreau, de 40 centimètres d'épaisseur. Ils reprennent très vite, végètent lentement et sans interruption dans ces conditions jusqu'aux gelées, en ayant soin de couvrir les châssis de paillassons pendant toute la nuit.

Dès que les gelées menacent, on construit une couche tiède, sur laquelle on enterre les pots contenant les œilletons déjà bien développés. On les maintient pendant l'hiver à une température de 8 à 10 degrés. C'est assez pour entretenir leur végétation, et cette végétation lente, mais continue, favorise la fructification. Sur cent pieds d'artichauts hivernés ainsi, quatre-vingts au moins *marquent* en février et mars.

Si l'on veut obtenir des artichauts très pré-

coces, il suffit de les dépoter et de les planter sur des
couches chaudes, pour obtenir des fruits six semaines
après. Une partie peut être cultivée ainsi ; l'autre plantée en pleine terre, devant les claies qui abritent les
couches, pour avoir des secondes primeurs, et enfin
le dernier tiers sera mis en pleine terre dans le carré
A, lorsque les gelées ne seront plus à craindre, et produira encore des fruits très précoces, beaucoup plus du
moins que ceux des artichauts plantés à demeure.

Quand on a une orangerie à sa disposition, il est très
facile d'augmenter le nombre des artichauts de primeur.
Il suffit d'œilletonner aussitôt après l'arrachage et de
planter les plus gros œilletons en pots, qu'on place dans
l'orangerie, où ils ne réclament pendant l'hiver d'autres
soins qu'un peu d'eau de temps à autre. Au printemps,
ces œilletons sont développés et *marquent* quand la
température permet de les planter à demeure dans le
carré A.

La plantation en pots favorise l'émission d'abondantes racines, et la gêne qu'elles éprouvent dans le pot
concourt à accélérer la fructification.

Les œilletons plus faibles seront replantés sous un
châssis froid, ou dans des pots moins grands, placés
dans l'orangerie, et seront également mis en pleine terre
dans le carré A, pour faire des artichauts d'automne.

La culture annuelle de l'artichaut peut être faite,
avec très grand avantage, sans châssis et même sans
orangerie. Il suffit, pour conserver les pieds arrachés
à l'automne, de les replanter dans la serre à légumes,
un sous-sol quelconque ou même un cellier, peu im-

porte l'endroit, pourvu qu'il n'y gèle pas, que la température y soit égale, peu élevée, et qu'il y ait assez de lumière. (L'absence de lumière peut déterminer la pourriture des artichauts.)

Dans ce cas, on œilletonne après l'arrachage, avec les soins indiqués précédemment, et l'on fait deux choix parmi ces œilletons !

Le premier, composé des plus gros, des mieux constitués, pour faire des artichauts de première saison. On les plante dans des pots assez grands, auxquels on donne un peu d'eau de loin en loin, assez seulement pour maintenir la terre un peu humide; pas trop : les artichauts pourriraient.

A défaut de pots, on fait dans un coin, le plus éclairé, un lit de bonne terre bien saine, pas trop humide, épais de 40 centimètres environ, et l'on y replante les œilletons. On arrose légèrement pour assurer la reprise, et ensuite il n'y a qu'à maintenir la terre un peu humide, à l'aide de légers bassinages, jusqu'au moment de la plantation en pleine terre.

Le second choix se compose d'œilletons plus faibles, mais ayant le collet gros, court, et pourvu de quelques racines; il est destiné à faire la plantation d'artichauts d'automne, et est conservé pendant l'hiver, comme le premier choix.

Dès que les gelées ne sont plus à craindre, on plante en même temps les deux saisons d'artichauts dans le carré A, avec tous les soins que nous avons indiqués, et en ayant le soin de les enlever en mottes, pour les replanter.

Les artichauts cultivés annuellement se plantent aux distances suivantes : *gros vert de Laon*, 1 mètre ; *camus de Bretagne*, 1 mètre 20 centimètres ; *vert de Provence*, 80 centimètres ; *violet*, 75 centimètres. Dans la culture annuelle comme dans celle à demeure, il ne faut planter qu'un seul œilleton pour chaque pied, et non deux, comme on le fait presque toujours. Les touffes sont trop fortes ; la récolte est diminuée à la fois en quantité, en volume et en qualité.

Les plus gros œilletons donnent des fruits de mai à juillet ; aussitôt la récolte faite, on arrache les pieds, et l'on en fait du fumier. La terre est libre ; on y plante des choux-fleurs contre-plantés avec des salades, des choux d'hiver, ou des choux de Bruxelles contre-plantés de salades, après la récolte desquelles on peut encore récolter, entre les choux, de la mâche ou de la raiponce semées en ligne ou à la volée.

Dans le courant de juillet, au moment où l'on arrache les artichauts de première saison, ceux de seconde donnent leurs premiers fruits, et en fournissent jusqu'à la fin de l'automne, s'ils ont été suffisamment arrosés. Les pieds sont arrachés à l'approche des gelées, sont œilletonnés et conservés, comme je l'ai dit, pour les plantations de l'année suivante.

Les artichauts d'automne occupent la terre toute l'année ; mais on peut contre-planter entre, et, avant qu'ils n'envahissent le sol, des choux ou des choux-fleurs hâtifs et des salades.

Rien de plus facile que la culture annuelle, et, bien qu'elle semble compliquée, elle donne moins de peine que celle des artichauts à demeure, tout en produisant des fruits plus précoces, plus tardifs, et presque sans interruption pendant toute l'année ; de plus, on a toujours la certitude de ne jamais manquer d'un des meilleurs et des plus précieux produits du potager et il n'y a pas de perte de plant à redouter, par les hivers rigoureux.

L'artichaut se reproduit de graines ; c'est le mode de multiplication le plus sûr quand on est obligé de faire venir du plant de loin. Les œilletons arrivent toujours fanés ou pourris, et reprennent rarement ; mais il ne faut pas oublier qu'avec quelque soin que l'on récolte la graine il y a toujours une partie du semis en état de dégénérescence.

Il y a de la dégénérescence dans tous les semis d'artichauts, cela est incontestable, mais aussi de très beaux et de très bons pieds, et souvent des variétés nouvelles, plus méritantes que celles semées. C'est un choix à faire avant de mettre en place.

Chaque fois que l'on prendra dans la pépinière tous les pieds ayant la feuille foncée, large et bien étoffée, pour les mettre en place, et que l'on rebuttera, pour les détruire, les pieds, ayant la feuille blanchâtre, épineuse, petite et divisée à l'infini, on obtiendra une excellente plantation, dans laquelle il y aura à peine quelques pieds à supprimer lorsque les fruits se montreront.

Quand on obtient des variétés remarquables, on marque les plus beaux types ; on leur fait produire des œilletons, et on les multiplie pour la plantation.

En opérant ainsi, on obtient une grande culture

d'artichauts irréprochables en deux ans, ce qui est beaucoup plus prompt que de faire venir des œille-tons, qui pourrissent presque toujours pendant le tra-jet, s'il est un peu long, et obligent de renouveler l'expédition trois ou quatre années de suite avant d'obtenir quelques pieds d'artichauts.

Le semis donnera incontestablement de bons résul-tats, mais à la condition de l'épurer sévèrement. En outre, il m'est prouvé dès à présent que les artichauts de semis sont beaucoup plus rustiques que ceux pro-venant d'œilletons. Ils sont moins sensibles à la gelée et pourraient, à la rigueur, passer les hivers peu ri-goureux sans couverture.

Dans la culture à demeure, les artichauts dégénèrent quand ils restent trop longtemps à la même place : ils *tournent au chardon*. Les feuilles deviennent étroites et épineuses. Dès qu'un pied dégénère, il faut l'arra-cher aussitôt. Une bonne culture à demeure ne doit jamais rester plus de quatre ans en place ; elle dégé-nère partiellement la cinquième année.

L'artichaut est attaqué par plusieurs insectes, no-tamment par le puceron noir, qui lui fait le plus grand tort. (Voir à la septième partie, pour les moyens de destruction.)

Quand on veut récolter de la graine d'artichauts, il faut conserver la plus belle tête, et supprimer toutes les autres. On laisse fleurir, et l'on cueille quand la graine est bien mûre.

On peut semer les artichauts en pleine terre au printemps, ou au mois d'août ; on sème sur des lignes

distantes de 30 centimètres, une graine tous les 10 centimètres. Les semis d'avril et mai sont préférables,
en ce que le plant n'a pas besoin d'être mis en pépinière ; on l'épure dans les semis, et il est assez fort
pour mettre en place à l'automne. Il en est même
quelques-uns qui donnent des fruits avant la fin de
l'année.

Il va sans dire que les artichauts de semis sont œilletonnés, et cultivés comme ceux reproduits par œilletons.

ASPERGE

L'asperge est assurément le légume le plus précieux
et le meilleur, comme le plus sain ; c'est le premier ;
il est toujours attendu avec impatience. C'est celui
dont la culture donne les meilleurs résultats et le produit le plus élevé, quand elle est bien faite, et disons-
le aussi, le plus mal cultivé, dès que l'on s'éloigne de
Paris.

L'Allemagne, la Hollande et la Belgique ont cultivé
l'asperge avec succès, et nous ont fourni autrefois nos
meilleures variétés. Les asperges violettes de Hollande, les variétés de Marchiennes et d'Ulm étaient ce
que nous avions de plus parfait avant que la culture de l'asperge ne fût devenue essentiellement française, et qu'une variété française : l'*Asperge rose
hâtive d'Argenteuil*, ne vînt détrôner toutes celles
connues.

Argenteuil nous a non seulement doté d'une variété

d'asperges qui dépasse toutes les autres en fertilité, en volume et en qualité, mais encore d'une culture aussi simple qu'économique, féconde en résultats, et qui a détrôné victorieusement toutes les anciennes méthodes de culture, aussi dispendieuses que nuisibles au développement de l'asperge.

L'*asperge rose hâtive d'Argenteuil,* lorsqu'elle est bien cultivée, mesure de 8 à 10 centimètres de tour ; sa longueur est de 35 centimètres. Elle est de qualité supérieure et tellement tendre qu'on peut la manger à moitié, au moins sur une longueur de 18 centimètres. C'est une conquête toute française, dont les cultivateurs d'Argenteuil sont fiers à juste titre, car elle est sans rival. Cette asperge n'est ni verte ni violette ; elle est rose, et devient carmin dans les sols très calcaires.

Dans tous les concours où ces magnifiques et excellentes asperges sont apparues, elles ont enlevé à l'unanimité les premiers prix ; aucune variété n'a pu essayer de lutter avec celle-là pour le volume, la qualité et la fertilité.

J'ai dit précédemment que le progrès en arboriculture et en culture de légumes concourait puissamment à l'augmentation de la fortune publique ; que, lorsque ces deux sciences seraient répandues dans toute la France, et popularisées par les instituteurs primaires dans tous les villages, la fortune de la France serait doublée. Les cultures d'asperges d'Argenteuil sont un exemple frappant de ce que j'ai avancé.

Argenteuil a donné naissance à la magnifique variété d'asperges qui porte son nom, et inauguré le nouveau mode de culture que j'ai perfectionnée et délocalisée pour la rendre applicable dans toute l'Europe.

La culture d'Argenteuil a été, et est encore faite uniquement pour la plaine, mais elle est impossible dans les jardins. De là les nombreuses erreurs et les déceptions dans lesquelles tombent les propriétaires lorsqu'ils suivent les conseils donnés par des opuscules, écrits quelquefois par les marchands de griffes assistés du maître d'école et le plus souvent par de simples culoteurs de pipes, n'ayant jamais vu un pied d'asperges, mais écrivant des petits bouquins sur tous les sujets, pour les besoins des éditeurs de petits livres.

S'il faut en croire les *on dit,* ce splendide résultat de culture et de variété serait venu d'un concours européen d'asperges, dans lequel les cultivateurs d'Argenteuil auraient été moins bien traités que les étrangers, en apportant des produits au moins égaux.

La commission, *dit-on encore,* aurait dit aux cultivateurs d'Argenteuil :

« Vous avez un sol exceptionnel (calcaire à l'excès) et le privilège des meilleurs engrais : la godoue (boue de Paris) ; comme vous pouvez produire plus gros et meilleur, nous ne vous accordons qu'une mention honorable, nous ne vous délivrons qu'un prix d'*encouragement.* Vous pouvez devenir les rois de l'asperge ; travaillez, et nous aviserons ! »

Argenteuil a pris la décision au sérieux et s'est mis à l'œuvre. Plusieurs de ses cultivateurs, piqués dans leur amour-propre, toujours d'après le *dit-on*, dont je n'ai pas la preuve, se seraient *mis en quatre* et auraient produit cette inappréciable variété d'asperges, et apporté une révolution complète dans sa culture.

Je ne fais que répéter et reproduire ici *un bruit* que je ne garantis nullement, en en laissant la responsabilité à la clameur publique. Mais il est incontestable, quelle que soit la cause qui ait déterminé l'effet, que les cultivateurs d'Argenteuil ont acquis leur place dans l'histoire contemporaine, en créant une variété d'asperges à nulle autre pareille, et en produisant une culture facile et économique. Ils ont acquis des droits légitimes à la reconnaissance publique, et je suis heureux de leur payer ici le juste tribut d'éloges et de reconnaissance qui leur appartient.

Les cultivateurs d'Argenteuil ne font pas leurs asperges dans leurs jardins, mais en plaine où leur culture est facile, grâce aux engrais puissants dont ils disposent, et que Paris leur fournit quotidiennement ; à leur sol privilégié pour la culture de l'asperge, et beaucoup aussi à la somme d'intelligence et de travail qu'ils dépensent.

Cette culture, après avoir fait la fortune des cultivateurs d'Argenteuil, a bientôt été adoptée par les communes voisines ; aujourd'hui la culture de l'asperge améliorée a envahi toute la vallée de Montmorency : on en récolte là pour des millions chaque année.

Croyez-vous que les bottes d'asperges se vendent

pour rien, en raison de la quantité prodigieuse qui
est récoltée? Pas le moins du monde, cher lecteur : au
mois de mai, en pleine saison, les belles asperges
valent encore 6 et 7 francs la botte, et quelquefois
davantage. Je dis les belles asperges, parce que celles
grosses comme le petit doigt n'ont pas de valeur.

Les asperges ne diminueront pas, au contraire ; il
n'y en a pas assez pour les Anglais et les Russes, qui
ne peuvent en récolter chez eux et dont la France est
le grand marché.

Produisez donc, produisez partout, et la France
s'enrichira. En doutez-vous? Voyez ce qui s'est passé
à Argenteuil. Cette commune s'est enrichie avec
ses asperges, les communes voisines en ont fait
autant, et aujourd'hui toute la vallée de Montmorency cultive les asperges, et les fortunes de 100,000
à 300,000 francs ne sont pas rares chez les paysans.

Lorsque j'ai vu ces magnifiques résultats et constaté
en même temps la disette de légumes en province, j'ai
fait tous les efforts possibles pour y introduire la culture de l'asperge. J'ai réussi sur beaucoup de points ;
partout où les belles asperges apparaissent, on se les
arrache. Et depuis trente ans environ la culture
de l'asperge, que j'ai propagée dans toute la France, a
augmenté bien des fortunes et affermi plus d'une position chancelante.

Produisez, produisez au centuple, et aussitôt vous
verrez les émissaires anglais et russes faire des *razzias*
complètes sur vos marchés. Produisez encore ; il n'y

en a jamais assez pour l'Étranger, car il nous donne des sommes énormes, en échange d'un peu de travail dépensé sur un sol jadis improductif.

Beaucoup de propriétaires, quelques instituteurs, et de trop rares cultivateurs ont essayé de la culture de l'*asperge d'Argenteuil* dans plusieurs départements ; tous leurs produits sont retenus à l'avance et payés ce qu'ils veulent les vendre ; tous hésitaient et aujourd'hui tous regrettent d'en avoir fait aussi peu.

Faut-il maintenant compter, en dehors des fortunes faites et à faire par la petite culture, la plus-value du sol, dont la valeur décuplera lorsqu'il portera ces riches récoltes? Le propriétaire s'enrichira dans la même proportion que le cultivateur ; ce sont des millions que l'Étranger payera à la France en asperges et en plus-value du sol. La France n'a donc qu'à cultiver ; mais pour cela il faut savoir, prendre la peine de travailler et avoir des plants d'élite.

La culture de l'asperge améliorée est une source de richesse pour tous les pays qui voudront l'entreprendre. Cette culture est aussi neuve, à quinze lieues de Paris, que la variété d'asperges, mieux connue des Anglais et des Russes que des Français, car c'est à peine si ces messieurs en laissent quelques bottes pour les Parisiens et encore ce ne sont pas les plus belles. Je traiterai donc cette culture, mûrement étudiée et longuement expérimentée, à deux points de vue : à celui du jardin du propriétaire, du potager, et à celui de la spéculation en plaine.

Posons tout d'abord en principe qu'il faut rompre complètement avec le passé et abandonner, de la manière la plus absolue, l'ancienne culture de l'asperge, dans les fosses profondes, très dispendieuses à établir, et où l'on enfouissait des monceaux de fumier, entièrement perdus. Nous proscrivons encore de la manière la plus absolue les rechargements annuels, de terre passée à la claie et préparée avec de grandes dépenses, modes de culture aussi ruineux pour le propriétaire que contraires à la végétation de l'asperge : en un mot abandonner franchement les anciens errements, comme les tâtonnements, toutes les complications ruineuses, consignées dans tous les anciens traités d'horticulture, et encore dans nombre de petits livres, pour entrer hardiment et franchement dans la voie du progrès et de la vérité.

Les propriétaires qui suivront à la lettre la culture que je vais leur indiquer, et sans y rien changer, seront certains de récolter en abondance des *asperges monstrueuses* dans le délai de trois ans. Ceci s'adresse à tous les propriétaires, à ceux qui ont creusé des fosses depuis vingt ans, y ont enfoui des pierres, des fascines et la moitié de leur fumier, si ce n'est le tout, sans jamais avoir réussi à récolter une asperge passable, comme à ceux qui modifient mes applications d'après les conseils des marchands de griffes d'asperges et des pépiniéristes, n'en ayant jamais cultivé une touffe, mais donnant des conseils pernicieux, comme celui de planter sans fumer. Moyen infaillible de ruiner un plant d'asperges au début. Il est vrai qu'il faut re-

planter deux ou trois ans après et cela fait l'affaire
du marchand. Avant d'enseigner la culture de l'asperge, répondons d'avance à une objection qui sera
souvent faite, celle-ci : « Mon sol n'est pas celui
d'Argenteuil ! » A quoi je réponds par ceci: « J'ai fait
planter des asperges d'Argenteuil sous tous les climats de la France et dans tous les sols, et partout
j'ai obtenu, grâce à la culture que je vais vous enseigner, à peu de choses près, les mêmes résultats. »
Cela dit, je commence par le semis, pour obtenir de
bonnes griffes.

SEMIS D'ASPERGES

Le plus difficile est de se procurer de bonne graine ;
je dis difficile, pour ne pas dire impossible. On récolte
d'excellente graine à Argenteuil et dans les environs,
mais elle n'est jamais vendue ; on la réserve pour la
production des griffes, dont on fait un commerce considérable, surtout depuis que j'ai popularisé cette culture en l'enseignant dans toute la France.

La graine d'asperges ne manque pas dans le commerce, mais elle n'offre aucune garantie ; il faut la
faire soi-même pour être certain de ce que l'on sème.
Les porte-graines doivent être choisis parmi les premières asperges qui apparaissent, les plus précoces
par conséquent, lorsqu'elles joignent à cette qualité la
perfection de la forme et le volume. Les plus belles
asperges ne donnent pas de bonnes graines avant l'âge
de cinq ans au moins.

Le moyen le plus sûr et le plus expéditif, quand on veut planter, est de faire venir des griffes provenant d'une maison honorable, et connaissant la culture de l'asperge. Enfin, si l'on veut courir la chance des semis, et que l'on puisse se procurer de bonnes graines, autant pour les semis destinés aux plantations que pour ceux devant servir à faire des asperges forcées pendant l'hiver, voici comment il faut opérer :

Vers la fin de mars, on laboure profondément une planche, et l'on y enfouit, par ce labour, une abondante fumure d'engrais à moitié décomposé. On dresse ensuite la planche avec des rebords tout autour, pour retenir l'eau des arrosements, puis on pose des piquets à chaque bout, à 30 centimètres d'intervalle : on place le cordeau, et l'on trace avec le rayonneur des sillons de 3 à 4 centimètres de profondeur. Cela fait, on enlève le cordeau ; on prend du terreau de couche dans un panier, et l'on en met environ 1 centimètre d'épaisseur au fond des sillons. On sème ensuite les graines à 4 ou 5 centimètres de distance dans les sillons que l'on remplit de terreau, et en dernier lieu on recouvre le tout de crottin de cheval pur, et bien écrasé avec les doigts.

Lorsque le temps est sec, il faut arroser souvent pour faire lever les plants, et jusqu'à ce qu'ils aient acquis une certaine force. Les arrosements donnés sur le crottin de cheval, qui recouvre le sol, dissolvent toutes les parties solubles, qui viennent saturer d'engrais assimilable la couche de terre occupée par les jeunes racines. On arrache à la main les mauvaises

herbes, s'il s'en montre avant la levée du plant. Dès
que celui-ci est levé, on donne un petit binage
très léger avec le sarcloir, et l'on arrache à la main
les mauvaises herbes qui poussent entre les plants.
Lorsque le plant a atteint une hauteur de 10 centimètres environ, on donne un binage plus énergique,
et l'on recouvre le sol avec un bon paillis, auquel on
mêle quelques poignées de plâtre, ou de cendre, à défaut de plâtre, mais le plâtre vaut mieux

Le printemps suivant, ce plant est bon à mettre en
place, surtout si on lui a donné tous les soins que j'ai
indiqués ; et quand bien même une partie de ces soins
aurait manqué, il serait encore bon à planter ; il serait un peu moins fort, mais préférable, à coup sûr,
aux griffes du commerce et surtout à celles de deux
ou trois ans, comme on a la déplorable habitude de
les employer.

Les griffes d'asperges sont très fragiles : elles ne
souffrent pas de la déplantation la première année, où
les racines sont peu développées ; mais la seconde, on
en brise une grande partie, et cela apporte un retard
notable à la végétation. Si l'on veut réussir à coup
sûr, il ne faut planter que des griffes d'un an, et souvent les plus petites viennent mieux que celles qui
sont trop fortes.

Si l'on veut faire des asperges vertes sous châssis,
on éclaircira le semis la première année, pour n'y
laisser qu'une griffe tous les 40 centimètres environ ;
on labourera à la fourche pour ménager les griffes,
et l'on fumera en couverture avec du fumier à moitié

décomposé. Ces griffes seront bonnes à arracher
l'année suivante, pour les replanter sous châssis.

On peut semer les asperges dans le carré A, ou
mieux dans le carré D, où l'on préparera une planche
à cet effet avec du fumier très consommé, avec addition de vieux terreau pour recouvrir les semis.

L'époque la plus favorable pour semer les asperges
est le mois de mars ; plus tard, la sécheresse les prend
et elles réussissent mal.

PRINCIPES GÉNÉRAUX DE LA CULTURE DE L'ASPERGE

Avant d'aborder la plantation et la culture de l'asperge, il est utile de poser des principes généraux de
culture, s'appliquant aussi bien au potager qu'à la
plantation en plaine. Ces principes résument toute la
science de la culture de l'asperge ; on ne devra jamais
s'en écarter, sous peine de subir un échec.

1° *L'asperge aime le calcaire, c'est sous l'influence
de cet élément qu'elle se développe rapidement, acquiert la qualité et surtout le coloris.* Il résulte de
cela que :

Les sols préférables pour la culture de l'asperge
sont les *sols calcaires* et non *les sables*, comme cela a
été dit, écrit et enseigné jusqu'à ce jour.

L'asperge redoute les terres fortes et y vient mal,
parce que ces terres manquent de calcaire, et retiennent une grande quantité d'eau, la seule chose que l'asperge redoute. Elle vient mieux dans le sable parce
qu'elle trouve un sol friable et n'y souffre pas de l'hu-

midité; mais elle n'y donne pas son maximum de qualité et de production, parce que le sable ne contient pas de calcaire.

Le sol de prédilection pour l'asperge est le sol calcaire; plus il sera calcaire, plus les asperges seront belles et savoureuses.

La preuve la plus concluante de ce que j'avance est l'asperge d'Argenteuil, née sur les remblais des carrières à plâtre, et acquérant un développement, une qualité et un coloris hors ligne, dans le carbonate de chaux presque pur.

J'étais tellement convaincu que le calcaire était la base de l'existence de l'asperge, l'élément indispensable à son développement, que je n'ai pas hésité à faire à mon ancien jardin-école, dans le *verger Gressent*, créé sur un remblai de plâtras, une plantation d'asperges. Ces asperges ont été plantées dans les pierres et dans le plâtre, ce qui a fait beaucoup rire les cultivateurs d'asperges. Elles ont produit abondamment pendant plus de quatorze ans, étaient énormes, excellentes et bien colorées. Pendant de longues années, elles ont fait l'admiration des visiteurs de mes anciens jardins-écoles : et elles existeraient encore très belles et très bonnes, si elles n'avaient été arrachées en 1880, pour faire d'autres cultures.

Ajoutons à cette expérience des plus probantes les nombreuses expériences que j'ai faites et fais faire dans les sols argileux, fortement additionnés de calcaire. Les asperges y sont venues plus belles que dans les sables.

Je conclus de ces expériences, renouvelées depuis plus de trente ans, que *tous les sols sont propres à la culture de l'asperge*, pourvu qu'ils ne soient pas trop compacts, et à la condition d'y introduire l'élément indispensable à son existence : *le calcaire.*

Donc l'asperge peut être cultivée avec succès dans tous les potagers, où l'on peut toujours amender, quelle que soit la nature du sol. C'est une affaire de sable et de calcaire dans les terres fortes, et de calcaire seulement dans les sables.

On devra établir de préférence les cultures d'asperges pour la spéculation sur les coteaux, presque tous calcaires à l'excès, et difficilement accessibles à la charrue. Avec assez d'engrais, l'asperge y donnera les plus beaux produits et créera un revenu élevé sur des terres sans valeur et dont on ne sait que faire le plus souvent.

En dehors des coteaux, on devra placer les cultures d'asperges, pour la spéculation, dans des terres renfermant une grande quantité de calcaire. Un sol de consistance moyenne très calcaire est préférable à un sable, dans lequel il faudra en ajouter si l'on veut obtenir de beaux et abondants produits.

Il n'y a qu'un sable dans lequel l'asperge donne les plus beaux résultats : celui de mer. Cela tient à ce que le sable de mer contient une quantité considérable de *chlorure de sodium* ou *sel marin*, nouvelle preuve de ce que j'avance.

2° *L'asperge demande un sol meuble à la surface et ferme au fond.* On ne doit jamais défoncer la terre

destinée à la plantation des asperges ; un labour à
un fer et demi de bêche, donné en plein avant la
plantation, suffit. La surface de la terre est bien
ameublie, lien divisée, parfaitement épurée, et le fond
reste ferme.

La fermeté du fond est un des principaux éléments
de succès pour la culture de l'asperge ; cela tient à
sa manière de végéter. L'asperge développe une
quantité considérable de racines ; pour que ces racines
fonctionnent avec énergie et produisent de belles
asperges, il faut qu'elles soient placées de manière à
recevoir le contact de l'air, c'est-à-dire le plus horizontalement et le plus superficiellement possible.

Lorsque le sol est défoncé profondément, les racines
s'enfoncent, végètent mal, et partant de là la récolte
est moins en nombre et en volume.

3° *Planter les griffes d'asperges très superficiellement*, c'est-à-dire placer la couronne de la griffe à
une profondeur de CINQ A SIX CENTIMÈTRES AU PLUS, en
ayant le soin d'étendre les racines horizontalement,
et cela par la raison que je viens d'indiquer. Toute
racine soustraite à l'influence de l'air languit et végète
mal.

4° *Fumer très copieusement les asperges en les plantant*. L'asperge est une des plantes les plus voraces
qui existent. Elle ne donne de beaux produits qu'à
la condition d'être abondamment nourrie. Presque
toutes les griffes fumées avec parcimonie à la plantation souffrent tellement du manque de nourriture,
qu'il est presque impossible de les faire pousser en-

suite, même avec les fumures les plus copieuses. Elles sont désorganisées par le jeûne. Le plus prompt et le plus économique est de les arracher et d'en replanter d'autres.

Des *Gros-Jean*, marchands de griffes d'asperges, ont conseillé de les planter sans fumier. Beaucoup de personnes ont malheureusement suivi ce fatal conseil et ont été obligées de replanter deux ans après. Juste à l'époque où elles devraient récolter les premières asperges, il a fallu racheter des griffes et recommencer. C'est ce que voulaient ces honnêtes conseilleurs et ce que cherchent encore nombre de marchands de griffes : deux ventes de griffes au lieu d'une !

5° *Fumer en couverture, tous les deux ans au moins, les asperges en rapport.* La fumure en couverture est

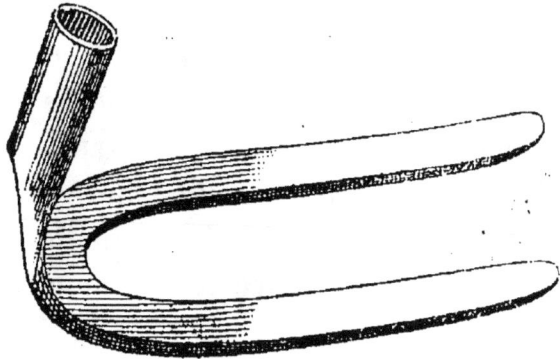

Fig. 124. — Crochet à biner.

la plus efficace pour les asperges. Aussitôt le débuttage, on les fume en couverture, au mois de novembre, décembre au plus tard, avec des engrais bien préparés, c'est-à-dire bien décomposés. Les pluies d'automne et d'hiver entraînent toutes les parties solubles des engrais dans la couche de terre occupée par les racines. Au printemps, le fumier est à l'état de terreau ; on donne un coup avec le crochet à biner (fig. 124), pour briser les dernières pailles, et l'amalgamer avec le sol avant de butter. Le crochet à biner est le seul outil à employer pour cette façon ; il remue le sol sans couper les racines.

Quand on enfouit au printemps du fumier qui n'est pas décomposé dans une plantation d'asperges, on compromet gravement la récolte ; il serait préférable de ne pas fumer du tout. Voici pourquoi :

Le fumier non décomposé ne fournit rien aux racines, qui ne sont pas nourries ; mais, en échange, ce fumier fermente près de la couronne ; il fait *rouiller* les asperges. Elles ont l'aspect d'asperges pourries, et le sont le plus souvent, par suite de la fermentation du fumier.

En outre, le fumier non décomposé offre un obstacle très résistant, empêchant les asperges de sortir de terre ; quand elles parviennent à vaincre l'obstacle, elles sont toutes crochues.

6° *Débutter les asperges en octobre au plus tard*. Le débuttage fait de bonne heure augmente la récolte de l'année suivante. Les racines exposées à l'influence de l'air prennent de la vigueur, et donnent le printemps suivant des produits plus beaux et plus abondants que lorsque le débuttage est fait en décembre ou janvier ; on fume en couverture aussitôt après le débuttage.

7° *Ne jamais laisser de tronçons de tiges sèches au buttage*. Rien ne nuit autant au développement des asperges qu'un bout de tige sèche laissée sur la couronne. Les asperges qui poussent trouvent un obstacle ; elles sortent tortues, difformes, et quelquefois pourries à la base.

8° *Casser avec le doigt les asperges que l'on récolte, et bien se garder d'employer l'antique couteau à scie.* Le couteau à asperge détruit les trois quarts de la récolte à lui seul. Il coupe bien l'asperge auprès de laquelle on l'enfonce, mais aussi en même temps trois, et quelquefois quatre rudiments placés au pied. En outre, le couteau laisse toujours un bout de tige sur la couronne. Ce tronçon de tige dépense de la sève au détriment des asperges à venir, et la place qu'il occupe est un obstacle infranchissable pour celles qui poussent.

On éboule la butte jusqu'à la naissance de l'asperge à cueillir ; on passe le doigt derrière, et d'un coup sec on la casse rez de la couronne. En opérant ainsi, il ne reste jamais rien sur la couronne, et on ne détruit pas les rudiments qui se développent au pied ; les asperges sont toutes de la même longueur, et la récolte est considérablement augmentée en quantité et en volume.

Devant les conseils trop souvent donnés aux propriétaires par les hommes les plus inexpérimentés dans la culture de l'asperge, conseils dictés par l'ignorance, par un sot orgueil, et quelquefois par la cupidité, j'ai dû faire précéder la plantation et la culture des asperges de *principes généraux.*

Je ne saurais trop engager ceux qui plantent des

asperges à se bien pénétrer de ces principes et à les
appliquer à la lettre ; ils sont dictés par une étude
sérieuse et de longues années d'expérience ; on ne
s'en écartera pas sans s'exposer à des échecs certains.

Le nombre des victimes des conseils de gens ignorant la culture de l'asperge est grand, et je crois le
diminuer dans l'avenir en indiquant ici les deux conseils les plus pernicieux qui aient été donnés :

1° LA PLANTATION DES GRIFFES SANS FUMIER ;

2° LA PLANTATION DES GRIFFES A 30 CENTIMÈTRES DE
PROFONDEUR.

La plantation des griffes sans fumier a produit partout le même résultat : les produits n'ont pas pu se
développer faute de nourriture. Un nombre incroyable
de personnes m'ont écrit, disant qu'après deux ou
trois ans leurs asperges étaient grosses comme une
plume et demandaient s'il fallait les fumer. Non, il
fallait les arracher et en replanter d'autres avec fumure, et cela au moment où elles auraient dû rapporter.

La plantation à 30 centimètres de profondeur a
produit de mauvais résultats partout, mais surtout
dans les sols plastiques, où la majeure partie des
griffes ont pourri, et celles qui ont poussé ont donné
des asperges comme des fils, étouffées qu'elles étaient
par 30 centimètres de terre imperméable, et pas un
atome de fumier pour leur donner de la vigueur.

On me signale ces faits lorsque le mal est sans remède, et qu'il n'y a plus qu'à replanter. Puissent ces
quelques lignes empêcher de nouveaux désastres !

PLANTATION DES ASPERGES DANS LE POTAGER

L'asperge demande une terre calcaire surtout, de
consistance moyenne, plutôt légère que forte, et
exempte d'humidité surabondante; elle aime le calcaire et demande une quantité considérable d'humus.
Avec assez d'engrais, additionné d'une matière calcaire quelconque, on peut obtenir des asperges dans
tous les sols pourvu qu'ils soient sains.

Il n'existe pas de potager, quelque argileux qu'il
soit, où l'on ne puisse créer un plant d'asperges. Dans
ce cas, il faut amender, et, quelque amendement que
l'on donne à la terre, ce sera toujours moins dispendieux que les plantations dans des fosses profondes,
avec assainissement du fond, et des montagnes de
fumier dépensées en pure perte.

Avec le dixième de la somme que coûte une antique
fosse d'asperges, on peut acheter de la chaux ou du
plâtre, pour le mêler aux engrais tous les ans, pendant toute la durée de la plantation, et obtenir les
plus beaux produits.

Dans le cas où le sol serait compact, humide et re-
tiendrait de l'eau stagnante dans les couches inférieures, il faudrait drainer le plant d'asperges; mais
c'est un cas exceptionnel qui ne se rencontre pas une
fois sur cent. Un rang de drains placé dans les allées
est suffisant pour assainir le carré. Lorsque la terre
est forte, argileuse, un amendement suffit; suivant la
compacité du sol, on répand également sur toute la

surface du sable mêlé à des plâtras concassés, à des
vieux mortiers de chaux, à de la chaux, à du plâtre
ou, à défaut de tout cela, à des cendres de bois, de
fours à chaux, d'usine et même de locomotive, si
l'on est placé près d'une ligne de chemin de fer, et
que l'on n'ait pas autre chose à sa disposition.

Je suis très partisan des cendres de locomotive,
parce qu'on peut s'en procurer en grande quantité,
presque pour rien, et que l'expérience m'a prouvé
qu'elles agissaient avec beaucoup d'énergie dans les
sols argileux et siliceux, qui manquent essentiellement
de calcaire. Mais il est indispensable de les passer à
la claie, avant de les employer, afin d'en extraire les
pierres et les scories de charbon que l'on y trouve
en abondance. Dans le voisinage des côtes, on pourra
employer avec un grand avantage le sable de mer,
chargé de sel, pour alléger la terre et de la coquille
pilée, ce qu'on appelle le *sablon de mer* en Bretagne,
en guise de chaux ou de plâtre.

Lorsque le sol à planter est très compact, il est
utile de lui donner un labour grossier avant les gelées;
on l'abandonne ainsi pendant tout l'hiver, et au printemps on répand l'amendement que l'on amalgame
bien avec la terre, en ayant le soin d'extraire les
pierres et de casser les mottes, en exécutant un labour à deux fers de bêche ; ces deux labours ne sont
nécessaires que dans les terres très fortes et très argi-
leuses.

Dans les sols de consistance moyenne, dans les terrains contenant assez de calcaire, on donnera un seul

et unique labour à deux fers de bêche, lorsque la terre sera bien saine. Dans les terrains siliceux où l'asperge donne de bons résultats, on donnera également ment un seul labour au printemps, labour par lequel on enfouira du calcaire.

Lorsque le terrain à planter est nivelé, labouré, amendé, bien purgé de pierres et de mauvaises herbes, on place des piquets à 1ᵐ,20 de distance, celle à laquelle on plantera les lignes d'asperge que l'on orientera de l'est à l'ouest. Au lieu de faire des planches contenant deux et quelquefois trois rangs d'asperges plantés de 44 à 60 centimètres de distance, nous ne ferons qu'une seule ligne, tous les 120 centimètres, et nous planterons les griffes d'asperges à la même distance, sur toute la longueur de la ligne, en ayant soin de planter les lignes suivantes en quinconce, afin d'avoir une distance de 1ᵐ,20 en tout sens, entre chaque pied.

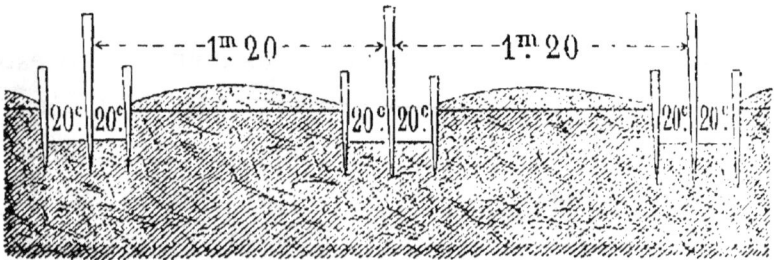

Fig. 125. — Fosse pour planter les asperges.

Ce mode de plantation paraîtra exagéré à ceux qui ont l'habitude de planter les asperges à 70 centimètres. *Un mètre vingt centimètres* est la distance voulue et

expérimentée pour l'as-
perge d'Argenteuil, six ou
huit fois plus grosse que la
verte, et quatre fois plus
productive. Si l'on plante
plus près, on s'expose à
perdre beaucoup sur le volume et sur la quantité
d'asperges.

Lorsque les piquets sont
plantés à 1^m,20 de distance,
on enfonce de chaque côté
un piquet plus petit à 20
centimètres de celui du milieu, ce qui donne, lorsque
le cordeau est posé, une
ligne de 40 centimètres de
large. On ouvre des petites
tranchées de QUINZE A DIX-
HUIT CENTIMÈTRES DE PRO-
FONDEUR, pas plus, et de 40
de largeur, à la bêche ou à
la houe, en rejetant la terre
extraite à droite et à gauche
(fig. 125).

Les tranchées ouvertes,
on met 8 à 10 centimètres
d'épaisseur de fumier à
demi consommé au fond, et
on l'amagalme avec la terre
(A, fig. 126).

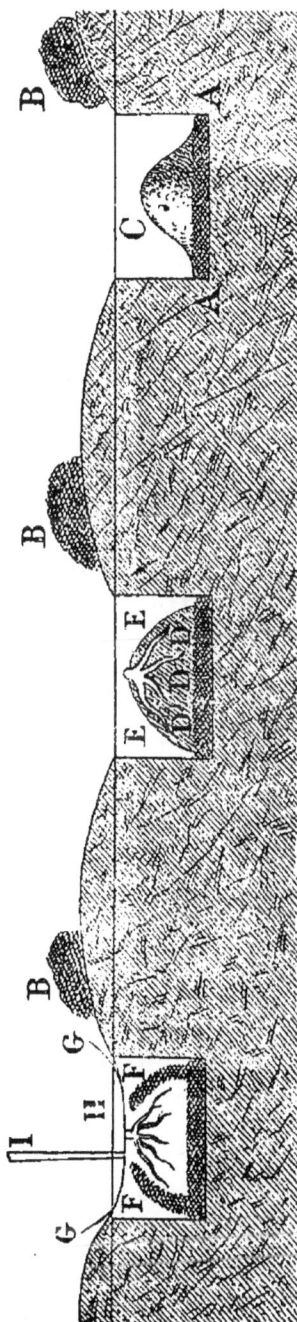

Fig. 126. — Plantation d'asperges.

Les personnes n'ayant pas la pratique de l'enfouissement du fumier décomposé se figurent qu'une épaisseur de 8 à 10 centimètres d'engrais amalgamé avec le sol emplira la tranchée, et m'écrivent : « Monsieur, vous vous êtes trompé ; je ne pourrai plus planter mes griffes ; il ne restera que 5 ou 6 centimètres de profondeur. »

Huit à dix centimètres de fumier décomposé, enfouis au fond de la tranchée, produisent à peine 4 centimètres de foisonnement. Il reste donc une profondeur de 12 à 15 centimètres, plus que suffisante pour la plantation.

Ensuite on mesure les tranchées, et l'on place une petite baguette piquée en terre à chaque endroit devant être occupé par une griffe, c'est-à-dire la première à 60 centimètres du bord du carré, la seconde à 1^m,20 de la première, et les suivantes, jusqu'au bout de la tranchée, à 1^m,20 de distance. La seconde ligne et les suivantes sont jalonnées en quinconce.

Lorsque toutes les baguettes sont placées, on dépose deux ou trois poignées d'engrais en face de chacune (B, fig. 126). Il est utile de prendre toutes ces dispositions pour planter vite et bien.

Lorsque tout est préparé, on procède à la plantation, en formant une petite butte de terre avec les mains, au milieu de la tranchée, à la place marquée pour planter une griffe (C, même figure). Cette butte doit avoir une hauteur de 4 à 5 centimètres, et un diamètre de 15 centimètres environ.

On place la griffe sur le sommet de la butte, en
étalant soigneusement les racines tout autour (D,
même figure); on couvre les racines de 2 à 3 centimètres de terre, en ayant soin de la bien faire
adhérer à l'extrémité des racines en appuyant un peu
(E, même figure), puis avec la main on distribue la
réserve d'engrais placée à l'avance auprès des baguettes, sur tout le périmètre des racines recouvertes
de terre (F, même figure), et en ayant le soin de ne
jamais mettre d'engrais sur la couronne. On termine
l'opération en recouvrant le tout de terre, comme
l'indique la ligne G.

Il est bien entendu que le sol est nivelé après la
plantation. Ce nivellement du sol nous a valu des
correspondances sans fin, demandant toutes ce que'
l'on ferait DES ADOS. Il est vrai que les personnes
nous adressant ces questions n'avaient pas lu *le
Potager moderne*, mais une foule de petits livres,
traitant de la culture de l'asperge, *à la mode du pays.*

En effet, *dans le pays*, on cultive l'asperge en plaine,
à la distance de 2 mètres et 2 mètres 50, entre lignes.
On relève la terre de chaque côté de la tranchée, et
l'on en forme un *ados* (une butte de terre au milieu
des lignes).

Ces ados sont plantés : en pommes de terre hâtives,
pois de primeur et haricots verts de première saison.

Ce mode de culture a sa raison d'être à la porte de
Paris, où les primeurs se vendent cher, et donnent
un revenu aux cultivateurs, en attendant la production

des asperges. Cette culture, *à la mode du pays,* est excellente pour les paysans qui vendent tout à la halle de Paris, mais inapplicable dans un potager de province, chez un propriétaire ne vendant pas ses primeurs, et obtenant mieux et plus précoce dans les carrés du potager.

Donc l'*ados* qui tourmente tant les lecteurs des petits livres émanant de paysans, de pépiniéristes, ou de culoteurs de pipes, n'a sa raison d'être que dans la plaine et à la porte de Paris. Autant l'ados est utile dans ces conditions spéciales, autant il devient inutile et même nuisible en dehors de ces conditions particulières.

Le collet de la griffe ne doit pas être couvert de plus de 5 à 6 centimètres de terre (H, même figure) lorsque le sol est nivelé.

Il ne doit rester, entre les lignes des tranchées, qu'une petite réserve de terre qui est nivelée la seconde année, si ce n'est la première.

Aussitôt la plantation faite, on place à côté de la griffe plantée un petit bâton (J, même figure), afin de reconnaître sa place, d'éviter de la blesser en donnant des binages, et en plaçant un tuteur l'année suivante on retire le piquet mis à la plantation, et l'on enfonce le tuteur dans le même trou, afin d'éviter de briser les racines nouvellement formées.

Nous avons fait une tranchée de 15 à 18 centimètres de profondeur, au fond de laquelle nous avons enfoui une épaisseur de fumier de 8 à 10 centimètres, donnant un foisonnement de 3 à 4 centimètres. Notre fumier enfoui, il nous reste 10 à 12 centimètres de profondeur de tranchée.

La butte sur laquelle nous plantons notre griffe a 5 centimètres d'élévation ; il nous reste donc 6 à 8 centimètres de vide pour recouvrir la couronne de la griffe, et le fumier tassant d'un centimètre au moins en se décomposant, notre griffe descendra et sera recouverte de 6 à 8 centimètres de terre.

Cette explication, qui peut paraître superflue, signale le danger qu'il y aurait à faire des fosses plus profondes.

Les griffes seraient trop enterrées et donneraient de mauvais résultats.

Le moment le plus favorable pour la plantation des griffes d'asperges est la FIN DE FÉVRIER et tout le MOIS DE MARS.

Les propriétaires et les amateurs, toujours en retard, plantent en avril et en mai. C'est une opération déplorable ; à cette époque, l'asperge entre en végétation et la reprise des griffes est plus que compromise. *Mars est la bonne époque ;* plus tard, C'EST TROP TARD.

On ne doit jamais planter d'asperges par un temps pluvieux, et même, lorsque la terre est très mouillée, les griffes pourriraient.

Il faut que la terre soit BIEN SAINE ET LE TEMPS SEC pour planter les griffes. Dans ce cas elles reprennent toutes.

Quand on plante dans une terre *trop mouillée* ou *par la pluie*, LA PLUPART DES GRIFFES POURRISSENT.

Lorsque le temps est mauvais à l'arrivée des griffes,

il est préférable d'attendre. Cela vaut mieux que de faire une mauvaise plantation. On déballe les griffes aussitôt arrivées, et on les étale sur une planche, dans un endroit *très sain* et un peu éclairé, afin d'éviter la pourriture, à laquelle les griffes sont très sujettes, et on attend le beau temps pour planter.

Si les griffes fanaient, se ridaient un peu, elles n'en reprendraient pas moins bien. Cet inconvénient se produisant quelquefois à la suite d'une longue conservation est bien moins grand que la pourriture, qui détruit tout.

LES GRIFFES DOIVENT ÊTRE PLANTÉES INTACTES ; ON NE DOIT RIEN SUPPRIMER DE LEURS RACINES.

Les griffes d'un an couvrent juste les petites buttes que nous venons d'indiquer pour la plantation. Mais ces griffes deviennent rares depuis quelques années. Les marchands de griffes, se faisant la concurrence, croient attirer *la pratique*, en livrant des griffes de deux ans, beaucoup plus longues que celles d'un an.

C'est de la belle *marchandise*, disent-ils, qu'ils livrent comme griffes d'un an et les acheteurs, toujours enclins à demander des conseils aux marchands, plantent de mauvaises griffes.

Les racines de ces griffes, très développées, nous obligent à faire des tranchées plus profondes pour loger leurs longues racines, à faire une mauvaise plantation pour utiliser ces griffes de deux ans. Celles d'un an, plus petites, sont préférables et reprennent beaucoup mieux.

Quelques semaines après, les asperges poussent ;

elles ne demandent d'autres soins, pendant le premier été, que quelques binages pour détruire les mauvaises herbes, et deux ou trois arrosements à l'engrais liquide si la saison est par trop sèche.

On emploie pour le binage des carrés d'asperges la grande cerfouette (figure 127). On fait pénétrer la lame de 6 à 8 centimètres dans la terre hors de la

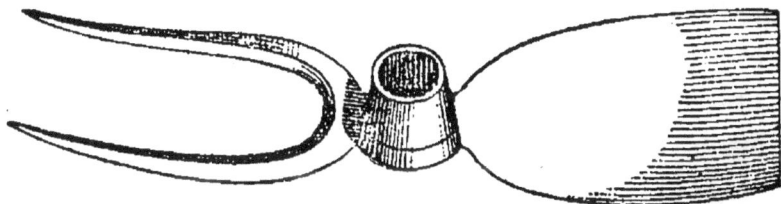

Fig. 127. — Grande cerfouette.

portée des racines, pour l'alléger, et dans leur voisinage pour couper les mauvaises herbes, et avec le crochet, qui ne coupe pas les racines, on ameublit le sol à une profondeur de 4 à 5 centimètres.

Vers la fin d'octobre, on coupe les tiges à 30 centimètres de hauteur du sol (C, fig. 128), afin de reconnaître facilement la place de la griffe; on déchausse le collet, de façon à ne lui laisser qu'une couverture de terre de 3 à 4 centimètres environ (A, même figure); puis on répand du fumier sur tout le périmètre occupé par les racines, en évitant d'en mettre sur la couronne (C, même figure), et l'on abandonne ainsi les pieds pendant tout l'hiver.

L'asperge ne craint ni le froid, ni la gelée; il n'y a aucun inconvénient à la découvrir; mais elle obéit à ce besoin impérieux qu'éprouvent les racines de

toutes les plantes, de se mettre en contact avec l'air.
Les racines des asperges de fosses, beaucoup trop profondément enterrées, *remontent* constamment, comme
disent les jardiniers, c'est-à-dire que les racines,
soustraites au contact de l'air, pourrissent, et qu'il
s'en forme de nouvelles au-dessus des anciennes, au
grand détriment de la vigueur et de la production du
pied. Donnez de l'air aux racines de vos asperges pendant l'hiver, elles cesseront de *remonter*. C'est un
fait reconnu et consacré par des années d'expérience.

Ce mode de culture est diamétralement opposé à
tout ce qui a été fait jusqu'ici. On asphyxiait de
nouveau la plante tous les ans, en la rechargeant de
terre, tandis qu'il faut au contraire donner de l'air à
ses racines en les découvrant. La vieille, ou plutôt les
vieilles méthodes n'ont jamais produit, dans les plus
riches jardins, une asperge qui puisse être comparée
à celles obtenues en plaine, par les paysans, dans la
vallée de Montmorency. La culture d'Argenteuil ne
produit que des asperges monstrueuses; elle en produit le double en nombre, et à deux fois moins de
frais que les vieilles méthodes. Voilà le fait accompli
dans toute sa brutalité, et c'est ce fait accompli qui
m'a déterminé à étudier sérieusement la culture de
l'asperge, à l'expérimenter sur une grande échelle, afin
de la modifier pour le potager et pour la plaine, pour
la faire exécuter sûrement et par tous, sous tous les
climats de la France.

Lorsqu'on a déchaussé et fumé l'asperge comme je

viens de l'indiquer, on la laisse ainsi pendant tout l'hiver. Rien ne gêne ses racines qui respirent librement; les pluies dissolvent l'engrais, dont la partie liquide s'infiltre dans la couche de terre occupée par les racines. Tout est pour le mieux et dans les meilleures conditions.

Vers le 15 mars, par un beau temps, et lorsque la terre est bien saine, alors que les racines des asperges sont saturées d'engrais liquide, on donne un coup de crochet pour briser les dernières pailles du fumier et le répandre en même temps également dans tout le carré. On l'y enfouit par un labour à la fourche à dents plates par lequel on unit le sol complètement.

La bêche ne doit jamais entrer dans les carrés d'asperges; la lame coupant les racines y produirait des dégâts considérables.

Ensuite on déchausse avec précaution chaque pied d'asperges pour enlever les tiges mortes (C, fig. 128) rez de la couronne, et de manière à ce qu'il n'en reste pas de fragments qui empêcheraient les asperges de pousser.

Cela fait, on place un petit bâton ou une tige d'asperge au centre de la couronne de la griffe d'asperge; on le cale avec deux poignées de terre et l'on ramène la terre tout autour du bâton, pour en former une butte haute de 35 à 40 centimètres (D, même figure).

Cette terre, bien ameublie, exposée pendant tout l'hiver à l'action des gelées, donne facilement passage aux asperges, qui ne tarderont pas à pousser.

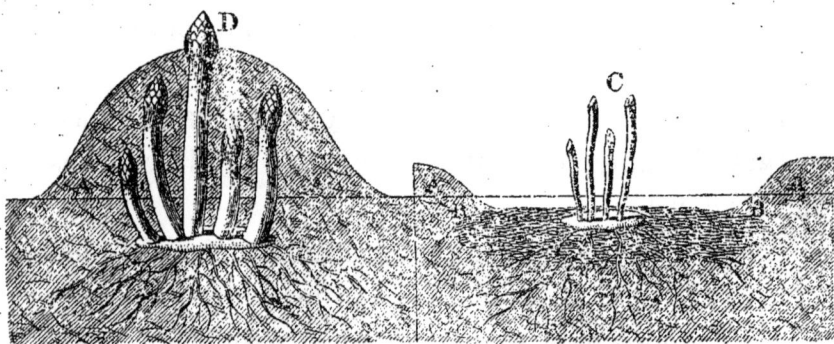

Asperge buttée.   Fig. 128.   Asperge déchaussée.

La butte contribue puissamment à l'augmentation
du volume de l'asperge ; cela s'explique facilement :
les racines sont dans le meilleur état possible de santé
et de nourriture quand on les butte. La terre apportée sur la couronne de l'asperge nous permet non
seulement de récolter des asperges de 40 centimètres
de longueur, mais encore elle apporte à l'ascension
de la sève une résistance qui, ralentissant l'accroissement en longueur, augmente forcément celui en diamètre.

La butte défaite tous les jours, et remuée sans cesse
pour la cueille des asperges, forme une terre sans
égale pour la végétation ; elle renferme les principaux
éléments pour l'activer : chaleur et perméabilité.

- La récolte des asperges commence en avril, pour
continuer jusqu'en juin.. La Saint-Jean, 24 juin, est
le terme de rigueur pour cesser la récolte ; mais il
est de l'intérêt du propriétaire comme du spéculateur
d'arrêter la cueille vers la fin de mai. Les asperges
seront plus belles et plus précoces l'année suivante.

Au mois de mai, les pois apparaissent ; quelques
jours après, les haricots verts. Le propriétaire est
las d'asperges, il les laisse pousser ; le spéculateur,
qui envoie ses bottes d'asperges au marché, éprouve
une baisse dans ses produits à l'approche des autres
légumes. Il a bénéfice, à moins qu'il n'ait besoin
d'argent, à ménager pour l'année suivante la récolte
des asperges de première saison, qu'il vendra le
double.

On récolte les asperges à partir de la troisième

année, mais avec ménagement : on coupe seulement
une ou deux asperges par butte ; la quatrième, on
fait récolte complète, mais en fumant abondamment
chaque année. Ensuite, on coupe tout, et l'on peut,
à la rigueur, ne fumer que tous les deux ans, parce
qu'alors les griffes ont acquis tout leur développement.

On ne butte que la troisième année ; il faut, pendant les deux premières, laisser les griffes d'asperges
dans les meilleures conditions de végétation, c'est-à-
dire leurs racines en contact avec l'air.

La première année, nous avons couvert le collet
des griffes de 6 centimètres de terre seulement ; la
seconde année, où nous ne récolterons pas encore
d'asperges, on déchaussera ; on fumera à la fin d'octobre, et l'on rechaussera en mars, de 15 à 20 centimètres de terre seulement. La troisième année, où
l'on commencera à couper les plus grosses asperges,
on fera les mêmes façons d'automne, et l'on buttera
à 30 centimètres de hauteur au moins, et ainsi de
suite tous les ans, tant que le plant d'asperges durera.

Dès la seconde année, il est urgent de mettre de
bons tuteurs aux asperges, et de les attacher solidement après, afin d'empêcher le vent de les ébranler,
ce qui nuit beaucoup à la production.

Les années suivantes, les touffes très fortes peuvent
se passer de tuteurs. On se contente de les lier en
deux ou trois endroits avec les rameaux du bas, du
milieu, et au besoin du haut, que l'on tourne autour
des tiges et que l'on arrête avec un nœud.

Il faut bien se garder de couper les tiges des asperges

en végétation, ce serait détruire en partie la récolte de l'année suivante. On ne coupe les tiges que lorsque les feuilles jaunissent et ne végètent plus.

On peut avancer de quelques jours la récolte des asperges en mettant des cloches sur les buttes.

Quand on veut ne récolter que des produits d'élite, il faut avoir le soin d'enlever les graines aussitôt qu'elles sont formées. Rien n'épuise autant une plante que la production de la graine : les asperges égrainées sont toujours plus grosses que celles auxquelles on laisse les graines.

Si l'on veut suivre à la lettre toutes les indications qui précèdent et rester sourd aux boniments des marchands, on obtiendra infailliblement une grande quantité d'asperges monstrueuses dans tous les sols, et cela la troisième année, en plantant des griffes d'un an, jamais plus vieilles. Il est urgent, non seulement de se procurer l'*asperge rose hâtive d'Argenteuil*, mais encore de bonnes griffes. Je vais donner les indications nécessaires pour les bien choisir et rebuter les mauvaises.

CHOIX DES GRIFFES D'ASPERGES

Il est bien entendu que nous ne planterons que des griffes d'un an, pour obtenir très vite des produits hors ligne, c'est-à-dire la troisième année.

Les griffes de deux ans reprennent mal, restent longtemps languissantes, ne donnent jamais de bons produits: elles ne sont bonnes qu'à orcer sur couches.

Les bonnes griffes d'asperges sont faciles à reconnaître; les racines sont grosses, courtes et peu nombreuses; la couronne est large et ne doit porter que deux yeux, trois au plus, larges par la base, bien tuméfiés et arrondis.

Les griffes ayant les racines nombreuses, longues et grêles, et quatre ou cinq yeux pointus sur la couronne, sont bonnes à jeter au fumier; elles ne produiront jamais de belles asperges.

En outre, quand on achète des griffes, il faut veiller à ce qu'elles soient fraîchement arrachées. Elles poussent moins vigoureusement quand elles arrivent ridées. C'est de la marchandise que le marchand de griffes a achetée de tous les côtés, et qu'il a laissé faner dans son grenier, et quelquefois au soleil dans sa boutique depuis plusieurs mois.

Les griffes d'asperges peuvent être conservées arrachées pendant quelques jours sans inconvénient, mais elles ne doivent jamais être expédiées desséchées.

Ajoutons que les griffes d'asperges sont très sujettes à la pourriture. Si vous apercevez sur les racines des petites taches de moisissures, elles sont décomposées; il n'en poussera pas une.

Quand on expédie des griffes au loin, le meilleur emballage est un panier; l'air y pénètre; elles ne pourrissent jamais.

Répétons encore qu'il ne faut planter les griffes d'asperges que par un beau temps et dans une terre très saine. Toute plantation faite, même avec les meilleures griffes, lorsque la terre est trop humide ou quand il pleut, est plus que compromise.

PLANTATION EN PLAINE

La culture de l'asperge en plaine, pour la spéculation, est semblable à celle du potager ; elle se fait dans les mêmes conditions, et n'en diffère que dans la préparation du sol, à laquelle on apporte plus d'économie. On ne plante des asperges en plaine que pour la spéculation ; la première condition est de choisir un sol qui leur convienne et que l'on puisse préparer sans y ajouter d'amendement trop coûteux. Il faut choisir pour cela une terre de consistance moyenne, ou un sable calcaire gras, exempt de cailloux, ou bien encore, et c'est celui qui donnera les plus beaux produits, un sol calcaire à l'excès. Plantez l'asperge dans le carbonate de chaux, et donnez-lui assez d'engrais, elle y fera merveille.

Les sols crayeux, les coteaux calcaires, comme les anciennes carrières à plâtre ou à chaux, sont des plus favorables à sa culture.

A la rigueur, on pourra donner un bon labour à la charrue, suivi d'une façon au scarificateur ; mais il vaut mieux, pour une opération de cette importance, exécuter le labour à la bêche. On enfouit une bonne fumure par ce labour, puis on trace les lignes à 1 mètre au lieu de 1.m,20, comme je l'ai indiqué pour le potager, et l'on plante également les griffes à 1 mètre de distance. La plantation se fait comme dans le potager ;

toutes les façons d'ouverture de tranchée, de buttage
et de fumure sont les mêmes, et se font à la houe
(fig. 129), outil très expéditif et très énergique pour
les façons en plaine.

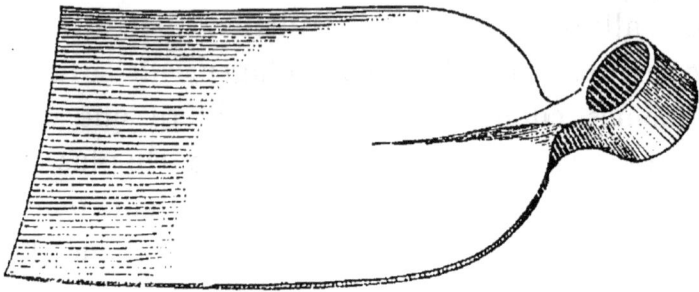

Fig. 129. — Houe.

Pour tirer parti du terrain avant que les asperges
produisent, on peut contre-planter les intervalles des
lignes, dans le potager, avec un *seul rang entre les
lignes :* de choux hâtifs, tomates naines hâtives, ou
deux lignes seulement de haricots ou pois nains, ou
encore deux lignes également de carottes hâtives ou
de navets ; mais il ne faut rien mettre de plus, et jamais rien entre les pieds d'asperges. On ne contre-
plante qu'entre les lignes et au milieu seulement.

Dans la plaine, on peut contre-planter pendant les
deux premières années, au milieu des lignes : *une seule
ligne* de pommes de terre marjolain, ou à feuilles d'ortie, ou royale Kidney, suivie d'une ligne de navets ;
de choux hâtifs, suivis d'une ligne de rutabagas repiqués ; de betteraves, de carottes ou d'oignons, ou de
carottes fourragères, suivant les besoins du cultivateur, mais de tout cela *une ligne seulement* au milieu

des lignes d'asperges, et non un semis à la volée, qui empêcherait les asperges de se développer.

Pour la plantation en plaine, nous opérerons comme pour le potager, et ne ferons *pas d'ados*. Le sol sera nivelé après la plantation comme pour le potager.

L'ados n'est utile qu'à la porte de Paris pour faire des récoltes supplémentaires; autant il est utile dans des conditions locales toutes spéciales, autant il serait nuisible loin de Paris.

Il sera urgent de mettre des tuteurs la seconde année seulement aux asperges plantées en plaine. Les années suivantes, on attachera les tiges avec leurs propres rameaux, comme je l'ai indiqué précédemment.

Il faudra aussi, en plaine comme dans le potager, fumer abondamment, faire le débuttage et le buttage à temps, et donner de fréquents binages, autant pour maintenir le sol meuble que pour détruire les mauvaises herbes, surtout avant le buttage.

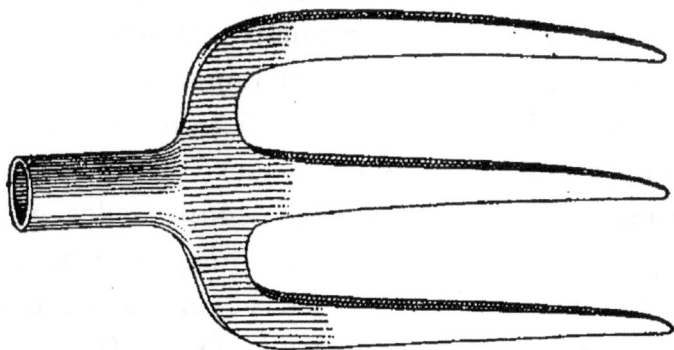

Fig. 130. — Fourche à dents plates.

Disons encore que, dans la plaine comme dans le potager, les labours ne doivent être faits dans les asperges qu'avec la fourche à dents plates (fig. 130).

ASPERGES FORCÉES

Nous avons conservé dans notre semis d'asperges du potager une griffe tous les 40 centimètres, pour nous fournir du plant de deux ans, à forcer. Avec ce plant, nous ferons dans l'hiver des asperges vertes, appelées à Paris *asperges aux petits pois*, ce sont deux cultures différentes ; nous allons les décrire toutes les deux.

ASPERGES VERTES

On obtient des asperges vertes en quinze ou vingt jours sous châssis ; on peut par conséquent en avoir à discrétion pendant tout l'hiver, si toutefois on est bien approvisionné de griffes. On monte une couche tiède susceptible de donner une chaleur de 20 à 25 degrés ; on recouvre de 5 à 6 centimètres de terreau ; on pose les coffres et l'on attend quelques jours. Quand la couche a jeté son premier feu, on la couvre de griffes d'asperges, posées les unes à côté des autres ; on entrelace des racines ; on coupe celles qui sont trop longues, puis on coule après, avec les doigts, du terreau entre les racines, et on les recouvre de 4 à 5 centimètres de terreau environ. On entretient l'humidité à l'aide de légers arrosements ; si la température est froide, on manie ou renouvelle les réchauds, afin de les rendre plus ou moins actifs, suivant les besoins, mais de manière à obtenir sous

les châssis une température de 20 degrés. On couvre
la nuit avec un ou plusieurs paillassons suivant le
froid. Quand les asperges commencent à pousser,
on profite du soleil pour leur donner un peu d'air
dans le courant de la journée, quand toutefois il ne
gèle pas. On coupe les asperges quand elles ont
atteint la longueur de 40 centimètres; si la culture
est bien conduite, elles donneront pendant deux mois
environ. Les griffes qui ont produit des asperges ne
sont plus bonnes à rien ; on les arrache après la
récolte, et on les jette au fumier.

ASPERGES BLANCHES

La plantation des asperges à forcer se fait de la
même manière, et avec les mêmes soins que celle
des asperges en carré. On plantera des griffes d'un
an avec tous les soins indiqués précédemment, mais
avec cette différence qu'au lieu d'établir des lignes
distantes de $1^m,20$ et de planter les asperges à $1^m,20$,
on formera des planches de $1^m,30$, largeur des châssis,
séparées par des allées de 70 centimètres, et l'on plantera deux lignes de griffes dans cette planche de
$1^m,30$ de large. Chaque ligne sera placée à 42 centimètres du bord, et les griffes seront plantées à 70 centimètres de distance sur les lignes, et en quinconce.
On traitera les asperges comme celles du potager pendant les trois premières années. La quatrième, on les
forcera; mais, comme on ne peut forcer les asperges
tous les ans sans nuire à leur durée, on aura le soin

d'en planter le double de la quantité nécessaire, afin
de n'en forcer que la moitié, et de laisser reposer
l'autre une année. On ne récolte pas les asperges des
plants qui sont au repos; on les laisse pousser sans
y toucher,'et de plus on augmente encore leur vigueur
en supprimant les graines dès qu'elles sont formées.

On commence à forcer les asperges en décembre et
en janvier; trente jours suffisent pour obtenir des produits. On butte les asperges avec du terreau; on pose
les coffres; on les remplit de fumier de cheval frais
que l'on humecte pour le faire entrer en fermentation
et l'on pose des châssis. Ensuite on vide les allées qui
séparent les planches à la profondeur de 50 centimètres
environ, on les remplit avec du fumier frais mélangé
de feuilles, comme pour la construction des couches,
bien foulé et arrosé, jusqu'au haut du coffre. On remanie les réchauds de temps à autre; on ajoute du
fumier frais quand cela est nécessaire; enfin, on
les gouverne de manière à avoir constamment une
température de 15 à 18 degrés sous les châssis. Dès
que les premières asperges paraissent, on enlève tout
le fumier placé dans le coffre, et l'on double les
couvertures de paillassons pendant la nuit, afin de
conserver toujours la même température sous les
châssis, jusqu'à la fin de la récolte, que l'on peut prolonger pendant deux mois environ.

Il est inutile de donner de l'air aux asperges blanches; tous les soins se bornent à entretenir une température égale sous les châssis. Lorsque la récolte est
terminée, on enlève les réchauds, et on rebouche les

tranchées avec de la terre ; mais on laisse encore les châssis quelques jours sur les coffres, afin d'éviter aux asperges le passage immédiat de la température des châssis chauffés à celle de l'atmosphère. On donne de l'air tous les jours ; on couvre la nuit seulement, et enfin on enlève les coffres et les châssis quand les gelées ne sont plus à craindre.

Il est facile, comme on le voit, d'avoir des asperges en toutes saisons, lorsque le jardin est assolé à quatre ans avec des couches, et cela sans dépense additionnelle, une fois le service des couches et des engrais organisé.

Si le mode de culture d'asperges que j'ai longuement décrit effrayait quelques propriétaires tenant trop aux vieilles coutumes, qu'ils gardent leurs vieux plants, et essayent seulement une ligne d'une vingtaine de pieds cultivés comme je l'ai indiqué. Quand ils auront vu les résultats, ils n'hésiteront pas à créer aussitôt un plant comme je l'enseigne.

Dès que la nouvelle plantation produira, on arrachera les vieilles asperges pour faire des asperges vertes pendant l'hiver. Quand l'ancien plant est grand, on arrache en deux années, juste le temps d'obtenir de bonnes griffes pour forcer.

Je ne saurais trop engager les amateurs à créer quelques plants d'asperges dans tous les pays : l'asperge se vend bien partout, et cette culture est devenue une source de richesse pour bien des contrées où elle était ignorée.

Un plant d'asperges bien établi peut durer vingt

ans, quand il est bien cultivé et bien fumé; on est, il est vrai, deux années sans rien récolter, mais cette privation est bien rachetée par une production aussi riche et aussi abondante que de longue durée.

L'asperge souffre beaucoup des ravages de plusieurs insectes : les vers blancs causent des dégâts sérieux dans les plants, et les criocères, petites mouches ailées qui s'attachent aux jeunes tiges, causent de véritables ravages dans les jeunes plantations et dans les semis. (Voir à la septième partie, chapitre v, *Insectes*, pour les détruire.)

J'ai passé sous silence la culture de l'asperge dans les vignes, parce qu'elle est vicieuse. L'asperge donne de beaux produits dans les vignes, cela est incontestable. Les paysans vous diront même qu'elle ne peut réussir aussi bien en carré que dans la vigne ; ils sont dans l'erreur.

L'asperge a donné de meilleurs résultats dans les vignes que dans les potagers où on la cultive encore en fosses profondes, et plantée à 40 centimètres de distance, parce que, dans les vignes :

1° L'asperge plantée très superficiellement, au lieu d'être asphyxiée, croît avec vigueur;

2° Parce qu'elle est plantée à une grande distance, on en met une touffe de loin en loin ;

3° Parce que, la plupart du temps, le sol planté de vignes est calcaire et convient beaucoup mieux à l'asperge que le sable.

Sans s'en douter, les vignerons ont placé l'asperge dans les conditions de sol et de culture les plus favorables ; mais ce qui est incontestable, l'asperge a mieux réussi dans les vignes que dans les potagers où on la cultive d'une manière stupide ; mais cela est loin de prouver que la culture de l'asperge dans la vigne soit la meilleure.

L'asperge ombrage la vigne et diminue sensiblement sa récolte. On ne peut en placer qu'un pied de loin en loin, si l'on veut récolter du raisin, et encore les vignes voisines des asperges sont toujours mal venantes et peu productives.

Une considération ayant une certaine valeur perpétuera l'asperge dans les vignes sous les climats où elle gèle souvent. Quand la récolte de la vigne est enlevée par une gelée tardive, il reste au vigneron celle de l'asperge.

C'est une considération d'un certain poids dans le Nord et une partie du Centre de la région de la vigne ; on pourrait s'y arrêter sous ces climats ; mais ce serait une erreur préjudiciable de planter des asperges dans les vignes qui ne sont pas exposées aux gelées de printemps. ces deux cultures mêlées se nuisant réciproquement.

Une considération de produit a fait planter en plaine, dans le canton d'Argenteuil, les asperges à de mauvaises distances : les lignes de 2 mètres à 2m,50 et les pieds à 70 centimètres.

Les cultivateurs, surtout ceux qui commencent, ne veulent pas se priver de récoltes pendant deux années ; ils cultivent entre les lignes des légumes hâtifs, toujours bien vendus à la halle.

Cette culture a sa raison d'être, pour eux, mais elle constitue une faute grave dans un potager, et même dans une plantation de spéculation, en ce que les lignes sont trop éloignées, et les pieds trop rapprochés, pour obtenir le maximum de rendement des asperges.

L'asperge, ainsi que mes expériences me l'ont prouvé depuis de longues années, produit beaucoup plus et devient plus belle, quand elle est cultivée seule, dans de bonnes conditions, et aux distances que j'ai indiquées, pour chaque genre de culture.

AUBERGINE

Cinq variétés à cultiver et dont la culture est la même :

Naine demi-longue très hative. — Bonne et la plus précoce de toutes.

Violette longue. — Très bonne, c'est la plus cultivée.

Monstrueuse ronde. — C'est la plus grosse de l'espèce.

Panachée. — Ayant les mêmes qualités que la précédente, mais moins grosse et panachée.

Blanche de Chine. — Plutôt à cultiver comme plante ornementale que comestible. Ses fruits blancs ont la forme et le volume d'un œuf de poule, mais moins bons que ceux des autres variétés.

L'aubergine est peu cultivée dans le Nord, l'Est, l'Ouest et une partie du Centre de la France, où l'on ne peut obtenir des fruits passables que sur couches et sous châssis. On sème sur couches chaudes et sous châssis en février, puis on repique très près à 15 centimètres environ, en pépinière sur couche chaude pour repiquer encore une fois, en pépinière, à 20 ou 25 centimètres de distance sur couche sourde.

Ces repiquages successifs sont nécessaires à l'aubergine pour faire ramifier la racine, fortifier la plante et avancer sa fructification.

Vers la fin d'avril, on met en place sur couche tiède pour le Nord et l'Est, sur couche sourde pour l'Ouest à la distance de 40 centimètres; sur poquets pour le Centre, trois pieds en triangle sur chaque poquets, et en pleine terre, dans le carré A, à 40 centimètres de distance, sous le climat de l'olivier.

L'aubergine demande des arrosements copieux et fréquents, et un bon paillis pour prospérer.

Pour accélérer la production des fruits et augmenter leur volume, il est urgent d'appliquer une taille à l'aubergine. Les fleurs apparaissent sur les ramifications latérales ; quand les fruits sont bien noués, on coupe l'extrémité de la tige principale, pour arrêter la végétation foliacée et concentrer toute l'action de la sève sur les fruits.

Quand on veut obtenir de très beaux fruits, il ne faut pas en conserver plus de trois par pied. On choisit les mieux développés, un seulement par branche ; on coupe l'extrémité des ramifications portant chacune un fruit, de deux ou trois par conséquent, afin de concentrer toute l'action de la sève sur les fruits, et l'on supprime toutes les ramifications inu-

tiles, et ensuite les nouvelles pousses qui se développent pour ne conserver que les branches portant les
fruits. On obtient ainsi : précocité, volume et qualité.

Les variétés préférables à cultiver pour le Nord,
l'Est et l'Ouest sont : *l'aubergine demi-longue naine,
hâtive*, la plus précoce de toutes, et la *violette longue*,
mûrissant un mois plus tard.

BASILIC

Quatre variétés à cultiver et dont la culture est
la même :

Le FIN VERT. — Jolie plante en boule, bien faite,
d'un joli feuillage vert tendre, et d'un arome fin et
pénétrant.

Le FIN VIOLET. — Moins régulier que le précédent,
très aromatisé, feuilles violet foncé. Le basilic fait de
très jolies bordures, des plus parfumées, pour corbeilles et pour plates-bandes.

Le FRISÉ. — Feuille verte, plus grande, très frisée,
d'un joli effet et très fortement anisée.

Le VERT NAIN COMPACT. — Touffe très naine, serrée
et très régulière. C'est presque une plante ornementale.

Le basilic est très employé dans le Midi, comme
assaisonnement ; c'est une plante aromatique, ayant
aussi sa valeur comme plante d'ornement. La culture en est facile sous tous les climats de la France.
Dans le Nord, l'Est, l'Ouest et le Centre, on sème le
basilic sur couches chaudes et sous châssis, en février
et mars pour le repiquer en pots, sur couche, tant que

les gelées, auxquelles il est très sensible, sont à craindre.

Ensuite on le met en place en pleine terre, lorsque les gelées ne sont plus à redouter. Dans le Midi, on peut semer en mars sur poquet et sous cloche, et repiquer en pleine terre dans le carré B, en avril.

Le basilic demande de fréquents arrosements.

BETTERAVE DE TABLE

Six variétés principales à cultiver dans les potagers, pour la table :

D'ÉGYPTE. — Rouge foncé, presque noire, ronde, plate, la meilleure de toutes comme qualité.

ROUGE NOIRE. — Demi-longue, moyenne, rouge très foncé ; c'est la betterave de table par excellence.

PYRIFORME DE STRASBOURG. — Très belle, rustique.

ROUGE LONGUE. — Très grosse, bonne pour la table, pouvant être utilisée pour les animaux.

RONDE HATIVE. — Très précoce et bonne à manger.

ROUGE CRAPAUDINE. — Moyenne, bonne de qualité pour la table et supportant bien la chaleur.

BETTERAVE FOURRAGÈRE

GLOBE JAUNE. — Jaune, ronde, très productive, excellente pour les animaux, et précieuse dans tous les sols peu profonds.

DISETTE GÉANTE MAMMOUTH. — C'est le monstre de l'espèce par sa longueur et sa grosseur. Des plus profitables pour les animaux.

JAUNE GÉANTE DE VAURIAC. — Très grosse, excellente de qualité et d'un grand rendement.

CORNE-DE-BŒUF. — Même qualité que la *Disette géante Mammouth*, mais ayant la racine contournée en forme de corne de bœuf.

OVOÏDE DES BARRES. — Jaune de bonne qualité, très nutritive et des plus productives.

La betterave de table sera cultivée en très petite quantité dans le potager. Elle ne mérite pas une place spéciale; on la contre-plantera dans le carré A du potager, dans les choux ou dans un carré d'artichauts d'automne. On sème vers le 15 mars sur une couche usée, ou en pleine terre, en lignes vers le milieu d'avril, pour repiquer lorsque la racine est bien formée, de la grosseur du petit doigt environ.

Si l'on voulait récolter des betteraves pour les animaux, rien ne serait plus facile, et sans dépense aucune, lorsque le jardin est grand. Les variétés *globe jaune, ovoïde des Barres, jaune géante de Vauriac* et *disette géante corne-de-bœuf* sont les préférables pour cet usage; du 15 mars au 15 avril, on sème comme je l'ai indiqué sur une couche usée, ou en pleine terre, pour obtenir du plant, que l'on repique en contre-plantation.

1° Entre les lignes des carrés d'asperges nouvellement plantés;

2° Entre les diverses récoltes de choux, d'artichauts et de cardons du carré B;

3° Dans le carré B, entre les salades, les tomates, etc.;

4° Dans le carré C, entre des légumes pour graine,

contre-plantés dans les haricots verts, aussitôt après
la récolte de ceux-ci, où elle donnera encore des produits satisfaisants pour les animaux ;

5° Enfin dans le carré D, où on les repiquera dans
les planches qui ont été fumées pour établir des pépinières de légumes, et même dans les parties non fumées, en les arrosant à l'engrais liquide.

La betterave ne mérite pas les honneurs d'une culture spéciale dans le potager ; mais cependant, dans
une maison où il y a des vaches et des porcs, un jardinier intelligent peut obtenir une certaine quantité
de betteraves, cultivées en contre-plantation, dans plusieurs carrés ; c'est une récolte qui apporte un produit encore assez sérieux, sans demander un centime
de dépense.

Dans le potager de la ferme créé en plaine, et dans
celui du petit cultivateur placé dans les mêmes conditions, on contre-plantera des betteraves partout où
il pourra en tenir. Ce sera, pendant l'hiver, une précieuse ressource pour les vaches et pour les porcs.

Il n'y a pas de couches dans ces deux jardins ; mais,
si l'on a besoin de betteraves de bonne heure, rien de
plus facile que de les obtenir, en procédant ainsi : on
mettra dans la cour quelques brouettées de terre
bien meuble, sur un tas de fumier, et l'on y sèmera
les betteraves, en lignes distantes de 35 centimètres.
On obtiendra ainsi du plant très précoce et très rustique, qui sera repiqué à la cheville, par un temps pluvieux, lorsque les racines seront grosses comme le
petit doigt.

On dit dans les campagnes que *la betterave repiquée ne fait jamais bien*. Cela est vrai quand on la repique mal, ç'est-à-dire quand on ne fait pas un trou assez profond, et que la racine s'y trouve repliée.

Il faut se servir, pour repiquer la betterave, d'un plantoir très long, et faire un trou assez profond pour que la racine y descende tout entière, et surtout éviter de casser l'extrémité de la racine à l'arrachage, qui doit se faire avec la petite fourche (fig. 131), pour déplanter avec des racines intactes.

Dans le potager, on arrose aussitôt après le repiquage pour assurer la reprise du plant; en plaine, où il est impossible d'arroser, on repique un jour de pluie.

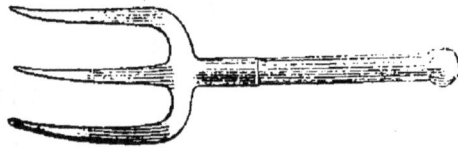

Fig. 131. — Petite fourche à dents plates.

Essayez de mon procédé, cher lecteur, repiquez sans crainte, dans le potager du propriétaire, comme dans ceux de la ferme, du petit cultivateur, du métayer et dans le verger Gressent, et, comme je l'indique, vos betteraves en contre-plantation, et jamais vous n'aurez récolté de monstres de la taille des betteraves que vous aurez repiquées.

BOURRACHE

La bourrache sert à orner les salades ; on ne la cultive dans le potager que pour cet usage. La culture en est facile. On sème à l'automne ou au printemps, en pleine terre, et on met en place dans le carré C, où elle ne demande plus que quelques arrosements pour fleurir abondamment.

Il ne faut jamais cultiver que quelques pieds de bourrache, et éviter de les laisser grainer. Cette plante vient avec une grande facilité, et, lorsque ses graines se sont semées naturellement, il en pousse partout.

CAPUCINES

GRANDE VARIÉE. — Excellente pour cacher les objets désagréables à voir, très florifère et riche en divers coloris.

DE LOBB. — La plus grande de toutes ; elle atteint la hauteur de six et sept mètres ; c'est aussi la plus riche et la plus variée en coloris.

BRUNE. — Un peu moins haute que la précédente, très florifère et d'une nuance du plus joli effet.

NAINE. — Très petite, pas plus grande qu'une touffe de haricots nains ; c'est la préférable à cultiver dans le potager, quand on n'a rien à y cacher, en ce qu'elle ne demande pas de supports et ne fait pas d'ombre. En outre, le coloris est des plus remarquables dans toutes les nuances.

Une planche de capucines est utile dans le potager, pour orner les salades avec les fleurs, et récolter des graines vertes pour confire. La capucine naine est la meilleure pour ces emplois. On la sème en pleine terre, vers la fin de mars et le courant d'avril dans une petite planche du carré C, en touffes disposées en quinconce, distantes de 40 centimètres en tous sens et trois graines à chaque touffe. Une petite planche de capucines donne des fleurs et de la graine en quantité plus que suffisante.

Les grandes capucines doivent être bannies de l'intérieur du potager, où elles tiennent trop de place et font de l'ombre ; elles ne doivent être employées que pour cacher des treillages, des puits ou des pompes, etc. etc. On les sème en place, et en pleine terre, aux mêmes époques que les naines.

CARDON

Deux variétés seulement, à cultiver dans le Nord, l'Est, l'Ouest et le Centre.

DE TOURS. — Parfait de qualité, côtes épaisses et charnues, mais armé de nombreuses épines, entrant avec la plus grande facilité dans les doigts de ceux qui y touchent.

Malgré cet inconvénient, le cardon de Tours est très cultivé, et considéré avec raison comme un des meilleurs.

PLEIN INERME. — Excellent, et ayant l'avantage de ne pas avoir d'épines, mais un peu plus grand que le précédent, ayant les côtes moins épaisses et sujettes à devenir creuses, s'il manque d'eau et d'engrais.

Puvis. — Bon, et résistant bien à la chaleur. Excellent pour l'extrême Centre et le Midi.

D'Espagne. — Bon, mêmes qualités. Précieux pour le climat de l'olivier.

Le cardon est un excellent légume à conserver pour l'hiver. On sème sous châssis et sur couche tiède en février et en mars, pour le récolter de bonne heure, et en mai, en pleine terre, en lignes distantes de 25 centimètres environ, une graine tous les 8 à 10 centimètres sur les lignes. Lorsque le plant a acquis une certaine force, et qu'il n'a plus rien à redouter des vers blancs ni des courtilières, on le met en place dans le carré A, à 1 mètre de distance, et en quinconce.

Le cardon demande beaucoup d'eau et une nourriture abondante. Il peut être contre-planté en mai dans une planche de choux d'York ; si les choux sont bons à récolter au moment où les cardons peuvent être mis en place, on a bénéfice à attendre quelques jours.

Quand les choux hâtifs sont enlevés, on donne un labour, on plante les cardons, et on les contre-plante de choux-fleurs, qui ont le temps de donner leur récolte avant que les cardons aient envahi tout l'espace qui leur est destiné. Ces deux récoltes s'allient d'autant mieux qu'elles demandent toutes deux beaucoup d'eau. A la rigueur, on peut encore contre-planter des salades entre les choux-fleurs ; elles seront récoltées avant de leur nuire.

Vers le mois de septembre, on blanchit les pieds de

cardons les plus forts ; mais cette opération ne doit être faite qu'au fur et à mesure des besoins, car le cardon empaillé ne tarde pas à pourrir, surtout par les temps pluvieux. Lorsque les pieds sont assez forts pour être blanchis, on les lie d'abord sans trop les serrer avec trois ou quatre liens de paille ; on enveloppe ensuite toute la tige avec de la paille longue que l'on fixe au moyen de trois ou quatre nouveaux liens. Vingt ou vingt-cinq jours au plus après cette opération, les cardons sont bons à manger. On blanchit au fur et à mesure des besoins, et vers la fin de la saison, avant les gelées, on arrache les pieds qui n'ont pas été blanchis ; on les plante à la cave ou dans la serre à légumes, où ils blanchissent naturellement sans être empaillés, et fournissent un légume que l'on trouve avec plaisir pendant une partie de l'hiver.

CAROTTES

C'est un légume indispensable à la cuisine, et dont on ne doit jamais manquer ; avec un choix judicieux de variétés et un peu de soin, on évitera ces malheureuses carottes dures comme du bois, et sans saveur aucune que l'on rencontre si souvent dès qu'on s'éloigne de Paris.

Il existe une grande quantité de variétés de carottes ; j'ai dû me contenter des meilleures ; de celles donnant à coup sûr des produits excellents pendant toute l'année.

CAROTTE A CHASSIS (dite Grelot). — Très courte, presque ronde, très bonne et la plus précoce de toutes. C'est la meilleure à cultiver sous châssis ; mais elle rend aussi de grands services en pleine terre pour les premiers semis en février, et pour les derniers en août et même septembre. Aux deux époques, elle donne en pleine terre des carottes bonnes à manger avant toutes les autres variétés.

CAROTTE DEMI-COURTE DE CHOIX. — Excellente variété, obtuse, sans cœur, chair rouge, pouvant se cultiver aussi bien sous châssis qu'en pleine terre.

CAROTTE ROUGE COURTE DE HOLLANDE. — Belle, très hâtive et excellente de qualité, précieuse pour les premiers semis de pleine terre, en janvier et février, ceux de tout l'été, et surtout du mois d'août. Ce dernier semis fournit des carottes nouvelles pendant tout l'hiver, en pleine terre, sans autre peine que de couvrir la planche de fumier ou de litière par les fortes gelées : avec une planche de carottes de Hollande, semée en août, on obtient des carottes nouvelles pendant tout l'hiver, et au printemps on peut se passer de carottes de châssis.

CAROTTE DEMI-LONGUE NANTAISE SANS CŒUR. — Rouge, moins précoce que la précédente, de qualité hors ligne et de très longue garde. C'est la carotte de saison par excellence.

CAROTTE ROUGE DEMI-LONGUE DE LUC. — Belle et bonne variété de longue garde et plus hâtive que la précédente.

CAROTTE ROUGE DEMI-COURTE OBTUSE DE GUÉRANDE. —
Excellente variété, des plus recommandables ; à
cultiver partout.

Ces variétés à cultiver partout. Semer en février et
mars.

CAROTTE ROUGE LONGUE OBTUSE SANS CŒUR. —
Variété des plus recommandables, c'est la meilleure des carottes longues. A cultiver partout, surtout dans les terres profondes ou exposées à la
sécheresse.

CAROTTE ROUGE LONGUE. — Moins bonne que la précédente, mais des plus rustiques, très productive,
venant bien partout, dans les contrées froides comme
dans les plus chaudes. Semer en février et en
mars.

CAROTTE DE MEAUX. — La meilleure des carottes
d'hiver, bonne de qualité et de bon rapport pour la
grande culture.

CAROTTE BLANCHE DES VOSGES. — Énorme, des plus
productives et précieuse pour les animaux. A cultiver
partout. On sème en mars.

CAROTTE BLANCHE A COLLET VERT. — Bonne variété
fourragère, très rustique et très productive.

On fait les premiers semis de ces excellentes variétés en février, mars, même avril, bien que ce soit un
peu tard, excepté cependant pour la carotte à châssis
et la *rouge de Hollande*, pouvant être semée jusqu'en
août et même septembre. On laboure profondément
une planche du carré B ; on établit un rebord tout
autour de la planche, pour retenir l'eau des ar-

rosements (fig. 132); on herse énergiquement avec la
fourche crochue, pour briser toutes les mottes ; on
trace avec le rayonneur des lignes distantes de
20 centimètres, profondes de 2 centimètres; on sème,
puis on recouvre la graine avec le râteau à dégrossir ;

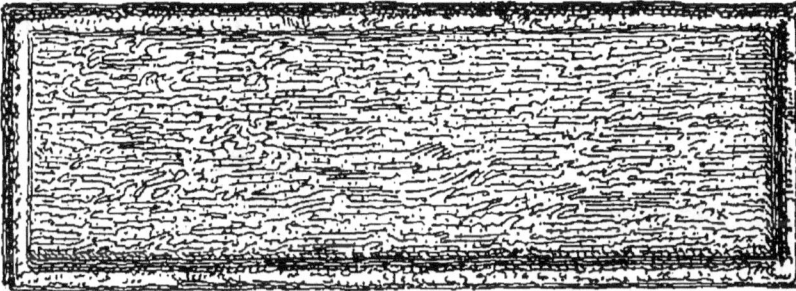

Fig. 132. — Planche dressée pour un semis.

ensuite avec le râteau fin on donne un dernier coup
pour enlever les pierres et les corps étrangers. On
termine l'opération en recouvrant toute la planche
d'une épaisseur de 1 à 2 centimètres de fumier provenant de la démolition des couches, et presque à
l'état de terreau.

Si le temps est sec, hâleux, il faut arroser tous les
jours jusqu'à la levée, et même après, si la sécheresse
se prolonge. Une planche semée ne doit jamais se
dessécher; un jeune semis doit être copieusement
arrosé, jusqu'à ce qu'il ait acquis une certaine force.
Tout le succès de la récolte dépend de l'élevage du
semis : s'il a souffert dans le commencement, la
récolte sera toujours médiocre.

La couche de fumier qui recouvre le semis le pro-

tège contre la sécheresse ; c'est un des buts qu'elle
doit remplir, mais le principal est de faire dissoudre,
par l'eau des arrosements et celle des pluies, les substances nutritives qu'elle contient, et de fournir aux
jeunes racines une nourriture abondante. Quand l'humidité manque dès le début, les substances nutritives
contenues dans le fumier ne sont ni dissoutes, ni
entraînées dans la couche de terre occupée par les
jeunes racines ; les plantes manquent de nourriture
au moment où elles en ont le plus impérieux besoin,
et la récolte est sensiblement diminuée.

On ne doit employer, pour couvrir les semis,
que des fumiers entièrement décomposés, dont la
paille se brise au moindre contact. On l'émiette
avant de recouvrir. Le fumier frais ne doit jamais
être employé, il étoufferait le semis, et l'empêcherait
de lever.

Il est bien entendu qu'on ne doit jamais semer de
salades dans les planches de carottes, coutume des
plus chères à la routine ; on obtient, il est vrai, par ce
procédé, quelques mauvaises salades deux mois trop
tard, mais on diminue de moitié la récolte des carottes.
Dès que les carottes sont bien levées, on sarcle, comme
je l'ai indiqué au chapitre *Sarclage*, pages 266 et suivantes, avec le sarcloir pour les semis en ligne, et à
la main pour ceux à la volée ; on éclaircit les places
trop épaisses, et au besoin on repique avec précaution
dans les places vides. Si la culture a été bien conduite
on récoltera les premières carottes à la fin d'avril, et
dans les premiers jours de mai, parmi les variétés

hâtives. On enlève d'abord les plus grosses un peu
partout, afin d'éclaircir également dans toute la
planche, et de laisser, à ce qui reste, la faculté de
grossir également. Dès que la totalité a acquis une
bonne grosseur, on coupe les feuilles, et l'on arrache
tout avec la fourche à dents plates; on met la récolte
dans la serre à légumes; on retourne la planche, et
on y sème des navets.

Les carottes provenant des premiers semis de pleine
terre arrivent toujours à la fin de la récolte des carottes venues sous châssis. On pourrait même s'éviter la peine d'en faire comme primeur; les semis
tardifs peuvent les remplacer. On sème successivement : la *carotte à châssis* et la *rouge de Hollande*
jusqu'en septembre. On sème ces variétés en juin,
après une récolte de navets hâtifs ou de salade; en
juillet et août après une récolte d'oignons, et enfin en
septembre la *carotte à châssis* seulement, après des
salades ou des tomates.

Les semis d'août et de septembre peuvent dispenser
de la culture sous châssis ; voici comment : à l'approche des gelées, les carottes sont au tiers ou à moitié de leur grosseur, la serre à légumes est bien approvisionnée avec les semis de mai, juin et juillet; on
conserve en terre, pendant tout l'hiver, les semis
d'août et de septembre, pour pourvoir aux derniers
besoins. Il suffit pour cela de couvrir toute la planche
avec du fumier ou du paillis pendant les fortes gelées,
de la découvrir quand il fait doux; pendant tout
l'hiver, on récolte d'excellentes carottes nouvelles,

que l'on arrache au printemps, pour les enterrer dans du sable, à la cave ou dans la serre à légumes, et cette récolte n'a coûté que la peine d'empêcher les carottes de geler en les couvrant de paille. Les produits des semis de septembre sont préférables à ceux des châssis, moins coûteux, et demandent moins de peine : les carottes sont presque aussi tendres, mais beaucoup plus savoureuses.

Le carré D, destiné aux couches, aux graines, aux pépinières de légumes et à l'élevage des fleurs, peut recevoir des semis tardifs de carottes, et aussi des semis de saison avancée, dans les planches fumées, quand on a enlevé les premières fleurs qui ont été élevées, ou après un arrachage de pépinières de légumes. Ces derniers semis peuvent devenir une précieuse ressource dans une maison ayant un nombreux personnel de domestiques et des animaux. On sème pour les premiers de la *carotte rouge de Hollande*, pour les seconds de la *carotte blanche des Vosges* et *blanche à collet vert*.

Rappelons encore qu'il ne doit jamais y avoir d'herbe dans les planches de carottes ; y laisser de l'herbe, c'est perdre volontairement la moitié de la récolte. Aussitôt que l'herbe apparaît, elle doit être enlevée, que la terre soit sèche où humide ; quand elle est sèche, on arrose pour la mouiller, et l'on sarcle.

J'ai dit de semer les carottes en lignes distantes de 20 à 25 centimètres. Le semis en ligne produit beaucoup plus que celui à la volée, et en outre les sar-

clages s'y font beaucoup plus vite à l'aide du sarcloir
(fig. 133). On fait pénétrer la lame tranchante tout
autour, à 2 centimètres dans la terre ; toutes les herbes
sont coupées entre les lignes, et le sol est biné. Il ne
reste à arracher, à la main, que les herbes poussées
au milieu des lignes.

Quand les feuilles des carottes commencent à monter, on donne un premier binage avec la petite cerfouette (fig. 134), entre les lignes, et un second avant

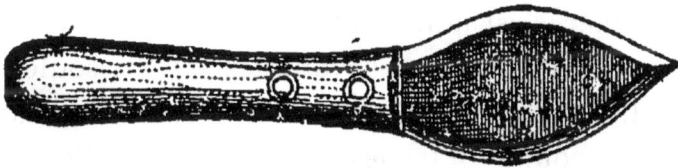

Fig. 133. — Sarcloir.

que les feuilles recouvrent encore toute la planche.
Ensuite il n'y a plus rien à faire jusqu'à la récolte : il
ne pousse plus d'herbe.

Les dimensions de la petite cerfouette sont calcu-
lées de manière à faire les binages dans les semis et
dans les pépinières de légumes. Il faut le modèle exact
que je donne, pour s'éviter beaucoup de travail, en
augmentant considérablement le produit.

Fig. 134. — Petite cerfouette.

Si le jardinier est intelligent, s'il sait tirer parti de
son assolement et bien contre-planter, si l'eau et le

fumier ne lui font pas défaut, il trouvera facilement la nourriture d'une tête de gros bétail, sans dépense aucune, et sans nuire à la production des légumes, dans un potager un peu étendu.

La culture et la contre-plantation des carottes *blanche des Vosges* ou *blanche à collet vert*, dans le carré D du potager, donneront les résultats les plus satisfaisants, sans autre dépense que l'achat de la graine.

Quand on rentre les carottes pour les conserver à la cave ou dans la serre à légumes, il faut d'abord les bien arracher, c'est-à-dire faire pénétrer verticalement la fourche à dents plates devant les lignes, soulever les carottes et les enlever ensuite. Lorsque l'arrachage est fait, on coupe toutes les feuilles rez le collet ; on les porte à la cave ou dans la serre à légumes ; on les couche horizontalement sur un lit de sable ; on recouvre de sable pour replacer un nouveau lit de carottes, et ainsi de suite. Les carottes couchées et enterrées dans le sable poussent très peu. On supprime les feuilles dès qu'elles paraissent.

On choisit pour porte-graines les plus belles carottes, les mieux faites et les plus grosses, pour planter dans le carré D. Lorsque la tige est bien développée, et avant que les ombelles fleurissent, on choisit les plus belles, bien constituées, et portées par des ramifications fortes, peu éloignées de la tige principale, et l'on supprime toutes les faibles, comme celles qui sont à l'extrémité des ramifications faibles. En opérant ainsi, on est certain de récolter des semences d'élite et de conserver les variétés très pures.

La carotte est attaquée par plusieurs insectes. (Voir à la septième partie, chapitre v, *Insectes*, pour les détruire.)

CÉLERI

Il y a deux espèces de céleri à cultiver dans le potager : le céleri à côtes, dont on mange les feuilles en salade, et le céleri-rave, dont la racine est comestible ; le tout formant sept variétés principales.

Le Céleri plein blanc. — Excellente variété, à côtes très pleines, très blanches et très tendres. A cultiver partout. Semer sous châssis en février et mars, et en pleine terre en mai.

Céleri plein blanc court hatif. — Un peu moins gros et moins fort que le précédent, mais plus hâtif, toujours plein, et ayant l'avantage de blanchir sans être butté. Excellente variété à cultiver partout. Semer sur couches en février et en mars, et en pleine terre en mai.

Céleri plein blanc doré. — Variété la plus recommandable de nos céleris pleins blancs, qualité supérieure, blanchissant aussi facilement que le précédent, à côtes larges et très pleine. A cultiver partout.

Céleri monstrueux. — Énorme, plein, très bon et très rustique. C'est celui qui donne les pieds les plus volumineux. A cultiver partout. Semer sur couches en mars et en pleine terre en mai.

Céleri de Tours. — Très gros, des plus rustiques, et légèrement violacé sur les côtes. Excellent, surtout pour les climats de l'Ouest et du Centre. Semer en mars, et en mai en pleine terre.

CÉLERI-RAVE TRÈS HATIF. — Excellente variété, trop peu connue et pas assez cultivée. Le céleri-rave est une ressource des plus précieuses pendant tout l'hiver, où l'on manque de légumes frais. Ses tubercules, rentrés à la cave ou dans la serre à légumes, se conserveront jusqu'en mai. A cultiver partout. Semer sur couches en mars et avril, et en pleine terre en mai.

CÉLERI-RAVE LISSE DE PARIS. — Variété du plus grand mérite, ayant les tubercules moins rugueux que le précédent.

Le céleri demande beaucoup d'engrais et énormément d'eau : on le plante dans le carré A du potager.

Pour obtenir du céleri à côtes, une grande partie de la saison, on sème en ligne sur couche, de février à mars ; aussitôt les plants un peu forts, on repique en pépinière sur couche moins chaude, tiède ou sourde, ou enfin, dès que les gelées ne sont plus à craindre, on les contre-plante dans les choux d'York, dans les choux-fleurs de première saison ou dans un carré d'artichauts.

On continue les semis en pleine terre à partir du mois de mai, et l'on établit les pépinières en pleine terre dans le carré D sur une planche fumée à cet effet.

Sur couches, comme en pleine terre, on sème toujours très clair et en lignes, afin d'avoir du plant mieux constitué. La plantation en pépinière, dans une planche bien fumée et copieusement arrosée, est des plus favorables à la bonne venue du plant. Le repiquage empêche le développement trop considérable de la tige, et favorise à la fois la formation des racines et l'accroissement du pied. On repique en pépinière, en lignes distantes de 25 centimètres, et les pieds en quinconce à 20 centimètres de distance. Cette opération a non seulement pour but de favoriser le développement du pied et de le faire grossir, mais elle permet encore de conserver ainsi le céleri un certain temps, sans retarder en rien la récolte, si l'on n'a pas de terre de libre pour le mettre en place immédiatement.

On lie avec deux ou trois liens de paille la tige du céleri de première, de seconde et de troisième saison, pour le faire blanchir. Celui contre-planté dans des choux hâtifs est également lié pour blanchir, et enlevé au fur et à mesure des besoins.

Quand on veut avoir du céleri pendant tout l'hiver, on le blanchit sur place, pour lui conserver toutes ses qualités, et on le conserve dans le jardin ; voici comment on opère : on creuse des fosses de la profondeur de 25 à 30 centimètres, distantes de 70 centimètres, dans le carré D, en jetant la terre à droite et à gauche entre les fosses. On enfouit une épaisseur de 5 à 6 centimètres de vieux terreau dans les fosses, et l'on y repique les pieds de céleri à 30 centimètres de distance, de juin à août.

On arrose copieusement pour le faire pousser vite. Quand les pieds prennent du corps, on éboule un peu de la réserve de terre pour rechausser légèrement. Quand les pieds de céleri sont gros, on donne un bon binage, et on rechausse complètement en unissant le sol.

Vers la fin d'octobre, à l'approche des gelées, on creuse avec la bêche entre les lignes de céleri, et on les butte à une hauteur de 20 à 25 centimètres. Aussitôt que l'on redoute la gelée, on remplit les intervalles de lignes avec la litière, et, quand il gèle, on couvre complètement les tiges avec de la paille ou des feuilles.

Le céleri traité ainsi ne gèle jamais et peut se conserver en pleine terre jusqu'au printemps. La terre est toujours maniable ; elle ne gèle pas sous l'épaisse couverture qui la protège ; et en tout temps, qu'il gèle ou non, on peut toujours arracher du céleri pour les besoins de la cuisine : il n'y a qu'à soulever la couverture et à arracher, gèlerait-il à 15 degrés.

Le *céleri-rave*, uniquement cultivé pour ses tubercules, demande une culture différente. On le sème en pleine terre en mai, ou mieux sur un coin de vieille couche en mars ou avril, pour le repiquer en pépinière à la fin de mai ou dans les premiers jours de juin, puis on le met en place dans le carré A du potager, au mois de juillet, dans des fosses de 10 à 15 centimètres de profondeur ; les fosses sont établies parallèlement à 50 centimètres de distance, et les pieds de céleri sont plantés au fond, à 25 centimètres d'intervalle entre eux. On conserve en réserve, à droite et à gauche, la terre extraite des fosses ; elle sert plus tard à la combler et à rechausser le céleri.

Le *céleri-rave* demande une grande quantité d'eau ; lorsqu'il est planté en fosse, on les emplit d'eau une

ou deux fois par jour, suivant la température ; toute
l'eau s'infiltre forcément au pied des plantes. On les
rechausse au fur et à mesure de leur développement,
avec la terre des fosses, conservée en réserve, et vers la
fin de la saison on rechausse encore un peu le céleri
en ramenant la terre de l'entre-deux des lignes au pied
des plantes. Cette dernière opération favorise beaucoup le développement des tubercules. On laisse ainsi
en terre le *céleri-rave* jusqu'aux premières gelées ;
alors on l'arrache, et on l'enterre dans du sable à la
cave ou dans la serre à légumes, pour le consommer
pendant tout l'hiver, où ce légume, trop peu connu et
trop peu cultivé, est souvent une précieuse ressource.

Quand on veut récolter de la graine de céleri, il faut
en repiquer quelques pieds, uniquement pour cet
usage dans le carré D. On l'arrose de temps à autre
s'il fait sec ; mais on ne lui donne que la quantité d'eau
indispensable pour entretenir la végétation, afin de
modérer son accroissement et d'obtenir de la graine
d'élite. Lorsque la tige est bien développée, on choisit
les têtes les plus vigoureuses et les mieux constituées,
comme pour la carotte, et l'on supprime toutes les
autres.

CERFEUIL

Un jardinier prévoyant ne doit jamais laisser manquer la cuisine de cerfeuil. Rien n'est plus facile en
semant peu et souvent, dè mars à septembre, en

pleine terre, et pendant une partie de l'hiver en pots
sous châssis.

Au printemps, on sème dans le carré A, jusqu'en
avril, entre les choux, les choux-fleurs, les artichauts, etc., peu à la fois, et l'on renouvelle les semis
tous les quinze jours. D'avril à juin, on sème dans le
carré B, et de juillet à septembre dans les carrés C et D.
Ces derniers semis montent moins en graine ; on peut
les abriter pendant les gelées avec de la litière ou des
paillassons, et l'on obtient une abondante récolte de
cerfeuil dès que les premiers rayons du soleil apparaissent, au printemps.

A l'approche de l'hiver et pendant tout l'hiver, on
sème du cerfeuil en pots que l'on place dans les angles
des châssis ; on enterre les pots dans le terreau de la
couche, et dès qu'il y en a deux de bien poussés, on
les porte à la cuisine, où l'on coupe au fur et à mesure
des besoins. Lorsque les deux pots sont complètement
récoltés, on les remplace par deux autres, et on les
remet sous châssis, sur couche chaude, où ils donnent
bientôt une seconde coupe. Avec dix pots de cerfeuil
on alimente la cuisine pendant tout l'hiver, où il fait
le plus de plaisir, et où on ne trouve à en acheter
nulle part.

Deux variétés à cultiver : le *commun*, très productif, et le *cerfeuil frisé*, moins abondant en feuilles,
mais plus joli pour la décoration des plats.

CERFEUIL PRESCOT

C'est le préférable en fait de cerfeuil bulbeux, en ce

que cette variété est plus rustique que les autres, et surtout que sa graine lève mieux. Bien que j'apprécie peu ce légume, malgré tous les éloges qui lui ont été donnés, je lui consacre quelques lignes, mais avec la conviction que ceux qui l'essayeront l'abandonneront bientôt, malgré le concert d'éloges dont l'ont assourdi certaines sociétés de progrès horticole, remplies de bon vouloir, je suis heureux de le proclamer, mais où il ne manque que des horticulteurs pour éclairer les questions d'horticulture.

Le cerfeuil Prescot se sème en lignes distantes de 20 à 25 centimètres au commencement de mars, dans une planche du carré B. S'il est suffisamment arrosé, il donne ses produits vers le mois de septembre.

Lorsque le semis a acquis une certaine force, et qu'il a été bien débarrassé des mauvaises herbes par les sarclages, il est bon de pailler toute la planche avec des débris de couche.

On peut contre-planter de l'oignon blanc entre les lignes, et remplacer l'oignon blanc par des salades, dès que l'on commence à récolter les premières racines.

Les plus belles racines sont choisies pour porte-graines, et plantées dans le carré D. Lorsque la tige est bien développée, et avant la floraison, on supprime toutes les têtes faibles, pour ne conserver que les plus belles et les plus fortes.

CHAMPIGNONS

La culture du champignon n'est pas indispensable

auprès des grandes villes, où les marchés en fournissent une grande quantité offrant toute garantie ; mais elle le devient lorsqu'on est éloigné des grands centres de population, car alors on a souvent recours aux champignons récoltés dans les prairies, et il en es souvent résulté de fatals accidents.

Les champignons de couche ne sont jamais vénéneux. Rien n'est plus facile que de les faire venir, avec un peu de soins, dans un caveau, dans la serre à légumes ou même en plein air. Tout le succès de cette culture gît dans le choix et la préparation du fumier et la température.

Il est toujours préférable de faire des champignons dans une cave, la serre à légumes ou un bâtiment quelconque, parce que la température y est plus égale qu'en plein air. Pour que les champignons viennent bien, le thermomètre ne doit jamais descendre au-dessous de 10 degrés, ni dépasser 30 degrés. Ajoutez à cette condition une bonne préparation de fumier, et le succès est certain.

Le meilleur de tous les fumiers pour faire des champignons est celui d'âne, mais du fumier d'ânes nourris avec du foin, et non avec des plantes vertes ; dans ce cas le fumier ne vaut rien. En seconde ligne vient le fumier de mulet, et en troisième le fumier de cheval. Il est bien entendu que tous les fumiers destinés à être employés à la production des champignons doivent provenir d'animaux nourris au sec ; que ces fumiers doivent être employés purs, sans aucun mélange d'autres fumiers ni de corps étrangers : foin, détritus, végétaux, etc. Le fumier de cheval, le plus communément employé, demande un choix tout particulier pour cet usage. Celui provenant des chevaux de luxe est trop pailleux, celui de la ferme est souvent mélangé d'autres fumiers ; le préférable est celui d'auberge où l'on ne reçoit que des chevaux entiers, et où, la litière étant économisée, le fumier est exempt de paille longue : celle qu'il contient, brisée et piétinée par les chevaux, se désagrège très facilement ; c'est le meilleur de tous les fumiers pour faire des champignons.

Il faut environ deux ou trois tombereaux de fumier pur, pour construire une couche à champignons. On commence par placer le fumier par lits, à l'air libre, en ayant soin de le bien mélanger comme pour faire une couche et de l'humecter assez pour y développer la fermentation. Quinze jours après, on remanie ce fumier; on le foule, et on l'humecte encore s'il est trop sec, pour qu'il entre en voie de décomposition complète.

Un troisième remaniement est quelquefois nécessaire, quand certaines parties sont encore coriaces.

Le fumier est bon à employer quand il ne donne plus beaucoup de chaleur, qu'il est en voie de décomposition, en *beurre gras*, suivant l'expression des jardiniers, c'est-à-dire quand il a acquis une couleur brune uniforme, que la paille se brise au moindre contact, et qu'il n'est ni trop sec ni trop mouillé, ce qu'on reconnaît facilement en le pressant dans la main, où il doit conserver la forme donnée, en restant

humide, onctueux, mais sans laisser échapper d'eau.
Il faut une certaine expérience pour reconnaître quand
le fumier est bon à employer ; mais, je le répète, tout
le succès est là, et, s'il y a échec, ce sera parce que le
fumier était mélangé d'herbe ou de foin, ou qu'il aura
été employé trop sec ou trop mouillé trop froid ou
trop chaud. Disons, pour éclairer ceux qui manquent
de pratique, que, pour être employé avec succès, le
fumier doit avoir jeté son premier feu, et conserver
une chaleur douce de 20 à 25 degrés.

Lorsque le fumier est bien préparé, on le descend
soit dans un caveau, ou on le place dans un cellier,
peu importe, pourvu que l'endroit choisi ait une température égale, soit privé d'air et de lumière ; au
besoin, on bouche les ouvertures pour obtenir ces
conditions. On monte alors dans l'endroit choisi une
couche en dos d'âne, haute de 60 à 70 centimètres,
ayant environ 80 centimètres de large à la base, et
40 centimètres au sommet. On place le fumier par lits
comme pour les autres couches ; on le foule au fur et
à mesure, et l'on arrose, s'il en est besoin, mais moins
que pour les couches ; il faut qu'il soit humide, mais
sans exprimer d'eau. On abandonne cette couche pendant quelques jours ; si le fumier a été bien préparé,
et la couche bien montée, elle donnera, au bout de
sept à huit jours, une chaleur de 20 degrés environ.
C'est le moment de la planter, c'est-à-dire d'y introduire le blanc de champignon.

Quand la couche est trop chaude, après l'avoir
montée, on attend quelques jours, et quand elle ne

donne plus guère que 20 degrés de chaleur, c'est le bon moment : *on plante.*

Si l'on n'a pas de blanc de champignon à sa disposition, on s'en procure chez un grainetier. On fait des trous de 5 à 6 centimètres de large sur les deux faces de la couche. On en fait ordinairement deux rangées ; la première à 30 centimètres du sol, et les trous à une distance de 35 centimètres environ, la seconde à 35 centimètres de la première, les trous en quinconce à 35 centimètres. On insère dans chacun de ces trous, à une profondeur de 4 à 5 centimètres, un morceau de blanc long de 10 à 15 centimètres, que l'on fait pénétrer avec la main dans l'intérieur de la couche, et que l'on recouvre aussitôt avec le fumier extrait ; on le tasse bien avec la main, de manière à le faire adhérer de toutes parts à la couche, et l'on attend encore huit à dix jours. Au bout de ce temps, le blanc *est bien pris,* c'est-à-dire qu'il a gagné la couche et se reproduit dans toute son étendue. Alors on termine l'opération en recouvrant toute la couche avec de la terre sèche contenant moitié plâtre ou mortier de chaux pilé, le tout bien amalgamé ensemble. On applique cette couverture de 2 centimètres d'épaisseur environ avec le dos de la pelle. Si la couche était trop sèche, il faudrait lui donner de temps à autre un léger bassinage avec un arrosoir à pomme très fine. Il faut humecter, mais non mouiller ; l'humidité est nécessaire au développement du champignon, mais l'excès d'eau le détruit. Il faut un peu d'expérience pour appliquer les arrosages justes, et dans la mesure voulue. Six semaines après, la production commence, et elle se soutient pendant quatre ou cinq mois quand la couche est bien faite et bien soignée.

Les personnes qui n'ont pas encore fait de champignons ne doivent pas se décourager si elles ne réussissent pas la première fois. Leur insuccès proviendra le plus souvent d'un rien ; il faut, pour cette culture, un peu d'expérience, et cette expérience ne peut s'acquérir que par la pratique.

Il existe plusieurs procédés pour faire du blanc de champignon : je m'abstiens de les décrire, la culture du champignon n'étant que très secondaire dans le potager. Il faut, en outre, une certaine expérience pour faire du bon blanc de champignon. Le propriétaire qui ne cultive que pour sa propre consommation aura bénéfice à l'acheter ; il y aura pour lui un double avantage : économie d'argent, et certitude d'avoir de bon blanc.

Le grand inconvénient de la culture du champignon est, quand on réussit bien, d'avoir trop de produits. L'abondance de la récolte est telle qu'il est impossible d'en trouver l'emploi, à moins de donner ou de vendre le surplus.

On obvie à la surabondance en cultivant le champignon en très petite quantité. On scie un vieux tonneau en deux, ce qui donne deux espèces de baquets ; on perce les fonds de plusieurs trous avec une mèche un peu forte, pour laisser écouler l'eau surabondante, puis on garnit le fond d'une couche de terre bien épurée, épaisse de 4 centimètres environ.

On emplit le baquet aux deux tiers de fumier préparé comme je l'ai indiqué pour les meules, en ayant le soin de fouler comme pour ces dernières. En un mot, on construit la couche dans une moitié de tonneau.

Lorsque le baquet est empli aux deux tiers, on place huit à dix morceaux de blanc, à égale distance, en ayant soin de bien l'appuyer pour le faire adhérer au fumier; puis, on remplit de fumier préparé, tassé et foulé jusqu'au bord en surélevant le centre, de manière à former un dôme.

On attend huit ou dix jours; on soulève le fumier avec précaution pour voir si le blanc est pris et étend ses filaments dans la masse de fumier.

Quand le blanc est pris, on prépare de la terre mélée de calcaire, et l'on en recouvre le dessus du baquet d'une couche de 4 centimètres environ. Quelques jours après, les champignons apparaissent.

Lorsque le blanc n'est pas pris au bout de quinze jours, on démonte la couche pour y mélanger un peu de nouveau fumier, si elle n'est pas assez chaude, ou la manier seulement, si elle l'était trop, et l'on remet du blanc.

Les baquets à champignons doivent être placés dans un endroit obscur. Un caveau est le meilleur endroit que l'on puisse choisir ; au besoin, on peut les mettre dans la serre à légumes.

Cette culture est des plus simples, des plus faciles, et réussit parfaitement quand on y a apporté les soins que j'ai indiqués.

Un baquet de champignons est suffisant pour alimenter une maison, mais la production est de moins longue durée que sur les meules. Il est prudent de préparer un second baquet quand le premier commence à produire.

Avec quatre baquets de champignons préparés un par un, aussitôt après la production de chacun, on peut fournir des champignons à la maison la plus importante, sâns jamais l'en laisser manquer.

CHICORÉE

La chicorée doit occuper une large place dans le potager ; elle fournit de bonnes salades toute l'année, et un légume excellent lorsqu'elle est cuite. Nous cultiverons quatre espèces de chicorées : la chicorée sauvage, des plus utiles pour les animaux en été, et donnant, pendant l'hiver, une salade étiolée appelée *barbe de capucin ;* la chicorée frisée, pour manger en salades et pour faire cuire ; la scarole, employée en salades et aussi pour la cuisson, soit seule, soit mélangée avec de la chicorée, et enfin la chicorée *Witloof* (l'endive de Belgique), pour consommer cuite pendant l'hiver.

CHICORÉE SAUVAGE

Deux variétés à cultiver :

CHICORÉE SAUVAGE AMÉLIORÉE A LARGE FEUILLE. — La préférable pour les animaux, par l'abondance de son

produit, et très bonne pour faire de la barbe de capucin.
Touffes très garnies, et ayant la tendance à pommer,
feuilles énormes, très larges et moins amère que la
chicorée sauvage amère.

Chicorée sauvage amère. — Feuilles moins abondantes et plus étroites que la précédente ; verte, mais
beaucoup plus amère. C'est celle employée à Paris
pour faire de la barbe de capucin, et aussi comme
médicament.

J'ai dit précédemment qu'un jardinier intelligent
devait, dans un potager un peu étendu, fournir aux
animaux des fourrages qui ne coûtent rien. La chicorée sauvage, dont les racines seulement nous serviront
à faire de la *barbe de capucin*, à l'entrée de l'hiver,
nous donnera pendant tout l'été une certaine quantité
de feuilles excellentes pour les volailles, les lapins,
et même pour les vaches. On sème la chicorée sauvage dans les carrés C et D, vers le mois de mars, et
mieux en août ; on fait des coupes de feuilles tous les
quinze jours et pendant tout l'été suivant, quand on
a semé au mois d'août. Vers la fin d'octobre, on
arrache avec la fourche à dents plates et sans les
briser, les racines destinées à faire de la *barbe de
capucin*.

On descend à la cave quelques brouettées de terre
bien saine, ni trop sèche, ni trop humide, et l'on
forme avec cette terre un carré long, plus ou moins
grand, suivant la quantité de salade dont on a besoin,
et d'une épaisseur de 10 à 15 centimètres. On pose
ensuite les racines horizontalement, à une distance de

20 centimètres environ, tout autour du lit de terre, le collet en dehors et la racine à l'intérieur (fig. 135).

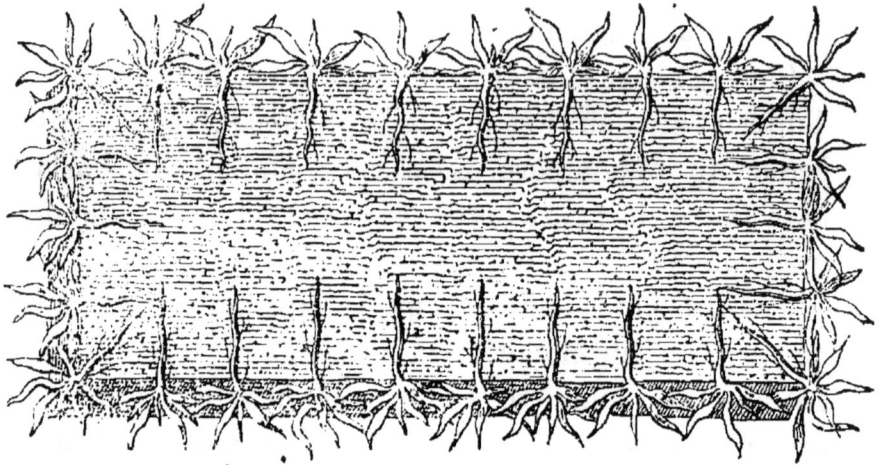

Fig. 135. — Plantation d'une meule de barbe de capucin.

On couvre ces racines d'un autre lit de terre de 20 centimètres d'épaisseur, sur lequel on place un nouveau lit de racines disposées de la même manière, en ayant toutefois le soin de placer les collets en quinconce ; on recouvre de terre, et l'on établit encore deux lits ; on peut en faire quatre et cinq.

Le dernier lit installé, on recouvre de 20 centimètres de terre. La meule est montée: elle ne demande d'autres soins que quelques légers bassinages. Quand la terre se dessèche trop, il faut l'humecter un peu, mais se bien garder de trop la mouiller: les racines pourriraient.

Quelques jours après, les feuilles poussent en dehors, et, grâce à la privation de lumière, elles sont blanches, tendres, et couvrent les quatre faces de la meule (fig. 136).

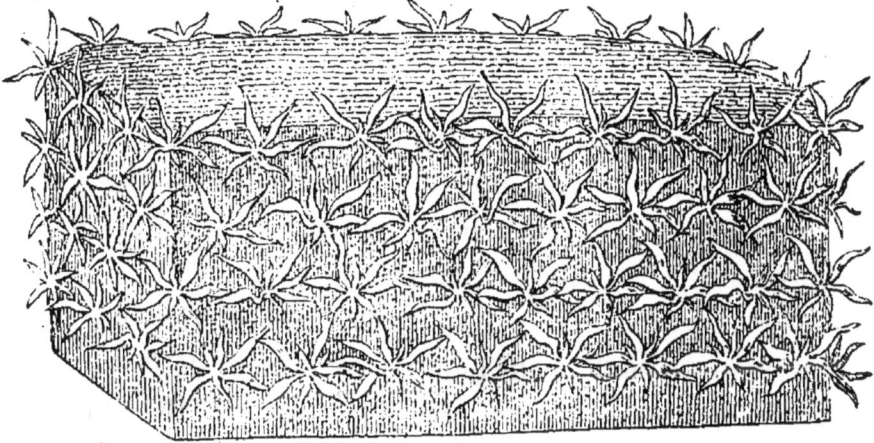

Fig. 136. — Meule de barbe de capucin.

On récolte les feuilles au fur et à mesure, en ayant soin de les cueillir une à une avec la main ; il faut bien se garder de couper avec un couteau, qui rase les petites feuilles et diminue la récolte de plus de moitié.

La *barbe de capucin* est loin d'être une salade recherchée, surtout pour le propriétaire qui peut obtenir de la chicorée frisée et des laitues pendant tout l'hiver sous ses châssis ; mais elle devient une précieuse ressource dans les campagnes, chez les personnes qui ne font pas de culture forcée, et où la salade manque totalement pendant tout l'hiver.

Il ne sera pas indifférent au paysan de récolter, pendant l'été, des feuilles en abondance pour ses animaux, et pendant l'hiver, sans dépense aucune, une salade très saine, qui ne lui coûtera que la peine

de descendre quelques racines, et trois ou quatre
brouettées de terre à la cave.

Dans toutes les fermes et chez tous les petits cultivateurs, il devrait y avoir plusieurs meules de *barbe
de capucin*. On manque complètement d'aliments
frais dans l'hiver ; il n'y a plus de légumes ; la viande
salée, le porc, est presque la seule nourriture, et
dans ce cas la *barbe de capucin* serait un aliment
aussi salutaire qu'économique.

Les particuliers les moins aisés, les ouvriers même,
peuvent, sans dépense aucune, se donner de la salade
pendant tout l'hiver, dès l'instant où ils auront
10 mètres de terre disponible, moins qu'un jardinet,
pour semer de la chicorée *sauvage améliorée à large
feuille* ou *amère*, suivant leur goût.

Les feuilles nourriront quelques lapins pendant
l'été, et à l'automne on prendra un vieux tonneau
que l'on percera de trous au fond pour laisser écouler la surabondance d'eau, et tout autour de trous un
peu grands, faits avec un vilebrequin ; on en établira
sept ou huit rangs en quinconce et à égale distance
sur tout le périmètre du tonneau.

On arrachera les racines de chicorée ; on mettra
de la terre dans le tonneau jusqu'au premier rang
de trous, puis on fera entrer les racines par les trous,
en laissant le collet dehors. On recouvrira de terre
jusqu'au second rang de trous, que l'on garnira de
racines, comme le précédent, et ainsi de suite
jusqu'en haut.

Quelques jours après, ce tonneau sera couvert

sur son pourtour de feuilles de *barbe de capucin,*
comme le montre la figure 137.

Il suffira de pla-
cer le tonneau
dans une cave, un
cellier ou le pre-
mier coin venu,
pourvu qu'il soit
obscur, et qu'il n'y
gèle pas, et d'ar-
roser très légère-
ment par le haut,
quand la terre se
desséchera, pour
avoir de la sala-
de pendant tout
l'hiver.

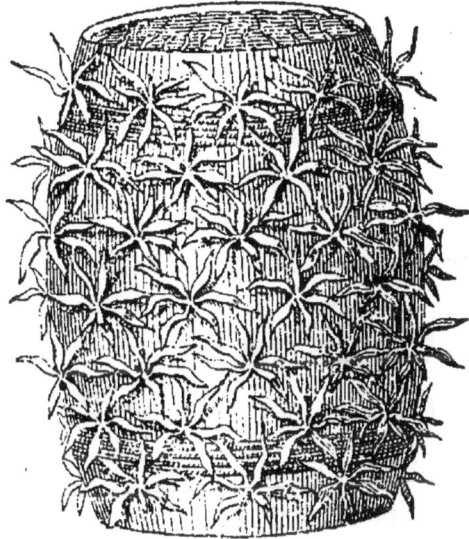

Fig. 137. — Tonneau de barbe de
capucin.

J'insiste sur la culture de la *barbe de capucin,*
parce qu'elle peut être faite par tout le monde,
même par ceux qui n'ont pas de jardin, et que c'est
à ceux-là qu'une salade rafraîchissante est le plus
salutaire et le plus utile pendant l'hiver.

CHICORÉE FRISÉE ET SCAROLE

La culture étant exactement la même pour les
chicorées frisées et les scaroles, je confonds ensemble
ces deux espèces pour les soins de culture, en faisant
observer toutefois que la scarole, étant moins tendre
que la chicorée, devra être cultivée en moins grande

quantité, et toujours en pleine terre, tandis que la
chicorée frisée devra être cultivée sur couches, sous
châssis et sous cloches, pour en avoir en toutes saisons. Il n'y a jamais trop de chicorées dans un potager : ce qui n'est pas mangé en salade est cuit comme
légume. Le jardinier qui dirige bien ses cultures doit
en avoir en quantité à toutes les époques de l'année.
Cela est facile avec de bonnes variétés semées en
temps opportun, des semis successifs, des contre-
plantations bien entendues, et à l'aide des soins que
je vais indiquer.

Les meilleures variétés à cultiver sont :

CHICORÉE FRISÉE DE LOUVIERS. — Très belle, très fine,
feuilles très drues et blanchissant bien. Semer sous
châssis ou sous cloches, en mars et avril, et en pleine
terre en mai, juin et juillet.

CHICORÉE TOUJOURS BLANCHE. — Variété très fine,
bonne de qualité, et ayant l'avantage d'être toujours
blanche, même sans la lier ou la couvrir. A semer
aux mêmes époques que la précédente.

CHICORÉE CORNE-DE-CERF (ou fine de Rouen). —
Très belle variété surtout pour faire cuire, très
grosse, mais les feuilles moins finement découpées
que les précédentes. A semer aux mêmes époques.

CHICORÉE DE RUFFEC. — C'est la reine des chicorées
d'été, autant par son volume que par sa qualité :
touffes énormes, feuilles très frisées, bien découpées,
d'une blancheur remarquable, et la plus tendre de
toutes les chicorées. Semer en mars et avril, sous

châssis et sous cloches, et en mai et juin, en pleine terre, pour récolter à l'arrière-saison.

CHICORÉE MOUSSE. — La plus fine de toutes, des plus jolies et des meilleures ; elle a l'aspect de la mousse, mais aussi l'inconvénient de pourrir facilement. Se met en février sur couche, et en pleine terre en avril et mai.

CHICORÉE FINE D'ITALIE. — Bonne chicorée d'été très fine, très blanche et très rustique. Semer d'avril à août en pleine terre.

CHICORÉE DE GUILLANDE. — Excellente variété, fine et très pleine. A cultiver partout, semer en mars et avril.

CHICORÉE DE MEAUX. — Excellente, très grosse, bien découpée et des plus rustiques. C'est une des meilleures chicorées d'hiver. Semer toute l'année sous cloches, sous châssis et en pleine terre.

CHICORÉE DE LA PASSION. — La plus grosse de toutes, mais ayant la côte un peu forte ; une des meilleures pour faire cuire. C'est une excellente chicorée d'hiver. A semer en mai, juin, juillet et août.

CHICORÉE REINE D'HIVER. — Variété à large feuille, se rapprochant de la *scarole*. Très rustique et productive comme les précédentes, semer en juillet et août.

SCAROLE RONDE. — Belle et bonne variété des plus rustiques, à cultiver partout et à semer d'avril à août.

SCAROLE BLONDE. — A feuille jaune presque blanche pommant moins bien que la précédente. Très bonne variété d'été à semer en mars et avril.

Scarole grosse de Limay. — Superbe variété, plus grosse que la précédente, et en ayant toutes les qualités. A semer aux mêmes époques.

Scarole en cornet. — Très jolie variété, grosse et excellente, à feuilles en cornet. A semer aux mêmes époques que les précédentes.

On fait les premiers semis de chicorée sous châssis en janvier et en février, pour les cultures sous châssis et sous cloches, et sous cloches en mars, pour mettre en place, en pleine terre.

Les chicorées de Ruffec, de Meaux, frisée de Louviers et toujours blanche, sont excellentes pour cet emploi.

La chicorée semée sous châssis a l'inconvénient de monter promptement, inconvénient que l'on évite facilement avec deux ou trois repiquages en pépinière, avant de la mettre en place. Dès que le semis a quatre feuilles, on l'enlève pour le repiquer en pépinière à 4 ou 5 centimètres de distance, entre d'autres cultures, sur une couche moins chaude ; quinze jours ou trois semaines plus tard, on arrache encore ce plant pour le repiquer sous châssis et sur couche plus froide, et on fait même quelquefois un troisième repiquage, toujours sur couche plus tempérée. Ces déplantations successives ont pour effet de suspendre momentanément la végétation trop active du plant, de l'empêcher de monter et de le disposer à pommer. Lorsque le plant est assez fort, on le met en place sous châssis et sur couche plus froide.

La chicorée peut être contre-plantée sous châssis entre d'autres récoltes. Les semis faits en février sous châssis sont également élevés en pépinières sous châssis, mais mis en place sur couche tiède et sous cloches. On abrite les châssis avec des paillassons, et les cloches avec de la litière, et l'on donne de l'air toutes les fois que la température le permet. On sème sous châssis tous les quinze jours, de janvier à mars, afin d'être toujours bien approvisionné.

La chicorée demande beaucoup d'eau ; ce n'est qu'en l'arrosant copieusement qu'on l'obtient tendre. Lorsqu'elle a acquis une certaine force, on la lie par un temps sec avec une attache de paille, pour faire blanchir le cœur, et dès qu'elle est liée, on ne l'arrose plus qu'au pied, avec l'arrosoir Raveneau, en baissant le bout, pour éviter de mouiller les feuilles, que l'eau ferait pourrir.

Il y a plusieurs procédés pour blanchir la chicorée ; chaque contrée a le sien. Tantôt ce sont des assiettes que l'on pose sur la chicorée, des pots à fleurs avec lesquels on la couvre, de la paille jetée dessus.

On blanchit bien la chicorée par ces divers procédés, mais lentement et toujours moins parfaitement qu'en les liant avec un lien de paille ou de jonc.

J'ai tout essayé, et la ligature est ce que j'ai trouvé de plus parfait et de plus prompt.

On sème en pleine terre d'avril à septembre, en ligne ou très clair à la volée ; et, bien qu'il vaille mieux mettre le plant en pépinière, on peut à la rigueur attendre, dans l'été, qu'il soit assez fort pour le repiquer en place.

La graine de chicorée doit être très peu couverte

pour bien lever, et toujours semée dans de la terre très meuble, additionnée de terreau, pour la rendre plus perméable. Il est toujours bon de recouvrir la graine avec un peu de terreau de couche.

Le plant, bon à mettre en place en mai, peut être contre-planté dans le carré B, entre des laitues hâtives. Après la récolte des carottes hâtives on peut retourner la planche, la pailler et la planter en entier avec des chicorées repiquées en quinconce à 30 ou 40 centimètres en tous sens, suivant leur grosseur. On fait un rebord à la planche pour retenir l'eau des arrosements, et l'on paille avant de repiquer. Pendant les mois de juin et de juillet, on peut établir des planches de chicorée dans le carré C. Après une récolte de pois ou de haricots verts, un bon paillis et de fréquents arrosements suffisent pour obtenir de très belles chicorées, qui ne montent presque jamais, dans le carré C, pendant les plus grandes chaleurs. On peut contre-planter les chicorées avec d'autres salades, ou semer des mâches dans la planche pour l'arrière-saison.

Les derniers semis, ceux de la fin d'août et de septembre, fournissent des chicorées pendant une partie de l'hiver. Celles mises en place en septembre sont bonnes à lier en octobre ; on les plante en lignes distantes de 40 centimètres, et les pieds en quinconce à 35 centimètres. Dès que les chicorées sont liées, on les butte légèrement, pour garantir le pied des atteintes du froid ; on cesse tout arrosement, et, lorsqu'il pleut, on les couvre avec des paillassons pour éviter la pourriture. On conserve longtemps d'excellentes chicorées à l'aide de ce simple procédé. Si la gelée menace, on a également le soin de couvrir la nuit avec de la litière.

Les chicorées, comme toutes les autres salades, ne doivent être liées que lorsqu'elles sont bien sèches, et par un temps sec.

Les semis d'août et de septembre peuvent être repiqués sous cloches. On met cinq chicorées par cloche; on les laisse à l'air tant que la température le permet; on couvre dès qu'il fait froid, et au besoin on couvre les cloches de paille, la nuit et même le jour, si la gelée se fait sentir. On récolte ainsi des chicorées pendant une partie de l'hiver.

Il est encore un moyen de conserver des chicorées pendant longtemps : c'est de les repiquer à la fin de la saison, côte à côte, dans un châssis froid, c'est-à-dire sans couche, et tout simplement dans du terreau. On couvre avec des paillassons pendant la nuit, et, si le froid devient intense, on entoure le coffre de fumier. On obtient ainsi, sans aucune dépense et avec peu de peine, des chicorées dont le cœur peut être mangé en salades, et dont le tour est bon à faire cuire.

Pour ménager la provision hivernée sous châssis, sous cloches et sous la litière, il est toujours prudent d'avoir, vers la fin de la saison, une certaine quantité de chicorées liées et presque bonnes à récolter. On arrache les plus belles; et on les replante côte à côte dans la serre à légumes ou à la cave, où elles achèvent leur accroissement. Une bonne prévision ainsi rentrée dure longtemps, et ménage considérablement les cultures de cloches et de châssis. Il faut pour cela, comme pour tout, que le jardinier organise bien ses cultures, les dirige avec intelligence et s'en occupe sans cesse.

Les chicorées, comme toutes les salades, exigent une terre meuble; il faut les biner souvent, les arroser assez et donner un coup de crochet, après les arrosages, pour briser la croûte qui se forme à la surface du sol.

Les chicorées pour graines seront repiquées dans le carré D, et modérément arrosées, afin d'obtenir des graines bien constituées et mûrissant de bonne heure.

CHICORÉE WITLOOF

C'est une importation belge (l'endive, comme on l'appelle en Belgique), dont la culture tend à se propager rapidement en France.

La chicorée Witloof est une ressource très appréciable pour l'hiver; ses pommes allongées et toujours très blanches, puisqu'elles se forment sous terre, produisent une bonne salade, par les froids les plus rigoureux, sans aucun frais de culture. Ces mêmes pommes, cuites comme la chicorée, et assaisonnées de différentes manières, donnent un légume très sain et très bon pendant l'hiver, où l'on est toujours à court de légumes frais.

La culture de la chicorée Witloof est toute différente de celle des autres chicorées, mais des plus faciles, des moins dispendieuses et à la portée de tout le monde, même de ceux n'ayant que des jardinets.

On sème en lignes distantes de 25 à 30 centimètres,

de juin à juillet, dans le carré A du potager, ou dans une planche du carré D, ayant servi aux pépinières de légumes, c'est-à-dire dans une terre bien préparée et richement fumée.

Après la levée, on sarcle, et on éclaircit en même temps les plants trop serrés; quelques arrosements copieux quand il fait sec; un ou deux binages pour détruire les mauvaises herbes et alléger le sol, voilà tous les soins de culture jusqu'au mois de novembre.

Vers les premiers jours de novembre, on arrache les chicorées Witloof, pour planter à demeure et on traite le plant de la manière suivante:

On met d'abord au rebut tous les plants ayant des feuilles trop étroites ou découpées, ou ayant plusieurs têtes; on rebute également tous ceux dont les racines ont un diamètre inférieur *à trois centimètres*. Ces plants ne produiraient que des pommes chétives et mal faites.

L'épuration faite, on coupe les feuilles uniformément en en laissant sur la racine une longueur de *quatre* centimètres environ, et on supprime les pousses se produisant quelquefois sur les côtés, pour n'en conserver qu'une seule : celle devant former la pomme.

Ensuite on coupe l'extrémité de toutes les racines à la même longueur : vingt centimètres. La longueur égale de toutes les racines a une grande importance pour la plantation à demeure, et pour la récolte.

La longueur égale de toutes les racines doit avoir vingt centimètres environ, qui, joints à quatre centimètres de feuilles conservées, donnent au plant une

longueur totale de *vingt-quatre à vingt-cinq centimètres.*

Le plant ainsi préparé, on creuse une fosse de quarante à quarante-cinq centimètres de profondeur et de
quatre-vingts centimètres de largeur, et on unit bien
le fond, pour que les plants soient tous enterrés, à
une profondeur égale.

Nous planterons dans cette fosse quatre lignes de
chicorées, distantes entre elles de vingt centimètres,
et les plants à la distance de cinq centimètres entre
eux sur les lignes.

On procède ainsi à la plantation :

Un homme descend dans la fosse et place les plants
debout, aux distances indiquées ci-dessus ; un autre
homme jette de la terre bien émiettée et en bon état
de fumure pour les caler ; et ainsi de suite jusqu'au
bout. Ensuite on remplit la fosse en divisant bien la
terre.

Quand on veut accélérer la production, on recouvre
la plantation d'une couche de fumier frais d'une
épaisseur de quarante centimètres environ. Si les gelées viennent, on apporte encore du fumier frais que
l'on mêle avec l'ancien ; on le foule un peu et on le
mouille pour le faire fermenter, afin d'entretenir la
chaleur et de favoriser la végétation. Une couche de
fumier ainsi préparé et de l'épaisseur de cinquante
centimètres est suffisante pour obtenir une végétation continue, même pendant la gelée.

Un mois ou six semaines après, on pourra récolter
des pommes bien formées. On enlève la couche de

fumier et la terre jusqu'à la naissance des racines, et l'on coupe la pomme, avec le collet de la racine.

On peut encore obtenir une excellente salade d'hiver, sur les racines dont la pomme a été récoltée.

On la recouvre de terre, puis on recouvre cette terre d'une couche de quarante centimètres de fumier frais, mouillé et foulé. Quelques semaines après il se forme sur la section de la racine une nouvelle couronne produisant des feuilles bonnes à consommer en salades, et quelquefois des petites pommes.

Les personnes qui n'auront pas de fumier à leur disposition ou ne voudront pas prendre la peine d'activer la végétation des chicorées Witloof, pourront récolter des pommes, mais beaucoup plus tard, en laissant faire la nature et abandonnant leur récolte à la grâce de la température.

CHOUX

La culture des choux a une très grande importance, non pas dans le potager du propriétaire, mais dans ceux du rentier, du fermier, du petit cultivateur, de l'instituteur, des hôpitaux, des communautés, des gares et des camps, où le chou est une précieuse ressource. Je vais diviser les choux en six classes bien distinctes; on choisira pour chacun des potagers que j'ai cités, et pour chaque climat, parmi les variétés indiquées plus loin. Ces six divisions sont:

1° Les choux cabus à feuilles lisses;

2° Les choux de Milan à feuilles frisées;

3° Les choux-fleurs et les brocolis;

4° Les choux verts ne pommant jamais ;

5° Les choux-navets ou rutabagas ;

6° Les choux-raves.

CHOUX CABUS

Les meilleures variétés de choux cabus, classés par ordre de précocité, sont :

PRÉFIN. — Le plus hâtif de tous, moyen, pommant bien, et d'une qualité remarquable. Semer en août, repiquer en pépinière en septembre, et mettre en place en décembre, ou en janvier, dans le carré A du potager ; réussit bien aussi en avril, semé en pleine terre.

HATIF D'ÉTAMPES. — Très précoce, belle et bonne pomme moyenne ; semer en août et mettre en pépinière en septembre, et en place en décembre, dans le carré A du potager.

EXPRESS. — Des plus hâtifs, mais petit. Excellente qualité supérieure à cultiver partout. Semer en août et septembre, même culture que les précédents.

YORK PETIT TRÈS HATIF. — Un des plus hâtifs, petit, mais pommant bien, et de bonne qualité. Semer en août, même culture que les précédents.

YORK GROS TRÈS HATIF. — Variété plus grosse que le précédent ; mêmes qualités et culture.

BACALAN HATIF. — Belle et bonne variété hâtive, à pomme assez grosse et allongée, excellente surtout pour les climats de l'Ouest et du Centre ; semer en août, mettre en pépinière en septembre et en place en janvier ou en février, dans le carré A du potager.

Rouge foncé hatif d'Erfurt. — Variété trop peu cultivée, très précoce; comme plate, large et très dure; plus grosseque la précédente, bonne de qualité. Semer en août, et mieux en février et mars sur couche, pour obtenir des choux très hâtifs dans le carré A du potager.

Cœur-de-bœuf gros. — C'est le roi des choux autant par son volume que par sa qualité et sa rusticité. Il peut être cultivé avec le plus grand succès dans les potagers agricoles et même en plaine, où, grâce à sa vigueur, il donne de bons et abondants produits, sans autres soins que le repiquage et deux binages. Semer en août, mettre en pépinière pour le potager, comme les précédents, et repiquer en plaine pendant l'hiver.

Cœur-de-bœuf petit. — Variété de très bonne qualité; moins gros que le précédent, mais plus hâtif. Même culture.

Chou Joannet. — Excellente variété de culture, pomme de moyenne grosseur, très pleine; bon de qualité. Semer en août. Le chou Joannet semé en mars ou avril réussit parfaitement et donne d'excellents choux à la fin de l'été. Rustique et excellent pour le potager agricole et la plaine; même culture que les précédents.

Brunswick. — Variété des plus remarquables par le volume de sa pomme aplatie et sa qualité. Semer en août et au printemps; c'est un excellent chou pour le potager agricole et la petite culture.

Vaugirard. — Très belle variété de culture; gros,

rustique, résistant bien au froid, belle pomme, et bon de qualité. A semer en août. Le chou de Vaugirard, semé en mai et en juin en pleine terre, donne de très bons produits à l'automne et pendant l'hiver.

CHOU-QUINTAL. — Énorme, à pomme aplatie ; très rustique, et des plus précieux pour la grande culture par son volume et la facilité de sa culture. C'est celui qui est le plus employé pour fabriquer la choucroute ; précieux pour les moissonneurs ; c'est le chou par excellence pour les fermes importantes. Semer en août et mars.

GROS DE SAINT-FLOUR.— C'est le monstre de l'espèce, ayant les mêmes qualités que le *chou-quintal*, et d'une culture très facile. Même époque de semis.

SCHWEINFURT. — Variété très grosse : très bon de qualité, mais moins rustique ; il gèle quelquefois dans les hivers très rigoureux. Excellent pour l'Ouest et le Centre de la France. Semer en août et mieux en mars pour les potagers agricoles et de petite culture. Précieux pour le marché.

SAINT-DENIS. — Une des meilleures variétés pour la grande culture. Pomme très grosse et très dure. Semer en août, et en avril et mai, pour faire des choux d'hiver. C'est une des variétés les plus recommandables pour les potagers de la ferme et du petit cultivateur.

HOLLANDE A PIED COURT HATIF. — Excellente variété de grande culture, belle et pommant bien, rustique et productive. Semer en août, avril et mai, pour les potagers de la ferme et de petite culture.

CHOU ROUGE GROS. — Très belle variété, à pomme grosse et très pleine, très rustique et venant partout. Semer en août, pour obtenir des choux de bonne heure, et au printemps pour avoir des choux d'hiver.

CHOU ROUGE PETIT D'UTRECHT. — Petit, pomme très dure et d'une qualité remarquable. C'est le chou employé pour confire et manger en salade, dans les contrées où la salade de chou est appréciée. Semer aux mêmes époques que le précédent.

CHOU ROUGE CONIQUE. — Hâtif, pomme pointue, très ferme et bien pleine. A cultiver comme les précédents.

DAX. — Gros, bon de qualité, précieux pour le Midi, où il supporte bien la chaleur. Semer en septembre et en avril.

CHOUX DE MILAN

Les meilleurs choux de Milan ou frisés, classés par ordre de précocité, sont :

ULM. — Le plus précoce, très petit, bien pommé et sans côtes, d'une qualité remarquable ; c'est le chou à perdrix par excellence. Il n'y en aura jamais assez dans le potager des propriétaires et des chasseurs. Semé en avril et mai, il donne des choux pour l'ouverture de la chasse.

TRÈS HATIF DE PARIS. — Petite pomme, d'une excellente qualité et d'une grande précocité.

JOULIN. — Très hâtif, excellent, plus gros que les précédents, mais n'ayant pas toute leur finesse. Semer en avril et mai.

En semant ces trois variétés sous châssis en février et mars, on obtient des choux en juin et juillet.

FRISÉ DU CAP. — Chou moyen, des plus frisés, de qualité hors ligne, que nulle autre variété ne peut égaler. Ce chou est une précieuse ressource pendant tout l'hiver pour les faisans. C'est le chou par excellence pour le potager des gourmets. Semer en avril et mai.

MOYEN DES VERTUS. — Très hâtif à pied court, pommant bien. Variété très précieuse pour la culture en plaine. Semer en avril et mai.

GROS DES VERTUS. — Gros, très bon et tardif. C'est le chou d'hiver par excellence. Semer en avril et mai.

VICTORIA. — Très frisé, énorme et excellent; c'est le plus gros de tous les choux de Milan. Semer en avril et mai.

PANCALIER DE TOURAINE. — Excellente variété d'hiver, très frisée, bonne pomme et qualité parfaite. A cultiver partout. Semer en avril, mai et juin.

PONTOISE. — Variété précieuse par sa rusticité; elle supporte bien les gelées. Pommes grosses, très dures et de bonne qualité. A cultiver surtout dans les contrées froides. Semer en mai et juin.

NORWÈGE. — Le plus dur de tous à la gelée, variété précieuse pour les climats du Nord et de l'Est. Pomme grosse, très serrée, bonne de qualité. Semer en mai, juin et même juillet.

DE LIMAY. — Très bon, pomme peu serrée, feuilles moins frisées que les précédents, mais résistant bien à la gelée. Même époque de semis.

Bruxelles. — Variété des plus recommandables. A cultiver partout. Semer en avril, mai et juin.

Bruxelles demi-nain perfectionné. — Excellent, de grandeur moyenne, très productif. A cultiver partout.

Bruxelles nain. — Plus petit que le précédent, mais ayant les pommes plus petites et très dures. Semer aux mêmes époques.

La culture des choux cabus et des Milan est la même ; elle ne diffère que par les époques de semis. Les choux cabus se sèment généralement au mois d'août, et les Milan au printemps. (Voir à chaque variété l'époque du semis.)

Posons tout d'abord ceci en principe :

Les choux aiment l'humidité ; ils exigent de l'ombre pendant leur premier accroissement, et veulent un sol abondamment fumé quand ils sont mis en place, pour croître rapidement et donner des produits d'élite. Ces quelques lignes renferment tout le *secret* de la culture des choux. Elles nous apprennent :

1° Que les semis doivent être faits dans un endroit ombragé. Rien de plus facile que de trouver une place dans le carré D du potager, à côté des plantes à graines donnant l'ombre désirée.

Il suffira, la place ombragée trouvée, de la labourer profondément, de la fumer copieusement avec des engrais très consommés, et d'y dresser ensuite une planche munie de rebords, pour maintenir l'eau des arrosements (fig. 138). Cela fait, on sème en lignes, ou très clair à la volée ; on recouvre la graine avec un peu de vieux terreau de couche, et l'on arrose

jusqu'à parfaite levée. Un semis de choux ne doit
jamais être desséché à la surface.

Les arrosements doivent être continués jusqu'à ce
que le plant ait acquis une certaine force et soit bon

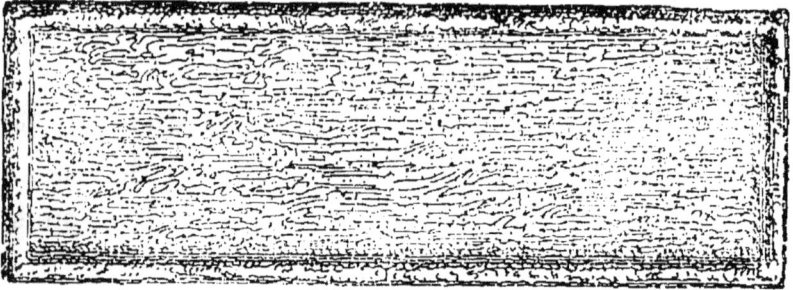

Fig. 138. — Planche dressée pour un semis.

à mettre en pépinière, c'est-à-dire quand il a quatre
feuilles bien développées.

Jusque-là on arrose deux ou trois fois par jour s'il
fait sec. En opérant ainsi on gagne plus d'un mois
sur la végétation, et l'on n'a que du plant d'élite.

Tous ces semis spéciaux doivent être faits dans le
carré D, dans la terre préparée comme je l'ai indiqué.
Que le lecteur ne s'effraye pas des précautions à
prendre pour élever de bon plant; rien n'est plus
facile et n'occupe moins de place : sur un mètre
carré on élève de cinq à huit cents plants de choux
de premier choix.

En principe, tous les choux pommés doivent être
repiqués en pépinière. On crée ces pépinières dans le
carré D, dans des planches profondément labourées
et fumées avec des engrais très décomposés ou, ce qui
est préférable, avec de vieux terreaux usés. On dresse

les planches avec des rebords, pour obtenir l'eau des arrosements (fig. 138) : on établit des lignes distantes de 25 à 30 centimètres que l'on creuse avec le rayonneur, et l'on repique les plants en quinconce à 20 centimètres de distance (fig. 139).

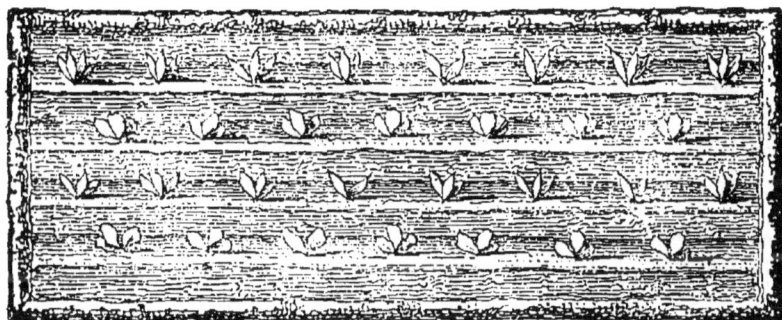

Fig. 139. — Pépinière de légumes.

Les choux sont bons à mettre en pépinière aussitôt qu'ils ont quatre feuilles. C'est le moment le plus opportun ; plus tard, ils s'allongent et ne font que de mauvais plant.

Il est urgent de déplanter les choux et non de les arracher, ce que l'on fait presque toujours. Les

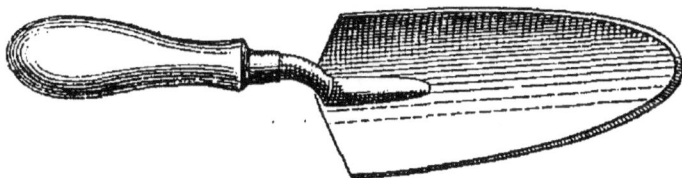

Fig. 140. — Déplantoir.

racines sont brisées, et le plant reprend mal. Il faut déplanter le semis avec le déplantoir (fig. 140), afin de l'enlever avec toutes ses racines et de le repiquer de même.

La pépinière offre, pour les choux, les avantages suivants :

1° La déplantation, aussitôt que le semis a quatre feuilles, fatigue la plante et la dispose à pommer, en arrêtant temporairement la végétation ;

2° Les plants placés à distance égale végètent également, acquièrent une même vigueur et commencent à pommer en pépinière, ce qui ne peut avoir lieu dans les semis trop pressés, où ils s'allongent et ne font jamais que du plant de rebut ;

3° Le plant ne souffrant pas en pépinière peut y être laissé jusqu'à ce qu'on ait de la terre disponible ; on l'enlève en motte avec le déplantoir (fig. 140), et cette seconde déplantation concourt encore à l'augmentation de la pomme ;

4° Les pépinières de choux occupant un très petit espace offrent l'avantage de donner avec la plus grande facilité tout l'engrais nécessaire, et les arrosements les plus copieux, seul moyen à employer pour obtenir infailliblement et très vite du plant d'élite ;

5° Les pépinières offrent encore cet avantage de multiplier les récoltes en donnant du plant à moitié élevé, qui remplace aussitôt la récolte enlevée.

La pépinière est la clef de la production lorsqu'elle est bien entendue : non seulement les produits du potager sont doublés, mais encore les plantations ne sont faites qu'avec du plant d'élite.

Le fermier et le petit cultivateur auront bénéfice à semer les choux dans leur jardin, et à les y repiquer en pépinière. Ils pommeront beaucoup plus vite et reprendront mieux quand on les repiquera en plaine.

Le petit cultivateur, à défaut de jardin, pourra toujours faire des semis très précoces sur un tas de fumier recouvert de quelques brouettées de terre. On sème très clair, en lignes distantes de 30 centimètres, ou très clair à la volée, si l'on n'a pas de terre pour repiquer en pépinière. En opérant ainsi on obtient encore d'excellent plant de choux à repiquer en plaine, mais il faut l'éclaircir pour que rien ne le gêne au début de la végétation, et qu'il ne s'allonge pas.

Les choux de printemps, ceux d'*York* et *cœur-de-bœuf* particulièrement, montent souvent en graine sans pommer. On les arrache et on les replante, quelques heures après, à la même place, pour les fatiguer et les empêcher de monter. Quelquefois, dans les printemps chauds et humides, presque tous les choux hâtifs montent, et la récolte est perdue. Cet inconvénient se produira rarement avec des choux élevés en pépinière et mis en place au printemps. On peut contre-planter les choux d'York dans les salades, dans les artichauts de seconde saison, dans le carré A, et dans le carré B, entre les fraisiers.

Les autres choux cabus, semés en juillet et août avec les soins que je viens d'indiquer, seront également repiqués en pépinière et mis en place, de novembre à février, dans le carré A, entre des choux hâtifs, des

choux-fleurs de printemps, des pommes de terre
hâtives ou des artichauts de première saison.

Les choux de Milan se sèment au printemps ; leur
qualité est bien supérieure à celle des cabus. On peut
semer les choux d'*Ulm* et *Joulin* sur une couche, sous
cloche et sous châssis, en février, les repiquer en pépinière en mars ou en avril, en pleine terre, et trois
mois après on obtient des choux parfaitement pommés
et d'une qualité supérieure. Les autres variétés de *choux
de Milan* se sèment successivement en pleine terre et
se repiquent en pépinière, comme je l'ai indiqué, pour
venir remplacer dans le carré A les récoltes enlevées.

On plante les choux à diverses distances, suivant
les proportions qu'ils doivent atteindre.

Les choux hâtifs *préfin, hâtif d'Étampes*, d'*York*,
Express et les choux d'*Ulm* peuvent être plantés en
quinconce, à 60 centimètres en tous sens ;

Les gros choux cabus, de 70 à 80 centimètres, en
tous sens, suivant leur grosseur ; le *quintal* et le
Schweinfurt doivent être placés à 1 mètre ;

Les *Milan*, à une distance de 70 à 80 centimètres,
suivant leur grosseur ; le *Victoria*, à 1 mètre.

Règle générale : il faut éviter de planter trop près
les choux pommés ; quand ils manquent d'espace, ils
poussent trop en hauteur.

Les choux de *Bruxelles* seront mis en place à une
distance de 70 centimètres environ, après avoir été
élevés en pépinière, comme tous les autres choux. Si
l'on veut obtenir des petites pommes bien dures, et
qui ne crèvent pas, il faut avoir le soin de suppri-

mer les feuilles à l'aisselle desquelles elles sont nées, aussitôt que les pommes se montrent. Il ne faut pas arracher la feuille, mais casser, ou mieux couper la queue, en laissant une longueur de 5 à 10 centimètres après le tronc. Le fragment laissé tombe naturellement quelques jours après. Quand on laisse la feuille, les petites pommes crèvent, deviennent très larges, restent creuses et ne sont pas présentables.

N'oublions pas que les choux en général demandent beaucoup d'eau, et qu'il est urgent de les arroser copieusement, si l'on veut obtenir vite de beaux et bons choux. Dès que la pomme se forme, on arrose au pied et on évite de mouiller les feuilles.

Pour obtenir de bonnes graines de choux, il faut choisir ceux ayant les plus belles pommes et les mieux faites. On coupe la pomme un peu haut, de manière à laisser le plus de feuilles possible sur le pied. Ces feuilles doivent être conservées ; il se développe à l'aisselle de chacune d'elles des pousses qui fleuriront et produiront de la graine.

On ne conserve que des pousses très vigoureuses, et l'on supprime les faibles. Lorsque les siliques sont sèches, on coupe la tige, et on laisse sécher la graine quelques semaines dans un grenier avant de la battre.

Les choux sont attaqués avec fureur par divers insectes et par les chenilles. (Voir septième partie, au chapitre v, *Maladie et Destruction des insectes*, les moyens de destruction.)

CHOUX-FLEURS

Le chou-fleur est un excellent légume, se gardant très facilement ; on doit en avoir pendant toute l'année dans un jardin bien tenu.

Pour arriver à ce résultat, nous cultiverons les variétés suivantes :

NAIN D'ERFURT. — Très hâtif ; tête superbe et excellente, et peu élevée. C'est le plus facile à cultiver sous châssis. On sème à cet effet en septembre, février et mars, sur couche.

Le chou-fleur nain d'Erfurt donne aussi les meilleurs résultats en pleine terre, en semant en avril, mai, juin, juillet et même août.

CHOU-FLEUR NAIN HATIF DE CHALONS. — Variété des plus méritantes, ayant au moins le volume du précédent, et en possédant toutes les qualités. De plus, cette variété a le mérite d'être française. A cultiver partout ; mêmes emplois et mêmes époques de semis que le chou-fleur d'Erfurt.

DEMI-DUR DE PARIS. — Excellente variété, à tête volumineuse, très blanche et excellente de qualité. C'est le chou-fleur de fond dans le potager ; on peut le semer pendant toute l'année, sur couche en hiver, et en pleine terre pendant l'été.

LENORMAND A PIED COURT. — Énorme et bon de qualité. Semer sous châssis en février et mars, et en pleine terre en avril, en mai, juin et juillet.

IMPÉRIAL. — Variété hâtive et des plus méritantes à

tête grosse et très blanche. On sème en avril, mai
et juin.

D'ALGER. — Un des plus vigoureux, tête énorme et
très belle. Semer sous châssis en février et mars, et
en pleine terre en mai et en juin. Précieux pour les
pays chauds, où il réussit mieux que les autres variétés.

DEMI-DUR DE SAINT-BRIEUC. — Variété très rustique,
s'arrangeant à peu près de tous les sols ; tête grosse,
blanche et très serrée. Semer en février et mars sur
couche; en avril, mai, juin et juillet en pleine terre.
A cultiver dans tous les potagers pour la consommation comme pour la vente.

DUR DE TOUTES SAISONS. — Variété la meilleure et
la plus rustique des choux-fleurs durs, donnant en
automne un très bon produit de qualité extra. Semer
sous châssis en février, mars. En pleine terre en
avril et mai.

DUR D'ANGLETERRE. — Magnifique variété à belle
tête, des plus serrées et des plus blanches, mais lent
à venir. Semer sous châssis en février et en mars : en
pleine terre en avril et mai.

CHOU-FLEUR GÉANT DE NAPLES. — Grand et vigoureux, belle et bonne pomme très blanche. C'est un
chou-fleur un peu tardif, mais donnant toujours de
bons résultats, en le semant en avril et mai, sous le
climat de Paris, et en mai et juin dans le Midi, où il
supporte bien la chaleur.

Avec ces variétés, nous pouvons semer :

1° Sur couche et sous châssis pendant l'hiver, pour
récolter au printemps et pendant l'été ;

2° **En** pleine terre pendant l'été, pour récolter à l'automne ;

3° **Sur** couches et sous cloches à l'automne, pour récolter pendant une partie de l'hiver.

Dans la seconde quinzaine de janvier et pendant le mois de février, on sème des choux-fleurs sur couche et sous châssis. On repique en pépinière sur une couche moins chaude, à 6 centimètres de distance dès que les deux premières feuilles sont formées, pour repiquer encore, mais un peu plus loin, sur couche moins chaude, entre des plantes à demeure. Vers la fin de mars et dans le mois d'avril, on met ce plant en pleine terre dans le carré A, pour obtenir des choux-fleurs vers la fin de mai ou dans la première quinzaine de juin. Pendant les premiers temps on abrite la nuit avec des paillassons posés sur des piquets enfoncés autour de la planche, et reliés entre eux par une gaulette ou un fil de fer.

On sème encore en mars sur une couche tiède ; on repique une première fois en pépinière sur une couche usée ; puis on repique en pépinière en avril, en pleine terre, pour contre-planter dans des salades, des artichauts tardifs ou des choux hâtifs, afin d'obtenir des choux-fleurs en juillet et en août.

Vers la fin d'avril et dans le courant de mai, on sème des choux-fleurs en pleine terre, à l'ombre : on repique en pépinière, également en pleine terre, comme les choux pommés, mais avec cette différence que le repiquage a lieu deux fois. On plante la première pépinière ainsi : les lignes à 15 centimètres, les plants en quinconce à 8 centimètres. Quand les choux se touchent, on les remet une seconde fois en pépinière, les lignes à 30 centimètres, les plants en quinconce à 20 centimètres.

La déplantation renouvelée du chou-fleur est un des premiers éléments de succès. Quand le plant a été bien élevé en pépinière, on réussit à coup sûr. Beaucoup de fumier un peu consommé et une énorme quantité d'eau, voilà la meilleure recette pour faire de magnifiques choux-fleurs. Disons encore que le chou-fleur n'aime pas les sols trop argileux ; une terre friable, un peu légère, lui convient mieux que l'argile. On aura toujours le soin de choisir les planches les plus meubles pour le planter, si le potager est très argileux : dans ce dernier cas, on obtiendra d'excellents résultats en mélangeant un peu de sable et de cendre avec les engrais.

On sème encore des choux-fleurs en pleine terre en juin ; on repique en pépinière en pleine terre, en ayant soin d'arroser deux ou trois fois par jour, si le temps est chaud et sec ; puis on contre-plante en août dans les melons, que l'on commence à récolter. Avec des arrosements copieux, on obtient de magnifiques choux-fleurs en septembre, octobre et même novembre.

Lorsque les couches à melon, et quelques planches du carré A sont bien garnies de choux-fleurs tardifs, on peut en conserver très longtemps, en opérant ainsi à l'approche des gelées :

On arrache tous ceux dont les pommes sont mûres, on coupe le trognon et les plus grandes feuilles et on

les suspend, la tête en bas, accrochés au plafond de
la serre à légumes, où ils se conservent pendant longtemps. Les choux-fleurs ainsi conservés perdent par
l'évaporation une certaine quantité de leur eau végétale ; il est utile, lorsqu'on veut les consommer, de
recouper le trognon, et de les mettre tremper dans
l'eau pendant un jour, en évitant de mouiller la pomme.

Tous les pieds dont la pomme n'a pas acquis tout
son développement sont enlevés en mottes, et plantés
côte à côte dans du terreau, sous un châssis froid. On
arrose avec précaution, sans mouiller les feuilles ni
la pomme, afin d'assurer la reprise. On couvre, la
nuit, avec des paillassons ; on donne de l'air pendant
le jour, et l'on obtient encore, à l'aide de ce moyen,
des choux-fleurs passables pendant une partie de
l'hiver. Quand il gèle, on entoure le coffre du châssis
avec un réchaud de fumier frais sortant de l'écurie.

On fait les derniers semis de choux-fleurs en septembre, sur une couche usée ou en pleine terre. On
repique en pépinière, en pleine terre sous cloche, dans
un endroit abrité. Vers la fin d'octobre, on fait un
second repiquage en pépinière sur une vieille couche
et sous châssis. Si la saison est belle, on peut risquer
une certaine quantité de plants sous cloche, en pleine
terre, à un endroit chaud et abrité. On a soin de bien
couvrir les cloches et de les entourer de litière quand
il gèle, et on donne de l'air toutes les fois que la température le permet. A l'approche des gelées, on place
des réchauds autour des coffres du châssis.

Ce plant, bien soigné, est bon à mettre en place en

novembre et décembre. On le contre-plante sur couches et sous châssis, entre des chicorées et des semis qui doivent être enlevés prochainement. On place six choux-fleurs par panneau de châssis, et on les contre-plante encore avec de la laitue ou des plantes en pépinière. On donne de l'air le plus souvent possible; puis, au fur et à mesure que les choux-fleurs grandissent, on élève les coffres, en plaçant des briques ou même de grosses pierres dessous, et en ayant soin de boucher, avec du fumier, toutes les ouvertures quand il fait froid. Des choux-fleurs ainsi traités sont bons à récolter d'avril à mai.

La culture des choux-fleurs n'est pas difficile, mais elle demande des soins. Les repiquages fréquents en pépinière sont le premier élément de succès. Le chou-fleur demande une grande quantité d'eau, et je puis affirmer que la plupart des insuccès dans cette culture sont dus à la parcimonie des arrosements. Il faut beaucoup arroser jusqu'à ce que la tête soit formée : on arrose encore après, mais moins abondamment, et seulement au pied, afin de ne mouiller ni la tête ni les feuilles. Il faut, en outre, avoir le soin de couvrir les têtes avec les feuilles qui les entourent, chose facile en cassant la principale nervure: quand on les laisse exposées à la lumière, elles verdissent et ne sont jamais bien serrées.

Les choux-fleurs ne doivent être mis en place que dans le carré A du potager, et sur couches, si l'on veut obtenir de beaux produits.

Plusieurs auteurs conseillent la culture du chou-

fleur tendre, demi-dur et dur. Le tendre tient mal sa
pomme ; le dur est d'une lenteur désespérante à
pommes ; le demi-dur se comporte bien partout.
surtout le *demi-dur de Paris*, dont je n'hésite pas à
conseiller la culture à peu près partout.

Quand on voudra récolter de la graine de choux et
de choux-fleurs, il ne faudra pas oublier qu'ils se
fécondent entre eux à d'assez grandes distances ; les
abeilles se chargent de ce soin. En conséquence, il
sera nécessaire, si l'on veut conserver les variétés
très pures, de ne laisser grainer qu'une variété chaque
année. Cela est facile, la graine de choux conservant
ses propriétés germinatives quatre années au moins.

Il suffira de s'entendre avec deux ou trois amateurs
pour récolter chacun une variété, et l'on échangera le
produit de ses récoltes. En culture où on a de la terre
partout, où dans une grande propriété, où il y a de
l'espace, rien n'est plus facile que de récolter toutes
les graines très pures, en plantant les choux pour
graines à de très grandes distances.

Il faut toujours conserver pour graines les plus beaux
choux-fleurs, les mieux faits, ayant la tête grosse et
dure. Pour les choux de Bruxelles, on choisit les
pieds qui portent un grand nombre de rosettes très
serrées et très dures.

La bonne graine de choux est noire et brillante ;
elle demande à être récoltée très mûre.

Les choux sont très maltraités par les chenilles, les
loches et les pucerons. (Voir à la septième partie
chapitre **v**, *Insectes*, pour les moyens de destruction.)

BROCOLIS

Les brocolis, beaucoup moins délicats que les choux-fleurs, sont une précieuse ressource dans le sol où ce dernier ne vient pas. Ils peuvent même le remplacer en choisissant les variétés suivantes :

BROCOLI BLANC HATIF. — Belle et bonne variété, très hâtive; tête grosse, fine et serrée. Semer en mars et avril, août et septembre.

DE MAMMOUTH. — Le plus gros de tous, mais plus tardif; sa pomme égale en volume celle du chou-fleur moyen. Semer aux mêmes époques.

DE ROSCOFF. — Le plus hâtif de tous, tête grosse et bien fournie. Mêmes époques de semis; ceux de printemps surtout donnent les meilleurs résultats.

La culture des brocolis demande moins de soin que celle des choux-fleurs. On les sème en pleine terre en août et septembre; pour les repiquer en pépinière, en pleine terre, et quand l'on peut, une seconde fois, également en pépinière, à un endroit abrité.

Ensuite on les met en place dans une plate-bande abritée, ou on les couvre pendant les gelées, sous châssis froid où ils donnent des pommes pendant l'hiver et au printemps.

Les semis de mars sont faits sur couche et repiqués en pépinière, en pleine terre quand les gelées ne sont plus à craindre, et on les place ensuite dans le carré A du potager, où ils donnent leurs produits vers la fin de l'été et à l'automne. Les semis de printemps sont ceux qui réussissent le mieux avec toutes les variétés de brocolis.

On réserve les plus beaux sujets pour graine, et on les plante en mottes dans le carré D du potager, avec les plantes à graine, si toutefois il n'y a ni choux, ni choux-fleurs, fleurissant à la même époque.

CHOUX VERTS

Les choux verts sont très appréciés dans l'Ouest de la France, où on en fait des potages un peu purgatifs; mais, pour qui n'est pas né dans l'Ouest, ils ne sont qu'une précieuse ressource pour les animaux. Les choux verts produisent pendant deux années, et leur produit est considérable. On les sème au printemps pour récolter les premières feuilles à l'automne et l'année suivante. La seconde année, la récolte des feuilles est considérable et devient un produit précieux pour les animaux, quand on a chez soi une certaine quantité de bétail et un jardin un peu grand.

Les meilleures variétés de choux verts sont :

BRANCHU DU POITOU. — C'est presque un arbre, donnant d'abondantes et larges feuilles. Très productif, et excellent pour les climats de l'Ouest et du Centre. On sème en pleine terre en mars, avril et mai.

CAULET DE FLANDRE. —, Très grand, productif et supportant mieux la gelée que le précédent. Très bon pour les climats du Nord. Semer en mars et en avril.

CHOU CAVALIER (grand chou à vaches). — Excellente variété aussi rustique que les précédentes et d'un très grand rendement. Pouvant se cultiver partout. Mêmes époques de semis.

On sème à la volée et très clair dans une planche du carré D du potager, et l'on arrose pour assurer le succès du semis. Quand le plant est assez fort pour être repiqué, on le déplante pour le mettre en place, en carré ou en plate-bande, dans les carrés C et D du potager, ou mieux encore en plaine, ou dans un coin quelconque.

Dans ce dernier cas, on choisit un jour de pluie pour le repiquage, et il n'y a plus d'autres soins à donner que les binages indispensables pour ameublir le sol et détruire les mauvaises herbes.

Les choux verts offrent une précieuse ressource pour le bétail pendant l'hiver. On aura toujours avantage à en cultiver une certaine quantité dans le potager de la ferme et surtout dans celui du petit cultivateur, auquel il assure une bonne production de lait pendant l'hiver.

CHOUX-NAVETS OU RUTABAGAS

C'est une plante trop négligée dans les jardins, où elle fournit à la fois un excellent légume pendant l'hiver, et une nourriture très substantielle pour les animaux.

Les meilleures variétés sont :

RUTABAGA JAUNE A COLLET VERT. — Comestible, donnant en abondance des racines tenant, pour le goût, le milieu entre le navet et le fond d'artichaut. Semer en avril, mai et juin.

Rutabaga ovale. — Mêmes qualités que le précédent, excellent pour les potagers du propriétaire et du rentier. Semer aux mêmes époques.

Rutabaga blanc. — A collet rouge, très productif et des plus hâtifs, de très bonne qualité comme légume ; les feuilles sont abondantes et les racines grosses. Semer aux mêmes époques, et même jusqu'en août.

Rutabaga Sutton's Champion. — Variété des plus productives, à collet rouge ; feuilles abondantes, racines grosses, très rustiques, comestible. A cultiver partout et à semer en avril, mai, juin et juillet.

La culture des rutabagas est des plus simples ; on les sème en place ou dans une planche du carré D du potager, pour les repiquer en contre-plantation dans les carrés B, C et D, partout où il existe une place libre.

Ces choux-racines, que je voudrais voir cultiver dans tous les potagers, sont une précieuse ressource en grande et en petite culture, dans les potagers de la ferme, du petit cultivateur, et en plaine. Les terres un peu consistantes et fraîches sont celles qui leur conviennent le mieux ; la sécheresse leur est contraire. On sème les choux-racines en avril, mai et juin, en place dans une terre en bon état de fumure, et l'on éclaircit les plants trop serrés en donnant le premier binage. Dans les potagers on sème dans une planche du carré D, préparée à cet effet pour les repiquer en contre-plantation dans tous les carrés du potager, et en juillet en place, en plaine, après d'autres cultures, et l'on a pour l'hiver une bonne provision de racines excellentes pour le personnel et une précieuse ressource pour les animaux. Cette plante résiste fort bien à la gelée ; on la récolte au fur et à mesure des besoins, ou on peut l'arracher pour conserver à la cave.

CHOUX-RAVES

LE BLANC et le VIOLET HATIFS DE VIENNE sont très rustiques et très productifs. Semer en mai, juin et même juillet.

Les choux raves ont de très grosses racines que l'on peut manger ; en outre, ils offrent une précieuse ressource pour les animaux, par leurs feuilles et leurs racines.

LE CHOU-RAVE BLANC est le meilleur pour consommer les racines comme légume d'hiver ; il est plus fin et plus délicat que le violet.

On peut les semer en place de mars à juillet dans le carré A du potager, après deux récoltes de choux, de pommes de terres hâtives, etc. On éclaircit le plant quand il est assez fort, et on repique l'excédent en contre-plantation dans les carrés C et D, comme culture dérobée.

CIBOULE

Une seule variété à cultiver : la CIBOULE ROUGE. On sème en bordure au mois d'août, ou en mars, dans les carrés B, C ou D. Le semis d'août est préférable, en ce que les plantes semées à cette époque montent beaucoup moins vite à graine.

CIBOULETTE

La ciboulette est plus connue sous le nom de *civette* et d'*appétit;* on la plante en bordure dans le carré B, C ou D ; elle ne donne pas de graine et se multiplie par éclats de racines et se plante au printemps ou à l'automne.

Lorsque les touffes deviennent trop grosses, ce qui a lieu presque tous les ans, il faut les diviser et refaire les bordures en entier.

CONCOMBRES

Les fruits du concombre sont assez recherchés pour faire des salades, confectionner des cornichons, pour faire cuire, et enfin pour la pharmacie. Il est utile d'en cultiver plusieurs variétés pour ces différents usages.

BLANC LONG NATIF. — Assez gros, très précoce et excellent de qualité, très employé pour faire cuire. Semer sous châssis de février à avril, et en pleine terre en juin.

BLANC DE BONNEUIL. — Le plus gros de tous et le plus employé pour la parfumerie et la pharmacie, bien qu'il soit bon à manger cuit. Même époque de semis.

VERT A CORNICHONS (cornichon vert petit de Paris). — Petit, vert, d'une forme, d'une qualité et d'une couleur spéciales pour les cornichons. C'est son seul emploi, et aussi le seul qui puisse faire des cornichons présentables pour la forme, le coloris, et de qualité supérieure. Semer sous châssis en février, mars et avril, et en pleine terre en mai, juin et même juillet.

VERT LONG ÉPINEUX. — Très hâtif, bon de qualité. Mêmes culture et époques de semis que les précédents.

BRODÉ DE RUSSIE. — Moyen, bon de qualité et très précoce ; c'est une excellente variété à cultiver sous châssis, sous cloche et en pleine terre à l'air libre, suivant les climats et l'époque à laquelle on veut le récolter.

Les concombres de primeur se sèment sous châssis de la fin de janvier à la fin de mars, pour repiquer en pépinière sur une autre couche aussitôt qu'ils peuvent être transplantés. On ombre pendant le soleil avec des toiles claires et l'on couvre la nuit avec des paillassons. Trois semaines environ après, on les met en place sur couches chaudes, quatre pieds par panneau de châssis, et on les enterre jusqu'aux cotylédons pour leur donner plus de vigueur, et l'on paille aussitôt. Le concombre est sensible au froid : il demande à être bien couvert la nuit. On double ou triple la couverture de paillassons, suivant la température, comme pour tous les châssis, et l'on donne de l'air toutes les fois que le temps le permet.

Lorsque la tige principale a quatre ou cinq feuilles, on la coupe avec un greffoir ou une serpette sur les deux premières feuilles, afin d'obtenir deux branches latérales, que l'on coupe ensuite sur trois ou quatre feuilles. Les nouvelles branches sont pincées à leur tour sur cinq yeux. On réserve de cinq à six fruits par pied ; on choisit les mieux faits, et l'on supprime tous les autres ; puis on pince à deux feuilles au-dessus des fruits conservés. Lorsqu'on a choisi les fruits à conserver, on pince toutes les branches qui s'allongent trop et toutes les nouvelles pousses, afin de concentrer toute l'action de la sève sur les fruits. On obtient par cette culture des concombres en mai et juin.

Pour la culture du concombre sous cloche, on sème vers la fin de mars sous châssis ; puis on met en place sur couche sourde ou sur poquet et sous cloche en avril et mai. On paille aussitôt après la plantation, et l'on donne de l'air toutes les fois que le temps le permet. Il est urgent de couvrir soigneusement la nuit avec des cloches, et, au besoin, les cloches avec de la litière, et même du fumier si le temps est froid. L'air est indispensable aux plantes ; il est bon de les habituer progressivement à l'air et à la lumière, et de les découvrir entièrement dans le milieu de la journée, lorsque la température est douce et que le soleil commence à chauffer.

On taille de même que sous châssis, mais en allongeant la taille d'un ou deux yeux, suivant la vigueur du plant. Les concombres de cloches donnent depuis juin jusqu'en septembre.

Pour cultiver en pleine terre et à l'air libre, on fait un trou de 40 centimètres de profondeur et 80 de diamètre, que l'on emplit de fumier. On couvre ce fumier de 20 centimètres de terreau (c'est un poquet), et l'on sème en place en mai ou juin, à l'air libre.

Lorsque le plant est assez fort pour recevoir la pre-

mière taille, on le rechausse jusqu'aux cotylédons avec
du terreau, et l'on paille toute la surface du poquet.

On taille comme nous l'avons indiqué, et l'on obtient
des concombres en août et septembre. C'est la culture
la plus simple et la préférable quand on n'est pas
pressé de récolter.

Les concombres à cornichons se cultivent en pleine
terre sur poquets, comme je viens de l'indiquer; la
taille seule diffère. On coupe la tige principale sur
trois feuilles, pour obtenir trois branches latérales
qu'on laisse s'allonger à volonté; on les étend soigneusement sur le paillis de manière à ce qu'elles ne s'en-
trelacent pas. On enlève les cornichons tous les jours,
ce qu'il ne faut jamais manquer de faire, car le lendemain ils sont trop gros pour pouvoir être employés.

Il ne faut jamais oublier que tous les concombres
demandent beaucoup d'eau : ils ne viennent jamais
bien quand ils ne sont pas arrosés *beaucoup* et *souvent* pendant les chaleurs.

On conserve pour graine les fruits les plus gros et
les mieux faits; il est urgent de les laisser mûrir sur
pied jusqu'à ce qu'ils se décomposent, pour obtenir
de bonnes semences.

Les concombres à cornichons se cultivent avec succès sur palissades. C'est un mode de culture très commode dans un petit jardin ; ils ne tiennent pas de
place.

On plante des piquets à 3 ou 4 mètres de distance
et de la hauteur d'un mètre, puis on établit quatre
ou cinq lignes de fil de fer : la première à 15 centi-

mètres du sol, les autres à 20 centimètres de distance. On attache le fil de fer à l'un des piquets du bout, et on le tend à la main, en lui faisant faire un tour sur chaque piquet pour l'arrêter au dernier.

On plante les pieds à 80 centimètres de distance au pied de la palissade. On taille sur trois feuilles ; les trois bras sont palissés sur les fils de fer et retaillés sur six feuilles. Les pousses sont ensuite palissées sur les fils de fer, et bientôt toute la palissade est couverte.

Ce mode de culture, très productif, économise beaucoup de terrain dans le jardin et apporte une grande facilité dans la récolte des cornichons.

CRESSON DE FONTAINE

On a cultivé le cresson de fontaine dans des baquets remplis de terre aux trois quarts, et recouverts d'eau. Cela demande des soins infinis, et encore, malgré tout le mal qu'on se donne, est-il fort difficile d'empêcher l'eau de croupir et de communiquer son odeur infecte au cresson. Il vaut mieux se passer de cresson que de consommer un pareil produit, aussi répugnant que malsain.

La culture du cresson est facile, mais avec un peu d'eau courante ; sans cela, pas de cresson mangeable. On creuse une fosse de 2 mètres de large sur 80 centimètres de profondeur, dans un endroit où il soit facultatif de faire passer un ruisseau ou de l'eau de rivière. On fume le fond de la fosse avec du fumier de vache, que l'on enfouit par un labour, et l'on repique du cresson en lignes distantes de 20 centimètres, et les pieds en quinconce à 12 centimètres. Il est utile d'assujettir chaque pied avec un petit crochet en bois, pour empêcher l'eau de le déraciner. Le repiquage fait, on laisse venir environ 10 à 12 centimètres d'eau dans la fosse, et l'on règle les rigoles de manière à ce qu'elle coule lentement, mais d'une manière continue. Quelques semaines après, le cresson pousse; on le récolte au fur et à mesure des besoins.

CRESSON DE JARDIN

Plante des plus précieuses, rustique, venant comme du chiendent, ayant la feuille, comme la saveur du cresson de fontaine, et le remplaçant avec avantage partout où il n'existe pas de cressonnières.

Semer en bordures ou en planches, en lignes distantes de 30 à 35 centimètres, en avril et en août; mieux vaut en août; le cresson monte moins vite et fournit une récolte des plus abondantes pendant l'automne, tout l'hiver et le printemps.

Il n'y a qu'à couper comme une bordure d'oseille, et huit jours après une nouvelle récolte est repoussée.

J'insiste sur le semis en août, parce que celui du printemps donne quelques coupes seulement et monte ensuite à graine.

CRESSON ALÉNOIS

Trois variétés à cultiver : *cresson Alénois*, *Alénois frisé* et *Alénois nain très frisé.*

Le cresson alénois est recherché pour sa saveur
piquante. C'est un excellent assaisonnement ; mais il
a l'inconvénient de monter très vite en graine. Il faut
en semer tous les quinze jours ou trois semaines au
plus, pour en avoir continuellement. On peut semer
en août en bordure dans le carré **D**, pour qu'il monte
moins vite, et dans les endroits un peu ombragés.

CROSNE DU JAPON

C'est un légume dont nous devons l'introduction
en France à *M. Pailleux*. Comme toujours la réclame en a fait un éloge trop pompeux, et la critique
en a dit trop de mal.

Le crosne du Japon est mangeable, et à ce titre
nous devons l'accueillir dans le jardin, en proportion modérée, pour augmenter le nombre trop restreint des légumes d'hiver.

Le crosne produit un petit tubercule allongé, de
cinq centimètres environ de longueur, d'un blanc
jaunâtre ; la chair est d'un blanc nacré, ayant pour
le goût quelque analogie avec le topinambour.

La culture des crosnes est des plus faciles et des
plus productives : On plante les tubercules en avril,
dans le carré **B** du potager, dans une planche où
l'on creuse des rayons de 12 centimètres de profondeur, à la distance de 30 centimètres entre eux ; on
place un tubercule tous les 30 centimètres dans ces
rayons, et l'on recouvre de terre.

Pendant l'été on donne des binages de temps à

autre pour détruire les mauvaises herbes, et maintenir le sol perméable.

On récolte les tubercules à partir du mois de novembre, jusqu'en avril, et il est utile de ne les arracher qu'au fur et à mesure des besoins ; ils se conservent peu de temps dans la serre à légumes.

A l'approche des gelées, on couvre la planche avec
de la paille ou de la litière pour empêcher la terre de
geler ; cela suffit pour récolter sans difficulté pendant
les gelées de longue durée.

ÉCHALOTE

L'échalote se multiplie par éclats de caïeux ; les
plus petits sont les meilleurs et les plus fertiles. On
peut la planter en janvier, février et mars, mais c'est
déjà tard, en bordure ou en planches, à 15 centimètres de distance, dans le carré B ; on peut également la contre-planter dans le même carré, dans des
planches de chicorées. On arrache l'échalote dès que
la feuille est fanée ; on la laisse sécher pendant trois
ou quatre jours au soleil, dans une allée, et ensuite
on la serre dans un grenier bien sec, où elle se conserve jusqu'à la récolte suivante.

La meilleure et même la seule variété à cultiver
dans les potagers est l'*échalote de Jersey*, bien supérieure de qualité et de goût à l'échalote commune.

ÉPINARDS

Bien que ce soit un légume d'importance secon-

daire, il est utile d'en cultiver quelques planches dans
le potager, où on le trouve avec plaisir pendant l'hiver, lorsque la disette de légumes frais se fait sentir.
Les variétés préférables sont les suivantes :

RONDS. — Belle et bonne variété, venant bien partout. Semer en août.

DE FLANDRE. — Bon de qualité, feuilles abondantes,
et très rustique. C'est celui qui supporte mieux le
froid et monte le moins vite. Semer en août et de
mars à juin.

A FEUILLES DE LAITUE. — Belle variété, à feuilles
moyennes, très bons et des plus productifs. Semer en
août et même pendant l'été, où il monte lentement.

D'ANGLETERRE. — Bon, très rustique, à feuilles très
étoffées, fertile et supportant bien le froid. Précieux
pour les semis d'été et du mois d'août.

MONSTRUEUX DE VIROFLAY. — C'est une variété
monstrueuse en effet. Aucune variété ne peut l'égaler
pour la grandeur et le nombre de ses feuilles. C'est
le meilleur épinard à cultiver pour le marché. Semer
en août.

LENT A MONTER. — Excellente variété de très bonne
qualité, mais, comme son nom l'indique, montant le
plus lentement. Semer aux mêmes époques que les
précédents, à cultiver sous tous les climats.

J'ai indiqué le mois d'août comme l'époque préférable pour semer les épinards; c'est la seule en effet
à laquelle on sème avec le plus de succès et on
obtient à coup sûr des produits sérieux.

Rien n'est plus difficile à populariser qu'une chose

sensée. Malgré tout ce que j'ai pu dire et écrire, les
praticiens sèment les épinards au printemps; on peut
en obtenir avec les variétés que j'ai indiquées pour
les semis de printemps, mais la récolte est toujours
de très courte durée. Quand on sème au printemps
les variétés d'hiver, elles montent un mois après avoir
produit une coupe. Alors on dit : « La terre ne vaut
rien pour les épinards; » ou « la graine n'est pas
assez vieille ; il fait trop froid ou trop chaud, » et
autres balivernes semblables.

Semez vers le milieu d'août, au lieu de le faire au
printemps, vous aurez de superbes épinards, qui ne
monteront pas et vous donneront d'abondantes coupes
pendant tout l'hiver, le printemps et une partie de
l'été suivant.

La répugnance pour les semis d'août, sans lesquels
on ne peut rien obtenir dans un potager, est justifiée
par la nécessité des arrosements fréquents pour faire
lever les graines, et ensuite élever le jeune plant. En
général, les praticiens aiment peu l'arrosoir; c'est la
seule cause de leur résistance pour les semis d'août.

Il fait chaud et sec à cette époque ; les semis qui ne
sont pas suffisamment mouillés périssent, et souvent
la même cause détermine la mort du plant, quand le
semis a levé.

La surveillance des propriétaires est indispensable
pour les semis d'août, s'ils veulent avoir des légumes
pendant l'hiver et au printemps. Il faut qu'ils en finis-
sent une bonne fois pour toutes avec les niaiseries
qu'on leur débite : tantôt c'est l'influence de la lune,

la terre qui est trop sèche, le vent mal placé, l'habitude de semer au printemps, etc. etc.

Ils n'ont qu'à imposer leur volonté, faire semer et surtout surveiller l'arrosage. (Si le propriétaire n'est pas là, on arrosera un hectare avec une carafe d'eau.) Qui veut la fin veut les moyens. Il faut savoir commander et se faire obéir, au lieu d'écouter toutes les sornettes inventées par la paresse pour éviter de faire ce qui demande un peu de mouvement.

Les épinards exigent une terre abondamment fumée pour donner de bons résultats ; leur place est marquée dans le carré A du potager. On les sème dans le carré D, devenant le carré A, l'année suivante, après avoir fumé au maximum les planches dans lesquelles on les sème au mois d'août.

Les épinards se sèment en lignes distantes de 30 à 40 centimètres, et toutes les variétés vers le milieu

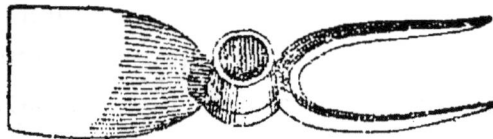

Fig. 141. — Petite cerfouette.

d'août. Semés à cette époque, ils ne montent pas et donnent à l'automne et pendant tout l'hiver une abondante récolte, qui se continue le printemps et une partie de l'été suivant.

Une fois bien levés, la culture consiste à leur donner les binages nécessaires entre les lignes, pour maintenir à la fois le sol perméable et détruire les mauvaises herbes. La petite cerfouette (fig. 141) est fabriquée exprès pour exécuter très vite des binages énergiques entre les lignes.

En outre, les épinards aiment l'eau ; ils exigent des arrosements abondants dès que le temps devient chaud et sec. Il faut non seulement les arroser copieusement, mais encore les couper quand les feuilles ont acquis tout leur développement, ou ils montent à graines. Quand on les coupe à temps, ils repoussent et donnent plusieurs bonnes coupes. Quand on les laisse monter à graine, ils ne repoussent plus.

Donc il faut couper les épinards aussitôt qu'ils sont mûrs. Si la cuisinière n'en demande pas, il faut couper quand même et les donner à manger aux animaux ; c'est le seul moyen de les conserver pour les jours où l'on en aura besoin : *ne jamais les laisser monter*.

Si, malgré tout ce que je viens de dire, le propriétaire n'a pu obtenir ses semis d'août et qu'il veuille des épinards pendant l'été, il pourra en faire semer d'avril à juin en contre-plantation dans le carré A.

On sème très clair dans un carré d'artichauts ou des planches de choux. Lorsque le semis est bien levé, on bine, et l'on éclaircit en même temps. On ne laisse qu'un pied de loin en loin ; il fournira une ou deux coupes de feuilles, rien de plus, avant de monter à graine. Aussitôt qu'ils monteront, on arrachera tout, pour en semer d'autres qui donneront encore une ou deux coupes, et ainsi de suite, jusqu'au mois d'août, où il sera seulement possible de faire des semis durables et productifs.

Lorsque les épinards ont été atteints par la gelée, rien n'est plus simple ni plus facile que de les utiliser. Il suffit, après les avoir cueillis gelés, de les faire tremper dans l'eau froide pendant une bonne heure, et de les laisser sécher ensuite lentement dans un endroit où la température n'est pas élevée, sans qu'il y gèle cependant. Ils reviennent parfaitement et peuvent être consommés sans inconvénient.

ESTRAGON

C'est une plante aromatique assez recherchée pour les assaisonnements ; on la multiplie par éclats de pieds, que l'on plante en août, à 30 centimètres de distance, en bordures, dans les carrés C et D. A l'approche des gelées, on couvre les souches avec un peu de fumier décomposé, pour les garantir des atteintes de la gelée.

Quand on veut avoir de l'estragon pendant l'hiver, rien n'est plus facile : on déplante quelques pieds à l'automne. On les met en pots, que l'on enterre dans le terreau, dans les angles des châssis. Avec quatre pots d'estragon, on alimente la cuisine sans interruption.

FENOUIL

Cette plante est surtout cultivée dans le Midi de la France, où, à la rigueur, elle peut remplacer le céleri. La meilleure variété est le *fenouil de Florence*.

On sème, à la fin de février et dans le courant de mars, en pleine terre et en lignes, sous le climat de l'olivier; à la même époque, sur couche sourde, dans le Centre, sur couche tiède dans l'Est et dans l'Ouest, et sur couche chaude dans le Nord.

Le fenouil se repique en pépinière sur couches, lorsqu'il a été semé, pour le mettre en place dans une planche du carré B, en quinconce et à la distance de 35 à 40 centimètres. Lorsqu'il a atteint un certain développement, on le butte comme le céleri, pour le faire blanchir.

Le fenouil demande beaucoup d'eau.

Dans le Midi, on sème en pleine terre, et l'on repique en place aussitôt que le plant est assez fort.

FÈVES

C'est un légume très apprécié dans les jardins du propriétaire comme dans ceux de la ferme. Le propriétaire recherche les fèves petites et délicates; le fermier, les grosses variétés.

Les meilleures à cultiver pour tous sont:

Fèves de marais. — Tige grande, grain gros, très productive. C'est la fève par excellence pour la culture et les potagers agricoles pour les climats du Nord. Semer de février à avril.

Fèves de Séville. — Tiges de la même taille que la précédente; grains un peu plus petits, mais beaucoup plus abondants; cosses d'une longueur prodigieuse. Très bonne qualité, des plus productives, précieuse pour l'Ouest, le Centre et le Midi de la France pour les jardins. On sème en février et mars.

Fèves naines de chassis. — La plus petite de toutes;

tiges des plus petites et grains petits, excellents à consommer en robes.

On avait renoncé à la culture des fèves sous châssis parce qu'elles étaient attaquées avec une telle fureur par les pucerons que, non seulement on perdait les fèves, mais encore on empoisonnait toutes les autres cultures de pucerons. Aujourd'hui, cet inconvénient n'est plus à redouter, grâce à l'emploi de la *poudre foudroyante et du liquide concentré Rozeau*. (Voir aux chapitres : *Destruction des insectes* et *Renseignements*.)

Cette nouvelle découverte nous permet de cultiver les fèves sous châssis sans le moindre inconvénient. C'est une ressource de retrouvée, à une époque où les légumes frais sont encore assez rares.

Hative de Beck. — Charmante variété de fèves naines, des plus fertiles et de qualité hors ligne. Excellentes pour manger en robes; grains petits et très abondants. Semer en février, mars, avril, mai, et même juin. La fève *naine de Beck* réussit parfaitement sous châssis.

Culture sous châssis. — Deux variétés à employer : la *fève à châssis* ou la *fève naine de Beck*. On sème sous châssis en janvier et février, pour mettre en place sur couche tiède et sous châssis ou sous cloches en mars. On donne de l'air toutes les fois que la température le permet, et on couvre la nuit.

Aussitôt que les fèves sont bien fleuries, on pince l'extrémité de la tige, afin de concentrer l'action de la sève sur les fruits et d'accélérer leur maturation.

Les fèves de marais et de Séville se sèment en poquets distants de 30 centimètres environ. On met trois ou quatre graines dans chaque, et on recouvre aussitôt. Des binages sont nécessaires pour maintenir le sol meuble et détruire les mauvaises herbes : on les donne plus ou moins fréquents, suivant la propreté de la terre, et aussi l'élévation de la température.

Lorsque les fèves sont en pleines fleurs, on pince l'extrémité de la tige pour arrêter la végétation et faire mûrir les fruits plus vite. Les fèves doivent être semées dans les carrés C et D du potager.

Quand on veut obtenir des fèves de très bonne heure, avec les fèves de marais et celles de Séville, on sème sous châssis, pour mettre en place, en pleine terre, dans les premiers jours de mars. On dispose, dans le carré D, une planche dans laquelle on trace des sillons distants de 35 à 40 centimètres, et profonds de 15 centimètres environ. On repique les fèves en quinconce dans les sillons à la distance de 25 centimètres. On couvre la nuit avec de la litière, quand on redoute la gelée. Lorsque le plant est bien repris et qu'il a un peu poussé, on donne un binage énergique, et l'on remplit les sillons ; les pieds ainsi rechaussés acquièrent une plus grande vigueur. On peut semer quelques radis très clair, en contre-plantation, en donnant le binage, et on les arrache aussitôt bons à consommer. On arrose assez copieusement et, dès que les fèves fleurissent, on pince l'extrémité de la tige pour concentrer toute l'action de la sève sur les fruits qui se forment à la base.

Si ces fèves sont récoltées en robe, c'est-à-dire lorsqu'elles sont au quart de leur grosseur, aussitôt la récolte faite on les coupe au pied, on fume en couverture avec du fumier très consommé et l'on arrose copieusement pendant cinq ou six jours, pour faire repousser des jets, qui donneront encore une récolte ; mais, pour obtenir ce résultat il faut avoir cueilli les fèves de très bonne heure, toutes ensemble, et au quart de leur grosseur ; quand on les laisse trop lontemps, les pieds ne repoussent plus.

On sème les fèves *naines de Beck* en pleine terre de février à septembre, dans le carré C, en lignes distantes de 30 centimètres. On ouvre des sillons profonds de 10 centimètres environ avec le rayonneur ; l'on y plante une fève tous les 10 centimètres, et l'on recouvre. Il est urgent de biner aussitôt les fèves levées et une ou deux fois avant qu'elles aient atteint une certaine hauteur, pour maintenir la terre meuble et détruire les mauvaises herbes.

Le pincement n'est pas urgent pour la fève de Beck dont la hauteur n'excède pas 30 centimètres. Cependant, quand on le pratique sur l'extrémité de la tige, les grains se forment et mûrissent plus vite.

Malgré tous les soins apportés à la récolte des graines, il existe toujours dans les semis quelques pieds ayant tendance à grandir. Il faut les arracher aussitôt qu'ils s'élèvent au-dessus des autres.

Pour les fèves *en robe*, à manger vertes, rien ne peut remplacer la fève *naine de Beck*, comme fertilité, comme petitesse et surtout comme qualité.

Quand on veut obtenir des fèves de très bonne heure sur les grosses variétés, on les pince sur cinq étages de cosses seulement. Les grains se forment très vite ; on les cueille petits pour manger en robe, et on coupe le pied rez le sol aussitôt. Par ce moyen, on obtient une récolte très hâtive, et une tardive.

Pour récolter de bonnes graines, on fait un semis spécial dans le carré D. Aussitôt les cosses formées, on pince la tige ; on choisit les plus belles siliques et l'on supprime toutes les autres.

Les fèves semées en pleine terre sont souvent attaquées par le puceron. (Voir à la septième partie, chapitre v, *Insectes*, pour les détruire.)

FRAISIER

La culture du fraisier doit occuper une large place dans le potager ; c'est un fruit excellent, très sain, que l'on peut facilement récolter toute l'année avec un peu de soin.

Nous diviserons les fraisiers en deux séries : les fraisiers à gros fruits, qui ne donnent qu'une fois, au printemps, se multiplient par semis et par stolons (coulants enracinés), et les fraisiers des quatre saisons donnant des fruits plus petits, mais plus parfumés et pendant toute l'année. Ce sont deux cultures très distinctes dans le potager.

Il existe une quantité considérable de variétés de grosses fraises, les unes donnant des graines fertiles et pouvant se multiplier par semis, les autres ne don-

-nant pas de graines et se multipliant par coulants seulement.

Avec les variétés suivantes, choisies parmi les meilleures, on peut obtenir de magnifiques et excellentes fraises pendant très longtemps :

PRINCESSE ROYALE. — Excellente variété anglaise, fruit gros, bonne de qualité et très fertile. Cette fraise est une des meilleures pour forcer sous châssis et des plus précoces en pleine terre. Elle se reproduit par semis faits en juin, juillet et août.

MARGUERITE LEBRETON. — Belle, très fertile et de qualité supérieure. Se reproduit par semis faits à la même époque que la précédente.

DOCTEUR MORÈRE. — C'est un des monstres de l'espèce ; j'en ai récolté qui pesaient 50 grammes. Très bonne de qualité, comme le plus bel ornement des desserts. Se reproduit par semis faits à la même époque que les précédentes.

HÉRICART DE THURY. — Variété des plus recommandables pour les potagers et la culture extensive, même dans la plaine. Plante vigoureuse, fruit gros, rouge vif, précoce, très abondant et de bonne qualité. Se reproduit par semis faits en juillet et août.

DOCTEUR NICAISE. — Énorme et très bonne.

MARÉCHAL DE MAC-MAHON. — Superbe et excellente.

Il existe peut-être deux mille variétés de grosses fraises, anglaises et françaises, parmi lesquelles il y en a des plus méritantes. Je ne puis mieux faire que d'engager les collectionneurs à consulter les catalogues des spécialistes.

Les fraisiers des quatre saisons comptent plusieurs variétés. Les plus méritantes sont le *fraisier Belle de Meaux*, *fraisier de Gaillon sans filets*, et le *fraisier des Alpes avec filets*.

FRAISIER DE GAILLON A FRUIT ROUGE OU A FRUIT BLANC. — Est le plus recommandable que l'on doive cultiver. Ses fruits rouges ou blancs sont moyens, très abondants, des plus parfumés et donnent sans interruption de mai à novembre en pleine terre. En outre, la variété de Gaillon est sans filets et demande moitié moins de soins et de temps à cultiver que toutes les autres.

FRAISIER BELLE DE MEAUX. — Excellente variété très rustique, fertile, à fruits rouge foncé, de bonne qualité.

Ces précieuses variétés, dont on peut avancer la récolte en mars, et la prolonger jusqu'en février, en serre se reproduisent de semis. Le semis est le seul moyen à employer pour les multiplier, en ce que, toutes choses égales d'ailleurs, il produit toujours des sujets plus vigoureux, plus fertiles, et des fruits beaucoup plus beaux que la multiplication par éclats de pieds. On sème en juin, juillet et août, pendant les plus fortes chaleurs.

LE FRAISIER DES ALPES est fertile ; il donne d'excellents fruits, sans avoir rien de supérieur à celui de Gaillon ; mais il produit une telle quantité de coulants, que j'y ai renoncé au profit de celui de Gaillon. Si on ne peut pas purger les fraisiers des coulants tous les quinze jours, la récolte devient presque nulle.

La culture des petites fraises diffère de celle des

grosses, beaucoup plus rustiques. Les petites ne peuvent être cultivées qu'en planches, avec les soins que j'indiquerai plus loin, tandis que les grosses peuvent donner de très abondants produits en bordure, où les petites ne fructifieraient pas.

Disons tout d'abord que, lorsqu'on veut multiplier les variétés de fraisiers donnant des graines fertiles, il y a bénéfice à le faire par semis ; on obtient des sujets plus vigoureux, plus fertiles, et des fruits beaucoup plus beaux que par coulants ou éclats de touffes. Le plant provenant des semis est toujours vigoureux et donne des fruits superbes, tandis que celui obtenu par coulants ou éclats de touffes est malingre, peu fertile, toujours exposé à une dégénérescence plus ou moins grande, et produit des fruits beaucoup moins gros.

Quand on veut récolter soi-même la graine de fraisier, on choisit les plus belles fraises, les mieux faites, et on les laisse mûrir sur pied jusqu'à la décomposition. On les écrase dans l'eau et, au moyen de plusieurs lavages successifs, on en extrait la graine ; on la laisse sécher à l'ombre et ensuite on la mêle avec moitié de terre pour la semer. Sans cette précaution on sèmera toujours trop épais.

Les semis de fraisiers présentent quelques difficultés. Pour que la graine lève bien, il faut qu'elle soit semée en terre légère, constamment humide, et que le semis soit exposé à une grande chaleur, tout en restant ombragé. La réunion indispensable de toutes ces considérations a fait échouer presque tous les jardiniers inexpérimentés dans les semis de fraisiers,

même en les faisant sous châssis ombrés. Le bon
plant ne s'obtenant que de semis, il fallait trouver un
moyen pratique, simple et facile à la fois, pour obtenir sûrement la levée des graines ; j'ai dû le chercher
pour populariser les semis et les rendre faciles pour
tous. Rien n'est plus simple ni plus facile, sans terre
de bruyère, sans châssis, sans couches et sans cloches.
Voici comment on opère :

En juin, juillet et même août, pendant les plus
grandes chaleurs, on laboure profondément un bout
de planche d'un ou deux mètres dans le carré D, à
l'endroit le plus chaud ; il serait brûlant que cela n'en
vaudrait que mieux. Lorsque la terre a été bien divisée
par le labour, les mottes bien cassées, quand elle est
entièrement meuble enfin, on met sur la place à ensemencer 5 à 6 centimètres d'épaisseur de terreau de
couche qu'on amalgame bien avec la terre, au moyen
d'un hersage énergique avec la petite fourche crochue
(fig. 142). On sème la graine
de fraisier très clair, et encore
faut-il la mélanger avec moitié
terre ; sans cela on sème toujours trop épais. On jette ensuite quelques graines de radis
très éloignées parmi les semis
de fraisiers, et l'on recouvre

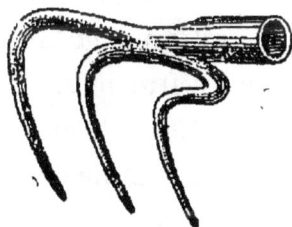

Fig. 142. — Petite fourche
crochue.

le tout de 2 millimètres environ de terreau bien
émietté avec les doigts. On arrose deux, trois et
quatre fois par jour, s'il le faut, avec l'arrosoir
Raveneau, afin d'éviter de battre la terre, en la main-

tenant constamment humide ; tout le succès est là.

Quatre ou cinq jours après, les radis lèvent ; leurs larges feuilles couvrent bientôt le sol, et quelques jours plus tard les fraisiers, protégés par l'ombre des feuilles de radis, lèvent avec la plus grande régularité. Dès que les fraisiers ont deux feuilles bien formées, on éclaircit un peu les radis ; on les supprime progressivement, au fur et à mesure que les fraisiers prennent de la force, et trois semaines après, la place semée, débarrassée des radis, est couverte de plant de fraisier de la plus belle venue. Il ne faut jamais cesser d'arroser au moins une fois par jour, jusqu'à ce que le plant soit bon à mettre en pépinière.

Il est entendu que les radis semés avec les fraisiers ne sont qu'un auxiliaire pour les faire lever, et ne sont nullement destinés à être mangés. Il faut les enlever, comme je l'indique, au fur et à mesure que les fraisiers ont besoin de lumière, et non attendre, comme l'ont fait certaines personnes, que les radis soient à point pour la table. En opérant ainsi, elles ont perdu leurs fraisiers.

Presque toujours on échoue dans les semis de fraisiers, comme dans tous les autres, parce qu'on n'arrose pas assez. Il semble monstrueux à certains praticiens d'arroser des semis trois, quatre et cinq fois par jour pendant les grandes chaleurs. D'autres refusent d'arroser au soleil : ceux-là perdent tous leurs semis. Heureux quand la lune, le vent ou les étoiles, et autres stupidités semblables, n'interviennent pas dans la pratique des semis.

Enfin, il en est qui veulent, malgré mes recommandations, semer les fraisiers au printemps. La
chaleur manque à cette époque, et la graine pourrit
infailliblement.

Pour mettre les fraisiers en pépinière, on prépare
dans le carré D une planche fumée avec des engrais
très décomposés, que l'on terreaute fortement, comme

Fig. 143. — Sarcloir.

pour les semis. Le rebord, pour retenir l'eau des arrosements, est indispensable. On déplante les fraisiers
avec la plus grande précaution, pour conserver toutes
leurs racines, et on les repique en quinconce à 10 centimètres en tous sens. On arrose copieusement tous
les jours ; on donne de légers binages avec le sarcloir (fig. 143), qui allège la terre et détruit les herbes
sans atteindre les racines, et non avec une cerfouette,
qui démolirait tout : le chevelu du fraisier est très
abondant. Six semaines ou deux mois après, on a du
plant de fraisier excellent, pourvu de racines nombreuses et très étendues, condition indispensable
pour obtenir de beaux produits.

Le fraisier, en général, demande une terre douce,
de consistance moyenne, et fumée de l'année précédente : il redoute les fumures fraîches et exige une
humidité constante pour donner de beaux et d'abon-

dants produits. La place des fraisiers de Gaillon et *Belle de Meaux* est marquée dans le carré B, où ils trouvent la terre la plus convenable à leur production, en planches bien paillées, et non en bordure, comme on les place souvent, et où ils donnent des résultats presque négatifs, parce qu'ils sont toujours déchaussés et constamment privés d'eau. *Les grosses fraises seules* peuvent se cultiver en bordures, et encore elles donnent des produits plus beaux et plus abondants en planches, à moins cependant de les planter en bordures dans le jardin fruitier, paillé en entier. Dans ce cas, elles sont dans d'assez bonnes conditions.

J'ai désigné plusieurs variétés de grosses fraises; chacun choisira parmi ces variétés, ou dans les catalogues des spécialistes, celles qui conviennent le mieux à son jardin, suivant le climat. Comme fraise perpétuelle, je choisis, à l'exclusion de toute autre, celle *de Gaillon*, excellente, très fertile, donnant depuis le mois de mai jusqu'aux gelées, et ayant le précieux avantage de ne pas produire de coulants.

Les coulants sont la plaie du fraisier; non seulement ils produisent de mauvais plants, mais encore ils épuisent le pied-mère, nuisent à la production, à la qualité et au volume des fruits. Ils doivent être supprimés au fur et à mesure de leur production, dans toutes les cultures de fraisiers bien tenues, et sur tous les fraisiers sans exception, qu'ils soient à gros ou à petits fruits.

Les grosses fraises ne donnant qu'une fois seront arrachées aussitôt après la récolte; elles ne peuvent occuper la terre toute l'année pour produîre aussi peu. Voici comment il faut opérer.

Vers la fin d'août ou dans le courant de septembre, lorsque les grandes chaleurs sont passées et que les pluies commencent à tomber, on choisit, dans le carré A du potager, des planches ayant déjà produit au moins trois récoltes ; on les laboure profondément, on les herse énergiquement avec la fourche crochue pour bien ameublir la terre ; on y établit des rebords élevés pour retenir l'eau des pluies et des arrosements; on met un paillis épais, fait avec du fumier provenant de la démolition des couches, et l'on repique les fraisiers sortant des pépinières, en quinconce, à 40 centimètres en tous sens, et les rangées des bords, à 20 centimètres de l'allée.

Pour que le repiquage soit parfait, il est préférable d'enlever les fraisiers en motte ; on les place avec précaution dans un panier ; on écarte le paillis à chaque place devant être occupée par un fraisier; on fait un trou un peu large avec le déplantoir (fig. 144);

Fig. 144. — Déplantoir.

on y place le fraisier en motte ; on entoure la racine avec une poignée de terreau de couche ; on recouvre de terre que l'on tasse légèrement avec la main, puis on rajuste le paillis et l'on arrose copieusement après la plantation. Pour utiliser le terrain, on peut contre-planter à l'automne des oignons blancs entre les fraisiers, mais entre ceux de grosses espèces seulement. On arrosera copieusement toutes les fois que le temps sera sec et l'on détruira rigoureusement les coulants dès qu'ils apparaîtront.

L'année suivante, cette planche de fraisiers fera partie du carré B. (Ils ont été plantés à l'automne dans le carré A, devenu l'année suivante le carré B.) Les fraisiers vigoureux et bien enracinés donneront une abondante récolte. Aussitôt après, on les arrachera et l'on sèmera des carottes tardives dans les planches qu'ils occupaient.

Il est bien entendu que, pour obtenir dans l'année une abondante récolte de fraises, il faut repiquer les fraisiers au mois de septembre ou d'octobre précédent, dans une terre richement fumée et dont le fumier est entièrement décomposé, et non au printemps sur une fumure fraîche, comme on le fait presque partout ; dans ce cas, la récolte est presque nulle.

La plantation faite à l'automne, dans le carré A, devenant carré B l'année suivante, donne les plus beaux et les plus abondants produits, parce que le fraisier bien enraciné est placé dans les meilleures conditions de fumure.

Quand, au contraire, on *plante* les fraisiers au printemps sur *une fumure fraîche, qui leur est des plus nuisibles*, ils végètent péniblement, sont très longtemps à s'enraciner et ne commencent à pousser convenablement que vers l'automne, lorsque le fumier est entièrement décomposé. Ces fraisiers n'ont rien produit pendant la première année, où ils ont constamment occupé le sol, et sont la seconde année en moins bon état que ceux repiqués dans le carré A, à l'automne.

C'est ce mode de culture pratiqué à peu près partout, qui fait dire aux jardiniers : *Le fraisier ne produit que la seconde année de la plantation.*

Cette coutume de plantation au printemps, vicieuse s'il en fut jamais, a été appliquée dans certaines localités, aux cultures de spéculation : c'est désastreux pour le cultivateur qui, faute de savoir, perd une année, quand, sur la fumure destinée aux fraisiers, il pourrait faire une riche récolte en plaçant ensuite les fraisiers dans les meilleures conditions.

Une partie du plant de fraisiers arraché sera conservée pour garnir les planches de l'année suivante au mois d'août et pour être mis en pots, afin d'obtenir des fraisiers sous châssis pendant l'hiver. Voici comment on opère :

On dédouble les pieds de fraisiers pour choisir les tiges les plus jeunes : il faut qu'elles aient le collet gros ; ce sont les plus fertiles. On coupe avec la serpette les tiges que l'on veut conserver, en ayant soin de les enlever avec une partie de la racine, et on les repique en pépinière dans une planche du carré D, à 25 centimètres en tous sens, avec les soins indiqués ci-dessus. Au mois d'août ou de septembre, on met en place dans le carré A, comme nous l'avons dit, et l'on réserve sa provision de plant pour forcer.

S'il y a une serre chaude ou tempérée dans la propriété, on plante les fraisiers dans des pots que l'on place sous châssis froid ou dans l'orangerie à l'approche des gelées, pour les mettre dans la serre en décembre ou janvier. S'il n'y a pas de serre, on force sur couche chaude et sous châssis, en enterrant les pots sur la couche dans du terreau. Les couches tièdes sont suffisantes pour forcer les fraisiers; ils ne demandent qu'une chaleur de 15 à 18 degrés, que l'on entretient à l'aide des réchauds. On donne de l'air toutes les fois que le temps permet; on couvre soigneusement la nuit avec des paillassons et l'on arrose avec de l'eau à la température de 15 degrés toutes les fois que le besoin s'en fait sentir. N'oublions jamais qu'il est urgent d'enlever les coulants des fraisiers sous châssis comme en pleine terre, dès qu'ils apparaissent.

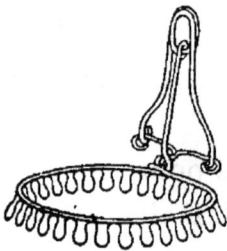

Les fraisiers *de Gaillon*, donnant des produits pendant toute l'année, resteront trois ans en place; au bout de ce temps, ils seront arrachés et l'on créera de nouvelles planches. Quelque bien soignée que soit une culture de fraisiers, les fruits dégénèrent, et la production diminue la quatrième année.

Fig. 145.—Porte-pot en fil de fer galvanisé.

Les fraisiers *de Gaillon* de seconde année sont une précieuse ressource pour l'hiver quand on a une serre tempérée. On choisit les pieds les plus vigoureux pour les mettre en pots au mois d'octobre; lorsqu'ils

sont bien repris, on accroche les pots de fraisiers
après les murs de la serre, à l'aide d'un fil de fer et
d'un porte-pot (fig. 145), et l'on récolte ainsi des
fraises, pendant tout l'hiver, sans avoir d'autre peine
que celle d'arroser les pots. A défaut de serre, on
peut enlever ces fraisiers en mottes et en garnir
deux ou trois panneaux de châssis et chauffer comme
je l'ai indiqué pour les grosses fraises.

La mise en place des fraisiers *de Gaillon* a e
dans le carré A, du 20 septembre à la fin d'octobre
La préparation du sol et la plantation se font de même
que celles des grosses fraises, mais avec cette différence que la distance entre les lignes et les fraisiers
est de 30 centimètres seulement.

Les fraisiers *de Gaillon*, donnant d'une manière
continue, demandent plus d'engrais que les autres et
quelques soins particuliers pour soutenir leur production pendant trois années consécutives. Au printemps qui suit la mise en place, on étend une couche
de terreau, épaisse de 3 centimètres environ, sur le
paillis placé en septembre, à l'époque de la plantation ; puis, on met un nouveau paillis, après avoir
donné un binage énergique avec les dents de la cerfouette.

La seconde année, à la même époque, la planche
de fraisiers se trouve dans le carré B ; on lui donne
au printemps un nouveau terreautage avec un paillis
neuf, et elle fait partie du carré C.

Avant de biner et de terreauter, il faut, chaque
année, bien nettoyer les fraisiers au moins une fois,

c'est-à-dire enlever avec le plus grand soin les feuilles sèches et toutes les tiges mortes. Si le nettoyage des fraisiers n'est fait qu'une fois par an, il est utile de l'exécuter avant de remettre du terreau.

Le fraisier a toujours tendance à se déchausser, et quand le collet est au-dessus du sol, il devient infertile, s'il n'est pas rechaussé. N'oublions pas non plus que le fraisier demande beaucoup d'eau ; si nous voulons que sa production se soutienne, il faut l'arroser constamment. On peut arroser sans inconvénient sur les fleurs; cela n'empêche pas les fruits de nouer et attendrit les fraises.

La culture du fraisier *de Gaillon* demande des soins; mais on en est bien récompensé par l'abondance de la récolte. Il faut avoir cultivé les fraisiers dans de bonnes conditions pour se faire une idée de leur production.

Rien n'est plus facile que de récolter en pleine terre des fraises de Gaillon jusqu'en janvier. Il suffit pour cela d'établir des planches de la largeur de 1^m,30, dimension des châssis. A l'approche des gelées, on pose les coffres sur la planche et les châssis par dessus; on couvre, la nuit, avec des paillassons, et on donne de l'air pendant le jour, quand il fait doux.

Quand les gelées menacent, on emplit les sentiers de fumier sortant de l'écurie jusqu'à la hauteur des coffres; on foule et l'on mouille, comme pour un réchaud de couche. S'il n'y a que deux ou trois châssis, on entoure les coffres de fumier frais sortant de l'écurie et traité de la même manière. Avec ces simples soins on prolonge la récolte des fraises jusqu'aux grandes gelées.

GIRAUMONT

Les giraumonts sont indispensables dans le jardin du propriétaire et de toutes les personnes aimant les potages au potiron, auquel le giraumont est bien supérieur comme qualité.

Jusqu'à présent, j'en avais adopté une seule variété:

GIRAUMONT-TURBAN. — Petit, assez original par sa forme, imitant une tête coiffée d'un turban, d'une qualité remarquable et venant bien partout.

Depuis, on m'a apporté une autre courge, celle :

DE L'OHIO. — Allongée, jaune, un peu plus grosse que le giraumont-turban, mais encore supérieure à ce dernier ; elle est d'une qualité et d'une finesse incomparables, très rustique et vient partout.

La culture et la taille du giraumont-turban et de la courge de l'Ohio sont les mêmes. On sème sur couche tiède et sous châssis en mars, pour repiquer en pépinière sur couche moins chaude, aussitôt que les deux premières feuilles apparaissent. Vers la fin d'avril, on met en place dans le carré D, sur couche sourde ou sur poquets, à 1m,50 de distance, et l'on abrite la nuit avec des cloches ou des paillassons, tant que les gelées sont à redouter. On arrose copieusement pendant toute la croissance, et l'on redouble les arrosements lorsque les fruits sont formés.

On laisse pousser la tige principale jusqu'à la lon-

gueur de 1ᵐ,20 en ayant soin de faire courir les tiges
bien droit, et alternativement à droite et à gauche,
afin de permettre aux ramifications latérales de s'é-
tendre librement. On pince la tige principale à la longueur de 1ᵐ,20 pour faire développer les ramifications
latérales sur lesquelles les *mailles* (fleurs femelles)
apparaissent bientôt.

Quand les fruits sont de la grosseur d'une grosse
pomme, on en choisit trois ou quatre des plus beaux,
par pied, et l'on supprime tous les autres. On ne conserve jamais deux fruits sur la même branche, et, aussitôt le fruit bien noué, on coupe la branche qui le
porte à deux feuilles au dessus, afin de favoriser son
développement en lui donnant plus de sève. On
veille à ce que les pousses ne s'allongent pas trop ;
on les pince quand elles deviennent trop longues,
afin de concentrer toute l'action de la sève sur le
fruit.

La récolte se fait vers les mois d'août et de septembre ; on peut conserver les fruits jusqu'en mars en
les mettant sur de la paille bien sèche, dans un cellier
exempt d'humidité.

On choisit pour porte-graines un beau fruit, bien
fait, qu'on laisse mûrir jusqu'à la décomposition avant
de recueillir les semences.

N'oublions pas que toutes les courges se fécondent
entre elles, et que, si nous voulons cultiver plusieurs
variétés de giraumonts ou de potirons ensemble, nous
obtiendrons des mulets impossibles.

HARICOTS

La culture des haricots a une grande importance dans le potager ; cette culture doit donner des haricots verts pendant presque toute l'année ; des haricots en grains frais et des mange-tout le plus longtemps possible, et enfin la provision de haricots secs pour l'hiver.

La culture des haricots comprend quatre divisions bien distinctes : 1° celle des haricots verts ; 2° des haricots à consommer en grains frais ; 3° des haricots à consommer avec les cosses (les mange-tout) ; 4° des haricots à manger en sec pendant l'hiver.

Commençons par la culture des haricots verts, la plus utile aux propriétaires, comme aux personnes. retirant un produit de leurs jardins.

HARICOTS VERTS (NAINS)

Les meilleures variétés à cultiver, classées par ordre de précocité, sont :

FLAGEOLET D'ÉTAMPES. — Le plus précoce de tous, excellent et très productif. Semer sous châssis en janvier et février, en pots dans l'orangerie ou en serre tempérée, pour mettre en pleine terre ensuite en février et mars, et en pleine terre à partir d'avril, à une place abritée, et dans le carré C du potager, de la fin d'avril à la fin d'août.

FLAGEOLETS A FEUILLES GAUFRÉES. — Des plus précoces, très bon, d'une fertilité prodigieuse donnant

des haricots verts, bien faits et d'une belle nuance.
C'est peut-être le plus productif de tous. Semer sous
châssis, en pots et en pleine terre, aux mêmes époques
que le précédent.

BAGNOLET GRIS. — Excellente variété, des plus productives, bonne de qualité et la plus répandue aux
environs de Paris pour faire des haricots verts. A
semer en pots, dans la serre ou l'orangerie, en février
et mars, et en pleine terre d'avril à juillet. C'est une
des meilleures variétés à cultiver en pleine terre.

MERVEILLE DE PARIS. — Plus nain que le précédent
et ayant les mêmes qualités, le grain de même couleur un peu noirâtre panachée, mais moins large,
d'une grande fécondité. Mêmes époques de semis.

NOIR DE BELGIQUE. — Variété des plus rustiques,
excellente pour châssis, en ce que les tiges ne sont pas
élevées, mais un peu moins productive que les précédentes. En outre, cette variété, moins sensible au froid
que les autres, est précieuse pour les premiers semis
de pleine terre, souvent détruits par les gelées tardives.
Semer sous châssis de janvier à mars en pots, dans
la serre ou l'orangerie en février et mars, et en pleine
terre en avril, mai et juin.

FLAGEOLET JAUNE. — Excellente variété très hâtive
et des plus productives, pour la pleine terre. Convient
surtout aux potagers du rentier, de la ferme et du petit cultivateur. Semer en pleine terre vers le 15 avril.

HARICOT JAUNE CENT POUR UN. — Ayant les mêmes
qualités que le précédent, très rustique et très productif. Même emploi et même époque de semis.

Le haricot aime une terre douce, fraîche, pas trop compacte ni trop humide ; il redoute les fumures neuves, sur lesquelles il pousse en feuilles, sans former de grains ; la cendre le fait fructifier abondamment. Sa place est marquée dans le carré C du potager. La culture du haricot n'est pas difficile ; mais tous les ouvrages d'horticulture ont tant répété qu'elle était facile, que la plupart du temps on croit inutile de lui donner les soins indispensables, et l'on obtient de pitoyables résultats, quand toutefois on ne manque pas tout à fait de haricots.

On obtient assez facilement des haricots verts, sur couches et sous châssis, pendant une grande partie de l'hiver. Le point capital est d'éviter l'humidité, qui les fait pourrir. On obvie à cet inconvénient en donnant de l'air le plus souvent possible, et en entretenant les vitres des châssis constamment claires afin d'y laisser pénétrer une lumière vive, et en enlevant la buée avec le plus grand soin aussitôt qu'elle se forme.

Les *haricots flageolets d'Étampes*, *flageolets à feuilles gaufrées*, et *noirs de Belgique*, sont les variétés convenant le mieux à la culture sous châssis. On peut semer depuis le mois de décembre jusqu'au mois de mars sur couche chaude et, dès que les premières feuilles sont formées, on repique en pépinière sur une couche un peu moins chaude, entre d'autres plantes, pour mettre en place sur une couche qui leur est spécialement consacrée, trois semaines plus tard. Le repiquage en pépinière a une assez grande importance ; les haricots repiqués

deux fois, toutes choses égales d'ailleurs, poussent
moins de feuilles, fructifient plus vite et plus abondamment que ceux qui ont été semés en place. Deux
repiquages sont nécessaires pour la culture sous
châssis, pour obtenir des résultats sérieux.

Une couche susceptible de donner de 15 à 18 degrés
de chaleur est suffisante pour mettre en place des
haricots destinés à produire des haricots verts. Lorsque
la température s'abaisse, on ranime les réchauds, et
l'on augmente le nombre des paillassons, pour garantir du froid pendant la nuit ; on place quatre lignes
de haricots sous les châssis de 1ᵐ,30 ; ces lignes sont à
20 centimètres du bord, et à 30 centimètres d'intervalle entre elles ; on les trace en rayons, et on
repique les haricots en quinconce sur les lignes, à
une distance de 10 centimètres environ.

On donne de l'air toutes les fois que la température
le permet, c'est chose importante pour éviter l'humidité. Dans ce but encore, on supprime toutes les
feuilles trop développées, comme celles qui jaunissent
et sont atteintes par la pourriture : on arrose légèrement, avec beaucoup de précaution, toujours dans le
jour, et avant de donner de l'air, pour laisser à l'humidité surabondante le temps de s'évaporer, et
il faut toujours avoir le soin d'essuyer les vitres en
dedans, avant de les refermer, pour enlever la buée,
afin d'éviter la pourriture.

On récolte les haricots verts au fur et à mesure
qu'ils se forment, et vers la fin de la récolte on contre-plante avec des choux-fleurs.

Quand on recouvre une couche destinée à mettre des haricots verts en place, il est urgent d'augmenter l'épaisseur de la couverture de terreau, et d'y ajouter plus de terre, deux tiers environ.

L'épaisseur doit être de 24 à 25 centimètres, pour que les racines ne la dépassent pas ; quand la couverture de la couche est trop mince, les racines pénètrent dans le fumier ; alors les haricots poussent en feuilles et ne produisent pas. Il est très difficile, pour ne pas dire impossible, de les maîtriser.

Le plus simple, en ce cas, est de les arracher et de recommencer.

Quand on ne tient pas à avoir de grandes primeurs, il est facile d'obtenir des haricots verts assez précoces, sans grande peine. On sème vers le 10 février, sur couche chaude usée, c'est-à-dire faite depuis longtemps, et ayant donné la plus grande partie de sa chaleur. On repique sur couche tiède, pour mettre ensuite en place sur couche sourde du 25 mars au 10 avril. On peut encore semer sur couche tiède en mars, repiquer sur couche sourde et mettre en place en pleine terre, dans un endroit abrité, vers les premiers jours de mai. Enfin, si l'on est pauvre en couches et mal monté en châssis, on peut encore obtenir des haricots verts très précoces en les semant en février et mars, dans des pots que l'on suspend dans l'orangerie, ou mieux encore dans une serre tempérée, pour les repiquer dans d'autres pots en avril, et les mettre en place en pleine terre, en mai. Partout où l'on possède quelques châssis, une serre, une orangerie, une serre à légumes, et même une resserre éclairée où il ne gèle pas, il est facile avec très peu de peine, et de la bonne volonté, d'obtenir du plant excellent, qui avance considérablement la récolte, comparativement aux semis de pleine terre.

Les haricots étant très sensibles à la gelée, on ne peut guère les semer en pleine terre avant la seconde quinzaine d'avril, ou, si l'on sème plus tôt, il faut le . faire en planches, et les abriter pendant les nuits froides avec des paillassons.

J'ai dit que le haricot aimait une terre fraîche, mais exempte d'humidité surabondante. En conséquence, nous ferons les semis de pleine terre de la manière suivante pour tous les haricots nains.

Dans les sols argileux, humides, peu favorables à la culture des haricots, nous adopterons une culture toute spéciale : on tracera au cordeau, et avec la grande lame du rayonneur (fig. 146), des sillons profonds de 8 à 10 centimètres et distants de 30 centimètres entre eux ; on sèmera au fond de ces sillons un haricot tous les 10 centimètres environ, et l'on

Fig. 146. — Rayonneur.

recouvrira de 2 centimètres de terre seulement ; lorsque le haricot est enterré très profondément, il pourrit et ne germe pas. Dès que les haricots ont quatre feuilles, on donne, par un temps sec, et dans le milieu de la journée, un binage énergique par lequel on unit le sol et l'on remplit entièrement les sillons. Les haricots ainsi rechaussés acquièrent plus de vigueur et sont plus productifs.

On sème les haricots dans le carré G du potager, qui a été cendré en plein. Quand on est riche en cendres, on peut garder l'excédent de cendres, et l'employer partiellement pour les semis de haricots et de pois. Lorsqu'on n'en a pas assez pour cendrer tout le carré, on cendre partiellement ces deux cultures.

On cendre partiellement quand on a trop ou pas assez de cendres; on augmente toujours ainsi beaucoup la récolte. Lorsque les haricots ou les pois sont semés et recouverts, on répand la cendre dont on dispose tout le long des sillons ou autour des poquets et on la laisse sur la terre jusqu'au premier binage par lequel on l'enfouit. Il faut bien se garder de répandre la cendre avant de semer, et de mettre la graine en contact avec elle ; sa causticité empêcherait la germination. Je ne saurais également assez recommander de ne biner les haricots que par un temps sec et dans le milieu de la journée, quand toute trace de rosée a disparu, parce qu'un binage, donné lorsque les feuilles sont mouillées par la pluie ou la rosée, détermine la rouille, et la récolte est sensiblement diminuée, quand elle n'est pas tout à fait compromise

Je recommande exclusivement les semis en lignes dans les sols humides, parce qu'ils permettent à l'air de circuler entre les lignes, et que les haricots sont

moins exposés à pourrir. L'expérience, du reste, a
surabondamment prouvé que les semis en lignes
produisaient le double de ceux en poquets, dans
les sols humides. Ajoutons que le cendrage doit être
d'autant plus abondant que le sol est plus argileux.

Dans les sols de consistance moyenne et légers, au
contraire, on sème les haricots en poquets profonds
de 8 à 10 centimètres, et placés en quinconce à 30 centimètres en tous sens. Je dis à *trente centimètres* en
tout sens, et non à 50 ou 60, comme on le fait presque partout. On fait les touffes plus ou moins fortes
suivant la consistance du sol. Pour les variétés à cultiver pour haricots verts, on met de cinq à six haricots
dans un sol de consistance moyenne ; de sept à neuf
et même dix, dans les sols siliceux. Le but principal
est de couvrir toute la surface de la planche avec les
feuilles, afin d'empêcher la terre de se dessécher. Le
semis en poquets se fait comme celui en lignes : on
recouvre les graines de 2 centimètres de terre seule-

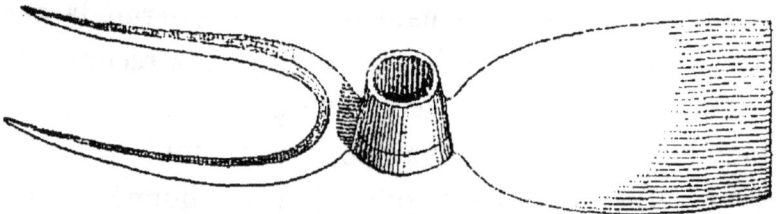

Fig. 147. — Grande cerfouette.

ment ; on cendre par dessus, quand on a un excédent
de cendres ou que le carré n'a pas été cendré, et l'on
bine pour rechausser, comme dans les semis en lignes
lorsque les haricots ont quatre feuilles.

J'ai dit de faire des poquets profonds de *huit* à *dix*

centimètres. La profondeur des poquets, chose des plus difficiles à obtenir des praticiens, a une grande importance; il n'y a qu'un outil pour les faire convenablement: la grande cerfouette (fig. 147). L'angle du manche, comme la longueur de la lame, permettent de faire très vite des poquets profonds et d'ameublir le fond, chose impossible avec la binette.

Les haricots semés au fond d'un poquet de 8 à 10 centimètres de profondeur, et couverts de 2 centimètres de terre, sont abrités naturellement par le poquet, en cas de gelée blanche. En outre, la tige du haricot porte à la naissance des cotylédons un bourrelet qui émet très facilement des racines, ce qui a toujours lieu quand ce bourrelet est enterré au premier binage, par lequel on unit le sol.

Les haricots traités ainsi sont d'une grande vigueur et produisent beaucoup plus que ceux semés à plat avec la binette, et qui ne peuvent être rechaussés, parce qu'ils n'ont pas été semés assez profondément.

Un second et quelquefois un troisième binage est nécessaire pour les haricots nains, surtout si on les arrose, soin indispensable si le temps est sec à l'époque du semis, pour assurer la levée, et au moment où les haricots se forment, afin de les faire grossir et de les récolter tendres.

Quand on cultive des haricots pour la production des haricots verts, il faut cueillir au fur et à mesure de la formation, cueillir quand même tous les deux ou trois jours au plus, quitte à les vendre ou à les donner s'il y en a trop, mais ne jamais laisser de grains

se former. Cela détruit la récolte de haricots verts,
tout en donnant un pitoyable produit en grains. De
deux choses l'une : on fait des planches pour récolter
en vert ou en grains, l'un ou l'autre, mais jamais l'un
et l'autre sous peine de voir le produit s'amoindrir de
plus de deux tiers. Les planches destinées à la production des haricots verts veulent être constamment
cueillies ; plus on cueille, plus on récolte. Celles, au
contraire, destinées à la production des grains, frais
ou secs, doivent rester intactes. Les premières cosses
formées sont les plus vigoureuses ; leur produit est
assuré. Si on les enlève, celles qui viennent ensuite
ne produisent que des grains peu nombreux, chétifs
et mal nourris.

En opérant comme je viens de l'indiquer, nous
aurons des haricots verts de février à octobre. Les
derniers semis de flageolets d'Étampes et à feuilles
gaufrées, faits à la fin d'août et en septembre, nous
donneront d'excellents haricots verts en novembre,
décembre et même janvier.

Il suffira, pour obtenir ce résultat, de poser des
coffres et des châssis sur les planches. A l'approche
des gelées on entourera les coffres d'un réchaud pour
y maintenir la chaleur ; on donnera de l'air quand la
température le permettra, et l'on couvrira soigneusement pendant la nuit.

Nous aurons des haricots verts pendant onze mois
de l'année, mais à la condition de suivre mes indications à la lettre, de mettre de l'ordre dans nos cultures
et de cultiver spécialement chaque variété de hari-

cots pour ce qu'elle doit donner : des haricots verts,
en grains frais, en cosse et en sec pour l'hiver.

HARICOTS EN GRAINS FRAIS

FLAGEOLET DE PARIS. — Qualité hors ligne pour cet
usage, très productif, rustique, et de plus pouvant se
semer avec succès de février à septembre. C'est
presque le seul haricot à cultiver pour consommer en
grains frais, par sa qualité hors ligne : aucune autre
variété ne l'égale en saveur ni ne peut le remplacer.

Depuis quelques années, on cultive pour le marché le *haricot chévrier* auquel on a fait les réclames
les plus tapageuses. Ce haricot est plus vert que *le Flageolet de Paris*, ce qui explique sa vogue auprès des
marchands et des cuisinières, mais il est loin d'en
avoir la qualité.

NAIN DE CHINE. — Très productif, excellent, pouvant être employé en grains frais, mais ne valant pas
cependant le flageolet de Paris. Semer en pleine terre
en mai et juin.

HARICOTS MANGE-TOUT

BEURRE NOIR NAIN. — Pour consommer avec les
cosses, hâtif, très productif et bon de qualité. Semer
en mai.

BEURRE BLANC NAIN. — Un peu moins productif que
le précédent, plus délicat, mais de qualité hors ligne.
Semer en mai.

Beurre noir d'Alger a rames. — Excellent et très fertile, pour manger avec les cosses ; c'est la variété la plus rustique et aussi la plus cultivée. Semer en mai.

Beurre blanc a rames. — Vigoureux, productif et plus fin que le précédent; excellent pour consommer avec les cosses, et parfois en grains secs. Semer à la même époque.

Haricot Prédomme a rames (friolet de Caen). — Rustique, fertile et réussissant mieux que les autres variétés dans les terres un peu consistantes, et sous les climats froids. Très précieux pour le Nord, l'Est et l'Ouest. De qualité supérieure; c'est peut-être le meilleur de tous les haricots mange-tout, pour consommer les cosses ; de plus, il est excellent en grains secs. A cultiver partout et dans tous les potagers. Semer en mai.

Haricot princesse a rames. — Même qualité que le précédent. Excellent pour les contrées froides; un peu plus hâtif que le *haricot Prédomme*. Très bon avec les cosses et en grains secs. Semer en mai.

On obtient facilement les haricots en grains verts en semant en pleine terre, d'avril à septembre les *flageolets de Paris*. En semant tard, on ne risque jamais que quelques poignées de haricots, la terre dans laquelle on les sème ayant payé largement sa rente par les récoltes précédentes. On est bien récompensé d'un peu de peine quand le produit réussit, et nous pouvons ajouter qu'il arrivera toujours à bonne fin toutes les fois qu'on garantira les haricots des premières gelées avec des paillassons, au besoin avec des châssis simplement posés sur les planches. Les châssis et les cloches ne servent plus pour les couches à la fin de l'année; pourquoi ne pas les employer à prolonger la récolte des haricots, laitues, chicorées, fraises, etc., quand on n'a qu'à les poser dessus?

Si nous voulons prendre la peine d'ajouter un réchaud aux châssis, nous récolterons des haricots en grains frais jusqu'en novembre et même décembre.

En semant des flageolets de Paris, sous châssis ou en pots, dans l'orangerie, la serre ou la serre à légumes, en février et mars, pour les repiquer en pleine terre quand les gelées ne sont plus à craindre, nous avancerons la récolte des haricots en grains frais de deux mois.

Le flageolet de Paris est la seule variété à employer pour les semis très précoces et très tardifs, comme pour ceux de saison. Il réussit à toutes les époques.

Il faut bien se garder de cueillir des haricots verts sur les semis destinés à produire des haricots en grains frais. C'est en détruire la récolte. Les premières cosses formées sont les plus abondantes en grains, comme les plus précoces. Quand on les cueille en vert, plus de la moitié de la récolte est détruite, et le reste ne mûrit que très tard.

On sème le *flageolet de Paris* et le *nain de Chine* en poquets, comme je l'ai indiqué pour les haricots verts, et on met de sept à dix grains, suivant que les touffes doivent être plus ou moins fournies, selon la qualité du sol.

Les haricots *beurre nains*, *noirs* et *blancs* se sèment

en poquets comme les précédents : sept grains par poquet.

Les *haricots beurre noirs* et *blancs* à rames, les *Prédomme* et les *princesse* se sèment en poquets, distants de 40 centimètres en tous sens, cinq grains par poquets.

Les poquets sont remplis et le sol nivelé par le premier binage, quand les haricots ont quatre feuilles.

Aussitôt qu'ils montrent les premiers filets, on donne un binage très profond avec la grande cerfouette (la binette ne pénètre pas assez profondément), et l'on rame aussitôt après.

Il est urgent que ce second binage soit très profond pour bien ameublir le sol. C'est le dernier : il n'est plus possible de biner une fois les rames posées. C'est pourquoi je recommande la grande cerfouette pour l'opérer, parce qu'elle seule peut pénétrer assez profondément, pour bien ameublir le sol, et détruire radicalement les mauvaises herbes.

HARICOTS NAINS POUR GRAINS SECS

NAIN DE CHINE NANKIN. — Très productif, de qualité supérieure, ayant une saveur toute particulière et des plus agréables. Bon aussi en grains frais. Semer en mai et juin.

BONNEMAIN. — Très rustique et des plus productifs, malgré sa tendance à filer. Bonne variété à cultiver dans le potager de la ferme et du petit cultivateur. Semer dans la seconde quinzaine d'avril.

PRINCESSE. — Très productif et de qualité remarquable. Semer en mai.

Soissons nain. — Blanc, productif, très bon, mais redoutant les sols humides, où il pourrit. Semer en mai.

Flageolet rouge. — Le plus beau comme le meilleur des haricots rouges. Très productif. Semer en mai.

HARICOTS A RAMES POUR GRAINS SECS

Soissons a rames. — Blanc, très gros grain, d'excellente qualité, très fertile. Cette variété forme le fond de toutes les plantations de haricots à manger en sec, autant pour son produit que pour sa qualité. Semer en mai.

Sabre a rames. — Blanc, grain moins gros que le précédent, très grand, exigeant de très hautes rames, mais des plus fertiles et de qualité hors ligne. La peau est mince comme une pelure d'oignon. Semer en mai.

Les haricots *beurre blanc, Prédomme et princesse à rames* sont excellents en grains secs. (Voir ci-dessus aux *haricots mange-tout.)*

La culture des variétés de haricots nains que je viens d'énumérer se fera dans le carré C, en poquets distants de 35 centimètres ; on sèmera sept grains par poquet, et on donnera tous les soins indiqués pour les haricots en grains frais et en verts.

Les haricots à rames seront également semés dans le carré C du potager, en poquets distants de 40 centimètres. On sèmera par poquet *trois à quatre* pour les *Soissons ;* et *trois* seulement pour les *sabre.*

On unira le sol en faisant le premier binage aussitôt que les haricots auront quatre feuilles, et, dès que les filets seront visibles, on donnera le second binage à la cerfouette, et on ramera aussitôt après.

J'insiste pour faire donner le second binage et ramer aussitôt que les filets sont visibles, c'est-à-dire avant qu'ils ne s'allongent. Quand on attend trop tard, les filets rampent sur le sol ; on en coupe une partie en binant, et le reste s'accroche difficilement après les rames. C'est la moitié au moins de la récolte de perdue pour avoir négligé de faire le binage, et de planter les rames en temps utile. Le temps perdu en culture ne se rattrape jamais.

Quand, au contraire, on a ramé à temps, les filets prennent aussitôt dans les rames ; ils montent avec rapidité, s'attachent immédiatement aux rames, acquièrent une grande vigueur, et le produit est double au moins de ce qu'il eût été s'ils avaient souffert. Il n'y a pas de prétexte pour retarder l'apposition des rames, quand on a besoin d'une certaine quantité de haricots secs.

Il est bien entendu que l'on ne cueillera jamais de haricots verts sur ceux destinés à être mangés en grains secs. C'est perdre volontairement plus de la moitié de la récolte, et cela aussi bien sur les haricots nains que sur ceux à rames.

Il faut bien se garder de prendre des haricots au hasard quand on veut en garder pour semer. Pour récolter de la graine, et conserver à la fois les variétés très pures et très fertiles, il est urgent de faire un semis spécial pour graines dans le carré D. Aussitôt les siliques formées, on conserve les plus longues, les plus belles, et l'on supprime toutes les autres.

Lorsque la semence est épurée ainsi, triée à la main, on peut compter non seulement sur une récolte très abondante, mais encore sur une pureté de variété que l'on ne rencontre pas toujours dans le commerce.

LAITUES

La laitue est la reine des salades; il faut en avoir pendant toute l'année dans un jardin bien tenu, et cela est facile avec un choix judicieux de variétés, et en suivant à la lettre les indications suivantes :

La laitue aime une terre douce, un peu substantielle, mais pas trop compacte ; il lui faut une assez grande quantité d'engrais pour devenir belle et croître rapidement ; mais elle redoute les engrais trop frais, qui la font monter avant de pommer. La place de la laitue, comme celle de la plupart des salades, est dans le carré B du potager, où elle acquiert des proportions énormes sans monter.

La laitue aime l'eau ; elle en demande en abondance pour croître vite et rester toujours tendre. Aussi, dans toutes les cultures d'été, de laitues en pleine terre, est-il bon de bien pailler les planches, pour conserver l'humidité du sol et lui donner en même temps une abondante nourriture, en dissolvant, à l'aide d'arrosements, les substances nutritives contenues dans les paillis, et en les introduisant dans une couche de terre déjà saturée d'humus, par la décomposition de la fumure au maximum enfouie l'année précédente.

La culture de la laitue est simple ; le point capital est d'obtenir de bon plant, chose facile avec des semis et des repiquages en pépinière, une bonne déplantation avec toutes les racines, et surtout un bon repiquage. (Voir *Semis et repiquages*, pages 249 et suivantes.) Lorsque le collet de la laitue a été serré soit par le plantoir, quand on appuie trop fort sur la racine en repiquant, ou par une terre compacte, durcie par les arrosements, lorsque le binage a été négligé, elle vient mal et ne donne que de pitoyables résultats. Cette culture obtiendra toujours un succès assuré en pleine terre lorsque la fumure ne sera pas trop récente, quand la planche bien paillée sera suffisamment arrosée, et que la terre sera maintenue très meuble autour du collet. Un coup de crochet donné en temps utile, avec les dents de la petite cerfouette, sans déranger le paillis, allège le sol, et est suffisant pour assurer le succès de la culture.

Nous diviserons la culture des laitues en trois séries :

La première comprendra celle des laitues de la fin de l'hiver et de printemps, semées pendant l'été et à l'automne, et passant l'hiver en pleine terre ;

La seconde, celle des laitues d'hiver et de printemps, cultivées sous cloches et sous châssis ;

La troisième, celle des laitues d'été, semées sous cloches ou sous châssis, pour aller ensuite en pleine terre, et celles des laitues semées ou récoltées en pleine terre, sans abris.

Les variétés les meilleures sont :

LAITUES A RÉCOLTER A LA FIN DE L'HIVER ET AU PRINTEMPS PASSANT L'HIVER EN PLEINE TERRE SANS COUVERTURE

ROUGE D'HIVER. — La plus rustique de toutes, supportant bien les hivers les plus rigoureux sans abris. Pomme assez grosse, pas très dure, bonne, mais quelquefois un peu amère. Semer en juin, juillet et août.

DE LA PASSION. — Superbe variété, très belle pomme, excellente de qualité, très rustique et supportant bien le froid, pendant les hivers rigoureux. Semer aux mêmes époques.

GROSSE BRUNE D'HIVER. — Rustique, supportant des gelées de quatre à cinq degrés sans couverture, longue à venir, mais pomme énorme et excellente. Semer en juillet, août, pour passer l'hiver en pleine terre ; sous cloche en mars, pour faire des laitues d'été, et en avril et mai en pleine terre, pour faire des salades d'automne.

La laitue *grosse brune* d'hiver passe bien en pleine terre, et sans couverture, les hivers ordinaires ; mais il est prudent de l'abriter pendant les hivers longs et rigoureux, lorsque le thermomètre dépasse six degrés au-dessous de zéro.

La laitue *rouge d'hiver* et celle de la *Passion* ne gèlent pas, même par les hivers les plus rigoureux.

La culture de ces trois variétés est des plus simples pour en faire des salades pour l'hiver et le printemps. Il suffit de les semer successivement en

pleine terre en juin, juillet et août, et de les mettre
en place en pleine terre, aussitôt que le plant est bon
à repiquer, pour obtenir, sans autres soins que les
binages obligés et un bon paillis, d'excellentes laitues
à récolter en janvier, février, mars et avril.

La place ne manque pas dans le potager à l'automne et à l'entrée de l'hiver ; il y a des planches
libres dans tous les carrés. On ne court jamais de
risque [à les repiquer avec des laitues passant l'hiver
sans couvertures, soit dans le carré A, où elles seront
récoltées avant qu'il ne soit temps d'y semer des
racines, soit dans le carré B, surtout consacré l'année
suivante aux légumes à fruits secs. On peut repiquer
dans ce carré les semis les plus tardifs, ceux ne
devant donner des salades qu'en mars et avril,
époque à laquelle on sème les haricots en pleine terre.

Parmi les trois variétés ci-dessus désignées, deux :
la *grosse brune d'hiver* et la *Passion*, peuvent être
semées sous châssis en mars, et en pleine terre en
avril, pour faire des laitues de printemps et d'été.
Elles donnent de superbes produits, cultivés comme
les laitues de printemps.

Les trois variétés ci-dessus désignées [doivent
toujours être semées en abondance en juillet, août
et même septembre. A cette époque, on a presque
toujours des cloches disponibles.

Quand tous les repiquages de pleine terre sont faits,
on repique le reste du plant dans une plate-bande
abritée, devant un mur au midi pour le couvrir avec
des cloches, et même des cloches économiques. Ce

plant abrité donne, toutes choses égales d'ailleurs, des produits un et même deux mois plus tôt que celui repiqué en planche dans les carrés. Il est des plus faciles d'obtenir ainsi, sans grande peine, de superbes laitues en novembre, décembre et même janvier, quand les gelées ne sont pas rigoureuses, surtout avec la *grosse brune* et la *Passion*, sans autres soins que de les couvrir à l'approche des nuits froides et pendant les gelées.

Voici comment on procède:

La plate-bande bien abritée choisie, on la laboure profondément, en mélangeant un peu de vieux terreau de couche au sol. Cela fait, on pose une rangée de cloches se touchant presque. On appuie la cloche sur le sol pour bien marquer son diamètre, on enlève la cloche, et on repique dans le rond tracé sur le sol six laitues, une au centre et cinq autour, à égale distance. On arrose pour assurer la reprise, et l'on couvre pendant les nuits froides, pour découvrir pendant le jour, où il fait chaud, et couvrir pendant qu'il gèle.

Si les gelées sont continues nuit et jour, pendant quelques jours consécutifs, on couvre les cloches avec de la paille, de la litière et même du fumier, quand la température est rigoureuse, pour donner de l'air aussitôt que la gelée cesse.

« C'est du travail, de *la peine*, » diront quelques praticiens. A quoi je leur répondrai: « Jardinier, mon ami, votre maître vous paye régulièrement vos mois depuis le 1er janvier jusqu'au 31 décembre pour le servir; vous vous intitulez jardinier; ce titre dit que

vous devez soigner le jardin aussi bien dans l'hiver
que dans l'été ; c'est clair, n'est-ce pas ? La culture
d'hiver et les soins d'hivernage sont essentiellement
dans vos attributions, et en soignant vos couches et
vos cloches vous ne faites autre chose que gagner
l'argent des mois que l'on vous paye avec une régularité mathématique. Que diriez-vous du maître qui
cesserait de vous payer parce que vous ne faites rien
l'hiver, quand vous avez tout ce qui est nécessaire

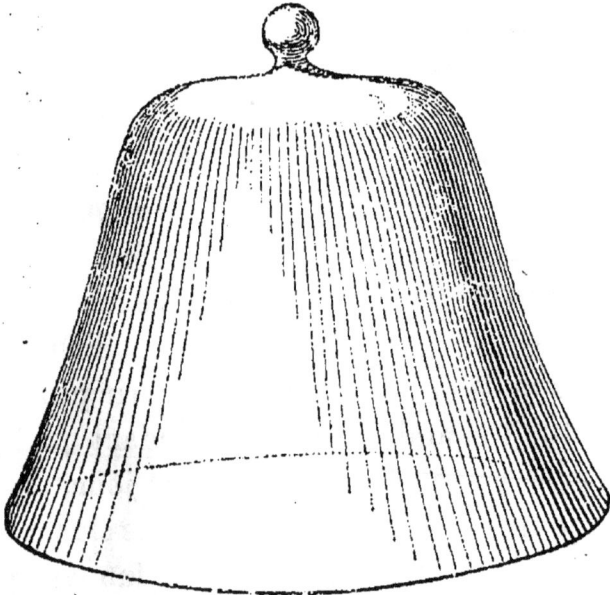

Fig. 148. — Cloche à bouton.

pour lui donner tout ce qu'il est en droit d'exiger de
vous ? »

Toutes les laitues d'été qui commencent à tourner,
c'est-à-dire ayant un rudiment de pomme à l'approche
de l'hiver, peuvent être récoltées sous cloches pendant

l'hiver, en les replantant dans une plate-bande à bonne exposition et abritée par un mur.

Les cloches préférables sont celles à bouton (fig. 148). On les manie plus facilement, et on en casse beaucoup moins quand il fait froid et que les mains sont engourdies. Elles n'échappent jamais en les prenant par le bouton qui les termine au sommet.

Il suffit de poser les cloches sur les laitues quand on prévoit de la gelée pour la nuit, et de les enlever pendant la journée, pour que la végétation continue sans interruption.

Au besoin, et à défaut de cloches en verre, on peut employer les cloches économiques (fig. 149), faites avec un bout de fil de fer et un morceau d'étoffe.

Ces cloches, toutes modestes qu'elles sont, suffisent pour abriter les laitues des gelées, et avancer leur maturité de plusieurs semaines, sur celles repiquées en planches et sans abris.

A l'aide de ces moyens, aussi simples qu'économiques, rien n'est plus

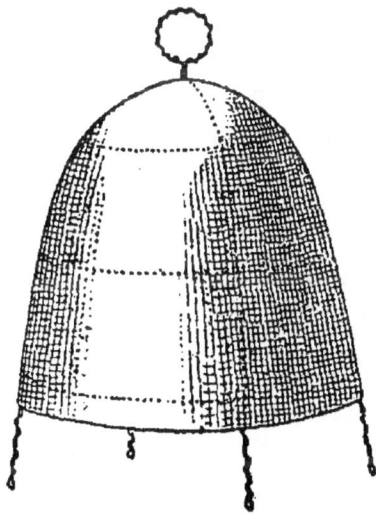

Fig. 149. — Cloche économique.

facile que de faire trois ou quatre saisons de salades avec le même semis. Il suffit de couvrir pendant la nuit et quand il gèle, pour avancer la récolte des salades, et de les laisser à l'air quand on veut la retarder.

Lorsque les laitues commencent à pommer, à l'entrée de l'hiver, on peut leur faire achever promptement leur végétation en les abritant (simplement pendant les nuits froides) avec les paillassons.

LAITUES D'HIVER ET DE PRINTEMPS CULTIVÉES SUR COUCHES ET EN PLEINE TERRE

CRÊPE. — La seule pouvant accomplir toute sa végétation sous châssis ou sous cloches sans prendre l'air. Très précieuse pour les cultures d'hiver. Bonne et pommant assez bien. Semer en septembre en pleine terre pour repiquer sous cloches, et de janvier à mars sous châssis.

GOTTE. — Petite, très bonne, pommant très vite et toujours bien pommée. Excellente pour les semis de la fin de l'hiver. Semer sous châssis en janvier et février pour repiquer sous cloches, et en mars pour mettre en place en pleine terre.

GOTTE LENTE A MONTER. — Excellente variété, pommant bien et montant très difficilement. Même emploi et mêmes époques de semis que la précédente. Précieuse pour la culture de la fin de l'hiver et du printemps, sous châssis, sous cloches et en pleine terre, où elle donne indistinctement de belles et bonnes salades.

CORDON ROUGE. — Jolie et bonne laitue pommant bien, en la semant en juillet et août, elle passe l'hiver en pleine terre sans couverture et donne d'excellente salade pendant l'hiver et au printemps. A cultiver partout.

PALATINE. — Très belle et des plus rustiques, et de qualité remarquable. Semer : 1° en mars sur couche, pour repiquer en pleine terre ; 2° en pleine terre en avril, mai et juin, 3° et en juillet et août, pour faire des laitues de dernière saison. Cette belle et excellente variété supporte bien les derniers froids, et réussit toujours, même dans les sols peu favorables à la culture de la laitue.

IMPÉRIALE. — Variété splendide : c'est une des plus grosses laitues, à pomme très serrée, blanche, très tendre et montant difficilement ; de qualité hors ligne. Semer : 1° sur une vieille couche en mars pour repiquer sous cloches, et ensuite en pleine terre ; 2° en pleine terre en avril, mai et juin.

La *laitue impériale* est celle qui résiste le mieux à la chaleur et à la sécheresse, précieuse pour les terrains secs, et dans le Centre et le Midi de la France.

La laitue *impériale*, semée en octobre dans une plate-bande bien abritée, fournit du plant très précoce pour le printemps, en ayant le soin de la couvrir pendant les gelées.

CHOU DE NAPLES. — Énorme et excellente, c'est un des monstres de l'espèce, mais demandant de la chaleur. Il faut la semer sur couche en mars et avril.

DE BELLEGARDE. — Énorme et très bonne. Même culture et mêmes époques de semis que la précédente.

CHARTREUSE. — Très grosse, bonne et rustique. Semer en mars sur couche, pour repiquer en pleine terre, et en pleine terre en avril et en mai.

A COUPER. — Petite variété blonde, très tendre et

que l'on récolte quand elle a produit quatre ou cinq feuilles. A semer partout, sous châssis et sous cloches comme en pleine terre, après d'autres plantes et pour obtenir de la salade très promptement quand on en manque. Semer de janvier à mars sur couches et en avril en pleine terre.

FRISÉE A COUPER. — Variété des plus recommandables pour sa prompte végétation et sa fertilité, comme par l'élégance de ses feuilles. Très lente à monter.

La laitue CRÊPE demande une culture toute spéciale ; nous commençons par la décrire.

On sème la première saison de *laitue crêpe* dans le courant de septembre, sous cloche, en pleine terre recouverte de terreau de couche, ou, ce qui est préférable, sur une vieille couche usée. Cette plante ne devant pas prendre l'air, on procède ainsi au semis : on prend une cloche que l'on appuie fortement sur le terreau de manière à ce que le rebord de la cloche entre de 1 ou 2 centimètres dans le terreau bien meuble ; on marque ainsi l'emplacement de deux ou trois cloches, suivant la quantité que l'on veut semer. On sème à la volée, très clair, et bien également, à la place qui doit être occupée par les cloches ; on recouvre la graine avec du terreau de couche et on replace les cloches dans les marques faites, de manière à ce qu'elles entrent dans le terreau, et que l'air ne pénètre pas dessous.

Aussitôt que deux feuilles sont bien formées, mais

deux feuilles, sans compter les feuilles séminales, on enlève le plant avec la plus grande précaution, pour éviter de briser les racines, et on repique sous cloche, en pleine terre, recouverte de terreau, ou sur une couche froide, en pépinière, à 4 ou 5 centimètres de distance. On ferme hermétiquement les cloches, en les enfonçant dans le terreau, pour le repiquage en pépinière, comme pour le semis. On arrose légèrement, s'il en est besoin, et l'on ombre avec de la paille ou mieux avec des toiles quand le soleil est trop persistant.

Vers le milieu d'octobre, on plante à demeure, sur couche sourde ou sur une couche tiède usée, sous châssis ou sous cloches.

Quand on met en place sous châssis, il faut avoir le soin de remplir les coffres de terreau, de manière à ne laisser que 5 centimètres de vide entre le terreau et le verre du châssis. Si on laisse un vide plus grand, les salades montent, pomment mal,! ou pas du tout. On enlève le plant *en mottes* avec le déplantoir, et on met en place *en mottes* sous châssis, en quinconce, à une distance de 20 centimètres en tous sens. J'insiste sur la déplantation, et sur le repiquage *en mottes*, parce que c'est le premier élément de succès, et que je connais la tendance des jardiniers à négliger ces petits soins, à l'aide desquels seuls on obtient de grands résultats. Si la température s'abaisse sensiblement, on donne un réchaud à la couche, et l'on ombre par le soleil, sans donner d'air, afin de faire végéter constamment les laitues, dans une température moyenne et dans un milieu calculé de lumière. On couvre la nuit avec des paillassons pour garantir de la gelée.

Dans le cas où l'on manquerait de châssis, on peut cultiver la *laitue crêpe* sous cloches, et même sous châssis économiques, sur couches sourdes ou froides. Il faut empêcher de geler, voilà tout ; un simple réchaud donne la chaleur voulue pour amener la récolte à bien. Mais, je ne saurais trop le répéter, ce n'est qu'avec des soins constants et intelligents que l'on peut obtenir le succès. D'abord des couches bien faites et des coffres sans trop d'inclinaison, comme je l'ai indiqué pages 179 et suivantes ; c'est le premier élément de succès ; ensuite pas trop de chaleur, éviter la gelée, et maintenir les plantes dans un état moyen de lumière et de chaleur, on réussira à coup sûr.

Quand on plante sous cloches, on met six laitues par cloche, et trois rangs de cloches sur une couche de 1ᵐ,40 de large. On abrite la nuit avec de la litière ou des paillassons, et l'on ombre le jour sans donner d'air.

Le plant de *laitue crêpe* semé en septembre et élevé en pépinière, sous cloches, est bon à mettre en place de novembre à janvier, suivant sa force.

Les laitues *gotte* et *gotte lente à monter* peuvent être semées sous cloches, en pleine terre, en octobre. On repique en pépinière sous châssis froid pour mettre ensuite en place sur couche tiède, sous châssis ou sous cloches, et les cultiver comme la laitue *crêpe*, avec cette différence, qu'il faut leur donner de l'air toutes les fois que la température le permet.

Il est préférable de semer ces variétés sous châssis en février et mars, de les repiquer en pépinière, sous châssis, pour les mettre ensuite en place, en pleine terre, à un endroit abrité, sous cloches ou même sous abri économique. Dans ces conditions, on obtient des laitues des plus précoces.

Les laitues *palatine, chartreuse, impériale, choux de Naples* et de *Bellegarde*, toutes de printemps et du commencement de l'été, peuvent être semées sur une vieille couche et sous cloches en mars, repiquées en pépinière sous cloches ou abris économiques. pour être ensuite mises en pleine terre.

LAITUES D'ÉTÉ A SEMER SOUS CLOCHES ET EN PLEINE TERRE

SANGUINE GRAINE NOIRE. — Moyenne, panachée de rouge foncé, une des meilleures comme qualité et des plus jolies salades. Semer sous cloches en mars, et en pleine terre en avril, mai et juin.

DE VERSAILLES. — Belle et bonne variété, pomme très pleine et des plus fermes. Mêmes époques de semis.

BLONDE D'ÉTÉ. — Bonne variété, très rustique, à pomme des plus serrées. Mêmes époques de semis.

BATAVIA. — Très grosse, pomme un peu molle, bonne de qualité. Semer en mars sous cloches, et en pleine terre en avril et mai.

BOSSIN. — Énorme, ayant un peu l'aspect de la

romaine et aussi la fermeté, et demandant à être liée pour bien pommer. C'est une excellente salade pour toutes les maisons ayant un nombreux personnel. Semer en pleine terre en avril et mai.

MERVEILLE DES QUATRE SAISONS. — Variété des plus recommandables, rustique, belle pomme, bonne de qualité, et réussissant à toutes les époques.

Toutes ces variétés peuvent être semées sous cloches pour les avancer, et ensuite repiquées en pleine terre dans le carré B du potager, dans des planches bien paillées.

Toutes les variétés de laitues d'été peuvent se semer en pleine terre, à la volée et très clair, d'avril à juillet; mais il faut faire un semis spécial dans le carré D, sur un bout de planche recouvert de terreau que l'on amalgame avec la superficie du sol, et ne jamais semer dans des planches d'oignons ou de carottes. C'est la coutume la plus désastreuse : on n'obtient jamais que de mauvais plant, très tardif, et l'on ruine la moitié de la récolte d'oignons ou de carottes.

Lorsque le plant a été semé assez clair en pleine terre, on peut se dispenser de le mettre en pépinière. Quand il est assez fort, on l'enlève au déplantoir, en ménageant les racines le plus possible, pour le mettre en place. On fait des semis toutes les trois semaines pour ne jamais manquer de salade.

N'oublions pas qu'il nous faut du plant d'élite pour obtenir de bons résultats, et qu'il n'est possible de l'obtenir qu'avec des semis bien faits, c'est-à-dire dans de la terre bien ameublie et mélangée de terreau, faits très clair pour que le plant ne s'étiole ni ne s'allonge, et suffisamment arrosés.

En outre, le plant obtenu de bonne qualité, il faut le déplanter avec toutes ses racines et le repiquer convenablement, *avec toutes ses racines*, si l'on veut ne pas perdre beaucoup de temps, et obtenir de mauvais produits.

Les laitues semées en pleine terre pendant l'été, où le plant vient très vite, sont les seules qui puissent être dispensées du repiquage en pépinière. Tous les semis de laitue, faits sous châssis ou sous cloches, doivent être repiqués en pépinière, sous peine d'échec.

Avant d'arracher le plant, on laboure profondément une ou plusieurs planches du carré B ; on herse à la fourche crochue pour briser les dernières mottes, puis on dresse la planche ou les planches avec des rebords pour retenir l'eau des arrosements. On rayonne, puis on repique dans les rayons, ensuite on paille bien la planche ou les planches dans toute leur étendue, et l'on arrose copieusement pendant quelques jours, pour assurer la reprise.

Les planches ont la largeur de 1ᵐ,20 ; on place quatre piquets à chaque bout, à 30 centimètres de distance entre eux, et les deux, des bords de la planche à 15 centimètres de l'allée ; on pose le cordeau sur ces piquets, et l'on a quatre lignes sur lesquelles on repique les laitues en quinconce, à 35 centimètres pour les variétés moyennes, et 40 pour les grosses.

On peut contre-planter avec succès des laitues dans les carrés A et B du potager.

Dans le carré A, dans les choux-fleurs, dans les artichauts de saison et tardifs, etc.

Dans le carré B, dans les chicorées, des tomates, etc.

La contre-plantation offre de grands avantages pour
la culture des laitues, et elle y suffit presque, quand
elle est bien dirigée et bien entendue.

N'oublions jamais que la laitue aime l'eau ; il lui
faut de fréquents arrosements pour devenir belle et
venir promptement ; elle exige, en outre, une terre
ameublie par de fréquents binages, surtout au collet.
Aussitôt qu'il est serré, la végétation s'arrête. Il suffit
de leur donner assez d'eau, et de temps à autre un
coup de crochet, au pied, avec les dents de la petite
cerfouette, pour obtenir les plus prompts et les plus
brillants résultats.

ROMAINES

La culture de la romaine est la même que celle de
la laitue ; on sème sous châssis et sous cloches ; on
peut repiquer en pépinière sous châssis et sous cloches
et contre-planter dans les cultures de primeur.

Les variétés de romaines cultivées comme primeur
sous châssis et sous cloches demandent toutes de l'air
pour venir à bien. La culture d'été en pleine terre est
la même que celle des laitues, dans lesquelles on peut
les contre-planter sans inconvénient.

Les *romaines rouge* et *verte d'hiver* se sèment en
pleine terre à la fin de l'été, se repiquent en pépinière
en pleine terre, pour être mises en place à l'automne
ou au printemps, également en pleine terre, où elles

fournissent d'excellentes salades au printemps. Ces deux variétés, les plus rustiques de toutes, supportent assez bien les gelées, la *rouge d'hiver* surtout ; cependant, il est prudent de couvrir avec de la litière ou avec des paillassons, pendant les gelées vives et de longue durée.

La romaine est moins estimée que la laitue ; aussi, ne l'admettrons-nous que comme culture très secondaire dans le jardin du propriétaire, où nous la contre-planterons comme culture dérobée, dans le carré B, entre des chicorées, des laitues, des tomates, etc.

Cela dit, il ne me reste qu'à désigner les meilleures variétés de romaines.

VERTE. — Très rustique, bonne, se coiffant seule et moins délicate et plus hâtive que les autres variétés, se conduisant bien sous cloches. Semer en février et mars, sous châssis, pour repiquer sous cloche et ensuite en pleine terre ; en pleine terre de mai à septembre pour les cultures d'été, et les repiquages d'automne en pleine terre et sous cloches.

VERTE D'HIVER. — Un peu moins grosse que la précédente, mais plus rustique, et supportant mieux le froid. C'est la romaine par excellence pour semer en août, septembre et octobre ; elle supporte les petites gelées de l'automne et du printemps.

BLONDE. — Se coiffant seule, excellente et très grosse, mais craignant le froid. C'est la plus belle comme la meilleure à cultiver. Semer sur couches, en février, pour repiquer sous châssis et sous cloches, et en pleine terre de mai à août.

CHICON POMME EN TERRE.— Charmante petite romaine
se coiffant seule, venant très vite et de qualité supérieure. Semer sur couches en février et mars, et en
pleine terre de mai à septembre, pour hiverner les
derniers semis sous cloches.

ROMAINE BALLON. — Très grosse, des plus rustiques,
excellente de qualité, et supportant bien les premiers
froids. Semer en mars et avril, et en juillet et août.

GRISE MARAICHÈRE. — Belle et bonne variété, ayant
le mérite de se coiffer sans être liée. A cultiver partout, comme la précédente ; mêmes époques de semis.
Excellente variété pour les semis de juillet et août, à
repiquer ensuite sous cloches.

ROUGE D'HIVER.— Grosse, pommant moins bien que
les autres, mais la plus dure au froid : elle supporte
des gelées de 4 à 5 degrés sans couverture. Semer en
juillet, août et septembre, pour hiverner en pleine
terre dans une plate-bande abritée.

LENTILLES

La lentille est généralement peu cultivée dans le
potager ; c'est à tort, car elle fournit un assez bon
légume sec pour l'hiver, et un fourrage précieux, le
plus nutritif de tous, pour les animaux. Il y a avantage
à la cultiver dans les potagers étendus, et surtout dans
ceux du rentier, du fermier, des hôpitaux, des communautés et des camps.

La *lentille blonde* est la variété préférable. On la
sème en lignes distantes de 30 centimètres, vers le

mois d'avril, dans le carré D du potager. Un cendrage après avoir semé, et deux binages pendant le cours de sa végétation, voilà tout ce qu'elle demande pour donner un bon légume sec pour l'hiver, et un excellent fourrage pour les animaux. Lorsque les lentilles commencent à mûrir, on peut les contre-planter avec des haricots verts, et, cette seconde récolte faite, on peut encore obtenir une bonne récoltè de mâches. Quand on a des vaches, on peut semer des lentilles en lignes distantes de 15 centimètres seulement dans le carré D, vers le mois d'avril ou de mai, et les faucher comme fourrage en juin. (La lentille produit un lait de qualité hors ligne, précieux pour les enfants.) Il est encore temps de faire, après, une excellente récolte de sarrasin pour les volailles.

MACHE

Excellente petite salade, offrant une précieuse ressource pour l'hiver, surtout dans les jardins où l'on est dépourvu de couches, de châssis et de cloches. La mâche est la salade du petit cultivateur et du paysan pendant l'hiver ; il est facile de s'en procurer pendant tout le temps où l'on manque de salade en la semant très clair, à la volée, parmi les cultures des carrés B et C, pendant les mois d'août, de septembre, et même d'octobre, pour récolter en décembre, janvier, février et même en mars. On jette la graine à la volée, et on l'enterre avec un coup de râteau.

Depuis la fin de juillet jusqu'au 15 septembre, on

sème les mâches en planches que l'on couvre de litière pendant les gelées, afin de pouvoir récolter cette excellente salade pendant les froids les plus rigoureux. On soulève la litière et l'on coupe au fur et à mesure des besoins. On peut semer la mâche dans les carrés B et C, dans les dernières récoltes de chicorées, de laitues, de romaines et de haricots verts, ou en grains verts, dans les tomates, etc. Elle offre une ressource qui n'est pas à dédaigner dans les jardins.

Les variétés préférables sont :

MACHE RONDE. — Bonne, très rustique et venant à peu près partout. Semer de juillet à octobre.

GROSSE GRAINE. — Touffes plus fortes et mieux garnies que la précédente, très bonne. Même époque de semis.

A FEUILLES DE LAITUE. — Blonde, feuilles larges et très tendres, touffes beaucoup plus fournies que les autres variétés. C'est la mâche par excellence pour les gourmets; elle diffère entièrement des autres variétés par sa beauté, sa couleur tendre et sa qualité supérieure. A semer aux mêmes époques que les précédentes.

MACHE VERTE A CŒUR PLEIN. — Variété ayant beaucoup d'analogie avec la *mâche ronde*, mais ayant le cœur beaucoup plus fourni, plus plein; elle forme presque une petite pomme; à semer aux mêmes époques que les précédentes.

MAÏS

Le maïs n'est cultivé dans le Nord, l'Est ou l'Ouest que pour faire confire les épis comme des cornichons. La variété préférable pour cet usage est le maïs quarantain ; il vient plus vite que les autres.

On sème sur couche tiède ou sourde, ou en pleine terre, quand les gelées ne sont plus à craindre, et l'on contre-plante ensuite dans le carré A entre les choux, les choux-fleurs, etc.

Dans le Centre et le Midi, où les graines mûrissent, le maïs peut devenir une ressource pour les volailles.

On sème au printemps, en lignes distantes de 30 centimètres, dans une planche bien fumée du carré A, pour contre-planter entre les cultures des carrés A et B, où il donnera de bons produits.

Le *maïs quarantain* est le meilleur pour cette culture.

MELON

La culture du melon est possible partout, et partout le monde ; mais on en a tant exagéré les difficultés, inventé et propagé des tailles renfermant tant de combinaisons, que les jardiniers de médiocre intelligence y ont renoncé et les propriétaires, las des insuccès continuels, ne voulaient plus en voir dans leurs jardins. Rien n'est plus facile cependant que d'obtenir une grande quantité de melons, à très peu de frais, sur un espace très restreint.

Il ne faut pour cela que deux choses :

1° Suivre à la lettre toutes mes indications ;

2° Renoncer aux cultures compliquées, comme aux collections et aux variétés trop délicates, et ne cultiver que des variétés dont la rusticité et la qualité sont éprouvées, et surtout cultiver le moins de variétés possibles, si l'on veut obtenir des résultats sérieux.

Toutes les variétés de courges se fécondent entre elles, même à de grandes distances : les abeilles se chargent de ce soin. De ce fait, les produits aussi impossibles qu'immangeables récoltés chez les collectionneurs de variétés. On veut avoir de tout dans un petit coin, et l'on obtient invariablement des *mulets* impossibles.

. Non seulement des variétés cultivées les unes près des autres se fécondent entre elles, mais encore très souvent les abeilles apportent sur nos melons le pollen des courges plantées dans les jardins voisins, et il en résulte les hybridations les plus monstrueuses.

Une toile à abri très claire, et laissant pénétrer la lumière, garantit la culture de ces accidents, lorsqu'on la pose pendant la floraison.

On cultive des melons pour les consommer, et même en prolonger la récolte le plus longtemps possible, et surtout pour manger un fruit savoureux agréable au goût, et non une *citrouille* ayant la forme d'un melon.

Rien de plus facile avec deux variétés seulement, les meilleures en qualité, comme les plus rustiques et les plus productives :

Le MELON GRESSENT. — Moyen gros, à écorce presque lisse et assez mince, des plus précoces, d'une qualité hors ligne et d'une rusticité à toute épreuve. Ce melon, cultivé sous châssis donne des fruits des plus précoces et aussi des plus tardifs en pleine terre. Jamais un melon médiocre; j'en ai récolté qui étaient encore excellents après les premières gelées blanches. Semer en janvier, février et mars, sous châssis; en avril et mai, sous cloches.

CANTALOUP AMÉLIORÉ. — Moyen gros, écorce très rugueuse, qualité incomparable, fertile et rustique, venant bien en pleine terre, plus tardif que le melon Gressent, mais de qualité à nulle autre pareille; je ne connais pas un melon qui puisse lui être comparé. Semer en février, mars et avril, sur couche et sous châssis.

Ce melon ayant été gâché par un pépiniériste, je l'ai supprimé et remplacé par :

CANTALOUP SUPERFIN GRESSENT. — Ayant les mêmes qualités, la même rusticité, mais donnant des fruits beaucoup plus gros.

Ce melon étant préférable sous tous les rapports au *cantaloup amélioré*, j'abandonne ce dernier au pépiniériste qui n'en a jamais cultivé un pied, et laisse vendre sous ce titre tous les fonds de tiroirs achetés à bon compte, et vendus le plus cher possible.

Pendant de longues années, je n'ai cultivé que mes deux variétés, et avec deux ou trois semis successifs j'avais toujours de mai à novembre des melons délicieux à offrir à mes amis.

Les deux variétés obtenues par moi il y a vingt-

cinq ans, et que je viens de désigner, n'ont pas encore
trouvé de rivales pour la qualité comme pour la rusticité. Elles sont d'autant plus appréciées, que le commerce de Paris a fait faire fausse route aux maraîchers parisiens, en leur demandant sans cesse de très
gros melons.

Les maraîchers ne sont pas entêtés ; ils ont grossi
leurs melons. Le *cantaloup fond blanc*, qu'ils cultivent de préférence, a acquis des proportions énormes, mais au détriment de la qualité. Rien n'est plus
rare, à présent, à Paris, qu'un bon melon. Il y a de
gros melons partout, et nulle part de bons melons.

Je ne suis pas plus entêté que les maraîchers.
Beaucoup de personnes m'ont dit :

— Vous ne cultivez que ces deux variétés?

— Oui, jusqu'à ce que je trouve quelque chose
d'égal en qualité ; alors je le cultiverai.

— Je vous enverrai une merveille de qualité.

— Soit, je l'essayerai et la cultiverai à l'exclusion
de mes variétés si elle vaut mieux, et en concurrence
avec elles si elle les égale.

On m'a envoyé bien des *merveilles* de tous côtés
depuis vingt ans ; je les ai toutes consciencieusement
essayées, et je n'ai rien trouvé qui approche de mes
deux melons : le melon Gressent et le cantaloup superfin Gressent.

J'attends, et j'essaye toujours ; cette année j'ai
encore essayé quelques *merveilles* que j'ai fait jeter
au fumier.

Je m'en serais très probablement tenu à mes deux

variétés, si j'avais pu en faire assez pour toutes les
demandes qui me sont faites de mes melons, surtout
depuis que l'Angleterre les connaît et a réussi à les
faire venir sous son climat. En cas de disette de
graine de melons, disette se renouvelant tous les ans
après les demandes d'outre-Manche, j'ai dû choisir
trois variétés de bonne qualité, et assez rustiques
pour remplacer mes melons, quand il n'y a plus de
graines :

Le CANTALOUP D'ALGER. — Beau et bon melon, à
chair ferme et un peu sèche, très vigoureux, productif, et venant à peu près partout, sur couches et sur
poquets. Semer en février et mars, sous châssis.

Le PRESCOT FOND BLANC. — Bon, gros, et venant
bien sur couche dans le Nord, l'Est et l'Ouest. Redoute
les trop grandes chaleurs.

Pour prouver mon bon vouloir, j'ai même donné
l'hospitalité au :

MELON NOIR DES CARMES. — Hâtif, passable de qualité,
mais moins gros, moins précoce et moins bon que le
melon Gressent.

MELON VERT GRIMPANT. — Fruits très abondants, très
petits et mangeables, rien de plus. Plante assez rustique, productive, mais exigeant une couche sourde
au moins, et des rames pour donner des résultats.
Semer sur couches et sous châssis en février, mars et
même avril.

Dès le début, j'avais jugé le melon vert grimpant
comme une plante insignifiante et sans avenir. Mais
alors les sociétés horticoles, et tout ce qui finit par

colle, en faisaient un vacarme tellement assourdissant, que je l'ai accueilli, pour éviter de provoquer une émeute, mais en donnant mon opinion, et réservant mon dernier mot pour l'avenir, après plus longue expérimentation.

Les charivaris et les réclames en *colle* se sont calmés, et mon opinion première n'a pas changé.

Pour l'extrême Centre et le climat de l'olivier, deux variétés de melons à cultiver :

VERT DE CAVAILLON. — Bon de qualité, et supportant comme un Oriental les plus fortes chaleurs. Semer en février sur couche sourde, et mettre en place en pleine terre.

PASTÈQUE. — Écorce verte, lisse, chair rose, bonne qualité et supportant *tous* les excès de chaleur. Même époque de semis que le précédent.

Ces deux variétés sont loin d'avoir la qualité des précédentes, mais elles supportent les chaleurs du Midi; c'est à ce titre seulement que je les accepte, pour le Midi seulement, car même dans l'extrême Centre on aura bénéfice à cultiver les autres variétés, comme qualité, et aussi comme produit.

Je m'en tiens là en attendant quelque chose de meilleur, et d'aussi rustique que mes deux variétés, auxquelles il sera sage de s'en tenir, si l'on veut récolter avec certitude des melons de qualité hors ligne.

Nous diviserons la culture du melon en trois séries : la première comprendra les melons de primeur, élevés sous châssis et sur couches chaudes ;

la seconde, les melons de saison élevés sur couches
tièdes et sous cloches ; la troisième, les melons
d'arrière-saison, élevés sur couches sourdes, ou sur
poquets, sous cloches et sous abris économiques et
mis en place sur couche sourde, sur poquet, et
même en pleine terre.

MELONS DE PRIMEUR

On sème le *melon Gressent* et le *noir des Carmes*
sur couche chaude et sous châssis dans le courant
de janvier et vers les premiers jours de février, et le
cantaloup superfin Gressent en février et mars. Le
cantaloup d'Alger et le *Prescot fond blanc* peuvent se
semer aux mêmes époques. Si l'on veut obtenir du
bon plant et aller très vite, il faut monter un seul
panneau de châssis sur couche chaude pour les
semis, et ce semis se composera uniquement de
melons.

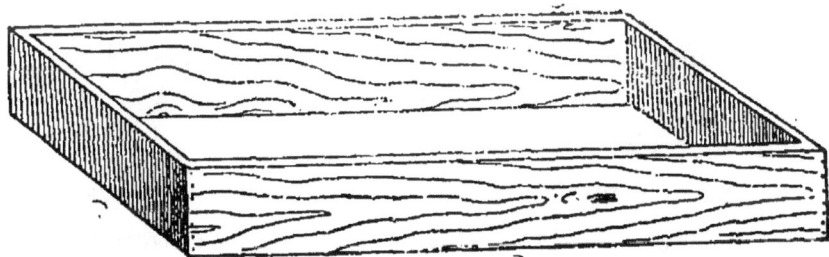

Fig. 150. — Coffre de châssis.

Il est de la plus grande importance de se servir de
coffres faits avec quatre simples planches de bois
blanc, le plus poreux possible (fig. 150), et sans

inclinaison ; on la donne avec une cale posée par derrière : une brique ou un morceau de bois. Les coffres en pente ne s'échauffent pas et *tirent* les plantes.

Il faut, en outre, *suivre à la lettre* les indications données sur la confection des couches et le remplissage des coffres (pages 168 et suivantes), je ne saurais trop insister sur la bonne confection des couches ; il est impossible de faire des melons de primeur dans les tombeaux en maçonnerie, avec des coffres ayant 15 ou 20 centimètres d'inclinaison, et autres engins uniquement bons à démolir ou à brûler.

La couche montée et garnie de terreau, mélangée d'un tiers de terre pour les semis, on pose les châssis (voir *Couche*, pages 168 et suivantes) ; on le recouvre de paillassons, et l'on attend cinq ou six jours pour laisser passer le premier coup de feu.

Alors on fait avec le doigt une série de petits trous, en lignes distantes de 20 centimètres, et à distance de 15 à 18 centimètres entre eux, placés en quinconce, et de la profondeur de 2 centimètres.

On met une seule graine à plat, dans chaque trou, et jamais deux ou trois, comme cela se fait trop souvent ; c'est risquer de perdre tout son plant de melon, et se mettre dans l'impossibilité de l'élever.

Les racines du melon sont essentiellement traçantes ; il ne peut être déplanté que dans son extrême jeunesse pour ne pas souffrir de cette opération. C'est ce qui a fait conseiller à des Gribouilles et des Jocrisses de l'horticulture de le semer dans **des pots.**

Les racines traçantes des melons sont toujours gê-
nées dans les pots ; elles ne peuvent s'attacher autour
comme celles des plantes pivotantes et à chevelu
abondant ; le melon souffre beaucoup, lorsqu'il n'est
pas à peu près mort, quand on le met en place. Il
est préférable de le semer à même la couche, et de
l'enlever en motte avec le déplantoir.

Un *Jocrisse* horticole, plus ou moins pépiniériste, a
conseillé de semer les pépins de melon la tête en l'air.
C'est une niaiserie nuisible à la fructification. Jocrisse,
mon ami, allez regarder comment végètent les melons
dont vous n'avez jamais vu un pied, et, lorsque vous
voudrez donner un conseil, commencez par regarder
la chose dont vous parlez, afin de la connaître au
moins de vue.

On couvre soigneusement le semis de melons, la
nuit et même le jour, quand il fait froid, avec un ou

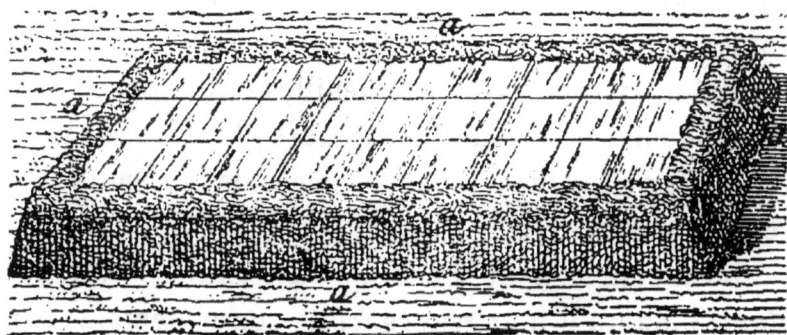

Fig. 151. — Réchauds bien installés.

plusieurs paillassons, suivant l'état de température. Il
est urgent de maintenir les vitres des châssis très
claires et exemptes d'humidité; on les essuie quand

il y a de la buée dessous afin d'éviter la pourriture. Lorsque les melons sont levés, on veille à maintenir la couche à une température de 25 à 30 degrés, chose facile avec des réchauds actifs, montant jusqu'aux châssis (fig. 151).

Je ne saurais trop insister sur la hauteur comme sur l'entretien des réchauds, surtout pour les semis de melon. Quand le froid les atteint, la végétation s'arrête, et il est très difficile de les faire repartir.

Si les réchauds baissent, on les recharge de fumier jusqu'en haut des coffres, et, quand ils se refroidissent, on les ranime avec du fumier sortant de l'écurie, ou on les renouvelle complètement si le froid est à craindre.

Aussitôt que les melons semés ont développé quatre feuilles, *et cela pour toutes les variétés, à quelque époque qu'elles aient été semées*, il faut les déplanter *pour les mettre en place et leur appliquer la* première taille.

J'ai dit : aussitôt quatre feuilles développées, c'est le moment ; il ne faut pas attendre plus tard, ce serait compromettre gravement le succès de la récolte. Voici pourquoi :

Le melon n'a qu'un temps déterminé à vivre ; il faut donc qu'il mûrisse ses fruits complètement, pendant sa courte existence.

Quand la transplantation est faite à temps, et que toutes les tailles ont été appliquées juste, on récolte une quantité considérable de fruits magnifiques et excellents.

Mais ceux qui ont toujours le temps et ne se pressent jamais, attendent pour mettre en place, et ajournent les tailles, ne récoltent que des fruits impossibles, portés par des pieds morts ou mourants.

L'existence de leurs melons s'est écoulée en grande partie à attendre les soins les plus urgents, et, lorsque les fruits ont atteint la moitié ou les trois quarts de leur grosseur, le terme de leur vie est arrivé, et ils meurent sans avoir mûri leurs fruits.

La plupart des insuccès, dans la culture du melon, n'a pas d'autre cause : *le temps perdu!*

Pour réussir à coup sûr, il faut sans cesse activer la végétation du melon par :

1° *La chaleur artificielle*, surtout pendant sa jeunesse ;

2° *La déplantation et la mise en place*, *en temps voulu*, pour faciliter l'émission de ses secondes racines sans lesquelles il ne peut végéter ni fructifier promptement ;

3° *Les tailles* appliquées *au moment voulu*, pour stimuler la végétation, accélérer la fructification, et augmenter le volume comme la qualité des fruits.

La chaleur artificielle se donne avec des couches bien construites, des coffres en bois poreux, et en activant les réchauds, comme je l'ai indiqué pages 184 et suivantes.

L'émission des secondes racines du melon a lieu quelques jours après la mise en place, quand il a été enlevé du semis, pour le placer à demeure, sur une autre couche. Voici comment :

Lorsque le melon sort de terre, les cotylédons *a*
(fig. 152) s'étiolent ; quelques jours après la tige B
même figure) s'allonge et produit les premières

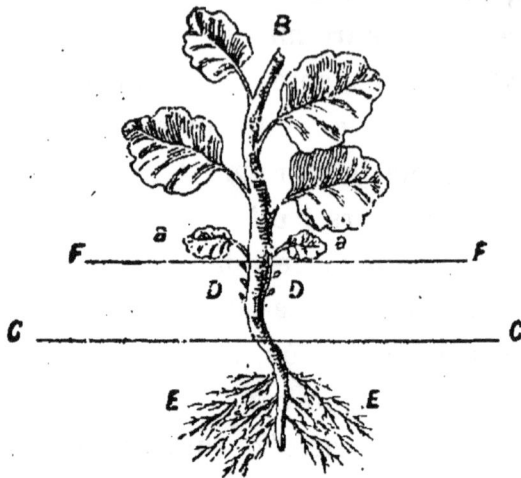

Fig. 152. — Première végétation du melon.

feuilles. Aussitôt qu'il y a quatre feuilles de développées, il faut planter à demeure sur une nouvelle couche.

Notre melon présente alors l'aspect de la figure 152 ;
au-dessus de la ligne C, niveau du sol, la tige ayant
produit les cotylédons *a* (même figure), et quatre
feuilles.

Sur la partie de la tige depuis le sol C jusqu'aux
cotylédons *a*, il existe plusieurs petits mamelons D
(même figure) : c'est le rudiment des secondes racines.

Au-dessous du sol, en terre, est la première racine
E, un peu ramifiée (fig. 152) ; c'est la première végétation du melon.

C'est en cet état que le melon doit être déplanté, et
replanté en l'*enterrant jusqu'aux cotylédons*, à la

ligne F (fig. 152), pour faire développer les secondes
racines, fournies par les mamelons D (même fi-.
gure).

On monte une ou plusieurs couches chaudes, suivant la quantité de melons à mettre en place. Il y a
toujours avantage à établir plusieurs lignes de châssis ;
la chaleur des réchauds est plus active, et se conserve
plus longtemps.

Là, où les couches chaudes seront montées comme
je l'ai indiqué pages 168 et suivantes, on remplira les
coffres avec du terreau mélangé de *moitié* et même de
trois cinquièmes de terre, pour les melons à mettre en
place.

Nous n'avons mis qu'un tiers de terre pour le
semis de melons, afin d'activer la levée et la première végétation. Ce serait trop de terreau pour la
seconde végétation des melons ; il leur faut un sol
un peu consistant, et riche en humus. Moitié, et
même deux tiers de terre, mélangée avec le terreau,
assurent une bonne végétation et une qualité parfaite
de fruits.

Plus de terreau produirait une végétation difficile
à maîtriser, l'infertilité, et abrégerait l'existence des
melons.

La couverture de la couche, c'est-à-dire la terre mélangée de terreau qui la recouvre, doit avoir une épaisseur de vingt centimètres au moins, afin que les racines des melons ne la dépassent pas. Quand l'épaisseur est moindre, les racines gagnent le fumier, et
alors la végétation est tellement active qu'il est très

difficile de la maîtriser, et la fructification ne s'établit pas.

. On remplit ensuite les sentiers avec des réchauds de fumier mouillé et foulé, jusqu'en haut des coffres; on les entoure également d'un réchaud construit de la même manière, et montant jusqu'en haut des coffres; ils doivent disparaître complètement dans les réchauds, comme l'indique la figure 153 pour les réchauds du tour *a*, et ceux des sentiers *b*.

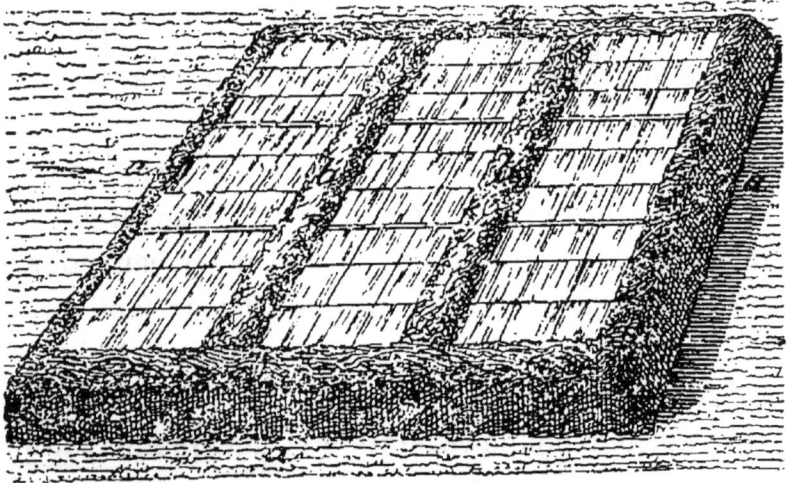

Fig. 153. — Coffres garnis de réchauds bien installés.

Tout ce qui précède est des plus faciles à exécuter, et, si on voulait appliquer à la lettre, *on réussirait toujours*. Malheureusement il est dans la nature de l'homme de vouloir toujours modifier; quelquefois certains praticiens se trouvent blessés de nos conseils et ne font rien de ce que j'indique; souvent des amateurs, voulant faire mieux que le professeur, modifient et échouent.

Tous les échecs dans la culture du melon n'ont d'autre cause que la mauvaise confection des couches, le manque d'épaisseur de la couche de terre mélangée de terreau, et les tailles mal appliquées, ou faites trop tard, ou la mise en place trop tardive.

Dans ce dernier cas, les secondes racines ne se développent pas, et les pieds meurent avant d'avoir pu mûrir et même former leurs fruits.

J'ai donné toutes les indications possibles pour la confection des couches, et la mise en place ; maintenant : à la première taille.

Les réchauds terminés, on couvre les châssis avec des paillassons et l'on attend cinq ou six jours. Au bout de ce temps, la fermentation s'est établie dans la couche et les réchauds ; la terre mélangée de terreau est tiède, c'est le moment de planter.

Pour éviter de laisser les racines des melons à l'air, on fait d'abord les trous dans lesquels on doit les planter : trois à égale distance pour un coffre d'un châssis (A, fig. 154).

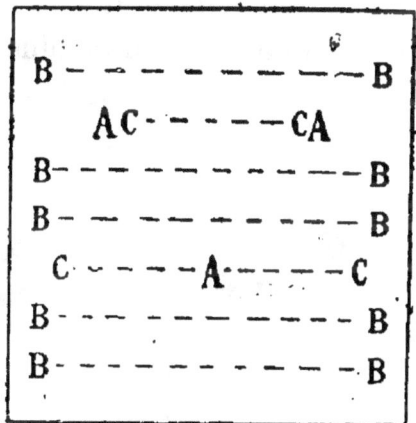

Fig. 154. — Châssis simple avec melons en place.

Trois pieds de melons sont suffisants pour un châssis de 1m,30 cent. Il y a avantage à employer des coffres doubles de 1m,30 cent. de large, sur 2m,60 cent.

de long; on y plante sept pieds de melons (A, fig. 155),
quatre en haut et trois en quinconce en bas.

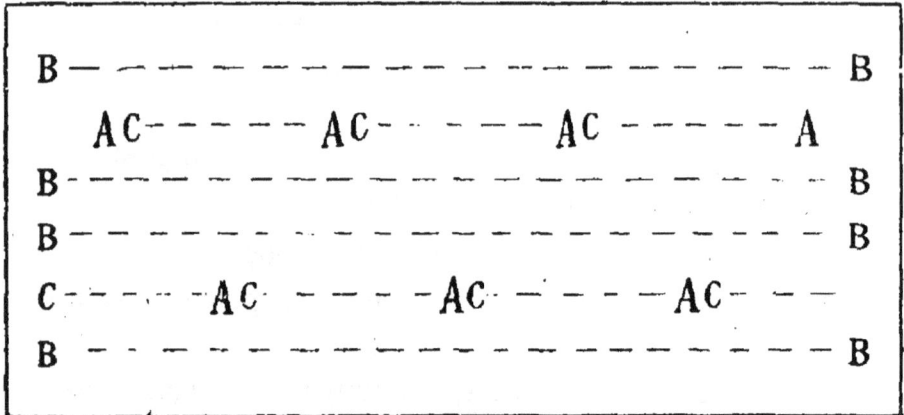

B — — — — — — — — — — — — B
    AC — — — AC — — — AC — — — A
B — — — — — — — — — — — B
B — — — — — — — — — — — B
C — — — AC — — — AC — — — AC — — —
B — — — — — — — — — — — — B

Fig. 155. — Melons en place pour deux châssis.

Tous les trous faits à l'avance, on procède à la
plantation; elle doit être faite très soigneusement et
très vivement; rien de plus facile en procédant ainsi :

On prend un grand déplantoir (fig. 156), c'est l'instrument indispensable pour opérer sûrement. On le

Fig. 156. — Déplantoir.

plonge verticalement et profondément à 10 centimètres du pied de melon que l'on veut enlever; on
fait levier, et le melon vient avec une grosse motte.
On pose légèrement la main sur la motte, pour l'empêcher de s'ébouler; puis on pose avec précaution le

'déplantoir dans le trou fait à l'avance, en y ajustant la motte du melon, de manière à ce que les cotylédons soient placés à la hauteur du sol, indiquée par la ligne *a* (fig. 157). On cale bien la motte tout autour ; on enlève ensuite le déplantoir, et l'on appuie légèrement tout autour du pied, pour faire adhérer partout la motte à la terre de la couche. On arrose ensuite légèrement et circulairement sur le périmètre de la motte pour la souder à la terre de la couche, et ensuite on paille tout le châssis.

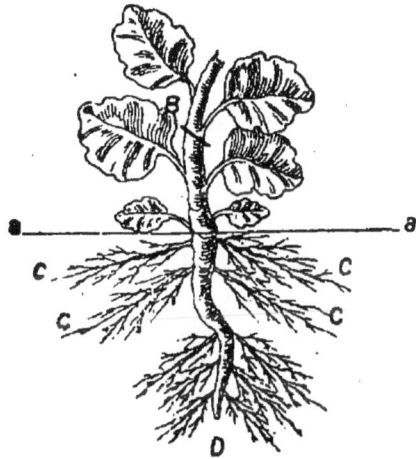

Fig. 157. — Mise en place et première taille du melon.

Il faut bien se garder d'arroser les melons au pied, cela les fait chancrer ; il faut les arroser toujours légèrement, et sur l'extrémité des racines, jamais au pied.

TAILLE DU MELON

La taille du melon étant la même pour les melons de primeur, de saison et d'arrière-saison, je la place ici ; la même taille sera appliquée à toutes les saisons de melons.

Nous venons de planter à demeure des melons ayant quatre feuilles, c'est le moment favorable ; aussitôt la couche paillée, nous leur appliquerons la première taille.

On coupera la tige principale avec un greffoir ou une serpette, sur les deux premières feuilles en B (fig. 157). J'ai dit couper, et couper avec un instrument très tranchant, et non pincer avec les doigts. La coupure se cicatrise en quelques jours, tandis que le pincement, qui écrase la tige, très tendre et très aqueuse, détermine sinon la mort, mais au moins une souffrance très prolongée, fort préjudiciable au volume et à la qualité des fruits ; quelquefois la tige se fend verticalement, devient chancreuse et meurt. Aussitôt l'amputation faite, il est toujours prudent de cautériser la plaie avec un peu de cendre de bois.

La section doit être faite un peu au-dessus (un centimètre environ) de la naissance des deux premières feuilles, afin d'éviter d'endommager les yeux placés à leur aisselle, et de rendre la cicatrisation plus prompte et plus facile.

En outre, il faudra avoir le soin de tenir les vitres des châssis très propres et exemptes de buée à l'intérieur. S'il s'en forme, il faudra essuyer les vitres aussitôt. L'humidité intérieure est des plus dangereuses, surtout après une taille, en ce qu'elle peut déterminer la pourriture.

Quelques jours après la mise en place et la taille de nos melons, les rudiments des secondes racines (D, fig. 157) s'allongeront et produiront des racines vigoureuses ; ce sont les secondes racines (C, fig. 157) ;

la végétation va commencer et aller grand train. Ces secondes racines s'étendant dans toute la couche, sous l'abri du paillis qui la recouvre, la première racine D (même figure) périt, aussitôt la nouvelle émission de racines, et les deux bras poussent avec vigueur.

Lorsque la plantation des melons à demeure n'est pas faite à temps, c'est-à-dire quand ils ont *quatre feuilles*, les rudiments des secondes racines durcissent et se développent mal. Quand on attend trop longtemps, la première racine dépérit, les seconde poussent mal, et la récolte est plus que compromise.

Pour obtenir de très beaux melons, il faudrait n'en conserver que deux par pied, un sur chaque bras, et un de chaque côté, comme l'indique la figure 158 ; mais cela est difficile à obtenir, tant les suppressions sont nombreuses. On peut conserver trois melons par pied, mais ne jamais dépasser quatre, sous peine d'obtenir des avortons. Dans ce cas, on en laisse deux sur chaque bras, et de côté opposé sur chacun, afin d'avoir un équilibre parfait dans la végétation.

En outre, on devra éviter avec le plus grand soin les ramifications trop nombreuses, *le fouillis*, dans les pieds de melons ; ils doivent être réguliers comme le montre la figure 158 ; rien de plus facile avec la taille appliquée à temps et avec discernement.

Au moment où les secondes racines naissent, les bras s'allongent ; la végétation est rapide quand on a pris tous les soins que j'ai indiqués. On étale régulièrement les deux bras naissants. On les laisse s'allon-

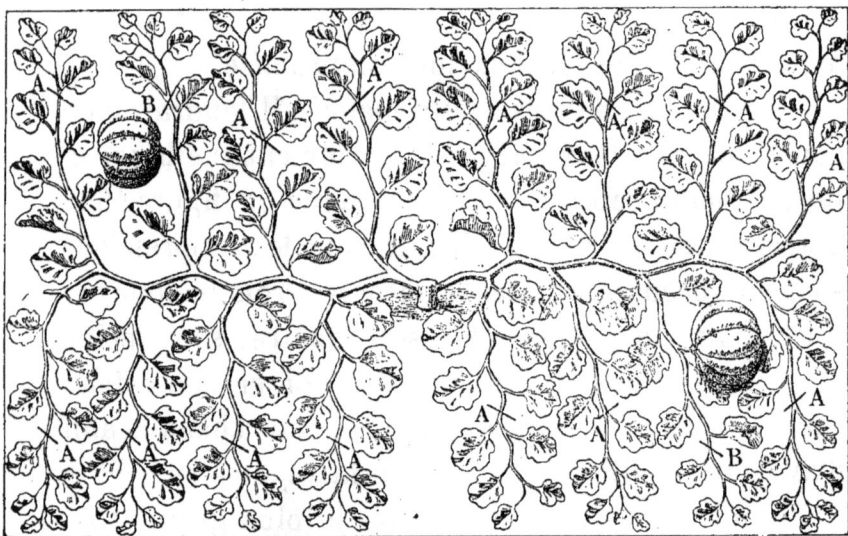

Fig. 158. — Production du melon.

ger jusqu'à ce qu'ils aient produit *dix feuilles*. Alors on les pince, c'est-à-dire que l'on coupe le bout de chaque bras sur *huit feuilles*.

Au fur et à mesure de l'élongation des deux bras, et avant le pincement, on supprime, à leur naissance et à la base, toutes les ramifications se produisant sur le *dessus* et le *dessous* des bras, pour ne conserver que les latérales. Les branches du dessus et du dessous produiraient du fouillis, on les coupe aussitôt qu'elles apparaissent.

Le premier pincement des bras opéré sur huit feuilles (A, fig. 159), on laisse développer les ramifications latérales.

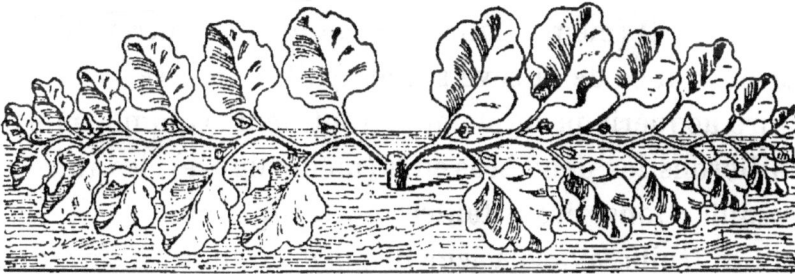

Fig. 159. — Taille des bras du melon.

Si la végétation est normale, c'est-à-dire si tout a été bien fait, et que les melons végètent sans trouble, les huit branches nées sur chacun des bras (A, fig. 160) se développeront à leur tour, et produiront, à l'aisselle des feuilles, des petites ramifications (B, même figure), portant des mailles (les fleurs femelles).

Les melons seront noués dans quelques jours ; aussitôt qu'ils auront atteint la grosseur d'une noix, on pincera toutes les ramifications en D (même figure), sur cinq ou six feuilles, et à deux feuilles au-dessus du fruit les branches portant des melons.

Ce pincement aura pour effet d'arrêter la végétation herbacée, au profit des fruits, en concentrant l'action de la sève sur eux.

La semaine suivante, les fruits seront de la grosseur d'une grosse pomme. Alors il faudra choisir ceux que l'on voudra conserver, supprimer tous les autres, et appliquer une taille énergique pour leur faire acquérir promptement volume et qualité.

Nous voulons conserver quatre fruits, sur le pied des melons figure 160, vigoureux et bien équilibré. Nous choisirons ceux placés sur les petites ramifications au point D (même figure), et pour concentrer toute la puissance de la sève sur les fruits conservés, et leur faire acquérir promptement tout leur volume, nous taillerons les deux bras en E (même figure); les autres ramifications seront taillées en G (fig. 160).

Les fruits, ayant à leur disposition toute la sève du pied, grossiront très vite et acquerront une qualité remarquable.

Il repoussera quelques ramifications après la dernière taille ; elles serviront à entretenir la végétation ; mais il ne faut jamais les laisser prendre un grand développement, car il aurait lieu au détriment des fruits. On pince ces nouvelles pousses sur cinq ou six feuilles, au fur et à mesure qu'elles se produisent.

En suivant les indications qui précèdent en toutes

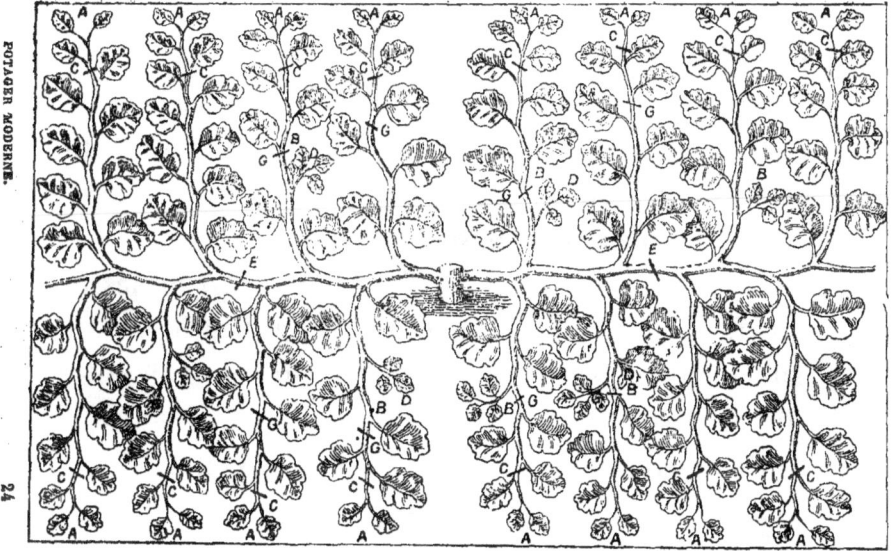

Fig. 160. — Taille du melon.

choses, on obtiendra toujours une végétation normale, et les résultats que j'indique.

Il arrivera quelquefois, soit par un vice de confection des couches — c'est le cas le plus fréquent, — ou
par une chaleur élevée et continue, d'avoir une végétation trop active, alors la fructification ne s'établit
pas.

Si, à la suite d'un excès de végétation, les fruits ne
se montrent pas lorsque les seize branches seront
développées, il faudra appliquer une taille énergique
pour les obtenir promptement.

La végétation est trop active pour produire des
fruits, il faut la retenir par la création de ramifications
faibles, sur lesquelles les fruits apparaîtront aussitôt.
Voici comment on opère :

On supprime la moitié des deux bras, on les taille
en E (figure 160). Les quatre ramifications restant
sur chaque bras sont taillées sur cinq feuilles A
(figure 161).

De nouvelles branches naîtront à l'aisselle de chaque
feuille ; on les espacera également sur les lignes B
(même figure), et on les pincera à six ou sept feuilles,
suivant leur vigueur. Quelques jours après leur pincement, il se produira sur ces nouvelles branches des
petites ramifications courtes et faibles, portant des
mailles (fleurs femelles), ce sont les fruits.

Aussitôt les fruits noués, on pincera deux feuilles,
au-dessus d'eux, les ramifications qui les portent, et
lorsqu'ils auront atteint la grosseur d'une belle pomme,
on supprimera les fruits trop nombreux, et on appli-

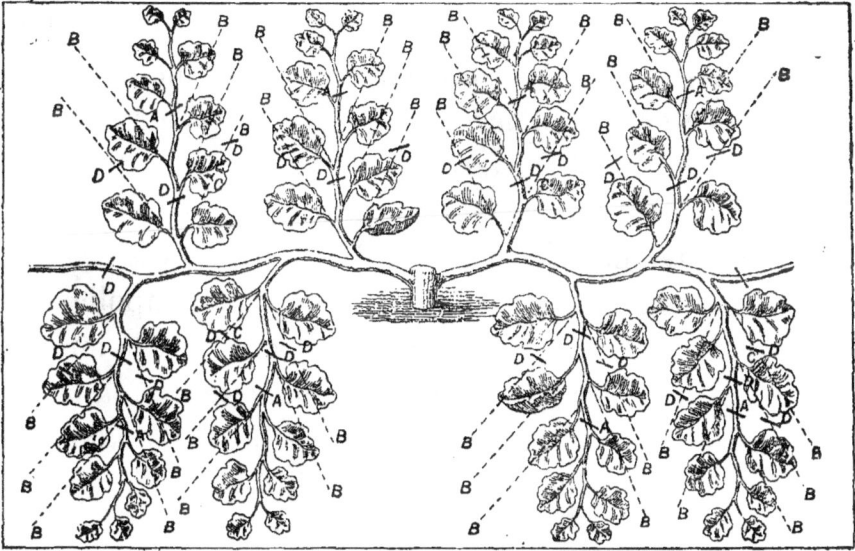

Fig. 161. — Taille des melons trop vigoureux.

quera une taille énergique pour leur distribuer toute
la sève.

Nous garderons quatre melons sur le pied figure
161. Nous les choisirons aux endroits C, même figure
pour les distribuer aussi également que possible.

Ensuite nous opérerons les tailles en D, figure 161,
pour concentrer sur les fruits toute l'action de la
sève.

Il sera rare d'être obligé d'avoir recours à cette
taille des plus énergiques, produisant la fructification
sur les melons les plus emportés. Je l'indique pour
les personnes qui auront fait leurs couvertures de terreau mélangé de terre trop minces. Les désordres
que j'indique se produisent quand les racines des melons atteignent le fumier de la couche.

Les tailles que je viens de décrire sont applicables
aux melons de toutes saisons, et pour tous, la mise en
place doit être faite de la même manière et à la même
époque : quand ils ont développé *quatre feuilles*. Je
ne reparlerai donc pas de la taille et de la mise en
place pour les melons de saison et d'arrière-saison.

Les melons de primeurs, indépendamment des
tailles, demandent des soins assidus.

Les réchauds doivent toujours être bien entretenus,
c'est-à-dire rechargés, remaniés avec du fumier sortant de l'écurie, et même renouvelés entièrement
quand ils se refroidissent, et cela jusqu'à ce que la
température devienne douce et que le soleil prenne
de la force.

S'il arrive quelques jours de température très douce,

on donne, en plein soleil, un peu d'air, en entr'ouvrant quelques instants les châssis du côté opposé au
vent, mais s'il fait très doux et du soleil. L'air et la
lumière surtout sont indispensables aux plantes :
c'est pourquoi je proscris le barbouillage des vitres
et des cloches avec du blanc ; on préserve, il est vrai,
les plantes d'un coup de soleil par ce moyen ; mais on
n'obtient que des plantes rachitiques et étiolées, ne supportant pas la déplantation, donnant des fruits pitoyables, et très tardifs, quand on a pu les rappeler à la vie.

Il est urgent d'habituer les melons de bonne heure
à l'air et à la lumière, le *melon Gressent* et le *cantaloup superfin Gressent* surtout ; si l'on veut obtenir
des produits remarquables de qualité, bien se garder
de les étioler. Cela demande peut-être un peu plus de
peine, mais on n'éprouve jamais d'échecs. Quand le
soleil est trop ardent, on ombre avec des toiles, ou en
jetant un peu de paille sur les vitres, et l'on donne
de l'air ; et encore faut-il ombrer le moins possible,
pour avoir du plant et des melons d'élite. Le jardinier
est constamment dans le jardin ; il doit sans cesse
guetter le temps, veiller à ses châssis, les ouvrir quand
il y a du soleil, jeter une toile dessus quand il est
trop ardent, et les fermer quand il disparaît ou que
la température se refroidit.

Les vitres des châssis doivent toujours être très
propres et exemptes de buée à l'intérieur. Aussitôt
qu'il s'en produit, il faut essuyer les vitres au dedans
et avoir toujours le soin de fermer les châssis, une
heure avant que le soleil disparaisse.

En opérant ainsi, on enferme dans les châssis la chaleur donnée par le soleil ; elle prolonge encore son action sur les vitres fermées, et, aussitôt que le soleil disparaît, on couvre les châssis avec des paillassons, pour faire provision de chaleur pendant la nuit.

Quand les melons ont été habitués de bonne heure à l'air et à la lumière, il y a bénéfice à enlever tout à fait les châssis en plein soleil, quand il fait chaud, de midi à deux heures et demie, surtout pendant la floraison. La fécondation s'opère mieux, et les fruits noués au grand air sont toujours plus beaux et plus savoureux. Mais il faut, pour découvrir entièrement, que le thermomètre marque 18 degrés au-dessus de zéro ; dans le cas contraire, on donne simplement de l'air au moment le plus chaud de la journée.

Si le temps était mauvais ou froid pendant la floraison, et que l'on ne puisse pas donner d'air, il serait prudent de féconder artificiellement les premières mailles (fleurs femelles) qui apparaîtront. Il suffit de prendre les étamines d'une fleur mâle, le centre de la fleur, et de les appliquer sur le pistil, au centre de la fleur femelle, pour que l'opération soit infaillible.

Pour obtenir de très beaux melons, il faut autant que possible les choisir attachés près du bras principal, et sur les ramifications du milieu, mais ne jamais conserver ceux qui nouent quelquefois au collet ; ils viennent toujours mal. Il ne faudrait pas conserver plus de deux fruits par pied pour les melons de primeur. On choisit les deux mieux placés, bien venants, et l'on supprime tous les autres.

Pour les melons de saison et d'arrière-saison, on peut garder trois et même quatre fruits, mais ne jamais dépasser ce nombre.

Il est dangereux de trop arroser les melons, surtout au pied; cela produit souvent des chancres au collet. Mais cependant il faut maintenir dans le terreau de la couche une certaine humidité, surtout lorsque les fruits sont formés. Lorsque le temps est très sec, il est bon de mouiller légèrement les feuilles avec l'arrosoir Raveneau, ou mieux encore avec la pompe à main Dudon; mais, pour arroser les racines et les feuilles, il est urgent de n'employer que de l'eau à la température des châssis. Quand l'eau est froide, les melons sont saisis; ils en souffrent beaucoup, et donnent rarement de bons produits.

Quand les melons ont atteint le volume d'une pomme, on coupe des petites planches de 20 centimètres carrés environ, et l'on en passe une sous chaque melon, afin que son poids ne le fasse pas enfoncer dans le paillis de la couche, et l'empêche de mûrir également sur tout son pourtour. Quand on veut prendre la peine de tourner un peu les melons sur la planchette, quand ils approchent de leur maturité, il est difficile de reconnaître le côté qui touchait à la couche.

Les melons de primeurs demandent des soins assidus et une grande surveillance. Le point capital est de les empêcher d'avoir froid, ce dont ils se relèvent difficilement; mais il faut sans cesse observer le temps et choisir les bons moments pour leur donner de l'air.

Quand on a un peu l'habitude de gouverner les châssis, on échoue bien rarement, mais à la condition
d'être toujours là, de veiller sans cesse, et d'avoir toujours du fumier frais pour entretenir les réchauds.
Si le jardinier s'absente ou est occupé d'autre chose
que de son jardin, il faut renoncer aux melons de
primeur et se contenter de ceux de saison et d'arrière-
saison.

MELONS DE SAISON

Les melons de saison sont beaucoup plus faciles à
faire que les melons de primeur semés en janvier,
pour mûrir en avril et mai ; leur culture est facile
pour tous les jardiniers, et plus facile encore pour
ceux qui ne le sont pas, et voudront bien suivre mes
indications à la lettre.

Les personnes étrangères au jardinage n'auront
pas à lutter contre les habitudes contractées, qui,
malgré tout le bon vouloir possible, influent toujours
d'une manière fâcheuse sur les essais tentés, et modifient forcément les applications.

Rien de tout cela chez les personnes étrangères à
la culture : elles ne savent rien ; elles étudient nos
livres, appliquent nos indications à la lettre et réussissent toujours.

Pour faire des melons de saison, il suffit de monter une couche chaude, d'un seul châssis, en mars,
pour semer et élever tout le plant de melon dont on a
besoin. On sèmera comme je l'ai indiqué pages 813 et

suivantes, et l'on donnera aux plants les mêmes soins que pour les melons de primeur.

La première taille sera appliquée sous châssis. Quelques jours après la première taille, on montera une couche sourde pour mettre les melons en place, sous cloche. On emploiera des cloches à boutons (fig. 162); elles sont peu élevées, larges à la base

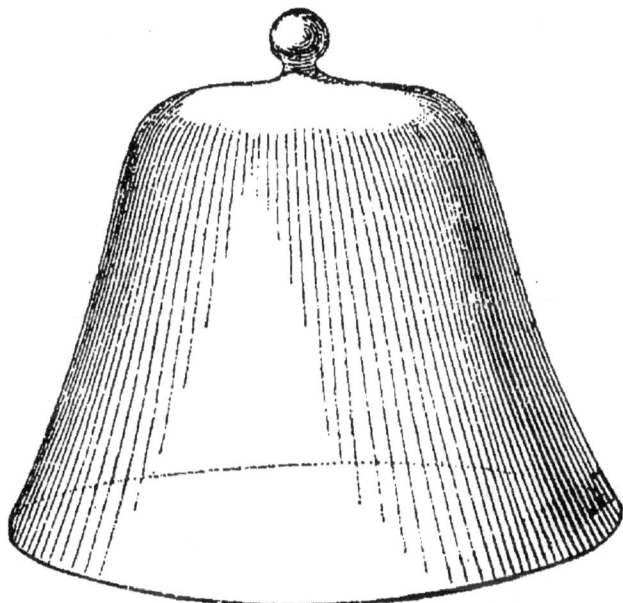

Fig. 162. — Cloches à bouton.

très favorables à la culture du melon et faciles à manier ; ces cloches, des plus avantageuses pour la culture, ne coûtent guère plus cher que les autres, de 1 franc à 1 fr. 25 cent.

Lorsque la couche sourde entrera en fermentation, cinq à six jours après être montée, on opérera la transplantation, avec tous les soins indiqués pages 822 et suvantes. Les bras de melons commenceront à pusoscr, comme on le voit en B (fig. 163).

On conservera les trois pieds les plus forts et les
plus avancés, pour placer sous le châssis qui a servi
à élever le tout, et les autres seront mis en place sur
la couche sourde, à la distance de 70 à 80 centimètres.

On arrosera légèrement après la plantation pour
souder la motte au terreau de la couche, et l'on posera
sur chaque pied de melon une cloche, sur le sommet
de laquelle on appuiera, pour la faire entrer de 5 millimètres dans le terreau de la couche, afin d'intercep-
ter l'air.

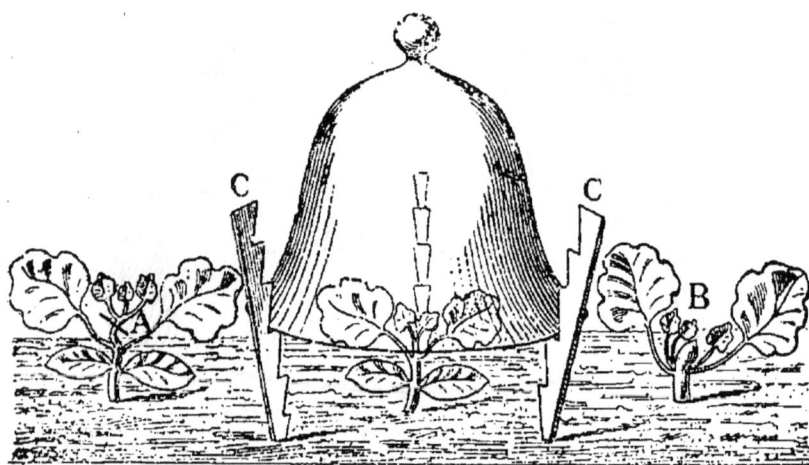

Fig. 163. — Première taille du melon.

Cette précaution est utile pour assurer la reprise ;
dans le cas où quelques racines auraient été à découvert, un instant après le mal serait réparé par la privation d'air pendant trois ou quatre jours. Quand le
soleil est persistant, on ombre avec une toile.

Vers le cinquième jour, on donne un peu d'air, en

plaçant une crémaillère ou même une pierre sous le bord de la cloche : si rien ne fane, la reprise est opérée ; on augmente progressivement la dose d'air chaque jour, et enfin on place trois crémaillères aux cloches, pour aérer complètement pendant le jour, comme on le voit en C (fig. 163).

Si quelques pieds fanaient un peu au contact de l'air, il faudrait les arroser légèrement, et remettre les cloches dessus pendant trois ou quatre jours encore.

Quand la reprise de tous les pieds est bien opérée, on bine la couche avec un sarcloir; on rechausse encore un peu les pieds de melons ; on paille soigneusement la couche, et l'on distribue les crémaillères à chaque cloche. Il n'y a plus qu'à donner plus ou moins d'air suivant la température, et à ombrer selon l'ardeur du soleil.

On arrose le paillis en plein aussitôt qu'il est placé, et de manière à bien le mouiller. Cette opération contribue puissamment à maintenir la chaleur sous les cloches, et l'humidité aux racines. On arrose ensuite légèrement de temps en temps pour conserver le paillis frais.

Dans le cas où il viendrait une petite gelée après la mise en place des melons sous cloches, il serait facile de les en préserver, en plaçant, sur toute la couche, du fumier humecté entre les cloches, et à la moitié de leur hauteur. Un paillasson placé dessus, pendant la nuit, peut, avec le fumier, garantir les melons d'une petite gelée. J'indique ce procédé, bien que l'on soit rarement obligé d'y avoir recours.

Les cloches doivent toujours être très propres, **et**
jamais barbouillées de blanc. Le blanc intercepte **la**
lumière, premier élément indispensable aux melons,
surtout à mes deux variétés, *qui aiment la lumière*.
Quand le soleil est très ardent, on ombre, avec une
toile à abris, posée sur les cloches ; la lumière pénètre ; on est à l'abri des coups de soleil, et la végétation comme la fécondation s'accomplissent dans les
meilleures conditions.

Tant que les melons peuvent tenir sous les cloches,
on les y enferme tous les soirs, non pas à la nuit,
quand le froid est venu, mais deux heures avant le
coucher du soleil, afin de bien chauffer les cloches
avec ses derniers rayons, et d'amasser une provision
de chaleur pour la nuit.

Le matin, on donne un peu d'air seulement, et on
laisse les premiers rayons du soleil échauffer les
cloches. Quand le soleil devient ardent, on se sert des
crémaillères, et des toiles au besoin.

Toutes les fois que la température atteint 20 degrés
de onze heures à trois heures, on enlève complètement les cloches, et on laisse les melons à l'air et au
soleil, quand toutefois il ne fait pas de vent. Cela
scandalise les barbouilleurs de cloches, mais je puis
leur affirmer qu'ils n'auront jamais d'aussi bons
melons qu'en opérant ainsi.

Dès que les bras des melons s'allongent, on les
dirige en travers de la couche, l'un en avant, l'autre
en arrière ; on applique les tailles indiquées pages 823
et suivantes, et l'on étale bien les ramifications laté-

rales en les faisant pénétrer les unes entre les autres, comme l'indique la figure 164.

Quand les bras sont trop longs pour tenir sous les cloches, et que les dernières nuits fraîches nous obligent à les placer sur les melons, on pose la cloche sur le premier cran de la crémaillère, c'est-à-dire à un ou deux centimètres du sol, pour éviter d'écraser

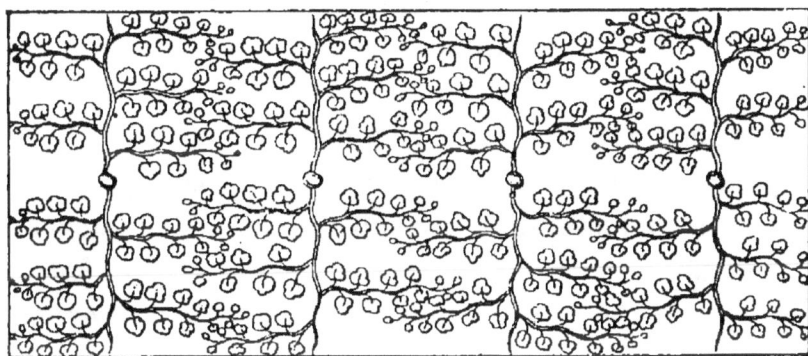

Fig. 164. — Dispositions des bras des melons.

les bras avec les bords de la cloche, et l'on appuie de chaque côté un paillasson sur la rangée de cloches.

Le *melon Gressent* et le *cantaloup superfin Gressent* sont les variétés par excellence pour faire des melons de saison. Toutes choses égales d'ailleurs, le melon *Gressent* donnera toujours ses fruits de quinze jours à trois semaines plus tôt que le *cantaloup superfin;* il est un peu plus petit, mais excellent, très précoce et d'une fertilité prodigieuse. A la rigueur, on peut lui donner trois bras sur couche tiède, sourde, sur poquets et en pleine terre, mais sous cloche seulement, jamais sous châssis.

Dans ce cas, on plante le *melon Gressent* à la distance de 80 centimètres, on étend deux bras de chaque côté de la couche, et le troisième au milieu.

Les tailles doivent être opérées au fur et à mesure de l'élongation des bras, et les ramifications trop nombreuses enlevées dès qu'elles apparaîtront. On suivra à la lettre les suppressions et les tailles indiquées pages 823 et suivantes. En opérant ainsi, on n'aura jamais de fouillis, écueil de tous les débutants, et l'on y verra toujours clair dans ses melons.

Les fruits choisis, on supprime ceux qui sont trop nombreux, et l'on taille comme je l'ai indiqué page 823 pour les faire grossir rapidement. On place une petite planche sous chacun quand il commence à grossir.

Les melons de cloches sont bien moins exposés aux accidents que ceux de châssis : la saison dans laquelle on les cultive est plus tempérée. Le plus important est de les préserver de la grêle et des grandes pluies, ce dont on n'a pas à se préoccuper dans la culture sous châssis.

La grêle est très dangereuse pour le melon ; dix minutes de grêle suffisent pour exposer la plus belle melonnière. Lorsque le temps est à l'orage, il faut toujours avoir une provision de paillassons à côté des couches à melons, pour les couvrir dès que la grêle tombe, et avant si l'on peut, car chaque grain de grêle produit une tache noire qui détermine presque toujours la décomposition du fruit et de la feuille comme de la tige.

Les pluies continuelles sont également à redouter ;

la surabondance d'humidité fait naître des chancres
sur le collet, et détruit la plante en peu de temps.
Dès qu'un chancre apparaît, il faut le convertir en
plaie, enlever toute la partie malade avec un instrument bien tranchant, et cautériser avec un peu de
cendre ou de plâtre en poudre. Quand il pleut plusieurs jours de suite, et même toute une journée, on
évite l'humidité surabondante et les chancres, en
posant les cloches assez haut sur les crémaillères, de
manière à laisser circuler l'air, tout en abritant les
pieds de melons de la pluie.

Quand on veut avancer un melon, on pose une
cloche dessus pendant la nuit, et pendant le jour on
la suspend au-dessus avec des crémaillères, quand le
soleil n'est pas trop ardent.

Les melons, tout en demandant une somme de
chaleur élevée, sont assez sujets aux coups de soleil.
Il est prudent de les maintenir ombragés par les
feuilles pendant tout le temps de leur accroissement :
c'est le meilleur moyen de les obtenir beaux et bons.
Les coups de soleil sont encore à redouter après
quelques jours d'orage, de temps sombre, suivis
d'une grande chaleur et d'un soleil ardent. Il faut,
dans ce cas, si les melons sont trop gros pour rester
cachés sous les feuilles, abriter le côté exposé au soleil
avec une feuille de chou pendant trois ou quatre
jours ; c'est la meilleure couverture.

La culture du melon de saison, telle que je viens de
l'indiquer, est facile sur couche sourde, sous cloche,
et même sur poquets. Elle donnera des fruits excel-

lents de juin à septembre. On peut obtenir des melons aussi bons que sur couches chaudes, tièdes et
sourdes sous châssis et sous cloches, sur poquets et
en pleine terre, sous abris économiques, mais plus
tard. C'est la culture d'arrière-saison, celle des melons mûrissant en août, septembre et octobre.

MELONS D'ARRIÈRE-SAISON

J'ai écrit dans la seconde édition de ce livre, en
1867, « que j'avais l'espérance de voir la culture du
melon introduite bientôt dans le plus humble village,
et exécuté avec succès par les curés, les instituteurs,
et même les paysans : rien n'est plus facile, en ne
cultivant que les melons d'arrière-saison, que l'introduction de cette culture qui serait des plus profitables, non seulement pour l'agrément ou le bénéfice
qu'elle donnerait par elle-même, mais encore par la
richesse d'engrais qu'elle créerait forcément.

« La cause la plus infime en apparence engendre
quelquefois les plus grands effets. Le jour où l'emploi des couches, quelque modestes qu'elles soient,
sera popularisé, une multitude de substances précieuses pour l'agriculture, perdues presque partout,
seront soigneusement recueillies. Elles seront ramassées parce que le paysan, forcément économe, trouvera dans leur emploi un léger bénéfice dans la vente
de quelques melons. Les détritus des couches produiront une foule de légumes qui apporteront encore au
paysan un petit bénéfice en argent et un bien-être no-

table dans son ménage. Le champ cultivé en légumes, fumé au maximum avec les débris des couches et les matières herbacées ramassées partout, produira un blé qui fera la richesse du cultivateur, et ensuite des trèfles et des luzernes qui payeront dix fois la rente de la terre en lait, en beurre et en lard.

« Dix melons portés au marché feront une petite fortune au paysan. Ce n'est pas la valeur de dix melons qui augmentera beaucoup son pécule ; mais c'est la perspective d'une somme minime qui lui aura fait ramasser avec soin toutes les substances fertilisantes qu'il avait laissées perdre jusqu'à ce jour, et la fabrique d'engrais, établie d'abord sur une petite échelle, grandissant chaque jour, lui fournira bientôt des légumes, du pain, du lait, du beurre et de la viande, sans qu'il s'en doute. »

Ce que j'espérais alors s'est réalisé en grande partie. Non seulement un grand nombre de curés et d'instituteurs ont fait une quantité d'excellents melons pour ainsi dire avec rien, grâce à mes indications et à mes deux variétés ; mais encore, dans plusieurs contrées, les paysans ont retiré un bénéfice élevé de cette culture, à la plus grande satisfaction des habitants, qui avaient toujours été privés de melons.

L'impulsion est donnée ; elle sera bientôt générale avec les nouvelles indications du *Potager moderne*, et pour peu que le clergé et les instituteurs primaires secondent encore mes efforts pendant quelques années.

Pour accélérer et rendre encore les choses plus

faciles, j'apporte une simplification à mes émules :
.LA CULTURE DES MELONS EN PLEINE TERRE.

Il nous faudrait deux ou trois cloches en verre pour
élever les melons d'arrière-saison à cultiver sur poquets
ou en pleine terre. A défaut de cloches, nous monterons un châssis économique qui les remplacera
parfaitement.

Quatre planches de bois blancs pour faire le coffre,
quatre tringles entaillées à mi-bois (A, fig. 165) et

Fig. 165. — Tringle.

clouées à chaque angle pour faire le cadre du châssis
(fig. 166), avec un morceau d'étoffe blanche pour le

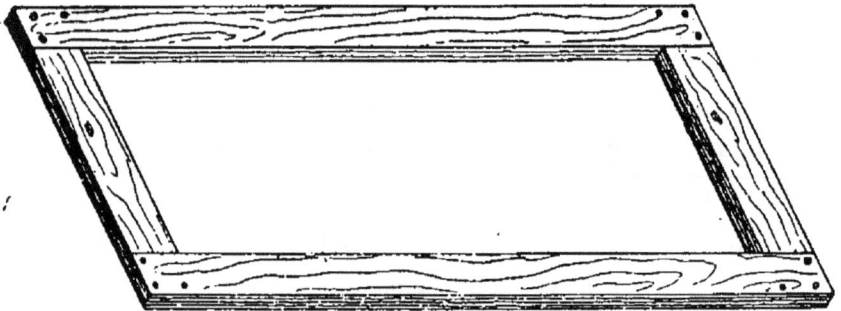

Fig. 166. — Cadre de châssis.

recouvrir, sont tout ce qu'il nous faut pour élever
notre plant.

Quelques cloches économiques avec carcasse en fil
de fer recouverte d'étoffe (fig. 167) seront suffisantes
pour abriter nos melons lorsqu'ils seront mis en

place. (Voir pages 199 et suivantes pour la fabrication des cloches économiques.)

Si nous avons trois ou quatre cloches en verre, on
montera une petite couche
chaude de 1ᵐ,20 centimè-
tres carrés ; on la couvrira
de 20 centimètres au
moins de terreau mélangé
avec moitié de terre, et à
défaut de terreau, avec un
mélange de moitié crottin
de cheval et moitié terre.

Cela fait, nous poserons
nos cloches sur le terreau,
et les couvrirons à moitié
de leur hauteur avec du

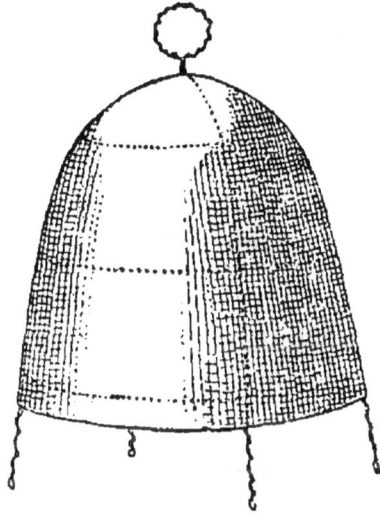

Fig. 167. — Cloche économique.

fumier humecté placé tout autour, entre et sur les
bords de la couche.

Nous attendrons quelques jours que la fermentation
se développe, et vers la fin de mars ou les premiers
jours d'avril nous sèmerons dix graines de *melon
Gressent* ou de *cantaloup superfin Gressent*, à égale
distance, et une à une sous chaque cloche.

On couvrira la nuit avec un paillasson et l'on donnera au plant tous les soins indiqués pages 813 et
suivantes.

Pour le châssis économique, nous ferons une
couche tiède, comme il est dit pages 174 et suivantes,
et sèmerons sous ce châssis les mêmes melons, du
15 mars au 15 avril, et les élèverons de même.

On mettra pendant la nuit deux paillassons sur le châssis économique, afin de préserver les melons du froid; on les enlèvera le jour, quand il fera du soleil, afin d'éclairer le plus possible, et l'on profitera des instants doux et de soleil pour donner un peu d'air.

Lorsque nos melons auront reçu la première taille sous châssis et sous cloches, nous établirons aussitôt des couches sourdes ou des poquets sur lesquels nous les mettrons en place, aux mêmes distances que les melons de saison. (Voir pages 836 et suivantes.)

La déplantation devra être faite comme je l'ai indiqué pages 813 et suivantes, et avec d'autant plus de soins que nous n'avons que nos cloches économiques pour les recouvrir. Il faut que la reprise soit immédiate, ce qui aura lieu si la plantation est bien faite et surtout faite à temps. Dans ce cas, les secondes racines se développent aussitôt, et les melons poussent avec vigueur.

On pose les cloches et on les laisse sur les melons cinq ou six jours; vers le septième jour, on commence à donner de l'air et de la lumière progressivement, pour mettre les melons en état de supporter le soleil au premier beau jour.

Une fois le mois de juin venu, les cloches sont inutiles pour le *melon Gressent* et le *cantaloup superfin*.

On peut les laisser nuit et jour à l'air libre et se contenter de leur donner les soins de taille et d'arrosage qui sont les mêmes que pour les melons de primeur et de saison.

Toutes les fois que l'on aura assez de fumier,
d'herbes ou de matières fermentescibles quelconques,
on aura bénéfice à établir des couches sourdes ou
même des poquets qui donneront des terreaux précieux pour les cultures de l'année suivante. (Voir au
chapitre *Couches*, pages 168 et suivantes.)

Quand le fumier ou les herbes, etc., manqueront
pour faire des couches, on mettra les melons en
place en pleine terre.

MELONS DE PLEINE TERRE

Pour cette culture, comme pour la précédente, on
sèmera et élèvera les melons, jusqu'à la première
taille, sous cloches en verre ou sous châssis économiques, et même *sous cloches économiques*, comme
je viens de l'indiquer.

Le moment de la mise en place venu, on creusera
une tranchée de 10 centimètres de profondeur sur
une largeur de 70 à 80 centimètres, et d'une longueur proportionnée à la quantité de pieds de melons à planter. La terre provenant de la tranchée
sera purgée de pierres et de racines et sera mise en
réserve le long de la tranchée.

Cela fait, nous remplirons le vide de fumier comme
nous l'aurons. Celui d'écurie serait préférable, mais,
à son défaut, nous emploierons ce que nous aurons, même des composts, si nous n'avons rien de
mieux.

Le fumier placé également dans la tranchée, nous

le mouillerons, s'il est sec, et le recouvrirons de deux
manières :

1° Avec la terre extraite de la tranchée, mêlée avec
un tiers de terreau ;

2° A défaut de terreau, avec une quantité de crottin de cheval bien émietté, égale à la terre.

Nous unirons parfaitement le dessus du terreau ou
de la terre et y mettrons nos melons en place, aux
distances indiquées pages 836 et suivantes, et leur
appliquerons la même taille et les mêmes soins
qu'aux melons de primeur et de saison.

Dans tous les cas, les couches sourdes, comme la
terre mélangée de terreau ou de crottin de cheval,
doivent être bien paillées en plein ; et pour ces cultures comme pour les autres, il ne faut pas omettre
de placer des planches sous les melons.

On obtiendra, en procédant ainsi, d'excellents melons en pleine terre vers les mois d'août et de septembre. Je dis en pleine terre, parce que nous n'avons
employé qu'une fumure ordinaire qui sera enlevée et
mélangée, après la récolte des melons, avec la terre
mélangée de terreau, pour augmenter les terreaux
pour l'année suivante.

Les melons n'ont plus besoin de chaleur sous les
racines passé le mois de mai ; on les préserve avec
les abris, même avec les cloches économiques, et on
peut les chauffer assez avec le soleil. Un bon fond
leur est seul nécessaire ; nous le leur donnons avec
une fumure placée au fond de la tranchée et non mélangée avec le sol.

Je ne mélange pas le fumier placé au fond de la tranchée pour qu'il se convertisse vite en terreau et reste à la disposition des racines des melons. Le terreau est essentiel à la qualité du melon.

Les expériences auxquelles je me suis livré m'ont prouvé que *la culture du melon en pleine terre*, comme je viens de l'indiquer, pouvait être tentée partout et faite avec succès, même dans le Nord de la France.

Cette culture, malgré de légers soins, laisse bien loin derrière nous les antiques cultures de melons, comme ses complications et ses difficultés. Elle rend la culture du melon, celle des meilleures variétés, facile, sans dépense, sans plus d'engrais que des choux, et apportera bientôt, j'en suis convaincu, une nouvelle richesse dans tous les villages.

Au besoin, lorsque le fumier et le terreau manquent, on peut encore obtenir d'excellents melons en labourant tout simplement une plate-bande du carré D, épuisée de fumier. On fait tous les 60 ou 70 centimètres un trou de 40 centimètres cubes, que l'on remplit de terre mélangée avec moitié terreau, pour planter le pied de melon, en motte, au milieu.

On paille ensuite toute la planche et l'on obtient encore d'excellents melons, sans dépense aucune et sans autres soins que la taille déjà indiquée.

Disons, avant de terminer, que les arrosements à l'engrais liquide sont des plus profitables aux melons, surtout pendant les grandes chaleurs, et ces arrosements donneront des résultats meilleurs encore quand on aspergera les feuilles, le soir, avec de l'eau pure à la température de l'atmosphère.

Il ne faut jamais mouiller les feuilles avec de l'engrais liquide.

Les melons sont atteints par plusieurs maladies et attaqués par plusieurs insectes : les chancres, la lèpre, la rouille ; les vers blancs et les courtilières compromettent quelquefois leur existence. (Voir à la septième partie, *Maladies et Insectes*, pour les moyens de guérison et de destruction.)

MELON VERT GRIMPANT

Le melon vert grimpant demande une culture toute spéciale, culture facile et à la portée de tous. Il est rustique, passable de qualité, malgré son petit volume, mais n'approche pas de la finesse de mes deux variétés ni de celle des autres cantaloups ; il vient partout ; on peut donc l'essayer dans tous les jardins.

Des petits livres spéciaux ont été écrits sur la culture du melon grimpant ; ils traitent de tous les modes de culture, même des malencontreuses buttes Loisel. Résumé : « Faites ceci, cela ou toute autre chose, comme il vous plaira, pour cultiver le melon grimpant. »

C'est une manière d'enseigner qui ne compromet jamais l'orateur ou l'écrivain, mais plus qu'insuffisante pour guider les personnes qui veulent essayer. Allons donc droit au but.

On sème le melon vert grimpant du 15 mars au

15 avril, sur couche tiède et sous châssis, et au besoin sur couche sourde et sous cloche, pour le mettre en place du 15 mai au 10 juin.

Le melon vert grimpant atteint une hauteur de 3 à 4 mètres. On peut le cultiver indifféremment à l'espalier ou en plein vent. L'espalier lui est favorable sous les climats du Nord, et dans les années froides et humides.

Pour l'espalier, on fait contre le mur des poquets distants de 80 centimètres entre eux. On met les melons en place au milieu des poquets, avec les soins indiqués pages 813 et suivantes, et on les couvre avec une cloche tant que la température reste froide. Aussitôt que les gelées ne sont plus à craindre, à partir du 25 mai, on laisse le melon vert grimpant à l'air libre.

Aussitôt après la confection des poquets, on enfonce solidement en terre, et à la même hauteur, 25 centimètres environ, des piquets à la distance de 2 mètres, tout le long de la plantation, entre les poquets. On cloue une tringle ou une latte de sciage sur ces piquets, de manière à ce que la tringle soit au milieu des poquets dans toute la longueur de la plantation.

Ensuite on enfonce sur cette tringle, tous les 30 centimètres, une pointe à crochet, dans laquelle on passe un fil de fer ou une ficelle, que l'on fixe de l'autre bout, en haut du mur, avec un clou.

Les melons montent, s'attachent aux fils de fer ou aux ficelles, couvrent le mur et fructifient sans autre soin que celui de cueillir les fruits.

Pour les cultures de plein vent, faire au milieu d'une

planche de poquets à la distance de 80 centimètres, et mettre les melons en place au centre, comme pour la culture d'espalier.

Aussitôt après la plantation, on établira une palissade, comme celle que j'ai indiquée pour l'espalier, au pied des melons, où l'on mettra simplement des rames de 2 mètres de hauteur au moins. Ces rames devront être ramifiées et même reliées entre elles par des gaulettes transversales, pour leur donner plus de solidité, et favoriser le développement des melons.

Ni taille, ni pincements ; laisser tout pousser en liberté ; laisser tous les fruits, les cueillir et les manger si on les aime.

NAVETS

C'est un des légumes le plus employés dans les usages culinaires, et auquel on accorde en général le moins de soins : c'est à peine si les praticiens daignent faire un effort pour en alimenter la cuisine.

On peut récolter ou au moins avoir de bons navets en toutes saisons en choisissant bien les variétés. Les préférables sont :

BLANC PLAT HATIF. — Tendre, rond, excellent de qualité et le plus précoce de tous. Il est des plus précieux pour les premiers semis, en ce qu'il donne des navets en quelques semaines. Semer en avril et mai dans le carré D, de juin à octobre dans le carré B.

DEMI-LONG DES VERTUS (race Marteau). — Tendre, blanc ; très belle et très bonne variété hâtive, et se conservant bien. Semer dans le carré B, de mai à octobre.

GRIS DE MORIGNY. — Tendre, gris, de qualité supérieure, un peu hâtif. Semer de juin à septembre dans le carré B.

Ce navet est très rustique et peut à la rigueur se conserver pendant l'hiver, en pleine terre, sous une couverture de fumier ou de litière.

DE FRENEUSE. — Le meilleur des navets, sec, blanc de qualité supérieure, et ayant l'avantage de bien venir dans les sols les plus médiocres. Semer comme le précédent.

DE MEAUX. — Demi-sec, blanc, bon de qualité, des plus rustiques, de bonne garde et ayant l'avantage de venir à peu près partout. Semer en juillet et août.

BOULE D'OR. — Demi-sec, jaune foncé, de qualité excellente, et venant partout. Mêmes époques de semis.

JAUNE DE HOLLANDE. — Chair jaune, tendre, de qualité supérieure et de longue garde. C'est une excellente variété de fond pour conserver pendant l'hiver. Mêmes époques de semis.

JAUNE LONG. — Sec, jaune, très long. Bon de qualité et de très longue garde. Semer en juin, juillet et août.

JAUNE DE MONTMAGNY. — Jaune, à collet rouge, gros, bon, précoce, excellent et très productif. Cette variété trop peu connue est appelée à rendre les plus grands services dans tous les potagers. Semer en août et septembre.

COLLET VIOLET. — Tendre, blanc, à collet violet, très gros, hâtif et des plus productifs. Semer en juillet, août et septembre.

NAVET DU LIMOUSIN. — Blanc, très gros, et le plus productif de tous. C'est un navet précieux en grande culture, mais dont la place n'est pas dans les potagers. Tardif, et venant bien sous les climats froids et humides. Semer en juin et juillet.

NAVET GROS LONG D'ALSACE. — Gros, long, sortant de terre, chair blanche. C'est une des variétés les plus productives de grande culture. Semer en juin et juillet.

Nous pourrons aussi semer pour la grande culture les trois variétés suivantes : *Navet-rave d'Auvergne*, *Navet Turneps* et *Navet gros de Norfolk*, d'excellente qualité et de grand rapport. Mêmes époques de semis.

Le navet demande une terre de consistance moyenne un peu substantielle, et des engrais entièrement décomposés. Sa place est dans le carré B, pour les semis de saison (juillet, août et septembre), et dans le carré D, pour les semis hâtifs, ceux d'avril, mai et juin. Ils sont moins exposés à monter dans une terre épuisée d'engrais.

On sème habituellement les navets de saison dans le carré B, du 15 juin à la fin d'août, en échelonnant l'époque des semis de manière à récolter constamment.

Les semis de navets hâtifs se feront dans le carré D, du 15 mars au 15 mai. Ces semis réussissent assez souvent dans un sol peu ou point fumé, en employant de la graine un peu vieille et en ne semant que des navets tendres. Le *blanc plat hâtif*, le *navet à collet violet* et le *navet des Vertus* sont les meilleurs pour cet emploi.

On sème les navets en planches, à la volée. La

feuille du navet étant très grande, contrairement aux
autres légumes, il s'arrange mieux du semis à la volée
que de celui en lignes. La graine est très petite ; il est
bon de la mêler avec un tiers ou moitié de terre pour
éviter de semer trop dru, et même en prenant cette précaution on en sème encore trop épais. Après le semis,
on couvre la planche d'un peu de terreau, on sarcle,
et l'on éclaircit aussitôt que les navets ont deux feuilles.

Tous les navets semés dans l'été demandent de fréquents arrosements ; quand ils manquent d'eau par la
chaleur, ils montent en graines sans former de racines.

On peut semer des navets dans le carré B, après
une récolte de carottes hâtives, des salades, etc., et
dans le carré D, dans les planches qui ont servi à
faire des pépinières de légumes.

Les navets d'été sont attaqués avec fureur par l'*altise ;* le meilleur moyen de s'en débarrasser est d'arroser copieusement en plein soleil, de jeter sur toute
la planche beaucoup d'eau et très vivement ; on les
noie presque toutes.

On choisit les plus belles racines pour porte-
graines, et on les plante dans le carré D, où elles ne
demandent d'autres soins que les binages et la suppression des ramifications faibles.

OIGNONS

L'oignon aime une terre un peu substantielle, plutôt
légère que forte, et redoute par-dessus tout les fumures fraîches. En conséquence, nous le cultiverons

dans le carré B du potager, où il donnera les meilleurs résultats.

Les meilleures variétés sont :

BLANC HATIF DE VALENCE. — Blanc, un peu doux, très bon, moyen gros, et gros, quand on le laisse venir à maturité. Cette variété, semée en août et repiquée en planches avant l'hiver, donne en mars et avril d'excellents oignons, au moment où tous les autres poussent, et ne valent plus rien.

BLANC HATIF DE PARIS ET BLANC HATIF DE VAUGIRARD. — Excellentes variété, de même qualité que le précédent, mais beaucoup plus hâtif. Même culture.

L'oignon blanc hâtif rend les plus grands services chez toutes les personnes qui peuvent se *décider* à le semer en août. On peut, il est vrai, le semer au printemps, à la volée et très épais, pour obtenir des oignons gros comme des noisettes, pour confire avec des cornichons. C'est la seule variété assez douce et assez tendre pour cet emploi. Semé au printemps, il ne peut servir qu'à confire, en ce qu'il ne mûrit pas beaucoup plus vite que les autres. Semer en août, pour faire des oignons pour la cuisine, en mars et avril, quand on n'en trouve plus, et au printemps pour confire seulement.

JAUNE DES VERTUS. — Jaune, parfait de qualité et de très longue garde. C'est l'oignon par excellence pour les semis de saison ; le produit en est considérable et assez précoce. Semer de janvier à mai.

JAUNE DE CAMBRAI. — Jaune, gros, bon de qualité et ayant l'avantage de venir dans les terres un peu fortes, où le précédent ne réussit pas toujours bien. Semer en février et mars.

ROUGE MONSTRE. — Enorme, pouvant couvrir le fond d'une assiette ; mais, pour qu'il atteigne ce volume, il faut le semer en janvier sous châssis pour le repiquer en pleine terre en avril. A cultiver partout.

ROUGE PALE DE NIORT. — Rouge très clair, bon, de longue garde et venant à peu près dans tous les sols où les oignons jaunes ne réussissent pas. Semer en février et mars.

JAUNE GÉANT DE ZITTAU. — Énorme, peau lisse, couleur saumonée, tenant le milieu entre les oignons jaune et rouge pâle. Bon de qualité, de longue garde et réussissant parfaitement dans les terres un peu légères. Semer en février.

Cette magnifique variété rendra les plus grands services à la grande culture, et surtout à la petite, où elle sera toujours recherchée sur les marchés à cause de son volume.

JAUNE PLAT DE VILLEFRANCHE. — Variété de grosseur moyenne rose jaunâtre précoce, bon de qualité et de bonne garde. A cultiver partout.

JAUNE DE MULHOUSE. — Graine à semer très épais pour récolter des oignons gros comme une noisette que l'on repique (voir ci-dessous).

OIGNON DE MULHOUSE. — Petits oignons jaunes à repiquer au printemps, pour obtenir vite et à coup sûr de très gros oignons. Les oignons à repiquer rendent les plus grands services à la grande culture, aux établissements ayant un nombreux personnel, et à la

petite culture, qui les porte sur le marché, où ils sont
très recherchés par les charcutiers et les petits restaurateurs.

Mulhouse a la spécialité de la culture de ces petits
oignons, et les livre dans des conditions qu'il est difficile de réaliser ailleurs. Ces petits oignons sont
envoyés dans le monde entier pendant l'hiver et se
repiquent au printemps. Voici comment on opère:

Vers le mois de mars, on laboure profondément une
planche du carré B du potager; on la dresse, et ensuite on trace avec le rayonneur des lignes distantes de
15 centimètres, puis on repique les petits oignons sur
ces lignes, à la distance de 15 à 16 centimètres entre eux.

Il n'y a d'autres soins à donner à ces plantations
qu'un sarclage au sarcloir, très vite opéré, et ensuite
un ou deux légers binages avec la petite cerfouette
quand le sol se durcit ou se couvre d'herbes.

Cette culture est des plus simples et des plus productives, elle réussit toujours, donne des produits
assurés avec peu de main-d'œuvre.

On cultive l'oignon de deux manières : par le semis
sur place et par repiquage. Toutes les variétés de
saison se sèment sur place à la volée ou en lignes.
Le repiquage ne s'emploie guère que pour l'oignon blanc, l'oignon rouge monstre et les petits
oignons de Mulhouse ; cependant il peut rendre d'assez grands services quand on veut obtenir de très
gros oignons, ce qui est souvent précieux dans les
fermes, les hôpitaux, les communautés et pour le
marché, etc.

L'*oignon blanc hâtif* se sème clair et à la volée dans une planche du carré D, vers le 15 août, pour repiquer en place en octobre et dans les premiers jours de novembre. Il est urgent de le repiquer en place avant l'hiver, pour avoir des oignons en mars, avril et mai ; quand on ne repique qu'au printemps, la récolte est retardée de plus d'un mois.

Le semis un peu clair, par la chaleur, contribue à faire tourner l'oignon blanc ; il a *bon pied* quand on le repique, et quand le repiquage est fait avant l'hiver on récolte des oignons vers le mois d'avril, au moment où l'on en manque totalement.

L'oignon blanc ne gèle pas ; il passe l'hiver en pleine terre sans couverture ; il n'éprouve pas le moindre dommage, et pousse avec vigueur aussitôt que le beau temps revient.

On est toujours assuré d'avoir des oignons excellents au printemps, avec l'oignon blanc hâtif, mais à la condition de les semer en août, et de les repiquer en place avant l'hiver.

Au mois d'octobre, on contre-plante l'oignon blanc dans les planches de fraisiers qui viennent d'être plantées dans le carré A, carré qui, au printemps, prendra la lettre B.

L'*oignon blanc hâtif* est le meilleur pour confire comme les cornichons ; il n'est pas fort, et de plus il est très tendre. Pour cet usage, on le sème en mars, à la volée, dans une planche du carré B, très dru, pour le récolter petit.

C'est le seul cas dans lequel il peut être semé au printemps.

Quand on a besoin d'une assez grande quantité de très gros oignons, on sème en mai, en planches à la volée, et excessivement épais, l'*oignon rouge pâl e* et *jaune des Vertus*, dans le carré B. On sème assez serré pour ne récolter que des oignons à peine gros comme une noisette. Ces oignons sont mûrs en septembre ; on les arrache, et, lorsqu'ils sont secs, on les conserve au grenier pour les repiquer en février ou mars de l'année suivante dans le carré B.

On fait ce repiquage en planches, sur des lignes distantes de 15 centimètres, et l'on repique les oignons à 10 centimètres de distance entre eux. Vers le mois de juillet, on récolte de très gros oignons.

Si l'on veut obtenir des phénomènes en fait d'oignons, il faut semer l'*oignon rouge monstre* sous châssis, en janvier, pour le repiquer en mars ou avril, à 30 centimètres de distance en tous sens dans le carré B.

L'*oignon rouge monstre* traité ainsi acquiert un volume extraordinaire : il couvre le fond d'une assiette. Ajoutons que cet oignon est excellent, pour répondre tout de suite à la question d'usage, quand on voit dans mes jardins des produits hors ligne : *Est-ce que c'est bon ?*

On n'obtiendra ce résultat, non pas sur quelques oignons, mais sur tous, qu'en semant sous châssis en janvier, comme je l'ai dit, et non en pleine terre en février, mars et même avril. Dans ce cas, l'oignon n'a pas le temps de se développer, et l'on récoltera des gros oignons, rien de plus.

Toutes les variétés de saison, l'*oignon jaune des Vertus*, etc., se sèment en planches, en lignes distantes de 20 centimètres, en février et mars. Mieux vaut en février: la récolte est faite un peu plus tôt; la terre, débarrassée en juillet, peut donner encore deux récoltes avant la fin de la saison.

Il faudra bien se garder de piétiner les planches d'oignons, sous prétexte de les faire devenir ronds. Cette opération, léguée par la routine la plus aveugle, née d'une absence totale de raisonnement, est des plus préjudiciables à la culture de l'oignon.

Les planches d'oignon devant recevoir plusieurs arrosements, on établira, avant de semer, un rebord tout autour des planches, pour retenir l'eau des arrosements, on sèmera ensuite, et on recouvrira la graine d'un centimètre de terreau de couche.

Il faudra arroser jusqu'à la levée, si le temps est sec, et opérer un premier sarclage au sarcloir, et à la main, aussitôt que les mauvaises herbes paraîtront. On arrose de temps à autre, pour maintenir le sol frais, jusqu'à ce que l'oignon ait acquis une certaine force; on donne un second sarclage et même un troisième, si cela est utile, et l'on suspend les arrosements, qui, s'ils étaient trop fréquents, empêcheraient les oignons de *tourner*.

Ces deux derniers sarclages ne sont presque rien à faire; on bine entre les lignes avec la petite cerfouette (fig. 168), et il reste à peine quelques herbes à arracher à la main ; l'oignon gagne énormément en précocité et en volume à ces deux dernières façons.

On éclaircit les oignons en les sarclant, et on les laisse plus ou moins drus, suivant que l'on veut avoir des oignons gros ou petits.

Fig. 168. — Petite cerfouette.

Lorsque les oignons ont acquis tout leur développement, on abat les tiges à leur naissance ; il ne faut pas les couper, mais les meurtrir, et les coucher avec le dos d'un râteau, pour hâter la maturation de la bulbe. Quand on a peu d'oignons, on peut tordre les tiges avec la main, mais le dos du râteau est plus expéditif.

Aussitôt que les tiges sont entièrement fanées, on arrache les oignons. Il faut toujours choisir un temps très sec pour cette opération. On les laisse exposés au soleil pendant quatre ou cinq jours, dans une allée, et ensuite on les rentre dans un grenier très sec, et à l'approche des froids on les couvre avec de la paille pour les préserver de la gelée.

On peut semer des carottes hâtives, suivies d'un semis de mâches, après la récolte des premiers oignons, ou trois récoltes de salades, à l'aide des contre-plantations.

On choisit pour porte-graines les oignons les plus beaux et les mieux faits, pour les planter dans le carré

D. Aussitôt que les tiges auront 50 à 60 centimètres de hauteur, il faudra les attacher sur des tuteurs, pour éviter de perdre la graine et les empêcher d'être brisées par le vent.

Quand la graine est noire, on coupe les têtes des porte-graines, en leur laissant 20 à 25 centimètres de tige, afin de les suspendre dans un endroit sec et aéré, où la maturation de la graine s'achèvera ; on bat la graine, et on la conserve dans des sacs en toile.

OSEILLE

L'oseille est indispensable dans tous les jardins ; chaque maison l'emploie en plus ou moins grande qnantité ; on doit en avoir toute l'année. Rien de plus facile en suivant les indications ci-dessous, et en cultivant les variétés suivantes :

OSEILLE DE BELLEVILLE. — Très rustique, des plus productives, feuilles larges, un peu acides. C'est la plus cultivée aux environs de Paris et la seule qui alimente la halle. Semer en août, et en mars et avril.

A FEUILLE D'ÉPINARDS. — Feuilles de 60 à 80 centimètres de long. Bonne, mais sans acidité. Elle peut être mêlée à l'oseille de Belleville un peu trop acide, et même aux épinards et à la chicorée, dans les maisons où il y a un très nombreux personnel. Dans ce cas, elle devient une précieuse ressource. Semer en août.

A FEUILLE DE LAITUE. — Variété d'élite, à large et très

abondantes feuilles, moins acide que l'oseille de Belleville. Semer en août, en mars et avril.

On sème l'oseille en bordure dans tous les jardins où l'on n'en fait pas une spéculation. Cependant les hôpitaux, et les maisons ayant un très nombreux personnel auront avantage à le cultiver en planches ; le produit est plus abondant.

L'époque la plus favorable pour semer toutes les variétés d'oseilles est le mois d'août. Elles montent beaucoup moins vite en graines et produisent des feuilles beaucoup plus belles que lorsqu'elles sont semées au printemps.

Quand on sème en planche, on rayonne pour établir des lignes distantes de 30 centimètres dans une planche du carré B, les semis faits en août donnent de bons produits pendant deux ou trois années.

Pendant l'été seulement, et quand on a de l'oseille en abondance, on peut la raser avec un couteau ; mais ce mode destructeur ne doit être employé que lorsqu'il y a de l'oseille *à gâcher*. Quand elle devient rare, il faut la cueillir feuille à feuille.

En opérant ainsi, les grandes feuilles seulement sont récoltées ; les petites restent et donnent de l'oseille quelques jours après, ce qui ne peut avoir lieu quand on rase tout avec un couteau.

L'oseille est indispensable à la cuisine, il faut en avoir toute l'année. Rien n'est plus facile en semant, au mois d'août, une dizaine de pots que l'on enterre dans une planche du carré D du potager.

A l'approche des gelées, on rentre les pots

d'oseille en plein produit dans la serre à légumes ou
dans l'orangerie, d'où on les extrait pour les porter
à la cuisine, deux ou trois à la fois.

La cuisinière garde ces pots dans sa cuisine, et
enlève les feuilles, une à une, au fur et à mesure de
ses besoins. Elle a toujours ainsi de l'oseille fraîche
à sa disposition.

Quand les pots sont récoltés, elle les rend au jardinier, qui lui donne le même nombre de pots bons à
cueillir et place ceux récoltés sur couche chaude
dans les angles des châssis. Huit ou dix jours après,
ils sont regarnis de feuilles bonnes à cueillir.

J'ai dit qu'il fallait semer en pots au mois d'août
et enterrer les pots dans une planche du carré D. J'insiste, parce que l'oseille, ne supportant pas le repiquage, veut être semée en place, et que dans un pot
enterré elle vient aussi bien qu'en pleine terre.

PANAIS

La culture du panais ne se fait jamais que sur une
petite échelle; cependant il est utile d'en avoir un
peu dans le potager : une planche suffit dans la maison la plus importante. Le plus souvent, on se con-
tentera d'une demi-planche.

Nous cultiverons trois variétés :

LE ROND. — Très bon, hâtif, à feuilles plus petites
que les autres variétés et se conservant bien ; c'est la
variété préférable pour les potagers. Semer en février et en mars.

DEMI-LONG DE GUERNESEY. — Très belle et excellente

variété, des plus productives, à cultiver dans le jardin du propriétaire, comme la précédente.

LONG. — Très long et gros. Excellent dans les terrains exposés à la sécheresse, quand le sol est profond, ou pour cultiver dans le carré D, pour les animaux. Mêmes époques de semis.

On sème les panais à la volée, dans une planche ou dans un bout de planche du carré B, pour les récolter en juillet ou août, et en juin, pour les récolter à la fin de la saison, suivant les besoins. On sarcle, on éclaircit et l'on arrose au besoin.

On peut faire trois récoltes de salades après les panais d'été, et l'on peut semer ceux d'hiver après une récolte d'oignons blancs. Les panais ne craignent pas la gelée ; on peut conserver les semis de juillet en terre, sans aucun inconvénient, pendant tout l'hiver.

PATATE

La patate ne vaut pas la pomme de terre ; mais, comme elle vient difficilement sous notre climat, et que c'est un légume appartenant au domaine de la fantaisie, on la recherche quelquefois à ce titre. J'attache trop peu d'importance à la patate pour la cultiver comme primeur et en encombrer les châssis ; nous nous contenterons de l'élever sur couche sourde et de la récolter vers le mois d'août dans le Nord, l'Est et l'Ouest de la France.

Dans le courant d'avril, et sous tous les climats, on plante les patates dans le terreau d'une couche tiède. Dès qu'elles ont produit des pousses de 8 à 10 centi-

mètres de long, on les enlève avec un petit morceau
de tubercule, et on les plante à demeure au milieu
d'une couche sourde, à une distance de 60 centimètres,
dans le Nord, l'Est et l'Ouest; dans l'extrême Centre
et le Midi, en pleine terre, dans le carré B.

On couvre avec des cloches, et l'on ombre pendant
quelques jours pour assurer la reprise. On donne de
l'air toutes les fois que la température le permet, et
l'on replace les cloches la nuit, tant que les petites
gelées sont à redouter : la patate y est très sensible.
Il est utile d'arroser pour faciliter la reprise du plant,
mais modérément : la patate n'aime pas l'excès d'humidité ; on ne la mouille à fond que pendant les
grandes chaleurs. Quand les gelées ne sont plus à
craindre, on enlève complètement les cloches.

On récolte les tubercules au fur et à mesure de
leur formation, si on le désire ; cela est facile en
fouillant le terreau de la couche avec les doigts ; on
les détache quand ils sont mûrs, et l'on recouvre aussitôt la racine. La récolte entière se fait en septembre.

La patate est assez difficile à conserver : elle est
très sensible au froid, et de plus elle pourrit quand
elle a été meurtrie. Il faut la récolter avec autant de
précaution que les fruits les plus délicats, et la conserver dans un endroit chaud et sec, enterrée dans
de la cendre ou de la terre de bruyère entièrement
sèche, lits à lits, et les placer assez éloignées pour
qu'elles ne se touchent pas.

PERSIL

On ne doit jamais manquer de persil dans un
jardin bien tenu. On le sème en bordure dans les carrés B et C, au mois d'août, et au pis aller au printemps, quand on a négligé les semis d'août.

On sème du persil en pots au mois d'août, pour la
provision d'hiver. On enterre complètement les pots
en pleine terre, et à l'approche des gelées on les rentre dans l'orangerie, où on les abrite sous un châssis
froid à défaut d'orangerie. Avec vingt pots de persil,
on n'en manque jamais pendant l'hiver. Quand le
froid devient rigoureux, on enterre deux pots dans
le terreau d'une couche chaude, et on les remplace
par deux autres quand le persil est assez poussé pour
être cueilli.

Trois variétés à cultiver :

Le COMMUN, que tout le monde connaît.

C'est le plus productif comme le plus employé par
les restaurateurs, les établissements ayant un nombreux personnel, et pour engraisser les lapins ; le
persil rend leur chair meilleure. Semer au mois d'août
dans les carrés B et C du potager.

Le PERSIL FRISÉ très joli, feuille d'un vert tendre,
très frisé et ayant la même saveur que le persil commun. Cette variété est la plus employée dans les
potagers ; elle est des plus utiles à la décoration des
plats.

Le PERSIL A FEUILLES DE FOUGÈRE, à feuilles très
divisées, imitant celles de la fougère, et d'un vert très

foncé, très utile dans la décoration des plats, semer en
août et au printemps.

Le persil frisé doit être semé dans une terre épuisée
d'engrais, et toujours en août. Le carré C lui convient particulièrement pour y rester deux années.
Semé dans de la terre très fertile, la frisure diminue
et disparaît même parfois ; le même fait se produit
quand on le sème au printemps, où il pousse trop vite
pour conserver son caractère.

Quand on veut avoir du persil frisé très beau, on le
sème à la volée, au mois de juillet, dans un bout de
planche du carré D. On l'arrache au mois de septembre ou d'octobre, suivant la force du plant ; on
coupe un tiers de la racine, et on le repique en bordure.

Le persil frisé ainsi traité est toujours des plus
frisés.

PIMENT

Le piment ne mûrit qu'imparfaitement dans la région
de la vigne, quand on ne l'avance pas sous châssis.
Son principal emploi, en France, est pour confire,
avant maturité.

On sème sur couche ou sous châssis, en février ou
mars, pour repiquer sous châssis dès que le plant a
quatre ou cinq feuilles, et pour mettre en place, en
pleine terre, en mai, dans un endroit chaud et abrité.

Dans le Midi, on sème le piment sur une couche
tiède pour le mettre en place en pleine terre en avril
et mai.

Trois variétés à cultiver :

DE CAYENNE. — Long, ayant un montant très prononcé. C'est le plus employé pour confire. Semer sous
châssis en février et mars.

CERISE. — Ayant les mêmes qualités que le précédent, mais la forme, le volume et la couleur d'une
cerise. Ce piment, d'un très joli effet, formant une
petite boule de 30 à 35 centimètres de hauteur, couverte de fruits rouges, peut être employé avec succès
comme plante d'ornement. Semer comme le précédent.

CARRÉ DOUX. — Très gros, moins fort que les précédents. Mêmes époques de semis.

PIMPRENELLE

On l'emploie souvent à la cuisine comme fourniture ; la *pimprenelle petite* est la meilleure pour cet
usage. C'est une plante de peu d'importance pour le
potager, mais c'est un fourrage précieux pour les
animaux. La *pimprenelle* vient partout et réussit partout. On la sème ordinairement en bordures, en mars,
dans les carrés C et D, pour les besoins de la cuisine ;
mais, quand il y a une certaine quantité d'animaux
dans la maison, et que le potager est grand, il y a
bénéfice à la cultiver comme fourrage ; dans ce cas
on sème :

PIMPRENELLE GRANDE. — On sème en août et septembre dans le carré D, en lignes distantes de 30 centimètres. On peut faire plusieurs coupes jusqu'en juin,
retourner le sol, et semer en un sarrasin qui donnera
la graine en abondance pour les volailles, surtout s'il
est énergiquement cendré.

S'il y a une certaine quantité d'animaux, on entoure tout le carré C de bordures de pimprenelle, et on les conserve deux ans, pour les détruire quand le carré dans lequel on a semé prend la lettre A ; alors on resème les bordures du carré C, pour deux années, et ainsi de suite.

PISSENLITS AMÉLIORÉS

La culture des pissenlits améliorés a pris une extension énorme depuis quelques années. Blanchis, ils donnent une excellente salade pendant l'hiver, presque sans soin ni peine ; cuits, ils fournissent un excellent légume, très sain et agréable au goût.

Il existe quatre variétés de pissenlits améliorés :

A LARGES FEUILLES. — Touffe énorme, atteignant le diamètre de 60 à 70 centimètres, très abondante en feuilles.

A CŒUR PLEIN. — Touffe un peu moins large que le précédent, mais plus fournie au centre.

AMÉLIORÉ TRÈS HATIF. — Très hâtif en effet, tenant beaucoup du pissenlit à larges feuilles, mais plus large encore. J'ai eu des touffes mesurant presque 1 mètre de diamètre. C'est le monstre accompli dans la famille des pissenlits.

AMÉLIORÉ MOUSSE. — Frisé comme une chicorée. Bonne variété. Ayant les mêmes qualités que les précédents et aussi productif.

La culture de ces quatre variétés est des plus faciles ; on les sème indistinctement au printemps ou au mois d'août. Ceux semés au printemps sont bons à repi-

quer vers le mois de mai, de 60 à 80 centimètres en
tous sens, suivant les variétés, et fournissent de très
belles touffes dans le courant de l'été. On peut les
blanchir sur place, pour manger en salade ou pour
faire cuire, en les liant comme des chicorées.

Dans ce cas, on coupe les touffes au fur et à mesure
de leur maturité, mais en ayant le soin de ménager
le collet de la racine qui, quelques semaines après,
produit de nouvelles feuilles pouvant être blanchies
sur place ou à la cave.

Les pissenlits semés en août sont bons à être repiqués en octobre, à 60 ou 80 centimètres en tout sens,
suivant les variétés. Ils poussent l'hiver en pleine
terre, sans abris, et donnent des touffes énormes l'été
suivant. On les blanchit sur place en les liant, et à
l'entrée de l'hiver les racines peuvent être arrachées
et utilisées à la cave ou dans la serre à légumes, pour
obtenir, sans autre soin de culture, une excellente
salade pendant tout l'hiver.

On sème les pissenlits aux époques indiquées ci-
dessus, à la volée et très clair, dans le carré D du
potager. Aussitôt que le plant est assez fort, on l'arrache pour le mettre en place, soit en bordure ou en
planches dans les carrés B et D du potager.

Les bordures peuvent être repiquées indistinctement dans les carrés B, C et D, où elles donneront de
bons produits ; les planches doivent être établies dans
le carré B, trois lignes par planche, et 60 centimètres
au moins entre les plants.

Aussitôt que les touffes ont acquis tout leur développement, on les lie pour les faire blanchir et les employer quelques jours après, en salades ou cuites. On coupe de manière à ne pas endommager le collet de la racine, qui produit quelques semaines après des feuilles que l'on peut faire blanchir sur place ou dans la cave, pour en faire d'excellentes salades.

Les pissenlits améliorés blanchis sont bien préférables à la chicorée sauvage; ils n'en ont pas l'amertume et sont beaucoup plus délicats. On les recherche avec raison pour cet usage.

On peut blanchir les pissenlits améliorés de deux manières : 1° sur place, dans le jardin même; 2° à la cave, dans la serre à légumes, ou même dans un vieux tonneau.

Rien de plus simple que de faire blanchir les pissenlits sur place, à l'automne, en octobre et même novembre : on coupe les grandes feuilles; on creuse à la bêche ou avec la houe une tranchée entre les lignes; on rechausse à droite et à gauche et on recouvre les collets de 25 à 30 centimètres de terre.

Les feuilles poussent et sont parfaitement étiolées dans toute la hauteur de la partie couverte. On peut récolter par ce procédé d'excellentes salades, tant qu'il ne gèle pas. C'est le moyen le plus simple comme le plus économique.

Quand on blanchit à la cave, dans la serre à légumes ou dans un cellier, cela demande un peu plus de peine; mais on récolte de la salade pendant tout l'hiver quelle que soit la température.

On opère exactement comme pour la chicorée sau-

vage, dont on fait de la *barbe de capucin;* on arrache
les racines pour les planter en meules (fig. 169), ou

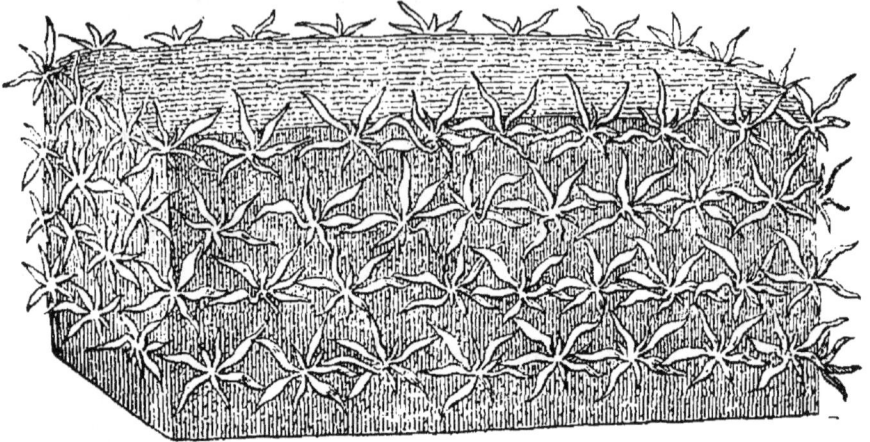

Fig. 169. — Meule de pissenlits améliorés.

même dans un tonneau percé de trous que l'on peut

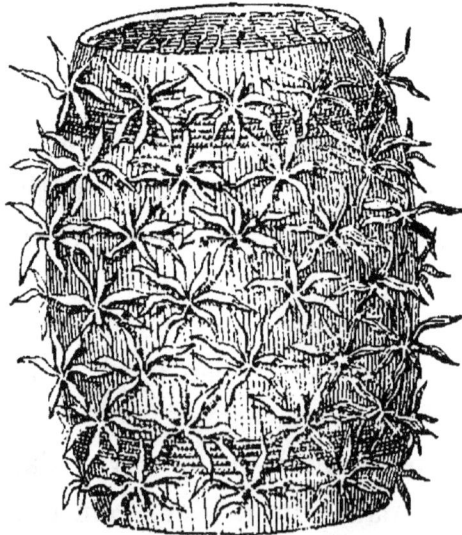

Fig. 170. — Tonneau de pissenlits améliorés.

placer dans le prémier coin venu, pourvu qu'il soit
obscur et qu'il n'y gèle pas (fig. 170).

On opère la confection de la meule et l'installation du tonneau exactement comme pour la *barbe de capucin*. (Voir pages 698 et suivantes.)

POIREAUX

Nous cultiverons quatre variétés seulement de poireaux, les plus belles et les plus fertiles. C'est suffisant pour obtenir à coup sûr les meilleurs et les plus abondants produits.

Pour le Nord, l'Est, l'Ouest et une partie du Centre :

POIREAU LONG D'HIVER. — Variété des plus rustiques, résistant le mieux au froid, et ayant l'avantage d'avoir le pied (la partie blanche) d'une grande longueur. Précieux pour les semis de juin et juillet.

POIREAU JAUNE DU POITOU. — Très gros, vert blond, et un peu court, superbe et excellente variété pour les semis de printemps; il est assez hâtif, mais ne supporte pas aussi bien le froid que le précédent.

POIREAU DE ROUEN. — Très gros, excellent, résistant bien au froid, et ayant l'avantage de monter difficilement à graine, et d'être très longtemps bon à consommer, surtout au printemps. C'est la variété de fond pour tous les potagers. Semer au printemps et en juin et juillet.

POIREAU MONSTRUEUX DE CARENTAN. — C'est le monstre de l'espèce, ayant les qualités des précédents. La grosseur moyenne du *poireau de Carentan* est celle d'un manche de bêche. A cultiver partout et dans tous les potagers. Semer au printemps et en juin et juillet; il passe bien l'hiver.

Le poireau demande une terre substantielle, un peu argileuse; il aime les fumures assez décomposées. Nous le sèmerons à deux époques, pour en faire deux saisons; cela est suffisant pour n'en jamais manquer.

On sème le poireau en mars, et en juin et juillet, dans le carré D. Les semis de mars seront repiqués dans le carré B, pour faire des poireaux d'automne, et ceux de juin et juillet dans le carré A, pour faire des poireaux à consommer pendant l'hiver et le printemps, lorsque le plant aura acquis la grosseur d'un tuyau de plume. On coupe l'extrémité des racines et les plus grandes feuilles, et l'on repique en planches, ou bien on contre-plante dans d'autres cultures.

Pour obtenir des poireaux très blancs, il faut repiquer très creux, à la profondeur de 10 à 12 centimètres. On repique en lignes distantes de 25 à 30 centimètres et, en donnant le second binage, on ramène la terre au pied, pour les butter un peu. Cette opération augmente sensiblement la longueur de la partie blanche.

Quand on a besoin d'une grande quantité de poireaux, on repique en planche dans le carré B, après une récolte de salade ou de grosses fraises. On laboure profondément la planche; on y établit des rebords pour retenir l'eau des arrosages; on pose des piquets à 25 centimètres de distance entre eux, et à 10 centimètres des bords. On pose le cordeau sur ces piquets, et l'on trace des lignes avec le rayonneur. On repique les poireaux sur ces lignes en quinconce, et à une distance de 10 centimètres. On bine souvent, on butte un peu au second binage et l'on arrose copieusement. Les poireaux mis en place, en planche, en mai, sont bons à récolter dans le courant de l'été et à l'automne.

Si l'on n'a pas l'emploi d'une grande quantité de poireaux, on les contre-plante dans les carrés A et B : dans le carré A, entre des choux-fleurs, des artichauts d'automne, etc.; dans le carré B, entre des salades, etc.

Les semis de juin et juillet se mettent en place en août et septembre, en planche, dans le carré A, pour récolter pendant l'hiver et au printemps, ou se contre-plantent dans le même carré, entre les choux de dernière saison, etc.

On choisit pour porte-graines les poireaux les plus gros; on les laisse monter en place, et on soigne la tige et la graine comme pour l'oignon.

POIRÉE

POIRÉE BLONDE (Bette). — C'est la variété préférable pour adoucir l'acidité de l'oseille, ou consommer le pétiole des feuilles. Semer en avril et mai, dans le carré B du potager, en lignes distantes de 40 centimètres environ, et les pieds à 35 centimètres entre eux.

POIRÉE DE LYON A CARDE BLANCHE. — Moins rustique, mais plus productive que la précédente, servant aux mêmes usages.

POIS

Le pois est un excellent légume. On doit lui faire

une large place dans le potager, et en prolonger la récolte le plus longtemps possible. Il suffit pour cela d'une culture bien entendue, et d'un choix judicieux de variétés ; les meilleurs à cultiver sont :

POIS NAINS

TRÈS NAIN A CHASSIS. — Très petit, des plus précoces et bon de qualité. Son principal emploi est pour la culture sous châssis, bien qu'il donne de bons résultats en pleine terre. Semer sous châssis de novembre à janvier, et en pleine terre en février et mars.

LÉVÊQUE. — Bonne variété, rustique, très productive, excellente de qualité et hâtive à la fois. Peut être semée sous châssis, bien que plus grand que le précédent ; excellent en pleine terre. Semer aux mêmes époques.

NAIN GONTHIER. — Bonne variété à grains ronds, très naine, hâtive et pouvant s'employer comme bordure. Mêmes époques de semis.

NAIN DE CLAMART HATIF. — Très bonne variété, excellente de qualité, très hâtive et productive. Semer en pleine terre en février et mars.

NAIN IMPÉRIAL. — Variété recommandable à grains ronds verts, de bonne qualité et très fertile. A semer en février et mars.

NAIN DE HOLLANDE. — Toujours fin, de qualité remarquable, mais moins hâtif que les précédents. Ce pois, d'une fertilité énorme, est le fond des semis de saison en février et mars.

RIDÉ NAIN VERT. — Gros, mais le meilleur de tous

comme toutes les variétés de pois ridés, dont la supériorité de qualité ne peut être contestée; rustique et productif. Semer en mars, avril et mai.

MERVEILLE D'AMÉRIQUE. — Ridé très nain et très productif, plus fin que le précédent. C'est le meilleur de tous les pois; il devrait être cultivé en grand dans tous les potagers.

Le pois merveille d'Amérique, indépendamment de sa finesse et de sa qualité, a l'avantage d'être très hâtif et celui de pouvoir être semé de février à septembre. Il fournit le meilleur des pois pendant tout l'été et à l'automne.

POIS A RAMES

QUARANTAIN. — Excellente variété, très précoce, bonne de qualité et des plus productives; c'est presque toujours elle qui donne les premiers pois. Semer en novembre, décembre, janvier et février.

PRINCE ALBERT. — Son principal mérite est la précocité: il laisse à désirer pour la qualité. Semer en janvier et mars.

CARACTACUS. — Excellente variété, très précoce, très productive, hâtive et de qualité supérieure. Semer en janvier, février et mars.

MICHAUD DE HOLLANDE. — Une des meilleures variétés à cultiver partout; très bon, des plus fertiles et très hâtif. Semer en février, mars et avril.

Le pois *Michaud de Hollande* est cultivé avantageusement dans la plaine, sans rames : on sème en lignes distantes de 50 centimètres, et on pince sur le troisième étage de fleurs.

CLAMART TARDIF. — Bonté et abondante production, le seul pouvant se semer de février à septembre. Très précieux pour les semis tardifs.

POIS EXPRESS. — Variété assez méritante à grains ronds verts pour sa précocité; meilleur que le Prince Albert. Semer de janvier à avril.

KNIGT (grain blanc). — Ridé, à rames, de qualité hors ligne, toujours gros; c'est son défaut. Rustique, productif et venant bien partout. Semer en mars, avril et mai.

SERPETTE. — Excellente variété, donnant toujours en abondance des pois délicieux et très fins. Semer en février, mars et avril.

CORNE-DE-BÉLIER. — La meilleure variété de pois mange-tout, à cultiver dans tous les potagers. Semer en mars, avril et mai.

POIS NAIN HATIF BRETON. — Très bonne variété de mange-tout, fertile, d'excellente qualité, et ayant l'avantage de pouvoir se passer de rames; elle tient peu de place, et est précieuse pour les petits jardins. Semer en février, mars et avril.

Le pois aime les sols légers et de consistance moyenne. Il réussit mal dans les sols argileux; mais où il vient le mieux, c'est dans les terres neuves, exemptes d'engrais. Les fumures fraîches lui sont nuisibles; il pousse des tiges énormes sans donner de grains. Disons encore que le pois, comme tous les légumes à fruits secs, demande une certaine quantité de potasse pour fructifier abondamment, et qu'il donne de pitoyables résultats quand on le sème deux années de suite dans la même planche. Il lui faut une terre neuve ou au moins une terre n'ayant pas produit de pois depuis trois ans.

Beaucoup d'auteurs ont prétendu que la loi d'alternance ne devait pas être respectée pour les légumes, excepté cependant pour le pois, qui réduit sa production de plus de moitié, quand il revient deux années de suite dans la même planche.

On donnait pour excuse à la violation de la première des lois naturelles la quantité d'engrais enfouie dans le potager. Tous les légumes ont semblé donner raison à cette erreur ; le pois a protesté plus énergiquement que les autres. Il est incontestable que beaucoup de légumes donnent des produits assez satisfaisants lorsqu'ils sont cultivés plusieurs années de suite dans la même planche ; mais il est au moins aussi ncontestable que ces légumes donnent une récolte presque double quand ils ne reviennent que tous les trois ou quatre ans à la même place. C'est du moins ce que l'expérience de l'assolement du potager nous a prouvé depuis plus de vingt-cinq ans. Une espèce rustique supporte une mauvaise culture ; mais, si on lui en donne une bonne, elle produit le double. C'est l'expérience acquise par l'observation qui nous a fait adopter l'assolement de quatre ans avec couches, et grâce à cet assolement, à la bonne répartition des engrais et au respect de la loi de l'alternance, nous obtenons sans plus de dépense des produits doubles au moins.

On ne sait jamais où mettre les pois dans un jardin qui n'est pas soumis à l'assolement. Dans notre potager, nous les cultiverons dans le carré C, où ils trouveront une terre qui n'est plus chargée d'engrais, reposée depuis quatre ans de la production des pois, et abondamment cendrée, première condition pour obtenir des grains en grande quantité et de bonne qualité.

Nous cultiverons une seule variété sous châssis : le poids *très nain à châssis*. La culture du primeur diffère essentiellement de celle de pleine terre : nous lui donnons les honneurs de la primauté.

On sème le pois *très nain* sur couche tiède et sous châssis, en novembre et décembre, en lignes distantes de 15 centimètres et les pois côte à côte dans le sillon. On couvre la nuit avec des paillassons, et l'on donne de l'air toutes les fois que cela est possible. Dans la première quinzaine de décembre, on déplante les pois, et on les repique par deux ou trois pieds ensemble, sur couche tiède et sous châssis, en lignes distantes de 15 à 18 centimètres, et les touffes en quinconce, à dix centimètres, sur les lignes. La pratique du repiquage est excellente pour les pois, surtout pour ceux de châssis. Les pois repiqués poussent moins en tige, et fructifient plus, et plus vite que ceux qui ont été semés en place.

Aussitôt le repiquage fait, on répand un peu de cendre de bois entre les lignes. On couvre avec des paillassons pendant deux jours, pour faciliter la reprise. Dès qu'elle est bien assurée, on enterre la cendre par un léger binage au sarcloir ; on donne

autant d'air et de lumière que la température le permet, et l'on gouverne les réchauds de manière à obtenir régulièrement une chaleur de 15 à 18 degrés sous les châssis.

Quand les pois ont trois étages de fleurs formées, quatre au plus, on pince la tige principale, pour arrêter son élongation et concentrer l'action de la sève sur les fruits noués. On augmente un peu la chaleur des réchauds, et quelques jours après on commence à cueillir des pois.

Pour les pois comme pour les haricots verts, la couche de terre mélangée de terreau doit avoir une épaisseur de 25 centimètres environ. Quand elle est moindre, les racines atteignent le fumier de la couche et on obtient des pois *géants* avec des pois à châssis.

D'après une antique habitude, on sème des pois en pleine terre, sur les plates-bandes abritées, à la Sainte-Catherine le 25 novembre. Ces pois sont assez précoces, il est vrai ; mais on peut obtenir une plus grande précocité avec moins de peine, en semant sous châssis et en repiquant en pleine terre.

On sème pour cette culture le *quarantain*, le *Michaud de Hollande* et le *caractacus* très dru, en lignes distantes de 15 centimètres, sur couche tiède et sous châssis, en janvier ou février, pour mettre en place en pleine terre de mars à avril. On choisit pour cela une plate-bande contre un mur, au midi ; on donne un bon labour; on place des piquets à la distance de 25 centimètres, à chaque bout de la planche ; on pose le cordeau, et, après avoir tracé des lignes

avec le rayonneur, on repique en quinconce, à 25 cen
timètres, sur les lignes. On abrite du soleil avec des
paillassons pendant deux jours, pour favoriser la
reprise ; ensuite on répand de la cendre entre les
lignes, et on l'enterre par un léger binage. On met
quatre ou cinq tiges par trou. On arrose très modérément, pour éviter de nuire à la fructification, et l'on
abrite la nuit avec des paillassons, si la gelée est à re
douter.

Lorsqu'il y a quatre étages de fleurs formées, on
pince la tige principale, pour arrêter la végétation et
faire grossir le fruit, et l'on récolte au fur et à mesure.

Des pois cultivés ainsi ne demandent guère plus de
soins que ceux semés à la Sainte-Catherine, et mûrissent un mois plus tôt.

Je n'admets la culture en touffes que pour les pois
de primeur, qui seront repiqués. Pour toutes les cultures de pleine terre sans exception, nous adopterons
le semis en lignes, qui donne des résultats triples au
moins de celui en touffes.

Les pois *Prince Albert*, *quarantain*, *caractacus* et
Michaud de Hollande, semés en janvier et février,
donnent leurs fruits presque en même temps que les
pois de Sainte-Catherine, lorsqu'ils sont convenablement cultivés. On sème dans le carré C, en lignes distantes d'un mètre, mais dans une seule ligne creusée
avec la grande lame du rayonneur, et au fond de
laquelle on sème très épais. J'insiste, parce que les personnes qui ne sèment pas habituellement les pois en
lignes ne veulent jamais les semer assez drus, et placer

les lignes assez éloignées. La distance entre les lignes est de 1 mètre pour le *Prince Albert*, *Michaud de Hollande*, le *caractacus*, l'*Express*, le *serpette*, etc., de 1ᵐ,20 pour le *Clamart tardif* et le *Knigt*.

Les sillons doivent avoir une profondeur de 6 à 7 centimètres, et être creusés avec la grande lame du rayonneur (fig. 171), de manière à former une seule ligne, pas plus large que la lame elle-même.

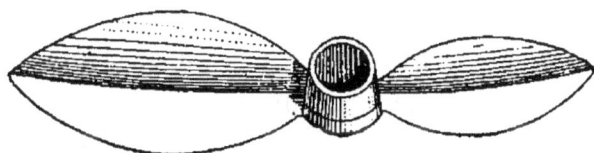

Fig. 171. — Rayonneur.

Il faut semer très épais et mettre autant de graine

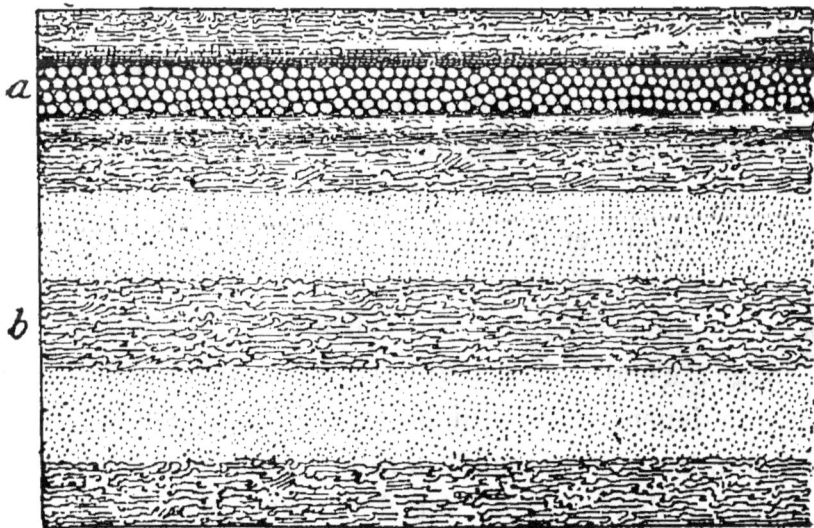

Fig. 172. — Pois semés sur la première ligne, recouverts et cendrés sur les autres.

qu'il y en a en *a* (fig. 172). C'est gagner à la fois du terrain et augmenter la récolte.

Dès que la graine est semée, on recouvre, en ayant soin de briser les mottes; on donne ensuite un coup de râteau à dégrossir pour enlever les plus grosses mottes et les pierres, et l'on répand sur toutes les lignes, et sur une largeur de 30 centimètres environ, une couche de cendre, épaisse de 4 à 5 millimètres. On donne un coup avec le râteau fin pour attacher à la terre, sans l'enfouir cependant, et pour enlever tous les corps étrangers (b, fig. 172).

Lorsque les pois sont levés, c'est-à-dire quand ils ont 3 à 4 centimètres de hauteur, on donne un binage énergique avec la grande cerfouette, par lequel on amalgame, avec la terre, la cendre restée à la surface. Quand les pois ont 12 à 15 centimètres de haut, on donne un second binage et l'on rame. Il est très urgent de ramer à temps, et, je le répète, il ne faut pas que les pois aient plus de 15 centimètres de haut, ou la récolte peut être sensiblement diminuée.

On peut employer les premières broussailles venues pour ramer les pois. J'avais conseillé, dans le principe, d'employer des baguettes droites ou des lattes de sciage : c'était plus régulier ; mais cela a fait crier à la dépense ceux qui ne veulent rien essayer. Nous prendrons les premières rames venues, et nous en mettrons deux lignes, une de chaque côté de la ligne de pois (A et B, fig. 173).

On enfonce verticalement les rames en terre, à 25 centimètres de distance entre elles, et à 15 centimètres de la ligne de pois, afin d'avoir, entre les deux lignes de rames, un espace de 30 centimètres pour les pois.

Lorsque les deux lignes de rames sont posées, on coupe l'extrémité avec un vieux sécateur, en C (fig. 173) pour former des lignes régulières. On coupe également les brindilles qui dépassent sur les côtés, afin d'avoir une haie sèche, droite et bien alignée.

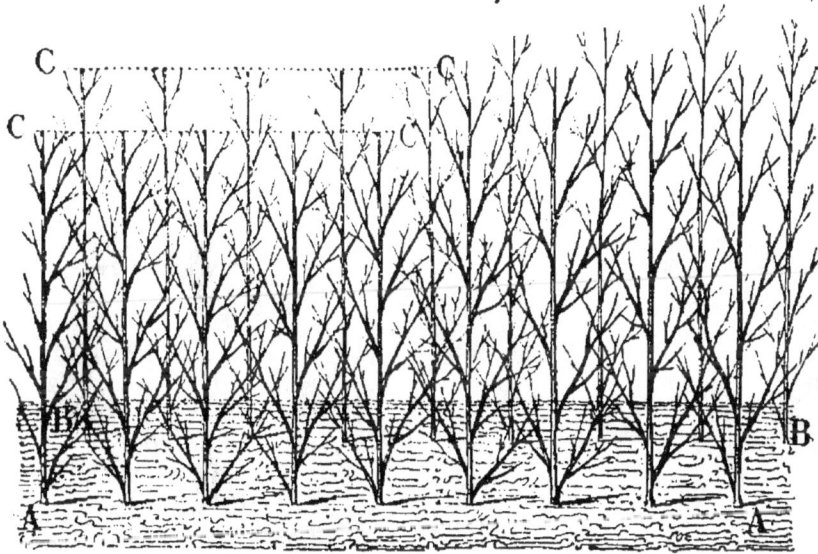

Fig. 173. — Pois ramés.

La ligne de pois se trouve emprisonnée entre deux grillages ; les vrilles s'accrochent aux rames de chaque côté et, lorsque les poids sont grands, ils forment une haie aussi droite, et aussi solide qu'une haie d'épine, bien fournie et soigneusement tondue. En outre, toutes les cosses sont en dehors de chaque côté, et la cueille se fait avec autant de facilité que de promptitude (fig. 174).

Il faut établir les rames aux hauteurs suivantes :
1 mètre pour le *quarantain*, le *prince Albert*, le *caractacus*, le *Michaud de Hollande*, l'*Express*, le *Serpette*, etc., et 1 mètre 20 pour le *Clamart tardif*
et le *Knigt*. Ce mode de ramer les pois demande plus
de bois, et aussi beaucoup plus de temps que celui
qu'on emploie communément, cela est incontestable ;
mais le bois et la main-d'œuvre, dussent-ils coûter
cinq fois ce qu'ils valent, le propriétaire aura encore
un immense bénéfice à faire ramer comme nous
l'indiquons.

Fig. 174. — Pois ayant acquis tout leur développement.

On ramera bien les lignes de pois avec dix ou
douze bottes de rames, et une ou deux journées de
femme : la dépense est presque nulle ; le jardin sera
beaucoup plus régulier, et l'on obtiendra en outre
les avantages suivants :

1º Une récolte vingt fois supérieure à celle des pois semés en poquets, ou en lignes trop serrées, et mal ramés. Cela se comprend facilement : nos lignes espacées, aérées et éclairées également de chaque côté, sont d'une fertilité remarquable, tandis que les cosses ne peuvent pas se former dans l'ombre, au milieu des fouillis que l'on voit trop souvent dans les jardins ;

2º Une économie de temps énorme pour cueillir les pois. Toutes les cosses pendant de chaque côté à l'extérieur, il n'y a pas à les chercher, mais à les cueillir seulement. On aura plus vite cueilli un grand panier de pois sur nos lignes, qu'une poignée dans les semis à poquets, et encore, en cueillant cette poignée, cassera-t-on une grande quantité de tiges. Le temps économisé pour cueillir dépasse de beaucoup celui économisé pour ramer ;

3º Précocité de plus de quinze jours dans la récolte. Cette précocité est due à la lumière, qui est l'agent le plus puissant de la fructification. La précocité est toujours très profitable si l'on vend la récolte et même si on la consomme, car elle permet de faire une récolte de plus dans l'année, tout en se donnant la satisfaction de la primeur.

Je conseille la culture du pois que j'indique, à l'exclusion de tout autre, autant pour le propriétaire que pour le spéculateur, tant le rendement est supérieur à celui qu'on a obtenu par les autres modes de culture. Il est, du reste, plus facile de s'en convaincre en faisant un essai comparatif. Que le propriétaire

qui fait semer en poquets consacre deux ares à
cette culture, la continue sur un are et cultive l'autre
comme je l'indique, et qu'il veuille bien tenir compte
du temps dépensé dans chacune des cultures et
de leur rendement. C'est le meilleur moyen de couper
court à toutes les objections, et de renverser les
habitudes vicieuses au profit d'une culture féconde en
résultats.

Souvent on m'écrit pour me demander ce que l'on
plantera entre les lignes des pois semés à 1 mètre de
distance. *Rien du tout;* quand les pois ont acquis
tout leur développement, il reste juste la place de
passer entre les lignes pour les cueillir ; rien de plus.

Lorsque les pois ont cinq ou six étages de fleurs
formées, on les pince, c'est-à-dire que l'on supprime
l'extrémité de la tige principale. Cette opération a
une grande importance ; elle hâte beaucoup la récolte et favorise considérablement le développement
des fruits en concentrant sur eux toute l'action de
la sève. On ne perd rien en pinçant, au contraire.
On enlève bien quelques fleurs à l'extrémité de la
tige, mais ces fleurs, qui n'eussent produit que quelques mauvaises cosses renfermant deux ou trois
grains, auraient retardé de plus de quinze jours la
maturation des cosses du bas, et auraient nui à leur
développement.

Une fois le pincement fait, il n'y a plus qu'un binage à donner de temps à autre, pour détruire
l'herbe qui pousse entre les lignes, et cueillir au fur
et à mesure que les pois mûrissent.

Il est urgent de semer des pois souvent, tous les quinze jours ou trois semaines, et de plusieurs variétés, pour n'en jamais manquer. Quand on a fait quatre cueilles sur une ligne de pois, elle est bonne à arracher ; il faut donc semer peu à la fois mais très souvent, pour ne jamais en manquer.

Lorsqu'on veut récolter les pois pour graines, il faut bien se garder de le faire dans une culture qui a déjà été cueillie. Les premières cosses produisent les meilleures semences. On n'obtient que de la graine de rebut, sujette à dégénérer en laissant mûrir les dernières cosses ; en outre, on embarrasse une ou deux planches pendant longtemps pour récolter un litre de pois ; mieux vaudrait l'acheter que de se priver d'une récolte. Quand on veut récolter de la semence, on fait un semis spécial dans le carré D ; on pince de très bonne heure sur la quatrième ramification, et on laisse tout sécher sans rien cueillir ; c'est le seul moyen d'obtenir de bonne graine.

Le *pois de Clamart* et le *merveille d'Amérique* peuvent se semer jusqu'en septembre. Ce sont des variétés par excellence, et les seules qui réussissent pour faire des pois tardifs.

Les pois nains se sèment dans le carré C du potager, en lignes distantes de 50 centimètres, et plus clair que les pois à rame. On les cendre après la plantation : on bine pour maintenir le sol perméable et détruire les mauvaises herbes, et on les laisse ainsi jusqu'à la récolte. Si une variété s'allongeait trop, on pincerait l'extrémité de la tige ; mais le pincement n'est pas obligatoire sur les pois nains.

Les pois peuvent être cultivés en plaine, par hectares, dans le voisinage des grandes villes, et autour de celles dans lesquelles on fabrique des conserves. Dans ce cas c'est une culture différente ; il faut la faire avec la plus grande économie : la première est la suppression des rames.

On peut labourer à la charrue, semer au semoir dans la plaine ; il n'y a pas le moindre inconvénient, et même biner à la houe à cheval.

Quand on laboure à la bêche, on trace avec le rayonneur des sillons de 4 à 5 centimètres de profondeur, distants de 50 centimètres et l'on sème en lignes dans ces sillons.

On donne un premier binage aussitôt que les pois ont 8 à 10 centimètres de hauteur, et un second quand ils se tiennent encore droits ; puis, lorsqu'il y a cinq étages, six au plus, de formés, on pince la tige terminale, pour concentrer toute l'action de la sève sur les cosses formées.

Quand on veut obtenir des pois de très bonne heure, on pince sur quatre étages.

Il n'y a ensuite qu'à cueillir.

Cette culture, faite avec autant de soin que d'intelligence dans les environs de Paris, y produit les plus brillants résultats. Je voudrais pouvoir les montrer à ceux qui sourient quand nous leur disons, dans nos cours, de pincer leurs pois ; ils considèrent cette opé_ ration comme *impossible*, laissent faire la nature, et récoltent, en moyenne, *trois fois la semence !*

POMMES DE TERRE

La culture de la pomme de terre est des plus faciles ; mais on l'a tant dit et écrit, que l'on se croit dispensé de tout soin de culture pour ce précieux tubercule.

La pomme de terre est un légume indispensable, entrant en notable proportion dans l'alimentation publique ; on ne doit jamais en manquer.

Pour atteindre ce résultat, il faut d'abord choisir des variétés donnant des résultats certains, et ensuite diviser la culture des pommes de terre en trois cultures différentes :

1° La culture de grande primeur, sous châssis ;

2° Celle de pommes de terre hâtives, en pleine terre ;

3° Celle des pommes de terre de saison et tardives, en pleine terre.

Depuis quelques années les variétés de pommes de terre se sont accrues à l'infini. Il serait difficile d'énumérer toutes les variétés françaises, anglaises, américaines et allemandes, figurant sur les catalogues.

La plupart de ces innombrables variétés seraient oubliées depuis longtemps si la réclame n'eût prolongé leur inutile existence. Notre but n'est pas de cultiver beaucoup de variétés, de faire un musée de mauvaises pommes de terre, mais uniquement de cultiver les bonnes, celles joignant à la qualité un produit cer-

tain. Pour obtenir ce résultat, il faut s'en tenir à un
très petit nombre de variétés :

Les meilleures variétés à cultiver sont :

POMMES DE TERRE HATIVES A CULTIVER SOUS CHASSIS ET A PLANTER GERMÉES EN PLEINE TERRE

FEUILLES D'ORTIE. — Jaune, longue, très hâtive, de
qualité supérieure et produisant le double de la marjolain. Semer sous châssis en décembre et janvier, et
en pleine terre en février et mars.

MARJOLAIN. — Jaune, longue, plus hâtive de quinze
jours, mais inférieure en qualité et produisant moins
que la *feuille d'ortie*. Mêmes usages et mêmes époques
de semis.

ROYALE KIDNEY. — Bonne variété hâtive, très fertile, rustique, et de bonne qualité. Mêmes époques
de semis que les précédentes, sous châssis et en
pleine terre.

La *Royale Kidney* est surtout précieuse pour les
semis de pleine terre ; sa rusticité lui permet de supporter les petites gelées mieux que les autres variétés.

POMMES DE TERRE DE SAISON

HOLLANDE. — Jaune, longue, de qualité supérieure
et la plus hâtive des pommes de terre de saison. Semer en mars.

RONDE HATIVE DE BOULOGNE. — Variété hâtive et de
bonne qualité, très productive, excellente pour la
grande culture. Semer en mars.

ROBERSTON. — Très hâtive, de bon rapport, bonne

de qualité et très recommandable. Semer en mars.

EARLY ROSE. — Excellente variété hâtive, précieuse pour la grande culture et les établissements ayant un nombreux personnel.

JAUNE DEMI-LONGUE HATIVE. — Qualité hors ligne et des plus productives. A cultiver partout. Semer en mars.

SAUCISSE. — Rouge, longue, de qualité supérieure, vigoureuse et des plus productives, et s'écrasant moins que la Hollande. Semer en mars.

POUSSE-DEBOUT. — Rouge, longue, ayant les yeux saillants. Bonne de qualité, productive, rustique et de longue garde. C'est une pomme de terre ferme, ne s'écrasant pas dans les ragoûts et remplaçant avec avantage la *vitelotte*, d'une infertilité désespérante. Semer en mars.

POMMES DE TERRE TARDIVES

MERVEILLE D'AMÉRIQUE. — Rouge, ronde, d'arrière-saison et de bonne garde. Grosse, d'assez bonne qualité et d'une fertilité à nulle autre pareille. Lorsque cette excellente variété sera connue, on la cultivera partout et pour tous les usages, dans les fermes et pour le marché, pour son surprenant produit. Semer en mars.

LONGUE VIOLETTE. — Tubercules un peu arrondis très bonne de qualité, productive et de très longue garde. Excellente variété, à cultiver partout et dans tous les potagers quand on veut avoir de bonnes pommes de terre à la fin de la saison.

CULTURE DES POMMES DE TERRE HATIVES

C'est une culture toute spéciale et avec des variétés spéciales, n'ayant rien de commun avec la culture des pommes de terre de saison, ni avec les autres variétés.

La propagation des pommes de terre hâtives dans toutes les communes serait un véritable bienfait, s'il était possible d'en faire adopter la culture. Essayons encore !

Il n'y a que trois variétés à cultiver : *la feuille d'ortie*, la meilleure et très précoce ; la *Royale Kidney*, très productive, rustique et bonne ; la *Marjolain*, la plus ancienne, la moins bonne et la moins productive, mais un peu plus précoce que les précédentes. C'est probablement à son infériorité qu'elle doit d'être la plus connue et la plus cultivée.

Ces trois variétés entrent en germination dès le mois de décembre et même de novembre. C'est à ce fait que l'on doit leur précocité. Donc, il faut, pour en obtenir tout le bénéfice, aider cette germination prématurée ; rien de plus facile en mettant germer les tubercules dès le mois de décembre.

De décembre à février, époque de la plantation en pleine terre, la germination en boîte concourt à la formation d'une bonne tige et d'un commencement de racines, portant les rudiments de la fructification. Quand on plante, la végétation est préparée, accomplie en partie, et quelques semaines après on récolte des pommes de terre.

Sans la germination en boîtes, opérée dès novembre
ou décembre, il est impossible d'obtenir de bonnes
récoltes de pommes de terre hâtives.

Voici comment l'on procède :

On prend quatre morceaux de bois carrés (A, fig. 175)
longs de 20 centimètres, pour faire les quatre pieds.

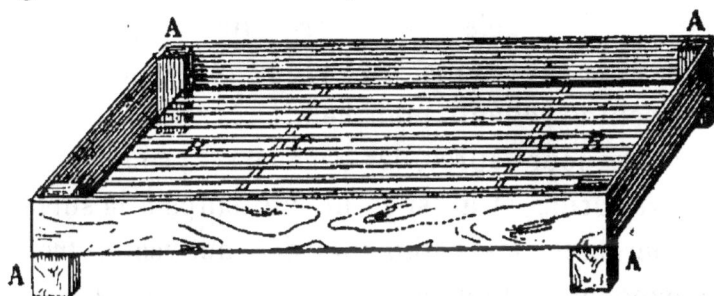

Fig. 175. — Caisse pour faire germer les pommes de terre.

Ensuite on cloue sur ces pieds quatre planches de
10 centimètres de largeur. Reste le fond qui doit être
à claire-voie (B, même figure).

Le fond peut se fabriquer avec des bouts de lattes
de sciage, avec de l'osier, ou des baguettes de coudrier
ou de châtaigner fendues en deux.

On cloue les lattes ou les baguettes assez près pour
que les pommes de terre ne passent pas dans les jours,
et, pour avoir une solidité complète, on cloue en travers deux barres C (fig. 175), et la caisse est faite.

Il est urgent de faire toutes les caisses de mêmes
dimensions, afin de pouvoir les poser les unes sur les
autres. Le vide laissé par les pieds (10 centimètre est
suffisant pour laisser circuler l'air. On peut mettre
quinze à vingt caisses les unes sur les autres sans
inconvénient, et cela ne tient pas de place.

Avant que les pommes de terre germent, en novembre, décembre ou janvier au plus tard, on les pose debout, côte à côte, et l'on en remplit toutes les boîtes; ensuite on met les caisses les unes sur les autres aussitôt pleines.

Les caisses pleines doivent être placées dans un endroit où il ne gèle pas, pas trop humide, et un peu éclairé. Une cave saine, un cellier ou la serre à légumes sont excellents pour cela.

Quelques jours après, les germes se produisent, la racine se forme, et aussi en même temps à la surface des tubercules, les rudiments des nouveaux fruits. Les germes ne s'allongent pas, dans une pièce éclairée; ils ont à peine six centimètres de long, sont courts, gros et bien constitués ainsi que la racine.

La moitié de la végétation est accomplie au mois de février, quand on plante, et alors on obtient des produits aussi précoces qu'abondants, ce qui ne peut avoir lieu sans germination commencée en novembre.

Quand on fait venir de loin des pommes de terre *feuilles d'ortie, royal Kidney* ou *marjolain*, il faut toujours les demander avant qu'elles ne germent, en octobre ou novembre au plus tard. Passé cette époque, elles commencent à pousser, souffrent beaucoup du voyage, et le produit est sensiblement diminué.

J'insiste sur la nécessité de faire germer les pommes de terre *marjolain, feuilles d'ortie, royale Kidney* en décembre au plus tard, pour les planter dans le courant de février, parce que ces variétés hâtives, à l'exès, ne réussissent que dans ces conditions.

Beaucoup de personnes font des pommes de terre *marjolain* et *à feuilles d'ortie* en mars et même en avril, et échouent toujours ; voici pourquoi :

Ces deux variétés germent naturellement dans les premiers jours de janvier. Pour les conserver bonnes à expédier, le commerce casse les germes quand ils apparaissent. Il en résulte qu'en mars, tous les germes ayant été détruits, la pomme de terre pourrit en terre sans lever.

Souvent, on demande avec une telle insistance des pommes de terre hâtives, en février et mars, que l'on expédie sur sa réserve, pour semences, des pommes de terre germées pour la grande culture. Alors les praticiens disent : C'est des pommes de terre *pourrites !* Ou bien encore : *Quand j'aurai ôté les germes, il ne poussera plus rien !* (parbleu !); et tant d'autres insanités semblables !

Pour rendre la culture des pommes de terre hâtives possible, j'ai essayé de faire germer en grand, pour expédier les tubercules prêts à planter. L'emballage est très difficile ; les germes se cassent en route, et en outre le voyage nuit à la production.

Si l'on veut des pommes de terre hâtives, il faut se résigner à les faire venir en décembre au plus tard et à les mettre en germination en boîtes, comme je l'ai indiqué, ou se contenter de quarts de récolte.

SEMIS SOUS CHASSIS

On plante les pommes de terre germées sous châssis de décembre à février, sur couche chaude. On en met quatre lignes par panneau de châssis, et on plante les pieds en quinconce à une distance de 32 à 35 centimètres. On contre-plante dans les premiers temps avec divers légumes en pépinière. On maintient une chaleur de 15 à 20 degrés sous les châssis, à l'aide de réchauds que l'on ranime et renouvelle au besoin en cas de gelée intense ; on donne de l'air toutes les fois que le temps le permet ; on couvre la nuit avec des paillassons, et l'on arrose modérément pour maintenir la couche humide. On récolte les pommes de terre au fur et à mesure qu'elles grossissent, en fouillant aux pieds avec les doigts, et l'on recouvre aussitôt de terreau pour laisser grossir les petites.

Quand on a une serre tempérée à sa disposition, on plante quelques pommes de terre dans de grands pots que l'on place dans la serre. C'est le mode de culture le plus facile ; il ne demande que quelques arrosements. La récolte se fait de la même manière, au fur et à mesure du développement des tubercules en fouillant au pied avec précaution.

En se servant de ces divers procédés, on obtient facilement des pommes de terre nouvelles de février à avril, époque où celles de pleine terre commencent à produire.

SEMIS EN PLEINE TERRE

Pour ne jamais manquer de pommes de terre hâtives, on en fait deux semis en pleine terre.

Le premier, dans le carré A du potager, vers les

premiers jours de février, et le second dans le carré B, du 15 à la fin de février.

Le premier semis, celui du carré A, est fouillé avec les doigts pour récolter les tubercules au fur et à mesure ; quand la récolte diminue, le second semis, celui du carré B, est en plein rapport.

Les semis de pommes de terre hâtives se font en planches, contrairement à ceux de pommes de terre de saison. Voici comment on opère :

On fait par planche quatre lignes de trous, profonds de 20 à 25 centimètres et placés en quinconce, à 40 centimètres de distance. On apporte les caisses de pommes de terre germées dans le jardin ; on prend les pommes de terre avec le plus grand soin, pour éviter de casser les germes ; on les place doucement à la main, la tige en haut, au fond des trous, puis on les recouvre de 6 à 8 centimètres de terre, et l'on place dans les allées une petite réserve de litière pour couvrir s'il venait à geler.

Quand les pommes de terre sont levées, on donne un binage énergique, par lequel on unit le sol. Ce binage doit être fait avec la grande cerfouette, et non avec la binette, qui n'entre pas assez profondément dans la terre, tandis que la grande cerfouette la remue complètement avec la lame et avec les dents.

Quand la gelée menace, on couvre toute la planche avec de la litière ou du fumier. Les pommes de terre ne gèlent pas et la végétation marche toujours.

Lorsque les gelées ne sont plus à craindre, on enlève le fumier et on donne un binage énergique en ramenant au pied des pommes de terre une épaisseur de terre de *dix centimètres seulement*. Bien se garder de butter avec excès, rien ne retarde autant la formation des tubercules.

Dans le courant d'avril, les plus gros tubercules sont bons à consommer; on fouille au pied avec les doigts, on enlève tout ce qui est bon à consommer, et on recouvre de terre, afin de laisser grossir les petits tubercules.

Dans les premiers jours de juillet, les tiges sont sèches, tout est bon à arracher.

Il ne faut pas sortir de ces indications, si l'on veut obtenir des résultats profitables, et récolter à coup sûr une grande partie des pommes de terre nouvelles.

Inutile d'essayer la culture des pommes de terre nouvelles, si l'on ne veut pas se conformer aux indications qui précèdent ; on n'obtiendrait que de mauvais résultats, sans la germination en boîtes en décembre au plus tard, et la plantation en février.

CULTURE DES POMMES DE TERRE DE SAISON ET TARDIVES

Quelques mots sont nécessaires pour couper court aux erreurs préjudiciables qui se commettent dans beaucoup de localités, dans la culture des pommes de terre de saison et tardives.

La pomme de terre aime les sols de consistance moyenne, elle vient mal dans les terres fortes et acquiert une qualité remarquable dans les sables. Elle demande, pour donner le maximum de produit et de qualité, une terre en bon état de fumure.

Le meilleur est de planter des pommes de terre sur une fumure de l'année précédente. On obtient plus de quantité sur la fumure récente, mais moins de qualité.

La place des pommes de terre, dans le potager, est marquée dans le carré B, où elles acquièrent toute la qualité possible.

Le sol doit être profondément labouré et bien ameubli avant la plantation.

Il faut planter dans le COURANT DE MARS, à la fin au plus tard, pour obtenir une bonne récolte. Toute plantation faite plus tard diminue très sensiblement le produit et la qualité.

On plante les TUBERCULES ENTIERS ; les moyens et même les petits sont les plus productifs ; quand on n'a que des gros, il faut également les planter entiers.

En coupant les tubercules en morceaux on DÉTRUIT LA MOITIÉ DE LA RÉCOLTE. Dans certaines localités on va jusqu'à pelurer les pommes de terre ; on donne les tubercules aux animaux et l'on plante les pelures.

Il n'est pas d'année où l'on ne me demande en combien de morceaux il faut couper la semence et si les pelures peuvent réussir.

C'est bien entendu, il faut planter les pommes de terre entières, si l'on veut avoir une récolte sérieuse.

On plante en carré, dans les trous faits en quinconce, à la distance de 60 à 70 centimètres, suivant la vigueur des variétés.

Aussitôt les pommes de terre bien levées, on donne un binage énergique, mais aussitôt la levée ; l'époque de ce premier binage a une grande importance et concourt puissamment au succès de la récolte.

On donne le second binage trois semaines ou un mois après, par un temps sec, et lorsque la terre est bien saine.

Par ce second binage on butte ; mais entendons-nous sur le buttage. Il faut ramasser à chaque pied une épaisseur de terre de 15 à 18 centimètres, pas plus ; dans ces conditions les tubercules naissants sont suffisamment couverts et ils ne sont pas soustraits à l'influence de l'air, cause première de fertilité et de qualité.

Les buttages exagérés, comme on les fait dans certaines localités, n'ont d'autre résultat que de diminuer sensiblement la récolte en privant les racines d'air et de nuire à la qualité.

Un troisième binage sera rarement nécessaire dans le potager. Cependant, s'il repoussait de l'herbe après le second binage, il faudrait en donner un troisième.

La récolte ne doit se faire que lorsque les tiges sont complètement desséchées, et il faut toujours arracher par un temps sec et en plein soleil. Cela a une très grande importance pour la conservation.

Avant de mettre les tubercules en sacs, il est urgent de les laisser exposés plusieurs heures au soleil. C'est une des premières conditions de conservation.

POTIRON

Trois variétés à cultiver :

JAUNE GROS. — C'est le plus gros, mais aussi le moins bon.

ROUGE D'ÉTAMPES. — Plus foncé de couleur, un peu moins gros, mais d'excellente qualité.

VERT D'ESPAGNE. — Petit, à écorce verte, brodé, de qualité hors ligne.

On sème les potirons sur couche tiède en mars, pour les mettre en place, sur poquets, en mai. A la rigueur, on pourrait, si l'on ne tenait pas à la précocité, semer sur couche sourde en avril et mettre en place vers le 15 mai. Que le plant soit semé sous châssis ou sous cloche, on ne peut le mettre en place sans abris que dans la seconde quinzaine de mai. On peut encore semer en place en avril, mais avec une cloche ou au moins un pot à fleurs pour abris.

Le potiron est sensible au froid ; mais une fois que les gelées ne sont plus à craindre, on pourrait à la rigueur le cultiver en pleine terre. Il vaut mieux lui créer un sol artificiel à peu de frais ; voici comment on opère : vers le mois de mai, on creuse, dans le carré D du potager, à une distance de 2 mètres environ, des trous ronds, profonds de 35 à 40 centimètres et ayant un diamètre de 80 centimètres. On les emplit de fumier bien foulé et suffisamment arrosé ; on recouvre de 20 à 25 centimètres de bonne terre mélangée de terreau et l'on plante les potirons en motte au centre de ces espèces de petites couches. Quand on met les potirons en place avant le 15 mai, il est utile de les abriter la nuit avec une cloche en verre, une cloche économique, ou au moins un pot à fleur renversé, pour les garantir des gelées blanches, qui les détruiraient infailliblement. Quand on les met en place, il faut les priver d'air au moins pendant deux jours, pour assurer la reprise.

Le potiron demande une grande quantité d'eau ; il ne faut pas épargner les arrosements si on veut l'obtenir précoce et d'un beau volume. Plus on l'arrose, plus il devient gros et savoureux ; le potiron ne redoute pas deux et même trois arrosements à fond par jour, quand la saison est sèche.

La taille du potiron est bien simple. On laisse pousser la tige principale jusqu'à la longueur de 1^m,50 pour le *gros jaune* et 1 mètre pour le *rouge d'Étampes* et le *vert d'Espagne*. On pince pour faire développer les ramifications sur lesquelles apparaissent les *mailles* (fleurs femelles). Si l'on veut obtenir des potirons monstrueux, on ne laisse qu'un fruit sur le *gros jaune*, et deux si on ne tient pas à avoir des *monstres*. On peut en laisser deux et même trois sur le *potiron rouge d'Étampes* et le *vert d'Espagne*, supérieurs en qualité, mais bien moins volumineux.

Lorsque les fruits sont noués, on choisit les mieux faits et les plus avantageusement placés pour les conserver, et l'on sacrifie tous les autres. On taille la branche qui porte les fruits à deux yeux au-dessus du potiron, afin de le faire profiter de toute l'action de la sève, et l'on veille à ce qu'il ne se développe pas de nouvelles ramifications trop vigoureuses. S'il en vient, on les supprime.

On arrose copieusement, mais sans excès, jusqu'à ce que le fruit soit formé, et l'on augmente les arrosements dès qu'il est constitué, car alors le pied n'a jamais trop d'eau.

Il existe un moyen bien simple, et à la portée de tout le monde pour augmenter considérablement le volume des fruits : c'est de marcotter la tige 50 centimètres au-dessous de l'attache du fruit. On fait un trou de 25 centimètres de largeur, de 50 de longueur et de 30 de profondeur. On met environ 15 centimètres d'épaisseur de fumier consommé au fond ; on recouvre le fumier avec 3 ou 4 centimètres de terre ; on fixe la branche du potiron au fond de la petite tranchée avec deux crochets, et l'on recouvre complètement de terre. Quelques jours après, la partie de branche enterrée a émis des racines, et, ce nouvel appareil de racines donnant toute sa sève au fruit, son volume est considérablement augmenté. Le marcottage permet de conserver plus de fruits par pied, grâce aux appareils de racines que l'on crée.

On peut contre-planter les potirons avec quelques salades, si on les fait en petite quantité. Mais, dans les potagers où l'on en fait tout un carré, on peut le semer en haricots verts, et les récolter avant que les potirons n'aient envahi le terrain : c'est une récolte qui ne coûte rien ; mais il faut l'enlever dès qu'elle gêne les potirons.

Il faut toujours choisir un fruit très gros et très bien fait pour porte-graines, et le laisser mûrir sur le pied jusqu'à décomposition.

Quand la fabrique d'engrais est menée avec activité, on a toujours plusieurs tas de composts préparés à l'avance. On met dessus quatre ou cinq brouettées de terre, dans laquelle on plante ou l'on sème des potirons. Par ce moyen, aussi simple que peu coûteux, on fait des monstres pour la grosseur : c'est le mot.

Le meilleur de tous les potirons est le *vert d'Espagne ;* les gourmets devront cependant lui préférer pour les potagers le giraumont, et surtout la *courge de l'Ohio,* supérieure à toutes en qualité.

POURPIER

Une seule variété à cultiver :

LE POURPIER DORÉ A LARGES FEUILLES. — C'est une salade très appréciée dans certaines contrées, et surtout dans le Nord de la France. On peut avoir du pourpier pendant toute l'année en le cultivant sur couches et en pleine terre.

On sème sur couche tiède à la volée, de janvier à mars, sans recouvrir la graine. On l'appuie simplement sur le terreau avec la main ou avec un bout de planche.

Après la première coupe, on recharge d'une épaisseur de terreau de 1 centimètre, et l'on continue à récolter tant que le semis produit de bonnes feuilles.

En pleine terre, on sème le pourpier de mai à la

fin d'août, dans le carré B du potager. On sème à la volée, peu à la fois, mais souvent, quand on ne veut pas en manquer. Le pourpier ne donne guère que deux bonnes coupes, trois au plus.

On sème à la volée, et on recouvre la graine de 1 centimètre de terreau. Il faut arroser copieusement jusqu'à ce que le plant soit assez fort.

On colore le pourpier en l'arrosant légèrement deux ou trois fois par jour *en plein soleil*.

RADIS

Les meilleures variétés de radis sont :

ROSE A CHASSIS. — Rose foncé, rond, parfait de qualité. Précieux pour la culture sous châssis, en ce que les feuilles sont petites et peu nombreuses. Ce radis réussit également bien en pleine terre. Semer sur couche de janvier à avril, en pleine terre d'avril à septembre.

ROSE HATIF. — Excellent et très hâtif, rond, d'un joli rose. Semer au printemps et à l'automne en pleine terre.

ROSE BOUT BLANC. — Demi-long très joli et excellent de qualité, précoce, se conduisant bien en pleine terre et sous châssis. A semer pendant toute l'année sur couche et en pleine terre.

ROSE BOUT BLANC. — Rond, même qualité que le précédent.

ÉCARLATE. — Demi-long très bon, rouge vif et un peu piquant. A semer d'avril à septembre en pleine terre.

BLANC HATIF. — Rond charmant et excellent radis,

qualité hors ligne et des plus précoces, précieux pour
châssis et en pleine terre, où il est toujours le premier
mûr. A semer pendant toute l'année sur couche et en
pleine terre.

JAUNE D'ÉTÉ HATIF. — Rond jaune foncé, assez
précoce, bon et un peu piquant. Il fait diversion
dans les raviers. Semer en pleine terre d'avril à
août, et au besoin sur couche de janvier à mars.

GRIS D'ÉTÉ. — Rond, d'assez bonne qualité, même
culture que le précédent.

RAVE ROSE LONGUE. — Très cultivée jadis, bonne de
qualité, très longue. Semer en pleine terre d'avril à
juillet.

ROSE DE CHINE. — Des plus précieux dans un jardin
où il y a peu de châssis. On le sème au mois d'août,
à la volée, en pleine terre, dans une planche du carré
B, où il donne d'abondants radis pendant tout l'hiver
sans autre soin qu'une couverture de paille pendant
les plus fortes gelées.

Le radis de Chine ne gèle pas ; il se passerait de
couvertures, mais on ne pourrait pas le récolter sans
cette précaution, pendant les gelées. Il est un peu moins
fin que les variétés ci-dessus, mais bon cependant.

VIOLET D'HIVER. — Gros comme une betterave, à
chair très fine et de qualité supérieure, bien supérieur
au radis noir. Semer en pleine terre en mars, dans
le carré B du potager, pour arracher à l'automne et
conserver dans la serre à légumes ou à la cave pendant tout l'hiver, et en août, pour avoir des radis bons
à manger au printemps.

Radis noir d'hiver. — Bien inférieur en qualité et en volume au précédent. Même culture et mêmes époques de semis.

On ne doit jamais manquer de radis pendant onze mois de l'année au moins. Rien de plus facile en en semant peu et souvent, sur couches pendant l'hiver, et en pleine terre, dans le carré A du potager, pendant tout l'été.

On sème sur couche de novembre à avril, et en pleine terre pendant tout l'été. Mais, comme nous n'avons besoin que d'une très petite quantité de radis à la fois, on les sèmera le plus souvent en contre-plantation sur couches et en pleine terre, c'est-à-dire entre d'autres récoltes.

On sème des radis sur couches et sous châssis, de novembre à mars, entre des laitues, des choux-fleurs, etc., d'avril à septembre, en pleine terre dans le carré A, entre des choux, des artichauts, et sur petites parcelles de terre du carré D, qui ont servi aux divers semis de légumes, et même aux pépinières.

Quand on sème des radis sous châssis, il est urgent de bien remplir le coffre de terreau. S'il y a trop de vide, comme sous les châssis inclinés, on est envahi par les feuilles, et les radis ne se forment pas.

On peut faire une récolte de radis très précoce en pleine terre, en repiquant, à une place chaude et abritée, des radis semés sous châssis.

En repiquant le produit de l'éclaircissage des radis de châssis, en pleine terre, on obtient une seconde récolte, mûrissant après celle conservée sous châssis sans autre peine que quelques arrosements, et au besoin une cloche et même un simple paillasson posé dessus, si la gelée est à craindre.

Quand on n'a pas assez de châssis pour y cultiver des radis, on sème sur couche tiède et sous cloche et l'on repique en pleine terre, dans une plate-bande abritée. On obtient ainsi des radis très précoces. Le repiquage contribue à accélérer la formation de la racine.

Le radis demande beaucoup d'eau; il faut l'arroser au moins deux fois par jour en été, pour le conserver tendre et pas trop piquant. Quand on sème les radis en pleine terre, il est bon de battre un peu le sol avec le dos de la bêche ; ils sont toujours plus ronds, et mieux faits lorsque la terre a été légèrement battue.

Ne jamais oublier que, sans de fréquents et abondants arrosages, on n'obtient jamais, même avec les meilleures variétés, que des radis durs et piquants.

Les radis de *Chine, violet d'hiver* et *noir d'hiver* diffèrent seuls de cette culture et doivent être semés comme je l'ai indiqué plus haut, en désignant à chaque variété les époques des semis pour chacune d'elles.

On choisit pour graine les radis les mieux faits et on les repique à 30 centimètres de distance, dans le carré D du potager.

RAIPONCE

Excellente petite salade, précieuse pour les personnes qui manquent de couches et de châssis, en ce qu'on la récolte en pleine terre pendant l'hiver. On sème la *raiponce* à la volée, dans le carré B, en ligne entre les rangs de salades, comme contre-plantation, et en planches spéciales vers le mois de juin. La graine très fine doit être mélangée avec vingt fois son volume de terre, afin de pouvoir semer assez clair ; on la recouvre avec un peu de terreau de couche, et l'on arrose assidûment jusqu'à la levée.

On commence par récolter les raiponces qui ont été semées en contre-plantation et l'on conserve celles qui ont été semées en planches pour récolter à l'époque des gelées. Il suffit, pour récolter pendant tout l'hiver, de couvrir les planches de litières dès qu'il gèle. On soulève la couverture, et l'on récolte au fur et à mesure des besoins. On découvre complètement les planches quand il ne gèle pas.

La raiponce est peu cultivée, et c'est à tort, car c'est une précieuse ressource pour le rentier, le fermier, l'instituteur et le petit propriétaire.

RHUBARBE

La rhubarbe se multiplie par semis faits sur couche sourde ou en pleine terre, vers le mois de mars, ou par éclats de pieds. On repique en pépinière à 50 centimètres en tous sens, que la plante provienne de semis ou d'éclats de pieds. On bine et l'on arrose copieusement pendant tout l'été.

Au printemps suivant, on met en place dans le carré A, en quinconce, à 1 mètre en tous sens. On arrose beaucoup et souvent. La récolte des pétioles commence pendant l'été et continue l'année suivante.

SALSIFIS

Trois variétés à cultiver :

LE SALSIFIS BLANC. — De qualité remarquable et très rustique. Semer en août, pour récolter les racines à la fin de l'été suivant.

SCORSONÈRE. — Salsifis noir, bon de qualité, venant plus vite que le précédent. En le semant en mars, on peut le récolter l'hiver suivant.

SCOLYME D'ESPAGNE. — Espèce de salsifis à racine conique jaune brun, de qualité hors ligne, toujours tendre, jamais filandreux. C'est le seul devant être cultivé dans le jardin du propriétaire. Semer en août pour récolter les racines pendant l'automne et l'hiver de l'année suivante.

Le *scolyme d'Espagne* demande de la chaleur, lève mal, semé au printemps ; au mois d'août il réussit toujours.

On sème le salsifis blanc et le scolyme d'Espagne dans le carré A du potager, en août, et le scorsonère dans le carré B, par planches, en lignes distantes de 30 centimètres, vers le mois de mars, pour récolter les racines du salsifis blanc à la fin de l'été suivant, et celles du scorsonère à la fin de l'année même.

Quelques arrosements pour assurer la levée et la bonne végétation de la jeune plante, des binages pour ameublir le sol de temps à autre, tels sont les soins que réclament les salsifis. On peut les laisser, l'hiver, en pleine terre sans qu'ils en souffrent : les salsifis ne gèlent pas. Quand on veut les consommer pendant l'hiver, il est prudent de les arracher à l'époque des gelées et de les conserver à la cave, dans le sable, pour qu'ils ne fanent pas, ou de couvrir quelques planches avec de la litière, afin de pouvoir arracher quand il gèle.

SARRIETTE ANNUELLE

Plante aromatique, indispensable à la cuisine. On la sème au printemps, en bordures, dans le carré C ou dans le carré D ; on l'emploie verte pendant tout l'été ; et on l'arrache à l'automne, pour la faire sécher et la conserver ainsi tout l'hiver. La sarriette sèche conserve son arome.

SARRIETTE VIVACE, même emploi et même culture que la précédente.

THYM

A cultiver en bordures, dans les carrés C et D, par éclats de pieds plantés au printemps ou par semis au printemps.

La variété préférable est le *thym d'hiver*, très beau et très rustique.

THYM D'HIVER, est la variété préférable pour toutes les

cultures. Semer en pleine terre en avril et mieux en juillet pour obtenir des produits plus rustiques et de plus longue durée.

Le thym fait d'excellentes bordures dans les carrés B, C et D du potager.

TÉTRAGONE

La tétragone se sème sur couche tiède ou sourde, en février et mars, sous les climats du Nord, de l'Est et de l'Ouest et à la même époque, en pleine terre, dans le Centre et le Midi, pour mettre en place dans le carré B, aussitôt que les gelées ne sont plus à craindre. On plante les pieds à 75 centimètres de distance, et l'on arrose copieusement quand il fait sec. La récolte des feuilles commence en juin.

Cette plante peut au besoin remplacer les épinards sous le climat de l'olivier, où ils viennent mal; mais elle est loin de les valoir pour la qualité.

La production de la tétragone est considérable, et à ce titre elle peut être cultivée avec avantage partout où il existe un très nombreux personnel.

TOMATE

La tomate est un des meilleurs condiments que nous possédions; son usage s'est popularisé depuis quelques années, grâce aux progrès de l'horticulture; son produit est énorme; il dépasse celui de la pomme de terre. Rien n'est plus facile que de cultiver la tomate en pleine terre; la culture de primeur sous châssis est plus difficile, mais cependant accessible aux jardiniers de très moyenne force.

Sept variétés à cultiver :

NAINE TRÈS HATIVE. — Très petite, des plus hâtives, fruits abondants, moyens et d'excellente qualité, précieuse par sa petite taille et par sa précocité, pour la culture sous châssis. Semer sur couche de décembre à mars.

HATIVE A FEUILLES CRISPÉES. — Excellente variété, ancienne, des plus fertiles, fruits beaux et excellents, mais pourvus de côtes en dessous. Semer de mars à avril sur couche.

MONSTRUEUSE (Mikado). — Elle mérite son nom par son volume. Très bonne, mais plus tardive que la précédente, également à côtes en dessous.

Semer en février et mars, sur couche chaude.

A TIGE RAIDE. — Fruits énormes et excellents, tiges fortes, permettant au besoin de se passer de supports. Cette belle variété exige beaucoup de chaleur pour bien mûrir. On ne peut guère la cultiver avec succès que dans le Centre et le Midi. Semer sur couche en février et mars.

ROUGE GROSSE HATIVE. — Variété des plus méritantes, précoce et bonne de qualité.

PERFECTIONNÉE DE LEDRAN. — Du plus grand mérite, la plus grosse et la plus lisse de toutes. Très hâtive et très productive.

ROUGE GROSSE LISSE. — Variété également sans

côtes en dessous, très bonne, belle et moins hâtive que la précédente.

Ces deux variétés entièrement lisses sont très appréciées, surtout pour faire des tomates farcies. (Même époque de semis que les précédentes.)

Pour obtenir des tomates de primeur, on sème la *naine hâtive et la rouge grosse hâtive*, en décembre et en janvier, sur couche chaude et sous châssis, pour repiquer en pépinière sur couche un peu moins chaude ; repiquer encore en pépinière à plus grande distance, sur une troisième couche avant de les mettre en place. Ces repiquages successifs ont pour but d'empêcher la plante de pousser trop en feuilles et de hâter sa fructification ; ils sont nécessaires, surtout pour les tomates destinées à mûrir sous châssis, car elles ont toujours une grande tendance à pousser trop rapidement.

Vers le mois de février, on met les tomates en place, sur couche, huit pieds placés en quinconce par panneau. On paille aussitôt après la plantation, et on entretient les réchauds pour conserver une chaleur égale, puis on couvre la nuit avec des paillassons, et on donne de l'air toutes les fois que la température le permet.

On supprime les ramifications trop nombreuses, afin de laisser circuler l'air dans la tige et d'accélérer la fructification. Dès que trois branches, quatre au plus, sont bien garnies de fruits, on pince l'extrémité des tiges et l'on supprime toutes les autres. La sève tout entière du pied doit être employée au profit des fruits noués, sur les trois ou quatre branches conservées. Toute végétation nouvelle doit être supprimée au profit des fruits.

En opérant ainsi avec la *tomate naine hâtive et la rouge grosse hâtive*, on obtient des fruits mûrs, cela est vrai ; mais il ne faut pas compter obtenir, sous châssis, des fruits aussi savoureux qu'en pleine terre, surtout sous le soleil. Il en est, du reste, de même pour tous les produits obtenus artificiellement : ils ne valent jamais ceux venus naturellement, et dans leur saison.

On peut encore obtenir des tomates de très bonne heure, et celles-là de la meilleure qualité, sous les climats du Nord, de l'Est et de l'Ouest, en les mettant en place au bord des couches de melons de saison, du côté du Nord ; elles servent d'abri aux melons, éloi-

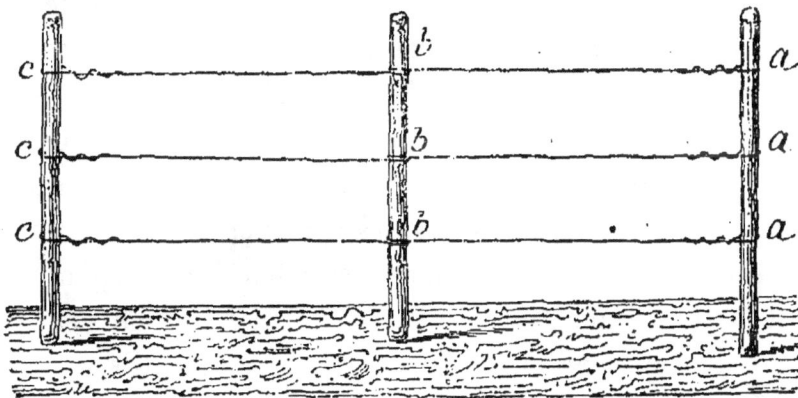

Fig. 176. — Palissade pour les tomates.

gnent les insectes par leur odeur, et donnent des fruits bien avant les tomates mises en place en pleine terre.

On place des piquets de 80 centimètres de hauteur tous les 2 mètres, et l'on divise cette hauteur en trois. On relie les piquets ensemble par trois fils de fer tortillés autour de chaque piquet, et disposés ainsi : le premier à 20 centimètres du sol, le second à 30 centimètres du premier, et le troisième à 30 centimètres du second (fig. 176). On raidit ces fils de fer à la main, chose facile en les bouclant au premier piquet (*a*, fig. 176), puis on fait faire un tour de fil de fer sur le second piquet, en le serrant le plus possible à la main (*b*, même figure), et de même sur les piquets suivants jusqu'au dernier où on les arrête avec une boucle (*c*, même figure).

On plante les pieds de tomates à 80 centimètres de distance contre cette palissade ; on les attache au fur et à mesure qu'ils grandissent, sur des fils de fer, comme une vigne, en ayant soin de bien étaler les branches, de laisser une certaine distance entre elles, et de supprimer celles qui viendraient obstruer la lumière. On conserve de 5 à 6 branches latérales, que l'on espace de 20 à 25 centimètres ; on supprime toutes celles qui poussent devant et derrière, comme celles qui naissent ensuite sur les côtés. La charpente est facile à faire ; elle doit être établie comme celle d'un arbre, et ne jamais donner asile au fouillis.

Quand les fruits sont bien noués, on palisse sévèrement toutes les branches sur les fils de fer ; on les pince toutes sans exception lorsqu'elles atteignent le dernier fil de fer, et l'on supprime impitoyablement toutes les pousses nouvelles. On arrose très copieusement lorsque les fruits sont bien formés et l'on supprime les feuilles lorsqu'ils commencent à rougir.

Cette palissade abrite les melons des coups de vent du nord, et est littéralement couverte de tomates vers le mois de juillet. On ne met les tomates en place à l'air libre qu'à la fin de mai, lorsque les gelées ne sont plus à craindre, ou, si on les met en place dans le courant d'avril, on abrite la nuit avec une cloche jusqu'en mai.

Pour les cultures en pleine terre, on établit également trois fils de fer sur des piquets, les lignes distantes de 1^m,20, et l'on met les tomates en place en quinconce, à la distance de 80 centimètres, vers le 15 mai, et on paille aussitôt après la plantation. On arrose copieusement pour la reprise, et l'on suspend un peu les arrosements au moment de la floraison, pour les redoubler quand les fruits ont atteint la grosseur d'une noix. La taille est la même que la précédente ; et il faut l'opérer énergiquement si l'on veut récolter beaucoup, c'est-à-dire dépenser toute la sève au profit des fruits, en supprimant toutes les pousses nouvelles, et avancer la maturation de ceux-ci en les exposant à l'action des rayons solaires, c'est-à-dire en coupant toutes les feuilles qui les ombragent aussitôt que les fruits ont atteint leur grosseur.

Cette installation de piquets, très économique, double la récolte des tomates, en établissant des lignes bien éclairées et exemptes de fouillis. Il y a avantage à adopter cette culture sous les climats du Nord, de l'Est et de l'Ouest.

Il reste toujours sur les tomates de pleine terre une certaine quantité de fruits verts à l'approche des gelées. On les cueille avec précaution, et on les met sur de la paille sèche, dans une pièce où il ne gèle pas ; ils achèvent de mûrir ainsi.

On met les tomates en place dans le carré B ; quand on en fait une planche spéciale, il est urgent de la pailler avec soin. On peut contre-planter les tomates avec des salades. On peut aussi contre-planter des planches de salades, déjà paillées, avec des tomates.

Dans le Centre et le Midi on pourra se contenter de palisser les tomates sur un échalas. On établit trois lignes sur une planche, une au milieu et les deux autres à 80 centimètres de distance. On plante les pieds à 60 centimètres de distance, et en quinconce, sur ces lignes.

On attache la tige principale sur l'échalas, et l'on supprime toutes les autres au fur et à mesure de leur développement.

Cette culture est des plus faciles : elle n'exige pas de main-d'œuvre, évite l'effeuillement et donne encore des produits assez élevés.

Quand on veut récolter de la graine de tomate, on choisit des pieds vigoureux ayant le collet gros, et on les plante dans le carré D. On arrose seulement pour assurer la reprise, et l'on donne peu d'eau.

Toutes les tiges latérales sont supprimées au profit de la tige mère, que l'on conserve seule ; quand les fruits sont bien noués, on supprime les plus petits

d'abord ; lorsqu'ils ont atteint la moitié de leur grosseur, on supprime encore ceux qui ne sont pas irréprochables de forme, pour ne conserver que les fruits
d'élite, qu'on laisse mûrir sur le pied jusqu'à ce qu'ils
se décomposent.

On donne un peu d'eau de temps en temps, pendant
l'accroissement du fruit, mais peu, et le moins souvent possible, si l'on tient à récolter les meilleures
semences.

SEPTIÈME PARTIE

CHAPITRE PREMIER

LES INSUCCÈS

Il n'y a pas de médaille sans revers : le jardinage a les siens ; ils sont nombreux, cela est incontestable, mais il ne faut pas les exagérer. Je croirais manquer à ma mission toute d'initiative et de progrès, et laisser mon œuvre incomplète si, après avoir indiqué des moyens aussi simples que faciles pour réussir à coup sûr, je ne signalais les écueils contre lesquels mes adeptes peuvent se heurter.

Pour réussir à coup sûr en horticulture, il faut quatre choses : SAVOIR, VOLONTÉ, PERSÉVÉRANCE et ACTIVITÉ.

Le SAVOIR est des plus faciles à acquérir, pour les propriétaires surtout, avec des livres aussi pratiques que l'*Arboriculture fruitière*, *Parcs et Jardins* et celui-ci. Il faut les étudier, les posséder à fond, et ensuite appliquer, mais seulement quand on est bien pénétré de son sujet et ne s'en rapporter qu'à soi pour faire appliquer à la lettre.

Sans le savoir, il est inutile de faire des essais, sur les dictons et les préjugés en vigueur chez les praticiens, ils seront tous infructueux.

Quelques leçons pratiques terminent l'étude de mes livres et font gagner un temps précieux, quelquefois perdu en tâtonnements, aux personnes entièrement étrangères au jardinage. A défaut de leçons pratiques, il ne faut pas se décourager devant quelques petits embarras inhérents au début. Un peu d'expérience pratique, et quelques conseils que je donne toujours avec plaisir les feront disparaître. Mes éditions récentes ont été revues avec assez de soin, ne donnant plus de leçons pour rendre même les conseils inutiles.

Il est incontestable que les jardiniers, pris à une certaine distance de Paris, loin des jardins-écoles et des villes où l'on donne des cours, ne savent rien en horticulture. Tout leur savoir consiste à bêcher et à ratisser. Est-ce leur faute? Évidemment non, puisque, avec la meilleure volonté du monde, ils n'ont jamais été à même d'apprendre. Cet état de choses est regrettable, assurément; mais rien n'est plus facile que de le faire cesser. C'est la mission des propriétaires, qui peuvent se procurer nos livres avec la plus grande facilité, ont tout le temps de les étudier, et les comprendront beaucoup mieux qu'un homme illettré.

Les propriétaires possèdent le capital et l'intelligence; ils ont le temps; c'est donc à eux qu'il appartient d'étudier ce que leurs jardiniers n'ont pu apprendre, et de les éclairer dans leurs opérations avec une saine théorie.

Cela est d'autant plus profitable aux propriétaires éloignés de Paris, qu'ils ont le plus souvent à leur service de bons et loyaux serviteurs, ne demandant qu'à contenter leur maître, à rester chez lui le plus longtemps possible, et à suivre la direction qu'il voudra bien leur donner.

La VOLONTÉ est le plus puissant auxiliaire du savoir. L'homme ne possédant pas la volonté ne doit jamais rien entreprendre ; il sera constamment le jouet de ses serviteurs, la dupe de toutes les convoitises, et le hochet destiné à amuser temporairement toutes les nullités. Il faut, pour réussir, non seulement vouloir, mais encore avoir l'énergie de persévérer dans sa résolution.

La PERSÉVÉRANCE doit être la compagne inséparable de l'étude et de la volonté ; elle est aussi utile que le savoir. Il ne suffit pas de commencer une chose, de la mettre vigoureusement en train, pour l'abandonner aussitôt qu'elle paraîtra marcher, ou devant la première difficulté. Il faut savoir persévérer dans la voie tracée, ne jamais abandonner la direction, et apprendre à aplanir les difficultés. L'opération la mieux lancée périclite dès lors que la direction fait défaut.

L'ACTIVITÉ est le complément du savoir, de la volonté et de la persévérance. Quand l'activité manque, chez le propriétaire comme chez le jardinier, l'avenir est gros d'échecs et de déceptions de toutes sortes.

L'activité, si utile pour mener toute chose à bonne fin, est indispensable en culture, où, malgré tout le savoir possible, on a constamment à lutter contre l'imprévu : les intempéries, les maladies, l'invasion des insectes, les animaux destructeurs, etc., et où l'avance dans tous les travaux est le premier garant de succès.

Les insuccès en horticulture proviennent presque tous du manque de savoir, de l'outrecuidance ou de la paresse : opposez-leur le savoir, la volonté, la persévérance et l'activité, vous en triompherez bien facilement.

Que fait le plus souvent un propriétaire quand il veut créer un jardin ? Sans connaissances exactes et ignorant même les premiers principes de l'horticulture, il commence par agir : bâtir des murs, défoncer, planter à tort et à travers, etc. ; et après cinq ou six années d'impuissants efforts, lorsqu'il a dépensé dix fois la somme nécessaire pour faire un excellent jardin et perdu six années, il vient nous demander la cause de son échec.

La cause est presque toujours la même : ignorance absolue des premiers principes de culture, ignorance complète des besoins des plantes à cultiver. L'œuvre commencée sans réflexion et souvent exécutée avec précipitation est un amas de contradictions, de choses hurlant ensemble, une macédoine de balourdises devant laquelle, quoi qu'il m'en coûte, je suis forcé de dire : *Il faut détruire tout cela et recommencer.*

C'est l'histoire de beaucoup de propriétaires ; disons aussi que le plus souvent ils ont été guidés dans leurs opérations par les conseils de praticiens et de fournisseurs inspirés par l'ignorance, et plus souvent encore par la cupidité.

Combien encore avons-nous vu de propriétaires intelligents suivre nos cours avec ardeur, et abandonner entièrement l'exécution à l'ignorance, et quelquefois au mauvais vouloir ? Échec ! échec par leur faute ; il fallait persévérer, continuer ce qu'ils avaient commencé, et surtout faire exécuter à la lettre.

D'autres commencent bien, font tout faire, et débutent par des succès, qui se changent bientôt en revers lorsque, enthousiasmés par une première réussite, ils croient n'avoir plus rien à apprendre, ne doutent de rien, et se livrent à des essais fantaisistes, jusqu'à ce que les revers viennent les rappeler à la raison.

D'autres enfin, après avoir bien débuté, modifient sans cesse une méthode basée sur les lois naturelles, ou s'en écartent, obsédés qu'ils sont par les conseils de la routine et des *brouillons* horticoles ne sachant rien à fond, mais bavardant sur tout, jugeant ce qu'ils ne connaissent pas, parlant sans cesse et conseillant toujours.

Maintenant qu'il n'y a plus de professeurs, le *brouillon horticole* est plus à craindre que jamais ; il apparaît quelquefois sous la forme d'un jardinier s'intitulant professeur, le plus souvent sous celle d'un marchand horticulteur ou pépiniériste, n'ayant pour but que le débit de sa marchandise, et capable de tout pour l'écouler ; au besoin il ruinerait un propriétaire pour empocher quelques sous.

Commençons donc par acquérir les connaissances

qui nous manquent, sachons vouloir : quand nous aurons pris une décision, persévérons dans la voie où nous nous engageons et apportons l'activité à notre entreprise ; elle sera infailliblement couronnée de succès.

Les exemples de ce que j'avance ne sont pas rares à présent. Quantité de propriétaires ont appris et voulu faire : ils ont obtenu les plus prompts et les plus brillants résultats. Bon nombre de jardiniers ont travaillé, suivi nos cours et sérieusement étudié nos livres : et, grâce à ce qu'ils ont appris, ils donnent à leurs maîtres une abondance de produits d'élite qui leur était inconnue.

Malgré tous les succès obtenus, avec tout le savoir possible et la meilleure direction du monde, n'oublions jamais que nous aurons toujours à lutter contre quatre causes principales d'échec :

1° Les semis mal faits, et surtout faits en temps inopportun ;

2° Les influences atmosphériques ;

3° Les maladies ;

4° Les animaux nuisibles et les insectes qui, depuis quelques années, pullulent et menacent de tout détruire.

Avec un peu d'attention, d'intelligence et d'activité on parvient à lutter victorieusement, mais il faut s'occuper sérieusement des choses, prendre la peine de les examiner et non abandonner le sort de ses cultures au hasard.

CHAPITRE II

LES SEMIS MAL FAITS

Rien de plus déplorable qu'un semis mal fait et mal soigné. Les meilleures semences lèvent imparfaitement, quelquefois pas du tout, et le peu qui lève ne fournit que du plant de rebut.

Si nous ajoutons à ce premier vice la déplorable habitude de tout semer au printemps, c'est-à-dire à cette époque ce qui doit l'être dans l'été, et souvent l'erreur de semer au printemps les graines devant l'être pendant l'été, et dans l'été celles du printemps : alors l'échec est complet. C'est le plus fréquent, et j'ai cherché par tous les moyens possibles à l'éviter à mes lecteurs dans cette nouvelle édition du *Potager moderne*.

Je me suis étendu longuement sur les semis et la manière de les pratiquer et de les soigner. (Voir pages 249 et suivantes.)

De plus, j'ai donné plusieurs fois, et avec intention, l'époque des semis, afin d'éviter les erreurs ; j'ai ajouté en outre ces époques dans l'*Almanach Gressent* de chaque année.

Il faut donc, pour réussir, semer dans les conditions

que j'indique, et à l'époque également indiquée : *à
cette époque, et non deux mois plus tard.*

Les semis des mois de juillet et d'août sont les plus
négligés, et ce sont les plus importants. Quand ces
semis n'ont pas été faits à temps, c'est la disette de
tout dans le potager, et des produits défectueux pendant toute l'année.

On veut se rattraper et l'on sème au printemps ce
qui aurait dû l'être l'été précédent, en disant : « Cela
viendra tout de même. » La moitié des graines demandant de la chaleur pourrit sous une température froide, et le peu qui réussit donne quels résultats ?

Disette de choux, d'oignons, de salades d'hiver
et de printemps ; des laitues, des épinards. du persil,
de l'oseille, etc., montant à graine aussitôt sortis de
terre, tous produits uniquement bons à garnir le râ-
telier des lapins, des chèvres et de mesdames les mères
des veaux.

Redisons encore une fois ce qu'il faut semer en
juillet et août, pour assurer une abondante production dans le potager.

CAROTTES ROUGES COURTES DE HOLLANDE A CHASSIS. —
En pleine terre, pour donner des carottes nouvelles
pendant tout l'hiver et au printemps, sans autre peine
que de les couvrir avec de la paille pendant les grandes
gelées.

CERFEUIL. — Il ne monte pas semé à cette époque.

CHICORÉE DE LA PASSION, DE MEAUX ET SAUVAGE. —
Cette dernière pour qu'elle ne monte pas.

SCAROLES. — Les quatre variétés, pour en avoir pendant tout l'hiver.

CHOUX CABUS. — Toutes les variétés, pour les récolter au printemps et pendant l'été.

CHOUX-FLEURS NAIN D'ERFURT, DEMI-DUR DE PARIS, DE SAINT-BRIEUC ET DUR D'ANGLETERRE.

BROCOLIS. — Les trois variétés.

RUTABAGAS. — Toutes les variétés.

CRESSON DE JARDIN. — Pour qu'il ne monte pas et donne d'abondants produits, pendant l'hiver et au printemps.

ÉPINARDS. — Toutes les variétés pour qu'ils ne montent pas.

FRAISIERS. — Toutes les variétés.

HARICOTS FLAGEOLET D'ÉTAMPES. — FEUILLES GAUFRÉES et FLAGEOLET DE PARIS, pour prolonger, jusqu'à la dernière extrémité, la récolte des haricots verts et en grains verts.

LAITUES ROUGE D'HIVER, PASSION, GROSSE BRUNE et CORDON ROUGE. — Passant l'hiver en pleine terre sans couverture. — Plus : GOTTE, GOTTE LENTE A MONTER, CRÊPE. — Ces dernières variétés pour hiverner sous châssis ou sous cloches.

ROMAINES VERTE D'HIVER ET ROUGE D'HIVER.

MACHES. — Toutes les variétés.

NAVETS. — Toutes les variétés.

OIGNON BLANC HATIF. — Pour repiquer avant l'hiver, afin de récolter en mars, avril et mai, des oignons excellents, pendant que ceux conservés poussent, se vident et ne valent plus rien.

OSEILLE. — Toutes les variétés. Semées à cette époque, elles produisent le double et ne montent pas.

PERSIL. — La même chose.

PISSENLITS AMÉLIORÉS. — Toutes les variétés, pour en avoir de bons à lier pendant l'été.

POIREAUX. — Toutes les variétés pour récolter des poireaux au printemps et pendant l'été.

POIS DE CLAMART TARDIFS et MERVEILLE D'AMÉRIQUE. — Pour récolter d'excellents petits pois, jusqu'aux gelées.

POURPIER. — Pour les coupes d'automne.

SALSIFIS BLANC. — Pour récolter à la fin de l'été suivant.

RADIS ROSE DE CHINE. — Pour récolter en pleine terre des radis excellents pendant tout l'hiver. Cette variété, la seule qui ne peut se semer qu'en août, est une précieuse ressource pour l'hiver.

RADIS VIOLET D'HIVER ET NOIR D'HIVER. — Semer tous deux pour récolter au printemps.

Lorsque nous aurons pu décider ce que l'on est convenu d'appeler les *praticiens* (prononcez *manouvriers*) à faire les semis d'août, et surtout à les soigner comme je l'indique, le potager sera toujours riche en excellents produits. Mais, comme les prétendus *praticiens* lisent peu, et ne réfléchissent guère, je désespère de la cure tant que le maître ne prendra pas la peine d'étudier mes livres, et de commander en maître, malgré toutes les objections qui lui seront faites sur les *habitudes locales*, *le sol local*, l'influence de la *lune* sur les *semis*, *la direction du vent*, et autres balivernes propagées par la DÉESSE PARESSE, qui marche *fraternellement* sur le cœur de sa sœur *bien-aimée*, la DÉESSE RAISON.

CHAPITRE III

INFLUENCES ATMOSPHÉRIQUES
PRÉCAUTIONS A PRENDRE

Une grande partie des insuccès en jardinage est due à l'insouciance et à l'oubli total des précautions à prendre à l'approche des changements de temps. Nous n'avons pas la prétention de prédire le temps qu'il fera, jour par jour, comme feu Mathieu Læns-berg, ou défunt Mathieu de la Drôme, mais de mettre tous ceux qui s'occupent de culture en garde contre les changements de température annoncés par des indices à peu près certains.

L'humidité, la gelée, la neige, le vent, les orages, la grêle sont des ennemis redoutables, qu'il n'est pas toujours facile de combattre, mais dont on peut cependant atténuer les effets désastreux, avec un peu de prévoyance et surtout beaucoup de vigilance.

L'HUMIDITÉ est pernicieuse pour les cultures de primeur faites sous châssis et sous cloches, pour celles sous châssis surtout ; elle fait pourrir les plantes. Quand il y a absence de soleil trop prolongée, il faut redoubler de précaution, surtout lorsque les pluies sont continuelles.

On essuie tous les jours l'intérieur des vitres des châssis et des cloches ; la vapeur qui se condense à l'intérieur est dangereuse : elle amène la pourriture chez presque toutes les plantes. Aussitôt que le soleil apparaît, il faut donner de l'air ; si la température est douce, on enlève complètement les châssis pendant une ou deux heures pour laisser évaporer l'humidité, et l'on ne replace les cloches ou les châssis que lorsqu'ils sont bien secs.

La déplorable habitude de barbouiller les châssis et les cloches avec du blanc est dangereuse en tout temps, en ce qu'elle fait étioler les plantes ; mais elle est désastreuse quand des pluies de longue durée surviennent : le manque de lumière fait tout pourrir.

Les vitres des châssis et les cloches doivent toujours être très claires, afin de laisser pénétrer la lumière, sans laquelle les plantes ne *peuvent vivre*. Quand le soleil est ardent, on donne de l'air, on ombre avec des toiles à abris ou de la paille bien sèche, et au besoin on enlève les abris pendant quelques heures.

Lorsque les pluies sont de longue durée, il faut établir des pentes tout autour des couches, pour que l'eau s'écoule au fur et à mesure et ne pénètre pas par le pied ; trop d'humidité les empêche de fermenter et de donner de la chaleur.

La GELÉE détruit tout quand on n'est pas en mesure de la combattre et qu'on se laisse surprendre par elle.

Dès la mi-octobre, on doit préparer tout son matériel de couvertures pour s'en préserver. Les coffres et les châssis doivent être en bon état, les cloches nettoyées, les paillassons raccommodés, la litière transportée auprès des dernières cultures de pleine terre, pour s'en servir au premier indice de gelée.

Les planches de haricots tardifs, de salades, etc., peuvent achever leur végétation en pleine terre, même avec des petites gelées pendant la nuit, en ayant la précaution de les couvrir tous les soirs. Il suffit pour cela de placer des piquets hauts de 30 à 35 centimètres de distance en distance, de les relier par une gaulette ou un fil de fer, et de jeter un paillasson dessus tous les soirs, pour l'enlever dès que le soleil apparaît.

Il est des indices annonçant à l'avance et d'une manière presque certaine les changements de temps (cela dit sans la moindre pensée de concurrence à défunt Mathieu Lænsberg, ni à feu Mathieu de la Drôme).

Nous avons fait ces remarques en cherchant à lire ce qu'il nous est donné de comprendre dans le ciel, et en observant les animaux dont l'instinct est moins souvent en défaut que l'intelligence de l'homme. C'est peu flatteur pour l'homme assurément, mais l'expérience m'oblige à dire la vérité. Je constate le fait dans toute sa brutalité, et en fais mes excuses bien sincères à mes semblables.

Quand les oies et les canards sauvages passent par bandes, en se dirigeant du Nord-Est au Sud-Ouest ; c'est un signe certain de gelée quelques jours après, comme leur passage du Sud-Ouest au Nord-Est est un pronostic assuré de dégel.

Des brouillards épais et continus précèdent presque toujours les gelées.

Lorsqu'à l'entrée de l'hiver le vent est stationnaire au Nord-Est, que le temps réste clair et que les étoiles brillent de tout leur éclat, on doit s'attendre à une gelée forte et de longue durée.

Dans ce cas, on doit se tenir prêt à tout couvrir, et doubler les couvertures des châssis à l'apparition de ces signes ; il faut découvrir avec le même empressement aussitôt le dégel, mais en gardant toujours les abris sous la main, s'il y a recrudescence subite de froid.

La NEIGE est redoutable pour les cultures sous châssis ; elle ne surprend jamais : l'épaisseur dc l'atmosphère l'annonce plusieurs jours à l'avance.

Il est prudent alors de couvrir soigneusement les châssis et les cloches avec des paillassons qu'on laisse déborder de 50 centimètres tout autour pour préserver les couches et les réchauds de la neige. Si l'on est riche en paillassons, on abrite également toutes les couches ; au besoin, faute de paillassons, des planches, de vieux volets, etc., peuvent servir à cet usage ; le point capital est de préserver les couches des atteintes de la neige.

Aussitôt qu'il ne neige plus, on enlève les abris

pour les débarrasser de leur charge de neige ; on balaye, on nettoie soigneusement, et de manière à ce qu'il ne reste pas un atome sur les couches ni autour.

La neige est loin d'être nuisible dans le jardin fruitier et même dans le potager ; elle contribue puissamment à la destruction des insectes et à la conservation des plantes.

Les VENTS violents causent aussi d'assez grands dégâts dans le potager. On doit toujours être en garde contre eux, en ayant soin de ramer à temps les pois, haricots, etc., et d'attacher à des tuteurs les plantes susceptibles d'être brisées ou renversées. Lorsque ces précautions sont prises à l'avance, le vent ne fait que tourmenter les plantes et les détruit rarement.

Un ciel moutonné, floconneux, annonce du vent ; quand le vent est très mobile, et que le couchant se colore fortement en rouge, c'est signe de tempête.

Lorsqu'un vent violent a régné toute la journée et tombe au coucher du soleil, il reprend presque toujours le lendemain à son lever.

Les vents du Nord amènent des gelées passagères ; ceux du Nord-Est des gelées persistantes.

Les vents d'Ouest amènent de la pluie, ceux du Sud-Ouest de l'orage et quelquefois de la grêle.

Le baromètre indique quelques jours à l'avance les changements de temps.

Un jardinier studieux et attentif doit toujours avoir un baromètre chez lui, et l'observer chaque jour.

L'ORAGE cause des dégâts considérables, par la violence de la pluie et par les bourrasques qui l'accompagnent. Le potager peut être ravagé à la fois par le vent, par la grêle et par l'inondation.

Les orages surprennent rarement pour qui veut prendre la peine d'observer le temps. Ils sont d'autant plus violents quand ils viennent après les grandes chaleurs et une sécheresse prolongée. Dès qu'ils sont indiqués dans l'atmosphère, il faut tout attacher solidement, tenir toutes les couvertures prêtes pour les châssis, et à tout événement, avoir des paillassons à portée, pour garantir les vitres de la grêle, et les couches de trop d'humidité.

Si le jardin a été un peu négligé, il est utile, avant l'orage, de parcourir tous les carrés avec une houe, et d'ouvrir à l'avance des rigoles, pour faciliter l'écoulement des eaux dans les allées. Il arrive quelquefois que, pressés par le travail, les nivellements n'ont pas été rétablis auprès des couches et dans les carrés ; souvent un carré tout entier est inondé, et la récolte perdue.

L'orage s'annonce toujours par de gros nuages qui s'amoncellent, et par une lourdeur excessive dans l'atmosphère.

Lorsque les étoiles perdent subitement leur clarté, quand il n'y a pas de nuages dans le ciel, c'est signe d'orage.

Avant l'orage, les vents, très mobiles d'abord, tombent tout à coup.

Les animaux, à défaut de baromètre, nous donnent les indications les plus certaines :

Les coqs chantent la nuit plus que de coutume ;

Les oies et les canards sont inquiets, voltigent avec extravagance et folâtrent dans l'eau ;

Les hirondelles volent bas, et les martinets très haut ;

Les abeilles rentrent de bonne heure ;

Les chauves-souris voltigent très bas, et cherchent asile dans les bâtiments ;

Les mouches et les moustiques sont plus importuns que de coutume, et piquent avec fureur les hommes et les animaux.

Quand, à la suite d'un orage, les pluies doivent durer pendant longtemps, les animaux de la basse-cour nous l'indiquent d'une manière certaine :

Les poules, les plus intelligents des volatiles, qui s'empressent de rentrer à l'approche du gros temps, se font tremper, et mangent outre mesure, quand la pluie doit durer toute la journée ou plusieurs jours de suite. Quand, au contraire, elles n'ont à redouter qu'une ondée, elles restent à l'abri pendant que la pluie tombe.

La GRÊLE est quelquefois la compagne ou plutôt la conséquence des orages. C'est un fléau redoutable en tout temps. Elle apparaît presque toujours pendant les giboulées de mars et d'avril ; mais alors elle tombe quelques minutes, et le plus souvent en petite quantité. On peut alors conjurer ses effets désastreux avec quelques paillassons jetés sur les châssis et les cloches. Lorsque la grêle tombe à la suite des orages de mai, juin et juillet, elle arrive par avalanches et détruit tout ; on tient toujours des paillassons prêts pour couvrir les châssis et les cloches ; on parvient à sauver les vitres et les récoltes qu'elles abritent ; mais toutes les cultures de pleine terre souffrent énormément quand elles ne sont pas détruites.

Les grêles qui ont produit les plus grands ravages sont toujours venues pendant les étés les plus chauds. De cette observation la nécessité de se mettre en garde contre ce fléau, et de tenir toujours prêts, à l'approche de l'orage, des paillassons, pour sauver au moins les récoltes des couches, si l'on ne peut faire mieux.

Le jardinier doit sans cesse observer le temps ; il est urgent qu'il ait toujours, pour aider ses observations :

1° Une girouette bien posée, pour observer les vents ;

2° Un baromètre indiquant les changements de temps ;

3° Un thermomètre indiquant exactement la température.

Le baromètre indique quelques jours à l'avance les révolutions atmosphériques.

Le thermomètre marque d'une manière exacte la température ; lorsqu'il est dans le voisinage de 0, il faut couvrir le soir : il gèlera dans la nuit ou à coup sûr le matin ; lorsque dans le jour, par un beau soleil, il marque 12 degrés au-dessus de 0, on peut ouvrir les châssis du côté du soleil ; à 15 ou 16 degrés, on les enlève complètement pendant une ou deux heures.

Indépendamment de ces principales remarques, il est une foule d'indices annonçant les changements de temps, qu'il est toujours utile d'observer.

Lorsque la lune et les étoiles sont entourées d'un cercle brumeux, c'est signe de pluie dans quelques jours.

Quand il éclaire le soir par un temps chaud, et qu'il n'y a pas de nuages au ciel, c'est signe de chaleur' et de sécheresse.

Un brouillard épais, après une pluie d'été, annonce le retour du beau temps.

Lorsque le brouillard remonte pendant le beau temps, c'est signe de pluie.

Lorsque le couchant est chargé de gros nuages, c'est signe de pluie dans quelques jours ; quand le soleil se couche dans des nuages épais, c'est presque toujours de la pluie pour le lendemain ou le surlendemain.

Plus modeste que nos astrologues modernes, nous donnons ces indications à peu près sûres pour ceux qui voudront observer et étudier, autant qu'il est donné à l'homme de le faire, dans le grand livre de la nature, toujours ouvert pour ceux qui veulent travailler, approfondir et s'élever par l'intelligence.

Nous croyons être sage en conseillant à tous de s'en tenir à ces indications, en engageant tous ceux qui font de la culture à observer, et à compléter nos renseignements, sous chaque climat, par l'étude et l'observation. C'est assez pour parer aux désastres, et c'est, je le crois, tout ce que l'homme a le droit d'espérer.

Loin de ma pensée de décourager qui que ce soit **dans des recherches plus ou moins téméraires ; mais**

je crois que les astrologues modernes ont des prétentions trop élevées en cherchant à prophétiser. Ils ont
voulu faire trop, et se sont trompés en moyenne
quatre fois sur cinq, dans leurs prédictions.

Nous allons volontiers au merveilleux ; c'est le défaut dominant du peuple français. Il abandonne facilement une chose praticable, presque certaine, pour
courir après une fiction ou une impossibilité, annoncée
avec un grand renfort de grosses caisses ou de phrases
aussi sonores que vides. Tout cela ne change rien à
l'ordre naturel des choses. Il est une puissance au-dessus de l'intelligence de l'homme : celle de Dieu ! Qu'il
s'incline donc devant elle, se contente d'étudier ce
qu'il lui est donné d'épeler dans le grand livre de la
nature, s'en tienne à ce qu'il pourra y comprendre :
le vrai et le possible, et se garde bien de l'abandonner,
pour tomber dans le domaine de la fantasmagorie,
qui n'engendre que ruine et déception.

CHAPITRE IV

MALADIES

Les maladies qui attaquent les légumes causent
quelquefois de grands ravages dans le potager ; elles
méritent d'être prises en sérieuse considération.

Disons cependant qu'à part les épidémies, comme la maladie de la vigne et celle des pommes de terre et des tomates, qui se produisent pendant les étés pluvieux, la plupart des maladies ont pour cause première une mauvaise culture ou le manque de soins nécessaires.

En principe, les maladies, comme les insectes, s'attaquent toujours aux sujets faibles, souffreteux, manquant de la nourriture indispensable, ou placés dans un sol qui ne convient pas à leur nature. Quand on cultivera les légumes d'une manière plus rationnelle, quand les conditions de nourriture que chaque catégorie réclame leur seront données, grâce à l'assolement de trois et quatre ans, lorsque le sol recevra les façons nécessaires données avec des instruments énergiques, les maladies seront beaucoup moins fréquentes, et les attaques des insectes bien moins redoutables.

Je donne pour preuve de ce que j'avance les marais de Paris, où la culture est arrivée à son apogée : on n'y voit jamais de légumes malades. On ne voit pas de maladies non plus dans les plaines des environs de Paris, où des fumures copieuses et des assolements rationnels sont adoptés par les paysans, pour la culture des légumes.

Une foule de maladies provenant de l'affaiblissement de la plante ont uniquement pour cause l'emploi de mauvaises semences, comme on en récolte trop dans les terres abondamment fumées et exemptes de calcaire, ou dans le voisinage des arbres, leur ombre empêchant la graine de se former ; ces graines ayant mûri difficilement sont mal constituées, ne produisent que des sujets dégénérés, faibles, qui deviennent forcément la proie de toutes les maladies et de tous les insectes.

C'est le cas d'une foule de *praticiens*, voulant faire leurs graines eux-mêmes, et les plaçant dans des conditions excellentes pour la production des feuilles, mais déplorables pour celle de la graine.

Les principales maladies à redouter dans le potager sont :

La *chlorose*, qui n'est autre chose qu'une atonie des tissus végétaux, causée par la pauvreté du sujet, le manque d'engrais, et quelquefois par l'excès d'humidité, et souvent par les mauvaises herbes qui étouffent les légumes et favorisent la multiplication des insectes.

On guérit la chlorose avec un stimulant : le sulfate de fer employé en dissolution dans l'eau, dans la proportion de deux grammes par litre. Il est urgent de peser le sulfate de fer, et non de le doser à peu près ; employé en trop grande quantité, il brûle les feuilles au lieu de stimuler les forces végétatives. En outre, il faut prendre de l'eau de pluie ou de rivière, et jamais d'eau de puits, trop dure, privée de propriétés dissolvantes, et employer la préparation aussitôt le sulfate de fer fondu ; quelques minutes après, il se décompose en oxyde de fer : il n'agit plus en cet état. Dès que la dissolution prend une teinte de rouille, elle est bonne à jeter.

On asperge les feuilles le soir, après le coucher du soleil, deux ou trois fois, à quatre jours d'intervalle. Le lendemain de l'application du sulfate de fer, qui est excitant, il est utile d'administrer un tonique, si l'on veut guérir radicalement la plante, c'est-à-dire un arrosement à l'engrais liquide, afin de lui fournir les aliments qui lui manquent. Au besoin, on ajoute un peu de sulfate de fer à l'engrais liquide.

La *pourriture* est causée par l'excès d'humidité, lorsque le sol renferme des eaux stagnantes à la surface ou que le jardin est trop *fourré* pour permettre à l'air et à la lumière de pénétrer.

Les plantes se couvrent de taches brunes, qui grandissent très vite et les décomposent en quelques jours. Lorsque la pourriture est due à la présence d'eau stagnante dans le sol il faut drainer ; mais, lorsqu'elle provient du manque d'air et de lumière, il faut débarrasser les carrés du potager des fouillis qui l'ombragent. Pas de culture de légumes ou de graines possible dans le voisinage des arbres.

Les *chancres* apparaissent au collet du pied des melons, après le pincement de la tige ou de mauvaises amputations dans la taille, des arrosements trop fréquents ou des pluies continuelles, quand on a négligé d'abriter le pied.

On enlève toute la partie de la tige attaquée avec un greffoir, et l'on cautérise la plaie avec un peu de plâtre en poudre ou de cendre.

La *jaunisse* apparaît dans les terres légères, à la suite des chaleurs. Elle atteint presque tous les légumes. Les choux surtout en souffrent beaucoup, et périssent quelquefois.

Cette maladie, due à l'excès de sécheresse, n'apparaîtra jamais dans un potager soumis à l'assolement de quatre ans, où les engrais, l'eau et les paillis font rarement défaut.

L'*étiolement* provient du manque de lumière. On l'évitera sur les plantes mises en place, en détruisant le *jardin fouillis*, c'est-à-dire en créant un potager suivant mes indications, et dans les semis en les faisant assez clairs ou en lignes pour que les plantes puissent végéter.

La plupart des maladies, comme on le voit, proviennent du manque de soins et d'une mauvaise culture. Elles sont très rares dans nos potagers. Une culture rationnelle est le premier remède : de l'air, de la lumière, de l'engrais et de l'eau, bien distribués, préservent les plantes de la plupart des accidents.

Restent les épidémies :

La *lèpre*, appelée aussi *blanc des feuilles* et *meunier*, apparaît toujours lorsque l'humidité est surabondante, et quelquefois quand l'air et la lumière font défaut. Elle envahit les courges, les épinards, les haricots, les tomates, les melons, etc. etc.

Quand la lèpre est causée par le manque d'air et de lumière, qu'elle se déclare au milieu des fouillis, elle n'est qu'accidentelle et il est facile de la guérir.

Le premier soin doit être d'éclaircir et d'éclairer les plantes malades. On donne ensuite aux feuilles un ou deux soufrages, comme à la vigne atteinte par l'oïdium, et aux racines un ou deux arrosements à l'engrais liquide. Cela suffit pour en avoir raison sur les courges, les melons, les épinards, etc. etc. Mais, quand cette maladie prend les proportions d'une épidémie sur les haricots, les tomates et les pommes de terre, dans les années humides, il faut d'abord employer les préservatifs et ensuite opérer énergiquement, à l'aide des moyens curatifs.

Moins prétentieux que défunt Mathieu Læensberg et feu Mathieu de la Drôme, nous ne nous targuons pas de savoir à l'avance si l'été sera sec ou pluvieux. Dans l'ignorance absolue de l'avenir, la prudence nous conseille d'employer les préservatifs. Le plus puissant est le sulfate de fer, agissant non seulement comme préservatif, mais encore comme curatif quand la maladie est déclarée.

J'ai toujours été partisan du sulfate de fer, et l'ai souvent employé dans les cas suivants où il m'a donné les résultats les plus concluants :

1° Pour désinfecter les engrais ;

2° Augmenter la puissance des engrais en y introduisant un stimulant ;

3° En aspersions sur les feuilles pour combattre la chlorose, dans la proportion de 2 grammes par litre d'eau ;

4° En arrosages mélangés avec de l'engrais liquide dans la proportion de 4 grammes par litre de liquide pour combattre la chlorose, la langueur, etc. ;

5° En arrosage avec de l'eau de pluie ou de rivière,

dans la proportion de 3 à 4 grammes par litre d'eau, pour combattre les mêmes maladies. Ces arrosages sont donnés alternativement avec ceux à l'engrais liquide, tous les cinq ou six jours.

A l'aide des aspersions sur les feuilles et des arrosages au sulfate de fer et à l'engrais liquide, j'ai rétabli quantité d'arbres que l'on croyait perdus ;

6° Dans le potager pour les légumes dont la végétation était lente, dans la proportion de 2 grammes par litre d'eau. Après deux ou trois arrosages au sulfate de fer donnés à 4 ou 5 jours d'intervalle, la végétation était splendide ;

7° Pour augmenter le volume des fruits à pépins ; trois immersions au sulfate de fer dans la proportion de 2 grammes par litre d'eau, suffisent pour augmenter leur volume d'un tiers. (Voir *l'Arboriculture, fruitière*, 10ᵉ édition, pour la pratique de cette opération.)

Pour tous les emplois précédents, il faut réduire le sulfate de fer en poudre, avec un marteau, ou l'écraser sur une table avec une bouteille ou un rouleau, afin qu'il se dissolve immédiatement dans l'eau, et employer aussitôt la dissolution ; quand on attend qu'elle ait pris une couleur de rouille, l'effet est considérablement diminué.

Il est avéré aujourd'hui que le sulfate de fer ajouté au fumier détruit les germes des parasites des végétaux ; il est non moins avéré, après les expériences les plus positives faites en France et en Angleterre, que l'introduction du sulfate de fer dans le sol conjure

efficacement la *rouille du blé* et la maladie des pommes
de terre et les empêche de se déclarer.

Donc, il sera toujours profitable d'ajouter aux engrais quelques kilogrammes de sulfate de fer. Le
mode d'emploi le plus simple sera de l'écraser pour
le faire dissoudre dans l'eau, et d'arroser le fumier
avec, au fur et à mesure que l'on monte le tas pour
que toutes les parties soient bien mouillées : 20 à
30 grammes de sulfate de fer dans 10 litres d'eau sont
suffisants.

Cette opération si simple et si facile à exécuter
aura pour résultat :

1° D'augmenter la valeur des engrais ;

2° De leur enlever toute mauvaise odeur ;

3° De détruire le germe des parasites des végétaux,
dont la naissance est toujours favorisée par les engrais.

On ne peut que gagner à l'introduction du sulfate
de fer dans les engrais et dans le sol. En admettant
même qu'il ne détruise pas les germes des parasites
des végétaux, bien que ce soit prouvé, il aura toujours
pour effet d'augmenter la valeur des engrais, et d'activer la végétation.

Devant le fait accompli dans toute sa brutalité, on
ne peut nier l'évidence.

Donc, si nous voulons préserver les pommes de
terre et les tomates de la maladie qui les détruit
presque entièrement pendant les étés humides, nous
devrons opérer ainsi :

Écraser le sulfate de fer pour le réduire presque en

poudre, et le semer également sur le sol, dans la proportion de CENT KILOGRAMMES PAR HECTARE ; DIX KILO-
GRAMMES PAR ARE ; DIX GRAMMES PAR MÈTRE (cela me
paraît clair).

Dans la plaine on enfouira avec le scarificateur ;
dans les jardins on donnera un hersage énergique
avec la fourche crochue, on labourera aussitôt après
et l'on plantera ensuite.

Comme préservatif, on devra encore donner un
arrosement énergique au sulfate de fer, à tous les
paillis apposés sur les planches de tomates, et sur
celui des couches et poquets plantés de melons et de
concombres, surtout si les fumiers n'ont pas été arrosés
au sulfate de fer. *Deux grammes* par litre d'eau seront suffisants. Avec deux arrosages donnés à huit
jours d'intervalle tous les germes renfermés dans
les fumiers seront détruits.

Voilà pour les opérations préservatrices; si on applique à la lettre, comme je viens de l'indiquer, les
maladies se produiront bien rarement. Si elles apparaissent, on essayera d'abord du traitement au
sulfate de fer; on n'emploiera le cuivre qu'à la dernière extrémité, non le sulfate de cuivre, des plus
dangereux pour la santé, surtout entre les mains de
gens peu habitués à manier des poisons et à les doser,
mais L'AMMONIURE PAR TOURNURE DE CUIVRE de M. *Bel-
lot des Minières*, sans aucun danger pour la santé, et
avec laquelle le mildew (mildiou) a été combattu si
victorieusement. (Voir *l'Arboriculture fruitière*,
10e édition, et l'*Almanach Gressent* de 1889 pour la

préparation de l'ammoniure par tournure de cuivre.)

Si malgré les précautions que je viens d'indiquer la maladie se produisait, elle ne sévirait pas avec intensité. Deux ou trois arrosements au plus au sulfate de fer (2 grammes par litre d'eau) seraient suffisants pour la faire disparaître du moins sur les épinards, les haricots, les melons, les concombres, et peut-être sur les pommes de terre.

Malheureusement, peu de personnes prévoient les maladies; on ne fait rien pour en préserver les plantes, et le plus souvent c'est quand elle est à son apogée et que tout est perdu que l'on songe à nous demander un remède, c'est-à-dire quand rien ne peut plus être efficace.

Pour les pommes de terre, on pourra essayer, dans les jardins, l'arrosage au sulfate de fer (2 grammes par litre d'eau), mais il faut le donner aussitôt que les feuilles se tachent, et non quand elles sont toutes décomposées; alors il n'y a plus rien à faire. Si le sulfate de fer arrête l'envahissement des feuilles, il faudra donner encore deux ou trois arrosements. Dans le cas contraire, il faudra avoir recours à *l'ammoniure par tournure de cuivre*, mais opérer avant la décomposition des feuilles.

L'action du cuivre sur les parasites est indéniable, mais elle est non moins dangereuse pour les hommes et pour les végétaux. L'empoisonnement des uns et des autres se produit plus ou moins lentement; mais il a toujours lieu.

Il en a été du sulfate de cuivre comme de la Tour

Eiffel ; il a donné lieu à un engouement sans bornes. Des gens, oubliant souvent de payer leur boulanger, donnent gaiement trois francs pour monter à la Tour Eiffel ; ils se croiraient déshonorés s'ils ne faisaient pas comme tout le monde.

Dès que l'efficacité du sulfate de cuivre a été connue, tout le monde l'a prodigué par poignées, et Dieu sait quels accidents il en est résulté pour les hommes, pour les végétaux, et qui en résulteront plus tard pour le sol qui, dans un temps peut-être prochain, peut se trouver partiellement empoisonné et refuser toute végétation pendant plusieurs années.

Ces considérations me font un devoir d'abandonner complètement le sulfate de cuivre dans les jardins et de le remplacer par le sulfate de fer, dont l'action est préconisée pour la destruction des parasites des végétaux, et au besoin par l'ammoniure par tournure de cuivre, à la dernière extrémité.

CHAPITRE V

CONSERVATION DES ANIMAUX UTILES
DESTRUCTION DES ANIMAUX NUISIBLES

Nous avons en culture de cruels ennemis parmi les
quadrupèdes, les oiseaux et les insectes. Il est incontestable qu'il en faut détruire beaucoup ; mais il en
est d'autres que nous avons le plus grand intérêt à
conserver, et que l'on détruit le plus souvent avec un
acharnement barbare.

LES QUADRUPÈDES

Commençons par les animaux à conserver parmi
les quadrupèdes : •

Le *hérisson* est le plus puissant auxiliaire du cultivateur, pour la destruction des limaçons, des limaces
et des loches. Non seulement on ne doit pas le détruire, mais on doit s'efforcer de l'attirer et de le
multiplier dans les jardins.

Mettez deux hérissons dans un jardin infesté de
limaçons et de loches, vous en serez débarrassé au
bout de quinze jours, et un mois après vous serez
forcé de nourrir vos hérissons pour les conserver ; ils

auront mangé toutes les limaces et toutes les loches.

Rien n'est plus facile que de se procurer des hérissons. Presque tous les chiens d'arrêt, un peu habitués à buissonner, les chassent, vous les indiquent à l'arrêt et ensuite à la voix, quand ils se replient sur eux-mêmes. Les chiens solides au rapport sont souvent assez adroits pour les apporter.

Si vous avez le chien que j'indique, votre provision de hérissons sera bientôt assurée, quand vous voudrez bien lui faire battre, dans un bois, les endroits bas et humides.

Lorsque les hérissons ne trouveront plus à manger dans le jardin, donnez-leur un peu de la soupe des chiens pour toute nourriture, et cinq ou six fagots posés en tas par terre pour logement. C'est tout ce qu'ils exigent, et vous serez délivré à tout jamais des limaçons et des loches.

La *belette* n'est pas aussi nuisible que l'on veut bien le dire. Elle déniche bien quelques nids d'oiseaux ; mais en échange elle détruit des quantités considérables de mulots. Les défauts de la belette sont bien compensés par ses services. Quand on n'a pas de lapins ou de volailles trop près du jardin, il y a profit à la respecter.

Parmi les quadrupèdes nuisibles nous devons faire une guerre acharnée aux *lapins*, aux *loirs*, aux *taupes*, aux *rats* et aux *mulots*.

Le *lapin* est peut-être le plus redoutable de tous. Il dévore tout ce qui existe dans le potager, comme dans le jardin fruitier ; il mange de préférence les semis, pèle les arbres pendant les neiges quand les feuilles lui font défaut, et les fait périr.

Lorsqu'il y a des lapins dans un parc, on ne saurait trop prendre de précautions, même quand le potager et le jardin fruitier sont clos de murs. Dans ce dernier cas, il faut avoir des portes bien ajustées, sans jour en bas, et les tenir constamment fermées depuis quatre heures du soir jusqu'au lendemain huit ou neuf heures, c'est-à-dire pendant tout le temps que le lapin est sur pied.

Quand le potager n'est pas entièrement clos de murs, il est presque impossible de se défendre complètement des lapins.

Le plus sûr est de clore la partie ouverte avec un grillage serré, de la hauteur de 1ᵐ,20 au moins. Si les lapins sont peu nombreux, le potager sera préservé ; mais, s'il y en a beaucoup, quelques-uns sauteront par-dessus le treillage. Je l'affirme, en ma qualité de vieux chasseur, bien que l'on dise généralement que *le lapin ne saute pas.*

Le treillage doit avoir 1ᵐ,50 de hauteur ; les 30 centimètres excédants sont enterrés presque horizontalement en dehors du mur, pour les empêcher de gratter et de passer en dessous. On le pose au bord d'un fossé dont le talus est revêtu d'une maçonnerie solide et ne laisse de trous nulle part.

Mais, avec cette précaution, il faut encore, pour s'en garer, inquiéter constamment les lapins dans les environs du potager : les chasser, les traquer et les tirer continuellement.

Une excellente mesure qui réussit souvent est d'avoir deux ou trois roquets, les plus petits possible, pour qu'ils abîment moins le jardin ; tous chassent le lapin ; on les laisse nuit et jour au potager. On leur construit une niche dans laquelle on les enferme toute la journée et on les laisse libres pendant la nuit. Ils sont sans cesse aux aguets, et éloignent les lapins dès qu'ils apparaissent.

On défend avec succès les écorces des arbres fruitiers de la dent du lapin en les chaulant tous les ans à l'approche des neiges, à la hauteur d'un mètre. Le lapin n'attaque jamais le tronc d'un arbre couvert de chaux.

Après le lapin, notre plus cruel ennemi pour les espaliers est le loir.

Le *loir* entame tous les fruits au fur et à mesure qu'ils mûrissent. Il n'en mange jamais un entier ; mais, en échange, il les grignotte tous, les uns après les autres. Deux ou trois loirs seulement gâchent la récolte de tout un jardin.

Il est facile de les détruire avant qu'ils n'attaquent les fruits. Pour cela, il ne faut qu'un peu de soin, d'activité, et surtout rester sourd aux préjugés des masses, qui disent naïvement : *Le loir mange pendant la saison des fruits, et dort tout le reste de l'année!*

Le loir ne dort pas après la récolte des fruits ; il se retire dans les trous des murs, et surtout dans les vieux bâtiments, où il se nourrit de grain et de viandes quand il en trouve.

Il faut d'abord, même quand on n'a pas de loirs,

boucher soigneusement tous les trous des murs du jardin, pour ne pas laisser d'asile à ceux qui seraient tentés d'y venir de loin, pendant la saison des fruits, et des pêches surtout.

Si vous avez des bâtiments en mauvais état près du jardin fruitier et du potager, vous pouvez être certain que les loirs y passeront l'hiver. Tendez tout simplement des ratières amorcées avec du *lard grillé*; vous les prendrez jusqu'au dernier pendant tout l'hiver. Les figues sèches sont aussi une excellente amorce pour les loirs ; quand, on tend plusieurs ratières, on peut les amorcer avec du lard et avec des figues. Le remède est infaillible : il m'a toujours réussi ; et j'affirme que le loir ne dort pas pendant tout l'hiver, à moins qu'il ne mange du lard et des figues en *rêvant*. J'en ai pris avec du fromage de Gruyère, mais je préfère le lard grillé et les figues.

Quand on n'a rien fait pour détruire les loirs avant la maturation des fruits, il faut en délivrer le jardin aussitôt qu'ils apparaissent.

A la première pêche mangée, il faut les détruire pour sauver non seulement les pêches, mais encore les poires, qui mûrissent ensuite. C'est une chasse d'affût, durant vingt minutes, à faire pendant une semaine, et l'on est débarrassé de ces terribles rongeurs.

Le loir sort au crépuscule et vient toujours sur la crête du mur. Il suffit de se placer à 10 mètres du mur avec un fusil chargé à cendrée ou mieux une carabine Flobert de fort calibre, qui n'abîme pas les arbres, et d'y rester tant qu'il fait assez clair pour tirer. Inutile de se cacher : le loir n'est pas fuyard ; il passera à un mètre de vous sans se déranger de son chemin.

Avec un peu de persévérance tout est détruit en moins d'une semaine, même quand il y en a beaucoup, ce qui est rare. Leurs ravages sont tels qu'on exagère toujours beaucoup l'estimation du nombre.

Les *taupes* sont plus nuisibles qu'utiles. On a voulu les conserver et même les multiplier, sous prétexte qu'elles mangeaient les vers blancs. C'est possible ; mais cela n'est pas certain, et elles bouleversent tout le jardin en y détruisant toutes les cultures. Nous avons un moyen infaillible de détruire le ver blanc : l'enfouissement des déchets de laine : donc la taupe, même si elle le mange, ce qui n'est pas prouvé, n'est que nuisible.

La taupe fouille à la surface du sol quand il est humide. Dans ce cas, on la prend avec la plus grande facilité avec un crochet; on la traverse ou on l'enlève au moment où elle fouille. Rien n'est plus facile, sans perdre grand temps à la guetter.

La taupe est d'une exactitude militaire ; elle fouille quatre fois par jour : à six heures du matin, à midi, à quatre heures et à six heures du soir. Soyez aussi exact qu'elle et vous ne l'attendrez pas cinq minutes, si toutefois vous vous y prenez bien. La taupe est très fine ; elle fait de nombreux *regards*, des trous pratiqués dans les allées et sur le bord des planches. Avant de fouiller, elle vient voir si rien ne la dérangera. Si vous êtes à la guetter avant l'heure, elle vous a vu, et ne fouillera pas. En outre, la taupe perçoit tous les sons avec une finesse inouïe ; il faut marcher avec la plus grande précaution, sous le vent et presque retenir votre respiration. Si elle vous entend, sent votre pipe ou votre cigare, elle ne fouillera pas tant que vous serez là ; mais, aussitôt parti, elle bouleversera tout.

On prend assez facilement les taupes avec des pièges ; jusqu'à présent, j'avais recommandé, à l'exclusion de tout autre, l'ancien piège à taupes, à pincette, comme le meilleur et le plus pratique, malgré l'inconvénient d'en placer deux dans les galeries, pour prendre la taupe à l'arrivée ou au retour.

Les inventeurs d'objets agricoles et horticoles, en boutique et en chambre, m'avaient présenté tant de modèles aussi stupides qu'impossibles, que j'ai dû m'en tenir à ce qui était pratique et efficace.

J'en étais là lorsque M. Rousselet, inspecteur des forêts à Saint-Gobin, a eu l'obligeance de m'envoyer un piège à double effet dont il a obtenu les meilleurs résultats.

Aussitôt arrivé, j'ai posé mon piège, et le soir j'avais pris deux taupes avec. Il ne pouvait venir plus à propos : je finissais de créer un nouveau jardin dans un champ infesté de taupes.

Le lendemain, j'achetai à Paris douze de ces pièges, avec lesquels je me suis débarrassé de toutes mes taupes ; en moins de six semaines, il en a été pris plus d'un cent.

Ce piège se compose de deux barres parallèles re-
courbées à chaque bout, et formant pincettes. Ces
deux barres sont reliées par une poignée, pourvue d'un
ressort, obligeant les pincettes à se fermer; l'anneau
se place au milieu.

Ce piège offre les avantages suivants :

1° De prendre infailliblement la taupe, de quelque
côté qu'elle vienne ; 2° de se perdre rarement, puisque
la poignée sort de terre et se voit assez bien ; 3° de voir,
sans le déranger, s'il est tendu ou non ; 4° d'être plus
vite posé que les anciens, en étant beaucoup plus sûr.

Quelques précautions sont utiles pour opérer avec
un plein succès.

On tend le piège d'abord, sa longueur est de
10 centimètres environ. On découvre avec précaution la
galerie de la taupe sur cette longueur, et l'on y place
le piège, en la dégradant le moins possible. N'oublions
jamais que la taupe est très fine, et se défie de tout.

Le piège posé, nous placerons verticalement et exté-
rieurement de chaque côté deux morceaux d'ardoise,
ou deux petites planchettes de sa longueur, puis
on le recouvre avec de la terre en mottes pour empêcher la lumière de pénétrer. Si vous laissez du jour,
la taupe ne passera pas.

Ce piège est le meilleur de tous. Remerciements
bien sincères à M. Rousselet de me l'avoir fait connaître. A ma reconnaissance s'ajoutera bientôt celle
de toutes les personnes qui en feront usage.

Ce piège, depuis que je l'ai recommandé, est devenu
populaire ; on le trouve à peu près partout.

Les galeries souterraines des taupes sont souvent à une grande profondeur. C'est leur grande route ; elles y passent toujours pour se rendre à de grandes distances. Quand on les a découvertes, on y place un piège, et on les prend facilement, au départ ou à l'arrivée.

Quand on a trouvé une bonne galerie de taupes, on en prend un nombre considérable à la même place, elles y passent toutes. Le piège étant enterré complètement, on y place un petit bâton piqué en terre, au dessus, afin de le trouver sans chercher.

N'oublions point le petit bâton pour marquer la place. Les praticiens vous diront : *Monsieur, je n'ai pas besoin de ce bâton ; je sais ben ousque mes pièges sont !* En suivant cette pratique par trop confiante dans l'infaillibilité de la mémoire, en moins de huit jours, de deux douzaines de pièges il vous en restera deux ou trois à peine.

Un nouveau moyen non pour détruire, mais pour chasser immédiatement, les taupes du jardin quand elles y font trop de dégâts. C'est un moyen très simple, fort employé en Belgique où une personne des plus sérieuses et des plus dignes de foi m'affirme qu'il donne les meilleurs résultats :

« Il suffit, dès qu'une taupinière se forme, de découvrir l'entrée de la galerie, et d'y introduire une baguette longue de 20 à 50 centimètres, bien trempée dans du goudron. La taupe s'enfuira aussi loin que possible, et ne reviendra plus tant qu'il restera une apparence d'odeur de goudron. »

Je n'ai pas encore fait l'essai de ce procédé si simple et si facile à mettre à exécution, mais il mérite d'être pris en considération ; en éloignant la taupe on met fin à ses ravages, souvent irréparables quand ils se produisent dans des semis ou des pépinières de légumes ou de fleurs.

On doit donc faire emploi de la baguette goudronnée tout d'abord, et au besoin poser un piège double un peu plus loin dans la galerie.

M. *Le Dain*, agronome bien connu dans le monde agricole de nos départements de l'ouest, indique le procédé suivant de destruction des taupes. Je n'ai pu encore l'expérimenter ; cependant je me fais un devoir de communiquer à mes lecteurs ce nouveau moyen et laisse la parole à M. *Le Dain :*

« Derrière la charrue, au moment des labours, ou lors des défoncements à la bêche du potager, on ramasse avec soin les lombrics (vers de terre). Ces vers sont laissés dans un vase quelconque, et pendant un jour environ, se dégorger de la terre qu'ils renferment. On les retire ensuite ; puis, on les place dans un autre vase où on les saupoudre légèrement de noix vomique (30 grammes environ suffisent pour *écuellée* de vers). Quand les vers ont séjourné une demi-journée avec la noix vomique, ils sont bons à employer.

Si l'on tient à économiser la préparation, en raison du nombre considérable des taupes à détruire, il sera utile de passer d'avance dans le potager et de presser avec le pied les galeries que les taupes pourraient y avoir récemment creusées. On dépose alors un ver dans chacune de ces galeries souterraines.

Toutefois, une précaution est *indispensable* pour éviter de nombreux insuccès. Chacun sait que le sens de l'odorat est des plus développés chez la taupe. Il est dès lors de *toute nécessité* de ne pas déposer le ver *avec la main* ; la taupe *sentirait*, en effet, le contact de l'homme et rebrousserait aussitôt chemin sans toucher à l'appât friand qui lui est offert.

Le *mieux* est d'avoir un *bout de bois* de la grosseur du pouce, avec lequel on fait, dans le passage en question, un trou où l'on dépose le ver, qui *doit être pris* dans *l'écuellée* avec une *cuiller en bois*.

On recouvre alors le trou avec une motte de terre ou un caillou, afin que la taupe ne soit pas mise en éveil par l'air et la lumière, qui, sans cette précaution, pénétreraient dans la galerie.

Il se pourra, surtout si les taupes sont nombreuses, que toutes n'aient point trouvé de vers empoisonnés et que quelques-unes aient ainsi échappé. On n'aura, dès lors, qu'à recommencer l'opération.

Ce procédé a été employé concurremment avec plusieurs taupicides : seul, il a donné des résultats probants et des plus prompts, en raison du poison violent contenu dans la noix vomique. Il a, en effet, l'avantage sur tous les taupicides, d'offrir un poison énergique sous l'apparence d'un appât friand pour la taupe. — Dans les pièces et dans les jardins traités par ce moyen, on n'a rien revu, pas même le lendemain, ce qui prouve l'énergie et la prompte efficacité de l'empoisonnement.

Le procédé est à la portée de tous, puisque la noix vomique se trouve chez tous les pharmaciens ; il est, en outre, d'un prix peu élevé : le jardinier trouvant chez lui le *principal aliment* (ver) pour allécher la taupe.

J'ai dès lors la ferme conviction que mes adeptes n'hésiteront pas à l'employer et qu'ils se feront un devoir et un plaisir de faire connaître ce procédé aussi simple qu'énergique.

Les *rats* et les *mulots* sont à redouter dans les jardins ; ils y causent des ravages énormes, en mangeant pendant l'hiver les racines des arbres, et pendant le printemps et l'été les semis de pois, de fèves, et les fruits.

Il n'est pas rare de voir des semis entiers de pois et de fèves entièrement mangés par les rats et les mulots.

On en prend bien quelques-uns avec des ratières, des souricières, des cloches enterrées à fleur du sol et à moitié remplies d'eau, dans lesquelles ils se noient ; mais on ne les détruit pas. Le poison seul peut en débarrasser le jardin.

Il est dangereux de se servir de poisons violents, et plus dangereux encore de les laisser entre les mains de gens qui ne savent ni les employer, ni prendre les précautions nécessaires. On est sans cesse exposé à des accidents ou à des désagréments ; c'est ce qui fait, avec raison, rejeter le poison par la majeure partie des intéressés.

Depuis que je connais le *tord-boyau* et l'ai expérimenté avec succès, j'y reviens et je conseille plus que jamais l'empoisonnement avec cette composition, poison violent pour tous les rongeurs, et que les animaux domestiques ne mangent pas.

Avec gros comme une noisette de *tord-boyau* sur des morceaux de tuile, exposés aux endroits où l'on s'aperçoit des déprédations des rats et mulots, on en est débarrassé en trois ou quatre jours.

Si vous ne voulez pas employer les poisons, et que le *tord-boyau* vous fasse défaut, voici un moyen bien simple d'empêcher les rats et les mulots d'approcher des semis de fèves et de pois.

MOYEN DE GARANTIR LES SEMIS DE POIS ET DE FÈVES DES RATS ET DES MULOTS

Une quantité de personnes m'ont écrit pour me demander un moyen de garantir leurs semis de pois et de fèves, ravagés et quelquefois détruits par les mulots.

Rien de plus simple : si vous voulez bien appliquer à la lettre ce que nous faisons en grande culture, jamais les rats ni les mulots n'approcheront de vos pois ni de vos fèves.

Conservez bien précieusement pendant toute l'année vos vieux journaux, et tous les papiers inutiles possibles, pourvu qu'ils soient blancs. Au printemps vous en aurez une assez jolie collection ; c'est avec cela que vous vous garantirez des rats et des mulots.

Vous ferez piquer tout autour des carrés ou des

planches semés en fève ou en pois des petites baguettes
de 40 à 50 centimètres de hauteur, un peu inclinées,
et à la distance d'un mètre environ entre elles ; vous
placerez également des baguettes tous les mètres dans
la longueur des planches.

Cela fait, vous diviserez vos vieux papiers par carrés
de la grandeur d'une feuille de papier à lettre, vous les
froisserez au milieu, les serrerez avec un bout de
ficelle, en laissant les deux extrémités presque dé-
ployées, puis vous attacherez un carré de papier ainsi
préparé à l'extrémité de chaque baguette, avec un
bout de ficelle long de 10 centimètres environ, afin
que le moindre souffle d'air agite vos papiers.

Jamais les rats, qui détruisent un semis de fèves en
deux ou trois nuits, et les mulots, qui mangent la
moitié des pois dans le même laps de temps, n'oseront
franchir les papiers ; s'ils en approchent, ils se sauve-
ront à toutes pattes, aussitôt qu'un papier remuera.

Mais, je ne saurais trop le dire, il faut que les papiers soient suspendus à un bout de ficelle long de dix
centimètres, pour que le moindre souffle les agite.

J'insiste parce que des personnes auxquelles j'avais
indiqué ce moyen ont trouvé plus simple de fendre
les baguettes au bout et de faire entrer les papiers
dans les fentes. Dans ces conditions, les rats et les
mulots en ont eu peur d'abord ; ils les ont regardés
pendant quelques jours et, les voyant immobiles, ils
ont passé à côté et ont dévasté les semis.

Il faut que les papiers soient sans cesse agités,
comme les banderoles d'étoffe que l'on place autour

des enceintes des bois pour empêcher les biches et les chevreuils d'en sortir.

LES OISEAUX

Presque tous les oiseaux doivent être conservés ; il y a même bénéfice énorme pour le cultivateur et l'horticulteur à en favoriser la multiplication, dût-on en tuer une certaine quantité à des époques déterminées.

Les OISEAUX DE PROIE, objets de la convoitise des chasseurs parisiens, ne sont pas les moins utiles. La *buse*, le *chat-huant*, l'*émouchet*, le *tiercelet*, le *hibou*, et même la *chouette* rendent des services signalés à la culture, en détruisant des quantités considérables de mulots, et même de rats ; c'est leur principale nourriture, et ce qu'ils en consomment est inimaginable, pour qui n'a pas visité les repaires de ces oiseaux.

La *buse* et l'*émouchet* se rendent bien coupables de quelques larcins à l'endroit des perdreaux, cela est incontestable ; mais les agriculteurs ont grand bénéfice à leur abandonner quelques perdreaux en échange de la masse de rongeurs qu'ils détruisent.

La *chouette* elle-même, souvent redoutable dans le voisinage des colombiers, détruit plus de deux mille rongeurs par an. Il faut évidemment tuer celles qui s'introduisent dans les colombiers et y mangent les pigeonneaux, mais épargner celles qui s'en tiennent à distance.

La fouine pénètre plus souvent dans les colombiers et presque toujours ses déprédations sont mises sur le compte de la chouette, qui, la plupart du temps, se contente de prendre et de *croquer* les rats et les souris qui se promènent sur les toits.

Les *corbeaux* et les *pies* ont aussi leur utilité, en dévorant une quantité énorme de vers rouges, blancs et gris. Les *corbeaux* abiment bien un peu les prairies et les blés quand ils s'y mettent par centaines ; mais combien de vers ont-ils mangés !

La *pie* est l'animal malfaisant par excellence ; c'est le génie du mal : elle détruit, pour le plaisir de détruire, les nids des autres oiseaux, et à ce titre elle ne mérite pas de pitié. Une *pie* est toujours bonne à tuer partout où on la rencontre, et il y a, sans contredit, profit à le faire. Ses services ne compensent pas ses dégâts.

Quand on commet la faute d'établir des plantations de cerisiers ou de pruniers dans le voisinage des bois, ou que l'on est forcé de le faire à défaut d'autre place, il devient indispensable de faire une guerre des plus acharnées aux *pies*, aux *merles* et aux *geais*, si l'on veut récolter quelques fruits.

La destruction des oiseaux est dans ce cas une nécessité temporaire ; mais ne prolongez jamais la chasse au-delà du délai de la récolte, tuez les délinquants, mais conservez-en l'espèce. Ceci n'est pas un paradoxe, c'est un calcul ; je vais le prouver.

Les *geais* et les *merles*, avant la maturité des cerises et des prunes, qu'ils mangent avec avidité, vous ont dévoré assez d'insectes pour assurer une bonne récolte l'année suivante ; c'est peut-être pour cela qu'ils se croient le droit d'y faire une large brèche. Tuez, je le répète, ce qui mange trop de fruits ; mais conservez-en pour détruire les chenilles, et même leurs larves pendant l'hiver.

Quelques coups de fusil tirés à deux ou trois jours d'intervalle pendant quinze à vingt jours éloignent les *geais* et les *merles* et arrêtent leurs dégâts.

Un oiseau de proie empaillé, les ailes ouvertes, et suspendu à un arbre par une ficelle lui permettant de remuer au moindre souffle d'air, fait fuir tous les oiseaux.

Les petits oiseaux excepté cinq : le *moineau franc*, le pierrot, le *bouvreuil*, le *bruant*, le *chardonneret* et le *linot*, devraient être l'objet de toute notre sollicitude.

Tous les petits oiseaux A BEC DROIT : les *rossignols*, les *fauvettes* de toutes les espèces, les *mésanges*, les *pieds noirs*, les *bergeronnettes*, etc., sont les plus puissants auxiliaires de l'homme pour la destruction des insectes : *c'est leur unique nourriture ;* ILS NE MANGENT JAMAIS DE GRAINS.

Détruisez cette innombrable race, il ne vous restera ni un grain, ni un fruit, ni un légume. Tout sera la pâture des insectes.

L'homme, dans son ignorance, fait bien ce qu'il peut pour en détruire le plus possible ; il en est même qui poussent la stupidité jusqu'à tuer les hirondelles (ces gens-là méritent d'être dévorés par les moustiques) ; mais la race est si nombreuse, si laborieuse et si active, qu'elle se conserve quand même pour sauver nos récoltes.

Lorsque vous aurez dans votre jardin un nid des petits oiseaux que je viens de nommer, que les œufs seront éclos, prenez un siège, pour être à votre aise ; asseyez-vous, et comptez pendant une demi-heure les voyages que feront le père et la mère, en apportant chaque fois une chenille ou un ver à leurs petits.

Vous reconnaîtrez que ces deux oiseaux font au moins chacun *trois cents tours par jour*, et vous détruisent SIX CENTS INSECTES en une journée.

Lorsque vous vous serez livré à l'observation que je vous indique, vous défendrez aux enfants de dénicher les petits oiseaux, et vous renverrez le chasseur parisien qui vient les tuer chez vous. Vous ferez plus : pendant l'hiver, vous creuserez avec une tarière quelques morceaux de bois pourvus de leur écorce, des bouts de branches de pommier, et vous les placerez en février, dans les principales fourches de vos arbres à haute tige. Les mésanges viendront aussitôt y faire leurs nids.

Dans un coin perdu de votre jardin, vous planterez quelques broussailles, des lilas, des seringas, des spirées, des altéas, etc. ; vous en formerez un massif dont la bonne odeur neutralisera celle du fumier, et vous cultiverez en même temps chez vous les *fauvettes* et les *rossignols*. Respectez leurs nids. Chaque année ceux de ces oiseaux qui seront nés chez vous y reviendront multiplier.

Quand vous aurez dans votre jardin toute une population de *mésanges*, de *fauvettes* et de *rossignols*, dont le chant vous égayera, vous n'y aurez plus d'insectes, et votre récolte de fruits et de légumes sera doublée en quantité et en qualité.

Attirer par tous les moyens possibles les petits oiseaux dans les jardins, c'est y apporter la richesse.

Voyons maintenant comment nous pouvons détruire nos ennemis : le *moineau,* le *bouvreuil,* le *bruant,* le *linot* et le *chardonneret,* sans effrayer les oiseaux que nous voulons conserver.

Le *moineau* est essentiellement dévastateur : il dévore des quantités incroyables de fruits et de grains, mais il est plus facile à éloigner que les autres. Il suffit d'en prendre quelques-uns à un piège quelconque, ou de les tirer deux ou trois fois pour que leur légion abandonne le jardin.

Quand les moineaux attaquent les graines, c'est toujours avec fureur et en grande quantité ; il faut les tuer ; il n'y a que ce moyen si l'on veut conserver sa récolte. On les tire non avec un fusil, qui ferait trop de bruit et effrayerait les oiseaux à conserver, mais avec une carabine Flobert, qui ne détone pas plus qu'un coup de fouet, et tue à vingt-cinq ou trente pas, neuf fois sur dix, quand on tire juste.

Tirez une heure pendant deux jours : les moineaux partiront pour six ou sept jours, et recommencez jusqu'à la récolte des graines.

Il est facile de sauver les graines de la voracité des moineaux, en semant dans une planche du *cresson alénois,* qu'on laisse monter à graine. Dès qu'il y a de la graine de cresson dans le jardin, les moineaux abandonnent tout pour la dévorer, et arrivent par centaines.

Laissez-les bien manger pendant quelques jours ;
ils seront en bandes nombreuses, mais ils ne touche-
ront à rien qu'au cresson. Lorsqu'ils seront familiers,
couvrez le matin tout le cresson de gluaux ; vous en
prendrez quelques centaines jusqu'à midi ; le reste ne
reviendra pas de quelques jours.

Mettez une seconde fois des gluaux, et, si les moineaux reviennent une troisième fois, tirez-les en
bandes, vous n'en verrez plus jusqu'à la récolte des
graines.

Ces moyens sont efficaces et peuvent être mis en
pratique avec succès par tout le monde. Les épouvan-
tails (les bonshommes en paille, les vieux chapeaux
et même les miroirs à double face dont les sociétés
d'horticulture ont fait tant de tapage) servent de
perchoirs aux moineaux au bout de cinq ou six
jours ; les pots ne servent guère qu'à les multiplier, car on les visite le plus souvent quand la
couvée est partie ; l'expérience l'a prouvé depuis
longtemps.

Le *bouvreuil* est plus difficile à détruire ; il vient
dans l'hiver et toujours isolé. Deux bouvreuils mangent en un jour la moitié des boutons à fruits d'un
espalier. Il n'y a qu'un moyen : c'est de les tirer aussitôt qu'il en vient un.

Le *bruant*, le *chardonneret* et le *linot* sont des ennemis implacables pour qui a des graines dans son
jardin. Ils dévorent avec avidité surtout les graines
de pissenlits, de navets, de salsifis, de radis, de chicorée et de laitues. On peut en prendre des quantités con-

sidérables avec des gluaux posés sur les graines, et les
tirer avec la plus grande facilité avec la carabine
Flobert. Mais il faut leur faire une chasse aussi continue qu'acharnée, car ils ne sont pas fuyards, et
reviennent sans cesse derrière vous, tant qu'il reste
dans le jardin une de leurs graines de prédilection.

LES INSECTES

Les insectes de toutes les espèces causent des dégâts
énormes dans le potager. Les *vers blancs* (larves de
hannetons), les *courtilières*, les *chenilles*, les *pucerons*, les *loches*, les *escargots*, etc., sont les plus redoutables.

Les *vers blancs* se détruisent facilement, en enfouissant des déchets de laine comme fumure. L'action
de la laine est très énergique sur la végétation et l'expérience m'a prouvé depuis longues années que, partout
où on enfouissait des déchets de laine en guise de
fumier, les *vers blancs* disparaissent pendant cinq
années au moins. J'ai dit des déchets de laine et non
des chiffons de laine qui n'ont aucune action sur les
vers blancs.

Dans tous les cas, on doit toujours faire la chasse
aux hannetons dans les fourrés, les bois, etc., et les
détruire chaque printemps. Le hannetonnage serait
aussi profitable à la culture que l'échenillage. Nous
répétons cela depuis bien des années, et nous espérons
qu'un jour viendra où un ministre de l'Agriculture
voudra bien s'occuper de cette importante question.

Les courtilières causent de véritables ravages dans les

semis, quand elles sont nombreuses. Elles fouillent et tracent des galeries comme les taupes. On ne pouvait guère les détruire qu'en recherchant leurs galeries ; on plaçait une feuille roulée, trempée dans l'huile, à l'orifice du trou, et l'on versait de l'eau dedans. La courtilière, chassée par l'eau, remontait, traversait la feuille huilée, et mourait aussitôt en contact avec l'huile.

Ce moyen était long, demandait beaucoup de soins et d'habitude d'opérer, mais c'était alors le seul connu efficace contre les ravages des courtilières.

Depuis, une dame du meilleur monde, s'occupant d'horticulture, nous a donné le moyen suivant qui est infaillible. Je lui laisse la parole :

« Pour détruire les courtilières, il suffit de prendre les nids. La courtilière a l'habitude, aussitôt la ponte faite, de couper une des plantes les plus rapprochées du nid : herbe, fleur ou légume. Aussitôt qu'on aperçoit une plante fanée, on cherche à son pied, avec le doigt, le conduit de l'animal ; on le suit jusqu'à l'endroit où il décrit un rond d'environ 10 centimètres de diamètre. Vous avez le nid composé d'une motte de terre assez ferme et qui contient tous les œufs, souvent fort nombreux. En enlevant le nid avec précaution, et en nettoyant un peu sa place avec un petit instrument, on trouve le trou de la mère placé au dessous ou un peu de côté ; on la prend alors à l'aide du moyen que vous savez ; un peu d'huile et de l'eau. La ponte a lieu en mai et juin, quelquefois un peu plus tôt, un peu plus tard, suivant la saison.

« Il y a quelques années j'avais acheté un jardin depuis longtemps mal soigné. On sème les gazons, on plante des massifs en fleurs, quelques semaines après tout est détruit. L'année s'est passée ainsi à semer et planter inutilement, quoique plusieurs personnes fussent occupées à chercher les courtilières. Le moyen de chercher les nids m'ayant été indiqué, la destruction a été rapide. Cependant je ne manque pas, chaque jour de printemps, de visiter tout le jardin ; chaque plante coupée est signalée au jardinier. »

J'ai publié, dans mon *Almanach de* 1888, ce moyen infaillible de détruire les courtilières, un des plus redoutables ennemis des jardins et aux ravages duquel nous n'avions pas jusqu'alors de moyens énergiques à opposer. Je ne saurais trop recommander ce moyen si simple, dans tous les jardins décimés par les courtilières. De tous côtés, je reçois les remerciements les plus chaleureux sur les succès obtenus, malgré les jardiniers, toujours opposés à un essai quelconque : en voici une nouvelle preuve dans ce que m'écrit un adepte fervent :

« Un de mes amis me disait un jour que ses melonnières étaient ravagées par les courtilières, que les pieds des melons avaient été remplacés plusieurs fois inutilement, et qu'il ne récolterait rien.

« Je lui ai indiqué le procédé que vous avez publié dans l'*Almanach de* 1888, mais il revint le lendemain, me disant que son jardinier lui avait ri au nez à l'idée de chercher des nids de courtilières dans la terre.

« Nous nous rendons dans la melonnière, où le

jardinier nous apporte, d'un air fort narquois, les objets nécessaires.

« En peu de temps j'avais pris quatre ou cinq nids de courtilières, et l'air narquois du jardinier s'était changé en air stupide; il ne pouvait en croire ses yeux !

« Mais je dois dire à son éloge que le brave garçon, convaincu par notre opération, après notre départ, s'est aussitôt mis, avec acharnement, à la recherche des nids de courtilières, la récolte a été sauvée et il en a détruit assez pour que leur action ne soit plus nuisible. »

Je cite ce fragment de lettre pour toutes les personnes, et le nombre en est grand, me demandant un conseil que je donne avec plaisir, et qui deux jours après m'écrivent :

« Merci, Monsieur, de vos bons conseils, mais mon jardinier ne veut pas les appliquer; il prétend que ce que vous conseillez ne produira aucune amélioration. Que faire? »

Ce à quoi je m'empresse de répondre :

« Les conseils que je vous ai donnés sont les seuls applicables pour remédier au mal. Vous êtes maître chez vous: ordonnez et faites agir immédiatement. J'enseigne aux jardiniers, comme à tout le monde et ne leur demande jamais de conseils. »

Sur ce, le propriétaire tente, en cachette de son jardinier, un essai donnant les résultats annoncés. Alors il appelle le susdit jardinier et lui dit :

— Voyez le résultat !

— Mais, Monsieur, je n'ai jamais dit que c'était mauvais !

— Pourquoi avez-vous refusé de faire l'essai ?

— Dame ! *j'avions* jamais entendu parler *de ça !* Pour bon, c'est bon ! *Bin sûr que c'est bon, j'avons pu* qu'à continuer pour faire de *la bonne ouvrage!*

A partir de ce moment, ce jardinier, ne voulant pas même essayer dans le principe, est un *adepte féroce*, suivant à la lettre tout ce qu'on lui conseille de faire.

Il ne faut pas s'étonner de la première résistance d'un homme qui ne sait pas, n'a pas été à même d'apprendre, même l'*a b c* de son métier, et se croit très fort parce qu'il a reçu d'une société quelconque une médaille, pour une culture que le plus souvent il n'a jamais faite.

Il ne faut pas brusquer cet homme, mais le convaincre, et on n'y arrive que par le fait accompli, la preuve matérielle. C'est ce qui m'a fait dire et répéter à satiété aux propriétaires :

« Soyez les maîtres chez vous ; dirigez vos cultures ; vous avez des bras vigoureux à votre service ; soyez la tête ; dirigez ces bras et vous obtiendrez les plus prompts et les plus étonnants résultats. »

LES CHENILLES

Encore un fléau qui est venu s'abattre sur nos cultures et les ravager dans certaines contrées, pour compléter l'œuvre des maladies et de l'inclémence de la température.

Les environs de Paris ont eu le plus à souffrir de la

quantité incroyable de chenilles qui ont éclos depuis deux années, et à cinq ou six reprises différentes. Des arbres ont été entièrement dépouillés de leurs feuilles en deux, et quelquefois en une seule nuit ; plusieurs arbres sont morts de la privation totale des feuilles ; tous ont plus ou moins souffert ; la récolte de l'année est à peu près perdue, et celle de l'année prochaine compromise.

Voilà l'œuvre des chenilles ! Devant cet état de choses, tout le monde a demandé *un remède* pour détruire les chenilles.

Les orateurs de village, qui savent tout, sans avoir jamais rien appris, ont conseillé d'appliquer un anneau de goudron de gaz sur le tronc des arbres, pour empêcher les *chenilles d'y monter!!!* Et chaque jour de braves paysans, ayant reçu cette consultation devant le zinc du marchand de vin, s'empressaient d'opérer, et le lendemain les feuilles de tous les arbres étaient dévorées.

Triples idiots ! vous ne savez donc pas que le coaltar, le goudron du gaz, est mortel pour les arbres, et qu'il en a péri plus empoisonnés par le coaltar que par les ravages des chenilles.

Si vous aviez regardé autre chose que les brocs et bouteilles du mastroquet chez lequel vous avez presque élu domicile, vous n'auriez pas fait concurrence à Gribouille, pour empêcher les chenilles de monter dans les arbres dont la tête est couverte de leurs nids, et vous n'auriez pas fait donner un poison à ces arbres pour détruire autre chose que l'arbre.

Il existe encore quantité de ces poseurs imbéciles, malgré l'enseignement laïque et obligatoire, et il n'est pas toujours facile de combattre leur influence, que l'ivrognerie fortifie chaque jour.

J'ai pu cependant, dans ma localité et dans les environs, faire cesser en partie l'empoisonnement des arbres par le coaltar et opérer la destruction des chenilles par les moyens efficaces.

Malgré l'énorme destruction des chenilles qui est faite chaque année, on peut être à peu près certain de voir pareille invasion se reproduire l'année suivante. Cherchons donc, dans l'intérêt de tous, à la combattre victorieusement pour en éviter les désastreux effets.

Cherchons d'abord les moyens de destruction infaillibles; il y en a deux, et un troisième facile à appliquer, mais ne donnant de résultat que sous une température élevée.

Le premier moyen d'une efficacité certaine, à la portée de tous, et sans danger pour les arbres, est l'emploi de l'huile. On peut employer n'importe quelle huile, toutes sont efficaces ; la meilleure est celle qui coûte le moins cher.

On fait un petit pinceau avec des plumes de poulets ; on les choisit de façon à ce que le pinceau soit très flexible et retienne une certaine quantité d'huile.

On fixe ce pinceau au bout d'un bâton assez long pour atteindre toutes les parties de la tête de l'arbre. On trempe le pinceau dans l'huile, et l'on badigeonne toutes les agglomérations de chenilles venant d'éclore, et toutes les bourres qui ont échappé à l'échenillage.

Les chenilles atteintes par l'huile tombent mortes, et les larves des bourres barbouillées d'huile sont tuées aussitôt leur éclosion.

On termine l'opération en badigeonnant un cercle de 20 centimètres de hauteur avec de l'huile sur le tronc de l'arbre, à la naissance des branches. Ce cercle arrête les chenilles tombées à terre, et les empêche d'arriver jusqu'aux feuilles.

En répétant cette opération deux fois, trois au plus, quand il y a plusieurs éclosions comme cette année, on est certain de sauver ses arbres et sa récolte de l'année, et de l'année suivante.

Le second moyen, aussi efficace que l'huile, est plus prompt dans l'exécution, et elle est aussi plus parfaite, mais il demande un projecteur : pompe à main ou seringue, et la possibilité de transporter de l'eau dans le champ infesté de chenilles. C'est l'emploi du *liquide concentré Rozeau*. Ce liquide détruit non seulement tous les insectes instantanément, aucun ne résiste à son action ; mais encore, loin d'être nuisible à la végétation, il l'active énergiquement.

L'emploi n'est pas dispendieux, un flacon de 5 francs suffit pour 100 litres d'eau. Il n'y a qu'à asperger toute la tête de l'arbre avec une petite pompe à main ou une seringue chargée du liquide étendu d'eau, pour détruire instantanément toutes les chenilles. (Le liquide se vend, avec l'instruction pour s'en servir, chez M. *Dusaillant, Ridard, successeur*, 9, *rue Bailleul, à Paris*.)

Ces deux procédés sont infaillibles.

Le troisième me vient de Normandie, et mérite d'être pris en très sérieuse considération par la facilité de l'application, et le peu de dépense qu'il demande.

Je ne puis mieux faire que de laisser la parole au *Moniteur du Calvados :*

« M. de Chasteigner indique un moyen sûr et facile qui, depuis des années, lui réussit infailliblement, pour détruire les chenilles sur les arbres fruitiers.

« C'est le soufre sublimé ou trituré très fin.

« Il y a une vingtaine d'années, M. Chasteigner faisait soufrer une vigne atteinte par l'oïdum. Des pommiers en pleine végétation étaient, comme aujourd'hui, attaqués par des chenilles. Passant près de l'un d'eux, un des ouvriers envoya un coup de soufflet sur un nid de chenilles ; presque aussitôt il les vit se tordre, lâcher prise et tomber mortes sur le sol. L'épreuve fut répétée, le résultat fut toujours le même. On traita alors par le soufre, lancé avec le soufflet, des pommiers entiers.

« Le résultat fut complet. A partir de ce moment les chenilles moururent et disparurent ; les pommiers reprirent leur végétation et restèrent, jusqu'à la récolte vigoureux et couverts de fruits, au milieu de ceux des contrées voisines entièrement dépouillés.

« Depuis lors ce moyen a été employé pour tous les arbres attaqués par les chenilles : pommiers, cerisiers, pruniers, groseilliers, etc., toujours avec un égal succès, pourvu que l'opération soit faite dans des conditions favorables : le plus possible au début du mal et, s'il se peut, par un temps calme et un soleil chaud.

« Tout soufre réussit, sublimé ou trituré, pourvu qu'il soit bien en poudre.

« Tout instrument peut être bon : houppe ou soufflet. Le soufflet est cependant celui qui donne les meilleurs résultats, en enveloppant les branches atteintes d'un nuage de soufre.

« Il est rare que, faite en temps voulu, une seule opération ne suffise pas.

« Une seconde n'est, en général, nécessaire que lorsque l'arbre est déjà envahi.

« On pourrait traiter de même les haies qui sont atteintes ; mais, en se restreignant aux arbres fruitiers des jardins ou vergers, la dépense est presque nulle et la main-d'œuvre peu considérable, surtout en présence du résultat à obtenir. »

M. de Chasteigner me fait penser à un détail important, dont je le remercie bien sincèrement : l'échenillage des haies toujours négligé, et qu'il est facile de purger des chenilles avec le soufrage, en opérant par un temps chaud.

Voilà pour la destruction du mal, auquel on n'a apporté aucune mesure préventive, et qui a pris la proportion d'une calamité. Le mal eût été beaucoup moins grand, si la police des champs eût été faite, si l'échenillage prescrit par la loi eût été exécuté !

Depuis plusieurs années l'échenillage n'est pas fait, aux environs de Paris du moins, et il ne s'est pas trouvé un agent pour verbaliser contre les délinquants. Les chenilles se sont multipliées à l'infini (

ont produit les désastres de cette année. Première cause du mal.

Les enfants sont sans cesse à la recherche des nids des petits oiseaux, ne se nourrissant, eux et leurs couvées, que de vers et de chenilles. Pour accomplir leur œuvre malfaisante, ces enfants pénètrent dans toutes les pièces ensemencées et en ravagent les récoltes. Personne ne les en empêche. Double délit : ravage de récolte et destruction des petits oiseaux, les plus puissants auxiliaires de l'homme pour détruire les chenilles. Seconde cause de la ruine actuelle des plantations fruitières.

La destruction des nids est lamentable en présence de l'invasion des chenilles. Sous prétexte de liberté, on ne veut pas verbaliser contre ceux qui n'échenillent pas, et contre les gamins détruisant les récoltes pour dénicher les petits oiseaux. Que l'on n'envoie pas les délinquants en simple police ou en police correctionnelle, soit ; mais il est une mesure de conciliation que tous les maires peuvent prendre : de faire verser à l'amiable une amende aux délinquants.

Chaque jour, on fait des quêtes à jet continu pour la caisse des écoles, comme si nous n'avions pas assez déjà de payer les palais scolaires. Vous voulez emplir la caisse des écoles, soit : je vais vous en fournir les moyens :

Faites verser cinq francs au profit de cette caisse par ceux qui ont négligé d'écheniller et qui empoisonnent leurs voisins. Faites verser la même amende quiconque a déniché un nid de petits oiseaux, et doublez l'amende quand il y a un ravage de récolte pour accomplir le délit.

Chaque dimanche nous voyons, aux environs de Paris, une nuée d'imbéciles descendant de tous les trains, avec des carnassières leur pendant jusqu'aux talons, et les *emplissant* avec deux mésanges et un roitelet, après avoir brûlé cinquante cartouches sur les petits oiseaux et même sur les hirondelles.

Faites payer une amende de cinq francs à ces destructeurs d'oiseaux utiles à la culture.

En opérant ainsi, la caisse sans fonds des écoles pourra peut-être suffire à ses besoins toujours croissants, et le salut des récoltes sera assuré.

Dans le potager, on peut, sinon détruire, mais au moins diminuer très sensiblement le nombre des chenilles et des vers, en se servant des oiseaux domestiques. Les poules et les canards rendent les plus grands services, et rien n'est plus facile que de les dresser très promptement à la chasse aux insectes.

Ayez quatre ou cinq canards; s'ils sont un peu sauvages, donnez-leur pendant quelques jours du pain, pour les apprivoiser et vous faire approcher par eux. Aussitôt qu'ils viendront manger à côté de vous, donnez-leur des vers et des limaçons; ils vous suivront où vous voudrez. Prenez une bêche; conduisez-les dans le jardin, et retournez un peu de terre; à chaque pelletée, ils se précipiteront sur les vers.

L'apprentissage de ces messieurs est fait; il suffira de leur montrer une bêche, pour qu'ils vous suivent où vous voudrez; et, quand on labourera, ils se placeront d'eux-mêmes en rang sur la jauge, guetteront chaque pelletée de terre, et tous les insectes iront dans leur estomac.

J'ai vu des canards qui suivaient des hommes armés de bêche comme des chiens, à une demi-lieue, sans s'arrêter, *ni flâner* une minute. Le soir, on était obligé de les rapporter : ils avaient tellement mangé, qu'ils ne pouvaient plus faire un pas.

Quand les chenilles attaquent les choux avec fureur, il y a un moyen très simple de s'en débarrasser en quelques jours, si l'on a chez soi une couvée de petits poulets ; au besoin, on peut en emprunter une à un voisin.

Prenez des lattes de sciage de 2 mètres de long, et d'un centimètre carré. Posez quatre lattes en travers par terre, une en haut, une en bas, et les deux autres au milieu, à égale distance. Clouez avec des petites pointes les lattes à 8 centimètres environ d'écartement. Lorsque vous aurez confectionné quatre claies, enfoncez en terre quatre piquets à chaque angle d'un carré de 2 mètres, près du carré de choux. Attachez vos claies sur les piquets, avec des fils de fer ou même des ficelles : voilà un parc économique.

A la maison, maintenant : prenez une vieille caisse, si vous ne voulez pas vous lancer dans la confection d'une niche ; laissez-y une entrée, assez grande pour que la poule puisse y passer, et fermez-la avec un grillage très serré pour la nuit ; couvrez avec un paillasson, et voilà la maison d'habitation, placée au milieu du parc.

Il n'y a plus qu'à mettre la poule et ses poussins dans le parc. Quelques instants après, les poussins aperçoivent les chenilles passant entre les lattes, et en font un grand carnage. Ils laissent tout pour une chenille, et restent sourds aux cris de la mère tant qu'ils en trouvent.

On fait faire le tour du carré infesté au parc, et en quelques jours les chenilles sont converties en engrais parfait.

C'est une excellente pratique que de laisser quelques poules libres pendant l'hiver dans le jardin fruitier et dans le potager, quand il n'y a plus rien, et que leur grattage n'est plus à redouter.

Les *loches* font des ravages énormes dans le potager ; elles dévorent tout. Il est un moyen très simple d'en prendre une quantité : quand les *loches* attaquent une planche, on met une poignée de son sur des tuiles, placées dans les sentiers et aux bouts des planches ; elles se jettent avec la plus grande voracité sur le son, et le matin chaque tuile est couverte de centaines de *loches* qu'il est facile d'écraser.

On défend les plantes des loches, en répandant de la cendre ou du plâtre dans les allées des planches. Le moindre contact avec la cendre ou le plâtre les fait périr.

Ces moyens ont suffi tant que nous n'avons pas eu une véritable invasion de chenilles ou de petites loches qui ont fait leur apparition depuis quatre ou cinq ans.

Ces redoutables ennemis, venus après les inonda-

tions et les excès d'humidité, s'attaquent surtout aux
semis, à ceux de choux plus particulièrement, et les
détruisent en une nuit. Les semis de salades, ceux de
fleurs en souffrent beaucoup également.

Ces loches d'une nouvelle espèce ne sortent que la
nuit ; elles sont très petites, et il est rare de les apercevoir à moins que ce ne soit au soleil levant. Elles
sont en quantité considérable et attaquent les semis
au moment où le germe se dégage de la graine. En
une nuit tout est dévoré.

Je n'ai trouvé qu'un remède certain pour défendre
les semis des attaques de ces nouvelles loches : la
poudre foudroyante Rozeau. Il suffit d'en souffler
sur les semis, avec un petit soufflet avant la germination, et une seconde fois quand elle s'opère, pour
garantir les semis qu'elles recherchent avec le plus
d'avidité.

En 1880, j'ai manqué cinq fois de suite mes semis
de choux de Bruxelles ; aussitôt les germes formés,
ils étaient dévorés la nuit suivante. J'ai vainement
tout essayé ; *la poudre foudroyante Rozeau* m'a seule
débarrassé des petites loches. Depuis j'en fais souffler
sur tous mes semis, et même sur tous les repiquages
de plantes les plus attaquées par les loches, et je n'ai
jamais eu d'accidents.

Les *pucerons* verts et noirs, les noirs surtout, sont
de redoutables ennemis pour les pêchers, les cerisiers,
les pommiers, les artichauts, les fèves, etc. etc. On
les détruit avec la plus grande facilité avec de l'eau
de pluie ou de rivière, dans laquelle on fait dissoudre

le *liquide concentré Rozeau;* aucun insecte ne résiste
à son contact.

Le liquide doit être lancé avec force et en pluie
très fine, pour qu'il puisse atteindre toutes les feuilles
en dessus et en dessous. *La pompe à main de Dudon*
est le meilleur instrument que l'on puisse employer
pour cet usage. Quand l'eau n'est pas projetée avec
force et en pluie très fine, le résultat est nul.

L'*araignée* cause de sérieux dégâts dans les semis,
particulièrement dans ceux de carottes. Elle perce
la tige et fait périr les jeunes plantes le plus souvent.
On la détruit en répandant de la cendre ou de la chaux
vive dans les sentiers et en bassinant en même temps
les semis avec une décoction de suie ou une dissolution de savon noir et de *liquide concentré Rozeau*
quand on a échoué avec la suie et le savon. Rien ne
résiste à une aspersion d'eau contenant *du liquide
concentré* Rozeau en dissolution.

Le *tiquet (altise)* ou *puce de terre* fait grand tort aux
semis de navets, qu'il détruit quelquefois. Quand on
en est infesté, on sacrifie le semis pour les détruire, en
le couvrant d'herbe fine bien sèche, à laquelle on
met le feu.

Quand les *tiquets* ne sont pas en trop grande quantité
on les détruit assez facilement, surtout dans les
planches de navets, avec des arrosements très
copieux donnés en plein soleil, à l'heure la plus
chaude de la journée. On verse très vite une grande
quantité d'eau. L'arrosoir maraîcher Raveneau est
excellent pour cela en ce que l'eau, projetée en très

grande quantité, séjourne quelques instants sur la planche. Elle entraîne avec elle les *tiquets*, qui sont noyés en grande partie.

Le *criocère* est un véritable fléau pour les semis et les jeunes plantations d'asperges.

On parvient à en détruire une assez grande quantité et à les éloigner, avec des arrosements copieux et répétés d'eau chargée de jus de tabac et de savon noir. Ou mieux *du liquide concentré Rozeau*, c'est ce qu'il y a de plus énergique.

Les *escargots* causent aussi des dégâts dans le potager. On les prend assez facilement le matin quand ils rentrent. Il y a profit à leur faire la chasse quelques instants ; on en débarrasse le jardin, et c'est le déjeuner le plus délicat pour les poules et pour les canards.

On détruit une assez grande quantité d'escargots et de limaces en répandant de la cendre ou du plâtre dans les sentiers du potager ; ils meurent dès qu'ils touchent à une matière caustique.

La poudre foudroyante Rozeau les détruit en quelques secondes; aussitôt que cette poudre les a atteints, ils se vident et meurent quelques instant après.

Les *fourmis* sont très gênantes, surtout quand elles établissent leur domicile dans les couches. On s'en débarrasse en jetant de l'eau bouillante sur la fourmilière, et en créant quelques fourmilières artificielles autour des couches.

On laboure profondément un diamètre de terre de 60 centimètres environ, et l'on arrose copieusement. Ensuite, on recouvre la terre labourée et mouillée avec un grand pot à fleur dont on bouche le trou, pour empêcher la lumière de pénétrer dessous.

Cinq ou six jours après il y a une fourmilière sous le pot : on l'enlève, et l'on jette de l'eau bouillante sur les fourmis.

Quand il y a une fourmilière éloignée des plantes, on la détruit radicalement en cinq minutes, en versant dessus du pétrole ou de l'essence minérale, et en y mettant le feu.

Si la fourmilière est placée près des racines, on l'éboule un peu, et l'on verse dessus un arrosoir d'eau additionnée de *liquide concentré Rozeau.*

Enfin, avec un peu de soin, d'activité et une surveillance constante, on ne détruit pas radicalement, mais on empêche assez la multiplication des animaux nuisibles et des insectes pour éviter de grands dégâts.

J'ai donné tous les anciens moyens de destruction des insectes, et, je le savais depuis longtemps, ces moyens sont souvent insuffisants.

Depuis longues années, je fais appel à tous les *inventeurs d'insecticides ;* tous m'ont fait des promesses superbes, m'ont offert des drogues infaillibles, et coûtant souvent très cher, mais, quand il a fallu arriver à l'exécution, et donner des preuves pratiques, tous sont restés chez eux.

J'ai dû laisser de côté les *négociants* en insecticides et faire appel aux hommes de science, dévoués à l'intérêt général.

J'ai obtenu un premier résultat de l'emploi de la *zamine,* qui m'a rendu des services. Mais la zamine est un liquide très inflammable, dangereux à laisser entre les mains de gens négligents; ensuite le mélange avec du lait demande une certaine habitude des manipulations chimiques.

J'ai toujours réussi avec la zamine; c'était, malgré ses inconvénients, ce qu'il y avait de plus efficace; mais quantité de personnes l'ayant mal employée ont échoué.

Je voulais quelque chose de plus facile à employer, quand M. *Rozeau* m'a envoyé une certaine quantité de sa poudre foudroyante, en me priant de l'essayer et de lui donner mon avis sur les résultats.

C'était la première fois qu'un insecticide m'était présenté sans charlatanisme; j'ai essayé aussitôt et ai obtenu les résultats suivants, que je suis heureux de proclamer après plus de dix années d'expérience.

Disons tout d'abord que la *poudre foudroyante Rozeau* est des plus inoffensives. On l'emploie avec un petit soufflet à punaises, ou à soufrer, d'un très petit modèle, afin de la bien diviser et d'en couvrir complètement la terre ou les feuilles. M. *Rozeau* a inventé un soufflet perfectionné d'un excellent usage qui est vendu avec la poudre.

Lorsque la terre est sèche, et que l'on veut souffler de la poudre sur un semis, on arrose légèrement pour l'humecter et la faire adhérer au sol.

Tous mes semis ont été préservés des loches depuis plus de cinq ans par l'emploi de la POUDRE FOUDROYANTE ROZEAU.

Quand on veut souffler la *poudre foudroyante*

Rozeau sur des feuilles, il faut toujours opérer dès le matin, pendant qu'il y a de la rosée, afin que la poudre s'attache aux feuilles.

Lorsqu'il n'y a pas de rosée, rien de plus simple que de la remplacer par une aspersion avec la seringue *Raveneau*, munie de son brise-jet en tourbillon (fig. 177).

Fig. 177. — Seringue Raveneau.

En dix minutes la rosée *est faite,* et on peut projeter la poudre avec succès.

On peut, SANS DANGER AUCUN, souffler *la poudre foudroyante Rozeau* sur les feuilles des PLANTES LES PLUS DÉLICATES.

L'emploi est facile pour toutes les plantes et ne présente aucun danger pour leur santé. .

J'ai employé la *poudre foudroyante Rozeau,* pour les pucerons des fèves et des artichauts ; *ils ont été détruits après quatre soufflages successifs à trois jours d'intervalle.*

Il ne faut pas attendre que ces légumes soient infestés de pucerons pour opérer, il faut le faire aussitôt qu'ils apparaissent, et non attendre qu'ils aient envahi toutes les feuilles.

J'ai également appliqué la *poudre foudroyante Rozeau* au jardin fruitier.

Les *pucerons verts* ont été *détruits avec la plus*

grande facilité après deux opérations. Les pucerons noirs ont été décimés, mais non détruits par la poudre foudroyante Rozeau ; le liquide concentré en a eu raison en 48 heures.

Cette poudre est des plus efficaces contre les *four-mis* qui envahissent les pêchers ; *au premier souf-flage elles tombent,* et il n'en revient plus tant qu'elles sentent l'odeur de la poudre.

En opérant deux fois, trois au plus, à intervalle de six à huit jours, les pêchers sont débarrassés.

Je me suis servi de la *poudre foudroyante Rozeau* pour détruire les bruches dans les sacs de pois. Le succès a été complet ; il a suffi de quelques pincées de poudre, jetées parmi les pois, pour tout détruire.

Cette dernière application me donne la conviction que cette poudre pourra être très efficacement employée, par la culture, pour détruire les insectes se logeant dans les grains et dans les habitations, pour en chasser les fourmis et les cloportes qui y élisent domicile.

Pour mon compte, après plus de dix années d'ex-périmentations, je n'hésite pas à proclamer l'efficacité de la *poudre foudroyante* et *du liquide concentré Rozeau* sur tous les insectes, et à en recommander l'emploi à *l'exclusion de tout autre insecticide,* parce qu'on peut les employer facilement, à bon marché, et sans danger aucun pour le feu, pour les plantes, et pour leur santé.

M. *Rozeau,* qui, du reste, est par sa position en dehors de tous les fabricants et inventeurs d'insecticides, nous a doté d'un produit précieux ; il le croyait moins utile qu'il ne l'est et le sera, quand il sera répandu partout ; il me l'a présenté avec une modestie lui faisant honneur, et je ne saurais trop le remercier du service important qu'il a rendu à la culture.

DESTRUCTION DE L'ALTISE OU PUCE DE TERRE
ET DES CRIOCÈRES
PROCÉDÉ DE M. LE DOCTEUR FRANÇOIS

L'altise fait des ravages considérables dans tous les semis de crucifères : choux, navets, etc., et les détruit parfois. Le seul moyen pratique que nous ayons eu jusqu'à présent consistait en des arrosements copieux en plein soleil, au moment où ils sont sur les feuilles. L'eau, projetée avec force et en abondance, les fait tomber, et beaucoup se noient dans celles restant à la surface du sol.

Les altises détruisent quelquefois les plantations de choux-fleurs, ou y font les plus grands ravages, et, grâce à un moyen aussi simple qu'ingénieux, inventé par M. le docteur *François*, nous débarrasserons nos plantations de choux-fleurs et d'asperges, des altises et des criocères en quelques jours.

M. le docteur François a eu la bonté de me communiquer son invention dans un but d'utilité publique. Je lui en adresse bien sincèrement mes remerciements et ne puis mieux faire que de lui laisser la parole, en reproduisant textuellement sa lettre :

« Un moyen qui m'a réussi pour détruire l'altise : une plaque de fer-blanc, tôle ou zinc, de 20 centi-

mètres de côté, avec un rebord de 1 centimètre
(comme la fig. 178), emmanchée à 45 degrés d'un
manche léger, de 1ᵐ,50 de long. Vous enduirez l'intérieur d'une substance poisseuse : glu, goudron, téré-
benthine, etc., puis, en plein midi, vous glisserez
légèrement cette plaque sous le chou-fleur, le pied
dans la rainure. Les altises sautent ou tombent et se
trouvent collés sur la plaque (fig. 178).

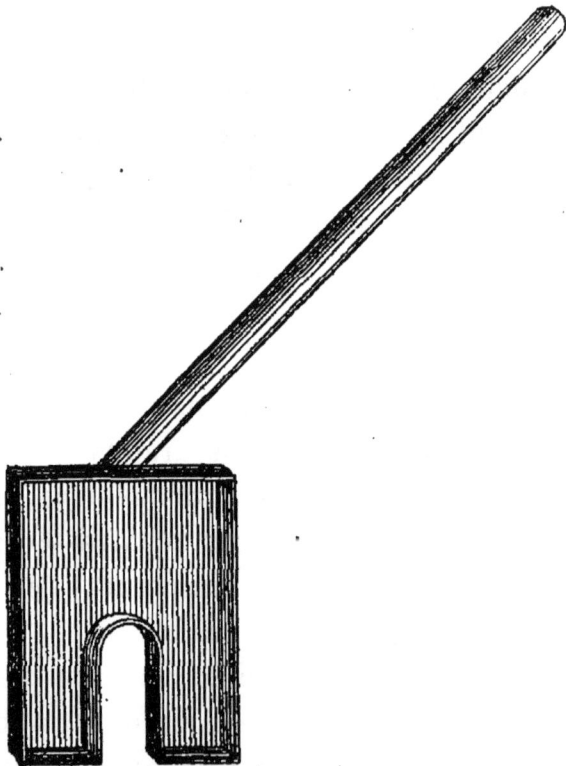

Fig. 178. — Pelle pour détruire l'altise ou puce de terre.

« Dans cinq minutes on traite une planche de cent
choux-fleurs ; il faut faire la chasse plusieurs jours
de suite.

« Comme j'ai eu avant ce procédé plusieurs planches détruites, je désire éviter à mes confrères en jardinage le même désagrément. »

Je donne les résultats tout récents de ces deux expériences, et ne puis qu'engager tous mes lecteurs à essayer, comme moi, lorsqu'ils auront échoué avec les anciens moyens.

Le même moyen de destruction sera employé avec le plus grand succès pour détruire les criocères sur les asperges, insectes dont les ravages tuent quelquefois entièrement les jeunes plantations.

On n'avait pour ressource que des moyens insuffisants; aujourd'hui, grâce à la pelle de M. le *docteur François*, rien ne sera plus facile que de délivrer les plantations d'asperges et les jeunes plants de ce redoutable insecte.

Il ne me reste qu'à terminer par un remerciement bien sincère à M. le *docteur François* pour le service qu'il nous a rendu, et un conseil au successeur de M. *Bazile Derouet*, à Paris, 9, rue de Bailleul : celui de faire fabriquer en grand l'excellente pelle de M. le *docteur François* et de s'approvisionner abondamment de *poudre foudroyante et de liquide concentré Rozeau.*

CHAPITRE VI

VENTE DE LÉGUMES

La vente des légumes a été, avec raison, l'épouvantail de tous ceux qui avaient dans leur jardin un excédent dont ils voulaient tirer parti ; la mauvaise foi commerciale se montrait alors aux propriétaires dans ce qu'elle a de plus hideux.

Toutes les fois qu'un propriétaire a voulu vendre au petit marchand l'excédent de sa récolte, il lui a fallu subir deux heures de doléances pour arriver à une offre du dixième à peine de la valeur de l'objet à vendre. Cela a été, et sera encore longtemps. Aussi, excepté les asperges et les artichauts, ne conseillerons-nous jamais au propriétaire de spéculer sur la production des légumes.

Cependant, il est utile, pour avoir assez dans les mauvaises années de récolter, trop dans les bonnes Si, dans ce cas, le propriétaire veut tirer parti de son excédent sans qu'on lui fasse des offres dérisoires, rien ne lui est plus facile, s'il est près d'une ligne de chemin de fer, que d'envoyer ses produits à Paris ; il suffit de s'entendre à l'avance avec une bonne maison de commission en fruits et légumes en gros pour lui envoyer ses excédents.

Il y a nombre de ces maisons à Paris ; il n'y a qu'à ouvrir l'*Almanach du commerce*, pour trouver toutes les adresses désirables.

C'est la ressource de la halle de Paris, qui nous fait engager les habitants des départements à se livrer à la culture de l'asperge et de l'artichaut, comme spéculation. Ces deux produits se transportent facilement ; ils ont toujours de la valeur et donnent un bénéfice élevé, mais à la condition d'envoyer des produits de choix. Il ne faut pas oublier que tout abonde à Paris, et que, si les beaux produits se payent cher, les médiocres y sont beaucoup meilleur marché qu'en province.

Le petit rentier ayant le goût du jardinage, et cherchant dans son jardin une augmentation de revenu, en sus de sa provision, pourra aussi avoir recours à la halle de Paris, mais il vendra plus facilement que le propriétaire dans sa localité, et assurément plus cher qu'à Paris. S'il a une grosse servante de campagne, elle sera enchantée d'aller *trôner* au marché pour vendre les produits de saison.

Mais, si le rentier amateur sait et veut faire quelques primeurs, et des melons qu'on ne trouve nulle part, on saura bien aller les chercher chez lui, et cela partout. Il en sera de même de tous les légumes dont les petites localités sont dépourvues.

On vend toujours, et beaucoup plus facilement qu'on ne peut le supposer, avant de produire. Dès l'instant où de bons fruits et de bons légumes apparaissent dans les plus petites localités, on se les arrache.

La vente se fait dans le jardin ; c'est la meilleure, comme la plus avantageuse ; le prix est rémunérateur, et il n'y a pas un centime de frais à faire.

Quand le pays n'offre pas assez de débouchés pour absorber les produits, il faut les envoyer à la ville la plus proche ou avoir recours aux intermédiaires.

Mais presque toujours, lorsque la production devient sérieuse dans une localité, les acheteurs étrangers y viennent et enlèvent tout à bon prix. C'est un excellent mode de vente sans frais, sans ennuis, et toujours contre argent.

Non seulement les Anglais sont à la recherche de nos produits sur tout le littoral, mais encore ils pénètrent dans les terres, et les enlèvent partout où ils trouvent à les acheter.

Mais n'oublions pas que, pour vendre cher et facilement, il faut produire et du bon et du beau. Rien n'est plus facile en suivant à la lettre les indications de ce livre, et en cultivant les excellentes variétés indiquées pour chacune des cultures.

A l'œuvre donc, habitants des campagnes ! Produisez, vous augmenterez bien vite votre fortune et celle du pays. Un peu d'étude, du travail et de la persévérance, c'est tout ce qu'il faut pour arriver à cet immense résultat : moralisation, bien-être pour tous, et richesse de la nation par le travail intelligent.

CHAPITRE VII

LE REMÈDE A L'IGNORANCE EN CULTURE

La majeure partie des propriétaires, les plus inté-ressés à introduire les cultures intelligentes dans leur pays, hésitent devant cette objection : « Je n'ai jamais cultivé, et je n'y connais rien ! »

Rien de plus facile que d'apprendre, et de se mettre bien vite en état de tout connaître, et de diriger lucrativement ses cultures. Je ne demande pas au propriétaire de labourer, de biner ou d'arroser son jardin, mais d'apprendre la culture pour la faire exé-cuter sous ses yeux, avec économie et d'une manière intelligente.

On m'écrit sans cesse de tous les points de la France et même de l'étranger, pour avoir un de mes élèves comme jardinier, afin d'introduire mes méthodes le mieux possible.

Je réponds à l'avance à quelques centaines de lettres. Mes élèves n'appartiennent pas à la classe des jardiniers ; ce sont des jeunes gens instruits, et peu sont restés en France. Le plus grand nombre a été enlevé par l'étranger qui les paye des sommes énormes pour arriver plus vite à la vulgarisation d'un ensei-gnement utile par des cours et des jardins-écoles. L'étranger travaille ; le Français fait de la politique et chante.

Il faut trois années pour faire un élève capable de se produire, d'un jeune homme sortant du collège et non d'un ouvrier. L'étude de l'horticulture est lourde pour l'élève ; elle lui a coûté de l'argent et du temps avant de pouvoir *travailler* avec fruit. En trois années il a appris, et deviendra fort s'il est convaincu qu'il lui reste encore beaucoup à apprendre.

Pour ceux-là que j'appelle mes élèves, la fortune est assurée. Ils prennent la direction de grandes cultures dans lesquelles on les associe, ou ils s'établissent et se créent une position aussi honorable qu'indépendante.

Restent les jardiniers ; ceux-là ne sont jamais mes élèves ; l'instruction indispensable pour apprendre la culture leur fait défaut, et, en outre, leur position ne leur permet pas d'étudier pendant trois ans, temps pendant lequel ils gagneraient peu de chose ou rien.

Le jardinier de Paris et des environs est très fort en floriculture, très habile dans la direction des serres chaudes et tempérées. C'est un artiste qui ne *se rouille* pas dans la pratique du potager, et ignore complètement l'arboriculture.

Le jardinier de province est un brave homme, servant son maître avec fidélité, travaillant plus ou moins, mais ne sachant rien ou pas grand'chose en culture. Il ne demande qu'à apprendre, mais il ne sait rien. A qui la faute ?

Avez-vous le droit de reprocher à cet homme, qui de terrassier ou laboureur est devenu ou plutôt s'est

intitulé jardinier, son ignorance en culture? Où voulez-vous qu'il ait appris son état? Les autorités, ou
les propriétaires, les premiers intéressés, ont-ils fait
une démarche ou dépensé un sou pour faire donner
un cours dans leur pays, afin d'apprendre eux-mêmes
la culture pendant ce cours, et de la faire connaître
à leurs serviteurs? Cela eût été plus utile et plus profitable que beaucoup d'autres dépenses plus élevées;
mais il est convenu en France que les choses utiles
sont celles auxquelles on pense le plus rarement.

Un cours d'arboriculture et de potager moderne,
quand il y avait des professeurs, était le moyen le
plus efficace d'arriver au progrès; en quelques jours,
il instruisait toute la population et donnait l'impulsion au pays.

J'ai fait plus qu'il ne m'était humainement possible, et
souvent à mes frais, pour éclairer les populations par
un enseignement clair, précis, et facilement applicable
pour tous. J'ai vieilli, mes 71 ans ne me permettent
plus les travaux personnels, et les séjours d'un mois
à l'hôtel. Reste la ressource de mes livres, auxquels
je consacre tous mes soins et tout mon temps. Avec
l'*Arboriculture fruitière*, *le Potager moderne* et *Parcs
et Jardins*, on peut apprendre toutes les cultures :
en étudiant sérieusement ces trois volumes, on peut
entreprendre la direction des jardins fruitier, potager et paysager avec succès.

Le propriétaire dirige alors ses cultures avec l'aide
des gens du pays, et bientôt la culture dirigée par le
maître donne des résultats tels, et à si bon marché,

que les imitateurs se produisent en foule; alors le pays est lancé, et il s'enrichit vite. Nous en avons des milliers d'exemples.

Mais il faut que quelqu'un commence et s'y mette avec résolution. Chaque jour l'enseignement est devenu plus rare à la suite de nos désastres; il le devient par la nécessité des économies, et plus encore faute de professeurs.

Cette conviction m'a fait augmenter considérablement cette nouvelle édition du *Potager moderne*, afin de la rendre plus pratique encore que les précédentes. L'application et même l'enseignement seront des plus faciles pour tous avec ces modifications.

La dixième édition de *l'Arboriculture fruitière*, qui vient de paraître, a subi également la même augmentation de figures et de texte, et traite à fond de la culture, de la taille et de l'entretien de toutes les espèces d'arbres fruitiers, pépinières, vignobles, plantations d'alignement et forestières.

La dixième édition de *l'Arboriculture fruitière* ouvre une ère toute nouvelle à la culture des végétaux ligneux. Ce livre, fruit de quarante années d'expérimentation, fait justice de tous les abus nés de la réclame, pour rentrer dans le simple et dans le vrai.

Parcs et Jardins (quatrième édition) donne la clef de la création des parcs et des jardins paysagers, comme celle de la culture des arbres d'ornement, et de celle des fleurs, et cela de la manière la plus pratique. Ce sujet n'avait jamais été traité; ce livre est l'école complète du propriétaire, de l'horticulteur et du jardinier, le seul livre sérieux et pratique qui ait été publié sur la création des jardins paysagers et la culture des fleurs.

L'*Almanach Gressent*, paraissant chaque année le 1er septembre de l'année précédente, donne le résultat des expériences faites pendant l'année, les modifications à introduire dans la culture, et les nouveautés adoptées après expérimentation.

Avec ces livres, il ne faut que vouloir, et dépenser un peu de travail, pour obtenir les meilleurs résultats, pour soi-même et pour son pays, sans autre aide que son intelligence.

CHAPITRE VIII

RENSEIGNEMENTS

Je consacre un chapitre de mon livre à des renseignements indispensables à mes nombreux lecteurs, autant pour satisfaire à un désir exprimé que pour leur éviter une correspondance à laquelle je ne puis pas toujours répondre aussi vite que je le désirerais.

Mon œuvre s'étend et grandit chaque année, et chaque année aussi apporte de grands changements dans mes opérations. Mon but, mes auditeurs et mes lecteurs le savent, est de faire créer, d'abord par les

propriétaires et les instituteurs, des jardins fruitiers
et des potagers modernes, afin de montrer aux populations rurales les résultats d'une culture qui les enrichira bientôt.

Disons tout d'abord que mes livres ont rencontré et
rencontrent encore, malgré vingt-trois éditions, le plus
mauvais vouloir de la part du commerce. Quand on demande *l'Arboriculture*, le *Potager moderne* ou *Parcs
et Jardins* dans une boutique où il y a d'autres livres
de culture à vendre, on répond invariablement :

« C'est épuisé ; cela ne paraît plus, » ou : « C'est
mort depuis longtemps. »

Pour mon *Almanach*, c'est bien pis : il n'est jamais
paru, ou est toujours épuisé.

Dans ce cas, très fréquent en province, et même
à Paris, j'ai dû organiser chez moi, pour mes livres,
un service de poste et de chemin de fer, fonctionnant
deux fois par jour. Quand on désire mes livres, il n'y
a qu'une chose à faire : demander directement et non
à des tiers, par lettre accompagnée d'un mandat de
poste de la valeur des livres que l'on désire, à M. le
professeur Gressent, à Sannois (Seine-et-Oise), et on
reçoit *franco par la poste* et par *retour* du courrier
ou par colis postal.

Le plus difficile, au début, a été la création des jardins. Le propriétaire, livré à l'exploitation commerciale, dépensait des sommes folles, pour réunir à
grand'peine les objets indispensables, et encore étaient-
ils mal fabriqués.

C'était un écueil sérieux ; il était de nature à entra-

ver mon œuvre : j'ai dû le franchir pour en assurer
le succès. Malgré mon aversion bien prononcée pour
tout ce qui est commerce, j'ai dû faire fabriquer les
objets indispensables au jardin fruitier et au potager
moderne, par grandes quantités, afin d'obtenir de
bonnes conditions, en concentrant tous les achats
dans une seule main.

Mes premiers efforts vers le mieux ont amené la création
d'une maison de commerce à Paris, celle de
M. *Basile* DEROUET, *Ridard*, successeur, 9, rue Bailleul.

J'ai fait cadeau à cette maison de tous mes modèles
de palissages en fer, instruments de taille, outils, châssis,
etc., avec l'espérance que mes indications seraient
suivies. J'ai donné le concours le plus actif à la création
de la maison DEROUET, où l'on trouve tout ce qui
est recommandé par moi pour les jardins : palissages,
outils, instruments de taille, lattes de sciage, toiles
à abris, insecticides, etc., afin d'éviter à mes adeptes
des courses et des démarches sans fin.

BASILE DEROUET s'est retiré des affaires et a vendu
sa maison à M. DUSAILLANT, jeune homme actif et intelligent,
qui est mort après quelques mois d'entrée en
possession. Madame veuve Dusaillant a vendu la maison
à M. RIDARD, que je ne connais pas, mais qui m'a
dit vouloir continuer sa maison dans l'esprit où je
l'avais créée.

L'inspection de la livraison regarde l'acheteur, et
les observations le vendeur.

Il est donc bien entendu que tous les objets de quincaillerie
ou tous autres vendus par les successeurs de

BASILE DEROUET le sont sous leur responsabilité, et
non sous la mienne. En conséquence, c'est donc à eux
directement qu'il faut s'adresser pour l'achat de tous
les objets nécessaires aux jardins, et dans lequel je
n'ai rien à voir.

Une autre maison de commerce a été fondée en 1868
par mon enseignement, celle de M. COTTIN, à *Sannois*
(Seine-et-Oise). Au moment où l'inondation de la Loire
de 1866 venait de détruire et le jardin d'expériences
que j'avais fondé à Orléans, et les pépinières que j'y
avais créées, je choisis Sannois pour lieu de rési-
dence.

Voulant alors laisser toute affaire commerciale de
côté, pour me livrer tout entier à l'enseignement et à
mes expériences pratiques d'arboriculture, de culture
de légumes et de floriculture, dans les jardins-écoles
que je créais alors à Sannois, un des auditeurs de mes
cours de Paris me présenta M. COTTIN, qui, après avoir
essayé maintes professions, débutait comme jardinier
à l'heure et à la journée.

La recommandation avait sa valeur ; je cédai à
M. *Cottin*, qui avait une position à se faire, mes pépinières, à des conditions plus que paternelles, comme
prix et comme payement.

Je ne voulais alors que faire de la science, et me délivrer des élèves et des ouvriers. Je proposai à M. *Cottin* de me donner, moyennant large rémunération, les
ouvriers nécessaires pour exécuter les travaux manuels
de mon jardin : labours, binages, etc. En même temps
je conseillais à M. Cottin de devenir mon élève, dans

son propre intérêt, puisqu'il prenait les pépinières que j'avais créées, et devait marcher de concert avec moi, pour arriver promptement à la considération et à la fortune.

Tout cela fut d'abord accepté des deux mains : j'écrivis alors la seconde édition du *Potager moderne*, et, devant le zèle apparent et les promesses de M. Cottin, je n'hésitais pas à dire dans cette édition : « Un de mes meilleurs élèves, M. A. Cottin, se consacre tout entier à la culture des variétés d'arbres fruitiers que j'ai recommandées dans l'*Arboriculture fruitière*. C'est encore une spécialité créée par l'enseignement Gressent ; mes variétés de fruits et d'asperges seront le partage de M. Cottin. Il a planté de vastes et belles pépinières, dans lesquelles j'introduis d'importantes modifications dans l'élevage des arbres, afin de récolter plus vite encore que par le passé. »

Je comptais sur M. *Cottin*. Mon jardin est resté en friche pendant toute l'année 1867, et mon futur élève n'a jamais travaillé une minute avec moi, ni étudié mon enseignement un quart d'heure.

Mes conseils semblaient froisser son amour-propre ; j'ai laissé M. *Cottin* faire comme bon lui semblait chez lui, et me suis délié d'un engagement qui avait laissé mes jardins-écoles à l'état de champ inculte pendant tout l'été 1867.

J'ai pris, en 1868, des élèves et des ouvriers, et ai rétabli et achevé les jardins-écoles de Sannois, qui ont été ouverts au public pendant douze ans.

M. Cottin s'est alors complètement séparé de mon

école, et a eu, en 1870, la malencontreuse idée de
m'intenter un procès. (Voir l'*Almanach de* 1871-1872,
page 114.) C'est tout ce que je veux en dire, le tribu-
nal ayant jugé.

Après ce procès, regrettable pour M. *Cottin*, dont
les rapports avec moi étaient forcés, sa position devenait plus que difficile envers moi.

Je me suis vengé du mal qu'il a voulu me faire en
lui envoyant beaucoup de clients.

M. Cottin est mort en octobre 1883, après s'être
beaucoup plus occupé de politique que de pépinière.

Madame Ve Cottin s'est mise à la tête de la maison
de son mari. Je ne puis que lui souhaiter beaucoup
de prospérité.

Cela dit, il est bien entendu que la maison de
M. Derouet, Ridard, successeur (9, rue de Bailleul),
vend tous les objets de jardinage, comme Mme veuve
Cottin (à Sannois, Seine-et-Oise) est la marchande
d'arbres et de griffes d'asperges.

En conséquence, c'est à ces deux marchands que
chacun devra s'adresser directement pour les produits spéciaux de leur commerce et non à moi qui ne
vend que mes livres.

Ajoutons, en terminant, que la culture des graines
potagères et de fleurs, que j'ai créée en 1870, n'a rien
de commun avec la pépinière de Mme Ve COTTIN. Mon
but, en créant mes cultures de graines, était de propager le plus vite possible les bonnes variétés de
fleurs et de légumes dans toute la France, en faisant
aux instituteurs primaires et à toutes les petites

bourses des conditions que le commerce refusait.

Le succès a été complet grâce à quelques sacrifices d'argent que je me suis imposés, et en moins de dix-huit ans j'ai pu pourvoir la dernière bourgade de France de bons légumes, et apporter à tous et partout une ressource alimentaire des plus importantes.

Mon but atteint, je me suis empressé de quitter une exploitation trop lourde pour mon âge, et en ai fait cadeau à M. A. BLANCHE, mon ancien chef d'expédition qui n'a qu'à continuer pour lui ce qu'il a fait pour moi, pendant plusieurs années, pour acquérir la fortune et donner toute satisfaction au public. (Voir pages 369 et suivantes.)

Tout ce qui concerne les graines doit être adressé à M. A. BLANCHE, graines, à SANNOIS (Seine-et-Oise), et non à moi, pour éviter tout retard dans l'expédition.

Quantité de personnes, me demandant un livre, me prient de leur envoyer en même temps une foule de catalogues de marchands qui le plus souvent me doivent leur position, et n'en sont pas plus reconnaissants, *au contraire!* Que ces personnes me permettent de leur dire ceci :

Je ne puis ni ne veux me faire le très humble serviteur de gens dont j'ai fait la fortune; en outre, je paye chaque année plus de douze mille francs de droits de poste pour mes livres et ma correspondance, et ma fortune ne me permet pas de doubler cette dépense en envoyant les catalogues de mes obligés.

Répétons encore, avant de terminer, afin d'éviter des voyages inutiles à quantité de personnes, que :

Mes jardins-écoles ont été FERMÉS EN 1878 et que depuis *cinq ans je n'habite plus l'avenue Rozée, où j'avais créé un petit jardin fruitier que je laissais visiter deux jours par semaine.*

La maison que j'habite maintenant, et habiterai probablement jusqu'à la fin de mes jours, N'A PAS DE JARDIN, et *mon champ d'expériences* est trop éloigné de mon habitation *pour le visiter.*

Donc, toute personne venant à Sannois pour *visiter mes jardins* fera UN VOYAGE INUTILE. Des jardins créés par moi ont été ouverts à tout venant, pendant plus de *trente-cinq ans*, dans les environs de Paris, à Orléans et à Sannois, et aujourd'hui mon âge ne me permet ni la fatigue de la direction du jardin ni celle de nombreux visiteurs.

CHAPITRE IX

RÉSUMÉ DES TRAVAUX DU POTAGER CLASSÉS PAR MOIS

L'année horticole commence réellement au mois d'août. C'est l'époque à laquelle toutes les cultures de saison sont faites, et c'est celle où l'on commence celles pour l'hiver, le printemps et l'été suivant. Il est encore temps, au mois d'août, de recueillir assez de fumier et de feuilles pour monter les couches, et de faire assez de composts pour commencer au printemps suivant un assolement régulier, avec ou sans couches, et par conséquent d'augmenter considérablement la production du potager.

Le résumé des travaux que je donne ici est destiné à remémorer au propriétaire comme au jardinier les principaux travaux devant être faits chaque mois de l'année et à rendre la direction et la surveillance de ces travaux faciles au propriétaire.

AOUT

La plus grande activité est indispensable dans ce mois. Le potager produit de tout; les détritus sont nombreux; la fabrique d'engrais ne doit pas être négligée. Les pépinières fournissent une grande quantité de plants tout élevés, pour remplacer aussitôt les récoltes enlevées.

On démolit les couches inutiles, et l'on contre-plante des choux-fleurs élevés en pépinière dans les melons que l'on commence à récolter.

Les concombres et les cornichons demandent de fréquents binages; les potirons, les choux, les choux-fleurs, les cardons et le céleri demandent de copieux arrosements. On sème encore en pleine terre, pour l'arrière-saison : des carottes rouges courtes de Hollande, des navets, des pois de Clamart, des haricots flageolets, des épinards, du persil, du cerfeuil, des laitues, romaines, chicorées, des mâches et des raiponces.

Il est temps de penser à semer des légumes qui doivent passer l'hiver et donner leur récolte au printemps prochain : on sème dans le carré D de l'oignon blanc hâtif, des poireaux, des scorsonères, des scolymes d'Espagne, des choux d'York, quintal, cœur-de-bœuf, des choux d'été, choux-fleurs, etc.

Il est utile de sarcler et de biner souvent pour détruire les mauvaises herbes, et rendre la terre perméable à l'air et à l'humidité.

On replante les bordures qui sont en mauvais état. C'est le moment de semer les fraisiers en pleine terre, avec quelques radis pour les protéger.

SEPTEMBRE

Les récoltes s'enlèvent chaque jour ; les arrosements laissant un peu de répit, on en profite pour fabriquer des quantités d'engrais avec les nombreux détritus du potager. On sème en pleine terre les dernières carottes, haricots flageolets et les pois de Clamart, pour récolter à l'approche des gelées. On continue les semis de pleine terre, pour alimenter les pépinières de légumes qui, à l'approche des froids, fourniront des plants qui achèveront leur végétation sous les abris.

On commence à amasser du fumier de cheval, d'âne ou de mulet, pour construire les couches chaudes pendant l'hiver.

On sème des choux-fleurs, des choux d'York, de la laitue gotte, de la chicorée pour l'hiver et le printemps et des poireaux pour repiquer. On butte le céleri ; on commence à empailler les cardons pour les faire blanchir, et l'on fait les plantations de fraisiers, pour l'année suivante, dans le carré A.

On conserve quelques vieilles couches sur lesquelles on repique les salades semées en pleine terre, et l'on recueille avec soin tous les fumiers nécessaires pour monter les couches, à l'approche de l'hiver. On met en meule le fumier de cheval ; on mélange les autres avec les composts.

OCTOBRE

On rentre au fur et à mesure tout ce qui est bon à récolter, et l'on ramasse avec soin les feuilles des légumes, pour en faire des composts. Il ne faut pas perdre l'assolement de vue, ni la quantité d'engrais et de terreau qu'il exige. La récolte de feuilles d'arbres, de tiges de légumes, d'herbes de toute espèce, est abondante pendant ce mois. Les meilleures feuilles d'arbres sont mises de côté pour la confection des couches ; les mauvaises sont mêlées aux composts. Rien ne doit être perdu ; tout ce qui peut faire du fumier est recueilli avec soin et mélangé sur les plates-formes. Le fumier est la richesse du potager.

On démolit les dernières couches, et l'on retire tout le fumier des couches sourdes ; il servira aux terreautages du carré B, avec le dessus des couches, mêlé avec le vieux terreau. On fabrique du terreau neuf, en abandonnant en tas le fumier le plus décomposé, provenant de la démolition des couches ; après quelques semaines, il est réduit en poudre.

On sème encore en pleine terre des mâches, dès

épinards, du cerfeuil et des radis. On repique en pépinière les semis des mois précédents, et l'on entoure
les planches de piquets pour poser des paillassons
dessus, en cas de gelée.

Pendant la pluie, on répare les outils et tout le
matériel d'abris : coffres, châssis, cloches, paillassons, etc., dont on aura besoin au premier moment.

NOVEMBRE

Tous les abris doivent être en bon état, et prêts à
être employés ; on doit également avoir un approvisionnement de feuilles et de litière, pour couvrir à
la première menace de gelée.

On ramasse les feuilles pour les couches, et des
herbes partout, pour faire des composts.

On coupe les tiges d'asperges à 40 centimètres du
sol ; on les déchausse, et on les fume en couverture
avec des engrais très actifs qu'on laisse se décomposer
sur le sol pendant tout l'hiver.

Les artichauts à demeure sont buttés ; à la première gelée, l'on garnit les buttes de fumier, et on
apporte de la litière pour les couvrir. Ceux cultivés
annuellement sont arrachés et plantés dans la serre à
légumes. Les pieds qui *marquent* sont plantés sous un
châssis froid pour donner leurs fruits. On couvre la
nuit avec des paillassons, et l'on entoure le coffre de
fumier chaud, à la première menace de gelée.

On pose également des coffres sur les planches de
fraisiers de Gaillon, et on les traite comme il est dit

aux *Cultures spéciales*, pour prolonger la récolte des fraises jusqu'en janvier.

Le même procédé est appliqué aux salades, choux-fleurs, etc., qui restent en pleine terre.

Pendant les gelées, on charrie du fumier dans le carré D, qui sera le carré A l'année suivante, et doit être fumé au maximum ; si les gelées se prolongent, on fait provision de mousse, de genêts, d'ajoncs, de feuilles, etc., pour faire des composts.

On peut commencer à labourer, s'il ne gèle pas, les planches fumées du carré D, qui prendra la lettre A l'année suivante, et y mettre en place les choux pré-coces, semés au mois d'août.

On commence à monter quelques couches tièdes pour semer des pois, des haricots pour manger en vert, et pour mettre en place des laitues, des chicorées, des choux-fleurs, etc., entre lesquels on peut placer quelques touffes d'oseille. Au fur et à mesure de la construction de nouvelles couches, on démolit les anciennes, et on distribue le fumier qui en provient, comme nous l'avons indiqué.

Il faut veiller activement et observer le temps plus que jamais, augmenter les couvertures de paillassons pendant la nuit, et appliquer des réchauds si la gelée se fait sentir.

DÉCEMBRE

La fabrique d'engrais doit fonctionner avec la plus grande activité, comme pendant tout le temps où les cultures de pleine terre occupent peu, afin de parer aux nécessités du printemps.

On recueille avec soin les cendres des foyers et des calorifères pour le carré C. Quand le temps est doux, on découvre les artichauts, et on laboure toutes les planches libres. S'il gèle, au contraire, on charrie du fumier pour débarrasser les plates-formes et l'avoir tout transporté, pour l'enfouir, aussitôt le dégel. Dans le cas où la gelée persévère, on augmente les provisions de feuilles, de genêts, d'ajoncs et de mousse, qu'on va chercher dans les bois, et l'on couvre tout ce qui reste en pleine terre. Quand le temps est doux, on peut mettre des choux hâtifs en place dans le carré A.

Les couches demandent, dans ce mois, une grande activité.

On monte de nouvelles couches chaudes pour semer les melons, les tomates, etc., et quelques couches tièdes pour les semis de carottes, de radis, et mettre en place les pois, haricots, etc. On applique des réchauds partout où le besoin s'en fait sentir, suivant l'état de la température; on garnit, la nuit, les châssis avec des paillassons, et les cloches avec de la litière. S'il tombe de la neige, il faut couvrir les couches avec des paillassons ou de la litière, et enlever soigneusement la neige qui est restée sur les couches, et même autour, et cela aussitôt qu'elle a cessé de tomber. On donne de l'air toutes les fois que le temps le permet, en plein soleil, et quand le thermomètre est au-dessus de zéro. Si quelques plantes mal couvertes étaient atteintes la nuit par la gelée, il faudrait bien se garder de les découvrir; on met, au contraire, double couverture pour les laisser dégeler lentement et à l'ombre : c'est le seul moyen de les sauver.

JANVIER

Pendant les fortes gelées, on charrie les fumiers destinés au carré A, les terreaux du carré B et les cendres du carré C, pour les avoir transportés sur place, afin de profiter des instants doux pour enfouir les engrais du carré A, par un labour profond; labourer le carré B, et jeter les terreaux sur les plates-bandes, au fur et à mesure des besoins, après le labour; le carré D doit être également labouré dans le courant de janvier, ou vers le 10 février au plus tard.

On débarrasse la terre des dernières récoltes conservées en terre ou sous litière; on veille à la conservation des artichauts; on fume les asperges en couverture, sans les rechausser, et, si le temps est doux, on met en place des choux hâtifs que l'on peut contreplanter de poireaux et d'oignons blancs.

On augmente en janvier le nombre des couches chaudes et tièdes, pour mettre en place les melons, et en pépinière tous les semis de primeur. On donne de l'air quand il fait doux; on augmente les réchauds et les couvertures quand il gèle.

On chauffe les asperges plantées à cet effet; on sème sous châssis des concombres, des melons, des tomates, de la chicorée, etc. etc. On sème également, pour repiquer en pépinière, des choux-fleurs, des fèves, des haricots, etc. etc. On sème des carottes hâ-

tives ; on plante des pommes de terre hâtives sous
châssis, et l'on commence à forcer les fraisiers. Enfin,
on organise toutes les cultures d'hiver ; on sème et on
élève en pépinière tous les plants qui garniront la
pleine terre deux mois plus tard ; on sème et l'on repique en contre-plantation, au milieu de tout cela,
des laitues, afin de n'en jamais manquer.

On couvre où l'on découvre les artichauts restés en
place, suivant qu'il gèle ou qu'il pleut. Évitez toujours de défoncer ou de labourer, surtout dans les
terres fortes, quand il pleut ou quand la terre est trop
humide : elles se collent et restent infertiles pendant
longtemps. Par les grandes pluies et par les fortes gelées, où il est difficile de travailler dehors, on fabrique
des paillassons et des abris.

FÉVRIER

On fait les derniers labours, et l'on recueille tout ce
qui peut entrer dans la fabrication des engrais. Si la
gelée persiste, on fait provision de genêts, d'ajoncs,
pour activer la fabrication des engrais. Par les belles
journées, on sème en pleine terre, dans le carré B,
des oignons, carottes, poireaux, panais, etc. On peut
semer des épinards en contre-plantation dans le
carré A, entre les choux hâtifs.

On construit des couches tièdes, sur lesquelles on
met en place des melons, des tomates, etc., semés sur
couches chaudes. On contre-plante avec, en pépinière,
les choux-fleurs, les laitues, les chicorées, etc., qui
doivent aller en pleine terre après les gelées. On sème

et repique constamment, sous châssis, des melons, des concombres, des aubergines, des tomates, des choux-fleurs, choux de Milan hâtifs, céleri, laitues, chicorées, romaines, radis, etc.

On donne de l'air toutes les fois que le temps le permet, et l'on entretient la chaleur des couches à l'aide de réchauds.

Les premiers semis de pois et de fèves de marais se font dans le carré C.

MARS

On met en place, dans le carré A, des choux et des choux-fleurs, entre lesquels on contre-plante des laitues et des chicorées élevées sur couches. On sème dans le carré B : carottes, oignons, oseille, épinards, etc.; dans le carré C, des pois, des fèves et lentilles. On plante les fraisiers, que l'on contre-plante d'oignons blancs ; on plante dans le carré D des échalotes, de l'ail, et toutes les racines pour graines. On y construit également les dernières couches tièdes, sur lesquelles on met en place les melons, les concombres, etc., élevés en pépinières sous châssis. On sème et contre-plante entre tous les légumes qui doivent être repiqués en pleine terre le mois suivant : choux, choux-fleurs, tomates, céleri, cardons, laitues, romaines, chicorées, etc.

On découvre les artichauts cultivés à demeure, et on les débutte un peu. On sème les asperges.

Les châssis demandent une surveillance active. La gelée n'est guère à redouter, mais le soleil prend de la force. Il est utile de donner le plus d'air possible et même d'enlever complètement les châssis de onze à deux heures, si la température le permet. On ombre avec des toiles, si le soleil est trop chaud ; mais il faut bien se garder de barbouiller les vitres des châssis et les cloches avec du blanc. Ce moyen évite, il est vrai, un peu de peine ; mais les plantes sont étiolées, et la récolte retardée de plusieurs semaines.

On commence à démolir les premières couches chaudes, pour mélanger aux composts et aux herbes le fumier qui en provient. On laboure les asperges avec la fourche à dents plates, et on les butte.

AVRIL

On démolit les buttes des artichauts, et on leur donne un labour énergique, après avoir également étendu dans le carré le fumier qui couvrait les buttes. On œilletonne en donnant le labour (à la serpette, cela vaut mieux), et l'on conserve les deux plus gros œilletons seulement par pied. On plante dans le carré A les plus beaux œilletons enlevés, pour faire des artichauts d'automne.

Les artichauts, mis en pots, et élevés sous châssis, sont mis en place dans le carré A, en même temps que ceux conservés au cellier ou dans la serre à légumes, pour la culture annuelle.

On plante les pommes de terre de saison ; on met en place les haricots semés en pots, dans la serre ou sous châssis ; on sème des haricots dans le carré C.

La saison des couches sourdes est venue ; on se hâte

de les construire, pour mettre en place les plantes élevées en pépinière sur toutes les couches tièdes. On contre-plante en pépinière avec les derniers semis. On démolit les plus vieilles couches chaudes, pour alimenter la fabrique d'engrais ; on établit les premières pépinières de légumes dans le carré D, avec les plantes les plus rustiques élevées sous châssis.

La récolte des asperges commence.

MAI

On peut tout mettre en pleine terre. Les plants semés et élevés en pépinière, sous châssis et sous cloches, sont plantés en pépinière dans le carré D, pour remplacer aussitôt les récoltes enlevées, et pourvoir à la contre-plantation. On fait en pleine terre des semis successifs de choux, choux-fleurs, salades, etc., pour alimenter la pépinière de légumes, réserve destinée à boucher tous les trous et à parer à tous les accidents.

On contre-plante toutes les récoltes pour augmenter le produit ; on bine, on sarcle, et on arrose quand il fait sec.

Le produit des binages, des sarclages et des tontes de gazons, etc., est employé à la fabrique d'engrais et mélangé au fumier provenant de la démolition des couches. La fabrication des engrais solides et liquides ne doit jamais s'arrêter.

On continue à semer de temps à autre des carottes, navets, choux, laitues, romaines, chicorées, cardons, pois, haricots, etc., de manière à entretenir abondamment la pépinière, pour contre-planter et remplacer les légumes récoltés.

Les couches sont faciles à gouverner. On donne de l'air presque tout le jour ; on démolit toutes les couches chaudes, et l'on construit les dernières couches sourdes et les poquets pour les potirons, giraumonts et concombres.

JUIN

On continue les semis de pleine terre, de manière à avoir toujours de tout en pépinière, pour remplacer et contre-planter, aussitôt les récoltes enlevées ; on arrose suivant les besoins, et autant que possible avec de l'eau à la température de l'atmosphère. Les premiers melons de couches tièdes mûrissent ; on les contre-plante avec des choux-fleurs élevés en pépinière.

Le potager est en plein rapport ; il fournit une grande quantité de matières herbacées à la fabrique d'engrais ; on les emploie toutes fraîches, et on les recouvre aussitôt de fumier pour les arroser ensuite à l'engrais liquide. A défaut de fumier, on ne laisse pas faner les herbes ; elles perdraient toute leur valeur. On les recouvre soit avec de la terre, soit avec du sable qui a couvert le sol du poulailler et du pigeonnier, et l'on arrose à l'engrais liquide.

JUILLET

On est en pleine récolte de toutes choses, on remplace aussitôt par le produit des pépinières, et l'on continue des semis successifs pour les alimenter.

Les couches inutiles sont démolies, et le fumier qui en provient est mélangé avec toutes les herbes recueillies dans le potager, le jardin fruitier et le parc, et ensuite arrosé à l'engrais liquide.

On sème encore des pois de Clamart et des haricots flageolets ; les asperges ont acquis tout leur développement ; on abat les buttes pour les fortifier. Si les artichauts sont cultivés comme plante annuelle, la première saison a donné ses fruits ; ceux de la seconde apparaissent. On arrache la première saison pour en faire du fumier, la seconde commence à produire, elle donnera le plant pour l'année suivante. On laboure pour planter les choux d'Ulm, élevés en pépinière et l'on contre-plante ces derniers avec céleri, des poireaux, des chicorées et des laitues.

Les tomates de pleine terre doivent être sévèrement palissées, taillées et effeuillées. On arrose assez copieusement : mais il ne faut pas que ce surcroît de travail fasse négliger la fabrication des engrais.

LES

CLASSIQUES DU JARDIN

Par GRESSENT

PROFESSEUR D'HORTICULTURE ET D'ARBORICULTURE

TROIS VOLUMES

Approuvés par l'université, et *recommandés depuis* 1868 *par*
le Ministre de l'instruction publique, *pour les bibliothèques
scolaires.*

VIENT DE PARAITRE

1° L'Arboriculture fruitière (10e ÉDITION).—
Traité des plus complets de la culture, taille et restauration de toutes les espèces d'arbres à fruits.

Cette édition traite à fond, et de la manière la plus pratique: de la création des jardins fruitiers; — des vergers;
du vignoble, etc. ; — du choix des meilleurs fruits; — **de
la spéculation fruitière sans capital** (verger Gressent) ; — de la culture forcée des arbres à fruits ; — du vignoble; — des maladies de la vigne: *Phylloxera et Mildew*
(mildiou) ; — de la pépinière; — des plantations urbaines et
d'alignement ; — de l'entretien des arbres forestiers; de
la culture, de la formation, de la taille et de la rèstauration
de toutes les espèces d'arbres à fruits.

Formes d'arbres et tailles nouvelles; simplification de toutes les opérations; en un mot tout le règne des végétaux ligneux, dans un volume de 1104 pages et 485 figures intercalées dans le texte. — **Prix: 7 fr.**

2° **Potager moderne** (9° ÉDITION). — Traité complet de la création des potagers et de la culture des légumes, intensive et extensive, dans les jardins et dans la plaine, sous tous les climats de la France.

Cette nouvelle édition, considérablement augmentée, traite à fond : de l'état actuel des jardins ; — création des potagers ; — préparation du sol ; — arrosage abondant et économique ; — fabrication des engrais ; — engrais solides, liquides et engrais chimiques ; — assolement; son introduction dans les anciennes cultures ; — couches ; — châssis ; cloches ; — abris économiques pour remplacer les châssis et les cloches ; — outils à employer ; — labours ; — fumures ; — dressage des planches, etc. ; — succession de cultures et contre-plantations ; — variétés de légumes à cultiver ; — époques des semis, etc. etc.

POTAGER : du propriétaire, du rentier, du fermier, du presbytère, de l'instituteur primaire, des gares, des employés, etc.

CULTURE EN PLAINE : verger Gressent ; — potager de la ferme, des petits cultivateurs et des métayers, des camps et de l'armée. — CULTURE SPÉCIALE DE CHAQUE ESPÈCE DE LÉGUMES. — Influences atmosphériques ; — précautions à prendre ; — maladies : — traitement ; — destruction des insectes, etc. etc. ; — travaux à opérer chaque mois. — CULTURE DE L'ASPERGE POUR LA SPÉCULATION.

Un volume de 1043 pages et 178 figures explicatives intercalées dans le texte. — **Prix: 7 fr.**

3° **Parcs et Jardins** (4° ÉDITION). — Traité

complet de la création des parcs et jardins paysagers, de la culture des arbres et arbustes d'ornement et de toutes les fleurs.

Les trois premières éditions de *Parcs et Jardins*, enlevées en peu de temps, ont donné à tous les moyens pratiques et économiques de transformer les jardins, et d'obtenir facilement les plus belles fleurs.

Dans la quatrième édition, *considérablement* AUGMENTÉE DE TEXTE ET DE FIGURES, les lacunes existant dans les trois premières ont été comblées : la culture des fleurs et l'entretien des jardins sont des plus faciles à l'aide de ce livre, même pour les personnes ignorant la culture.

La quatrième édition de *Parcs et Jardins* contient: Les parcs en 1880. — État actuel des jardins. — Le sublime du genre. — Embarras des propriétaires. — Le mal, le remède. — CRÉATION DES PARCS ET DES JARDINS : Considérations générales. — Principes fondamentaux. — Divi_ sions et ordre des opérations. — Travail intellectuel. — Travail matériel. — Inspection du sol. — Recherches des vues. — Arbres à conserver. — Plan. — Vues. — Parti à en tirer. — Surprises. — Perspectives. — Mouvements de terrains. — Dessin des allées. — Effets d'hiver et d'été. — Coloris. — Massifs d'arbres et d'arbustes. — Élagages. — Massifs de décoration. — Massifs factices. — Arbres en groupes et isolés. — *Choix des arbres et arbustes d'ornement* par rang de taille et nuance de feuillage. — Plans de plusieurs jardins. — LES FLEURS: Corbeilles. — Bordures. — Groupes et fleurs isolées. — Habillage des troncs d'arbres. — Chemises. — Arbres artificiels. — Les kiosques et les constructions rustiques. — Les terrasses. — Surprises. — Ponts. — Volières, etc. — Moyen infaillible de se débarrasser des indiscrets. — Rochers et rocailles. — Pièces d'eau. — Les avenues. — Caisses. — Massifs de poteries. — Vases, jardinières et suspensions. — Plan d'un **jardin complet. — Tracé sur le terrain. — Préparation** du

sol. — Triage des terres. — Distribution des engrais. —
Arbres, fleurs et pelouses. — Plantation et taille des arbres
d'avenues. — Entretien et restauration des arbres et ar-
bustes, conifères, etc. — CULTURE DES FLEURS. — But. —
Sol. — Engrais. — Arrosages. — Outils. — Couches. —
Semis. — Repiquage. — Multiplication artificielle. — Bou-
tures, etc. — Greffes, etc. — Culture en pots. — Pincements, etc.
— Plantations de corbeille. — Les gazons. — Maladies,
insectes et animaux nuisibles. — CULTURE SPÉCIALE DE
CHAQUE ESPÈCE DE FLEURS. — Les clefs du succès : la
terre, la semence, la culture, la direction, etc. etc. —
Date des floraisons et couleurs des fleurs. — Entretien
général. — ROSIER : formation et taille. — Taille de
rosiers remontants, jaunes et grimpants. — Conclusion.

Un volume de 1093 pages et 305 figures, **7 fr.**

Toute la science horticole est réunie dans ces trois
volumes, les plus pratiques qui existent. Une personne
étrangère à la culture peut, avec leur aide, créer et diriger
ses jardins avec certitude de succès, promptitude et économie dans la production.

PLUS-VALUE FONCIÈRE ET LOCATIVE DES PROPRIÉTÉS par
la conversion des *fouillis*, aussi laids qu'improductifs, en-
tourant les habitations, en jardins pittoresques.

PRODUCTION PROMPTE, ABONDANTE ET ÉCONOMIQUE des
plus *beaux fruits*, des MEILLEURS LÉGUMES et des plus
JOLIES FLEURS ;

MISE EN VALEUR DES TERRES INCULTES ET DES TER-
RAINS COMMUNAUX par l'introduction des cultures les plus
productives sur ces terrains ;

AUGMENTATION DE LA FORTUNE PUBLIQUE par la mise en
valeur des terrains incultes ;

AMÉLIORATION DU SORT DE LA CLASSE OUVRIÈRE par la
production des terrains abandonnés ;

NOURRITURE SAINE, ABONDANTE ET ÉCONOMIQUE dans
les centres ouvriers. par la production abondante des fruits
et des légumes

RICHESSE POUR LE PAYS, AISANCE, BIEN-ÊTRE POUR TOUS ET MORALISATION DES MASSES PAR LE TRAVAIL INTELLIGENT appliqué au sol, LA PREMIÈRE RICHESSE DE LA FRANCE.

Tel est le but des *Classiques du jardin*, but facile à atteindre pour qui voudra prendre la peine d'étudier ces livres et d'en appliquer les prescriptions à la lettre.

S'adresser directement à M. le professeur GRESSENT, à SANNOIS (Seine-et-Oise). On expédie les livres reliés en plein et franco *par la poste et par retour du courrier.*

ALMANACH GRESSENT

Chaque année il paraît un nouvel **ALMANACH GRESSENT**, tenant le public au courant des expériences nouvelles faites pendant l'année. — L'**ALMANACH** est le complément des livres, et les renseignements qu'il publie sont des plus utiles.

ALMANACH GRESSENT, prix : **50** centimes *franco par la poste*, chez M. le professeur GRESSENT, à SANNOIS (Seine-et-Oise).

L'ALMANACH GRESSENT paraît toujours du 1ᵉʳ au 5 septembre de l'année précédente. (*Envoi franco par la poste.*)

NOTA.—Il reste encore quelques almanachs de 1889 et 1893, traitant des maladies de la vigne et des moyens curatifs.

CULTURES GRESSENT

Pour les graines, s'adresser directement à :

M. A. BLANCHE

Ancien chef d'expédition de M. le professeur Gressent

Et propriétaire des anciennes cultures Gressent

GRAINES · BLANCHE · SANNOIS · A · S · & · O ·

Graines potagères, fourragères et de fleurs de toutes les variétés recommandées par M. le professeur Gressent.

Mêmes conditions d'expédition et MÊMES FAVEURS DE PRIMES que par le passé.

Qualité hors ligne, BON MARCHÉ et célérité *dans les expéditions.* (Voir pages 369 et suivantes).

POUR LES ARBRES FRUITIERS ET LES GRIFFES D'ASPERGES
S'ADRESSER DIRECTEMENT A:

Mme VEUVE COTTIN

PÉPINIÉRISTE

A SANNOIS (Seine-et-Oise)

—

ARBRES FRUITIERS

ET

GRIFFES D'ASPERGES D'ARGENTEUIL

Expéditions en France et à l'Étranger

═══════════════════════

POUR TOUS LES OBJETS CONCERNANT LES JARDINS
S'adresser directement à

LA QUINCAILLERIE HORTICOLE

—

Ancienne Maison Basile DEROUET et DUSSAILLANT

RIDARD SUCCESSEUR

9, *Rue de Bailleul*, 9. — *A PARIS*

—

Maison spéciale de vente et d'expédition en France et à l'Étranger, de tous les objets employés dans les jardins : Palissages, fils de fer, raidisseurs, châssis, cloches, instruments de taille, outils, toiles à abris, serres, *Insecticides Rozeau*, déchets de laine, etc. etc. En un mot, vente de tout ce qui concerne les jardins, et est recommandé par le professeur Gressent.

TABLE DES MATIÈRES

TROISIÈME PARTIE

CULTURES GÉNÉRALES

QUATRIÈME PARTIE

CULTURE INTENSIVE

CINQUIÈME PARTIE

CULTURE EXTENSIVE

SIXIEME PARTIE

CULTURES SPÉCIALES

SIXIEME PARTIE

CULTURES SPÉCIALES

SEPTIÈME PARTIE

TOURS, IMP. DESLIS FRÈRES